中国石油天然气集团有限公司统建培训资源

催化裂化工培训教材

《催化裂化工培训教材》编写组　编

石油工业出版社

内容提要

本书是"中国石油天然气集团有限公司统建培训资源"的一本，结合催化裂化工岗位技能鉴定和上岗要求，梳理岗位基础知识和技能操作知识，基础知识部分介绍了化学基础知识，化工原理基础知识，石油及油品的基础知识，催化裂化原料、产品和催化剂，通用设备基础知识，识图与制图基础知识，仪表及自动控制基础知识，电工基础知识。技能操作部分从反应再生系统、分馏吸收稳定系统、热工烟脱系统、三机组系统介绍了技能操作工艺流程和设备、常规操作、开停工操作、异常工况处理等内容。

本书适合炼化企业催化裂化岗位员工阅读。

图书在版编目（CIP）数据

催化裂化工培训教材/《催化裂化工培训教材》编写组编. --北京：石油工业出版社，2024.9. --（中国石油天然气集团有限公司统建培训资源）. --ISBN 978-7-5183-6926-3

Ⅰ. ①TQ031.3

中国国家版本馆 CIP 数据核字第 2024MN7520 号

出版发行：石油工业出版社
　　　　　（北京市朝阳区安华里二区 1 号楼　100011）
　　　　　网　　址：www.petropub.com
　　　　　编辑部：（010）64243803
　　　　　图书营销中心：（010）64523633
经　　销：全国新华书店
印　　刷：北京晨旭印刷厂

2024 年 9 月第 1 版　2024 年 9 月第 1 次印刷
787×1092 毫米　　开本：1/16　　印张：30.5
字数：780 千字

定价：98.00 元
（如发现印装质量问题，我社图书营销中心负责调换）
版权所有，翻印必究

《催化裂化工培训教材》
编审组

主　　编：王俊宏
副 主 编：徐凯勃　　向刚伟
编写人员：张俊猛　侍可瑞　刘坤林　单顺风　刘　洋
　　　　　刘天政　王建华　杨文昌　李彦斌　周明慧
　　　　　刘宜鑫　苟二军　迟　畅　郑德军　廖新科
　　　　　赵明全　潘　东　韩新鹏　广进华　任梓尧
　　　　　张天元
审订人员：申志华　乔　永　王　峰　段巍卓　彭国峰
　　　　　袁　辉　安东俊　范江涛　申元鹏　孟令栋
　　　　　王东华　付　冲　党赵科　卢朝鹏　李　俊
　　　　　张星宇　潘晓帆　龚光辉　李小俊　殷嘉鹏
　　　　　储南翔　陈立宏　贾　鹏　于春军　周　鑫
　　　　　卢琪云

前 言

催化裂化（Fluid Catalytic Cracking，简称FCC），是一种将重质石油分子在催化剂的作用下转化为轻质石油产品的工艺。催化裂化作为石油炼制过程的一项核心工艺，对于提高石油资源的利用效率、生产清洁能源具有重要意义。催化裂化技术不仅能够提高石油产品的质量和产量，还能够通过转化重质、高硫的原油，减少环境污染，提高能源的清洁度。此外，催化裂化生产过程中的副产品，如丙烯和丁烯，也是石油化工行业的重要原料，可用于生产塑料、合成橡胶等。

为努力实践"中国石油天然气集团有限公司统建培训资源"的指导思想，针对石油化工企业催化裂化装置的操作人员、技术人员以及管理人员，本书旨在提供充分结合岗位需求的全面系统的培训学习资源，希望学员能够理解催化裂化工艺的基本原理和操作流程，掌握催化裂化装置的关键操作参数和控制策略，学习催化裂化开停工、生产过程可能出现的问题及解决方案，了解催化裂化技术的最新发展和未来趋势。

本书分为五个部分。第一部分基础知识介绍从事催化裂化相关工作需要掌握的基础知识，涵盖化学基础知识，化工原理基础知识，石油及油品的基础知识，催化裂化原料、产品和催化剂，通用设备基础知识，识图与制图基础知识，仪表及自动控制基础知识，电工基础知识。第二部分到第五部分为反应再生系统、分馏吸收稳定系统、热工烟脱系统、三机组系统，分别详细讲述了这四大系统的工艺和关键设备，操作要点（包括温度、压力、流量等参数的控制），各系统开停工和异常工况处理等。全书注重强调催化裂化岗位员工的实际操作内容，可供从事催化裂化工作人员岗位培训或自学使用。

本书由中国石油天然气集团有限公司人力资源部牵头，四川石化公司组织编写。编写人员多为长期从事催化裂化装置日常运行管理及操作的经验丰富的基层员工，他们付出大量业余时间，将自己多年的工作经验总结提升，感谢他们的辛勤劳动和无私贡献！编写过程中亦得到了炼油化工和新材料分公司、大庆炼化、长庆石化、兰州石化、广东石化、广西石化、石油化工研究院兰州中心多位专家学者的指导和帮助，在此表示衷心感谢！

由于编者水平有限，同时随着工艺技术的不断发展、管理技术的不断完善，本书内容难免有不足之处，敬请广大读者批评指正。

编者

目　录

第一部分　基础知识

模块一　化学基础知识 ……………………………………………………………… 3
　项目一　无机化学基础知识 ………………………………………………………… 3
　项目二　有机化学基础知识 ………………………………………………………… 11

模块二　化工原理基础知识 ………………………………………………………… 18
　项目一　流体流动与输送 …………………………………………………………… 18
　项目二　传热 ………………………………………………………………………… 25
　项目三　传质 ………………………………………………………………………… 28

模块三　石油及油品的基础知识 …………………………………………………… 36
　项目一　石油的组成 ………………………………………………………………… 36
　项目二　石油及油品的物理性质 …………………………………………………… 39
　项目三　原油的分类和加工方案 …………………………………………………… 43

模块四　催化裂化原料、产品和催化剂 …………………………………………… 47
　项目一　催化裂化原料及评价指标 ………………………………………………… 47
　项目二　催化裂化产品 ……………………………………………………………… 50
　项目三　催化裂化催化剂 …………………………………………………………… 51

模块五　通用设备基础知识 ………………………………………………………… 58
　项目一　常用材料 …………………………………………………………………… 58
　项目二　阀门 ………………………………………………………………………… 60
　项目三　泵 …………………………………………………………………………… 61
　项目四　塔设备 ……………………………………………………………………… 68
　项目五　换热设备 …………………………………………………………………… 72

模块六　识图与制图基础知识 ……………………………………………………… 81
　项目一　投影的基本原理 …………………………………………………………… 81

  项目二 常用识图制图知识 ········· 85
  项目三 工艺流程图 ················· 88

模块七 仪表及自动控制基础知识 ········· 98
  项目一 测量仪表 ····················· 98
  项目二 自动化控制 ················· 116

模块八 电工基础知识 ······················· 131
  项目一 基本概念 ····················· 131
  项目二 交流电 ························· 138
  项目三 安全用电常识 ············· 143

第二部分 反应再生系统

模块一 石油烃类催化裂化反应 ············ 153
  项目一 催化裂化反应机理 ····· 153
  项目二 催化裂化化学反应类型 ······ 156
  项目三 单体烃的催化裂化反应 ······ 159
  项目四 石油馏分和渣油催化裂化反应 ······ 161
  项目五 影响催化裂化反应速率的因素 ······ 163

模块二 催化剂与助剂 ······················· 166
  项目一 按用途分类的典型催化裂化催化剂 ······ 166
  项目二 按分子筛种类分类的工业催化裂化催化剂及选用 ······ 171
  项目三 催化裂化助剂 ············· 172
  项目四 催化裂化催化剂失活与再生 ······ 176

模块三 流态化与气固分离 ··················· 182
  项目一 气固流态化过程中颗粒的物理特性与分类 ······ 182
  项目二 流态化基础知识 ········· 187
  项目三 催化剂颗粒输送与循环 ······ 192
  项目四 气固分离 ····················· 200

模块四 反应再生工艺及控制 ··············· 208
  项目一 反应再生系统工艺流程 ······ 208
  项目二 反应再生系统形式及工艺 ······ 211
  项目三 催化裂化工艺系列技术 ······ 223

项目四　反应再生工艺参数的控制 232

模块五　反应再生设备 238
　　项目一　反应沉降系统设备 238
　　项目二　再生系统设备 246
　　项目三　特殊阀门 262

模块六　反应再生系统开停工 268
　　项目一　反应再生系统开工 268
　　项目二　反应再生系统停工操作 276

模块七　反应再生系统异常工况处理 280
　　项目一　反应系统异常工况处理 280
　　项目二　再生系统异常工况处理 293
　　项目三　公用工程系统异常工况处理 299

第三部分　分馏吸收稳定系统

模块一　分馏系统 309
　　项目一　分馏系统工艺和设备 309
　　项目二　分馏系统常规操作 319
　　项目三　分馏系统开停工 325
　　项目四　分馏系统异常工况处理 329

模块二　吸收稳定系统 338
　　项目一　吸收稳定工艺和设备 338
　　项目二　吸收稳定系统常规操作 344
　　项目三　吸收稳定系统开停工 347
　　项目四　吸收稳定系统异常工况处理 352

第四部分　热工烟脱系统

模块一　热工系统 361
　　项目一　热工系统设备和工艺 361
　　项目二　热工系统常规操作 370
　　项目三　热工系统开停工 376

项目四　热工系统异常工况处理 ·· 381
模块二　烟气脱硫系统 ··· 385
　　项目一　烟气脱硫技术和工艺 ·· 385
　　项目二　烟气脱硫系统常规操作 ··· 395
　　项目三　烟气脱硫系统开停工 ·· 399
　　项目四　烟气脱硫系统异常工况处理 ······································ 402

第五部分　三机组系统

模块一　主风机组 ·· 409
　　项目一　主风机组工艺 ·· 409
　　项目二　主风机 ··· 411
　　项目三　烟气轮机 ·· 420
　　项目四　主风机—烟机机组 ·· 427
　　项目五　增压机 ··· 433
　　项目六　特殊阀门 ·· 438
模块二　富气压缩机组 ··· 444
　　项目一　富气压缩机组工艺 ·· 444
　　项目二　工业汽轮机 ··· 444
　　项目三　离心式气压机 ·· 456
　　项目四　润滑系统 ·· 473

参考文献 ··· 477

第一部分 基础知识

模块一　化学基础知识

项目一　无机化学基础知识

一、基本概念

（一）物理性质和化学性质

物质的变化分为物理变化和化学变化（又称化学反应）。化学变化是产生其他物质的变化，产生其他物质是化学变化的基本特征。物理变化则无新物质产生，比如水凝固结为冰，或水沸腾汽化为水蒸气就是物理变化。

物理性质是物质不需要发生化学变化就表现出来的性质，如颜色、状态、气味、密度、熔点、沸点、硬度、溶解性、延展性、导电性、导热性、挥发性等，这些性质是能被感官感知或利用仪器测得。

化学性质是物质在化学变化中表现出来的性质，如酸性、碱性、氧化性、还原性、热稳定性等。

（二）原子、分子、元素、化学键和化合价

1. 原子

原子是化学反应不可再分的基本微粒。原子由原子核和核外电子构成。原子核居于原子中心，体积极小，带正电荷；电子带负电荷，在原子核外做无规则的高速运动。

原子核由质子和中子构成，质子带正电，中子不带电。核电荷数等于质子数。

在原子的内部，原子核所带正电与电子所带负电的电量相等、电性相反，整个原子不显电性。

$$核电荷数 = 质子数 = 核外电子数$$

原子的质量主要集中在原子核中。一般常用相对原子质量表示原子质量大小。相对原子质量是指以一个 ^{12}C 原子质量的 1/12 作为标准，其他任何一种原子平均原子质量与这个标准的比值。

$$相对原子质量 \approx 质子数 + 中子数$$

2. 分子

分子是物质中能够独立存在的相对稳定并保持该物质物理化学特性的最小单元。分子由原子构成，原子通过一定的作用力，以一定的次序和排列方式结合成分子。有的分子只由一个原子构成，称单原子分子，这种单原子分子既是原子又是分子。由两个原子构成的分子称双原子分子；由两个以上的原子组成的分子统称多原子分子。

3. 元素

元素是具有相同核电荷数（即质子数）的一类原子的总称。元素的种类是由核电荷数决定的。目前已经发现的元素有100余种。

4. 化学键

化学键是纯净物分子内或晶体内相邻两个或多个原子（或离子）间强烈的相互作用力的统称。使离子相结合或原子相结合的作用力通称为化学键。化学键主要有三种基本类型，即离子键、共价键和金属键。

5. 化合价

化合价是一种元素的一个原子与其他元素的原子化合（即构成化合物）时表现出来的性质。化合价的价数等于每个该原子在化合时得失电子的数量，即该元素能达到稳定结构时得失电子的数量。

（三）物质的量

物质的量是用于计量指定的微观基本单元，如分子、原子、离子、电子等微观粒子或其特定组合的物理量，符号为 n，单位名称为摩尔，单位符号为 mol。

0.012kg ^{12}C 所含的碳原子数目（$6.022×10^{23}$ 个）称为阿伏伽德罗（Avogadro）常数（N_A）。如果某物质系统中所含的微观基本单元数目为 N_A，则该物质系统的物质的量即为 1mol。

（四）单质、化合物、纯净物、混合物

1. 单质

单质是由同种元素组成的纯净物，如铝、铁、钙、钾、汞、氢气、氧气。

2. 化合物

化合物是由两种或两种以上不同元素组成的纯净物，如 HCl、SO_2、NaOH。

3. 纯净物

纯净物是由一种单质或一种化合物组成的物质，如 P、MgO。

4. 混合物

混合物是由两种或多种物质混合而成的物质，如钢铁、铝合金、空气、水溶液。

（五）氧化剂和还原剂

1. 氧化剂

氧化剂是指在反应过程中得到电子（或电子对偏向），在反应过程中所含元素的化合价降低的反应物。在反应过程中被还原，其产物为还原产物。

2. 还原剂

还原剂是指在反应过程中失去电子（或电子对偏离），在反应过程中所含元素的化合

价升高的反应物。在反应过程中被氧化，其产物为氧化产物。

（六）理想气体状态方程

理想气体状态方程（又称理想气体定律、普适气体定律）是描述理想气体在处于平衡态时，压强、体积、物质的量、温度间关系的状态方程。其方程为：

$$pV = nRT = mRT/M$$

式中　p——理想气体的压强，Pa；
　　　V——理想气体的体积，m³；
　　　n——气体物质的量，mol；
　　　T——理想气体的热力学温度，K；
　　　R——理想气体常数，$R=8.314$J/(mol·K)；
　　　m——气体的质量，g；
　　　M——气体的摩尔质量，g/mol。

二、化学反应

（一）化学反应方程式

用分子式来表示化学反应的式子称为化学反应方程式，表示参加反应物质之间的质和量的变化关系。

化学方程式的书写步骤如下：

（1）在等号的左边写反应物的化学式，右边写生成物的化学式。

（2）根据质量守恒定律，在各化学式前面，配上适当的系数，使左右两边的每一种元素的原子总数相等。

（3）如果是在特定条件下进行的反应，要在符号上或下注明反应发生的条件，如燃烧加热、催化剂、温度、压力等。

（4）生成物中有气体物质用"↑"符号表示，生成物中有难溶物质用"↓"符号表示。

（二）化学反应类型

化学反应中十分重要的反应类型有化合反应、分解反应、置换反应和复分解反应。

1. 化合反应

化合反应是由两种或两种以上的物质反应生成另外一种物质的反应。其中部分反应为氧化还原反应，部分为非氧化还原反应。化合反应一般释放出能量。反应方程式可简记为 A+B ══ AB。例如：

$$2CO + O_2 ══ 2CO_2$$

2. 分解反应

分解反应是由一种物质生成两种或两种以上其他物质的反应称为分解反应。只有化合物才能发生分解反应。反应方程式简记为 AB ══ A+B。例如：

$$H_2CO_3 ══ CO_2\uparrow + H_2O$$

3. 置换反应

置换反应是一种单质与化合物反应生成另外一种单质和化合物的化学反应。反应方程式可简记为 AB+C ══ A+CB。例如：

$$CuSO_4+Fe ══ Cu+FeSO_4$$

4. 复分解反应

复分解反应是由两种化合物互相交换成分，生成另外两种化合物的反应。反应方程式可简记为 AB+CD ══ AD+CB。例如：

$$HCl+NaOH ══ NaCl+H_2O$$

（三）化学反应速率及其影响因素

化学反应速率是用来衡量化学反应进行快慢的物理量，用单位时间内反应物浓度的减少或生成物浓度的增加来表示，化学反应速率的单位为 mol/(L·s) 或 mol/(L·min)。影响化学反应速率的因素除了参加化学反应的物质的性质外，还与下面一些因素有关。

1. 浓度

增加反应物浓度，活化分子（反应中能量较高的、能发生有效碰撞的分子）百分数不变，但是由于单位体积内分子总数增多，引起单位体积内活化分子总数增多，反应速率加大。

2. 压强

对于有气体参加的化学反应，当其他条件不变时，增大气体的压强，可以加快化学反应速率；减小气体的压强，则减慢化学反应速率。因为在其他条件不变时，增大压强，则气体体积减小，气体浓度增大，单位体积内的活化分子数增多，从而增加了有效碰撞的次数，使化学反应速率加快。因此增大压强，化学反应速率加快。反之，减小压强，反应速率减慢。

压强改变时，对固体、液体或溶液的体积影响很小，对它们浓度变的影响也很小，可以认为改变压强时对固体、液体的反应速率无影响。

3. 温度

升高温度，反应物分子获得能量，使一部分原来能量较低分子变成活化分子，增加了活化分子的百分数，使得有效碰撞次数增多，故反应速率加大。由于温度升高，分子运动速率加快，单位时间内反应物分子碰撞次数也增多，会相应加快反应速率。

4. 催化剂

使用正催化剂能够降低反应所需的能量，使更多的反应物分子成为活化分子，大大提高了单位体积内反应物分子的百分数，从而成千上万倍地增大了反应速率。负催化剂则反之。

注意：催化剂只能改变化学反应速率，却改变不了化学反应平衡。

5. 其他因素

光照、电磁波、反应物颗粒大小、溶剂等因素也都能对某些化学反应的反应速率产生一定的影响，另外形成原电池也是加快化学反应速率的一种方法。

（四）化学平衡及其影响因素

1. 化学平衡含义

化学平衡是指在可逆反应中，从反应开始起，反应物浓度逐渐减小，正反应速率随着减小，生成物浓度逐渐增大，逆反应速率随着增大，最后达到正、逆反应速率相等的状态，使反应总速率等于零，达到动态平衡，这时体系内各物质的浓度不再发生变化，把这种状态称为化学平衡。

2. 化学平衡的特点

（1）如果外界条件不发生变化，则平衡状态也不改变，即反应混合物中各组分的百分含量保持不变。

（2）一个可逆反应达到平衡状态以后，反应条件（温度、压强、浓度等）改变时，平衡混合物中各组分的百分含量随着改变而达到新的平衡状态，这就是化学平衡的移动（催化剂对化学平衡的移动没有影响）。

（3）化学平衡状态可以通过两个相反的途径来实现。因为能够达到化学平衡的化学反应必然是可逆反应，所以平衡状态的实现既可以从正反应开始，又可以从逆反应开始。

3. 化学平衡移动的影响因素

1）浓度

当外界条件一定时，增大反应物的浓度或减小生成物的浓度，化学平衡将向正反应方向移动，即向生成物的方向移动。同样，增大生成物的浓度或减小反应物的浓度，化学平衡将向逆反应方向移动，即向反应物的方向移动。

2）压力

在一个有气态物质参与反应的平衡体系中，若增加压力，化学平衡将向气体分子总数减少的方向移动；若降低压力，化学平衡将向气体分子总数增加的方向移动。如果反应前后气态物质的分子总数不变，改变压力则不会引起化学平衡的移动。

3）温度

升高温度，化学平衡向吸热方向移动；降低温度，化学平衡向放热方向移动。

假如改变平衡体系的条件之一，如温度、压力或浓度，平衡就向着减弱这个改变的方向移动。这个规律称为吕·查德里原理，也称为平衡移动原理。

三、溶液与溶液浓度

（一）溶液概念

一种或几种物质分散到另一种物质里，组成均一、稳定的混合物称为溶液。被分散的物质称为溶质，溶质以分子或更小的质点分散于另一物质（溶剂）中。物质在常温时有固体、液体和气体三种状态，因此溶液也有三种状态，空气就是一种气体溶液，固体溶液混合物常称固溶体，如合金。一般溶液专指液体溶液。

（二）溶解度概念

通常把一定温度和压力下，物质在一定量的溶剂中达到溶解平衡时所溶解的量，称为溶解度。某种物质的溶解度也就是在一定温度和压力下，饱和溶液中所含溶质的量。对于固体和液体的溶解度，指在一定温度下，溶质在 100g 溶剂中达到溶解平衡时所溶解的质量（g）。对于气体的溶解度，指在一定温度和压力下，1 体积溶剂中所能溶解的气体体积数（要换算成标准状况时的体积数）。

（三）影响溶解度的因素

1. 溶质和溶剂的性质

同一溶剂中，不同溶质的溶解度不同，这是由于不同溶质具有不同的结构而造成溶解度上的差异。不同溶剂中，同一溶质的溶解度也不同，这是不同溶剂分子与溶质之间相互作用力的差异所造成的。

2. 温度

对固体物质的溶解度，大多数都随温度的升高而增加；少数固体物质的溶解度受温度影响不大；个别固体物质的溶解度随温度的升高而减少。对气体物质的溶解度，一般随温度的升高而减少。

3. 压力

压力对固体物质的溶解度没有显著的影响。气体的溶解度一般随压力的增加而增大。

（四）饱和溶液与不饱和溶液

在一定条件下，向一定量溶剂里加入某种溶质，当溶质不能继续溶解时，所得的溶液称为这种溶质在这种条件下的饱和溶液。

在一定条件下，某种溶质还能继续溶解的溶液（即尚未达到饱和的溶液），称为不饱和溶液。

（五）溶液的浓度

1. 质量分数

质量分数是指溶液中溶质的质量与溶液总质量之比。

$$质量分数 = 溶质质量/溶液总质量 \times 100\%$$

2. 体积分数

体积分数指的是溶液中溶质的体积与溶液总体积之比。

$$体积分数 = 溶质体积/溶液总体积 \times 100\%$$

3. 摩尔分数

摩尔分数指的是溶液中某一组分的物质的量与所有组分的物质的量总和之比。

$$摩尔分数 = 溶液中某一组分的物质的量/所有组分的物质的量总和 \times 100\%$$

4. 物质的量浓度

物质的量浓度指的是溶液中溶质的物质的量与溶液总体积之比，单位 mol/L。

$$物质的量浓度 = 溶质物质的量/溶液总体积$$

四、电解质和酸碱度

（一）电解质

电解质是指在溶液或熔融状态下能够离解成带相反电荷且自由移动离子的物质。电解质可以分为强电解质和弱电解质。

1. 强电解质

强电解质是指在溶液中完全离解成离子的物质。这些离子使溶液具有很高的电导率。强电解质的溶液通常呈现出良好的导电性能。例如：硫酸、氢氧化钠、氯化钠、氧化钙等。

2. 弱电解质

弱电解质是指在溶液中只部分离解成离子的物质。这些离子的浓度较低，溶液的电导率相对较低。例如：醋酸、碳酸等。弱电解质的离解程度取决于溶液的浓度和温度。

（二）离解平衡

离解平衡是指弱电解质（如某些弱酸、弱碱）在溶于水时，其分子离解成离子的速率与离子重新结合成分子（即未离解的弱电解质分子）的速率相等时，达到的一种动态平衡状态。这种平衡状态是相对稳定的，当外界条件（如温度、浓度）发生变化时，平衡会被打破并朝着减弱这种变化的方向移动。

影响离解平衡的因素：

（1）温度。离解一般吸热，升温一般有利于离解。

（2）浓度。浓度越大，离解程度越小。溶液稀释时，离解平衡向着离解的方向移动。

（3）同离子效应。在弱电解质溶液里加入与弱电解质具有相同离子的电解质，会抑制离解。

（4）其他外加试剂。加入能与弱电解质离解产生的某种离子反应的物质时，则促进离解。

（三）酸碱度和 pH 值

酸度和碱度是描述溶液中酸性和碱性程度的物理性质。在化学中，酸度和碱度用 pH 值来衡量。pH 值的数值范围为 1~14，它用于表示溶液的酸碱性。

1. 酸度的概念和表示方法

在化学中，酸度是指溶液中酸性成分的浓度或活性。酸性溶液具有较低的 pH 值，通常在 0 到 7 之间。pH 值越低，酸度越强。酸性溶液含有产生 H^+ 的化合物，如盐酸（HCl）。酸度可以通过使用酸度计或 pH 试纸等进行测量。

2. 碱度的概念和表示方法

碱度是溶液中碱性成分的浓度或活性。碱性溶液具有较高的 pH 值，通常在 7 到 14 之间。碱性溶液含有产生 OH^- 的化合物，如氢氧化钠（NaOH）。碱度也可以通过酸度计或 pH 试纸等进行测量。

五、常见气体性质

常见气体性质见表1-1-1。

表1-1-1 常见气体性质

	分子式	相对分子质量	密度 g/L	色、味	沸点,℃	毒性及健康危害	生产中危险性
空气		29	1.293	无色无味			
氧气	O₂	32	1.429	无色无味	-183.0		
氮气	N₂	28	1.25	无色无味	-195.8	空气中氮气含量过高，使吸入气氧分压下降，引起缺氧窒息。吸入氮气浓度不高时，最初感到胸闷、气短、疲软无力，继而有烦躁不安、极度兴奋、乱跑、叫喊、神情恍惚、步态不稳，称之为"氮酩酊"，可进入昏睡或昏迷状态。吸入高浓度氮气，迅速昏迷，因呼吸和心跳停止而死亡	氮的化学性质不活泼，常温下很难跟其他物质发生反应，所以常被用来制作防腐剂；遇高热，容器内压增大，有开裂和爆炸的危险
氢气	H₂	2	0.0899	无色无味	-252.87		氢气在化学反应中主要用作还原剂
硫化氢	H₂S	34	1.189	无色臭鸡蛋气味	-60.4	强烈神经毒物，对黏膜有明显刺激作用，浓度越高，全身作用越明显，浓度达到0.1%时，只要吸入几口，会使人呼吸停止，呈现"闪电式"中毒死亡	闪点＜-50℃，自燃点260℃，爆炸极限4.0%~44.0%，属于易燃危化品，与空气混合能形成爆炸性混合物，遇明火、高热能引起燃烧爆炸。比空气重，能在较低处扩散到相当远的地方，遇火源会着火爆炸；对环境有危害，对水体和大气会造成污染
二氧化硫	SO₂	64	2.93	无色刺激性气味	-10	轻微中毒时，会使呼吸道和眼黏膜发炎，在空气中含量达2%以上时，会造成呼吸困难、吐血和失眠，甚至窒息死亡	大气的主要污染物，溶于水会形成亚硫酸
一氧化碳	CO	28	1.250	无色无味	-191.5	极易与血红蛋白结合，使血红蛋白丧失携氧能力和作用，造成人员窒息休克，严重时死亡	闪点＜-50℃，自燃点608.89℃，爆炸极限12.5%~74.2%

续表

	分子式	相对分子质量	密度 g/L	色、味	沸点,℃	毒性及健康危害	生产中危险性
二氧化碳	CO_2	44	1.977	无色无味	-78.5		不助燃、不可燃，与水反应生成碳酸，固体俗称干冰
氨气	NH_3	17	0.771	无色刺激性恶臭气味	-33.5	低浓度氨对黏膜有刺激作用，高浓度可造成组织溶解性坏死。液氨或高浓度氨气可致眼灼伤；液氨可致皮肤灼伤	与空气混合能形成爆炸性混合物，爆炸极限15.7%～27.4%，遇明火、高热能引起燃烧爆炸；遇高热，容器内压增大，有开裂和爆炸的危险；对环境有严重危害，对水体、土壤和大气可造成污染

项目二　有机化学基础知识

一、有机化合物的分类

有机化合物常见的分类方法有：按组成元素分类、按碳架分类、按官能团分类。

（一）按组成元素分类

（1）烃类物质：只含碳氢两种元素的有机物，如烷烃、烯烃、炔烃、芳香烃等。

（2）烃的衍生物：烃分子中的氢原子被其他原子或原子团所取代而生成的一系列化合物称为烃的衍生物（或含有碳氢及其以外的其他元素的化合物），如醇、醛、羧酸、酯、卤代烃。

（二）按碳架分类

根据碳原子结合而成的基本骨架不同，有机化合物分为链状化合物、环状化合物两大类。

（1）链状化合物：分子中的碳原子相互连接成链状。因其最初是在脂肪中发现的，所以又称为脂肪族化合物。

（2）环状化合物：分子中含有由碳原子组成的环状结构。环状化合物又可分为三类：
① 脂环化合物，一类性质和脂肪族化合物相似的碳环化合物。
② 芳香化合物，分子中含有苯环的化合物。
③ 杂环化合物，组成的环骨架的原子除 C 外，还有杂原子的化合物。

（三）按官能团分类

官能团是决定化合物主要性质的原子或者原子团。按官能团不同，常见的有机化合物有：

(1) 烷烃：烷烃无官能团，特征是碳碳单键形成链状，剩余价键全部与氢原子结合。

(2) 烯烃：官能团是碳碳双键—C=C—。

(3) 炔烃：官能团是碳碳三键—C≡C—。

(4) 苯和苯的同系物：官能团是苯环。

(5) 卤代烃：烃基与卤素相连的有机物，官能团是卤素—X（X=F、Cl、Br、I）。

(6) 醇：脂肪烃基与羟基相连的有机物，官能团是羟基—OH。

(7) 醚：烃基或者氢原子与醚键相连的有机物，官能团是醚键—C—O—C—。

(8) 酚：苯环直接与羟基相连的有机物，官能团是羟基—OH。

(9) 醛：烃基与醛基相连的有机物，官能团是醛基—CHO。

(10) 酮：烃基与羰基相连的有机物，官能团是羰基—CO—。

(11) 羧酸：烃基或氢原子与羧基相连的有机物，官能团是羧基—COOH。

(12) 酯：烃基或氢原子与酯基相连的有机物，官能团是酯基—COOR。

(13) 胺：烃基与氨基相连的有机物，官能团是氨基—NH$_2$。

(14) 硝基化合物：烃基与硝基相连的有机物，官能团是硝基—NO$_2$。

其他有机化合物还有糖、油脂、氨基酸、蛋白质等。

二、常见烃类及性质

（一）烷烃

烷烃是分子中的碳原子都以碳碳单键相连接成链状，其余的价键都与氢结合而成的化合物，烷烃的通式为 C_nH_{2n+2}。烷烃是最简单的一类有机化合物。烷烃的主要来源是石油和天然气，是重要的化工原料和能源物质。

1. 烷烃物理性质

烷烃的物理性质随着分子中碳原子数的递增呈规律性变化。随着分子中碳原子数的递增，烷烃的沸点逐渐升高，相对密度逐渐增大；常温下的存在状态，也由气态（碳原子数≤4）逐渐过渡到液态、固态。烷烃的密度比水小。烷烃难溶于水，易溶于有机溶剂。值得注意的是，烷烃中正构烷烃和异构烷烃的物理性质差异较大。

2. 烷烃化学性质

常温下烷烃很不活泼，与强酸、强碱、强氧化剂等都不发生反应，只有在特殊条件下（如光照或高温）才能发生某些反应。

(1) 取代反应（特征反应）：在光照条件下能跟卤素发生取代反应。

$$CH_3CH_3 + Cl_2 \xrightarrow{光照} CH_3CH_2Cl + HCl$$

(2) 氧化反应：点燃后发生氧化反应。

$$C_nH_{2n+2} + \frac{3n+1}{2}O_2 \xrightarrow{点燃} nCO_2 + (n+1)H_2O$$

相同状况下随着烷烃分子里碳原子数的增加，燃烧往往会越来越不充分。

（3）裂解反应：烷烃在高温会发生碳碳键断裂，大分子化合物变为小分子化合物。

（4）异构化反应：烷烃在酸性催化剂作用下，能够发生异构化反应。工业上常用这种反应，将正构烷烃转化为异构烷烃，提高汽油的辛烷值。

（二）烯烃

烯烃是指分子中含有1个碳碳双键的链状碳氢化合物，属于不饱和烃（含有2个碳碳双键的称二烯烃）。烯烃分子通式为 C_nH_{2n}。

1. 烯烃物理性质

在标准状况下简单的烯烃中，常温下含有2~4个碳原子的烯烃为气体，是非极性分子，不溶或微溶于水，乙烯、丙烯和丁烯是气体；含有5~18个碳原子的正构烯烃是液体，更高级的烯烃则是蜡状固体。在正构烯烃中，随着相对分子质量的增加，沸点升高。同碳数时，正构烯烃的沸点比带支链的烯烃沸点高。相同碳架的烯烃，双键由链端移向链中间，沸点、熔点都有所增加。

2. 烯烃化学性质

烯烃双键中的其中之一属于能量较高的 π 键，不稳定，易断裂，所以易发生加成反应。

（1）加成反应。

烯烃容易与卤素发生反应，是制备邻二卤代烷的主要方法。

$$CH_2=CH_2 + X_2 \longrightarrow CH_2X-CH_2X$$

此外，烯烃还能与氢气、卤化氢、硫酸、次卤酸等发生加成反应。烯烃与氢气作用生成烷烃的反应也称为加氢反应，又称氢化反应。加氢反应的活化能很大，即使在加热条件下也难发生，而在催化剂的作用下反应能顺利进行，故称催化加氢。

（2）氧化反应。

① 乙烯在银催化剂的存在下，被空气中的氧气直接氧化为环氧乙烷。

$$H_2C=CH_2 + O_2 \xrightarrow[200\sim300℃]{Ag} H_2C\underset{O}{\overset{}{-\!\!\!-\!\!\!-}}CH_2$$

② 烯烃与酸性高锰酸钾反应，反应剧烈，生成酮或羧酸，或者二者的混合物。

③ 烯烃的臭氧化：将含有6%~8%臭氧的氧气通入烯烃或烯烃溶液中，生成臭氧化物，臭氧化物极不稳定，一般直接加水将其水解，水解产物为醛或酮和过氧化氢。为了防止水解产生的醛、酮被过氧化氢氧化成羧酸，可以加入还原剂（例如锌粉），防止进一步的氧化，从而得到醛、酮。

$$CH_3-\underset{\underset{CH_3}{|}}{C}=CH-CH_3 \xrightarrow[H_2O,\ Zn]{O_3} CH_3-\underset{\underset{CH_3}{|}}{C}=O + O=CH-CH_3$$

（3）聚合反应。

在一定条件下，若干个烯烃分子可以彼此打开双键进行自身加成反应，生成高分子聚合物。

$$n\underset{\underset{CH_3}{|}}{CH}=CH_2 \xrightarrow[50℃,2MPa]{TiCl_4-Al(C_2H_5)_3} {\Big[}\underset{\underset{CH_3}{|}}{CH}-CH_2{\Big]}_n$$

（三）芳香烃

芳香烃通常是指分子中含有苯环结构的碳氢化合物。最早是从植物胶中取得的具有芳香气味的物质，发现这类化合物的分子都含有苯环，后来将含有苯环的这一类化合物称为芳香族化合物。苯系芳香烃分为单环芳香烃和多环芳香烃。

单环芳香烃是分子中仅含有一个苯环的芳香烃，例如：

苯　　甲苯　　1,2-二甲苯　　乙苯

多环芳香烃是分子中含有两个或两个以上苯环的芳香烃，例如：

萘　　蒽　　联苯

1. 芳香烃物理性质

芳香烃不溶于水，但溶于有机溶剂，如乙醚、四氯化碳、石油醚等非极性溶剂。一般芳香烃均比水轻。沸点随相对分子质量升高而升高。熔点除与相对分子质量有关外，还与结构有关，通常对位异构体由于分子对称，熔点较高。

2. 芳香烃化学性质

单环芳香烃的结构比较稳定，但在一定条件（如催化）下，可以发生取代、加成和氧化等反应。

（1）取代反应。

① 卤代反应。在苯环上引入卤原子的反应称为卤代反应。

$$C_6H_6 + X_2 \xrightarrow{FeX_3} C_6H_5X + HX$$

萘比苯易发生卤代反应，一般不需要催化剂，萘就能与溴作用得到 α-溴萘。

$$\text{萘} + Br_2 \xrightarrow[\text{加热}]{CCl_4} \text{α-溴萘} + HBr$$

② 磺化反应。苯与浓硫酸或发烟硫酸作用时，磺酸基（—SO$_3$H）取代苯环上的氢原子，生成苯磺酸，这个反应就是芳香基的磺化反应。

$$C_6H_6 + H_2SO_4(\text{浓}) \xrightarrow{110℃} C_6H_5SO_3H + H_2O$$

萘与浓硫酸发生磺化反应时，温度不同，产物也不同。在低温下主要产物为 α-萘磺酸；在较高温度下，则磺化反应的主要产物为 β-萘磺酸。

$$\text{萘} + H_2SO_4 \xrightarrow{80℃} \text{α-萘磺酸} \quad \xrightarrow{160℃} \text{β-萘磺酸} \quad \text{加热}$$

③ 硝化反应。苯与浓硝酸和浓硫酸的混合物在 50~60℃ 反应，苯环上的一个氢原子被硝基（—NO_2）取代，生成硝基苯，这类反应称为硝化反应。在这个反应中浓硫酸既是催化剂，又是脱水剂。

$$\text{苯} + HNO_3 \xrightarrow[50\sim60℃]{\text{浓}H_2SO_4} \text{硝基苯} + H_2O$$

萘比苯易发生硝化反应，在室温下，萘与硝酸硫酸混酸作用得到 α-硝基萘。

$$\text{萘} + HNO_3 \xrightarrow[\text{加热}]{H_2SO_4} \text{α-硝基萘} + H_2O$$

④ 傅克烷基化反应。在催化剂作用下，芳香烃可以与烷基化试剂发生反应，苯环上的氢原子被烷基化试剂取代，这个反应称为傅克烷基化反应。在傅克烷基化反应中，常见的催化剂有路易斯酸（$FeCl_3$、$AlCl_3$ 等）或质子酸（HF、H_3PO_4 等），常见的试剂有卤代烷烃、烯烃、醇等。

$$\text{苯} + CH_3\overset{O}{\overset{\|}{C}}-Cl \xrightarrow[70\sim80℃]{\text{无水}AlCl_3} \text{苯基}-CO-CH_3 - HCl$$

（2）氧化反应。

在含侧链的烷基苯中，受苯环影响，侧链的 α-H 变得比较活泼，易被氧化。所以在酸性高锰酸钾条件下，侧链被氧化成羧基，例如：

$$\text{C}_6\text{H}_5-CH_3 \xrightarrow[H^+]{KMnO_4} \text{C}_6\text{H}_5-COOH$$

$$\text{C}_6\text{H}_5-\underset{\underset{CH_3}{|}}{CH}-CH_3 \xrightarrow[H^+]{KMnO_4} \text{C}_6\text{H}_5-COOH + 2CO_2$$

但是，若烷基苯的侧链不含 α-H，则侧链不发生氧化，例如：

$$H_3C-\langle\bigcirc\rangle-C(CH_3)_3 \xrightarrow[\triangle]{KMnO_4} HOOC-\langle\bigcirc\rangle-C(CH_3)_3$$

对叔丁基甲苯 → 对叔丁基苯甲酸

萘容易被氧化，随反应条件不同生成不同的氧化产物，例如：

萘 $\xrightarrow{CrO_3, 乙酸}$ 1,4-萘醌

萘 $\xrightarrow[350\sim400℃]{O_2, V_2O_5}$ 邻苯二甲酸酐

（3）缩合反应。

燃油特别是一些重质燃油，含有大量的芳香烃（单环、多环、稠环芳香烃），在高温缺氧条件下易发生缩合反应，缩合物相对分子质量逐渐增大而碳氢比逐渐增高，例如：

（苯）$\xrightarrow{脱氢}$（联苯）$\xrightarrow{脱氢}$（1,2-二苯基苯）$\xrightarrow{脱氢}$（三亚苯）

（甲苯）+（甲苯）$\xrightarrow{脱氢}$（蒽）

（苊）$\xrightarrow{脱氢}$（十环烯）$\xrightarrow{脱氢}$（大分子稠环烃）

随着时间的加长，缩合反应将一直进行下去，以致生成高分子的焦炭。焦炭的成分并非简单的碳元素，而是高相对分子质量的稠环芳香烃。它们会引起不完全燃烧，并在气缸内产生积炭。

（4）加成反应。

苯环比较稳定，一般情况不能发生加成反应，但在催化剂（如镍）、高温、高压条件

下，苯可发生加成反应，例如：

$$\text{C}_6\text{H}_6 + 3\text{H}_2 \xrightarrow[180\sim250℃]{\text{Ni}} \text{环己烷}$$

萘比苯易发生加成反应。萘的不饱和性比苯显著，可以发生部分或全部加氢。在催化剂镍或铂存在下，萘加氢可得到四氢化萘或十氢化萘。

$$\text{萘} \xrightarrow{\text{Na},\text{C}_2\text{H}_5\text{OH}} \text{四氢化萘} \xrightarrow{\text{H}_2,\text{Ni}} \text{十氢化萘}$$

模块二　化工原理基础知识

项目一　流体流动与输送

一、流体静力学

（一）流体的密度

1. 密度定义

单位体积流体的质量，称为流体的密度，表达式：

$$\rho = \frac{m}{V}$$

式中　ρ——流体的密度，kg/m³；
　　　m——流体的质量，kg；
　　　V——流体的体积，m³。

2. 液体密度

通常液体可视为不可压缩流体，认为其密度仅随温度变化（极高压力除外），其变化关系可由手册中查得。在工程计算中，常将液体密度视为常数。

化工生产中遇到的流体，大多为几种组分构成的混合物，而通常手册中查得的是纯组分的密度，混合物的平均密度 ρ_m 可以通过纯组分的密度进行计算。

对于液体混合物，其组成通常用质量分数表示，假设各组分在混合前后体积不变，则液体混合物密度为：

$$\frac{1}{\rho_m} = \frac{w_1}{\rho_1} + \frac{w_2}{\rho_2} + \cdots + \frac{w_n}{\rho_n}$$

式中　$w_1, w_2, \cdots, w_n$——液体混合物中各组分的质量分数；
　　　$\rho_1, \rho_2, \cdots, \rho_n$——各纯组分的密度，kg/m³。

3. 气体密度

气体具有压缩性及热膨胀性，其密度随压力和温度变化较大。当压力不太高、温度不太低时，气体密度可按理想气体状态方程计算：

$$\rho = \frac{pM}{RT}$$

式中　ρ——气体的密度，kg/m^3；
　　　p——气体的绝对压力，Pa；
　　　M——气体的摩尔质量，kg/mol；
　　　T——热力学温度，K；
　　　R——气体常数，其值为8.314J/(mol·K)。

一般在手册中查得的气体密度都是在一定压力与温度下的，若条件不同，则密度需进行换算。

$$\rho = \rho_0 \frac{T_0}{T} \cdot \frac{p}{p_0}$$

式中　ρ_0——某气体在指定条件（p_0、T_0）下的密度，kg/m^3；
　　　ρ——操作条件（p、T）下的密度，kg/m^3。

对于气体混合物，其组成通常用体积分数表示。各组分在混合前后质量不变，则有：

$$\rho_m = \rho_1\phi_1 + \rho_2\phi_2 + \cdots + \rho_n\phi_n$$

式中　$\phi_1, \phi_2, \cdots, \phi_n$——气体混合物中各组分的体积分数。

气体混合物的平均密度 ρ_m 也可利用理想气体状态方程通过混合气体的平均摩尔质量 M_m 计算：

$$\rho_m = \frac{pM_m}{RT}$$

$$M_m = M_1y_1 + M_2y_2 + \cdots + M_ny_n$$

式中　$M_1, M_2, \cdots, M_n$——各纯组分的摩尔质量，kg/mol；
　　　$y_1, y_2, \cdots, y_n$——气体混合物中各组分的摩尔分数。

对于理想气体，其摩尔分数 y 与体积分数 ϕ 相同。

4. 比容

比容 v 是单位质量流体具有的体积，是密度的倒数，单位为 m^3/kg。

$$v = \frac{V}{m} = \frac{1}{\rho}$$

（二）流体静压强定义

流体垂直作用于单位面积上的力，称为流体的静压强，简称压强，工程上常称为压力。

在 SI 单位中，压力的单位是 N/m^2，称为帕斯卡，以 Pa 表示。此外，压力的大小也间接地以流体柱高度表示。若流体的密度为 ρ，则液柱高度 h 与压力 p 的关系为：

$$p = \rho g h$$

（三）流体静力学基本规律

静止流体内部压强变化规律见图 1-2-1。
静止流体内部某处的压强大小与其深度的关系为：

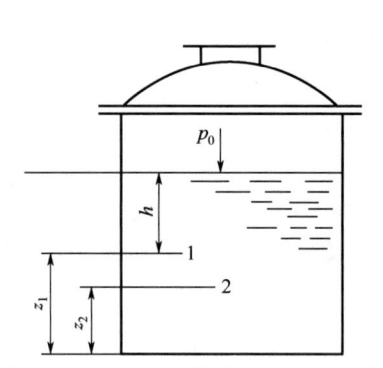

图 1-2-1 静止流体内部压强示意图

$$p_1 = p_0 + \rho g h$$

式中 p_1——液体内部某处压强,如图 1-2-1 中 1 点处压强,N/m^2;
p_0——液面上方的压强,N/m^2;
h——液体内部某处距液面的高度,m;
ρ——液体的密度,kg/m^3。

如果以容器底面为测量高度的基准面,则液体内部任意两点(如图 1-2-1 中 1,2)间的压强关系为:

$$p_2 = p_1 + \rho g(z_1 - z_2)$$

或

$$\frac{p_1}{\rho} + z_1 g = \frac{p_2}{\rho} + z_2 g$$

上述三式均称为静力学基本方程。静力学基本方程适用于在重力场中静止、连续的同种不可压缩流体,如液体。而对于气体来说,若密度随压力变化不大,密度近似地取其平均值而视为常数时,静力学基本方程也适用。

有关流体静力学基本方程的讨论:

(1) 在静止的、连续的同种液体内,处于同一水平面上各点的压力处处相等,此截面称为等压面。连通器就是用此原理。

(2) 压力具有传递性。液面上方压力变化时,液体内部各点的压力也将发生相应的变化。

(3) zg、$\dfrac{p}{\rho}$ 分别为单位质量流体所具有的位能和静压能,在同一静止流体中,处在不同位置流体的位能和静压能各不相同,但总和恒为常量。因此,静力学基本方程也反映了静止流体内部能量守恒与转换的关系。

(四) 流体静力学基本方程的应用

1. 压差与压强的测量

应用流体静力学基本规律的测压仪器中最典型的是液柱压差计,可用来测量流体的压强或压强差。较典型的液柱压差计有 U 形管压差计。

2. 液位的测量

化工厂中最原始的液位计是于容器底部器壁及液面上方器壁处各开一小孔,两孔之间玻璃管相连的玻璃管液位计，玻璃管中的液面高度即为容器的液面高度。玻璃管液位计也是流体静力学基本方程的一种实际应用。

二、流体动力学

（一）流速和流量

1. 流量

体积流量：单位时间内流经管道任意截面的流体体积，称为体积流量，以 q_V 表示，单位为 m^3/s 或 m^3/h。

质量流量：单位时间内流经管道任意截面的流体质量，称为质量流量，以 q_m 表示，单位为 kg/s 或 kg/h。

体积流量与质量流量的关系为：

$$q_m = q_V \rho$$

2. 流速

流速是指单位时间内流体质点在流动方向上所流经的距离，单位 m/s。

流体质点在管道截面上各点的流速并不一致，而是形成某种分布。在工程计算中，为了简便常用平均流速表征流体在该截面的流速。平均流速即流体在同一截面上各点流速的平均值。习惯上，平均流速简称为流速。

$$u = \frac{q_V}{A}$$

式中　　u——平均流速，m/s；

A——截面积，m^2。

质量流速：单位时间内流经管道单位截面积的流体质量，以 G 表示，单位为 $kg/(m^2 \cdot s)$。

质量流速与流速的关系为：

$$G = \frac{q_m}{A} = \frac{q_V \rho}{A} = u\rho$$

（二）稳定流动与不稳定流动

流体在管路内流动时，如果任一截面上的流动状况（流速、压力、密度、组成等物理量）都不随时间而改变，这种流动就称为稳定流动；反之，流动状况随着时间而改变，就称为不稳定流动。

工业生产中的连续操作过程，如生产条件控制正常，则流体流动多属于稳定流动。连续操作的开车、停车过程及间歇操作过程属于不稳定流动。本章所讨论的流体流动为稳定流动过程。

（三）连续性方程

如图 1-2-2 所示的稳定流动系统，流体连续地从 1-1 截面进入，2-2 截面流出，且充满全部管道。以 1-1、2-2 截面以及管内壁为衡算范围，在管路中流体没有增加和漏失的情况下，根据物料衡算，单位时间进入截面 1-1 的流体质量与单位时间流出截面 2-2 的流

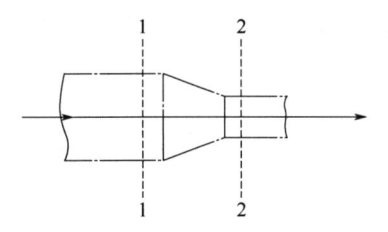

图 1-2-2　连续流体流动示意图

体质量必然相等：
$$q_{m1}=q_{m2}$$
或
$$\rho_1 u_1 A_1 = \rho_2 u_2 A_2$$
推广至任意截面：
$$q_m = \rho_1 u_1 A_1 = \rho_2 u_2 A_2 = \cdots = \rho u A = 常数$$
若流体是液体，视其密度不变，上式可简化为：
$$q_V = u_1 A_1 = u_2 A_2 = \cdots = u A = 常数$$

（四）伯努利方程

流体流动时主要有三种能量会发生变化：位能、动能和静压能。

质量为1kg、距基准水平面的垂直距离为 z 的流体的位能为 gz；

质量为1kg、流速为 u 的流体的动能为 $u^2/2$；

质量为1kg、压力为 p 的流体的静压能为 $\dfrac{p}{\rho}$。

如图1-2-3所示，对于理想流体，各截面的机械能是守恒的，有：
$$z_1 g + \frac{1}{2}u_1^2 + \frac{p_1}{\rho} = z_2 g + \frac{1}{2}u_2^2 + \frac{p_2}{\rho}$$

此方程称为理想流体的伯努利方程。

对于实际流体，从1-1截面到2-2截面会有能量损失。此外，如果有输送机械加入外加能量的话，那么上式变为：

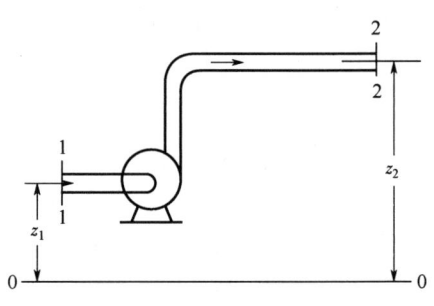

图 1-2-3　流体经泵输送示意图

$$z_1 g + \frac{1}{2}u_1^2 + \frac{p_1}{\rho} + W_e = z_2 g + \frac{1}{2}u_2^2 + \frac{p_2}{\rho} + \sum W_f$$

式中　W_e——1kg流体在输送机械处获得的外加能量，J/kg。

$\sum W_f$——1kg流体从1-1截面到2-2截面的能量损失，J/kg。

此方程称为实际流体的伯努利方程。

另外，工程上还常用压头来表示各能量，1N流体所具有的能量称为压头。例如1N流体所具有的位能称为位压头，用 z 表示；1N流体所具有的动能称为动压头，用 $u^2/(2g)$ 表示；1N流体所具有的静压能称为静压头，用 $p/(\rho g)$ 表示；此外，1N流体从流体输送机械所获得的外加能量称为外加压头，1N流体所损失的能量称为损失压头。如此伯努利方程可变化为：

$$z_1 + \frac{1}{2g}u_1^2 + \frac{p_1}{\rho g} + H_e = z_2 + \frac{1}{2g}u_2^2 + \frac{p_2}{\rho g} + \sum h_f$$

式中　H_e——外加压头，$H_e = W_e/g$，J/N；

$\sum h_f$——损失压头，$\sum h_f = \sum W_f/g$，J/N。

（五）伯努利方程式的应用

伯努利方程式在生产实际中应用广泛，重点有以下几方面的应用：

(1) 确定管道中流体的流量和流速。
(2) 确定管路中流体的压强。
(3) 确定容器间的相对位置。
(4) 确定输送设备的有效功率。

三、流体的流动类型与阻力

（一）流体的流动类型和雷诺数

流体在管子里流动，当流速不大时，流体做的是层流流动；当流速增加到一定程度时流体做湍流流动。实验表明，影响流动状态的因素不仅仅是流速 u，还有管径 d、流体的黏度 μ、密度 ρ 等因素。

流体的流动类型可用雷诺数 Re 判断：

$$Re = \frac{du\rho}{\mu}$$

一般情况下，流体在管内流动时，若 $Re<2000$ 时，流体的流动类型为层流；若 $Re>4000$ 时，流动类型为湍流；而 Re 在 2000~4000 范围内，为一种过渡状态，可能是层流也可能是湍流。在过渡区域，流动类型受外界条件的干扰而变化，如管道形状的变化、外来的轻微震动等都易促成湍流的发生，在一般工程计算中，$Re>2000$ 可作湍流处理。

（二）流体的阻力计算

流体在流动过程中，会因为流体自身不同质点之间以及流体与管壁之间的相互摩擦而产生阻力，造成能量损失，这种在流体流动过程中因为克服阻力而消耗的能量称为流动阻力。

1. 圆形直管内的流体阻力计算

直管阻力通常由范宁公式计算，其表达式为

$$W_f = \lambda \frac{l}{d} \frac{u^2}{2}$$

式中　W_f——直管阻力，J/kg；
　　　λ——摩擦系数，也称摩擦因数，其值主要与雷诺数和管子的粗糙程度有关，由实验测定或经验公式计算或查图获得，量纲1；
　　　l——直管的长度，m；
　　　d——直管的内径，m；
　　　u——流体在管内的流速，m/s。

2. 局部的流体阻力计算

流体在管路的进口、出口、弯头、阀门、扩大、缩小及各种流量计时，会产生局部阻力。局部阻力的计算一般有阻力系数法和当量长度法两种。

（1）阻力系数法。此法将局部阻力 W_f' 表示为动能的一个倍数，则：

$$W_f' = \zeta \frac{u^2}{2}$$

式中　ζ——局部阻力系数，其值由实验测定或从图表中查取，量纲1。

（2）当量长度法。将局部阻力 W'_f 视为一定长度直管的直管阻力，按直管阻力的计算方法计算：

$$W'_f = \lambda \frac{l_e}{d} \frac{u^2}{2}$$

式中　l_e——局部原件的当量长度，是与局部原件阻力相等的直管的长度，由实验测定或由图表查取，m。

四、管路输送

在炼油生产中涉及的管路分为简单管路和复杂管路。

（一）简单管路

简单管路即全部流体从入口到出口只在一根管道中连续流动，它又分为等径管路和串联管路。

1. 等径管路

等径管路是最简单的一种管路，流体流动的总阻力可直接应用上文的直管阻力与局部阻力之和求得。

2. 串联管路

由不同管径的管道组成串联管路，在稳定流动下其特点是：

（1）连续性方程适用，通过各段管的质量流量不变，对于不可压缩流体通过各段管的体积流量不变。

（2）整个管路的总阻力等于各段阻力之和（包括直管阻力和局部阻力）。

（二）复杂管路

复杂管路可视为由许多条管路组成。复杂管路的计算，不过是简单管路计算的运用与发展。复杂管路包括并联管路、分支管路。

1. 并联管路

并联管路是在主管处分为几支，然后又汇合为一支主管的管路。其特点如下：

（1）主管质量流量等于并联各支管质量流量之和。对于不可压缩流体，主管体积流量等于各支管体积流量之和。

（2）对单位质量流体，并联的各支管摩擦损失相等。

2. 分支管路

分支管路是指从主管分出支管，而在支管又有分支的管路。其特点如下：

（1）主管的流量等于各支管流量之和。

（2）虽然各支管流量不等，但在分支处的总机械能是一定值。

分支管路中当支管比较多时，计算很复杂，为了便于计算，可在分支点处将其分为若干简单管路，按一般简单管路依次计算。

项目二 传热

一、传热的基本形式

热量的传递是由物体内部或物体之间的温度不同引起的。凡是有温度差的存在，就必然发生从高温处到低温处的热量传递。化工生产离不开加热和冷却，所以传热过程在化工生产中极其重要。根据传热机理的不同，传热的基本方式有传导传热、对流传热和辐射传热三种。

（一）传导传热（热传导）

若物体各部分之间不发生相对位移，仅借分子、原子和自由电子等微观粒子的热运动而引起的热量传递称为热传导（又称导热）。热传导发生在物体内部或相互接触的两个不同温度的物体之间。

（二）对流传热（热对流）

对流传热是依靠流体的宏观位移，将热量从一处带到另一处的传热现象。由于引起质点发生相对位移的原因不同，对流传热可分为自然对流和强制对流。

（三）辐射传热（热辐射）

因热的原因而产生的电磁波在空间的传热，称为热辐射。所有物体（包括固体、液体和气体）都能将热能以电磁波的形式发射出去，而不需要任何介质，也就是说热辐射可以在真空中传播。

实际上，以上三种基本传热方式在传热过程中常常不是单独存在，往往是相互伴随、同时发生而成为复合的传热过程。

二、工业换热方式

工业中利用传热的生产过程常称换热。根据冷、热流体的接触情况，工业生产中常见的换热方式可分为直接接触式换热、间壁式换热、蓄热式换热三种。

（一）直接接触式换热

直接接触式换热又称混合式换热，是冷、热流体以直接接触，在混合过程中进行热量交换，它具有传递速度快、效率高、设备简单等优点，适用于两流体允许混合的场合，常用于热气体的水冷或热水的空气冷却。

常见的换热设备有凉水塔、喷洒式冷却塔、混合式冷凝器等。

（二）间壁式换热

化工生产过程中冷热流体之间进行的热交换多数不允许直接混合，两种流体常被固体壁面隔开，分别在壁面两侧流动，这种换热方式称为间壁式换热。

在各种间壁式换热器中，使用最多的是列管式换热器。

（三）蓄热式换热

蓄热式换热是冷热两种流体交替通过同一蓄热室，通过蓄热体将从热流体来的热量传递给冷流体以达到换热的目的。蓄热器结构较简单，可耐高温，常用于气体的余热或冷量的利用。其缺点是设备体积较大，且不能完全避免两种流体的混合，所以这类设备在化工生产中使用得不太多。

三、传热过程的基本计算

（一）换热器总传热速率

对于间壁式换热器，单位时间内热流体传给冷流体的热量，可以用下式表示：

$$Q = KA\Delta t_m$$

式中　Q——传热速率（热负荷），kJ/h 或 W；
　　　K——总传热系数，W/(m²·K)；
　　　A——传热面积，m²；
　　　Δt_m——平均传热温度差，K。

上式又称传热速率方程或传热基本方程，是换热器设计最重要的方程式。当所要求的传热速率 Q、温度差 Δt_m 及总传热系数 K 已知时，可用该方程计算所需的传热面积 A。

若换热器中两流体无相变化，且流体的比热容不随温度而变或可取平均温度下的比热容时，换热器的热负荷可用下式计算：

$$Q = q_{m,h} c_{ph} (T_1 - T_2) = q_{m,c} c_{pc} (t_2 - t_1)$$

式中　$q_{m,h}$——热流体的质量流量，kg/h；
　　　$q_{m,c}$——冷流体的质量流量，kg/h；
　　　c_{ph}——热流体的比热容，kJ/(kg·℃)；
　　　c_{pc}——冷流体的比热容，kJ/(kg·℃)；
　　　T_1，T_2——热流体的进、出口温度，℃；
　　　t_1，t_2——冷流体的进、出口温度，℃。

若换热器中的热流体有相变化，例如饱和蒸气冷凝为同温度下的液体时放出的热量，或液体沸腾汽化为同温度下的饱和蒸气时吸收的热量，可用下式计算：

$$Q = q_m r$$

式中　q_m——流体的质量流量，kg/h；
　　　r——液体汽化（或蒸气冷凝）潜热，kJ/kg。

上式的应用条件是冷凝液在饱和温度下离开换热器。若冷凝液的温度低于饱和温度时，则热负荷变为：

$$Q = q_{m,h} [r + c_{ph} (T_1 - T_2)]$$

（二）平均传热温度差

在间壁式换热器中，按照冷热流体在沿换热器传热面流动时各点温度变化的情况，可分为恒温传热和变温传热。

1. 恒温传热时的传热温差

恒温传热即两种流体在间壁两侧进行热交换时,每一种流体在换热器内的任一时间、任一位置的温度皆相等。例如换热器内间壁一侧是冷凝,另一侧为液体沸腾,两侧流体的温度沿传热面都不发生变化,两流体的温度差亦处处相等,可表示为:

$$\Delta t_m = T - t$$

式中　T——热流体的温度,℃;
　　　t——冷流体的温度,℃。

2. 变温传热时的传热温差

在传热过程中,间壁一侧或两侧的流体温度沿传热壁面随流动的距离而变化,但不随时间而变化的传热,即为稳定变温传热。若两流体的流向不同,则对温度差的影响也不相同。生产中换热器内流体流动方向大致可分为下列四种情况。

并流:换热的两种流体在传热面的两侧分别以相同的方向流动;

逆流:换热的两种流体在传热面的两侧分别以相反的方向流动;

错流:换热的两种流体在传热面的两侧彼此呈垂直方向流动;

折流:换热的两种流体在传热面的两侧,其中一侧流体只沿一个方向流动,而另一侧的流体则先沿一个方向流动,然后折回以相反方向流动,如此反复地作折流,使两侧流体间有并流与逆流的交替存在。此种情况称为简单折流,既有折流又有错流的称为复杂折流。

1) 逆流和并流时的平均温差

变温传热时,间壁两侧冷热流体的温差是变化的,平均温度差 Δt_m 的计算用对数平均值求取:

$$\Delta t_m = \frac{\Delta t_1 - \Delta t_2}{\ln \dfrac{\Delta t_1}{\Delta t_2}}$$

式中　Δt_1,Δt_2——换热器两端冷热两流体的温差,K。

在计算时注意:一般取换热器两端 Δt 中数值较大者为 Δt_1,较小者为 Δt_2,当 $\Delta t_1/\Delta t_2 \leq 2$ 时,可近似用算术平均值 $\Delta t_m = (\Delta t_1 + \Delta t_2)/2$ 代替对数平均值。

2) 错流和折流时的平均温度差

先按逆流计算对数平均温度差 $\Delta t_{m,逆}$,再乘以考虑流动形式的温度差校正系数 ϕ,即错流和折流时平均温差:

$$\Delta t_m = \phi \cdot \Delta t_{m,逆}$$

温度修正系数 ϕ 与流体的实际流动情况有关,数值可由有关手册中查得。

(三) 总传热系数的计算

在间壁式换热器中,热、冷流体通过间壁的传热由热流体的对流传热、固体壁面的热传导及冷流体的对流传热三部分串联过程组成。换热器在实际操作中,其传热壁面常有污垢形成,对传热产生附加热阻,该热阻称为污垢热阻。通常污垢热阻比传热壁面的热阻大得多,因而在传热计算中应考虑污垢热阻的影响。

间壁两侧流体间传热总热阻等于两侧流体的对流传热热阻、污垢热阻及管壁导热热阻之和。若传热壁面为平壁或薄管壁时，则总传热系数为：

$$K=\frac{1}{\frac{1}{\alpha_i}+R_{si}+\frac{\delta}{\lambda}+R_{so}+\frac{1}{\alpha_o}}$$

式中　K——总传热系数，$W/(m^2 \cdot K)$；

　　　α_i——管内对流传热系数，$W/(m^2 \cdot K)$；

　　　α_o——管外对流传热系数，$W/(m^2 \cdot K)$；

　　　R_{si}——管内污垢热阻，$m^2 \cdot K/W$；

　　　R_{so}——管外污垢热阻，$m^2 \cdot K/W$；

　　　δ——壁厚，m；

　　　λ——导热系数，$W/(m \cdot K)$。

项目三　传质

一、传质的定义和种类

化工生产中所处理的原料、中间产物和粗产品等多数是混合物，而且其中大部分是均相混合物。为了进一步加工得到纯度较高的产品或满足环保要求等目的，常常需要对均相混合物进行分离提纯操作。对于均相物系必须要造成一个两相物系，才能将均相混合物分离，并且根据原物系中各组分间某种物性的差异，使其中某个组分或某些组分从一相向另一相转移，以达到分离的目的。通常将物质在相间的转移过程称为传质过程。

传质过程有如下几种：

（1）气液传质过程，如蒸馏、吸收、气体的增湿和减湿；

（2）液液传质过程，如萃取；

（3）液固传质过程，如结晶、吸附；

（4）气固传质过程，如干燥。

二、蒸馏种类

蒸馏是利用液体混合物中各组分挥发度（沸点）不同的特性而实现分离的目的。这种分离操作是通过液相和气相间的质量传递来实现的。通常将双组分混合液（A+B）中沸点低的组分称为易挥发组分或轻组分，以组分 A 表示；沸点高的组分称为难挥发组分或重组分，以组分 B 表示。

工业上蒸馏操作可以按以下方法分类：

（1）按蒸馏方式分，蒸馏操作可分为简单蒸馏、平衡蒸馏（闪蒸）、精馏和特殊精馏。对较易分离或对分离纯度要求不高的物料，可采用简单蒸馏或平衡蒸馏，而对要求分离纯度高或难分离的物料，一般采用精馏方法分离。对于普通精馏方法无法分离或分离时操作费用和设备投资很大、经济上不合理时可采用特殊蒸馏（如恒沸精馏、萃取精馏等），比如通过在混合液中加入第三组分来增大待分离组分间的相对挥发度，从而变得易于分离。

生产中以精馏的应用最为广泛。

（2）按操作压力分，有常压蒸馏、减压蒸馏和加压蒸馏，通常情况下采用常压蒸馏。对于常压下沸点高或热敏性物料（高温下易分解、聚合等变质现象）采用减压蒸馏，以降低操作温度。而对常压下为气态或常压下沸点很低的物料（如乙烯与丙烯，常压下沸点分别为-103.7℃、-47.4℃），若在常压下蒸馏，为了保持其为液态，所需冷量太多，为了节省冷量，提高其沸点，采用加压蒸馏。

（3）按所要分离混合物的组分数分，蒸馏操作分为双组分蒸馏和多组分蒸馏。在工业生产中多以多组分精馏为最多。但多组分和双组分精馏的基本原理、计算方法均无本质区别，只是在处理多组分蒸馏过程时更复杂，因此常以双组分蒸馏为基础。

（4）按操作流程分，可分为连续蒸馏和间歇蒸馏。在现代化的大规模的工业生产中多为连续蒸馏，在小规模或某些特殊要求的场合和实验研究主要采用间歇蒸馏。

三、简单蒸馏、平衡蒸馏和精馏

（一）简单蒸馏

如图1-2-4所示，原料液一次性加入蒸馏釜中，在一定压力下加热至沸腾，使液体不断汽化，蒸气不断形成并不断引出，经冷凝冷却成为液体，液体称之为馏出液。馏出液可按不同组成范围用不同接收器收集，一直蒸到所需要的程度为止，最后从釜中排出残液，这种蒸馏方式称为简单蒸馏。

简单蒸馏属于间歇操作，在操作过程中，由于馏出液、釜液中易挥发组分也将随之递减，釜温逐渐升高。因此，简单蒸馏为不稳定过程，主要用于分离组分沸点相差很大的液体混合物，或者用于分离纯度要求不高的场合。

（二）平衡蒸馏（闪蒸）

如图1-2-5所示，进料以某种方式被加热至部分汽化，经过减压设施，引入一个容器

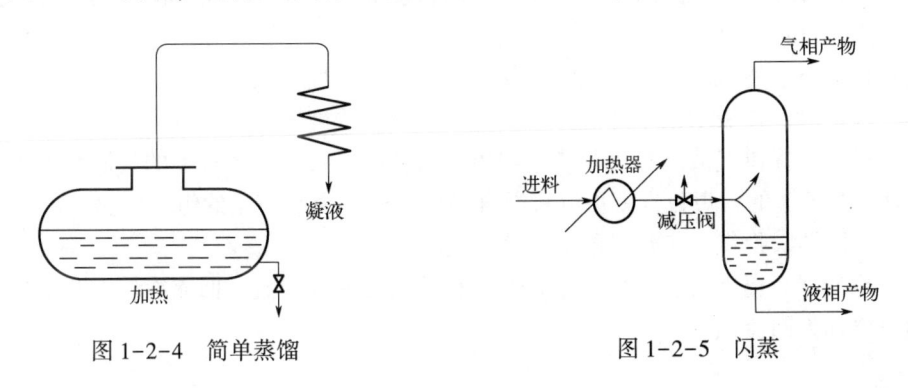

图1-2-4 简单蒸馏　　　　　图1-2-5 闪蒸

（如闪蒸罐、蒸发塔、蒸馏塔汽化段）空间内，在一定的温度和压力下，气液两相迅速分离，得到相应的气液两相产物，此即称为平衡蒸馏，又称为闪蒸。

如果在加热过程中，气液两相有足够的接触时间，气液两相产物在分离时达到了平衡状态，则这种汽化方式称为平衡汽化。平衡蒸馏是一个相对稳定的过程，如果维持恒定的操作条件，产物的组成不随时间而变化。

石油加工过程中，近似平衡汽化的地方很多，如原油从加热开始汽化到蒸馏塔进料口可近似地看作平衡汽化过程。

（三）精馏

1. 精馏过程

连续精馏如图1-2-6所示。原料液预热至指定的温度后，在塔中段适当位置送入精馏塔内，与塔上段下降的液体汇合，然后逐板下流，在下降的过程中被上升蒸气加热，部分轻组分汽化成蒸气上升，剩余的液体最后流入塔底，部分液体作为塔底产品，其主要成分为难挥发组分；另一部分液体在再沸器中被加热，产生蒸气引入精馏塔釜，蒸气逐板上升，在上升的过程中被下降的液体冷凝，部分重组分变为液体，剩余的气体从塔顶引出进入塔顶冷凝器中，被冷凝为液体，进入回流罐，部分冷凝液送回塔顶作为回流液体，其余部分经冷却器冷却后被送出作为塔顶产品，其主要成分为易挥发组分。

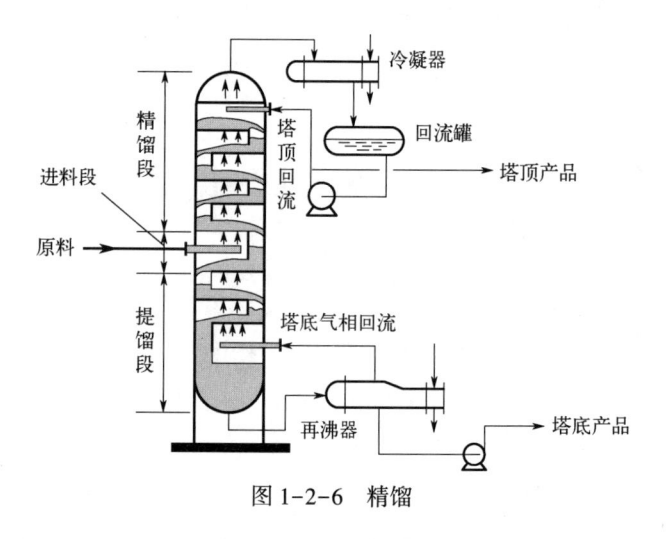

图1-2-6 精馏

将原料加入的那层塔板称为加料板。以加料板为界，上部为精馏段，下部为提馏段。精馏装置各部分的作用：

（1）精馏段。逐板增浓上升蒸气中易挥发组分的浓度。

（2）提馏段。逐板增浓下降液体中难挥发组分的浓度。

（3）塔板。提供气液两相进行传质和传热的场所。每一块塔板上的气液两相进行双向传质，只要有足够的塔板数，就可以将混合物分离成两个较纯净的组分。

（4）再沸器。提供一定流量的上升蒸气流。

（5）冷凝器。提供塔顶液相产品并保证有适当的液相回流。回流液量L和塔顶馏出液量D的比值称为回流比R。

2. 实现精馏过程的基本条件

（1）混合液各组分相对挥发度不同；
（2）具有传质传热的推动力，即温度差和浓度差；
（3）具有气、液两相充分接触的设备，即精馏塔内的塔板或填料；
（4）具有塔顶的液相回流和塔底的气相回流。

（四）精馏操作的影响因素

1. 压力

精馏塔的设计和操作都是基于一定的压力下进行的。压力增加，相对挥发度降低，分离效率将下降，影响产品的质量和产量；压力增加，液体汽化更困难，气相中难挥发组分减少，气相量降低，馏出液中易挥发组分浓度增大，但产量却相对减少，残液中易挥发组分含量增加，残液量增加。

2. 温度

在一定的操作压力下气液平衡与温度有密切的关系。不同的温度都对应着不同的气液平衡组成。塔顶、塔釜的气液平衡组成就反映了产品的质量情况，它们所对应的平衡温度，就被确定为塔顶、塔釜的温度指标。当操作压力恒定时，如塔顶温度升高，塔顶产品中难挥发组分含量增加，因此虽然塔顶产品产量增加，但质量却下降了；如塔底温度升高则同样会使塔顶产品中难挥发组分含量增加，质量下降。温度的调节对精馏操作中的质量调节起着最终作用。

3. 进料流量

进料流量发生变化，不仅会使塔内的气、液相负荷发生变化，而且会影响全塔的总物料平衡和易挥发组分的平衡。若总物料不平衡，例如当进料量大于出料量，会引起淹塔；当进料量小于出料量，会引起塔釜蒸干，从而严重破坏塔的正常操作。精馏操作在满足总物料平衡的前提下，还应同时满足各个组分的物料平衡。例如，当进料量减少时，如不及时调低塔顶馏出液的采出，将使塔顶不能获得纯度较高的合格产品。

4. 进料状态

进料状态有五种：
（1）过冷液体；
（2）饱和液体；
（3）气液混合物；
（4）饱和蒸气；
（5）过热蒸气。

相比较而言，冷液进料由于对塔内上升蒸气的冷凝效果好，可以使更多的重组分从气相进入液相，有利于气相中轻组分浓度的提升，故分离效果好，完成相同分离任务所需的塔板数少。但是，进料温度越低，为维持全塔热量平衡，要求塔釜输入更多的热量，势必增大蒸馏釜或再沸器的传热面积，使设备费用增加。因此，工程上通常先对冷液进行预加热，以降低再沸器的负荷，之后再送入精馏塔。从进料对塔内气液量的影响程度分析，饱和液体进料最适宜。

另外，进料状态不同，为保证较好的分离效果，加料位置也应有所不同。若饱和液体的进料在塔的中间位置，则冷液的进料位置选择在中间位置偏上，而气液混合物、饱和蒸气的进料位置则应选择在中间位置偏下。

5. 回流比

回流比是影响产品质量和精馏塔分离效果的重要因素，对一定塔板数的精馏塔，在进料状态等参数不变的情况下，回流比增大，将提高产品纯度，但也会使塔内气、液循环量增大，塔压差增大，冷却和加热负荷增加。当回流比太大时，则可能发生淹塔，破坏塔的正常生产。回流比太小，塔内气、液两相接触不充分，分离效果差。

（五）精馏过程的异常现象

（1）液泛（淹塔）：液体充满每块塔板之间的空间，阻碍了气体上升和液体下降，这种现象称为液泛。开始发生液泛时的气速称之为泛点气速。正常操作气速应控制在泛点气速之下。影响液泛的因素除气相、液相流量外，还与塔板的结构特别是塔板间距有关。

（2）液沫（雾沫）夹带：是指上升的气流夹带的液滴来不及沉降分离，而随气体进入上层塔板的现象。影响雾沫夹带的主要因素是操作的气速和板间距，其随操作气速的增大和板间距的减小而增加。

（3）泡沫夹带：是指气泡随着板上液流进入降液管，由于停留时间不够，气体来不及逸出，而随液体进入下一层塔板的现象。

（4）漏液：是指液体不经正常的降液管流到下一层塔板的现象。产生漏液的主要原因是气速太小，板面液面落差太大，气体分布不均。

（六）精馏的计算

对于连续稳定操作的精馏塔，进料、馏出液和釜残液的流量与组成之间的关系受全塔物料衡算的约束。通过对精馏塔的全塔物料衡算，可以求出精馏产品的流量、组成。

总物料 $F=D+W$

易挥发组分 $Fx_F=Dx_D+Wx_W$

式中 F——原料液的摩尔流量，kmol/h；

D，W——塔顶产品（馏出液）、塔底产品（釜液）的摩尔流量，kmol/h；

x_F，x_D，x_W——原料液、馏出液、釜液中易挥发组分的组成（摩尔分数）。

【例 1-5-2】 用连续精馏塔分离苯—甲苯混合液。已知原料液质量流量为 10000kg/h，苯的组成为 40%（质量分数，下同）。要求馏出液苯的组成为 98%，釜残液中含苯不高于 2%。操作压力为 101.3kPa。试确定馏出液和釜残液的摩尔流量（kmol/h）。

解： 查取苯和甲苯的摩尔质量分别为 78kg/kmol 和 92kg/kmol。

（1）将组成由质量分数换算成摩尔分数。

原料液组成为：

$$x_F=\frac{40/78}{40/78+60/92}=0.44$$

馏出液组成为：

$$x_D=\frac{98/78}{98/78+2/92}=0.983$$

釜残液组成为：
$$x_W = \frac{2/78}{2/78+98/92} = 0.0235$$

（2）将原料液的流量由质量流量换算成摩尔流量。
原料液平均摩尔质量：
$$M_F = M_A x_F + M_B(1-x_F) = 78 \times 0.44 + 92 \times 0.56 = 85.8(\text{kg/kmol})$$
原料液摩尔流量为：
$$F = 10000/85.8 = 116.6(\text{kmol/h})$$

（3）确定馏出液和釜残液的摩尔流量。
由全塔物料衡算式：
$$F = D + W$$
$$Fx_F = Dx_D + Wx_W$$
代入数据：
$$D + W = 116.6$$
$$0.983D + 0.0235W = 116.6 \times 0.44$$
解得：
$$D = 50.6 \text{kmol/h}, \quad W = 66.0 \text{kmol/h}$$

答：馏出液摩尔流量为 50.6kmol/h，釜残液摩尔流量为 66.0kmol/h。

四、气体吸收和解吸

（一）吸收的概念

利用气体混合物各组分在溶液中溶解度的差异来分离气体混合物的过程称为吸收。气体混合物中被吸收的组分称为溶质或吸收质；不被吸收的组分称为惰性气体或载体，所谓的惰性气体也不是绝对不溶解，只是溶解度比溶质气体小得多。吸收所用的液体称为吸收剂或溶剂；吸收后得到的液体称为吸收液或溶液。

（二）吸收的分类

（1）按吸收过程有无化学反应分类：物理吸收和化学吸收。
（2）按被吸收的组分数目分类：单组分吸收和多组分吸收。
（3）按吸收过程有无温度变化分类：等温吸收和非等温吸收。
（4）按被吸收组分浓度的高低分类：低浓度吸收和高浓度吸收。

（三）吸收的应用

（1）原料气的净化。
（2）有价值组分的回收。
（3）制备某种气体溶液。
（4）工业废气的治理。

（四）吸收浓度的表示方法

吸收常采用物质的量比表示浓度，即混合物中某一组分的物质的量与另一组分的物质的量的比值。液相物质的量比符号用 X 表示，气相物质的量比用 Y 表示。

在气相吸收操作中，由于气体总量随吸收的进行而改变，但惰性气体的量则始终保持不变，因此常采用混合气体中吸收质 A 对惰性组分 B 的物质的量比来表示：

$$Y_A = \frac{n_A}{n_B} = \frac{y_A}{1-y_A}$$

式中　Y_A——混合气体中组分 A 对组分 B 的物质的量比；

　　　n_A，n_B——组分 A 与 B 的物质的量，kmol；

　　　y_A——混合气中组分 A 的摩尔分数。

在液相吸收操作中，由于溶液总量随吸收的进行而改变，但吸收剂的量则始终保持不变。因此常采用溶液中吸收质 A 对吸收剂 S 的物质的量比来表示：

$$X_A = \frac{n_A}{n_S} = \frac{x_A}{1-x_A}$$

式中　X_A——吸收液中组分 A 对组分 S 的物质的量比；

　　　n_A，n_S——组分 A 与 S 的物质的量，kmol；

　　　x_A——吸收液中组分 A 的摩尔分数。

（五）吸收过程的影响因素

（1）温度。低温有利于吸收。大多数气体吸收都是放热过程，因此在吸收塔内或塔前设置冷却器可降低吸收剂温度。然而若吸收剂的温度过低，不仅会增加能耗，而且会增大吸收剂的黏度，使得流动性能变差，进而影响气液间的传质。过低的吸收剂温度对解吸也会造成一定的难度。因此，对于给定的吸收任务，应综合考虑各种因素，选择一个适宜的吸收剂温度。

（2）压力。高压有利于吸收，增大吸收压力，会提高吸收推动力，有利于吸收。然而过高的压力，要求设备具有较高的抗压能力，增加了设备的投资费用。同时，较高的压力需要消耗较多的动力，使操作费用也相应增加。因此在实际生产过程中，应根据具体的实际情况，确定合理的压力操作条件。

（3）气流速度。气流速度过小，气体湍动程度不充分，不利于吸收。气流速度过大，又会造成雾沫夹带甚至液泛，使气液接触传质效率降低，甚至无法操作。因此应选择一个适宜的气流速度。

（4）喷淋密度的影响。单位时间内，单位塔截面积上所接受的液体喷淋量称为喷淋密度，其大小直接影响到气体吸收效果的好坏。

在填料塔内，气液进行传质的场所是填料表面，填料的表面只有被流动的液相所润湿，才可能构成有效的传质面积。喷淋密度过小，填料表面不能被充分润湿，从而降低有效传质面积，严重时会使产品达不到分离要求。若喷淋密度过大，则流体流动阻力增加，有时会形成壁流和沟流现象，甚至会引起液泛；同时，喷淋密度过大，意味着吸收剂用量增加，操作费用也随之提高。因此，应选择适宜的喷淋密度，从而保证填料表面的充分润湿和良好的气液接触状态。

（5）吸收剂入塔浓度。入塔吸收剂中溶质浓度越低，吸收推动力越大，在吸收剂用量足够的条件下，塔顶尾气的浓度越。入塔吸收剂中溶质浓度越高，显然会造成吸收推动力减小，出口气体中溶质含量升高，甚至会超过分离指标。同时，当入塔吸收剂中溶质浓度降低时，解吸系统处理难度加大。因此，合适的吸收剂入塔浓度是影响吸收操作的又一主要因素。

（六）解吸

在气液两相系统中，当溶质组分的气相分压低于其溶液中该组分的气液平衡分压时，就会发生溶质组分从液相到气相的传质，这一过程为解吸。

解吸与吸收都是在推动力作用下的气、液相际间的物质传递过程，不同的是两者的传质方向相反，推动力的方向也相反，所以解吸被看作是吸收的逆过程。由此可得知，凡有利于吸收的操作条件对解吸都是不利的，而对吸收不利的操作条件对解吸则是有利的。

在化工生产中解吸和吸收往往是密切相关的。为了使吸收过程所用的吸收剂，特别是一些价格较高的溶剂能够循环使用，就需要通过解吸把被吸收的物质从吸收液中分离出去，从而使吸收剂得以再生。此外，要利用被吸收的气体组分时，也必须解吸。

模块三　石油及油品的基础知识

项目一　石油的组成

石油和天然气是当今世界的重要能源和优质的化工原料，是不可再生的宝贵资源，在现代生活中，对国防、工农业、交通等各方面都有着极其重要的影响。石油在未加工之前常称原油。原油储存在地下储集层内，在常压条件下呈液态，通常是黑色、褐色或黄色的流动或半流动的黏稠液体，世界各地所产原油在性质上有所差异。天然气常温常压条件下呈气态，在地层条件下溶解于原油中。

石油是多组分的复杂混合物，本项目从元素组成、馏分组成、化合物组成几个方面加以陈述。

一、石油的元素组成

石油主要由碳（C）和氢（H）两种元素组成，其中 C 含量为 83%~87%，H 含量为 11%~14%，两者合计为 95%~99%。此外，石油中还含有硫（S）、氮（N）、氧（O），这些元素含量一般为 1%~4%。石油中除含有 C、H、S、N、O 五种元素外，还有微量的金属元素和其他非金属元素，如钒、镍、铁、铜、砷、氯、磷、硅等。这些微量元素在石油中含量极低，但对石油加工过程，特别是对催化加工过程影响很大。

以上各种元素并非以单质出现，而是相互以不同形式结合成烃类和非烃类化合物存在于石油中。所以，石油的组成是极为复杂的。

二、石油的馏分组成

石油是多组分复杂混合物，无论是对石油进行研究还是进行加工利用，都须先将石油进行分馏。分馏就是按照组分沸点的差别将石油"切割"成若干沸点范围相对较窄的石油馏分。

石油沸点范围很宽，从常温一直到 500℃ 以上。通常人们对沸点范围和馏分做如下分类：

(1) 沸点<200℃ 的馏分，称为汽油馏分或低沸馏分；
(2) 沸点在 200~350℃ 的馏分，称为煤、柴油馏分或中间馏分；
(3) 沸点在 350~500℃ 的馏分，称为减压馏分或高沸馏分；
(4) 沸点大于 500℃ 的馏分，称为渣油馏分。

从原油直接分馏得到的馏分称为直馏馏分，它们基本保留着石油原来的性质。直馏馏分经过二次加工（如催化裂化）后，所得馏分与直馏馏分组成会不同。通常馏分油需经过进一步的加工才能成为炼油产品。

三、石油的化合物组成

从化合物组成来看，石油主要含有烃类和非烃类这两大物质。烃类和非烃类存在于石油的各个馏分中，但因石油的产地及种类不同，烃类和非烃类的相对含量差别很大。有的石油（轻质石油）烃类含量可高达90%以上，有的石油（重质石油）烃类含量甚至低于50%。在同一原油中，随着馏分沸程增加，烃类的含量降低，而非烃类含量逐渐增加。

（一）石油的烃类组成

石油中的烃类主要是由烷烃、环烷烃和芳香烃以及在分子中兼有这三类烃结构的混合烃构成。天然石油中一般不含烯烃、炔烃等不饱和烃，二次加工产物中常含有不同数量的烯烃。

1. 烷烃

$C_1 \sim C_4$ 是天然气和炼厂气的主要成分；$C_5 \sim C_{10}$ 存在于汽油馏分（<200℃）中；$C_{11} \sim C_{15}$ 存在于煤油馏分（200~300℃）中；C_{16} 以上的多以溶解状态存在于石油中，当温度降低，有结晶析出，其中正构化程度比较高的固体烃类为蜡。

2. 环烷烃

汽油馏分中主要是单环环烷烃（重汽油馏分中有少量的双环环烷烃）；煤油、柴油馏分中含有单环、双环及三环环烷烃，且单环环烷烃具有更长的侧链或更多的侧链数目；高沸点馏分中则包括了单、双、三环及多于三环的环烷烃。

3. 芳香烃

汽油馏分中主要含有单环芳香烃；煤油、柴油及润滑油馏分中不仅含有单环芳香烃，还含有双环及三环芳香烃；高沸馏分及残渣油中，除含有单环、双环芳香烃外，主要含有三环及多环芳香烃。

（二）石油的非烃类组成

石油中含有相当数量的非烃化合物，尤其在石油重馏分中的含量更高，非烃化合物的存在，对石油的加工及产品的使用性能具有很大的影响。在石油加工过程中，绝大多数精制过程都是为了解决非烃化合物的问题。

石油中的非烃化合物主要有含硫、含氮、含氧化合物以及胶质—沥青质。

1. 含硫化合物

不同的石油含硫量相差很大，从万分之几到百分之几。硫在石油中的分布一般是随着石油馏分沸程的升高而增加。由于硫对于石油加工影响极大，所以含硫量常作为评价石油的一项重要指标。

通常将含硫量高于2%的原油称为高硫原油，低于0.5%称低硫原油（如大庆原油），介于0.5%~2.0%之间的称为含硫原油（如胜利原油）。

硫在石油中少量以元素硫（S）和硫化氢（H₂S）形式存在，大多数以有机硫化物形式存在，如硫醇（RSH）、硫醚（RSR′）、环硫醚（ ）、二硫化物（RSSR′）、噻吩（ ）及其同系物等。

含硫化合物的主要危害有：（1）对设备管线有腐蚀作用；（2）可使油品某些使用性能（汽油的燃烧性、储存安定性等）变差；（3）污染环境，含硫油品燃烧后生成二氧化硫、三氧化硫等，污染大气，对人体有害；（4）在二次加工过程中，使某些催化剂中毒，丧失催化活性。

通常采用酸碱洗涤、催化加氢、催化氧化等方法除去油品中的硫化物。

2. 含氮化合物

石油中含氮量一般在万分之几至千分之几。石油中的含氮量随馏分沸程的升高而增加，大部分含氮化合物以胶质—沥青质形式存在于渣油中。

石油中的含氮化合物可分为碱性和中性两类。吡啶（ ）、喹啉（ ）等的同系物属于强碱性含氮化合物。吡咯（ ）、酰胺类属于弱碱性含氮化合物，吲哚（ ）咔唑（ ）等的同系物为非碱性氮化物。石油中另一类重要的非碱性氮化物是金属卟啉化合物，分子中有四个吡咯环，重金属原子与卟啉中的氮原子呈络合状态存在。

石油中氮含量虽少，但对石油加工、油品储存和使用的影响却很大。当油品中含有含氮化合物时，储存日期稍久，就会使颜色变深，气味发臭，这是因为不稳定的含氮化合物长期与空气接触氧化生成了胶质。含氮化合物也是某些二次加工催化剂的毒物。所以，油品中的含氮化合物要在精制过程中除去。

3. 含氧化合物

石油中的氧含量一般都很少，约千分之几，个别石油中氧含量高达2%~3%。石油中的含氧化合物大部分集中在胶质—沥青质中。因此，胶质—沥青质含量高的重质石油馏分，其含氧量一般比较高。

含氧化合物分为酸性氧化物和中性氧化物两类。酸性氧化物中有环烷酸、脂肪酸和酚类，总称石油酸。环烷酸约占石油酸性含氧化合物的90%左右。纯的环烷酸是一种油状液体，有特殊的臭味，具有腐蚀性，对油品使用性能有不良影响。但是环烷酸却是非常有用的化工产品或化工原料，常用作防腐剂、杀虫杀菌剂、农用助长剂、洗涤剂、颜料添加剂等。

中性氧化物有醛、酮和酯类，它们在石油中含量极少。中性氧化物可氧化生成胶质，影响油品的使用性能。

4. 胶质—沥青质

胶质—沥青质是结构复杂、组成不明的高分子化合物的复杂混合物。胶质—沥青质主要存在于减压渣油中。原油中的大部分硫、氮、氧以及绝大多数金属均集中在胶质—沥青质中。轻质石油的胶质—沥青质含量在 5%~10%，重质石油的胶质—沥青质含量可高达 30%~40%。

一般把石油中不溶于低分子（C_5~C_7）正构烷烃，但能溶于热苯的物质称为沥青质。既能溶于苯，又能溶于低分子正构烷烃的物质称为可溶质。采用氧化铝吸附色谱法可将渣油中的可溶质分离成饱和分、芳香分和胶质。胶质通常为褐色至暗褐色的黏稠且流动性很差的液体或无定形固体，有很强的着色力，油品的颜色主要来自胶质。胶质受热或在常温下氧化可以转化为沥青质。沥青质是暗褐色或深黑色脆性的非晶体固体粉末。胶质和沥青质在高温时易转化为焦炭。

含有大量胶质—沥青质的渣油可用于生产沥青，包括道路沥青、建筑沥青等。沥青是重要的石油产品之一。

项目二　石油及油品的物理性质

一、油品的蒸发性能

（一）蒸气压

在一定温度下，液体与其液面上方蒸气呈平衡状态时，蒸气所产生的压力称为饱和蒸气压，简称蒸气压（单位为 Pa，kPa 或 atm）。蒸气压越高，说明液体越容易汽化。

石油及石油馏分均为混合物，其蒸气压与纯物质有所不同，它不仅与温度有关，而且与汽化率（或液相组成）有关，在温度一定时，汽化量变化会引起蒸气压的变化。

油品的蒸气压通常有两种表示方法：一种是油品质量标准中的雷德蒸气压，是在规定条件（温度为 38℃、气相体积与液相体积之比为 4∶1）下测定的；另一种是真实蒸气压，指汽化率为零时的蒸气压。

（二）馏程（沸程）和平均沸点

石油及其馏分或产品都是复杂的混合物，所含各组分的沸点不同，所以在一定外压下，油品的沸点不是一个温度点，而是一个温度范围。

馏程一般采用恩氏蒸馏的方法来测定。恩氏蒸馏是一种测定油品馏分组成的经验性标准方法，属于简单蒸馏。其方法是取 100mL 按要求温度储存的油样，在规定的恩氏蒸馏装置中按规定条件进行加热，收集到第一滴馏出液时的气相温度称为初馏点。随温度逐渐升高，液体不断馏出，依次记下馏出液达 10mL、20mL 直至 90mL 时的气相温度，称为 10%、20%…90%馏出温度。当气相温度升高到一定数值不再上升反而回落，这个最高气相温度称为终馏点（干点）。一般只要求测定具有代表性的 10%、30%、50%、70%、90%时的馏出温度及终馏点即可。恩氏蒸馏操作方法简易，试验重复性较好，故现在仍广泛应用在生产和科研中。

馏程在油品评价和质量标准上用处很大,但无法直接用于工程计算,为此提出平均沸点的概念,用于设计计算及其他物性常数的求定。常用的平均沸点有:体积平均沸点 t_v、质量平均沸点 t_w、立方平均沸点 T_{CU}、实分子平均沸点 t_m、中平均沸点 t_{Mc}。五种平均沸点的计算方法和用途各不相同,但都可以通过恩氏蒸馏馏程及平均沸点温度校正图求取。

二、密度、特性因数、平均相对分子质量

(一)密度和相对密度

密度是在规定温度下,单位体积内所含物质的质量,单位是 g/cm^3 或 kg/m^3。20℃时密度为石油和液体石油产品的标准密度,以 ρ_{20} 表示。其他温度下测得的密度用 ρ_t 表示。

液体油品的相对密度是其密度与规定温度下水的密度之比,用 d 表示,量纲为1。由于水在4℃的密度为 $1g/cm^3$,常以4℃的水为比较标准。我国常用的相对密度为 d_4^{20},即20℃时油品的密度与4℃时水的密度之比。欧美各国常用 $d_{15.6}^{15.6}$ 表示,即15.6℃(或60℉)时油品的密度与15.6℃时水的密度之比。

在欧美各国,常用 API 度(°API)来表示油品的相对密度,它与 $d_{15.6}^{15.6}$ 的关系为:

$$°API = 141.5/d_{15.6}^{15.6} - 131.5$$

API 度数值越大,表示密度越小。

(二)特性因数

特性因数(K)是反映石油或石油馏分化学组成特性的一种特性数据,对原油的分类、确定原油加工方案等十分有用。

特性因数为石油及其馏分平均沸点和相对密度的函数:

$$K = 1.216 T^{1/3}/d_{15.6}^{15.6}$$

式中 T——石油或石油馏分平均沸点的热力学温度,K。

油品的 K 值低,说明含芳香烃多,K 值高,说明含烷烃多。因此,通过 K 值的大小,可以大致判断石油馏分的化学组成。

(三)平均相对分子质量

由于石油是多种化合物的复杂混合物,石油馏分的相对分子质量是其中各组分相对分子质量的平均值,称为平均相对分子质量。

石油馏分的平均相对分子质量随馏分沸程的升高而增大。汽油的平均相对分子质量约为100~120,煤油为180~200,轻柴油为210~240,低黏度润滑油为300~360,高黏度润滑油为370~500。

三、油品的流动性能

(一)黏度

当油品分子做相对运动时,分子间摩擦而产生阻力的大小(或摩擦力),用黏度表示。

黏度是评价油品流动性的指标，是油品特别是润滑油的重要质量指标。在油品的流动和输送过程中，黏度对流量和压力降的影响很大，因此，在炼油工艺计算中黏度是不可缺少的物理量。油品黏度的表示方法有动力黏度、运动黏度和条件黏度。

1. 动力黏度

动力黏度又称为绝对黏度，它是由牛顿黏性定律所定义的。

在 CGS 制单位中，绝对黏度的单位是达因·秒/厘米^2（dyn·s/cm^2），通常称为泊（P，poise），其百分之一是厘泊（cP，centipoise）。在 SI 单位中它的单位是 Pa·s，这两者的关系是：

$$1\text{Pa} \cdot \text{s} = 1000\text{cP} = 10\text{P}$$

2. 运动黏度

在石油产品的质量标准中常用的黏度是运动黏度（ν），它是绝对黏度 μ 与相同温度和压力下该液体密度 ρ 之比：

$$\nu = \mu/\rho$$

在 CGS 制单位中，运动黏度单位是厘米^2/秒（cm^2/s），称为斯（St），其百分之一为厘斯（cSt）。在 SI 单位中运动黏度以 mm^2/s 为单位，这两者的关系是：

$$1\text{cSt} = 1\text{mm}^2/\text{s}$$

（二）油品的低温流动性

油品的低温流动性能包括浊点、冰点、结晶点、倾点、凝点和冷滤点等，都是在规定条件下测定的。

1. 浊点、结晶点和冰点

浊点：试油在规定试验条件下冷却，开始出现微蜡结晶或冰晶而使油品变浑浊时的最高温度。

结晶点：在油品达到浊点温度后继续冷却，出现肉眼观察到的结晶时的最高温度。

冰点：是在规定试验条件下冷却至出现结晶后，再使其升温，原来形成的烃类结晶消失时的最低温度。

同一油品的冰点比结晶点稍高 1~3℃。浊点是灯用煤油的重要质量指标，而结晶点和冰点是航空汽油和航空煤油的重要质量指标。

2. 倾点、凝点、冷滤点

油品是一种复杂的混合物，它没有固定的凝固点。所谓油品的凝点即指其失去流动性的最高温度。这里所指的失去流动性，完全是条件性的。它的测定是利用特定的仪器，当油被冷却到某一温度时，将装油的试管倾斜 45°角，而且经过 1min 后，用肉眼看不出管内液面位置有所移动，此时油品就被看作是凝固了，产生这种现象的最高温度即称为该油品的凝点。

倾点是指油品能从标准形式的容器中流出的最低温度。

由于凝点和倾点都不能较直接表示油品在低温下堵塞发动机滤网的可能性，因此又提出"冷滤点"的概念，它的测定方法是在规定的试验条件下测定 20mL 试油开始不能通过 363 目/in^2 过滤网时的最高温度，这个温度称为冷滤点。

四、油品的燃烧性能

油品的燃烧性能主要用闪点、燃点和自燃点等来描述。

闪点是在规定条件下,加热油品所逸出的蒸气和空气组成的混合物与火焰接触时能发生瞬间闪火的最低温度。

由于测定仪器和条件的不同,油品闪点的测定又分为闭口杯法和开口杯法两种。闭口杯法可以测定轻质油品和重质油品闪点,开口杯法一般用于测定重质油品闪点。

燃点是在规定条件下,当火焰靠近油品表面的油气和空气组成的混合物时,着火并持续燃烧至少5s以上时所需的最低温度。

自燃点是指在规定条件下,油品在没有火焰时因剧烈的氧化而自发着火的最低温度。

油品的沸点越低,其闪点和燃点越低,而自燃点越高。

闪点、燃点和自燃点对油品的储存、使用和安全生产都有重要意义,是油品安全保管、输送的重要指标,在储运过程中要避免火源与高温。

五、油品的热性质

在进行炼油工艺计算时,经常要用到油品的热性质,其中最重要的有比热容、蒸发热、热焓等,在油品燃烧时还要用到燃烧热。

(一) 比热容

单位质量的物质温度升高1℃(或1K)所需要的热量称为该油品的比热容(c),单位是kJ/(kg·℃)或kJ/(kg·K)。油品的比热容随密度增加而减小,随温度升高而增大。

(二) 蒸发潜热(汽化潜热)

在常压沸点下,单位质量油品由液态转化为同温度下的气态油品所需要的热量称为油品的蒸发潜热或汽化潜热,单位为kJ/kg。一般蒸发潜热是指在常压沸点下的蒸发潜热。当温度、压力升高时,蒸发潜热逐渐减少,到临界点时,蒸发潜热等于零。油品的沸点越高,蒸发潜热越小。

(三) 焓

单位质量的油品自基准温度加热到某温度与压力时(包括相变化在内)所需的热量称为热焓,单位为kJ/kg。油品的热焓因其所处的状态不同而异。对液态油品来说,它的热焓是将单位质量的液态油品从基准温度加热到某温度时所需的热量,以 $q_{液}$ 表示。气态油品热焓是将单位质量液态油品由基准温度加热到沸点,使之全部汽化,并使蒸气过热至某一温度所需的热量,以 $q_{气}$ 表示。

(四) 燃烧热

单位质量燃料完全燃烧所发出的热量称为燃烧热或热值,单位为J/kg。热值有以下三种表示方法：

（1）标准热值：在 25℃ 和 101.3kPa 标准状态时燃料完全燃烧所放出的热量。此时燃料燃烧的起始温度和燃烧产物的最终温度均为 25℃，燃烧产物中的水蒸气全部冷凝成水。

（2）高热值：与标准热值的差别仅在于起始和终了温度均为 15℃ 而不是 25℃，这个差别很小，通常可忽略不计。

（3）低热值：又称净热值，是燃料起始温度和燃烧产物的最终温度均为 15℃，但燃烧产物中的水蒸气为气态，此时完全燃烧所放出的热量。

实际燃烧时，燃烧产物中水蒸气并未冷凝，所以通常计算中均采用净热值。石油馏分的热值随其密度增大而下降，一般净热值约为 40~44MJ/kg。净热值是航空燃料的重要质量指标。

项目三　原油的分类和加工方案

一、原油的分类

（一）化学分类

化学分类以化学组成为基础，由于原油的化学组成十分复杂，所以通常用原油某几个与化学组成直接关联的物理性质进行分类。最常用的有特性因数分类和关键馏分特性分类。

1. 特性因数分类

按照特性因数（K 值）的大小可以把原油分为如下三类：

（1）特性因数 $K>12.1$，为石蜡基原油。

（2）特性因数 K 介于 11.5~12.1，为中间基原油。

（3）特性因数 K 介于 10.5~11.5，为环烷基原油。

2. 关键馏分特性分类

关键馏分特性分类是以原油两个关键馏分的相对密度作为分类标准。用原油简易蒸馏装置，在常压下蒸馏取得 250~275℃ 的馏分作为第一关键馏分，残油用不带填料的蒸馏瓶，在 5.33kPa（40mmHg）的减压下蒸馏，取得 275~300℃（相当于常压 395~425℃）馏分作为第二关键馏分。测定以上两个关键馏分的相对密度，对照相对密度分类指标（表 1-3-1），决定两个关键馏分的类别为石蜡基、中间基还是环烷基，然后按表 1-3-2 确定该原油所属类型。

表 1-3-1　关键馏分的分类指标

关键馏分	石蜡基	中间基	环烷基
第一关键馏分 (250~275℃)	d_4^{20}<0.8210 API 度>40 (K>11.9)	d_4^{20} 介于 0.8210~0.8562 API 度介于 33~40 (K 介于 11.5~11.9)	d_4^{20}>0.8562 API 度<33 (K<11.5)
第二关键馏分 (395~425℃)	d_4^{20}<0.8723 API 度>30 (K>12.2)	d_4^{20} 介于 0.8723~0.9305 API 度介于 20~30 (K 介于 11.5~12.2)	d_4^{20}>0.9305 API 度<20 (K<11.5)

表 1-3-2　按关键馏分的原油类别

序号	第一关键馏分的属性	第二关键馏分的属性	原油类别
1	石蜡基	石蜡基	石蜡基
2	石蜡基	中间基	石蜡—中间基
3	中间基	石蜡基	中间—石蜡基
4	中间基	中间基	中间基
5	中间基	环烷基	中间—环烷基
6	环烷基	中间基	环烷—中间基
7	环烷基	环烷基	环烷基

（二）商品分类

原油商品分类又称工业分类，可作为化学分类的补充，在工业上有一定的参考价值。分类可按相对密度、含硫量、含氮量、含蜡量、含胶质量来分。

1. 按原油的密度分类

轻质原油：API 度>34，密度<852kg/m³。

中质原油：API 度介于 34 至 20 之间，密度为 852~930kg/m³。

重质原油：API 度介于 20 至 10 之间，密度为 931~998kg/m³。

特稠原油：API 度<10，密度>998kg/m³。

2. 按原油的含硫量分类

低硫原油：含硫量<0.5%。

含硫原油：含硫量为 0.5%~2.0%。

高硫原油：含硫量>2.0%。

3. 按含蜡量分类

低蜡原油：含蜡量为 0.5%~2.5%。

含蜡原油：含蜡量为 2.5%~10%。

高蜡原油：含蜡量>10%。

4. 按含胶质量分类

低胶原油：含胶质量<5%。

含胶原油：含胶质量为 5%~15%。

多胶原油：含胶质量>15%。

我国目前原油分类的方法通常采用关键馏分特性补充以硫含量的分类法进行分类。API 度和含硫量是国际原油最重要的定价因素。

二、原油的加工方案

原油加工方案制定的基本内容是用原油生产什么产品，用什么样的加工过程来生产这些产品。原油加工方案的确定取决于诸多因素，例如市场需要、经济效益、投资力度和原油的特性等因素。原油加工方案大致可分为三种类型。

（一）燃料型

原油燃料型加工方案主要生产各种轻质燃料油和重油燃料油，某方案如图 1-3-1 所示。

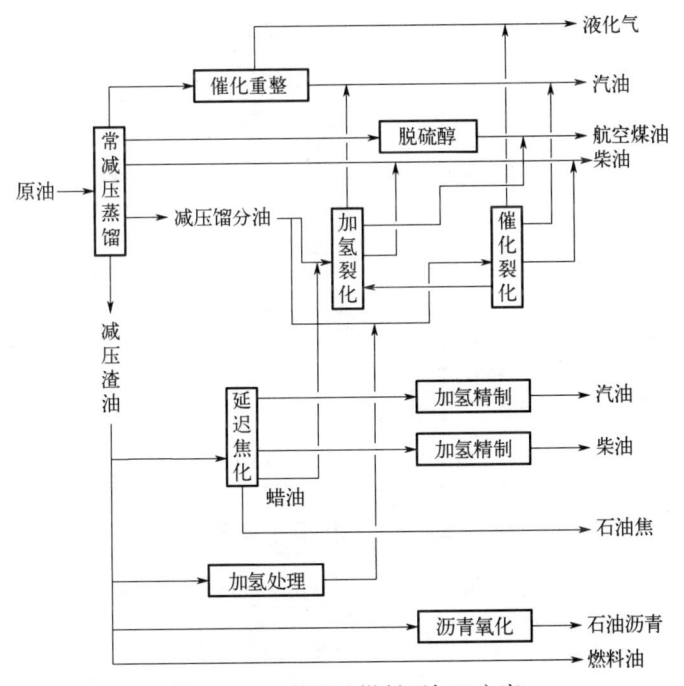

图 1-3-1　某原油燃料型加工方案

（二）燃料—润滑油型

除了生产各种轻质燃料油之外还生产润滑油产品。原油燃料—润滑油型加工方案流程如图 1-3-2 所示。

（三）燃料—石油化工型

除了生产各种轻质燃料油之外，还生产化工原料及化工产品。原油燃料—石油化工型加工方案如图 1-3-3 所示。

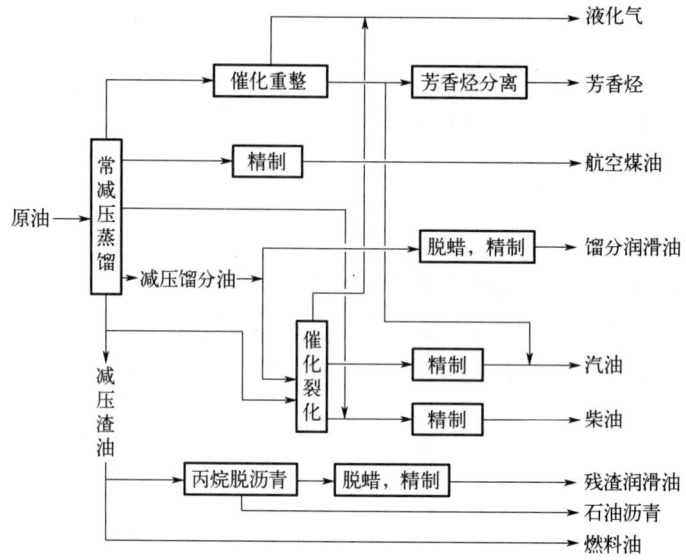

图 1-3-2　某原油燃料—润滑油型加工方案

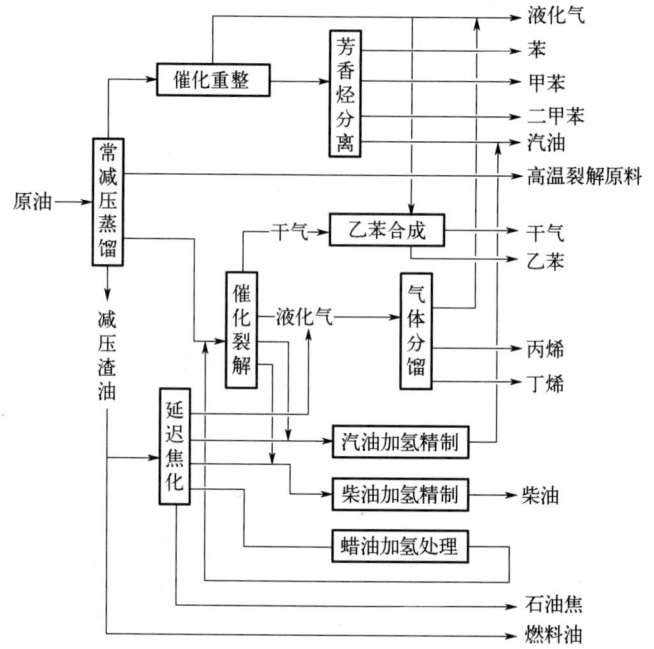

图 1-3-3　某原油燃料—石油化工型加工方案

模块四　催化裂化原料、产品和催化剂

项目一　催化裂化原料及评价指标

一、催化裂化原料的来源

催化裂化原料范围很广，有350~500℃直馏馏分油、常压渣油及减压渣油，也有二次加工馏分，如焦化蜡油、润滑油脱蜡的蜡膏、蜡下油、脱沥青油等。

（一）直馏减压馏分油

减压塔侧线350~500℃馏出油（VGO）是最常用原料。不同原油的直馏馏分油的性质不同，但总的来说，直馏馏分油的烷烃含量高、芳香烃含量少，易裂化，轻质油收率和转化率也较高。

（二）渣油

渣油包括常压渣油（AR）和减压渣油（VR）。一般情况下，石蜡基原油常压渣油可以直接作为催化裂化的原料，如大庆原油。减压渣油经加氢脱硫后，与馏分油混兑后用作催化裂化的原料。但由于原油中的重金属污染物、胶质、沥青质、硫和氮化合物等非烃类化合物大部分集中于渣油中，会给催化裂化的操作带来一系列的影响。

我国原油大部分为重质原油，减压渣油收率占原油的40%左右，常压渣油占65%~75%，渣油量很大。十几年来，我国重油催化裂化工艺有了长足进步，开发出重油催化裂化工艺，提高了原油加工深度，有效地利用了宝贵的石油资源。

（三）焦化蜡油

焦化蜡油（CGO）的密度、干点和残炭与直馏馏分油相比相差不大，但氮含量特别是碱性含氮量很高，含烯烃、芳香烃较多，生焦量高，不能单独作催化裂化原料，可与直馏馏分油混兑用作催化裂化原料。

（四）脱沥青油

为满足原油深度加工的要求并避免直接加工减压渣油带来的不利因素，将渣油进行溶剂脱沥青处理，也是从减压渣油中获取催化裂化原料的重要途径之一。它的产品是脱沥青油和沥青。脱沥青油（DAO）的重金属含量和沥青质含量低于减压渣油，提高了原料质量，脱沥青油可与直馏馏分油混兑用作催化裂化原料。溶剂脱沥青装置获得的脱沥青油的质量随其收率的增加而下降。

（五）加氢处理油

随着原料的重质化、劣质化趋势，以及产品质量升级和环保法规的要求，原料进行加氢处理逐年增多。经过加氢处理再用作催化裂化原料的油有多种，例如，直馏馏分油、常压渣油、减压渣油、溶剂脱沥青油、焦化蜡油、催化裂化的回炼油等都可以先进行加氢处理或加氢脱硫，然后再进催化裂化装置。

（六）芳香烃抽余油

我国成功开发了芳香烃—催化裂化组合工艺，将催化裂化回炼油中大量的重质芳香烃，经溶剂抽提后抽余油作为催化裂化原料，可提高轻质油收率，产品质量也会提高，抽出的芳香烃还可综合利用。

二、评价催化裂化原料性质的指标

（一）馏程、密度和特性因数

1. 馏程

原料的沸点范围对裂化性能有重要影响。一般来说，沸点高的原料由于其相对分子质量大，容易被催化剂表面吸附，因而裂化反应速度较快。但沸点高到一定程度后，就会因扩散慢、催化剂表面积炭快、汽化不好等原因而出现相反的情况。单纯靠馏程来预测原料裂化性能是不够的，在同一段沸点范围内不同原料的化学组成可以相差很大。

对以饱和烃为主要成分的直馏馏分油来说，馏分越重越容易裂化，所需条件越缓和，且焦炭产率也越高，而对芳香烃含量较高的渣油并不服从此规律。对重质原料，密度只要小于 $0.92g/cm^3$ 对馏程无限制。

2. 密度

密度是石油馏分最基本性质之一。在同一沸点范围内，密度越大反映了其组成中烷烃越少，在裂化性能上越趋向于具有环烷烃或芳香烃的性质。

3. 特性因数

特性因数 K 可表明原料的裂化性能和生焦倾向。K 值越高，含烷烃越多，越容易裂化，生焦倾向也越小。K 值越低，越难以进行裂化反应，生焦倾向也越大。

（二）族组成和氢含量

含环烷烃多的原料容易裂化，液化气和汽油产率高，汽油辛烷值也高，是理想的催化裂化原料。含烷烃多的原料也容易裂化，但气体产率高，汽油产率和辛烷值较低。含芳香烃多的原料，难裂化，汽油产率更低，液化气产率也低，且生焦多，生焦量与进料的化学组成有关。烃类的生焦量排序：芳香烃>烯烃>环烷烃>烷烃。

分析重质原料油烃类族组成比较困难，一般是通过测定特性因数 K 值、含氢量、密度、苯胺点等物理性质，间接地进行判断。

原料油的氢含量也可反映它的烃族组成。原料油氢含量低，说明饱和烃减少，芳香烃胶质和沥青质增加，残炭值增大，生焦率提高，转化率下降。

（三）残炭

残炭值对焦炭生成量和热平衡两个方面有影响。原料残炭越高，则生焦量多，再生时燃烧放出的热量过剩，需要外取热。常规馏分油的残炭较低一般在6%左右。渣油残炭含量高需要掺炼。残炭与原料的组成、馏分宽窄及胶质、沥青质的含量等因素有关。

（四）金属含量

1. 镍

镍沉积在催化剂上并转移到分子筛位置上，对催化剂活性影响不大，主要是对催化剂选择性的影响。由于镍本身就是一种脱氢催化剂，因此在催化裂化反应的温度、压力条件下即可进行脱氢反应，使氢产率增大，液体减少。

2. 钒

在催化裂化反应过程中，钒极容易沉积在催化剂上，再生时钒转移到分子筛位置上，与分子筛反应，生成熔点为632℃的低共熔点化合物，破坏催化剂的晶体结构而使其永久性失活。

3. 铁

铁中毒由于其中毒现象不明显一直被人们所忽视，近年来随着原油的酸化和重质化的进一步加剧，铁中毒已产生极大的破坏作用。研究发现，较小的无机铁分子能轻易进入催化剂孔道，而较大的有机铁分子则被拦在孔道外。大量的有机铁富集在催化剂的表面，形成凹凸不平的玻璃状铁层，使催化剂的微反活性、比表面积、相对结晶度以及晶体崩塌温度都有明显的降低。

铁具有类似镍的金属活性，影响催化剂的选择性。在反应中铁的氧化脱氢作用促进了烯烃的生成，导致干气和氢气产率升高，重油转化率降低，轻油收率下降，油浆产率上升。

4. 钠

钠沉积在催化剂上会影响催化剂的热稳定性、活性和选择性。随着重油催化裂化的发展，人们越来越注意到钠的危害。钠会与催化剂发生中和反应，引起催化剂的酸性中毒；还会与催化剂表面上沉积的钒的氧化物生成低熔点的钒酸钠共熔物，在催化剂再生的高温下形成熔融状态，使分子筛晶格受到破坏，活性下降。

5. 钙

原油中过高的钙含量会导致电脱盐电流升高，电耗增加，操作过程中容易出现跳闸现象。电脱盐未脱去的钙带入进催化裂化中导致催化剂中毒、结块；提升管反应器堵塞、料脚堵塞；造成流化中断事故。

（五）硫含量和氮含量

1. 硫含量

1）对产品收率的影响

原料油中的含硫化合物对催化剂活性和选择性有不利影响，使催化裂化产品分布发生变化。原料油中硫含量增加，不仅干气产率增加，干气中硫含量也显著增加。随着干气收率的增加，汽油和轻柴油产率下降，焦炭产率增加。

2) 对设备腐蚀的影响

在石油加工过程中，含硫化合物受热分解产生 H_2S 和硫醇等活性硫化物，对金属设备造成腐蚀。重油催化裂化装置的分馏塔顶油气冷却系统、吸收稳定系统的设备腐蚀尤为严重。由于再生烟气含有二氧化硫和三氧化硫，所以各炼油厂催化裂化装置反应再生系统的烟气管线膨胀节和余热锅炉省煤器管束都受到了不同程度的腐蚀。

3) 对环境的影响

催化裂化原料中的硫对环境的影响是多方面的。与馏分油催化裂化相比，重油催化裂化原料中硫化物增加 1~2 倍，加工过程中含硫污水排放量增加 1~2 倍，液体产品精制过程中碱渣排放量增大。

催化裂化生成的焦炭中的硫在再生器中氧化生成 SO_2 和 SO_3，随再生烟气排进大气，造成环境污染。再生烟气中的硫含量与原料硫含量有关（约为总硫量的 15%）。

2. 氮含量

1) 对产品收率的影响

催化裂化原料中的碱性氮化物吸附在催化剂酸性中心上，造成催化剂暂时失活，降低催化剂的活性和选择性，使反应转化率降低。一般来说，渣油中氮含量高，重油比轻油氮含量高。催化裂化进料中氮含量每增加 150μg/g，转化率约降低 1%。普遍的规律是随着氮含量的升高，在相同转化率下，轻柴油和焦炭产率升高，汽油和澄清油以及丙烯和丁烯产率降低，汽油辛烷值降低。原料中 15%~30% 的氮化物进入催化裂化液体产品中（大部分存在于重馏分澄清油和轻柴油中），影响产品的安定性。

2) 对环境的影响

生成焦中的氮在裂化催化剂再生过程中主要转化为 N_2（约占原料氮的 30%~40%），其余转化成 NO_x，经脱硝合格后排进大气。

项目二　催化裂化产品

催化裂化的产品包括气体、液体和焦炭。

一、气体产品

在一般工业条件下，气体产率约为 10%~20%，其中含有 H_2、H_2S 和 C_1~C_4 等组分。C_1~C_2 的气体称为干气，约占气体总量的 10%~20%，其余的 C_3~C_4 气体称为液化气，其中烯烃含量可达 50% 左右。

干气中含有 10%~20% 的乙烯，它不仅可作为燃料，还可作生产乙苯、制氢等的原料。

液化气中含有丙烯、丁烯，是宝贵的石油化工原料和合成高辛烷值汽油的原料；丙烷、丁烷可作制取乙烯的裂解原料，也是渣油脱沥青的溶剂。同时，液化气也是重要的民用燃料气来源。

二、液体产品

（一）汽油

汽油产率约为 30%~60%，其研究法辛烷值约为 80~90，又因催化汽油所含烯烃中，α-烯烃很少，且基本不含二烯烃，所以安定性较好。

（二）柴油

柴油产率约为 0%~40%，因含有较多的芳香烃，所以十六烷值较直馏柴油低，由重油催化裂化得到的柴油的十六烷值更低，只有 25~35，硫、氮和胶质含量也高，油品的颜色深、安定性很差，易氧化。这类柴油需经过加氢处理，或与质量好的直馏柴油调和后才能符合轻柴油的质量要求。

（三）重柴油（回炼油）

重柴油是馏程在 350℃ 以上的组分，可作回炼油返回反应器内，以提高轻质油收率，但因其含芳香烃多（35%~40%）使生焦率增加，不回炼时就以重柴油产品出装置，也可作为商品燃料油的调和组分。

（四）油浆

油浆的产率约为 5%~10%，是从催化裂化分馏塔底得到的渣油，含有少量催化剂细粉，可以送回反应器回炼，但因油浆富含多环芳香烃而容易生焦，在掺炼渣油时为了降低生焦率要向外排出一部分油浆。油浆经沉降除去催化剂粉末后称为澄清油，因多环芳香烃的含量较大（50%~80%），所以是制造针状焦的原料，或作为商品燃料油的调和组分，也可作为加氢裂化的原料。

三、焦炭

焦炭的产率约为 5%~7%，重油催化裂化的焦炭产率可达 8%~10%。焦炭是缩合产物，它沉积在催化剂的表面上，使催化剂失活，所以要用空气将其烧去使催化剂恢复活性，因而焦炭不能作为产品分离出来。

项目三　催化裂化催化剂

一、催化裂化催化剂组成和种类

（一）分子筛

工业催化裂化装置最初使用的催化剂是经过处理的天然活性白土，其主要活性组分是硅酸盐矿物、氧化铝和氧化钙等。其后不久，天然活性白土就被人工合成硅酸铝所取代。无定型硅酸铝催化剂因孔径大小不一、活性低、选择性差早已被淘汰，现在广泛应用的是分子筛催化剂。与无定型硅酸铝相比，分子筛催化剂有更高的选择性、活性和稳定性。下面重点讨论分子筛催化剂的组成及结构。

分子筛是一种具有一定晶格结构的硅酸铝盐。早期硅酸铝催化剂的微孔结构是无定型的，即其中的空穴和孔径是很不均匀的，而分子筛则具有规则的晶格结构，它的孔穴直径大小均匀，好像是一定规格的筛子一样，只能让直径比它孔径小的分子进入，而不能让比它孔径更大的分子进入。由于它能像筛子一样将直径大小不等的分子分开，因而得名分子筛。不同晶格结构的分子筛具有不同直径大小的孔穴，相同晶格结构的分子筛，所含金属离子不同时，孔穴的直径也不同。

分子筛按组成及晶格结构的不同可分为 A 型、X 型、Y 型及丝光沸石。

目前催化裂化使用的主要是 Y 型分子筛。Y 型分子筛是由多个单元晶胞组成的。图 1-4-1 是 Y 型分子筛的单元晶胞结构，每个单元晶胞由八个削角八面体组成，见图 1-4-2。削角八面体的每个顶端是 Si 或 Al 原子，其间由氧原子相连接。由于削角八面体的连接方式不同，可形成不同品种的分子筛。

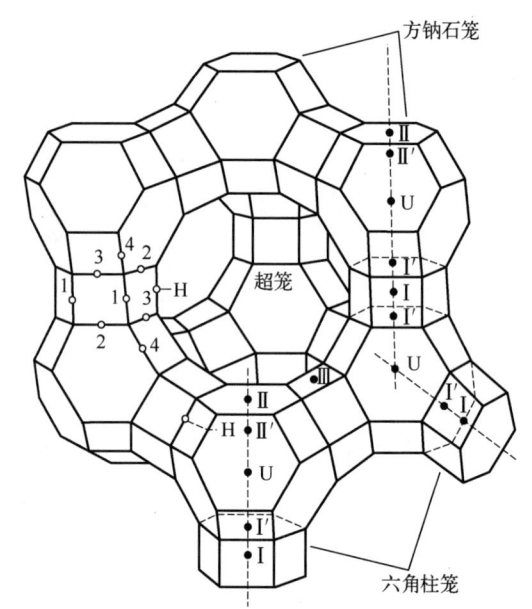

图 1-4-1　Y 型分子筛的单元晶胞结构中阳离子的位置
○—氧桥；●—阳离子活性位

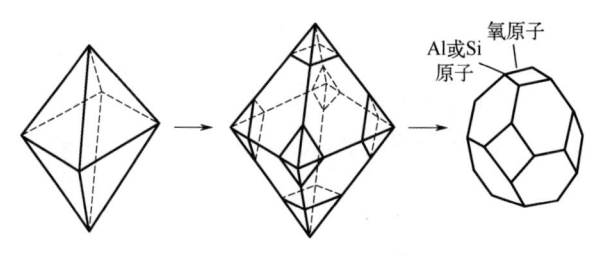

图 1-4-2　削角八面体

由八个削角八面体围成的空洞称为"八面沸石笼",它是催化反应进行的主要场所。进入八面沸石笼的主要通道是由十二元环组成的,其平均直径为0.8~0.9nm。钠离子的位置与分布分别如图1-4-1、表1-4-1所示。

表1-4-1　Y型分子筛中阳离子的位置分布

位置	晶胞数目	在沸石结构中的位置
SⅠ	16	六方柱笼中心
SⅠ′	32	β笼中,距六方柱笼六元环中心~1Å处
SⅡ	32	超笼内,距超笼的六元环中心~1Å处
SⅡ′	32	β笼内,距SⅡ所指的六元环中心~1Å
SⅢ	48	超笼壁上,在孔口四元环的中心
SⅣ	16	超笼中心(只有水合状态下,金属离子才可能占据)
U	8	β笼中心

人工合成的分子筛是含钠离子的分子筛,这种分子筛没有催化活性。分子筛中的钠离子可以用离子交换的方式与其他阳离子置换。用其他阳离子特别是多价阳离子置换后的Y型分子筛有很高的催化活性。

(二)催化剂的载体

目前在工业上所用的分子筛催化剂中通常仅含约15%~50%的分子筛,其余的是起稀释作用的载体(也称基质或担体)以及黏结剂。工业上广泛采用的载体是低铝硅酸铝和高铝硅酸铝。载体除了起稀释作用外,还有如下重要作用:

(1)在离子交换时,分子筛中的钠不可能完全被置换掉,而钠的存在会影响分子筛的稳定性,载体可以容纳分子筛中未除去的钠,从而提高分子筛的稳定性。

(2)在再生和反应时,载体作为一个宏大的热载体,起到热量储存和传递的作用。

(3)适宜的载体可增强催化剂的机械强度。

(4)分子筛的价格较高,使用载体可降低催化剂的生产成本。

(5)对于重油催化裂化,进料中的部分大分子难以直接进入分子筛的微孔中,如果载体具有适度的催化活性,则可以使这些大分子先在载体的表面上进行适度的裂化,生成的较小的分子再进入分子筛的微孔中进行进一步的反应。

(6)载体还能容纳进料中易生焦的物质,如沥青质、重胶质等,对分子筛起到一定的保护作用。

(三)工业催化裂化催化剂种类

目前工业用分子筛催化剂大致可有稀土Y(REY)型、稀土氢Y(REHY)型、超稳Y(USY)型和一些复合型的催化剂,详见第二部分模块二项目二。

二、催化剂的使用性能

(一) 活性（微反活性）

活性是指催化剂促进化学反应进行的能力。分子筛催化剂的活性在实验室通常是用微反活性法（MAT）测定。该方法大致如下：在微型固定床反应器中放置5.0g待测催化剂，采用标准原料（一般都用某种轻柴油，在我国规定用大港235～337℃轻柴油），在反应温度为460℃、质量空速为16h^{-1}、剂油比为3.2的反应条件下反应70s，所得反应产物中的<204℃汽油+气体+焦炭质量占总进料质量的百分数即为该催化剂的微反活性（MA）。

微反活性只是一种相对比较的评价指标，它并不能完全反映实际生产的情况，因为实际生产的条件很复杂，微反活性测定的条件与之相差甚远。

新鲜催化剂在开始投用时，一段时间内，活性急剧下降，降到一定程度后则缓慢下降。另外，由于生产过程中不可避免地损失一部分催化剂而需要定期补充相应数量的新鲜催化剂，因此在实际生产过程中，反应器内的催化剂活性可保持在一个稳定的水平上，此时催化剂的活性称为平衡活性。显然，平衡活性低于新鲜催化剂的活性。平衡活性的高低取决于催化剂的稳定性和新鲜剂的补充量。

(二) 选择性

将进料转化为目的产品的能力称为选择性，一般采用目的产物产率与转化率之比，或以目的产物与非目的产物产率之比来表示。对于以生产汽油为主要目的的催化裂化催化剂，常用"汽油产率/焦炭产率"或"汽油产率/转化率"表示其选择性。选择性好的催化剂可使原料生成较多的汽油，而较少生成气体和焦炭。

(三) 稳定性

催化剂在使用过程中保持其活性和选择性的性能称为稳定性。高温和水蒸气可使催化剂的孔径扩大、比表面减小而导致性能下降，活性下降的现象称为"老化"。稳定性高表示催化剂经高温和水蒸气作用时活性下降少、催化剂使用寿命长。

(四) 抗重金属污染性能

原料中的镍（Ni）、钒（V）、铁（Fe）、铜（Cu）等金属的盐类沉积或吸附在催化剂表面上，会大大降低催化剂的活性和选择性，称为催化剂"中毒"或"污染"，从而使汽油产率大大下降，气体和焦炭产率上升。为防止重金属污染，一方面应控制原料油中重金属含量，另一方面可使用金属钝化剂以抑制污染金属的活性。

目前比较常用的表示催化剂被重金属污染程度的方法是污染指数。

$$污染指数 = 0.1 \times (14Ni + 4V + Fe + Cu)$$

式中的Ni、V、Fe、Cu分别表示催化剂上镍、钒、铁、铜的含量，单位为μg/g。污染指数低于200者通常可认为是较干净的催化剂，高于1000时则认为是污染严重的催化剂。

三、催化剂的物理性质和化学组成分析

（一）催化剂的物理性质

物理性质表示催化剂的外形、宏观结构、密度、粒度等性能，通常包括：密度、比表面积、孔体积、筛分组成和机械强度等。

1. 密度

对催化裂化催化剂来说，它是微球状多孔性物质，故其密度有几种不同的表示方法。

（1）真实密度：又称催化剂的骨架密度，即颗粒的质量与骨架实体所占体积之比，其值一般是 $2\sim2.2g/cm^3$。

（2）颗粒密度：把催化剂微孔体积计算在内的催化剂密度，一般是 $0.9\sim1.2g/cm^3$。

（3）堆积密度：催化剂堆积时单位体积催化剂颗粒所具有的质量，一般是 $0.5\sim0.8g/cm^3$。

对于微球状（粒径为 $20\sim100\mu m$）的分子筛催化剂，堆积密度又可分为松动状态、沉降状态和密实状态三种状态下的堆积密度。

2. 比表面积

比表面积是单位质量催化剂微孔内外表面积的总和，以 m^2/g 表示。内表面积是指催化剂微孔内部的表面积；外表面积是指催化剂颗粒的外表面积，通常内表面积远远大于外表面积。比表面积是衡量催化剂性能的一个重要指标。

3. 孔体积、孔隙率和孔径

孔体积是多孔性催化剂颗粒内微孔体积的总和，以 mL/g 表示。孔的大小主要与催化剂中的基质密切相关。对同一类催化剂而言，在使用过程中孔体积会减少，而孔直径会变大。

孔隙率是指颗粒内部的微孔体积与包括微孔体积在内的颗粒体积之比。

孔径是微孔的平均直径，孔径对气体的扩散有影响。孔径大，分子容易进出孔内，再生性能好；孔径太小，则反应产物分子不易扩散出来，留在孔内直到合成焦炭并生成气体，而且细孔比粗孔容易受热而崩坏。

4. 筛分组成

为保证催化剂在流化床中有良好的流化状态，要求催化剂有适宜的粒径分布，即要有一个适宜的筛分组成。工业用微球催化剂颗粒直径一般在 $20\sim80\mu m$ 之间。粒度分布大致为：$0\sim40\mu m$ 占 $10\%\sim15\%$，大于 $80\mu m$ 的占 $15\%\sim20\%$，其余是 $40\sim80\mu m$ 的筛分。

5. 机械强度

为避免在运转过程中催化剂过度粉碎，以保证流化质量和减少催化剂损耗。要求催化剂具有较高机械强度。通常采用"磨损指数"评价催化剂的机械强度，其测量方法是将一定量的催化剂放在特定的仪器中，用高速气流冲击 4h 后，所生成的小于 $15\mu m$ 细粉的质量占试样中大于 $15\mu m$ 催化剂质量的百分数即为磨损指数。通常要求微球催化剂的磨损指数 $\leq2\%$。

（二）化学组成分析

1. 催化裂化新鲜催化剂的化学组成分析

催化裂化新鲜催化剂的化学组成分析包括：灼烧减量、Al_2O_3 含量、Na_2O 含量、SO_4^{2-} 含量、Fe_2O_3 含量和 RE_2O_3（稀土氧化物）含量。

（1）灼烧减量。催化剂是吸水能力很强的物质，通常含有 13%～15% 的水分，无论是自由水还是结晶水，都不应当过高，否则在向再生器加剂时，催化剂会出现热崩现象，使催化剂损失增大，影响装置平稳操作。目前催化剂的灼烧减量指标通常不大于 13%。

（2）Al_2O_3 是催化剂中的主要成分，催化剂的 Al_2O_3 含量既包括载体中 Al_2O_3 的量，也包括沸石中的 Al_2O_3 量，测定出的 Al_2O_3 含量为各组分 Al_2O_3 含量的总和。测定新鲜催化剂 Al_2O_3 含量的方法很多，主要有滴定法、原子吸收法和等离子体发射光谱法等。

（3）新鲜催化剂中 Na_2O 含量、SO_4^{2-} 含量、Fe_2O_3 含量，都来自催化剂制备时所用的各种原料。

（4）RE_2O_3 含量。新鲜催化剂中的 RE_2O_3 来自催化剂中的沸石，也有采用 RE_2O_3 作为辅助组分的催化剂。

2. 催化裂化平衡催化剂的化学组成分析

催化裂化平衡催化剂的化学组成分析包括：Ni 含量、Cu 含量、V 含量、Fe 含量、Na_2O 含量和碳含量。

催化剂在使用中由于原料中的微量金属沉积于其上，所以需测定平衡催化剂中这些金属的含量。平衡催化剂上微量 Ni、Cu、V、Fe 和 Sb 含量的分析可采用发射光谱法进行测定。

经过长时间的工业运转，平衡催化剂上沉积了很多焦炭及沉积硫。平衡剂上的碳、硫含量一般采用燃烧法测定。

四、催化剂的失活与再生

（一）催化剂失活

在反应、再生过程中，催化剂的活性和选择性不断下降，此现象称为催化剂的失活。催化剂失活的原因主要有三个：水热失活、结焦失活、毒物引起的失活。

1. 水热失活

催化剂在使用过程中，反复经受高温和水蒸气的作用，催化剂的表面结构发生变化、比表面积和孔容减小、分子筛的晶体结构遭到破坏，引起催化剂的活性及选择性下降，这种失活称为水热失活。水热失活一旦发生是不可逆转的，通常只能控制操作条件以尽量减缓水热失活，比如避免超温下与水蒸气的反复接触等。

2. 结焦失活

催化裂化过程中，产生的高度缩合产物焦炭会沉积在催化剂表面上覆盖活性中心，使催化剂的活性及选择性降低，通常称为"结焦失活"。此种失活属于"暂时失活"，再生后即可恢复活性。

3. 毒物引起的失活

在实际生产中，催化裂化催化剂的毒物主要是某些金属（Fe、Ni、Cu、V 等重金属及 Na 等）和碱性氮化物。

各种毒物对催化剂活性和选择性的影响详见第二部分模块二项目四。

（二）催化剂再生

为使催化剂恢复活性以重复利用，必须用空气在高温下烧去沉积的焦炭，这个用空气烧去焦炭的过程称之为催化剂再生。

催化剂的再生过程决定着整个装置的热平衡和生产能力。催化剂再生过程中，焦炭燃烧放出大量热能，这些热量供给反应所需，如果所产生的热量不足以供给反应所需要的热量，则还需要另外补充热量（向再生器喷燃烧油），如果所产热量有富余，则需要从再生器取出多余的部分热量作为别用，以维持整个系统的热量平衡。

模块五　通用设备基础知识

项目一　常用材料

一、常用材料

常用材料如图 1-5-1 所示。

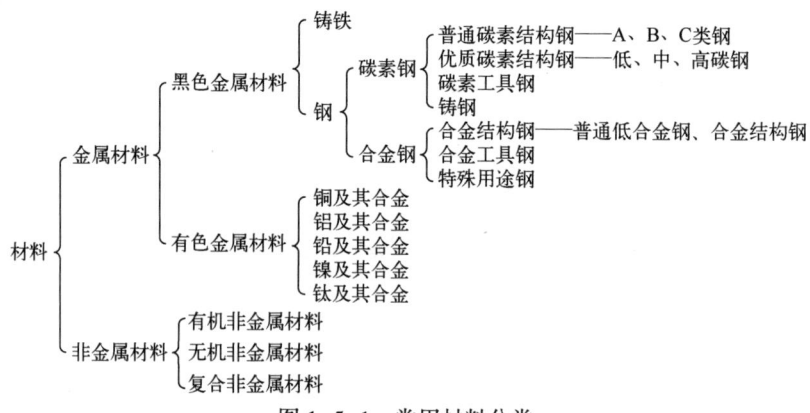

```
                            ┌ 铸铁
                            │         ┌ 普通碳素结构钢——A、B、C类钢
                            │   ┌ 碳素钢 ┤ 优质碳素结构钢——低、中、高碳钢
            ┌ 黑色金属材料 ┤   │         │ 碳素工具钢
            │              │ 钢┤        └ 铸钢
            │              │   │         ┌ 合金结构钢——普通低合金钢、合金结构钢
   ┌ 金属材料┤              └   └ 合金钢 ┤ 合金工具钢
   │        │                             └ 特殊用途钢
   │        │              ┌ 铜及其合金
材料┤        │              │ 铝及其合金
   │        └ 有色金属材料 ┤ 铅及其合金
   │                       │ 镍及其合金
   │                       └ 钛及其合金
   │                       ┌ 有机非金属材料
   └ 非金属材料            ┤ 无机非金属材料
                           └ 复合非金属材料
```

图 1-5-1　常用材料分类

炼油设备常用的材料为钢，本项目重点介绍钢。

二、常用钢材分类及用途

（一）碳素钢

凡含碳量小于 2.11% 的铁碳合金都称为碳素钢，简称碳钢。按钢的用途分类，可分为碳素结构钢和碳素工具钢。根据碳钢中含杂质元素 S、P 量的多少，可分为普通碳素结构钢和优质碳素结构钢。普通碳素结构钢含有较多的 S、P 元素及非金属杂物，由于价格便宜，产量较大，故广泛用于制作金属结构和不重要的机械零件。

（二）合金钢

所谓合金钢，就是在碳钢的基础上，冶炼时适量加入一种或数种合金元素（Cr、Ni、W、Mo、Co、V、Ti、B 或 Re 等），使其具有较好力学性能和耐腐蚀性能的钢。按用途不同，合金钢可分为合金结构钢、合金工具钢和特殊用途钢。

1. 合金结构钢

合金结构钢是在普通碳素结构钢的基础上加入一定量的合金元素冶炼而成。根据加入合金元素量的多少，可分为普通低合金钢（含碳量为 0.1%~0.25%，并含有少量合金元素）和合金结构钢两种。

普通低合金钢中所含元素的不同其性能也是不同的。例如含有 Si、Mn 等元素，则可提高钢的强度；如加入 V、Ti、Nb 等元素，除可提高强度外，还可提高塑性；若加入适量的 Cu，则可增加钢的耐蚀性。在强度级别较高的普通低合金钢中，常加入 Cr、Mn、B 等元素，其目的是提高钢的淬透性。

合金结构钢经热处理后，可以获得良好的综合力学性能，常用来做重要的机械零件。

合金结构钢牌号采用"两位数字+化学元素符号或汉字+数字"的表示方法。前两位数字表示钢中平均含碳量的万分之几，化学元素符号即钢中所含的主要合金元素，元素符号后的数字表示该元素的平均百分含量。凡合金元素平均含量小于 1.5% 时，元素符号后的数字就不标，若大于 1.5%、2.5%、3.5%……时，则在元素符号后分别标出 2、3、4……例如，09Mn2（或 09锰2），表示钢中平均含碳量为 0.09%，锰含量约为 2%；又如，60Si2Mn，表示钢的平均含碳量为 0.6%，含硅量 2%，锰的含量小于 1.5%。

2. 合金工具钢

合金工具钢是在碳素工具钢的基础上，加入 3%~5% 的 Cr、Mn、Si 等合金元素冶炼而成。其主要制作尺寸大、精度高和形状复杂的模具、量具及切削速度较高的刃具等。

合金工具钢的牌号与合金结构钢牌号的区别在于用一位数字表示平均含碳量的千分之几，当含碳量大于 1% 时，则不予标出。例如，9SiCr，表示平均含碳量为 0.9%，Si、Cr 含量都小于 1.5%；又如 Cr12MoV，因平均含碳量大于 1%，故不标明，Cr 的含量为 12%，Mo、V 的含量都小于 1.5%。

3. 特殊用途钢

特殊用途钢是指具有特殊物理、化学性能的高合金钢。常用的有不锈钢、耐热钢和耐磨钢。

不锈钢是指在腐蚀介质中具有高抗蚀能力的钢。常用不锈钢有铬不锈钢和铬镍不锈钢，表示方法的顺序与普通低合金钢相同，但含碳量的数字以千分之几表示。铬不锈钢的含碳量为 0.1%~0.4%，含铬量为 13%。由于合金中含有大量的铬，因而使其钝化，在许多介质中有很高的耐蚀性。铬镍不锈钢含铬 17%~19%，含镍 8%~11%，故称 18-8 型不锈钢。这类钢含碳量低，含镍量高，因而比铬钢更耐蚀，在 HNO_3、H_3PO_4、有机酸及苛性碱中是稳定的，H_2S、CO、室温下干燥氯以及 573K 以下的 SO_2 等，对它均有破坏性。因此，用它来制作生产硝酸的设备，如吸收塔、换热器、反应器、管道、泵、阀门和储槽等。

耐热钢具有很高的抗氧化性能和热强性能，因而可分为抗氧化钢和热强钢。在高温下能抵抗气体介质腐蚀的钢称为抗氧化钢。这是因为在钢中加入合金元素 Cr、Ni、Si、Al 等后，就能与钢形成致密的、高熔点的氧化膜，如 Cr_2O_3、SiO_2 和 Al_2O_3 等，这些氧化膜严密地覆盖在钢的表面，使钢与高温氧化性气体隔离，从而避免钢的进一步氧化。例如 4Cr9Si2 能抗氧化到 1073K，它可用于换热器的部件。热强钢具有在高温下抗氧化能力，并有较高的高温强度。为了提高钢的强度，加入难熔金属元素 W、Mo 等，为了形成稳定的碳化物、氮化物，也可加入 Ti、V 等合金元素。常用热强钢有 15CrMo 和 4Cr14Ni14W2Mo，前者是典型的锅炉用钢，可做 573~773K 下长期工作的零件，后者可做 873K 以下工作的零件，如汽轮机叶片、大型发动机排气阀等。

特殊性能钢的牌号与合金工具钢的牌号表示方法基本相同，但对一些特殊专用钢，为了表示用途，在钢号前冠以汉语字母，而不标出含碳量。例如，GCr15SiMn，此钢号表示含 Cr 1.5%，含 Si、Mn 均小于 1.5% 的滚动轴承钢。"G"是"滚"字汉语拼音字首。

项目二　阀门

一、阀门的分类

最常见的阀门按用途和作用分类如下：
（1）截断阀：用来截断或接通管道介质，如闸阀、截止阀、球阀、蝶阀、隔膜阀、旋塞阀等。
（2）止回阀：用来防止管道中的介质倒流。
（3）分配阀：用来改变介质的流向，起分配、分离或混合介质的作用，如三通球阀、三通旋塞阀、分配阀、疏水阀等。
（4）调节阀：用来调节介质的压力和流量，如减压阀、调节阀、节流阀等。
（5）安全阀：防止装置中介质压力超过规定值，从而对管道或设备提供超压安全保护，如安全阀、事故阀等。

二、阀门的使用

要做好阀门的使用，就要从以下几方面着手。

（一）阀门的选用

选用阀门必须综合考虑介质的腐蚀性能、温度、压力、流速、流量，结合工艺、操作、安全等因素选用正确的阀门形式。

（二）阀门的安装

阀门安装质量的好坏直接影响阀门的使用，阀门的安装应有利于操作、维修和拆装。

（三）阀门的操作

阀门操作正确与否，直接影响使用寿命，应从以下几方面加以注意：
（1）阀门在日常操作中一定按规定使用，不能超温、超压运行，操作要注意方法，特别是不能过力操作，防止把阀门传动机构损坏。对一些特殊阀门，有特殊要求的，操作时一定要按规定操作。

（2）高温阀门，当温度升高到200℃以上时，螺栓受热伸长，容易使阀门密封关不严，这时要对螺栓进行热紧，在热紧时不宜在阀门全关时进行，以免阀杆顶死。

（3）气温在0℃以下时，对停汽、停水的阀门要注意排凝，以免冻裂阀门。不能排凝的要注意保温。

（4）填料压盖不宜压得过紧，应以不泄漏和阀杆操作灵活为准。

（5）在操作中通过听、闻、看、摸及时发现异常现象，及时处理或联系处理。

项目三 泵

一、泵的分类

泵是把原动机的机械能转换为液体的能量的机器。例如，原动机（电动机、柴油机等）通过泵轴带动叶轮旋转，对液体做功，使其能量（包括位能、压能和势能）增加，从而使液体输送到高处或要求有压力的地方。泵常按如下几种方式进行分类：

（1）按压力高低分：压力小于2MPa为低压泵，压力在2~6MPa之间的为中压泵，压力大于6MPa为高压泵。

（2）按工作原理和结构不同分：叶片式泵、容积式泵、其他类型泵，如图1-5-2所示。

图1-5-2 泵按工作原理和结构分类

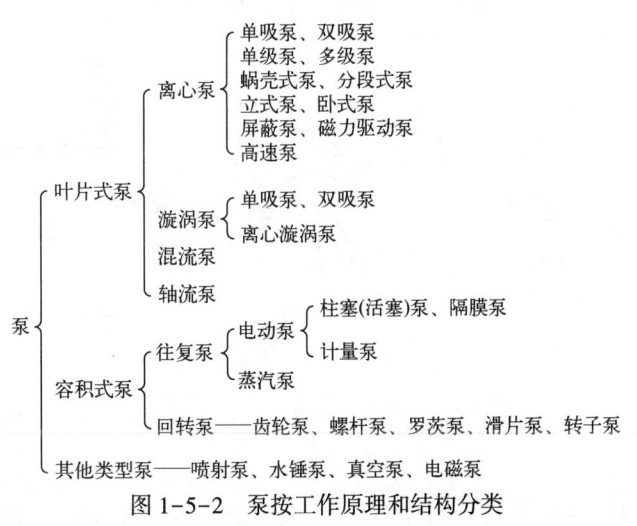

（3）按生产中用途不同分：给水泵、凝结水泵、循环水泵、油泵、灰浆泵等。

（4）按介质不同分：清水泵、污水（污物）泵、油泵、耐腐蚀泵、渣浆泵等。

（5）按安装使用方式不同分：管道泵、液下泵、潜水泵等。

二、离心泵

（一）离心泵工作原理

离心泵是叶片式泵的一种。由于这种泵主要是靠叶轮旋转时产生离心力输送液体，所以称为离心泵。

在泵启动前，泵壳内灌满被输送的液体；启动后，叶轮由轴带动高速转动，叶片间的液体也随着转动。在离心力的作用下，液体从叶轮中心被抛向外缘并获得能量，以高速离开叶轮外缘进入蜗形泵壳。在蜗壳中，液体由于流道的逐渐扩大而减速，又将部分动能转变为静压能，最后以较高的压力流入排出管道，送至需要场所。液体由叶轮中心流向外缘时，在叶轮中心形成了一定的真空，由于储槽液面上方的压力大于泵入口处的压力，液体便被连续压入叶轮中。可见，只要叶轮不断地转动，液体便会不断地被吸入和排出。

（二）离心泵基本构造

离心泵主要是由叶轮、泵体、泵盖、密封环、轴封装置、托架和平衡装置等所组成。

1. 叶轮

离心泵能输送液体，主要是靠装在泵体内叶轮的作用。它的尺寸、形状和制造精度对泵的性能影响很大。

叶轮有闭式、开式和半开式三种类型，如图 1-5-3 所示。闭式叶轮一般由盖板、叶片和轮毂组成。在吸入口一侧称前盖板，后侧称后盖板，中间为叶片。叶片一般都是后弯的。开式叶轮没有前后盖板。半开式叶轮没有前盖板，但有后盖板。

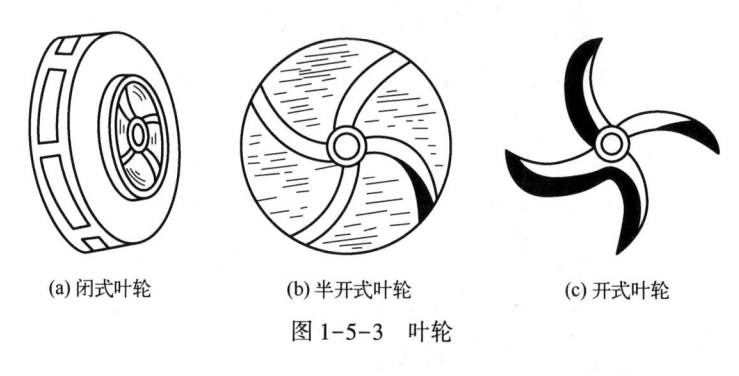

(a) 闭式叶轮　　(b) 半开式叶轮　　(c) 开式叶轮

图 1-5-3　叶轮

叶轮按吸入方式又可分为单吸式叶轮和双吸式叶轮，如图 1-5-4 所示。

2. 泵体（泵壳）

泵壳的作用是将叶轮封闭在一定的空间，以便由叶轮的作用吸入和压出液体。泵壳多做成蜗壳形，故又称蜗壳。由于流道截面积逐渐扩大，故从叶轮四周甩出的高速液体逐渐降低流速，使部分动能有效地转换为静压能。泵壳不仅汇集由叶轮甩出的液体，同时又是一个能量转换装置。

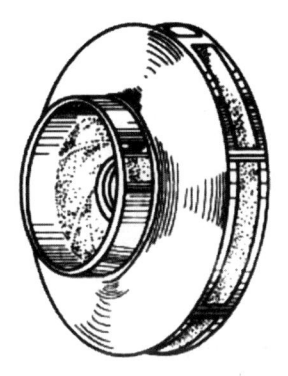

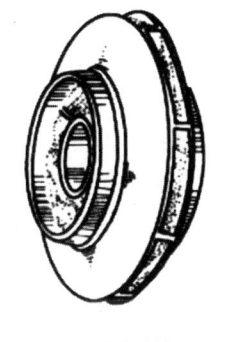

(a) 单吸式叶轮　　(b) 双吸式叶轮

图 1-5-4　单吸式、双吸式叶轮

为使泵内液体能量转换效率增高，叶轮外周安装导轮。导轮是位于叶轮外周固定的带叶片的环。这些叶片的弯曲方向与叶轮叶片的弯曲方向相反，其弯曲角度正好与液体从叶轮流出的方向相适应，引导液体在泵壳通道内平稳地改变方向，将使能量损耗减至最小，提高动能转换为静压能的效率。

3. 密封环

密封环又称口环，一般装在泵体上，与叶轮吸入口外圆构成很小间隙。由于泵体内液体压力比吸入口压力高，所以泵体内的液体总有流向叶轮吸入口的趋势。密封环主要作用就是防止叶轮与泵体之间的液体漏损；密封环还起到承受摩擦的作用，当间隙磨大后，可更换新的密封环而不使叶轮和泵体报废，以延长它们的寿命，所以密封环是泵的易损件。密封环和叶轮吸入口外圆间隙一般为 0.1~0.5mm。

4. 轴封装置

轴封装置作用是防止泵壳内液体沿轴漏出或外界空气漏入泵壳内。常用轴封装置有填料密封和机械密封两种。填料一般用浸油或涂有石墨的石棉绳。机械密封主要的是靠装在轴上的动环与固定在泵壳上的静环之间端面做相对运动而达到密封的目的。

5. 平衡装置

由于叶轮两侧作用力是不相等的，相当于一个力将叶轮推向吸入口侧，这个力称轴向力。若不消除这个轴向力，泵的转动部分就会发生轴向窜动，从而引起磨损、振动和发热，使泵不能正常工作运转。因此必须采用平衡装置。

(三) 离心泵安装高度的计算

离心泵的安装高度是指离心泵吸入口与液源液面间的垂直距离。在实际安装时，要求泵的安装高度必须低于允许安装高度 H_g，以免发生汽蚀现象。我国的离心泵样本中采用允许汽蚀余量 Δh 和允许吸上真空高度 H_s 两种性能指标来表示泵的吸上性能，由此可计算泵的允许安装高度 H_g。

计算步骤：

(1) 确定已知条件。

(2) 选取所需的公式。

由允许吸上真空高度 H_s 求允许安装高度 H_g：

$$H_g = H_s - \frac{u_1^2}{2g} - \sum h_{f,0-1}$$

式中　$\sum h_{f,0-1}$——吸入管路阻力，m；
　　　u_1——泵入口流速，m/s。

由允许汽蚀余量 Δh 求允许安装高度 H_g：

$$H_g = \frac{p_0}{\rho g} - \frac{p_v}{\rho g} - \Delta h - \sum h_{f,0-1}$$

式中　Δh——允许汽蚀余量，由泵的性能表查得，m；
　　　p_v——操作温度下液体的饱和蒸气压，Pa；
　　　p_0——吸入液面压力，Pa。

（3）计算出泵允许安装高度值。
（4）将泵允许安装高度值和实际值进行比较。
（5）得出结论并作出解答。

【例1-5-1】 用泵从密闭容器中送出30℃的液态烃，容器内液态烃液面上的绝压为 $p_0 = 343\text{kPa}$，输送到最后，液面将降到泵入口以下2.8m，液态烃在30℃时的密度 $\rho = 580\text{kg/m}^3$，饱和蒸气压 $p_v = 304\text{kPa}$，吸入管路的压头损失估计为1.5m，所选用的油泵的汽蚀余量为3m。问这个泵能否正常操作？

解： $H_g = \frac{p_0}{\rho g} - \frac{p_v}{\rho g} - \Delta h - \sum h_{f,0-1} = (343000 - 304000)/(580 \times 9.81) - 1.5 - 3$

$ = 2.4(\text{m}) < 2.8(\text{m})$

所以泵的安装位置太高，不能保证整个输送过程中不出现汽蚀现象，而应将泵的安装高度降低至少0.4m。

答： 该泵不能正常操作。

注意：如输送条件与测试时不同（测试一般条件为常压，20℃清水），则应对允许吸上真空高度 H_s 和允许汽蚀余量 Δh 进行换算。

（四）离心泵启停切换

1. 离心泵启动

1）启动前的准备

（1）工具准备：防爆阀门扳手、防爆手电、防爆对讲机。
（2）人员穿戴劳保着装：工作服、工作鞋、安全帽、手套。
（3）确认泵供电正常。
（4）确认泵的入口管线、阀门、法兰和压力表接头安装齐全，符合要求；地脚螺栓及其他连接部分有无松动。
（5）确认防护罩完好。
（6）确认盘车均匀灵活，泵体内无金属撞击声或摩擦声。

（7）确认轴承箱内油位处于轴承箱液位计的 1/2~2/3。

（8）确认冷却水系统畅通。

（9）确认泵出口阀关闭。

（10）确认二级密封正常。

2）操作步骤

（1）开启入口阀，使液体充满泵体。将泵内空气赶净。若是热油泵，则不允许开放空阀赶空气，并且关闭预热线。

（2）启动电动机。

（3）全面检查机泵的运转情况：出口压力、振动情况、轴承温度、声音。

（4）当泵出口压力高于操作压力时，逐步开出口阀门，控制泵的流量、压力。

（5）检查泵出口压力、电流及冷却水运行情况。

（6）如为热油泵，则还应打入封油。封油压力高于泵体压力 0.1MPa 以上。

3）注意事项

（1）离心泵在任何情况下都不允许无液体空转，以免零件损坏。

（2）热油泵在启动前，要缓慢预热。应使泵体与管道同时预热，使泵体与输送介质的温差在 50℃ 以下。

（3）热油泵引封油前必须充分脱水。

（4）离心泵不允许用入口阀门来调节流量，以免抽空。

（5）离心泵启动后应加强检查。

2. 离心泵切换

1）操作步骤

（1）备用泵启动之前应做好全面检查及启动前的准备工作。热油泵应处于完全预热状态并根据泵内介质情况，选择性注入封油。

（2）开泵入口阀，使泵体内充满介质。用放空阀排净空气。热油泵则不允许放空。

（3）机泵切换时，先开备用泵，启动电动机，然后检查各部分的振动情况、轴承的温度、出口压力、电动机的电流情况，确认正常。

（4）缓慢打开备用泵的出口阀门，同时相应关小主泵出口阀门，切换过程中密切注意泵出口压力、电流变化，联系主控室操作人员注意流量变化。

（5）当备用泵出口阀全开，主泵出口阀全关，停主泵电动机。

（6）切换完毕，密切监测机泵的运转情况。

（7）热油泵切换后应做好预热工作。

（8）机泵切换时，若没有对讲机与主控室操作人员联系，现场操作人员可用现场一次表判断流量。

（9）机泵切换时启动备用泵在短时间内可以保持并联运转状态，且时间不宜过长。

2）注意事项

机泵启动后，在出口阀门未开的情况下，不允许长时间运行，应小于 1~2min。离心泵启动时的电流最大，远大于正常运行时的电流。确认机泵运转后温度、压力、电流、振动均正常。

3. 离心泵停运

1）准备工作

（1）工具准备：防爆阀门扳手、防爆手电、防爆对讲机。

（2）人员穿戴劳保着装：工作服、工作鞋、安全帽、手套。

2）操作步骤

（1）全面检查待停离心泵运行状态。

（2）缓慢关闭待停离心泵的出口阀，密切注意出口压力、电动机电流，直至出口阀全关。

（3）确认出口阀全关后，停电动机，使泵停止运转。

（4）关闭泵出口阀，检查离心泵，确认不倒转，密封不泄漏。

（5）如做备用，热油泵应做好预热。

3）注意事项

（1）热油泵在停冲洗油或封油时，打开进出口管线平衡阀或连通阀，防止进出口管线冻凝。

（2）如该泵要修理，必须用蒸汽扫线，拆泵前要注意泵体压力，如有压力，可能进出口阀关不严。

（3）先把泵出口阀关闭，再停泵，防止泵倒转（倒转对泵有危害，会使泵体温度很快上升，造成某些零件松动）。

（4）停泵注意轴的减速情况，如时间过短，要检查泵内是否有磨、卡等现象。

（五）离心泵日常检查维护

（1）检查机泵的运行声音是否异常。

（2）检查电动机的温度、振动、电流是否在正常范围内。

（3）检查泵出口压力是否在正常范围内。

（4）检查冷却水是否畅通，填料泵、机械密封是否泄漏，如泄漏是否在允许范围内。

（5）检查连接部位是否严密，地脚螺栓是否松动。

（6）检查润滑是否良好，油位是否正常，润滑油应无乳化、带水。

（7）检查热油泵预热状态。

（8）检查二级密封（双端面）系统运行是否正常。

（9）油雾润滑检查：检查各油雾回收箱排雾口，检查机泵轴承箱两端，均应有淡淡烟雾流出；检查油雾润滑系统是否泄漏，是否破损；检查分配器玻璃管中是否有油，如有油，按下部开关将油排出。

三、其他常用泵

（一）往复泵

往复泵主要用在小流量、高压力的场合输送黏性液体，尤其是黏度随温度变化的液体。与离心泵相比，往复泵的优点是扬程高，受介质性质影响较小，有自吸能力，并且效率也较离心泵高；但是流量不均匀，结构及操作都较离心泵复杂，并且价格也高。

往复泵属于容积式泵。它是依靠在泵缸内做往复运动的活塞或柱塞，来改变工作室的容积，从而达到吸入和排出液体的。由于泵缸内的主要工作部件（活塞或柱塞）的运动是往复式的，因此称它为往复泵。

如图1-5-5所示，往复泵主要由活塞、泵缸、吸入阀、排出阀、吸入管和排出管等组成。活塞和吸入阀、排出阀之间的空间称为工作室。当活塞从左端点开始向右移动时，泵缸的工作容积逐渐增大，泵缸内压力降低形成一定的真空，排出管中压力高于泵缸内压力使排出阀关闭，吸入管中压力高于泵缸内压力使吸入阀打开，吸液池中的液体在大气压力作用下进入泵缸，这一过程称为泵缸的吸入过程，吸入过程在活塞移动到右端点时结束。当活塞从右端点开始向左移动时，泵缸内的液体受到挤压，压力升高，吸入阀关闭，排出阀打开，泵缸排出液体，这一过程称为排出过程。排出过程在活塞移动到左端点时结束。活塞往复移动一次，泵缸完成一个吸入过程和排出过程，称为一个工作循环，往复泵的工作过程就是其工作循环的简单重复。泵缸左端点到右端点的距离称为活塞行程。

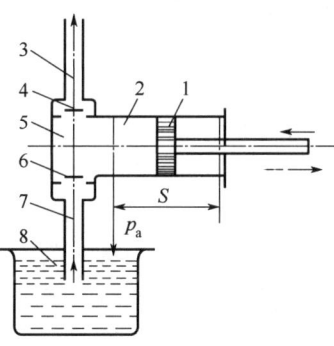

图1-5-5 往复泵工作原理图
1—活塞；2—泵缸；3—排出管；4—排出阀；5—工作室；6—吸入阀；7—吸入管；8—储液槽

（二）齿轮泵

齿轮泵在炼油厂中主要用于输送燃料油和润滑油，同时，也用于各种机械的液压系统和润滑系统作为辅助油泵使用。齿轮泵的优点是工作可靠，流量脉动小，有自吸能力，并且结构简单，造价低。缺点是易磨损，效率较往复泵低，不宜输送含有固体颗粒的流体，且存在一定的振动和噪声。

齿轮泵的工作机构为一对相互啮合的齿轮，装在泵体内。主动齿轮由电动机驱动，从动齿轮与主动齿轮相啮合，泵体两侧有吸排液腔，但没有吸排液阀。工作原理如图1-5-6所示，当电动机驱动主动齿轮转动时，与主动齿轮相啮合的从动齿轮跟着旋转，吸液腔一侧的啮合齿逐渐脱离啮合，使吸液腔空间增大，压力降低并形成一定的真空，使吸液池中的液体在大气压力作用下经吸液管进入泵体吸液腔，充满于吸液腔一侧轮齿齿槽内的液体随齿轮转动分两路沿泵体内壁转到排液腔。由于吸液腔与排液腔始终被啮合齿分隔，排液腔一侧的轮齿还在逐渐地进入啮合，齿槽内的液体又源源不断地送到排液腔内，使排液腔内的液体受到挤压，压力升高，于是便从排液腔排出。主动齿轮和从动齿轮不停地旋转，泵便能连续地吸入和排出液体。

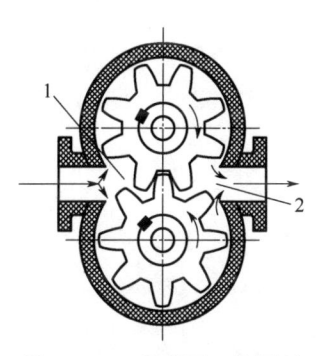

图1-5-6 齿轮泵工作原理
1—吸液腔；2—排液腔

齿轮泵的种类很多，按齿轮的啮合方式可分为外啮合齿轮泵和内啮合齿轮泵，按齿轮的齿形可分为正齿轮泵、斜齿轮泵和人字齿轮泵等。

（三）螺杆泵

螺杆泵主要用于输送各种黏性液体，在各种机械的液压传动系统或调节系统中经常采用。与齿轮泵相比，螺杆泵运转无噪声，寿命长，流量均匀，效率也较齿轮泵高。在泵内流道表面存在液膜的情况下启动时，不用灌泵，并且也可以输送含少量杂质颗粒的液体。

双螺杆泵的结构如图1-5-7所示，主动螺杆由电动机驱动，从动螺杆与主动螺杆相啮合，当电动机驱动主动螺杆转动时，从动螺杆与主动螺杆反向旋转，两螺杆相互啮合的空间容积产生变化，靠吸入室一侧的啮合空间打开，与吸入室容积连通，吸入室容积增大，压力降低，吸入管内液体流入螺杆槽中，在螺杆的推动下产生轴向移动。螺杆泵中液体的轴向移动类似于螺母在螺杆上的移动，螺母不转螺杆转动时，螺母在螺杆的推动下产生轴向移动。在螺杆泵中从动螺杆的螺纹与主动螺杆螺纹相啮合，起到防止液体随螺杆旋转的挡板作用。当螺杆不断旋转时，液体便从吸入室连续地沿着泵体轴向移动到排出室。

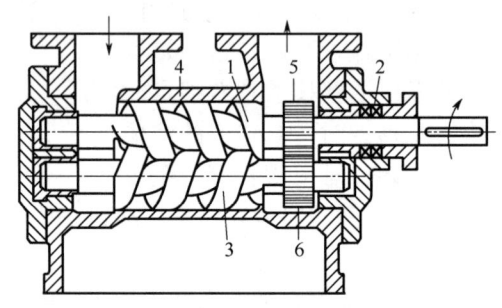

图1-5-7 双螺杆泵结构原理
1—主动螺杆；2—填料函；3—从动螺杆；4—泵体；5,6—齿轮

项目四　塔设备

一、塔设备的分类

按操作压力分：加压塔、常压塔、减压塔。
按用途分：精馏塔、吸收塔、解吸塔、萃取塔、反应塔、干燥塔等。
按内件结构分：板式塔（图1-5-8）、填料塔（图1-5-9）。

二、板式塔

（一）板式塔的工作原理和构造

板式塔是一种逐级（板）接触的气液传质设备。塔内装有一定数量按一定间距设置的塔板（或称塔盘），气体自塔底向上以鼓泡或喷射形式依次穿过各层塔板和塔板上的液层，从塔顶排出。液体则靠重力作用从顶部逐板流向塔底并排出塔。气液相密切接触进行传质传热，两相的组分浓度沿塔高呈阶梯式变化。

板式塔结构如图1-5-8所示，主要由圆柱形塔体、塔板、气体和液体进出口管等部件组成，同时考虑到安装和检修的需要，塔体上还要设置人孔或手孔、平台、扶梯和吊柱等，整个塔体由塔裙座支撑。

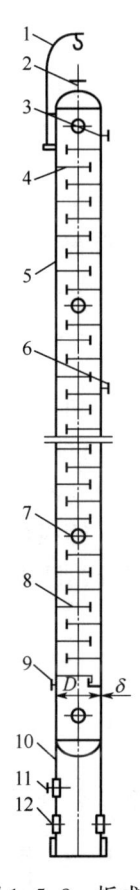

图 1-5-8　板式塔
1—吊柱；2—气体出口；3—回流入口；4—精馏段塔板；
5—壳体；6—料液进口；7—人孔；8—提馏段塔板；
9—气体入口；10—裙座；
11—液体出口；12—出入孔

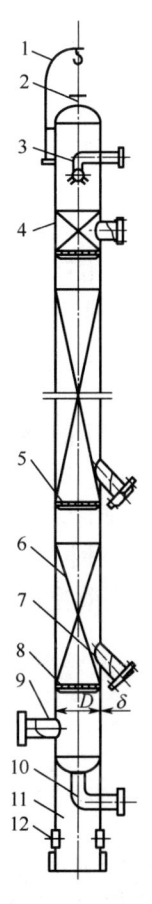

图 1-5-9　填料塔
1—吊柱；2—气体出口；3—喷淋装置；4—壳体；
5—液体再分配器；6—填料；7—卸填料人孔；
8—支承装置；9—气体入口；10—液体出口；
11—裙座；12—出入孔

（二）塔板的结构和板式塔类型

1. 塔板结构

塔板一般由气相通道、降液管、受液盘、溢流堰及进口堰等部件构成。

（1）溢流堰。为了使气液两相在塔板上接触，塔板上需要一定的液层高度，因此，在塔板的液体出口处设有溢流堰。

（2）降液管。降液管是液体从上一层塔板流向下一层塔板的通道。降液管的横截面有弓形和圆形两种。因塔体多为圆筒形，弓形降液管可充分利用塔内空间，使降液管在可能条件下流通截面最大，通液能力最强，故被普遍采用。

（3）受液盘。塔板上接受降液管流下液体的那部分区域称为受液盘。它有平形和凹形两种形式，平形就是塔板面本身，一般较大的塔采用凹形受液盘。

(4) 进口堰。在塔径较大的塔中，为了减少液体自降液管下方流出的水平冲击，常设有进口堰。

2. 板式塔类型

根据塔板上气相通道的形式不同，可将板式塔分为泡罩塔、浮阀塔、筛板塔、舌形塔、浮动舌形塔和浮动喷射塔等多种，最常见的是泡罩塔、浮阀塔、筛板塔。

1）泡罩塔

泡罩塔是工业上大规模使用最早的板式塔。主要元件由升气管和钟形泡罩构成。泡罩安装在升气管顶部，泡罩底缘开有若干齿缝浸入板上液层中。气体经升气管从齿缝中吹出被分散为细小的气泡或流股经液层上升，液层中充满气泡而形成泡沫层，为气液两相提供了大量的传质界面。泡罩塔操作状态如图1-5-10所示。

2）筛板塔

筛板塔出现略迟于泡罩塔，与泡罩塔的差别在于取消了泡罩与升气管，直接在板上开很多的小直径的筛孔。操作时，气体高速通过小孔上升，板上的液体不能从小孔中落下，只能通过降液管流到下层板，上升蒸气或泡点的条件使板上液层成为强烈搅动的泡沫层，如图1-5-11所示。筛板用不锈钢板制成，孔的直径为3~8mm。筛板塔结构简单、造价低、生产能力大、板效率高、压降低，随着对其性质的深入研究，已成为应用最广泛的一种。

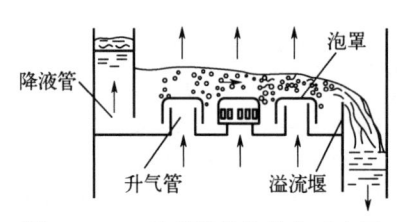

图1-5-10　泡罩塔操作状态示意图 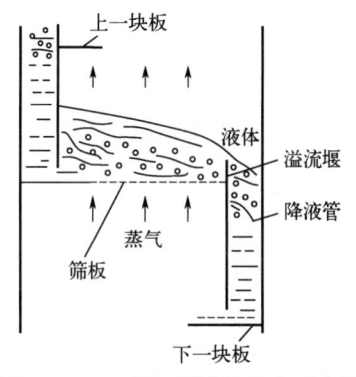　　图1-5-11　筛板塔操作状态示意图

3）浮阀塔

浮阀塔是一种新型塔，其特点是在筛板塔的基础上，在每个筛孔处安装一个可以上下浮动的阀体，当筛孔气速高时，阀片被顶起而上升，气速低时，阀片因自重而下降。阀体可随上升气量的变化而自动调节开度，可使塔板上进入液层的气速不至于随气体负荷的变化而大幅度变化，同时气体从阀体下水平吹出，加强了气、液接触。

三、填料塔

（一）填料塔的工作原理和构造

填料塔属于微分接触型气液传质设备。塔内填料作为气液接触和传质基本元件，液体在填料表面呈膜状自上而下流动，气体呈连续相自下而上与液体做逆向流动，进行气液两相传质和传热，两相组分浓度沿塔高呈连续变化。

填料塔为一直立式圆筒，由塔体、填料、液体分布装置、填料压紧装置、填料支承装置、液体收集再分布装置等构成，如图 1-5-9 所示。

填料塔的塔身是一个直立式圆筒，底部装有填料支承板，填料以乱堆或整砌的方式放置在支承板上。填料的上方安装填料压板，以防被上升气流吹动。液体从塔顶经液体分布器喷淋到填料上，并沿填料表面流下。气体从塔底送入，经气体分布装置（小直径塔一般不设气体分布装置）分布后，与液体逆流连续通过填料层的空隙，在填料表面上，气、液两相直接接触进行传质。在正常操作状态下，气相为连续相，液相为分散相。

（二）填料及填料塔附件

1. 填料的种类

填料的种类很多，大致可分为散装填料和整砌填料两大类。散装填料是一粒粒具有一定几何形状和尺寸的颗粒体，一般以散装方式堆积在塔内。根据结构特点的不同，散装填料分为环形填料、鞍形填料、环鞍形填料及球形填料等。整砌填料是一种在塔内整齐的有规则排列的填料，根据其几何结构可以分为格栅填料、波纹填料、脉冲填料等。

2. 填料塔附件

1) 填料支承装置

填料支承装置的作用是支撑塔内的填料及其持有的液体重量，故支承装置要有足够的强度。支撑装置的选择主要依据的是塔径、填料种类及型号、塔体及填料的材质、气液流量等。

2) 液体分布装置

液体分布装置设在塔顶，为填料层提供足够数量并分布适当的喷淋点，以保证液体初始均匀分布。没有液体分布装置，部分填料得不到润湿，将会降低填料层的有效利用率，影响传质效果。

3) 液体再分布装置

当液体沿填料层向下流动时，有逐渐向塔壁集中的趋势，使得塔壁附近的液流量逐渐增大，这种现象称为壁流。壁流效应造成气、液两相在填料层中分布不均，从而使传质效率下降。因此，当填料层较高时，需要进行分段，中间设置再分布装置。液体再分布装置包括液体收集器和液体再分布器两部分，上层填料流下的液体经液体收集器收集后，送到液体再分布器，经重新分布后喷淋到下层填料上方。

4) 填料压紧装置

安装于填料上方，保持操作中填料床层高度恒定，防止在高压降、瞬时负荷波动等情况下填料床层发生松动和跳动。

四、塔设备日常维护要点

塔设备在日常维护中需注意以下要点：
(1) 巡回检查。定期进行巡回检查是确保塔设备正常运行的重要环节。检查内容应包括设备的泄漏、振动、温度、压力等关键参数，以及设备的外观状况，如腐蚀、裂纹等。

（2）设备清洁。保持塔设备的清洁，特别是填料或塔板等关键部位，以防止堵塞和效率降低。对于易产生积垢的区域，应定期进行清洗。

（3）润滑保养。对于塔设备中的运动部件，如风机、泵等，需要定期检查并进行润滑保养，确保其正常运行。

（4）密封系统的维护。塔设备的密封系统对于防止有害气体泄漏至关重要，应定期检查密封件的磨损情况，并及时更换损坏的密封件。

（5）仪表和自动控制系统的维护。塔设备上的仪表和自动控制系统是监控和调节设备运行的关键，应定期校准和维护这些设备，确保其准确性和可靠性。

（6）安全阀和排放系统的检查。定期检查安全阀和排放系统，确保在压力异常时能够安全释放，防止事故发生。

（7）防腐措施。对于接触腐蚀性介质的塔设备，应采取适当的防腐措施，如涂层、防腐蚀材料的使用等。

（8）备件管理。保持必要的备件库存，以便在设备出现故障时能够及时更换，减少停机时间。

（9）操作规程的遵守。操作人员应严格遵守操作规程，避免因操作不当导致的设备损坏。

（10）应急准备。制定和实施应急预案，以便在设备发生故障或事故时能够迅速有效地进行处理。

通过上述日常维护要点的执行，可以有效延长塔设备的使用寿命，提高生产效率，确保石油化工生产过程的安全和稳定。

项目五　换热设备

一、换热器分类

按换热设备的用途分：加热器、冷却器、冷凝器、蒸发器、分凝器、再沸器等。
按换热器传热面的形状和结构分：管式换热器、板式换热器、特殊形式换热器。
按换热设备的传热方式分：间壁式换热器、混合式换热器、蓄热式换热器。具体分类如图1-5-12所示。在所有的换热器中，以间壁式换热器在实际生产中应用范围最广。

二、列管式换热器

列管式换热器又称为管壳式换热器，是一种传统的通用标准换热设备。它具有结构简

```
                   ┌混合式
                   │       ┌夹套式换热器
                   │       │              ┌沉浸式
                   │       ├蛇管式换热器──┤
                   │       │              └喷淋式
                   │       │              ┌固定管板式换热器
换热器──┤间壁式──┤       │U形管式换热器
                   │       ├列管式换热器──┤浮头式换热器
                   │       │              └填料函式换热器
                   │       ├套管式换热器
                   │       └板式换热器：螺旋板式、板卷式、板翅式
                   └蓄热式
```

图 1-5-12　换热器按传热方式分类

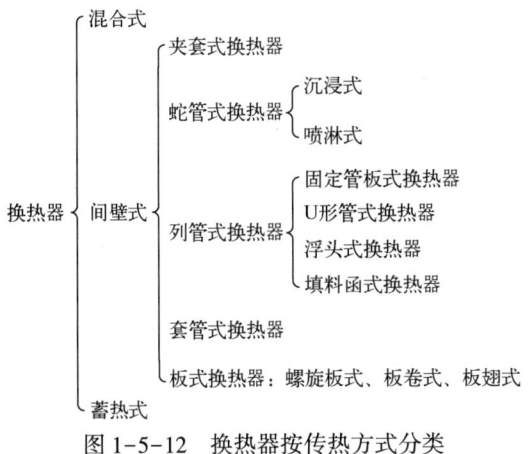

单、坚固耐用、制造较容易、处理能力大、适应性强、操作弹性较大等特点，在化工、炼油和其他工业装置中得到普遍采用，在换热设备中占主导地位，尤其在高压、高温和大型装置中使用更为普遍。

（一）固定管板式换热器

图 1-5-13 所示是一台固定管板式换热器，由换热管束、管板、折流板、分程隔板、壳体和封头等部件构成。管束是由许多根管子固定在管板上而形成的，提供了换热器的传热间壁，管板和壳体一般是焊接在一起的。在管束外装有折流板，其目的是增加管外传热系数。管板与封头所包围的流动空间称为管箱，其作用是使流体流经管箱时缓冲、扩散然后流入管束内。多管程的换热器在管箱内装有分程隔板。冷热流体的进出口管分别装在壳体和管箱上。除此之外还有人（手）孔等检查孔以及安装测量、检测仪表用的接口管、排液管与排气孔以及法兰支座等通用零部件。

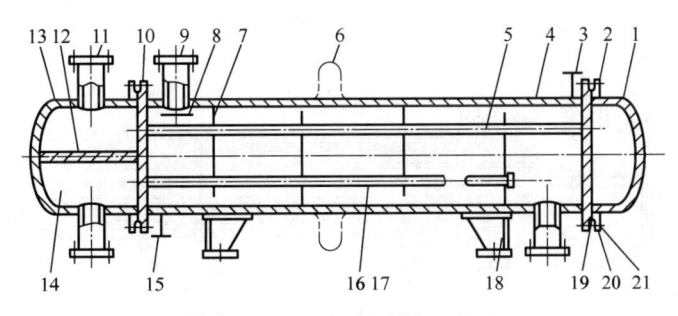

图 1-5-13　固定管板式换热器

1—封头；2—法兰；3—排气口；4—壳体；5—换热管；6—波形膨胀节；7—折流板（或支持板）；
8—防冲板；9—壳程接管；10—管板；11—管程接管；12—隔板；13—封头；14—管箱；
15—排液口；16—定距管；17—拉杆；18—支座；19—垫片；20,21—螺栓、螺母

固定管板式换热器操作时，由于冷、热两种流体温度不同，使壳体和管束受热不同，所以其热膨胀程度亦不同。若两者温差较大（50℃以上），就可能引起设备变形，或使管子扭弯，从管板上松脱，甚至毁坏整个换热器。对此，必须从结构上考虑消除或减轻热膨

胀对整个换热器的影响，可在壳体上设置膨胀节，但壳程压力受膨胀节强度限制不能太高。

固定管板式换热器适用于壳程流体清洁且不结垢，两种流体温差不大或温差较大但壳程压力不高的场合。

（二）浮头式换热器

浮头式换热器结构如图 1-5-14 所示，其结构特点是一端管板不与壳体固定连接，可以在壳体内沿轴向自由伸缩，该端称为浮头。优点是当换热管与壳体有温差存在，壳体或换热管膨胀时，互不约束，消除了热应力，管束可以从管内抽出，便于管内和管间的清洗。其缺点是结构复杂，用材量大，造价高。

浮头式换热器应用十分广泛，适用于壳体与管束温差较大或壳程流体容易结垢的场合。

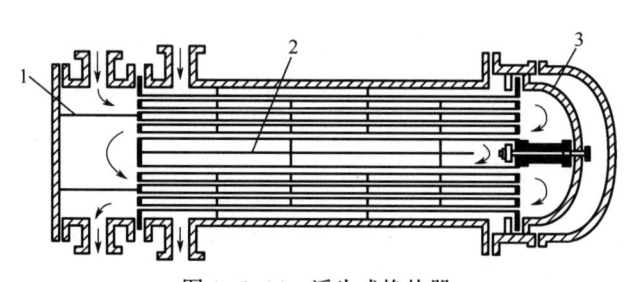

图 1-5-14 浮头式换热器
1—管程隔板；2—壳程隔板；3—浮头

（三）U 形管式换热器

U 形管式换热器结构如图 1-5-15 所示。其结构特点是只有一个管板，管子呈 U 形，管子两端固定在同一管板上。管束可以自由伸缩，解决了热补偿问题。优点是结构简单，运行可靠，造价低；管间清洗较方便。其缺点是管内清洗较困难，管板利用率低。

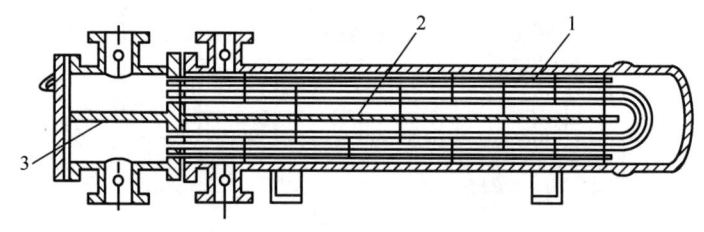

图 1-5-15 U 形管式换热器
1—U 形管；2—壳程隔板；3—管程隔板

U 形管式换热器适用于管程、壳程温差较大，或壳程介质易结垢而管程介质不易结垢的场合。

（四）填料函式换热器

填料函式换热器结构如图 1-5-16 所示。其结构特点是管板只有一端与壳体固定，另一端采用填料函密封。管束可以自由伸缩，不会产生热应力。

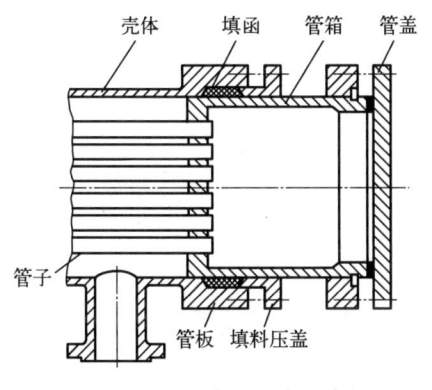

图 1-5-16 填料函式换热器

优点是结构较浮头式换热器简单，造价低；管束可以从壳体内抽出，管程、壳程均能进行清洗，维修方便。其缺点是填料函耐压不高，一般小于 4.0MPa，壳程介质可能通过填料函外漏。

填料函式换热器适用于管程、壳程温差较大或介质易结垢需要经常清洗且壳程压力不高的场合。

三、换热器的简单计算

在换热器选用的过程中，会涉及传热面积的计算问题。计算过程要根据已知条件求算：

（1）换热器的热负荷。可以通过流体的流量、温度变化、比热容、汽化潜热、焓值求算。

（2）平均温度差。根据流动形式正确选用计算温差公式，逆流和并流用对数平均温差，错流和折流需要校正。

（3）总传热系数。要综合考虑管内热阻、管外热阻、管壁热阻和管内外污垢热阻。

【例 1-5-2】 在一逆流操作的单程列管式换热器中，用冷水将质量流量为 1.25kg/s 的苯从 80℃冷却到 50℃，苯的比热容为 1.9kJ/(kg·K)。水在管内流动，进、出口温度分别为 20℃和 40℃。换热器的管子规格为 φ25mm×2.5mm，若已知管内、外的对流传热系数分别为 1.70kW/(m²·K) 和 0.85kW/(m²·K)，求换热器的传热面积。假设污垢热阻、壁面热阻及换热器的热损失均可忽略。

解： 本例是求换热器的传热面积问题，根据传热基本方程，必须先求得传热速率 Q、传热平均温度差 Δt_m 以及传热系数 K。

（1）换热器的热负荷为：

$$Q = Q_h = q_{m,h} c_{ph} (T_1 - T_2) = 1.25 \times 1.9 \times (80-50) = 71.25 \text{(kW)}$$

（2）平均传热温度差为：

$$80℃ \rightarrow 50℃$$
$$40℃ \leftarrow 20℃$$
$$40℃ \quad 30℃$$

$$\Delta t_m = \frac{\Delta t_1 - \Delta t_2}{\ln \dfrac{\Delta t_1}{\Delta t_2}} = \frac{40-30}{\ln \dfrac{40}{30}} = 31.67(℃)$$

(3) 传热系数：

$$K_o = \frac{1}{\dfrac{d_o}{\alpha_i d_i} + \dfrac{1}{\alpha_o}} = \frac{1}{\dfrac{0.025}{17 \times 0.02} + \dfrac{1}{0.85}} = 0.52 \text{kW}/(\text{m}^2 \cdot \text{K})$$

(4) 传热面积：

$$A = \frac{Q}{K_o \Delta t_m} = \frac{71.25}{0.52 \times 31.67} = 4.33(\text{m}^2)$$

答：传热面积为 4.33m^2。

四、换热器操作与维护

在化工生产中，通过换热器的介质，有些含有沉积物并具有腐蚀性，所以换热器使用一段时间后，会在换热管及壳体等过流部位积垢和形成锈蚀物，这样一方面降低了传热效率，另一方面使管子流通截面减小而流阻增大，甚至造成堵塞。介质腐蚀也会使管束、壳体及其他零件受损。另外，设备长期运转振动和受热不均匀，使管子胀接口及其他连接处也会发生泄漏。这些都会影响换热器的正常操作，甚至迫使装置停工，因此对换热器必须加强日常维护，定期进行检查、检修，以保证生产的正常进行。

换热器虽然有多种结构形式，但因列管式管热器在化工生产中应用较广，本部分重点介绍列管式管热器。

（一）开车和停运

1. 开车前检查试压

制造和检修完工的换热器，应按规定进行压力试验，一般试验介质是水，试验压力为设计压力的 1.25~1.5 倍，若是使用时间较短的换热器试压时可考虑适当降低压力，试压时应检查小浮头、膨胀节、焊口、管箱垫片、连接阀处有无些泄漏，如有泄漏应进行处理。

2. 开车

试压完毕后的换热器，应放净换热器内存水，以免大量水存在使蒸汽及热油进入时引起水击和汽化而损坏内件。开车顺序一般是先开冷源再开热源，先开出口再开进口。开车步骤：

（1）检查压力表、温度计、安全阀、液位计以及有关阀门是否齐全好用。

（2）打开冷凝水阀、排放积水，打开放空阀，排除空气和不凝气体，放净后逐一关闭。

（3）打开冷流体进口阀门和放空阀，当液面达到规定位置时，缓慢打开热流体的其他阀门，做到先预热后加热，防止骤冷骤热对换热器寿命的影响。通过的流体应干净，以防结垢。

(4) 调节冷、热流体的流量,达到工艺要求所需的温度。

(5) 经常检查冷热两种工作介质的进出口温度和压力变化,如有异常应立即查明原因,消除故障。

(6) 定时分析冷热流体的变化,确定有无泄漏,如泄漏及时处理。

(7) 在操作过程中,换热器一侧若为冷凝,则应及时排放冷凝液和不凝气,以免影响传热效果。

(8) 定期检查换热器及管子与管板连接处是否有损,外壳有无变形以及换热器有无振动,若有应及时排除。

3. 停运

换热器的停运方法和投用方法相反。应先关热源,再关冷源;先关进口,再关出口。停用完毕后,对换热器进行蒸汽吹扫,吹扫干净后交付检修。

冬季停用的换热器,要放净换热器内存在水及其他介质,并用风吹扫,充氮气进行保护,防止设备腐蚀。

（二）维护与保养

(1) 保持设备外部整洁、保温层和油漆完好。

(2) 保持压力表、温度计、安全阀和液位计等仪表和附件齐全、灵敏和准确。

(3) 发现阀门和法兰连接处渗漏时,应及时处理。

(4) 开换热器时,不要将阀门和被加热介质阀门开得太猛,否则容易造成壳体与管子伸缩不一,产生热应力,使局部焊缝开裂或管子连接处松弛。

(5) 尽量减少换热器开停次数,停止使用时应将内部水和液体放净,防止冻裂和腐蚀。

(6) 定期测量换热器的壁厚,正常情况下应两年一次。

（三）常见故障处理

列管式换热器常见故障及处理方法见表1-5-1。

表1-5-1 列管式换热器常见故障及处理方法

故障名称	产生原因	处理方法
传热效率下降	(1) 列管结垢; (2) 壳体内不凝气或冷凝液增多; (3) 列管、管路或阀门堵塞	(1) 清洗管子; (2) 排放不凝气和冷凝液; (3) 检查清理
发生振动	(1) 壳体介质流动过快; (2) 管路振动所致; (3) 管束与折流板的结构不合理; (4) 机座刚度不够	(1) 调节流量; (2) 加固管路; (3) 改进设计; (4) 加固机座
管板与壳体连接处开裂	(1) 焊接质量不好; (2) 外壳歪斜,连接管线拉力或推动力过大; (3) 腐蚀严重,外壳壁厚减薄	(1) 清除补焊; (2) 重新调整找正; (3) 鉴定后修补
管束、胀口渗漏	(1) 管子被折流板磨损; (2) 壳体和管束温差过大; (3) 管口腐蚀或胀接质量差	(1) 堵管或换管; (2) 补胀或焊接; (3) 换管或补胀

五、空气冷却器

空气冷却器是以环境空气作为冷却介质，横掠翅片管外，使管内高温工艺流体得到冷却或冷凝的设备，简称空冷器，也称空气冷却式换热器，亦称翅片风机。常用它代替水冷式管壳式换热器冷却介质，因不受水资源限制、维护费用低、运转安全可靠，与水冷相比，空冷器具有更长的使用寿命。

（一）空气冷却器的基本结构

空冷器的基本结构如图 1-5-17 所示。一台空冷器的基本部件如下。

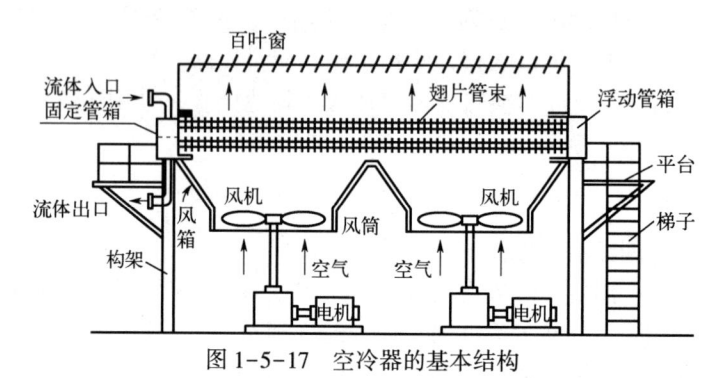

图 1-5-17 空冷器的基本结构

1. 管束

管束是传热的基本部件，包括管箱、换热管、侧梁及支持梁等。被冷却或被冷凝的介质在管内通过时，热量被管外流动的空气带走。

2. 风机

风机包括轮毂、叶片、支架及驱动机构等，用来驱动空气通过管束，带走被冷却介质的热量，从而促使热介质冷却或冷凝。空冷器多采用的是轴流风机。

3. 百叶窗

百叶窗包括窗叶、调节机构及百叶窗侧梁等，主要用来控制空气的流动方向或流量的大小，还可用于对管束的防护，防止雨、雪、冰雹的袭击和烈日照射等。

4. 构架

构架用于支撑管束、风机、百叶窗及其附属件的钢结构。

5. 风箱

风箱用于导流空气的组装件。

6. 梯子平台

梯子平台为空冷器的操作和检修提供方便。

（二）空冷器的分类

按通风方式可分为：鼓风式、引风式和自然通风式。

按管束的布置方式可分为：水平式、斜顶式、立式、V型多边形等。
按冷却方式可分为：干式、湿式、联合式。
按防寒方式可分为：热风内循环式、热风外循环式、蒸汽伴热式。
按压力等级可分为：高压空冷器（PN≥10.0MPa）和中、低压空冷器（PN<10.0MPa）。

（三）鼓风式空冷器

鼓风式空冷器是指空气先经风机叶片驱动，再穿过管束。它的优点是在大气环境温度下风机的功率消耗较小，风机处于温度较低进风口，有利于风机及传动机构的操作和维修，风机的运行寿命较长。由于空气的紊流作用，管外的传热系数略高。缺点是管束暴露在大气中，翅片管易受雨、雪、冰雹侵袭而损害，空气速度分布不均匀，压力损失较大，空气出口速度低，易受环境风力的影响，容易产生热风回流现象等。

鼓风式空冷器由于结构简单、安装和维修方便、通用性强，是目前国内外应用最广泛的一种形式。鼓风式空冷器又可分为水平式、斜顶式、立式三种形式，如图1-5-18所示。

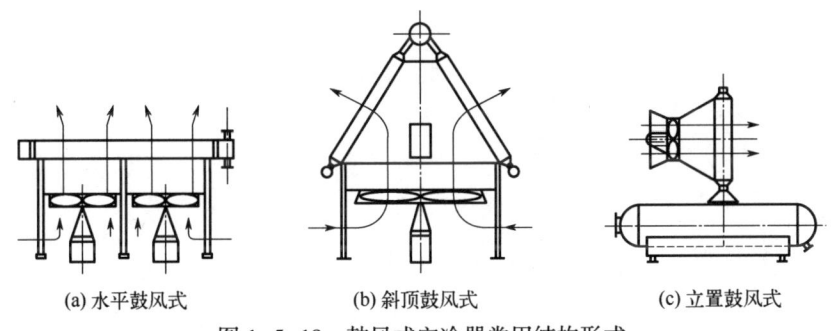

(a) 水平鼓风式　　(b) 斜顶鼓风式　　(c) 立置鼓风式

图1-5-18　鼓风式空冷器常用结构形式

（四）引风式空冷器

引风式空冷器是指空气先穿过管束再由风机叶片引出。它的优点是：风机和风筒置于管束之上，对管束有屏蔽保护作用，能减少雨、雪、冰、霉、日晒的直接影响。同时，气流穿过管束分布比较均匀，操作的稳定性好。此外，由于风筒的抽力作用，风机停止运转时仍能维持约40%的冷却负荷。其缺点是风机置于管束上方，直接受热空气作用，要求叶片和传动系统应有较好的耐热性能，因而要求风机的出口温度不能太高，一般不超过120℃，风机在热空气中运行，因而需要电动机的功率较大。风机的维护和安装维修较困难。

引风式空冷器可用于干式空冷或湿式空冷器。引风式空冷器常用的结构形式如图1-5-19所示。

（五）空冷器操作维护

(1) 保持设备外部整洁、油漆完好，及时清理风机周边杂物。
(2) 保持压力表、温度计等仪表和附件齐全、灵敏和准确。
(3) 发现阀门和法兰连接处渗漏时，应及时处理。

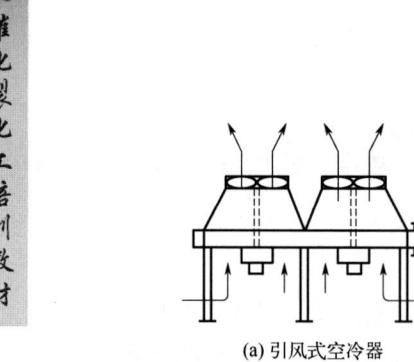

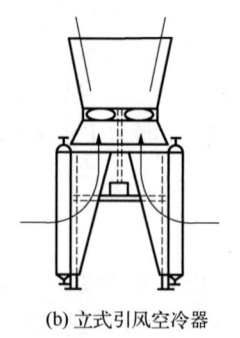

(a) 引风式空冷器　　(b) 立式引风空冷器　　(c) V型引风空冷器

图 1-5-19　引风式空冷器常用的结构形式

（4）尽量减少空冷开停次数，停止使用时应将内部水和液体放净，防止冻裂和腐蚀。

（5）检查皮带运行情况，确保皮带松紧适中，无打滑、出槽情况。

（6）检查风扇叶片无损坏，防护罩螺栓无松动。

模块六　识图与制图基础知识

项目一　投影的基本原理

一、投影的基本概念

（一）投影法的概念和分类

在日常生活中，人们看到太阳光或灯光照射物体时，在地面或墙壁上出现物体的影子，这就是一种投影现象。我们把光线称为投射线（或投影线），地面或墙壁称为投影面，影子称为物体在投影面上的投影或投影图。

投影法依据投影线性质的不同而分为中心投影和平行投影两种方法。投影图则依据投影面为单个或多个分为单面投影图和多面投影图之分。

（二）中心投影法

所有投射线从同一投影中心出发的投影方法，称为中心投影法，按中心投影法作出的投影称为中心投影。如图 1-6-1 所示，设 S 为投影中心，$\triangle ABC$ 在投影面 H 上的中心投影为 $\triangle abc$。

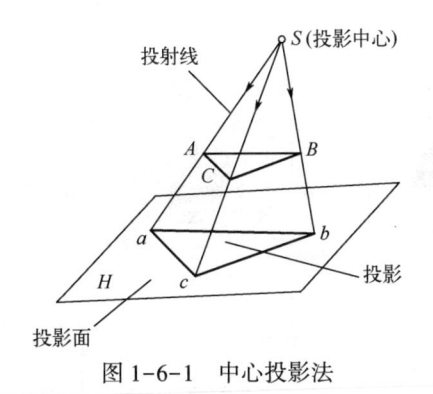

图 1-6-1　中心投影法

缺点：中心投影不能真实地反映物体的形状和大小，不适用于绘制机械图样。
优点：有立体感，工程上常用这种方法绘制建筑物的透视图。

（三）平行投影法

投影中心距离投影面在无限远的地方，投影时投影线都相互平行的投影法称为平行投影法。根据投影线与投影面是否垂直，平行投影法又可以分为两种：
(1) 斜投影法——投影线与投影面相倾斜的平行投影法，如图 1-6-2(a) 所示。
(2) 正投影法——投影线与投影面相垂直的平行投影法，如图 1-6-2(b) 所示。

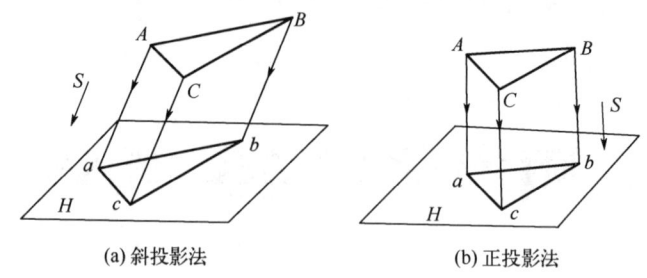

(a) 斜投影法　　　　(b) 正投影法

图 1-6-2　平行投影法

正投影法能真实地反映物体的形状和大小，度量性好，作图简便，因此，它是绘制工程图样主要使用的投影法。

二、三视图

（一）三视图的形成

根据正投影法绘制的物体的图形称为视图。一般情况，一个视图不能完整地反映三维形体的空间形状，故将物体置于三面投影体系中，可得到物体的三视图，如图 1-6-3 所示。

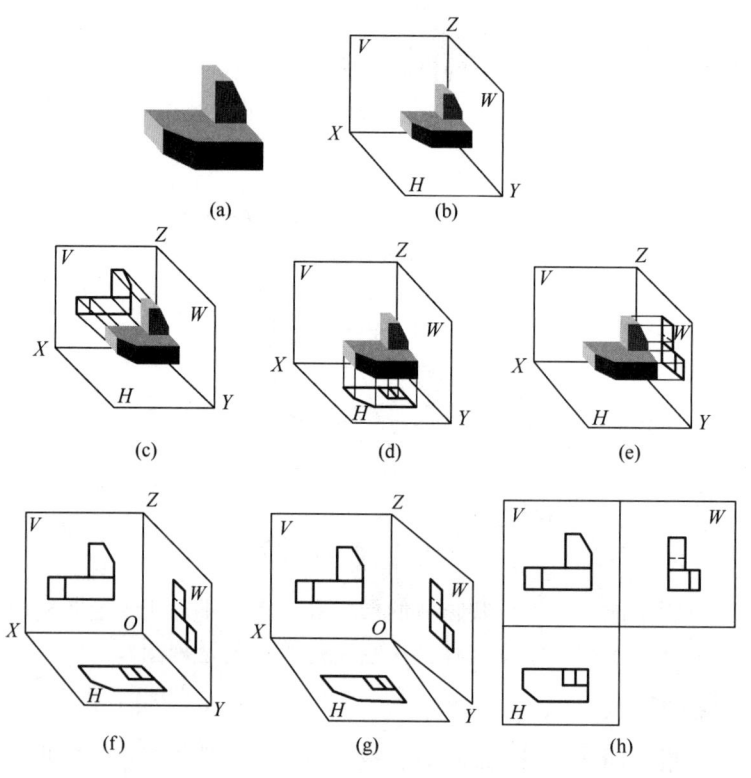

图 1-6-3　三视图形成

从前向后投射，在 V 面上得形体的正面投影，又称主视图，如图 1-6-3(c) 所示。
从上向下投射，在 H 面上得形体的水平投影，又称俯视图，如图 1-6-3(d) 所示。
从左向右投射，在 W 上得形体的侧面投影，又称左视图，如图 1-6-3(e) 所示。
将三面投影体系展开，如图 1-6-3(f) 至图 1-6-3(h) 所示。
实际绘制形体的三视图时，不必画出投影面和投影轴，如图 1-6-3(h) 所示。

（二）三视图的投影规律

（1）位置关系。以主视图为准，俯视图在正下方，左视图在正右方，如图 1-6-3(h) 所示，必须按照这一位置关系来配置。

（2）尺寸关系。主、俯视图长对正，主、左视图高平齐，俯、左视图宽相等，可概括为"长对正、高平齐、宽相等"，又称"三等"规律。

（3）方位关系。主视图和俯视图能反映形体各部分之间的左右位置；主视图和左视图能反映形体各部分之间的上下位置，俯视图和左视图能反映形体各部分之间的前后位置。

（三）三视图的画图步骤

1. 选择主视图

形体要放正，即应使其上尽量多的表面与投影面平行或垂直；并选择主视图的投射方向，使之能较多地反映形体各部分的形状和相对位置。

2. 画基准线

先选定形体长、宽、高三个方向上的作图基准，分别画出它们在三个视图中的投影。通常以形体的对称面、底面或端面为基准。

3. 画底稿

一般先画主体，再画细部。这时一定要注意遵循"长对正、高平齐、宽相等"的投影规律，特别是俯、左视图之间的宽度尺寸关系和前、后方位关系要正确。

4. 成图

检查、改错，擦去多余图线，描深图形。画三视图时还需注意遵循国家标准关于图线的规定，将可见轮廓线用粗实线绘制，不可见轮廓线用虚线绘制，对称中心线或轴线用细点画线绘制。如果不同的图线重合在一起，应按粗实线、虚线、细点画线的优先顺序绘制。

三、点、线、面的投影

（一）点的三面投影

如图 1-6-4(a) 所示，设有一点 A 分别向三个投影面投影，可得水平投影 a、正面投影 a' 和侧面投影 a''，将三个投影面分三向展开，可得点 A 的三面投影图，如图 1-6-4(b)

所示。

由图 1-6-4(b) 可知：
(1) 正面投影 a' 与水平投影 a 的连线垂直于 X 轴，即 $aa' \perp OX$；
(2) 正面投影 a' 与侧面投影 a'' 的连线垂直于 Z 轴，即 $a'a'' \perp OZ$；
(3) 水平投影 a 至 X 轴的距离与侧面投影 a'' 至 Z 轴的距离相等，即 $aa_X = a''a_Z$。

以上即为点的投影规律。根据这些规律就不难作出点的三面投影，或者从已知点的正面投影和水平投影作出该点的侧面投影。

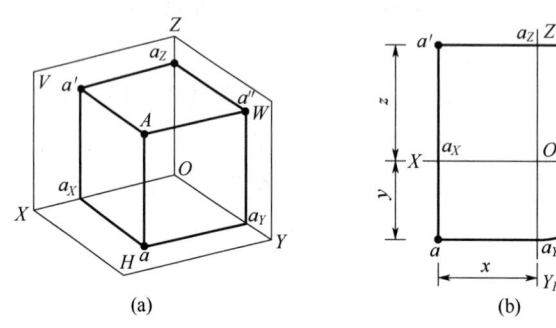

图 1-6-4　点的投影

（二）直线的投影

直线，根据它们相对于三个投影面的空间位置不同，可分为特殊位置直线和一般位置直线两类。特殊位置线是指垂直于某一投影面（因而平行于其他两投影面）的直线，和平行于某一投影面而倾斜于其他两投影面的直线。其中，垂直于某一投影面的，称为投影面垂直线；平行于某一投影面的，称为投影面平行线。一般位置直线是指倾斜于三个投影面的直线。

直线的投影特性简单归纳如下：
(1) 直线垂直于投影面，投影积聚成一点；
(2) 直线平行于投影面，投影为实形；
(3) 直线倾斜于投影面，投影长度缩小，倾角改变。

（三）平面的投影

投影系统中的平面也可按照直线的分类方法分类，即特殊位置平面和任意位置平面。
(1) 特殊位置平面：
① 投影面垂直面——垂直于一个投影面，倾斜于其余二投影面的平面；
② 投影面平行面——平行于一个投影面，因而垂直于其余二投影面的平面。
(2) 任意位置平面：对三个投影面都倾斜的平面，或称投影面倾斜面。

平面投影特性与直线投影特性类似：
(1) 平面垂直于投影面，投影积聚成直线；
(2) 平面平行于投影面，投影为实形；
(3) 平面倾斜于投影面，投影形状、大小都改变。

项目二 常用识图制图知识

一、图幅和格式

（一）图纸幅面

为便于管理和使用，工程图纸应优先采用 A0（841mm×1189mm）、A1（594mm×841mm）、A2（420mm×594mm）、A3（297mm×420mm）、A4（210mm×297mm）、A5（184mm×210mm）等基本幅面尺寸。

（二）图框格式

工程图样上都必须用粗实线画出图框，需要装订成册的图纸应于左侧图框线外留出装订边，并按 A4 幅面竖装，或按 A3 幅面横装。大于这两种幅面的图纸，则应将图面外露，以便于识别图纸类别、编号等主要内容，并将图纸折叠成 A4 或 A3 幅面大小。

（三）标题栏

标题栏是图框内的一个长方形表格，其内容主要是图纸类别、物体名称、编号和制造材料，以及图样比例和有关技术责任者姓名、签署及设计或生产单位名称等。制图标准中对其在图框中的方位有明确规定，并且规定标题栏内文字的书写方向应与图样的阅读方向一致，即图样中视图的布置、尺寸的标注、符号及说明的书写，均以标题栏内文字的书写方向为准。

二、图线和字体

（一）图线

图样中构成图形的各种线条，统称为图线。制图标准中规定了八种图线。其中粗实线和粗点画线的宽度为 b（0.5~2mm），其他六种图线的宽度均为 $b/3$。当图线重合时，应优先画出可见轮廓线和过渡线；其次画出不可见轮廓线和过渡线；再次画出中心线和辅助用的轮廓线；最后画出尺寸界线、剖面线等。

（二）字体

除由图线构成的图形外，文字符号也是工程图样的重要组成部分，用来标注尺寸、说明技术要求。制图标准中规定，在图样上书写文字符号时，必须字体端正、笔画清楚、排列整齐、间隔均匀；汉字应为长仿宋体简化字；字号，即其高度分为 20mm、14mm、10mm、7mm、5mm、3.5mm 和 2.5mm 共七种。

三、尺寸标注

（1）图样上所注的尺寸是实物的真实大小，与图形大小和作图误差无关。

（2）在图样上标注尺寸时，一般用尺寸界线（细实线）表示所注尺寸的范围；用尺寸线（细实线）和箭头指明所注尺寸的起讫；用尺寸数字说明所注尺寸的数值。

（3）工程图上的尺寸一般均以 mm 为单位，标注尺寸时只需注写尺寸数字，而不需注写单位。但在采用如"°""in"等其他单位时，则必须注出这些单位的名称或符号，如"30°""¾in"等。

（4）在一组视图中，每一尺寸一般只允许在能够最清晰地表达所注结构的视图上出现一次，不得重复。

四、零件图

（一）零件图的作用

任何机械设备都是由零件装配而成的，据以制造零件的图样，称为零件工作图，简称零件图，是表示零件结构、大小和技术要求的图样。零件图用于指导零件的加工制造和检验，是生产中的重要技术文件之一。

（二）零件图的内容

一张完整的零件图应包括如下内容：

（1）一组视图——用一定数量的视图、剖视图、断面图等完整、清晰、简便地表达出零件的结构和形状。

（2）完整的尺寸标注——正确、完整、清晰、合理地标注出零件在制造、检验中所需的全部尺寸。

（3）必要的技术要求——标注或说明零件在制造和检验中要达到的各项质量要求，如表面结构要求、尺寸公差、几何公差及热处理等。

（4）标题栏——说明零件的名称、材料、数量、比例及责任人签字等。

（三）零件图识读

1. 识读零件图的目的

在零件设计制造、机器安装、机器的使用和维修及技术革新、技术交流等工作中，常常要看零件图。

识读零件图是为了弄清零件图所表达零件的结构形状、尺寸和技术要求，以便指导生产和解决有关的技术问题。

2. 识读零件图的方法

（1）形体分析法；

（2）线面分析法；

（3）典型零件类比法。

注意：实际识读零件图时，三种方法常常综合运用，先用类比法，如果有些地方看不懂，再用形体分析法或线面分析法，识读难懂的地方。

3. 识读零件图的常用步骤

一看标题栏，了解零件概况，标题栏指明零件的名称、材料、数量、图的编号、比例。

二看视图，想象零件形状。

三看尺寸标注，分析尺寸基准，零件图上应注出加工完成、检验零件是否合格所需的全部尺寸。

四看技术要求，掌握关键质量（关键质量是指要求高的尺寸公差、形位公差、表面粗糙度等技术要求的表面）。

综上所述，识读零件图时首先要进行结构分析，把图形、尺寸和技术要求等全面系统地联系起来思索，并参阅相关资料，通过尺寸得出零件结构形状的大小。

五、化工设备图

(一) 化工设备图的作用

化工设备图是表示化工设备的图样，一般包括设备装配图、部件装配图和零件图。化工设备装配图简称为化工设备图。化工设备图的作用是用来指导设备的制造、装配、安装、检验及使用和维修等。

(二) 化工设备图的内容

(1) 视图——用一组视图表示设备的主要结构形状和零部件之间的装配连接关系。视图用正投影方法，按国家标准及化工行业有关标准或规定绘制。

(2) 尺寸——图上注写必要的尺寸，以表示设备的总体大小、规格、装配和安装等尺寸数据，为制造、装配、安装、检验等提供依据。

(3) 零部件编号及明细栏——对组成该设备的每一种零部件必须依次编号，并在明细栏中填写各零部件的名称、规格、材料、数量及有关图号或标准号等内容。

(4) 管口符号和管口表——设备上所有的管口（物料进出管口、仪表管口等），均需注出符号（按拉丁字母顺序编号），在管口表中列出各管口的有关数据和用途等内容。

(5) 技术特性表——用表格形式列出设备的主要工艺特性（工作压力、工作温度、物料名称等）及其他特性（容器类别等）等内容。

(6) 技术要求——用文字说明设备在制造、检验时应遵循的规范和规定以及对材料表面处理、涂饰、润滑、包装、保管和运输等的特殊要求。

(三) 化工设备图的绘制

用规定类别的图形符号和文字代号表示装置工艺过程的全部设备、机械和驱动机。根据流程自左至右用细实线表示出设备的简略外形和内部特征（如塔的填充物和塔板、容器搅拌器和加热管等），设备的外形应按一定的比例绘制。

对于表中未列出的设备和机器图例,可按实际外形简化绘制。在同一流程图中,同类设备的外形应一致。

六、设备布置图

(一) 设备布置图概念

工艺流程图中所确定的设备和管道,必须按工艺要求,在适当的厂房或场地中合理地安装布置。用以表述厂房内外设备的位置及方位的图样,称为设备布置图。设备布置图一般在厂房建筑图上以建筑物的定位轴线或墙面、柱面等为基准,按设备的安装位置添加设备的图形或标记,并标注其定位尺寸。

(二) 设备布置图的表示方法

设备布置图中的设备一般应用粗实线画出能反映其外形特征的轮廓,包括可以表示其安装方位的接管。对于型号规格、安装位置编号(位号)及安装方位完全相同的设备,可只画出一台,另一台可只用粗实线画出其基础矩形轮廓。

七、管路布置图

(一) 管路布置图概念和作用

管路布置图是在设备布置图的基础上画出管路、阀门及控制点,表示厂房建筑内外各设备之间管路的连接走向和位置以及阀门、仪表控制点的安装位置的图样。管路布置图又称为管路安装图或配管图,用于指导管路的安装施工。

(二) 管路布置图的内容

(1) 一组视图——画出一组平、立面剖视图,表达整个车间(装置)的设备、建筑物以及管道、管件、阀、仪表控制点等的布置安装情况。

(2) 尺寸与标注——注出管道以及有关管件、阀、仪表控制点等的平面位置尺寸和标高,并标注建筑定位轴线编号、设备位号、管段序号、仪表控制点代号等。

(3) 方位标——表示管道安装的方位基准。

(4) 管口表——注写设备上各管口的有关数据。

(5) 标题栏——注写图名、图号、设计阶段等。

项目三 工艺流程图

工艺流程图是工程项目设计的一个指导性文件,工艺流程图分为流程框图、方案流程图、物料流程图(Process Flow Diagram,简称 PF 图或 PFD 图)和管道及仪表流程图(Piping and Instrument Diagram,简称 PI 图或 PID 图)。管道及仪表流程图是用图示的方法把化工工艺流程和所需的全部设备、机器、管道、阀门及管件和仪表表示出来,是设计和施工的依据,也是开车、停车、操作运行、事故处理及维修检修的指南。

一、流程框图

流程框图是用方框(矩形)及文字表示的工艺过程及设备,用箭头表示物料流动方向,把从原料开始到最终产品所经过的生产步骤以图示的方式表达出来的图纸。流程框图又称为工艺方块图。图 1-6-5 为原油燃料—润滑油型加工方案流程框图。

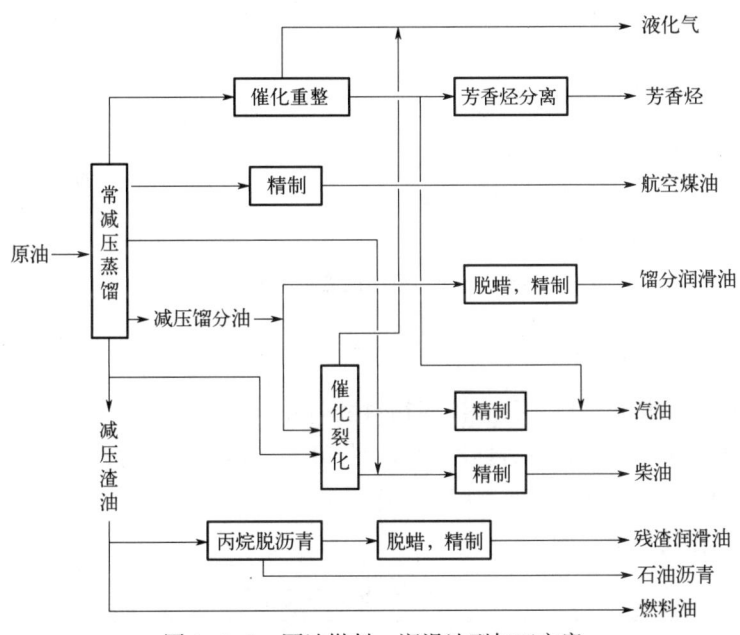

图 1-6-5 原油燃料—润滑油型加工方案

二、方案流程图

方案流程图又称流程示意图或流程简图,用来表达物料从原料到成品或半成品的工艺过程,以及所使用的设备和机器。它是工艺设计开始时绘制的,供讨论工艺方案用。经讨论、修改、审定后的方案流程图是施工流程图设计的依据。方案流程图是一种示意性的展开图,即按工艺流程顺序,把设备和流程线自左至右都展开画在同一平面上,并加以必要的标注和说明,如图 1-6-6 所示。

(一)画法

(1) 用细实线按流程顺序依次画出设备示意图,一般设备取相对比例,允许实际尺寸过大的设备适当取缩小比例,实际尺寸过小的设备可适当取放大比例。示意画出各设备相对位置的高低,设备之间留出绘制流程线的距离,相同的设备只画一套。

(2) 用粗实线绘出主要工艺物料流程线,中粗实线画出其他辅助物料的流程线,用箭头表明物料流向,流程线一般画成水平或垂直;当流程线发生交叉时将其中一线断开或绕弯通过(一般将后一流程线断开)。

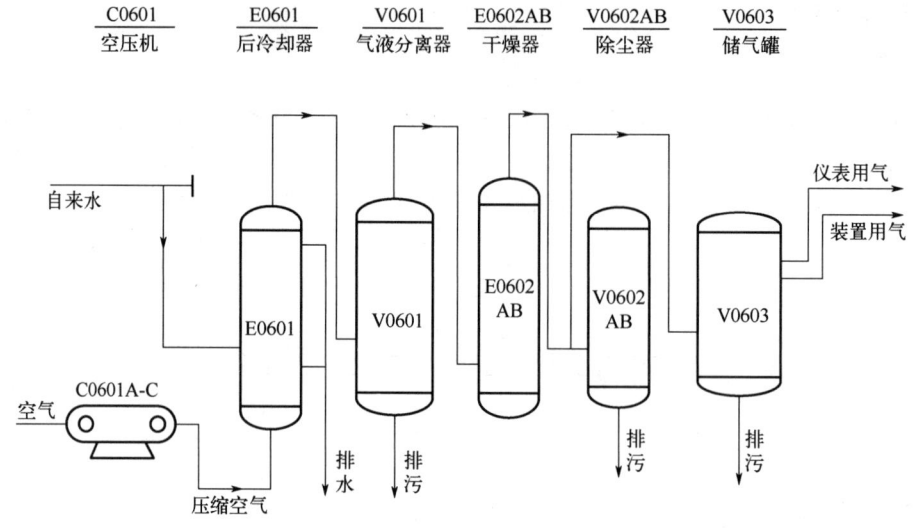

图 1-6-6 空压站方案流程图

(二)标注

(1)在流程线的起始、终止位置注明物料的名称、来源、去向。

(2)在设备的正上方或正下方标注设备的位号和名称,标注时排成一行。设备的位号包括:设备类别代号、工段号、同类设备顺序号和相同设备数量尾号等。设备类别代号如表 1-6-1 所示。标注形式见图 1-6-7。

表 1-6-1 设备类别代号表

设备类别	设备类别代号	设备类别	设备类别代号
塔	T	反应器	R
泵	P	起重运输设备	L
压缩机、风机	C	容器(罐、槽)	V
工业炉	F	其他机械	M
换热器	E	其他设备	X
火炬烟囱	S	计量设备	W

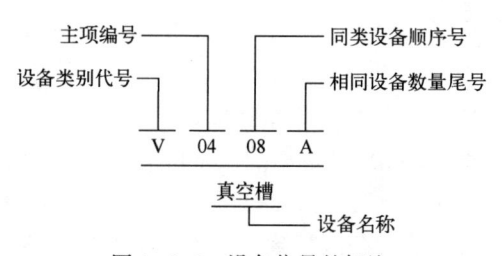

图 1-6-7 设备位号的标注

三、物料流程图

物料流程图是在方案流程图的基础上，采用图形与表格相结合的形式反映设计中物料衡算和热量衡算结果的图样。物料流程图可为设计审查提供资料，又是进一步设计的依据，还可为日后实际生产操作提供参考。

图1-6-8为空压站的物料流程图。从图中可以看出，物料流程图的内容画法和标注与方案流程图基本一致，只是增加了以下一些内容：

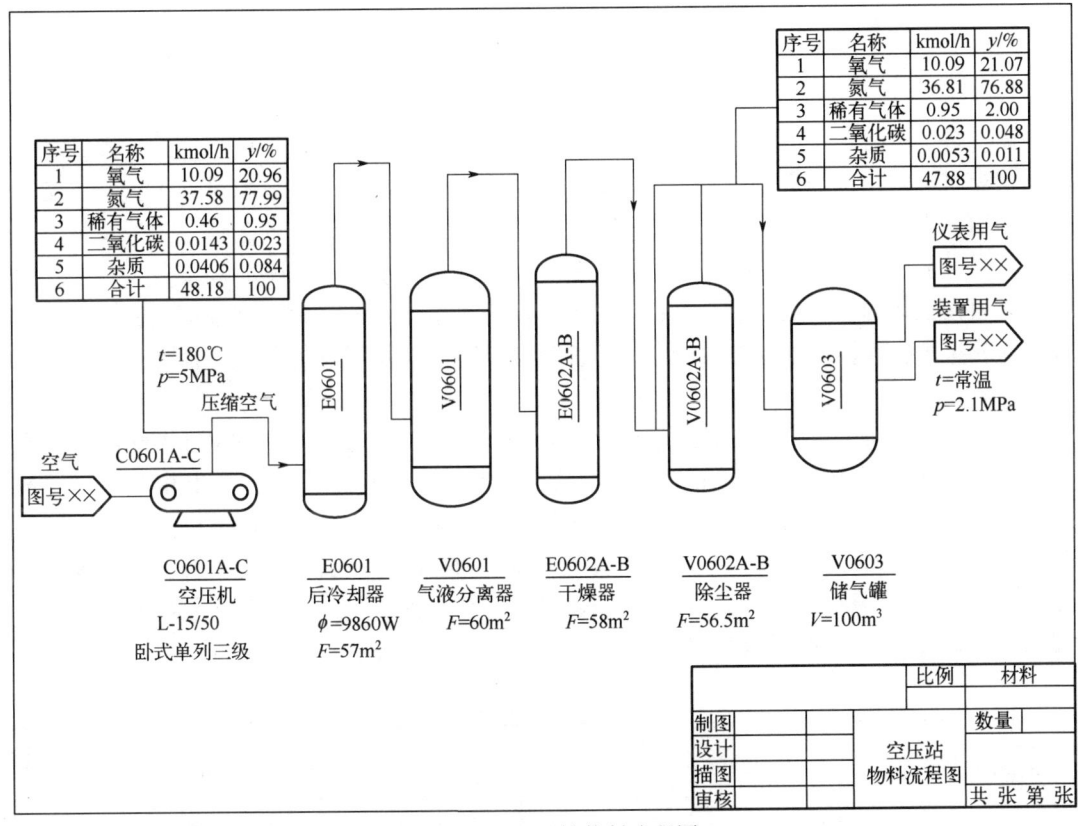

图1-6-8 空压站物料流程图

（1）设备的位号、名称下方，注明了一些特性数据或参数。例如换热器的换热面积、塔设备的直径与高度、储罐的容积、机器的型号等。

（2）流程的起始部位和物料产生变化的设备之后，列表注明物料变化前后组分的名称、流量（kmol/h）、摩尔分数（y）等参数和每项的总和。具体书写时按项目依具体情况增减。表格线和引线都用细实线绘制。

四、工艺管道及仪表流程图（PID图）

工艺管道及仪表流程图又称为带控制点的工艺流程图、施工流程图，它也是在方案流程图的基础上绘制的、内容较为详尽的一种工艺流程图。在工艺管道及仪表流程图中应把生产中涉及的所有设备、管道、阀门以及各种仪表控制点等都需要画出。它是设计、绘制设备布置图和管道布置图的基础，也是施工安装和生产操作时的主要参考依据。

（一）工艺管道及仪表流程图的组成

（1）带标注的各种设备的示意图。
（2）带标注管件的各种管道流程线。
（3）阀门与带标注的各种仪表控制点的图形符号。
（4）对阀门、管件、仪表控制点进行说明的图例。
（5）注写图名、图号和签名等的标题栏。

（二）工艺管道及仪表流程图的画法与标注

1. 设备

设备是工艺流程图中的主要表达对象，画设备图时如果有规定图例，按设计规定进行绘制；没有规定图例的设备则画出其实际外形和内部结构特征，只取相对大小，不按实物的比例用细实线画出，如塔板、填料、搅拌器等。图中标注出设备的名称、位号及特性数据，位号一般由设备的分类代号、工段代号、设备序号等组成，见图1-6-6。

一般在设备的上方相应或下方相应对齐标注与方案流程图一致的位号与名称；也可在设备内或近旁，仅注出设备的位号，而不注出设备名称，相同设备在位号后加注A、B、C等字样。

在工艺流程图中须画出设备或机器上与外界有关的全部管口。管口用细实线画出；设备或机器的支座、基础平台等在图中可不画出；地下或半地下设备应画出相关的一段地面；对需要保温或伴热的管线、设备或机器，在其相应部位画出一段保温层图例或一段伴热管示意即可。图形的位置安排要便于管道的连接和标注，一般不按比例，但要将设备的相对大小和设备上重要管口的高低位置表达出来。画流程图时，各设备间应留有适当的距离，以便画流程线。常用的设备代号和图例如表1-6-2所示。

表1-6-2 常用设备代号和图例

设备类型及代号	图例	设备类型及代号	图例
塔（T）	填料塔　板式塔　喷洒塔	容器（V）	卧式容器　蝶形封头容器　球罐 锥顶罐　平顶容器　（地下/半地下）池、槽、坑 旋风分离器　湿式电除尘器　固定床过滤器

续表

设备类型及代号	图例	设备类型及代号	图例
压缩机（C）	鼓风机　（卧式）　（立式） 旋转式压缩机 离心式压缩机　二段复式压缩机(L型)	换热器（E）	固定管板式列管换热器　浮头式列管换热器 U型管式换热器　板式换热器 翅片管换热器　喷淋式冷却器 列管式的(薄膜)蒸发器　送风式空冷器
反应器（R）	固定床式反应器　列管式反应器 流化床反应器　反应釜(带搅拌、夹套)	其他机械（M）	压滤机　挤压机　混合机
工业炉（F）	箱式炉　圆筒炉	动力机（M、E、S、D）	M 电动机　E 内燃机、燃气机　S 汽轮机　D 其他动力机 离心式膨胀机　活塞式膨胀机
泵（P）	离心泵　液下泵　齿轮泵 螺杆泵　往复泵　喷射泵	火炬烟囱（S）	火炬　烟囱

2. 常用物料

常用粗实线画出主要物料走向，用箭头标明物料流向；对其他物料则用细实线或中实线画出。物料代号用于管道编号。按物料名称和状态取其英文名字的字头组成物料代号，一般采用2~3个大写英文字母表示。炼油化工常用物料代号如表1-6-3所示。

表1-6-3 常用物料代号

物料类别	代号	物料名称	物料类别	代号	物料名称
工艺物料	PA	工艺空气	空气	AR	空气
	PG	工艺气体		CA	压缩空气
	PGL	气液两相流工艺物料		IA	仪表空气
	PGS	气固两相流工艺物料	蒸汽、冷凝水	HS	高压蒸汽
	PL	工艺液体		LS	低压蒸汽
	PLS	液固两相流工艺物料		MS	中压蒸汽
	PS	工艺固体		SC	蒸汽冷凝水
	PW	工艺水		TS	伴热蒸汽
水	BW	锅炉给水	燃料	FG	燃料气
	CSW	化学污水		FL	液体燃料
	CWR	循环冷却水回水		FS	固体燃料
	CWS	循环冷却水上水		LPG	液化石油气
	DNW	脱盐水		NG	天然气
	DW	饮用水、生活用水		LNG	液化天然气
	FW	消防水	油	DO	污油
	HWR	热水回水		FO	燃料油
	HWS	热水上水		GO	填料油
	RW	原水、新鲜水		LO	润滑油
	SW	软水		RO	原油
	WW	生产废水		SO	密封油
氨类	AG	气氨		HO	导热油
	AL	液氨			
	AW	氨水			

3. 管道、管件、阀门

在工艺流程图中应画出所有的工艺物料和辅助物料管道。当辅助管道系统比较简单时，可将其绘制在流程图的上方，其支管下引至有关设备；当管道比较复杂时，在流程图上只画出与设备相连部位的一段辅助管道和阀门，对其他辅助管道可另外绘制辅助管道系统图。管道与流程线一样，应尽量画成水平或垂直，管道交叉时，应将一个管道断开；在管道上画出箭头表示物料流向。管道图示符号如图1-6-9所示。

管道的标注一般标注组合号，常写在管道的上方或左方，也可用指引线引出，管道编号的原则是：一个设备管口到另一个设备管口间的管道编一个号，连接管道（设备管口到另一个管道间或两个管道间）也编一个号；管道顺序号按工艺流程顺序编写，若同一主项内物料类别相同时，则顺序号以流向先后进行编号。管径一般注公称直径外径×壁厚，其单位为 mm。

若管道与其他图纸有关时，应将管道画到近图框线左方或右方，用空心箭头表示物料出入方向，箭头内写接续的图纸图号，在箭头附近注明来或去的设备位号或管道号，如图 1-6-10 所示。

图 1-6-9　管道的图示符号　　　　图 1-6-10　图纸接续符号

常用管道、管件、阀门图例见表 1-6-4。

表 1-6-4　常用管道、管件、阀门图例

管路		管件		阀门	
名称	图例	名称	图例	名称	图例
主要物料管路		同心异径管		截止阀	
辅助物料管路		偏心异径管	（底平）（顶平）	闸阀	
原有管路		管端盲管		节流阀	
仪表管路		管端法兰（盖）		球阀	
蒸汽伴热管路		放空管	（帽）（管）	旋塞阀	
电伴热管路		漏斗	（敞口）（封闭）	蝶阀	
夹套管		视镜		止回阀	
可拆短管		圆形盲板	（正常开启）（正常关闭）	角式截止阀	
柔性管		管帽		三通截止阀	

4. 仪表控制点

在带控制点工艺流程图中,仪表控制点用符号表示,并从其安装位置引出。符号包括图形符号和仪表位号,它们组合起来表达仪表功能、被测变量和检测方法等。

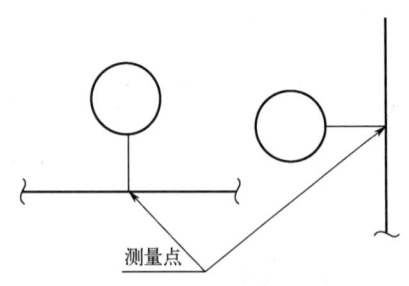

图 1-6-11　仪表的图形符号

1) 图形符号

控制点的图形符号用一个细实线的圆（直径约 10mm）表示,并用细实线连向设备或管路上的测量点,仪表的图形符号如图 1-6-11 所示。图形符号上还可表示仪表不同的安装位置,如图 1-6-12 所示。

图 1-6-12　仪表安装位置的图形符号

2) 仪表位号

仪表位号由字母与阿拉伯数字组成,第一位字母表示被测变量,后继字母表示仪表的功能,一般用三位或四位数字表示工段号和仪表序号,仪表序号编制按工艺生产流程同种仪表依次编号。仪表位号填在图形符号中,字母填写在圆圈的上部,数字填写在下部,如图 1-6-13 所示。

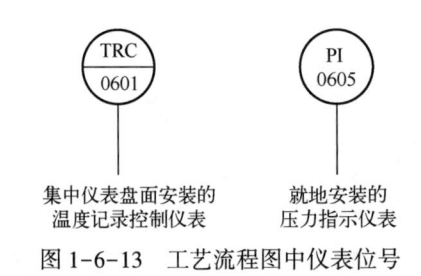

图 1-6-13　工艺流程图中仪表位号

被测变量及仪表功能的字母组合示例见表 1-6-5。

表 1-6-5 被测变量及仪表功能的字母组合示例

仪表功能	被测变量								
	温度	温差	压力或真空	压差	流量	流量比率	分析	密度	黏度
指示	TI	TdI	PI	PdI	FI	FfI	AI	DI	DI
指示、控制	TIC	TdIC	PIC	PdIC	FIC	FfIC	AIC	DIC	DIC
指示、报警	TIA	TdIA	PIA	PdIA	FIA	FfIA	AIA	DIA	DIA
指示、开关	TIS	TdIS	PIS	PdIS	FIS	FfIS	AIS	DIS	DIS
记录	TR	TdR	PR	PdR	FR	FfR	AR	DR	VR
记录、控制	TRC	TdRC	PRC	PdRC	FRC	FfRC	ARC	DRC	VRC
记录、报警	TRA	TdRA	PRA	PdRA	FRA	FfRA	ARA	DRA	VRA
记录、开关	TRS	TdRS	PRS	PdRS	FRS	FfRS	ARS	DRS	VRS
控制	TC	TdC	PC	PdC	FC	FfC	AC	DC	VC
控制、变速	TCT	TdCT	PCT	PdCT	FCT	—	ACT	DCT	VCT

模块七　仪表及自动控制基础知识

项目一　测量仪表

一、压力测量仪表

（一）压力的单位及表示方法

1. 压力的单位

在工程上衡量压力的单位常用如下几种。

（1）工程大气压（at）：1kgf 垂直而均匀地作用在 $1cm^2$ 的面积上所产生的压力，以 kgf/cm^2 表示。

（2）毫米汞柱即毫米水银柱（mmHg）：直接用水银柱高度的毫米数表示压强值的单位。

毫米水柱（mmH_2O）：直接用水柱高度的毫米数表示压强值的单位。

（3）标准大气压（atm）：由于大气压随海拔不同，变化很大，所以国际上规定水银密度为 $13.5951g/cm^3$、重力加速度为 $980.665cm/s^2$ 时，高度为 760mm 的汞柱，作用在 $1cm^2$ 的面积上所产生的压力为标准大气压。

（4）帕（Pa）：SI 单位，1N 力垂直均匀地作用在 $1m^2$ 面积上所形成的压力为 1 帕斯卡，帕斯卡简称帕，符号为 Pa。加上词头又有千帕（kPa）、兆帕（MPa）等。

常见压力单位的换算关系如下：

$$1at = 1kgf/cm^2 = 9.80665 \times 10^4 Pa$$
$$1atm = 1.01325 \times 10^5 Pa$$
$$1bar = 10^5 Pa$$
$$1mmH_2O = 9.80665 Pa$$
$$1mmHg = 1.33322 \times 10^2 Pa$$
$$1psi = 1lbf/in^2 = 6.89476 \times 10^3 Pa$$

2. 压力的表示方法

在工程上，压力有几种不同的表示方法，并且有相应的测量仪表。

（1）绝对压力：被测介质作用在容器表面积上的全部压力称为绝对压力，用符号 $p_{绝}$ 表示。

（2）大气压力：由地球表面空气柱重量形成的压力为大气压力，随地理纬度、海拔高度及气象条件而变化，其值用气压计测定，用符号 $p_{大气压}$ 表示。

(3) 表压力：通常压力测量仪器是处于大气之中，其测量的压力值等于绝对压力和大气压力之差，称为表压力，用符号 $p_表$ 表示。

$$p_表 = p_绝 - p_{大气压}$$

一般地，常用压力测量仪表测得的压力值均是表压力。

(4) 真空度：当绝对压力小于大气压力时，表压力为负值（负压力），其绝对值称为真空度，用符号 $p_真$ 表示。

$$p_真 = p_{大气压} - p_绝$$

用来测量真空度的仪表称为真空表。

(5) 差压：设备中两处的压力之差为差压。生产过程中有时直接以差压作为工艺参数。差压的测量还可作为流量和物位测量的间接手段。

（二）压力测量仪表的种类

测量压力或真空度的仪表很多，按照测量原理大致可以分为：

(1) 液柱式：根据流体静力学原理，将被测压力转换成液柱高度进行测量；
(2) 弹性式：将被测压力转换成弹性元件的变形量进行测量；
(3) 电气式：通过机械和电气元件将被测压力转换成电量来进行测量；
(4) 活塞式：根据液体传送压强的原理，将被测压力转换成活塞上所加平衡砝码的质量来进行测量。

实际工业应用中，压力检测仪表以弹性式和电气式为主。

（三）弹性式压力测量仪表

弹性式压力测量仪表，是利用弹性元件在被测介质的压力作用下产生弹性变形的原理而工作的，见图 1-7-1。这是工业应用最广泛的测压仪表。

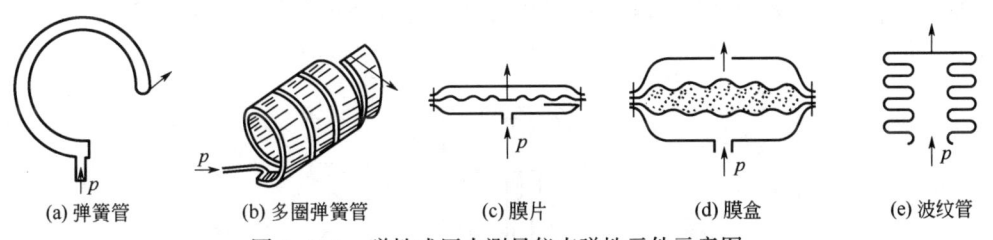

(a) 弹簧管　(b) 多圈弹簧管　(c) 膜片　(d) 膜盒　(e) 波纹管

图 1-7-1　弹性式压力测量仪表弹性元件示意图

1. 弹簧管式弹性元件

弹簧管，如图 1-7-1(a) 所示，是弯成圆弧形的金属管，截面形状呈扁圆形或椭圆形，当通入压力后自由端会产生位移，单圈弹簧管自由端位移较小，因此能测量较高的压力。利用弹簧管式弹性元件可以制成常用的压力表。

为了增加自由端的位移，可以制成多圈弹簧管，如图 1-7-2(b) 所示。

2. 膜片式弹性元件

膜片式弹性元件，如图 1-7-2(c) 所示，是由金属或非金属材料制成的具有弹性的一张膜片（平膜片或波纹膜片），在较小的压力作用下就能够产生变形。

在腐蚀性介质场合，可将两张金属膜片沿周边对焊起来，制成一个薄壁盒子，内充液体（硅油），称为膜盒，如图1-7-2(d)所示。

3. 波纹管式弹性元件

波纹管式弹性元件，如图1-7-2(e)所示，是一个周围呈波纹状的薄壁金属筒体。这种弹性元件易于变形，而且位移很大，常用于测量微压、低压（≤1MPa）。

弹性式压力测量仪表中，弹簧管压力表结构简单、价格低廉、使用方便，是工业生产中使用最广泛的压力表，可分为普通压力表与精密压力表。普通压力表可测量不结晶、凝固的液体、气体压力；测量腐蚀性介质时应选用适当材质。精密压力表可用作普通压力表的校验标准表。

使用弹性式压力表测量稳定压力时，最大压力不应超过满量程的3/4；测量脉动压力时，最大压力不应超过满量程的2/3。测量最小压力不低于满量程的1/3。

（四）电气式压力测量仪表

如图1-7-2所示，电气式压力计一般由压力传感器、测量电路和信号处理装置组成，是通过机械和电气元件将被测压力转换成电量来进行测量的一种测量仪表。

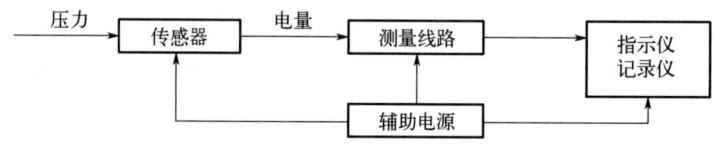

图1-7-2　电气式压力测量仪表组成框图

下面介绍几种常用的电气式压力传感器。

1. 应变片式压力传感器

如图1-7-3所示，应变片式压力传感器是利用电阻应变原理构成的。被测压力使应变片产生应变导致其电阻值产生变化。应变片阻值的变化通过桥式电路获得相应的毫伏级电势输出，并用毫伏计或其他仪表显示出被测压力，从而组成应变片式压力计。

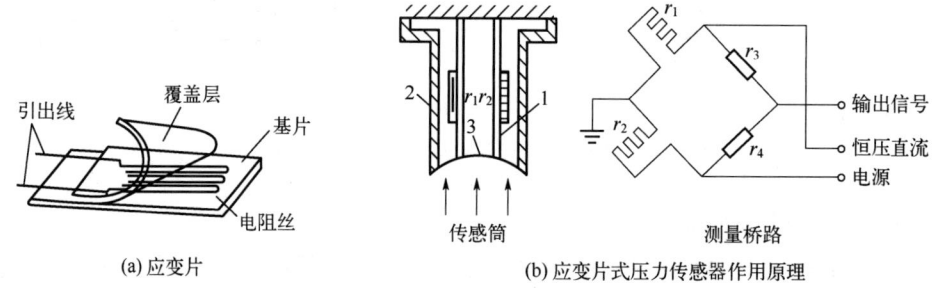

图1-7-3　应变片与应变片式压力传感器
1—应变筒；2—外壳；3—密封膜片

2. 压电式压力传感器

压电式压力传感器是利用压电晶体的压电效应制成的。压电材料受到外力作用时内部会极化，表面上有电荷出现。压电式压力传感器的压电元件被夹在两块弹性膜片之间，压电晶体与膜片接触并接地；另一侧膜片通过金属箔和引线将电量引出。压力作用于膜片时，压电元件受力而产生电荷，电荷经放大后转换成电压或电流输出。

3. 压阻式压力传感器

如图 1-7-4 所示，压阻式压力传感器是利用单晶硅的压阻效应制成的。

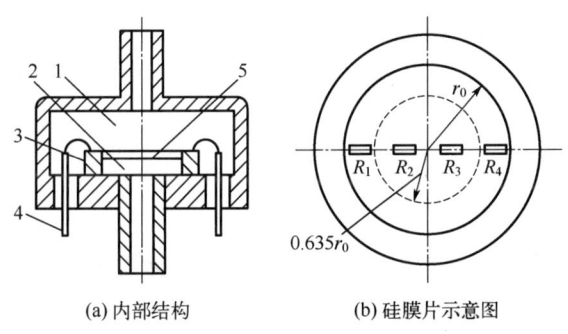

(a) 内部结构　　(b) 硅膜片示意图

图 1-7-4　压阻式压力传感器的结构图

1—低压腔；2—高压腔；3—硅杯；4—引线；5—硅膜片

压阻式压力传感器采用单晶硅片作为弹性元件，在单晶硅膜片上利用集成电路工艺在特定方向扩散出一组等值电阻，并将电阻接成桥路，单晶硅片置于传感器腔内。当压力发生变化时，单晶硅产生应变，使直接扩散在上面的应变电阻阻值产生与被测压力成比例的变化，再由桥式电路获得相应的电压输出信号。

4. 电容式压力变送器

如图 1-7-5 所示，电容式压力传感器是将压力的变化转换为电容量的变化来进行测量的。图 1-7-5(a) 为测量压力所使用的电容敏感元件；图 1-7-5(b) 为测量差压所使用的电容敏感元件。二者原理相同，在此以差压变送器为例介绍。

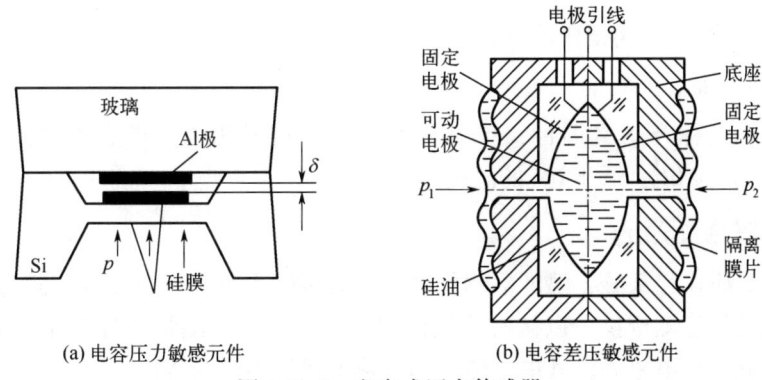

(a) 电容压力敏感元件　　(b) 电容差压敏感元件

图 1-7-5　电容式压力传感器

电容式差压变送器测量元件的不锈钢底座左右对称，外侧焊有波纹隔离膜片；基座内侧有玻璃层，基座和玻璃层中央有孔道相通。玻璃层内表面磨成凹球面，球面上镀有金属膜；此金属膜层有导线通往外部，构成电容的左右固定极板。在两个固定极板之间是弹性材料制成的测量膜片，作为电容的中央动极板。测量膜片两侧的空腔中充满硅油。

当被测压力分别施加于左右两侧的隔离膜片时，通过硅油将差压传递到测量膜片上，使其向压力小的一侧弯曲变形，引起中央活动极板与两侧固定极板间的距离发生变化，因而两电容的电容量不再相等。电容量的变化通过引线传至测量电路，由测量电路检测、放大，输出一个对应的 4~20mA 直流信号。

电容式差压变送器的结构可以有效地保护测量膜片，当差压过大并超过允许测量范围时，测量膜片将平滑地贴靠在玻璃凹球面上，因此不易损坏，过载承受能力很好。

目前，这种变送器已成为受欢迎的压力变送器。

二、温度测量仪表

（一）温标

为保证温度量值的统一和准确而建立的衡量温度的标尺称为温标。温标即为温度的数值表示法，它定量地描述温度的高低，规定了温度的读数起点（零点）和基本单位。

各种温度计的刻度数值均由温标确定，常用的温标有如下几种。

1. 摄氏温标

规定标准大气压下，纯水的冰点为 0℃，沸点为 100℃，两者之间分成 100 等份，每一份为 1 摄氏度，用 t 表示，符号为℃。它是中国目前工业测量上通用的温度标尺。

2. 华氏温标

规定标准大气压下，纯水的冰点为 32℉，沸点为 212℉，两者之间分成 180 等份，每一份为 1℉，符号为℉。目前，只有美国、英国等少数国家仍保留华氏温标为法定计量单位。

由摄氏和华氏温标的定义，可得摄氏温度与华氏温度的关系为：

$$t_F = 32 + \frac{9}{5}t \quad \text{或} \quad t = \frac{5}{9}(t_F - 32)$$

式中，t_F 为华氏温度，t 为摄氏温度。

3. 热力学温标

热力学温标又称开尔文温标，单位为开尔文，符号为 K。规定水的三相点温度为 273.16K。注意：有 0K，低于 0K 的温度不存在。

（二）温度检测方法

从温度的感应途径来分，温度检测仪表主要有接触式测量和非接触式测量两种。炼油化工行业使用的温度测量仪表以接触式测温仪表为主，按其测量原理分主要有：膨胀式、压力式、热电偶、热电阻等，其中以热电偶、热电阻使用最为普遍。

（三）膨胀式测温仪表

膨胀式测温仪表利用液体或固体受热时产生体积热膨胀原理设计，一般用于就地测量，结构简单造价低廉，一般可测量 -200~600℃。

1. 双金属温度计

将两种不同材质的金属材料片的两端固定到一起，一旦温度变化，两种金属的热膨胀系数不同，其膨胀伸长也不同，金属片会发生弯曲，通过一定机构将其变形放大，可以测出温度的变化量。这就是双金属温度计的测温原理。

2. 压力式温度计

压力式温度计是根据密闭容器中液体、气体和低沸点液体的饱和蒸气受热后体积膨胀导致压力变化的原理工作，用压力表测量此变化。

压力式温度计的结构如图 1-7-6 所示。它是主要由充有感温介质的温包、传压元件（毛细管）和压力敏感元件（弹簧管）构成的全金属组件。测温时将温包置于被测介质中，温包内的工作物质因温度变化而产生体积膨胀或收缩，进而导致压力变化。该压力变化经毛细管传递给弹簧管使其产生形变，借助传动机构带动指针转动，指示出相应的温度值。

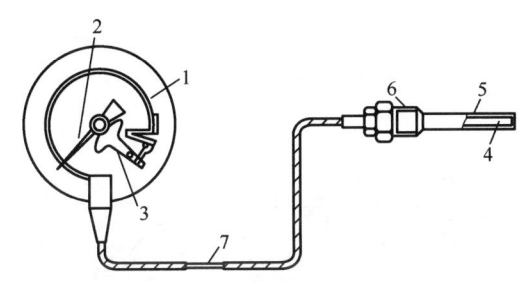

图 1-7-6 压力式温度计结构示意图
1—弹簧管；2—指针；3—传动机构；4—工作介质；5—温包；6—螺纹连接件；7—毛细管

（四）热电偶温度计

热电偶温度计是将温度量转换成电势的热电式传感器。热电偶被广泛用来测量 100～1300℃ 范围内的温度，根据需要还可以用来测量更高或更低的温度。它具有结构简单、使用方便、精度高、热惯性小，可测量局部温度和便于远距离传送、集中检测、自动记录等优点，是目前工业生产过程中应用最多的测温仪表，在温度测量中占有重要的地位。

1. 热电偶的构成和测温原理

热电偶温度计测温系统由三部分组成：热电偶（感温元件），测量仪表（毫伏计或电位差计），连接热电偶和测量仪表的导线（补偿导线及铜导线）。图 1-7-7 是热电偶温度计最简单测温系统的示意图。

将两种不同材质的导体的一端焊在一起就构成了一支热电偶。每个独立的导体称为热电极。热电偶的结合端称为热端（测量端），另一端称为冷端（参考端）。当两端产生温度差时在热电偶的闭合回路中会产生热电势。对于特定的热电偶，当冷端温度一定时，热电势的大小与测量端的温度呈单值对应关系。

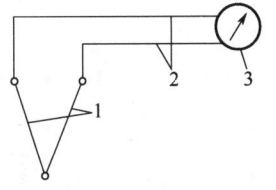

图 1-7-7 热电偶温度计测温系统
1—热电偶；2—导线；3—显示仪表

2. 热电偶的结构

热电偶根据其用途、安装位置和被测对象的不同，结构形式是多种多样的，典型的有普通型热电偶和铠装型热电偶。

（1）普通型热电偶，由热电极、绝缘管、保护套管和接线盒等部分组成，如图 1-7-8 所示。

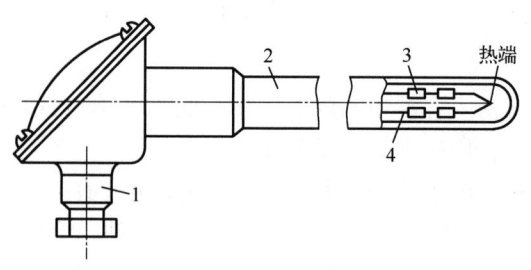

图 1-7-8　普通型热电偶的典型结构
1—接线盒；2—保护套管；3—绝缘管；4—热电极

（2）铠装型热电偶是将热电偶丝、绝缘材料和金属保护套管三者组合装配后，经拉伸加工而成的一种坚实的组合体，如图 1-7-9 所示。与普通热电偶不同之处，是热电偶与金属保护套管之间被氧化镁或氧化铝粉末绝缘材料填实，三者合为一体，具有一定的可挠性。

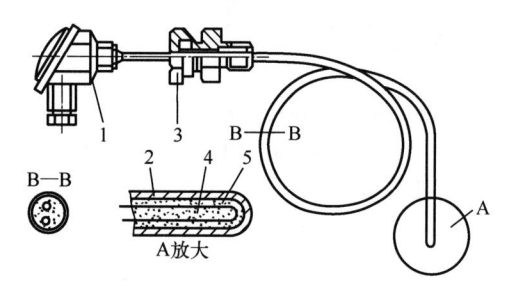

图 1-7-9　铠装型热电偶的典型结构
1—接线盒；2—金属套管；3—固定装置；4—绝缘材料；5—热电极

3. 补偿导线

测量高温时，热电偶需要使用贵重金属（如铂、铑等），而显示仪表又距离现场较远，根据热电势产生的原理（热电势只与材料的热电性有关，而与材料的种类无关），可以在中间使用价格低廉、热电性能与热电偶相同的补偿导线，如图 1-7-10 所示。

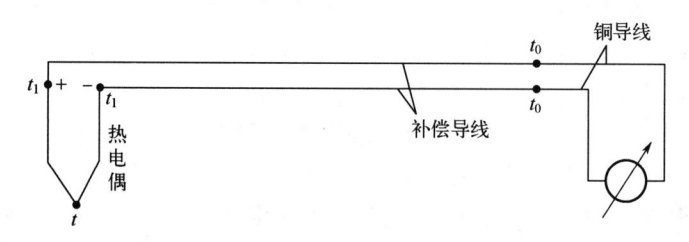

图 1-7-10　补偿导线接线图

热电偶两个热电极与补偿导线接点必须温度相同。各种补偿导线只能与相应型号的热电偶配合使用。

4. 线性化

实际使用时，由于热电势与测量端温度变化不呈线性关系，需要在二次仪表中进行非线性化补偿，或在数字仪表中用多段折线来进行处理。

5. 温度补偿

实际使用时，冷端温度变化对热电势有影响，会导致测量误差，需要进行冷端补偿。工业应用中补偿方法主要有：补偿电桥法、校正仪表零点法、冷端温度修正法等。

6. 热电偶常用型号

热电偶基本为定型生产，有标准化分度表。常用型号有：

（1）铂铑30-铂铑6热电偶（也称双铂铑热电偶，分度号B），测温范围300~1600℃。

（2）铂铑10-铂电偶（分度号S），测温范围0~1300℃。

（3）镍铬-镍硅热电偶（分度号K），测温范围-50~1000℃。

（五）热电阻温度计

1. 测温原理

热电阻是利用金属或半导体的电阻率随温度变化而变化的特性，测量电阻的变化来进行温度测量的。化工行业中使用半导体热电阻较少，在此主要介绍金属热电阻。

金属热电阻测温基于导体的电阻值随温度而变化的特性。由导体制成的感温器件称为热电阻。由于温度的变化，导致了金属导体电阻的变化，只要设法测出电阻值的变化就可达到温度测量的目的。

热电阻准确度高，易于远距离传输，在中、低温区，用热电阻比用热电偶作为测温元件时的测量精确度更高。热电阻温度计可测量-270~900℃。

2. 热电阻的结构

热电阻的结构与前面所述热电偶基本相似，如图1-7-11所示，主要由电阻体、内引线、绝缘套管、保护套管和接线盒等部分组成。

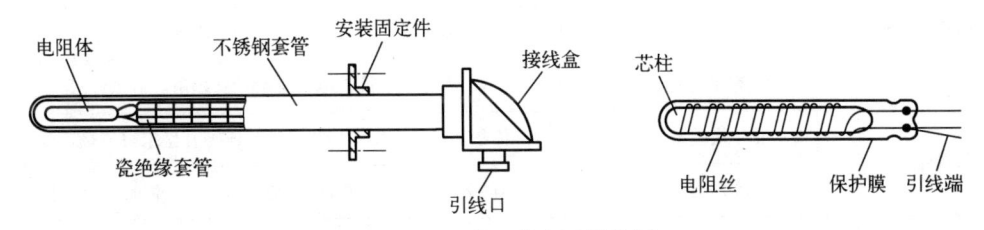

图1-7-11 普通热电阻结构图

热电阻的材料主要有铂、铜。常用热电阻分度号为Pt100、Cu50。铂热电阻精度高、稳定性好，适用于中性与氧化性介质。铜热电阻阻值与温度呈线性关系，适用于无腐蚀性介质，但易被氧化。Pt100、Cu50在0℃时电阻值为100Ω、50Ω。

（六）集成式温度传感器

集成式温度传感器是利用半导体PN结的电流电压与温度之间的关系研制的一种固态传感器。特点为体积小、热惯性小、反应快、测温精度高、稳定性好、价格低。

（七）非接触式测温

非接触式测温是利用物体辐射能随温度变化的特性。常见非接触式测温为红外测温。非接触式测温不破坏被测介质的温度场，测温上限原则上不受限制，可测运动体温度；但易受被测物体热辐射率及环境因素（物体与仪表间的距离、烟尘和水汽等）的影响。

三、流量测量仪表

单位时间内流过管道横截面的流体数量为流量。在某一段时间内流过管道横截面的流体总和称总量或累积流量。

（一）流量检测方法及流量计的分类

流量检测方法很多，是常见参数检测中最多的，在此仅介绍一种大致的分类方法。

流量检测方法可以分为体积流量检测和质量流量检测两种方式，前者测得流体的体积流量值，后者可以直接测得流体的质量流量值。测量流量的仪表称为流量计，测量流体总量的仪表称为计量表或总量计。流量计通常由一次仪表（或装置）和二次仪表组成，一次仪表安装于管道的内部或外部，根据流体与之相互作用关系的物理定律产生一个与流量有确定关系的信号，这种一次仪表也称流量传感器。二次仪表则给出相应的流量值大小（是在仪表盘上安装的仪表）。

流量计的种类繁多，各适合不同的工作场合，按检测原理分类的典型流量计列在表 1-7-1 中。

表 1-7-1　流量计的分类

类别		仪表名称
体积流量计	容积式流量计	椭圆齿轮流量计、腰轮流量计、皮膜式流量计等
	差压式流量计	节流式流量计、弯管流量计、靶式流量计、转子流量计等
	速度式流量计	涡轮流量计、电磁流量计、超声波流量计等
质量流量计	推导式质量流量计	体积流量经密度补偿或温度、压力补偿求得质量流量等
	直接式质量流量计	科里奥利质量流量计、热式流量计、冲量式流量计等

（二）差压式流量计

差压式（也称节流式）流量计，是基于流体流动的节流原理，利用流体流经节流装置时产生的压差而实现流量测量的。这是目前生产中测量流量最成熟最常用的方法之一。

1. 节流原理

以孔板式节流元件为例，其孔板装置及压力、流速分布图如图 1-7-12 所示。

根据伯努利方程和流体连续性方程式可推导出流量基本方程式。只要测量出压差 Δp，就可以换算出流量。

节流件有标准型与特殊型两种。标准型一般有标准孔板、标准喷嘴、标准文丘里管等

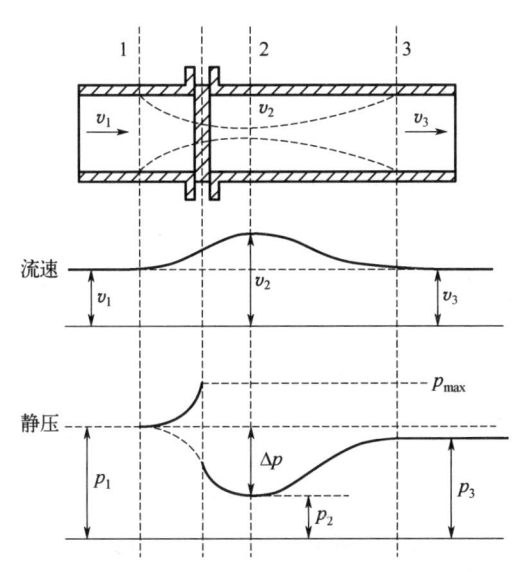

图 1-7-12　标准孔板的压力、流速分布示意图

（图 1-7-13），安装与使用时不需要标定。特殊型主要用于特殊介质及工况，安装与使用时需要单独标定。

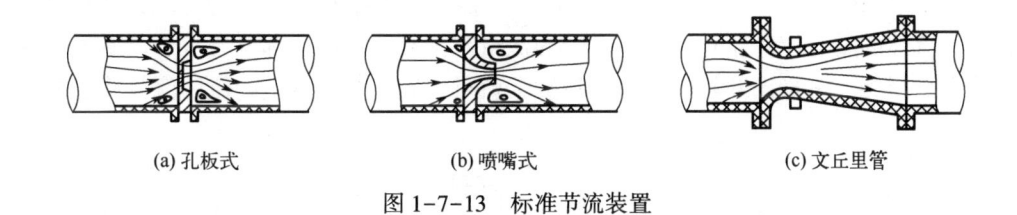

(a) 孔板式　　(b) 喷嘴式　　(c) 文丘里管

图 1-7-13　标准节流装置

2. 转子流量计

转子流量计主要用于小流量（每小时几升到几百升）测量，其工作原理也是节流现象，但其节流元件不是固定的，而是可以上下浮动的转子，如图 1-7-14 所示。

一个可以上下浮动的转子装置被置于圆锥形测量管中，当被测流体自下而上通过时，由于转子的节流作用，转子上下会出现压差，此压差对转子产生一个向上的推力，使转子向上移动。由于测量管上口较大，转子上移会使节流效果降低。在一定的位置，压差产生的向上推力、转子自身重力、流体介质对转子产生的浮力三者会达到平衡。对于已知流体，根据平衡时转子的位置，可以计算得到流体的流速，进而推算出流体流量。

需要注意，对于同一个转子流量计，当流体密度改变时，转子在同一高度位置所对应的流量是不同的。转子流量计必须垂直安装，被测介质自下而上流过椎管。

图 1-7-14　转子流量计工作原理图

(三) 容积式流量计

容积流量计利用机械测量元件把流体连续不断地分割成单个已知的体积部分，根据测量室逐次重复地充满和排放该体积部分流体的次数来测量流体体积总量。

椭圆齿轮流量计是一种常用的容积式流量计，如图 1-7-15 所示。椭圆齿轮每转动 1/4 周，排出的被测介质为一个半月形容积。椭圆齿轮每转一周，排出的被测介质流量为半月形容积的 4 倍。对一已知的椭圆齿轮流量计，如果测出转速，便可以推算出流量。

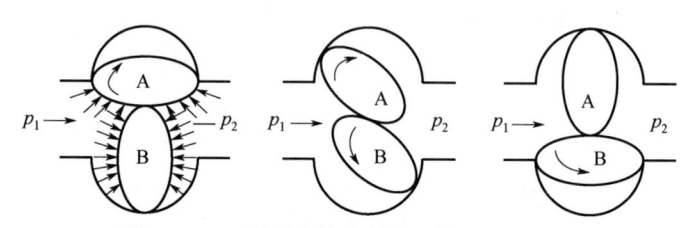

图 1-7-15　椭圆齿轮流量计工作原理示意图

除椭圆齿轮流量计外，常用的容积式流量计还有腰轮流量计、齿轮流量计、双转子（螺杆）流量计等。

(四) 速度式流量计

1. 涡轮流量计

如图 1-7-16 所示，在流体流动的管道内安装一个可以自由转动的叶轮，当流体通过叶轮时，流体的动能使叶轮转动，在一定的流量范围和一定的流体黏度下，转速与流速成线性关系。因此，测量出叶轮的转速或转数，就可以确定流过管道的流体流量或总量。

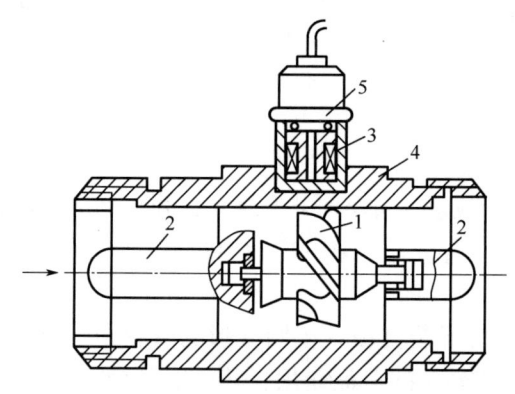

图 1-7-16　涡轮流量计结构示意图
1—叶轮；2—导流器；3—磁电感应转换器；4—外壳；5—前置放大器

这种测量方法需要在管道中放置转动元件，会造成压力损失。如果流体中有絮状杂物，还容易堵塞管道。

2. 电磁流量计

如图 1-7-17 所示，当被测介质为具有导电性的液体介质时，可利用电磁感应原理来测量流量。导电流体在磁场中垂直于磁力线方向流过，在流通管道两侧的电极上将产生感应电势，感应电势的大小与流体速度有关，通过测量此电势可求得流体流量。

电磁流量计的测量主体由磁路系统、测量导管、电极和调整转换装置等组成。流量计结构如图 1-7-18 所示，由非导磁性的材料制成导管，测量电极嵌在管壁上，若导管为导电材料，其内壁和电极之间必须绝缘，通常在整个测量导管内壁装有绝缘衬里。导管外围的激磁线圈用来产生交变磁场。

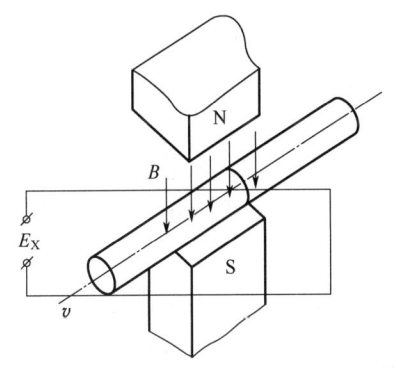

图 1-7-17　电磁式流量检测原理示意图

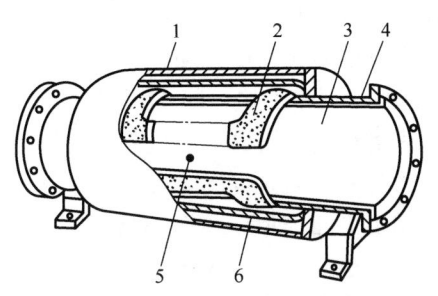

图 1-7-18　电磁流量计结构图
1—外壳；2—激磁线圈；3—衬里；
4—测量管；5—电极；6—铁芯

电磁流量计的特点是能够测量酸、碱、盐溶液以及含有固体颗粒（例如泥浆）或纤维液体的流量，但只能测量导电液体的流量。

3. 振动式流量计

振动式流量计是根据流体受阻后产生振动旋涡的原理制成的流量传感器。流体在流动过程中遇到某种阻碍后在它的下游会产生一系列自激振荡的旋涡，通过测量旋涡的振动频率即可推算出流量值。振动式流量计没有可动元件，压力损失小，工作可靠，寿命长。

振动式流量计包括涡街流量计、旋进旋涡流量计等。

涡街流量计是在流体中设置三角柱型旋涡发生体，流体在管道中经过涡街流量变送器时，在三角柱的旋涡发生体后上下交替产生正比于流速的两列旋涡，旋涡的释放频率与流过旋涡发生体的流体平均速度及旋涡发生体特征宽度有关。

4. 超声波流量计

超声波流量计通过超声换能器发射超声波，当超声波束在液体中传播时，液体的流动将使传播时间产生微小变化，其传播时间的变化正比于液体的流速。

时差法测量原理如图 1-7-19 所示，在管道中安装超声换能器，超声换能器互为发射与接收；也可安装两对超声换能器分别发射与接收。当管道直径、声速、超声换能器安装距离、超声换能器与管道轴线夹角已知时，只要测出超声波传输的时间差即可求出流量。

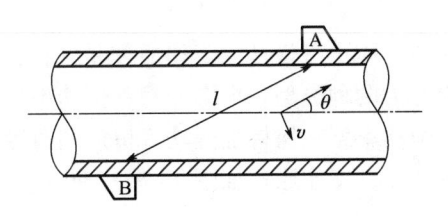

图 1-7-19　时差法测量原理图

（五）直接式质量流量计

1. 科里奥利质量流量计

科里奥利（科氏力）质量流量计是运用流体质量流量对振动管振荡的调制作用，即科里奥利力现象为原理的质量流量计。

当流体如图 1-7-20 所示流过测量管 AB 和 CD 时，在 AB 管段内流体的质点从低的旋转速度向高的旋转速度移动，这表明在 AB 段内的流体质点必须加速以克服质点的惯性，它克服管段的旋转，产生在反方向的科里奥利力。反之在 CD 管段内流体的质点从高的旋转速度向低的旋转速度移动，流体质点必须减速。科里奥利力的产生造成 AB 管段振动减慢和 CD 管段振动加快，即 AB 管段落后于正常的位置，而 CD 管段则超前于正常位置。结果使原来的环路被扭曲，而扭曲程度与流体质量流量直接和线性地成正比关系。因此通过检测扭力矩就可以获得流体质量流量。

如图 1-7-21 所示，当流量计工作时驱动器使 U 形管上下振动以正弦规律上下变化，科里奥利力也随之正弦变化。当 U 形管系统与驱动器的振动频率确定后，U 形管振动的角速度固定，即流体质量流量仅与扭转角 θ 成正比。用光电检测方式使用两个光电检测器检测 U 形管的扭转变形，当扭转角很小时，通过计算可知两个光电检测器检测到脉冲时间差与流体质量流量成正比。

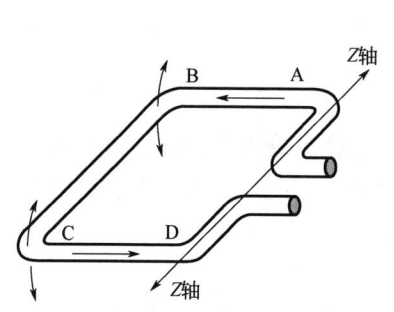

图 1-7-20　科里奥利质量流量计测量原理图 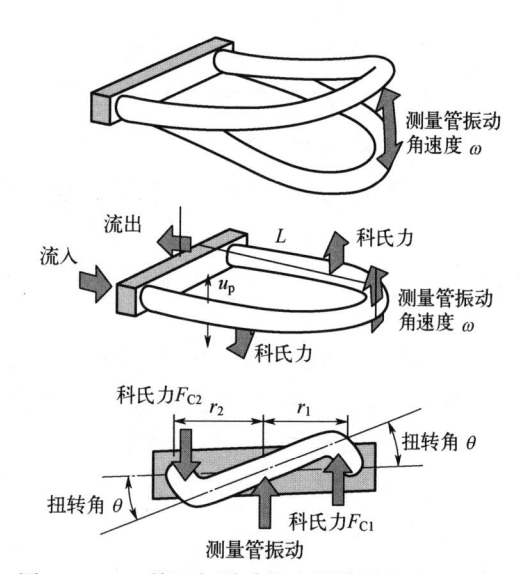　　图 1-7-21　科里奥利质量流量计测量过程示意图

2. 热式质量流量计

热式质量流量计的工作原理是气体通过流量计时，会带走热量，从而导致温度变化。可以分为两种类型：恒温差型和恒功率型。

恒功率型在保持加热功率恒定同时测量温差，恒温差型在保持温差恒定同时测量加热功率变化。工作原理如图 1-7-22 所示。

(a) 恒功率法　　　　　　　(b) 恒温差法

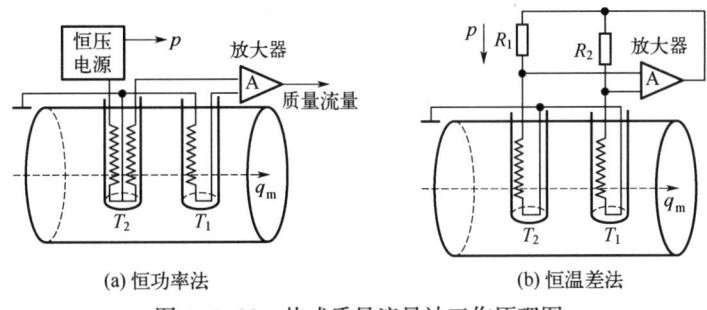

图 1-7-22　热式质量流量计工作原理图

四、物位测量仪表

（一）物位的定义及物位检测仪表的分类

1. 物位的定义

物位通指设备和容器中液体或固体物料的表面位置。

对应不同性质的物料又有以下定义：

（1）液位：指设备和容器中液体介质表面的高低。

（2）料位：指设备和容器中所储存的块状、颗粒或粉末状固体物料的堆积高度。

（3）界位：指相界面位置。容器中两种互不相容的液体、容器中互不相溶的液体和固体之间的分界面的位置称为界位。

物位是液位、料位、界位的总称。对物位进行测量、指示和控制的仪表，称物位检测仪表。

2. 物位检测仪表的分类

物位检测仪表按测量方式可分为连续测量和定点测量两大类。连续测量方式能持续测量物位的变化。定点测量方式则只检测物位是否达到上限、下限或某个特定位置。

物位检测仪表按工作原理不同分类，有直读式、静压式、浮力式、机械接触式、电气式等。

（二）磁翻转式液位计

磁浮式翻板液位计属于浮力式液位计，如图 1-7-23 所示。用非导磁不锈钢制成的浮子室内装有带磁性的浮子，浮子室与容器相连，紧贴浮子室壁装有带磁性两色的翻板。当浮子随浮子室内液位升降时，利用磁性吸引，使翻板发生翻转两色分界处就是液位高度。

磁翻转式液位计结构简单，指示直观，测量范围大，不受容器高度的限制，可以取代玻璃管液位计，用来测量有压容器或敞口容器内的液位。指示机构不与液体介质直接接触，特别适用于高温、高压、高黏度、有毒、有害、强腐蚀性介质，且安全防爆。除就地指示外，还可以配备报警开关和信号远传装置，实现远距离的液位报警和监控。

（三）差压式液位计

差压式液位计如图 1-7-24 所示，是利用容器内液位改变时，由液柱产生的静压力相应的变化的原理来进行液位测量的。

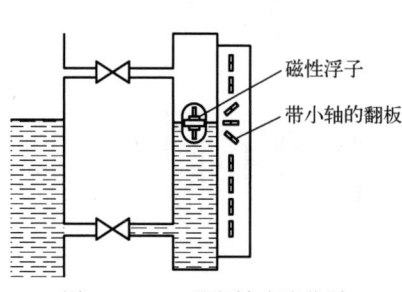

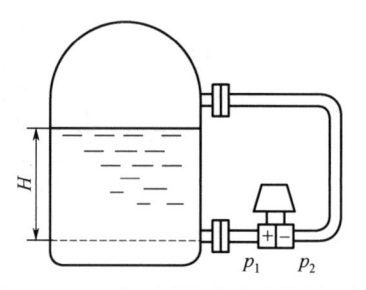

图 1-7-23　磁翻转式液位计　　　　图 1-7-24　差压式液位变送器原理图

将差压变送器的一端接液相，另一端接气相。设容器上部空间为干燥气体，其压力为 p，则：

$$p_1 = p + H\rho g$$
$$p_2 = p$$

因此可得：

$$\Delta p = p_1 - p_2 = H\rho g$$

式中，H 为液位高度；ρ 为介质密度；g 为重力加速度；p_1、p_2 分别为差压变送器正负压室的压力。通常，被测介质的密度是已知的。差压变送器测得的差压与液位高度成正比。

差压仪表安装位置低于最低液位位置或中间增加隔离罐时差压仪表输出零点与最低液位产生偏差，此时需要进行零点迁移。

当被测容器是敞口时，气相压力为大气压时，只需将差压变送器的负压室通大气即可。若不需要远传信号，也可以在容器底部安装压力表，如图 1-7-25 所示，根据压力 p 与液位 H 成正比的关系，可直接在压力表上按液位进行刻度。

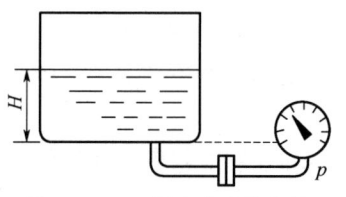

图 1-7-25　压力表式液位计

（四）浮筒式液位（界面）计

图 1-7-26 所示为两种不同结构的浮筒式液位计。漂浮于被测液面上的浮筒随液面变

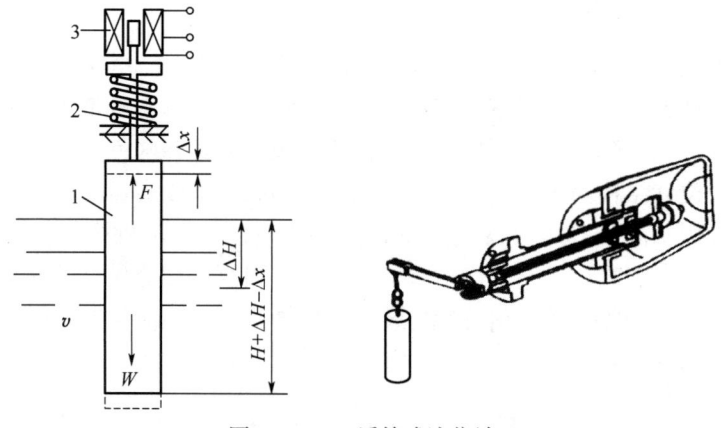

图 1-7-26　浮筒式液位计
1—浮筒；2—弹簧；3—差动变压器

化而产生位移，此位移会受到弹簧的限制，最后浮筒重力、浮力、弹簧作用力达到平衡位置，已知介质密度、浮筒质量、弹簧倔强系数的情况下，通过平衡位置可以换算出液面高度。利用浸入式浮筒，可以测量两种不同介质的界面高度。

浮筒式液位计可以将信号转换后就地指示，也可以将信号转变为电信号后进行远程传送。

（五）电容式物位计

在电容器的极板之间充以不同的介质时，电容器的容量大小会有所不同。因此，可以通过测量电容量的变化来检测液位、料位的变化，也可以检测两种不同液体的分界面，如图 1-7-27 所示。

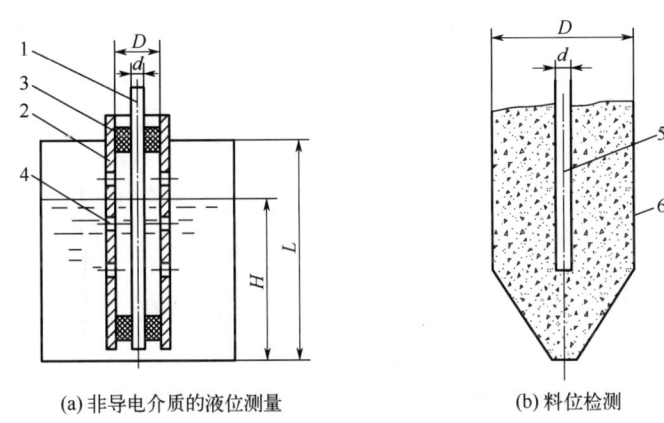

图 1-7-27　电容式物位测量示意图

1—内电极；2—外电极；3—绝缘套；4—流通小孔；5—金属电极棒；6—容器壁

需要注意的是，电容式物位计一般用于测量非导电介质。如果测量导电介质，则需要在内电极加上绝缘套管。

（六）超声式物位计

超声波在气体、液体及固体中传播，具有一定的传播速度。超声波在介质中传播时会被吸收而衰减。超声波在穿过两种不同介质的分界面时会产生反射和折射，对于声阻抗差别较大的相界面，几乎为全反射。从发射超声波至收到反射回波的时间间隔与分界面位置有关，利用这一比例关系可以进行物位测量，如图 1-7-28 所示。

这种测量方法的优点是检测元件不与被测液体接触，因而特别适合于强腐蚀性、高压、有毒、高黏度液体的测量。由于没有机械可动部件，使用寿命很长。但被测液体中不能有气泡和悬浮物，液面不能有很大的波浪，否则反射的超声波将很混乱，产生误差。此外超声式物位计亦不宜用于高温液位的测量。

（七）核辐射式液位计

核射线穿过一定厚度的被测介质时，射线的强度将随介质厚度的增加而呈指数规律衰减。核辐射液位计就是根据这种原理制成的，见图 1-7-29，I_0 与 I 分别为进入介质前后的射线强度。

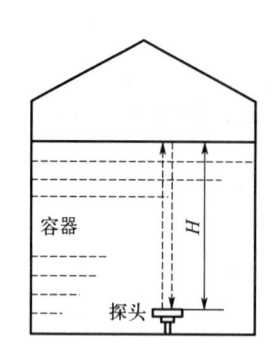

图 1-7-28　超声液位检测原理

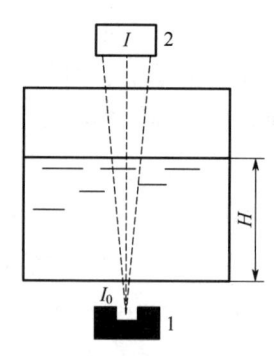

图 1-7-29　核辐射物位计测量示意图
1—射线源；2—接收器

核辐射式物位计属于非接触式物位测量仪表，适用于高温、高压、强腐蚀、剧毒等条件苛刻的场合。核射线还能够直接穿透钢板等介质，可用于高温熔融金属的液位测量，使用时几乎不受温度、压力、电磁场的影响。但由于射线对人体有害，因此对射线的剂量应严加控制，且须切实加强安全防护措施。

五、执行器

执行器是调节系统基本组成部分之一，处于控制回路最终位置。执行器接收控制器输出的控制信号，并转换为位移或速度，直接控制被调介质输入量。

执行器由以下两部分组成：

（1）执行结构——执行器的驱动部分，按照调节器的信号产生推力或位移。

（2）调节机构——执行器的调节部分，常见的有调节阀等，在执行机构操纵下调节工艺介质的流量等。

根据执行机构所使用的动力，执行器可分为气动、电动、液动三种。

（一）电动执行器

电动执行器调节机构部分可与气动执行器通用，执行机构部分由电动机等电动设备驱动。电动执行机构通常用于防爆要求不高且无合适气源的情况下。电动执行机构响应时间快，但安全性与推动力与气动执行机构相比较差。

电动执行机构基本原理如图 1-7-30 所示。

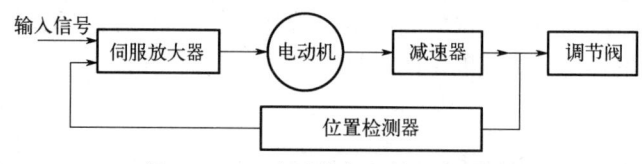

图 1-7-30　电动执行机构基本原理

常用电动执行器的要求能够频繁启动、能长期处于过载状态。

（二）气动执行器

气动执行器是以压缩空气为动力的执行器。气动执行器结构如图 1-7-31 所示。

气动执行机构主要有薄膜式与活塞式两类。其中活塞式靠气缸内的活塞输出推力，推力较大且行程长。薄膜式执行机构使用弹性膜片输出推力，结构简单、价格低廉，使用较为广泛。

当气压信号增大时推杆向下移动的称为正作用执行机构，当气压信号增大时推杆向上移动的称为反作用执行机构。此处正反作用为执行机构的正反作用，与控制器的正反作用不同。

（三）调节机构

调节机构是执行器的调节部分，常见的有调节阀等。调节阀安装在流体管道上，通过阀芯在阀体中移动改变被控介质流量，达到调节目的。

调节阀的形式可分为单座阀和双座阀，以阀芯阀座的套数决定，单座一套，双座两套。单座阀易改装、结构简单、无同步问题。由于被调介质对阀芯有作用力，可能影响正常工作。使用双座阀可大致抵消介质对阀芯有作用力，但两组阀芯不易同时关闭，关闭泄漏量比单座阀大。双座阀和单座阀结构如图 1-7-32 所示。

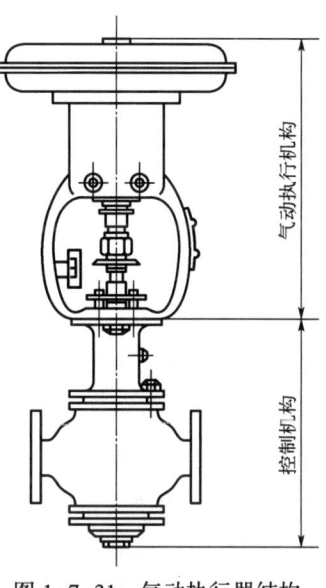

图 1-7-31　气动执行器结构

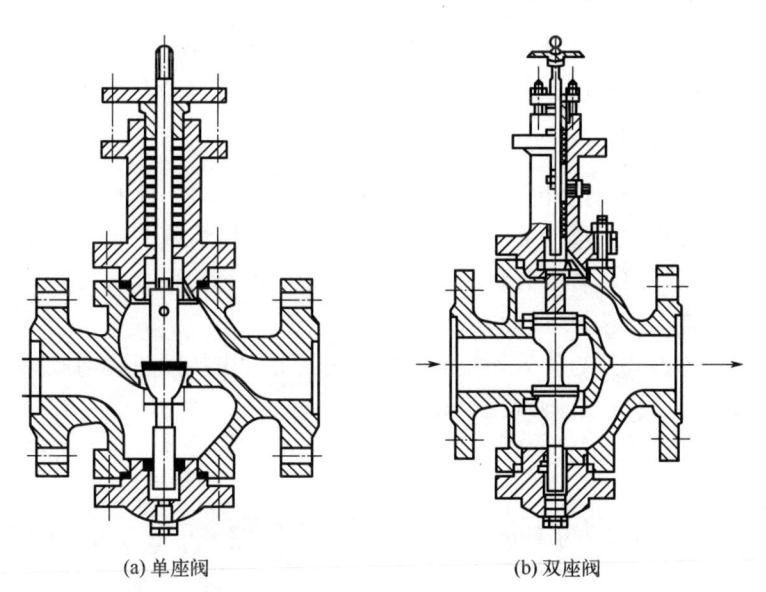

(a) 单座阀　　(b) 双座阀

图 1-7-32　单座阀和双座阀结构图

被控介质流过阀门的相对流量与阀门相对开度的关系称为调节阀的流量特性，通常有三种典型形式：

（1）直线特性，流量与阀芯位移成直线关系。

（2）对数特性（等百分比特性），流量与阀芯位移成对数关系，即引起的流量变化的百分比相等。

（3）快开特性，开度较小时流量变化较大，随开度增大很快达到最大值。

调节阀使用时其前后压差根据工作情况发生变化，一般将具体使用条件下阀芯位移对流量的控制特性称为工作流量特性。

（四）阀门定位器

气动执行机构的阀杆摩擦力、被调介质压力等变化会影响阀门定位精度，可采用阀门定位器利用负反馈改善调节阀的精度与灵敏度。带定位器的气动执行器的信号流程框图如图1-7-33所示。

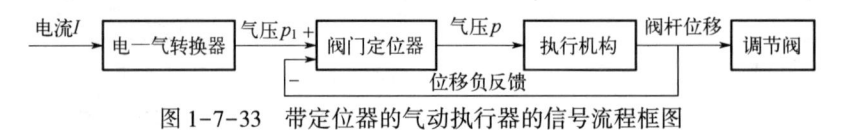

图1-7-33 带定位器的气动执行器的信号流程框图

阀门定位器主要作用有：

（1）实现准确定位。通过阀位负反馈，可以有效克服阀杆的摩擦消除调节阀不平衡力的扰动影响，增加调节阀的稳定性。

（2）改善调节阀的动态特性。可以有效地克服气压信号的传递滞后，改变原来调节阀的一阶滞后特性，使之成为比例环节。

（3）改善调节阀的流量特性。通过改变阀门定位器中反馈凸轮的几何形状可改变反馈量，即补偿或修改调节阀的流量特性。

（4）实现分程控制。当采用一个控制器的输出信号分别控制两只气动执行器工作时，可用两个阀门定位器，使它们分别在信号的某一区段完成行程动作从而实现分程控制。

（五）执行器选择

当气压信号增加时，阀门开度增大趋于打开（气大阀开），此阀门为气开阀。当气压信号增加时，阀门减小增大趋于关闭（气大阀关），此阀门为气关阀。选用气开、气关的原则主要从安全角度考虑。若事故状态下阀门打开危险性小，选择气关阀。反之若事故状态下阀门关闭危险性小，选择气开阀。

执行器选择除考虑气开与气关外还应根据工艺情况考虑执行机构与阀体类型、调节阀流量特性、调节阀材质、调节阀口径等参数。

项目二 自动化控制

一、简单控制系统

简单控制系统指的是单输入—单输出（SISO）的线性控制系统，是控制系统的基本形式。其特点是结构简单，而且具有相当广泛的适应性。

控制系统分类方法有很多，按照系统结构可分为闭环控制系统与开环控制系统；按设定值分类可分为定值控制系统、随动（伺服）控制系统、程序控制系统。

闭环控制系统是控制系统输出量的一部分或全部，通过一定方法和装置反送回系统的输入端，然后将反馈信息与原输入信息进行比较，再将比较的结果施加于系统进行控制，避免系统偏离预定目标。闭环控制系统又称反馈控制系统。

开环控制系统是输入信号不受输出信号影响的控制系统，不将控制的结果反馈影响当前控制。闭环控制系统反馈回路断开或控制器处于手动模式时即成为开环控制系统。

工业过程控制的评价指标可概括为：稳定性、准确性、快速性。过程控制系统性能指标通常采用两类：以阶跃响应几个特征参数作为性能指标和偏差积分性能指标。

以阶跃响应特征参数一般选取衰减比和衰减率、最大动态偏差和超调量、余差、调节时间和振荡频率。

偏差积分性能指标一般采用偏差积分、平方偏差积分、绝对偏差积分、时间与偏差绝对值乘积的积分。

（一）简单控制系统的组成

在化工生产过程中有各种控制系统，图1-7-34是几个简单控制系统的示例。

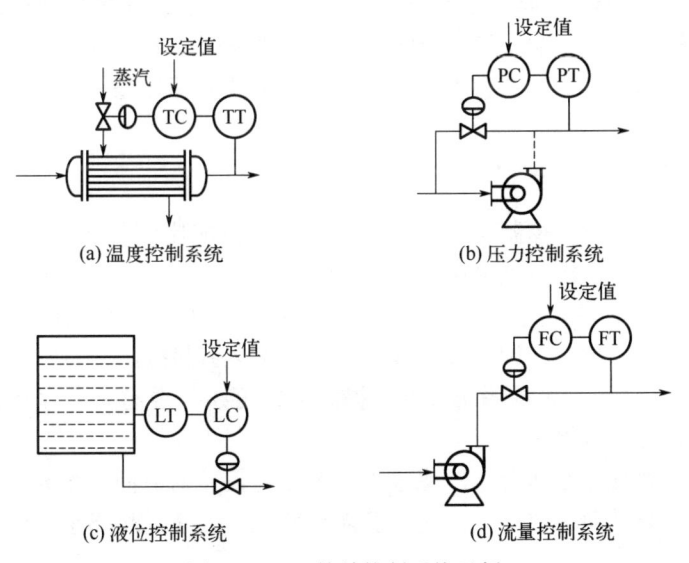

图1-7-34 简单控制系统示例

图1-7-34中用TT、PT、LT和FT分别表示温度、压力、液位和流量变送器，用TC、PC、LC和FC表示相应的控制器，图中的执行器都用控制阀表示。在这些控制系统中都有一个需要控制的过程变量，例如图中的温度、压力、液位、流量等，这些需要控制的变量称为被控变量。为了使被控变量与希望的设定值保持一致，需要有一种控制手段，如图中的蒸汽流量、回流流量和出料流量等，这些用于调节的变量称为操纵变量或操作变量。被控变量偏离设定值的原因是过程中存在扰动，如蒸汽压力、泵的转速、进料量的变化等。

在控制系统中，检测变送装置检测被控变量并转换为标准信号。当系统受到扰动影响时，检测信号与设定值之间产生偏差。检测信号在控制器中与设定值比较，其偏差值按一定的控制规律运算。运算后输出信号驱动执行机构作用于被控对象，使被控变量回复到设定值。被控对象是需要控制的设备，如换热器、泵、储罐和管道等。

简单控制系统的框图如图 1-7-35 所示。

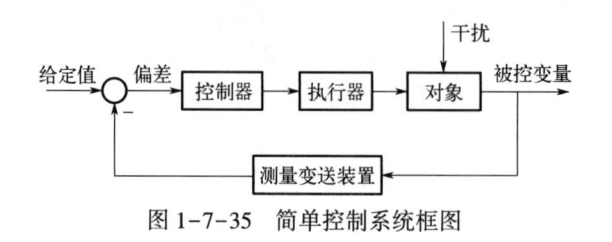

图 1-7-35　简单控制系统框图

过程控制系统中的核心变量主要包括：

（1）给定值（SV），又称设定值、参考值，用来指定被控参数的设定值。时域信号一般采用 $r(t)$ 来表示。

（2）过程变量（PV），也称作被控变量（CV）或参数，用来反映被控过程内根据生产或工艺要求、需要保持给定数值的工艺参数。当前实际被控变量一般采用 $y(t)$ 来表示。

（3）操作变量（MV），属于控制器的输出变量，用来操纵执行器动作，以克服或补偿外界干扰对被控参数的影响。控制器输出信号一般采用 $u(t)$ 来表示。

（4）偏差变量（DV），被控参数的设定值与当前实际值之差，时域信号一般采用 $e(t)$ 来表示。

（二）控制系统 PID 参数

（1）比例（P）调节：控制器的输出与输入偏差值成比例关系。系统一旦出现偏差，比例调节立即产生调节作用以减少偏差。

比例调节根据"偏差大小"来动作，输出与输入偏差的大小成比例，调节及时、有力，但有余差；比例度越小，调节作用越强，太强时会引起振荡。

（2）积分（I）调节：消除系统余差，提高无差度。只要有余差存在，积分调节就进行，直至无差，积分调节停止。

积分调节根据"偏差是否存在"来动作，输出与偏差对时间的积分成比例，其实质是消除余差。积分使最大动偏差增大，延长了调节时间；积分时间越小，积分作用越强，太强时易引起振荡。

（3）微分（D）调节：控制器的输出与输入误差信号的微分成正比关系，即与偏差的变化速度成正比。

微分调节根据"偏差变化速度"来动作，输出与偏差变化的速度成比例，有超前调节作用，对滞后大的系统调节效果好；可减少调节过程的动偏差，缩短调节时间；微分时间越大，作用越强，太强时易引起振荡。

PID 参数整定有多种方法，常见有临界比例度法、衰减曲线法、试凑法等。

（三）简单控制系统的投运

所谓控制系统的投运，就是指当控制系统的设计、安装等工作已经就绪，将系统由手操状态切换到自动工作状态的过程。这工作若做得不好，会给生产带来很大波动。

现将投运步骤总结如下：
(1) 详细地了解工艺，对投运中可能出现的问题有所估计。
(2) 理解控制系统的设计意图。
(3) 现场校验测量元件、测量仪表、显示仪表和控制仪表的精度、灵敏度及量程，以保证各种仪表能正确工作。
(4) 设置好控制器的正反作用和 PID 参数。
(5) 按无扰动切换的要求将控制器切入自动。

二、复杂控制系统

（一）串级控制系统

由两个控制器串接工作，其中一个控制器的输出是另一个控制器的给定值，共同控制一个执行器的控制系统称为串级控制系统。

串级控制系统是在简单控制系统的基础上发展起来的。当对象的滞后较大，干扰比较剧烈、频繁时，采用简单控制系统往往控制质量较差，满足不了工艺上的要求，这时，可考虑采用串级控制系统。

串级控制系统的典型框图如图 1-7-36 所示。可以看出，该控制系统中有两个闭合回路，两个回路都是具有负反馈的闭环系统。

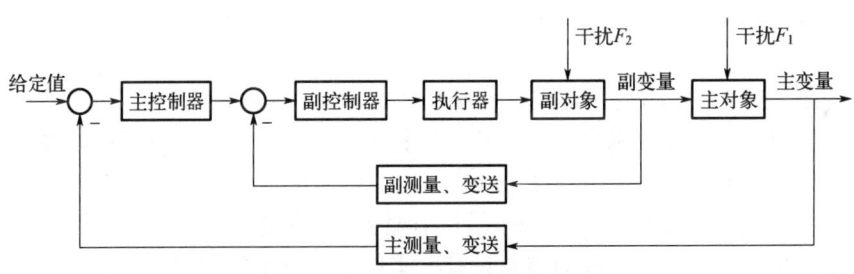

图 1-7-36 串级控制系统典型框图

（二）比值控制系统

在现代工业生产过程中，常常要求两种或多种物料流量成一定比例关系，如果一旦比例失调，就会影响产品质量，甚至会造成生产事故。

实现两个或两个以上参数符合一定比例关系的控制系统，称为比值控制系统，通常为流量比值控制系统。

在比值控制系统中，需要保持比值关系的两种物料必有一种处于主导地位，这种物料称为主物料或主流量，用 Q_1 表示。另一种物料随主流量的变化而变化，因此称为从物料或副流量，用 Q_2 表示。

比值控制系统就是要实现副流量 Q_2 和主流量 Q_1 成一定的比例关系，满足如下关系式：

$$K = Q_2 / Q_1$$

式中　K——副流量与主流量的流量比值。

（三）前馈控制系统

前馈控制又称为干扰补偿，它与反馈控制完全不同，是按照引起被控变量变化的干扰大小进行控制，以补偿干扰的影响，使被控变量不变或基本保持不变。这种直接根据造成被控变量偏差的原因进行的控制称为前馈控制。

换热器出口温度反馈控制系统如图 1-7-37 所示。在生产过程中，利用蒸汽对物料进行加热，使换热器的出口物料温度 θ 保持在工艺所规定的数值上。此时控制系统总是要在干扰已经对换热器出口物料温度造成影响后才能产生控制信号，此时控制作用是不及时的。

如果影响换热器出口物料温度 θ 变化的最主要的干扰因素是进料流量，为了及时克服这一干扰的影响，可以对进料流量进行测量，根据进料流量大小的变化直接去调节加热蒸汽量的大小，这就是所谓的前馈控制。换热器出口温度前馈控制系统如图 1-7-38 所示。当进料流量变化时，通过前馈控制器 FC 改变控制阀的开度，即可克服因进料流量变化对换热器出口物料温度 θ 造成的影响。

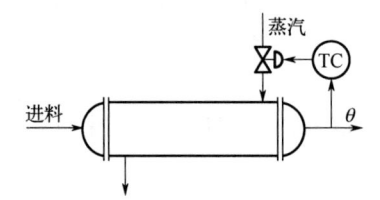

图 1-7-37　换热器出口温度控制系统 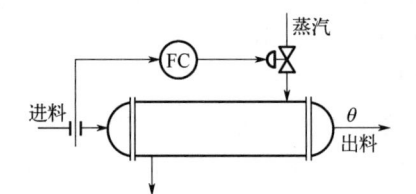　　图 1-7-38　换热器出口温度前馈控制系统

单纯的前馈控制在实际应用过程中还是存在着一定的局限性。

（1）前馈控制属开环控制方式，在开环控制下被控量的偏差没有进行检验。因此，如果前馈控制效果不佳或其他扰动出现，被控温度将偏离给定值，由于前馈系统无法获得这一偏差信息而不能做进一步的校正，故单纯的前馈控制方案一般不宜采用。

（2）完全补偿难以满足，前馈控制只有在实现完全补偿的前提下，才能使得系统得到良好的动态品质，但完全补偿几乎是难以做到的。

（四）选择性控制系统

一般来说，凡是在控制回路中引入选择器的系统都可称为选择性控制系统。最为常见的是超驰控制，它属于极限控制一类，是从生产安全角度提出来的。极限控制的特点是：在正常工况下，该参数不会超限，所以也不考虑对它进行直接（极限）控制；而在非正常工况下，该参数会达到极限值，这时就要求采取强有力的手段，避免超限。

选择性控制是把工业生产过程中的限制条件所构成的逻辑关系，叠加到正常的自动控制系统上去的一种组合控制方法。也就是在一个过程控制系统中，设有两个控制器，通过高、低值选择器选择出能够适应生产安全状况的控制信号，实现对生产过程的自动控制。

选择性控制系统主要有开关型选择性控制系统、连续型选择性控制系统和混合型选择性控制系统。

1. 开关型选择性控制系统

在这类选择性控制系统中,一般有 A、B 两个可供选择的变量。其中一个变量 A 假定是工艺操作的主要技术指标,它直接关系到产品的质量或生产效率;另一个变量 B 工艺上对它只有一个限值要求。在正常生产情况下,变量 B 处于限值内,生产过程就按变量 A 来进行连续控制。一旦变量 B 达到极限值,选择控制系统将切断变量 A 控制器的输出,将控制阀迅速打开或关闭,直到变量 B 回到限值内,系统自动恢复到按变量 A 进行连续控制。

2. 连续型选择性控制系统

在连续型选择性控制系统中,通常有两个控制器。一个控制器在正常情况下工作,另一个控制器在非正常情况下工作,这两个控制器的输出通过一个选择器接至控制阀。当生产处于正常情况时,控制系统由正常情况下工作的控制器进行控制;如果生产出现非正常情况,正常情况下工作的控制器自动切换至非正常情况下工作的控制器进行控制。生产恢复到正常情况后,自动切换回正常情况下工作的控制器进行控制。

3. 混合型选择性控制系统

在混合型选择性控制系统中,既包含开关型选择性控制方案,又包含连续型选择性控制方案。

(五) 分程控制系统

在某些工业生产过程中,根据生产工艺的要求,需要将控制器的输出信号分段,分别去控制两个甚至两个以上的控制阀,以便使每个控制阀在控制器输出的某段信号范围内进行全行程动作,这种控制系统称为分程控制系统。

分程控制系统的框图如图 1-7-39 所示。

图 1-7-39 分程控制系统框图

分程控制方案根据控制阀的气开、气关形式以及分程信号区段的不同,可分为以下两种类型。

1. 控制阀同向动作的分程控制系统

控制阀同向动作的分程控制系统如图 1-7-40 所示。图 1-7-40(a) 表示两个控制阀均为气开阀。当控制器输出信号从 20kPa 增大时,A 阀打开;当控制器输出信号增大到 60kPa 时,A 阀全开,同时 B 阀开始打开;当控制器输出信号达到 100kPa 时,B 阀也全开。图 1-7-40(b) 表示两个控制阀均为气关阀,其控制阀的动作情况与 (a) 相反。

2. 控制阀异向动作的分程控制系统

控制阀异向动作的分程控制系统如图 1-7-41 所示。图 1-7-41(a) 表示 A 阀为气关

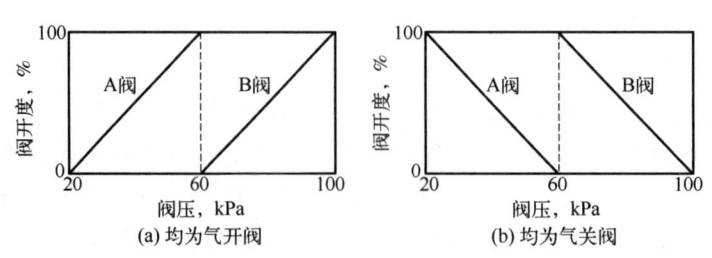

图 1-7-40　控制阀同向动作的分程控制系统输入输出关系

阀，B 阀为气开阀。当控制器输出信号从 20kPa 增大时，A 阀由全开状态开始关闭；当控制器输出信号增大到 60kPa 时，A 阀全关，同时 B 阀启动；当控制器输出信号达到 100kPa 时，B 阀全开。图 1-7-41（b）表示控制阀 A、B 分别为气开、气关阀的情况，其控制阀的动作情况与（a）相反。

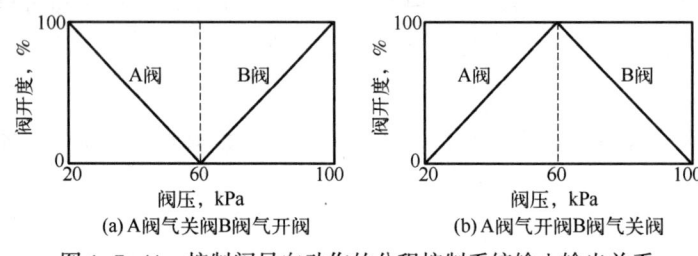

图 1-7-41　控制阀异向动作的分程控制系统输入输出关系

三、DCS 组成及原理

（一）DCS 组成

DCS 控制系统全称为集散控制系统，也可直译为"分散控制系统"或"分布式计算机控制系统"。它采用控制分散、操作和管理集中的基本设计思想，采用多层分级、合作自治的结构形式。其主要特征是它的集中管理和分散控制。目前，DCS 在电力、冶金、石化等各行各业都获得了极其广泛的应用。DCS 组成如图 1-7-42 所示。

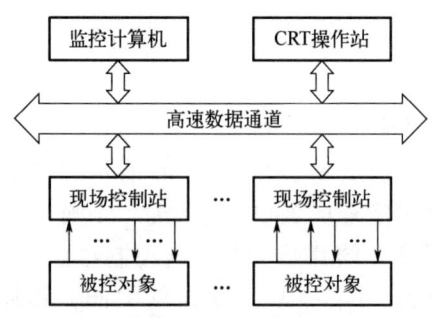

图 1-7-42　集散控制系统（DCS）组成框图

DCS 的基本构成有集中显示管理、分散控制和通信三部分。基本结构如图 1-7-43 所示。

图 1-7-43　DCS 基本结构图

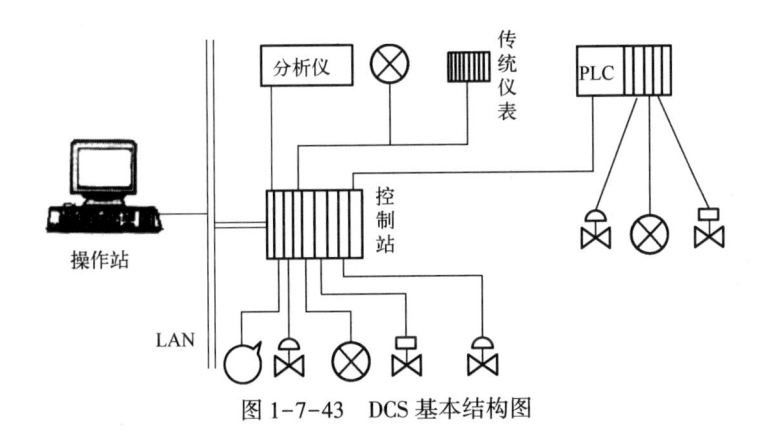

集中显示管理部分可分为工程师站、操作站和管理计算机。工程师站主要用于组态和维护，操作站则用于监视和操作，管理计算机用于系统的信息管理和完成部分优化控制任务。

分散控制部分用于实时的控制和监测。控制站具有输入、输出、运算、控制等功能，通常以各种输入输出处理、运算控制功能模块的形式呈现在用户面前。在控制组态平台下，可选用这些功能块进行控制回路结构及功能的组态，针对具体过程形成对应的控制组态文件，再下装到控制站中运行。

通信部分连接 DCS 的各分散的控制站和操作站，完成数据、指令及其他信息的传递。系统各工作站都采用微计算机，存储容量容易扩充，配套软件功能齐全，独立自主地完成合理分配给自己的规定任务，从而形成一个独立运行的高可靠性系统。

DCS 软件由实时多任务操作系统、数据库管理系统、数据通信软件、组态软件和各种应用软件组成。通过使用组态软件这一软件工具，可生成用户所要求的实际应用系统。DCS 具有通用性强、系统组态灵活、控制功能完善、数据处理方便、显示操作集中、人机界面友好、安装简单规范、调试方便、运行安全可靠的特点。

（二）DCS 的体系结构

DCS 的基本体系结构是分级递阶结构，即 DCS 是纵向分层、横向分散的大型综合控制系统。其中，横向（水平）方向上各控制设备之间是互相协调的，同级之间的控制设备可进行数据交换，并且将数据信息向上传送到操作管理级（层），同时接受操作管理级的指令；纵向（垂直）分级（层）设备在功能方面是不同的。DCS 系统纵向分级至少两个级（层），即操作管理级（层）和过程控制级（层）。横向设备数量由控制系统的规模和要求确定。

流行的 DCS 系统通常分为四层结构（分别对应四层计算机网络），即现场级——现场网络、过程控制级——控制网络、操作监控级——监控网络、信息管理级——管理网络。DCS 结构示意图和典型系统结构图分别如图 1-7-44 和图 1-7-45 所示。

1. 现场级

此级（层）有现场各类测控装置（设备），如各类传感器、变送器、执行器等。它们能够完成对生产装置（过程）的信号转换、检测和控制量的输出等。

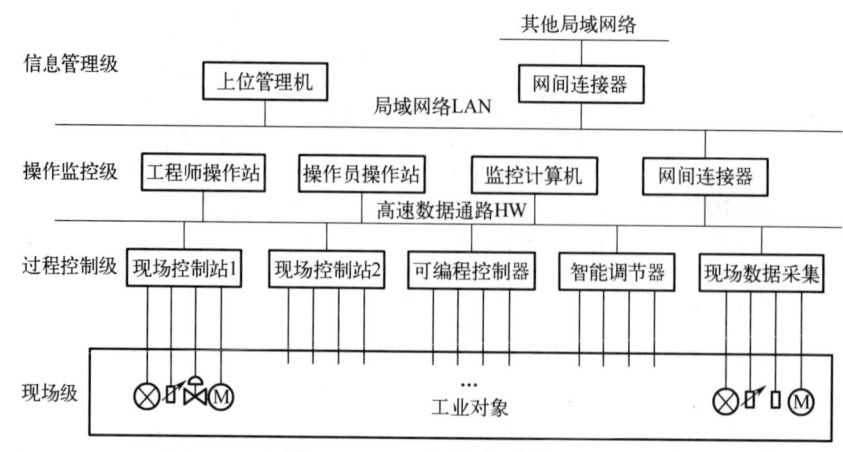

图 1-7-44　DCS 结构示意图

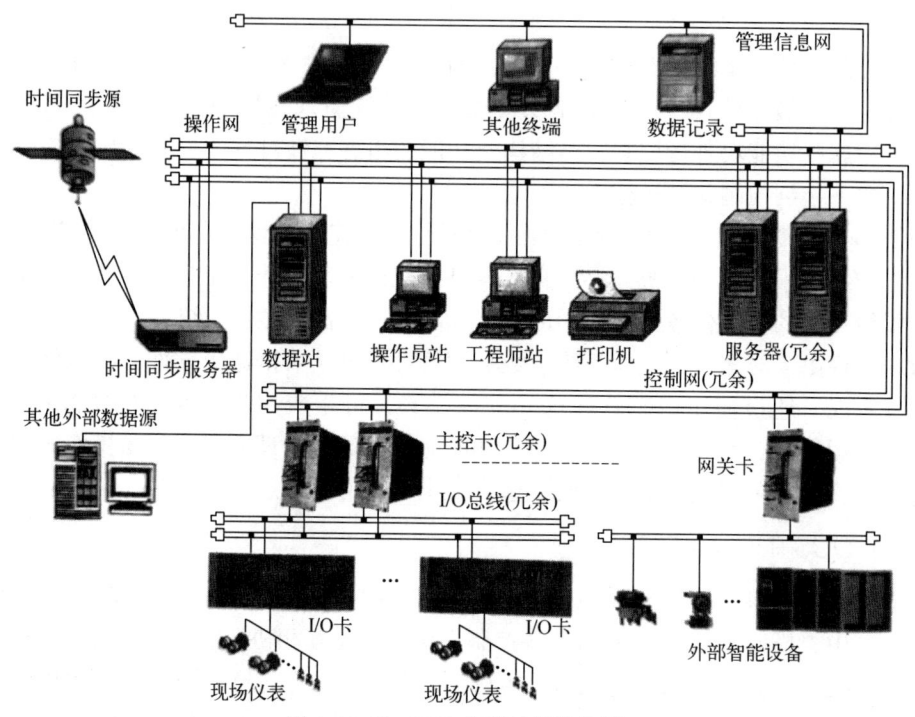

图 1-7-45　DCS 典型系统结构图

2. 过程控制级

此级（层）有现场控制站（包括各种控制器、智能调节器）和现场数据采集站等。它们通过控制网络与现场各类装置相连，完成对所连接各类装置的控制。它们还与上面的监控层计算机相连，接收上层的管理信息，并向上传递现场装置的特性数据和采集的实时数据。

3. 操作监控级

此级（层）有操作员工作站、工程师工作站等。它们能对现场设备进行检测和故障诊断，能综合各个过程控制站的所有信息，对全系统进行集中监视和操作；能进行控制回路的组态、参数修改和优化过程处理等工作；并能根据状态信息判断计算机系统硬件和软件的性能，异常时实施报警、给出诊断报告等。

4. 信息管理级

此级（层）有生产和经营管理计算机。它是全厂各类生产装置控制系统和公用辅助工艺设备控制的运行管理层，实现全厂设备性能监视、运行优化、负荷分配和日常运行管理等功能，并承担全厂的管理决策、计划管理、行政管理等任务。

四、联锁保护系统简介

（一）联锁保护系统组成及原理

联锁保护系统是指保护生产装置、工艺设备和人员安全，由安全仪表系统及现场仪表实现的安全保护系统。联锁保护系统在工艺过程或设备运行出现异常情况时执行相应保护动作，按规定程序保证安全生产，实现紧急操作、安全停车、紧急停车或自动投入备用系统。

在正常生产过程中，应保证联锁保护系统运行正常。联锁系统必须投入使用（自动），不得随意解除或改为手动操作。在生产装置正常运行，联锁系统投入使用的情况下，原则上不准调整联锁系统的动作设定值。工艺操作人员必须接受联锁保护系统操作的相关培训，不得随意操作联锁按钮、开关等。

1. 安全仪表系统

安全仪表系统（Safety instrumented System，简称 SIS）又称为安全联锁系统，主要为工厂控制系统中报警和联锁部分，对控制系统中检测的结果实施报警动作或调节或停机控制，是工厂企业自动控制中的重要组成部分。

SIS 系统是安全仪表系统，而 DCS 系统是通用的计算机集散控制系统。总体来说 SIS 系统有三个方面领先于 DCS 系统：

（1）硬件。SIS 系统是针对化工控制流程的安全来设计的，它的架构、处理器、储存器和 I/O 元器件的等级都远远高于 DCS 系统。SIS 的系统设计和硬件配置必须符合 IEC61511。

（2）冗余。SIS 系统是必须的多重冗余，以满足很高的安全级别。而 DCS 系统是针对工艺和业主的要求进行冗余和非冗余选择。

（3）软件。SIS 系统的核心软件是经过严格验证，其计算方式、抗干扰（侵入）和执行效率远远大于 DCS 系统，一套系统之所以能被称为 SIS 需要权威机构的认证。

SIS 系统等级大于 DCS 系统。

2. 联锁保护系统原理

联锁保护系统是一种用于保护设备和人员安全的控制系统，通过互锁逻辑和信号传输，确保设备在特定的状态下才能进行操作或启动。

联锁保护系统的原理是通过互锁逻辑来限制设备的操作顺序，以防止可能导致危险的操作发生。只有在特定的条件下，例如设备处于停止状态，相关的联锁锁定状态解除后，才能进行下一步操作。

3. 联锁保护系统的组成

联锁保护系统有以下主要组成部分：

（1）控制器。

控制器是联锁保护系统的核心部分，负责监控设备状态、进行逻辑判断和控制输出信号。控制器通常使用专用的硬件或程序来实现。

（2）传感器。

传感器用于检测设备的状态，如开关状态、位置信息、温度等。传感器将这些状态信息传送给控制器，以供其进行逻辑判断。

（3）输出装置。

输出装置用于控制设备启停等操作，通常是电磁阀、继电器等。控制器根据逻辑判断的结果，通过输出装置控制设备的启停。

4. 联锁保护系统的工作流程

联锁保护系统首先通过传感器监测设备的状态，包括开关状态、位置信息等。传感器将这些状态信息传送给控制器。控制器根据设定的安全规则和逻辑判断，判断当前设备的状态是否符合安全要求。如果符合则继续执行下一步操作，否则进行相应的联锁操作。根据逻辑判断的结果，控制器通过输出装置控制设备的启停。同时，控制器还可以发送相关信号给其他设备或系统，以实现设备的协同工作。

5. 联锁保护系统的分级管理

一级联锁：联锁动作将引发单套或多套生产装置停工或生产装置关键机组或设备停机并随之造成生产装置被迫停工的联锁。

二级联锁：联锁动作将引发生产装置局部停工或生产装置关键机组或设备停机并随之造成生产装置被迫局部停工的联锁。

三级联锁：联锁动作将引发有备用设备的机组或设备停机但备用设备可以迅速启动恢复，因此不会造成生产装置全装置或局部停工而仅造成装置生产波动的联锁。

（二）催化裂化工艺的主要联锁

1. 机组自保联锁

主风机组和富气压缩机组自保联锁和报警见表1-7-2。

表1-7-2　主风机组和富气压缩机组自保联锁和报警项目表

项目	主风机机组	富气压缩机机组
速超	自动停机	
轴向位移超限	自动停机	
轴振动超限	自动停机	
润滑油低压	辅助油泵自动及报警	
润滑油压低限	自动停机	
封油低压（或低液位）	—	辅助油泵自动及报警

续表

项目	主风机机组	富气压缩机机组
封油压力低限（或液位低限）	—	自动停机
气封压力低限	—	报警
冷却水压低限	报警	
蒸汽轮机背压超限	报警	
润滑油超温	报警	
轴承超温	报警	
出口气体超温	报警	
入口烟气超温，入口主蒸汽超温（汽轮机）	报警	
电动机定子超温	报警	
电动机过负荷	跳闸及报警	
电动机脱网	自动停机或报警	
仪表电源故障	自停或不自停	

2. 反再系统自保联锁

图 1-7-46 是反再系统自保联锁图。

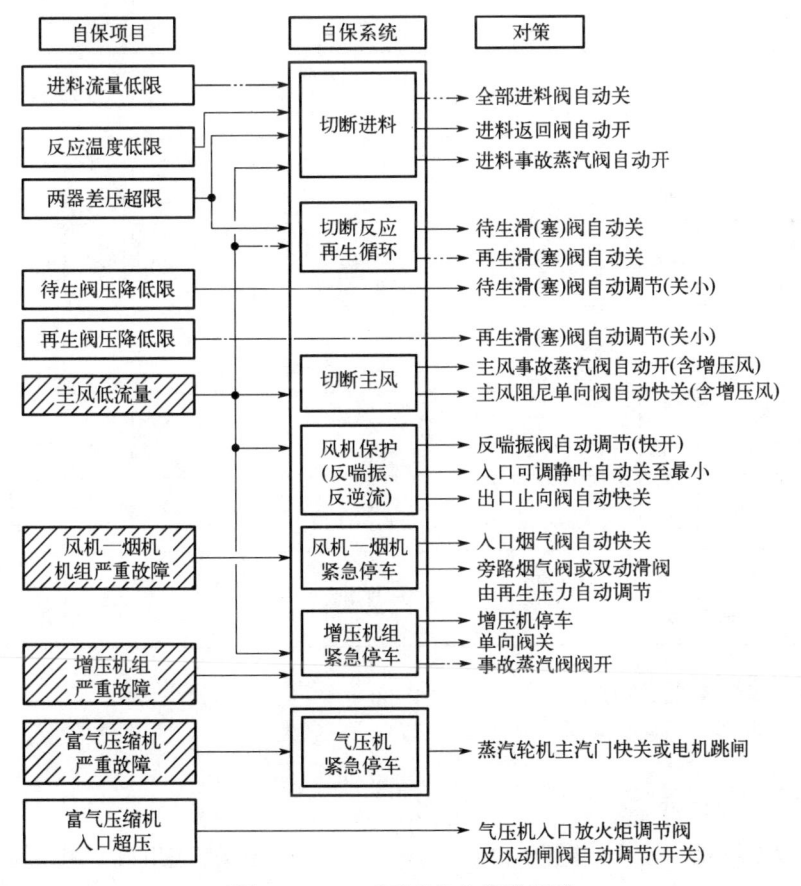

自保项目	自保系统	对策
进料流量低限 反应温度低限 两器差压超限	切断进料	全部进料阀自动关 进料返回阀自动开 进料事故蒸汽阀自动开
	切断反应再生循环	待生滑(塞)阀自动关 再生滑(塞)阀自动关
待生阀压降低限		待生滑(塞)阀自动调节(关小)
再生阀压降低限		再生滑(塞)阀自动调节(关小)
主风低流量	切断主风	主风事故蒸汽阀自动开(含增压风) 主风阻尼单向阀自动快关(含增压风)
	风机保护(反喘振、反逆流)	反喘振阀自动调节(快开) 入口可调静叶自动关至最小 出口止向阀自动快关
风机—烟机机组严重故障	风机—烟机紧急停车	入口烟气阀自动快关 旁路烟气阀或双动滑阀由再生压力自动调节
增压机组严重故障	增压机组紧急停车	增压机停车 单向阀关 事故蒸汽阀开
富气压缩机严重故障	气压机紧急停车	蒸汽轮机主汽门快关或电机跳闸
富气压缩机入口超压		气压机入口放火炬调节阀及风动闸阀自动调节(开关)

图 1-7-46 反再系统自保联锁图

3. 反再系统各自保阀门状态及相互间逻辑

反再系统各自保阀门状态及相互间逻辑关系见表1-7-3。

表1-7-3 反再系统各自保阀门状态及相互间逻辑关系

自保阀门		正常位置	自保项目事故位置									
			进料流量低限	反应温度低限	两器差压超限	主风流量低限	风机—烟机机组			富气压缩机组		
							风机喘振	风机阻塞	烟机切除	紧急停车	入口超压	喘振	紧急停车
			半自动				全自动						
进料系统	新鲜原料进料阀	开	关	—	—	(—)	关	—		
	新鲜原料返回阀	关	开	—	—	(—)	开	—		
	回炼油进料阀	开	关	—	—	(—)	关	—		
	回炼油浆进料阀	开	关	—	—	(—)	关	—		
	降温汽油阀									
两器系统	待生滑(塞)阀	自调	—	关	—	(—)	关	—		
	再生滑(塞)阀									
主风及风机—烟机系统	主风阻尼单向阀	开	—	—	关	—	(—)	关	—	
	主风事故蒸汽阀	关	—	—	开	—	(—)	开	—	
	反喘振调节阀	关	—	—	—	自调开大	自调关			
	风机放空阀	关	—	—	开	—	(—)	开	—	
	风机出口止回阀	开	—	—	关	—	(—)	关	—	
	风机入口可调静叶	自调	—	—	关至最小	—	(—)			
	烟机入口调节阀	自调	—			关			
	烟机入口切断阀	开							
	烟机旁路阀双动滑阀	关自调	—			开或先开至安全开度后自调	—		
富气压缩机系统	反喘振调节阀	关	—				自调开大	—	
	入口放火炬调节阀	关	自调关				自调开大	—	自调开大
	入口放火炬风动闸阀	关							

五、机组控制仪表简介

(一) 转速测量系统

转速测量系统是由速度传感器(以下简称为探头)与转速表组成,用来测量工业用转动设备(如压缩机或机泵)的转速。

AIRPAX-TACHTR013 是一种常用的双通道工业用测速仪，AIRPAX-TACH-PAK3 是一种单通道的工业用测速仪，它们采用自适应周期平均法将转速探头输入的频率信号转换成一个模拟输出信号（0~20mA DC 或 4~20mA DC），并可通过设定不同的报警值和报警形式由继电器输出触点信号供其他系统使用。

转速探头采用电磁感应原理工作，转速探头装在测速齿轮齿的对面（或开有槽口的轴面），齿轮转动时，转速探头附近的磁通量变化，感应出电脉冲信号，其频率正比于齿轮转动速率。脉冲信号送到转速表，经过处理后转换成对应转速值的信号输出到其他设备。

（二）WOODWARD505 型电子调速器

WOODWARD505 型电子调速器（以下简称505）是一个带微处理器的控制设备，根据不同的版本可以控制一个单执行器或双执行器蒸汽轮机转速的特殊仪表。由于微处理器组态灵活，可以根据用户实际需要进行相应的组态，所以能方便灵活地实现对设备的自动控制。

505 有编程和运行两种操作模式，编程模式主要用于组态开发和参数修改。正常情况下 505 处于运行模式，此时可通过面板上的操作按钮和显示屏对蒸汽轮机进行相应的控制。

505 的控制功能是通过功能模块的组态实现，它共有 17 个程序模块，可以对不同的系统结构进行组态，以满足各种控制的要求。它还可以通过 RS-232 通信接口与其他设备通信，从而实现系统组态和控制的远程操作功能。

（三）ESD 系统

ESD 是英文 Emergency Shutdown Device 紧急停车系统的缩写。ESD 紧急停车系统按照安全独立原则要求，独立于 DCS 集散控制系统，其安全级别高于 DCS。在正常情况下，ESD 系统是处于静态的，不需要人为干预。作为安全保护系统，凌驾于生产过程控制之上，实时在线监测装置的安全性。只有当生产装置出现紧急情况时，不需要经过 DCS 系统，而直接由 ESD 发出保护联锁信号，对现场设备进行安全保护，避免危险扩散造成巨大损失。

1. 运用 ESD 系统进行保护的优势

（1）降低控制功能和安全功能同时失效的概率，当维护 DCS 部分故障时也不会危及安全保护系统。

（2）对于大型装置或旋转机械设备而言，紧急停车系统响应速度越快越好。这有利于保护设备，避免事故扩大；并有利于分辨事故原因记录。而 DCS 处理大量过程监测信息，因此其响应速度难以做得很快。

（3）DCS 系统是过程控制系统，是动态的，需要人工频繁的干预，这有可能引起人为误动作；而 ESD 是静态的，不需要人为干预，这样设置 ESD 可以避免人为误动作。

2. ESD 系统的结构

ESD 的基本组成大致可以分为三部分：检测单元、逻辑运算单元、最终执行单元，如

图 1-7-47 所示。

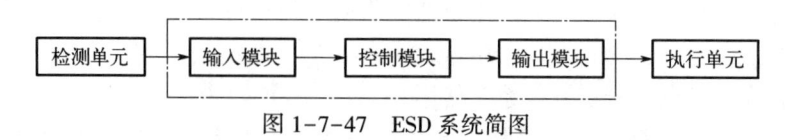

检测单元 → 输入模块 → 控制模块 → 输出模块 → 执行单元

图 1-7-47 ESD 系统简图

检测单元采用多台仪表或系统，将控制功能与安全联锁功能隔离，即检测单元分开独立配置的原则，做到 ESD 仪表系统与过程控制系统的实体分离。执行单元是 ESD 仪表系统中危险性最高的设备。由于 ESD 仪表系统在正常工况时时静态的，如果 ESD 控制系统输出不便，则执行单元一直保持在原有的状态，很难确认执行单元是否有危险故障，所以执行单元仪表的安全度等级的选择十分重要。

六、APC 简介

在实际的工业控制过程中，很多系统具有高度的非线性、多变量耦合性、不确定性、信息不完全性和大滞后等特性。对于这种系统很难获得精确的数学模型，并且常规的控制无法获得满意的控制效果。面对这些复杂的工业控制产生了新的控制策略，即先进控制技术。

APC（先进过程控制，Advanced Process Control）是对那些不同于常规控制，并具有比常规 PID 控制更好的控制效果控制策略的统称，而非专指某种计算机控制算法。先进控制过程包括：最优控制、解耦控制、推理控制、自适应控制、鲁棒控制、模糊控制、智能控制、预测控制等。

模块八　电工基础知识

项目一　基本概念

一、电流和电路

（一）电荷和电量

失去电子或得到电子的微粒称为正电荷或负电荷。带有电荷的物体称为带电体。电荷的多少用电量表示。其单位为 C（库或库仑）。库是很大的单位，常用的电量是 μC（微库或微库仑），$1C = 10^6 \mu C$。

（二）电流

带电微粒的定向移动产生电流。通常以正电荷移动的方向作为电流的正方向。大小和方向不随时间变化的电流称为直流电流；大小和方向随时间作周期性变化的电流称为交流电流。由于电流的实际方向可能是未知或随时变动的，为了方便分析计算可指定电流参考方向，此时电流值的正负可反映电流的实际流向。若电流值大于零则电流实际流向与参考方向一致，若电流值小于零则电流实际流向与参考方向相反。

电流的符号是 I，是单位时间内通过导体横截面的电荷量。如果在 $t(s)$ 内通过导体横截面的电量是 Q，则：

$$I = Q/t$$

电流的单位是安培（A），微小电流用毫安（mA）或微安（μA）表示。

$$1A = 10^3 mA, \quad 1mA = 10^3 \mu A$$

电流很大时，以千安（kA）为单位。

$$1kA = 10^3 A$$

（三）电路

在实际应用中，从最简单的手电筒的工作到复杂的电子计算机的运算，都是由电路来完成的。电路是为完成某种预期目的而设计、安装、运行由电路部件与电路器件互相连接而成的电流通路装置。电路常借助电压、电流完成传输电能或信号、测量、控制、计算等功能。

1. 电路的组成

电路由各种电路元件组成，电路元件大体可分为四类：

(1) 电源。电源即发电设备，其作用是将其他形式的能量转换为电能。例如电池是将化学能转换为电能，而发电机是将机械能转换为电能。

(2) 负载。负载即用电设备，它的作用是把电能转换为其他形式的能。例如电炉是将电能转换为热能，电动机则是把电能转换为机械能。

(3) 控制电器和保护电器。在电路中起控制和保护作用，如开关、熔断器、接触器等。

(4) 导线。导线由导体材料制成，其作用就是把电源、负载和控制电器连接成一个电路，并将电源的电能传输和分配给负载。

2. 电路的状态

(1) 通路状态。通路状态也称有载状态，指电源提供的电流经过了负载，使负载正常工作。

(2) 断路状态。断路状态也称空载状态、开路状态，电流被切断，没有经过负载，负载不工作。

(3) 短路状态。短路状态指电源提供的电流没有经过负载而直接构成回路，短路实际上就是给电源接上了最大的负载，处于最大的极限电流状态，这样不但会损坏电源，还有可能引发导线过热燃烧。

二、电场、电场强度

（一）电场

电场存在于带电体周围，能对位于该电场中的电荷产生作用力——电场力。电场力的大小与电场的强弱有关，又与带电体所带的电荷量多少有关。

（二）电场强度

电场强度是衡量电场强弱的一个物理量，既有大小又有方向。电场中任意一点的电场强度，在数值上等于放在该点的单位正电荷所受电场力的大小，其方向是正电荷受力的方向。

$$E = F/Q$$

式中　　E——电场强度，N/C；

　　　　F——电荷所受的电场力，N；

　　　　Q——正电荷的电量，C。

三、电位、电压、电动势

（一）电位

在电场力作用下，单位正电荷由电场中某一点移到参考点（电位为零）所做的功称为该点的电位。

（二）电压

电场力把单位正电荷由高电位点移到低电位点所做的功称为这两点间的电压。电压也是指电场中某两点之间的电位差：

$$U = W/Q$$

式中　U——电压，V；
　　　W——电场力所做的功，J；
　　　Q——电荷量，C。

电路两点间电压可以指定参考方向，用正极性（+）表示高电位，负极性（−）表示低电位。由正极指向负极方向即为电压参考方向。指定电压参考方向后电压值即为一个代数值。

（三）电动势

要使电流持续不断沿电路流动，就需要一个电源，把正电荷从低电位移向高电位，这种使电路两端产生并维持一定电位差的能力，称为电动势，单位是伏特（V）。

四、导体、绝缘体与导体电阻

（一）导体

能够传导电流的物体为导体。常用的导体是金属，如银、铜、铝等。金属中存在着大量的自由电子。当导体与电源接成闭合回路时，这些自由电子就会在电场力的作用下朝一定方向运动形成电流。

（二）绝缘体

能够可靠地隔绝电流的物体称为绝缘体。橡胶、塑料、陶瓷、变压器油、空气等都是很好的绝缘体。导体和绝缘体并没有绝对的界限，在一般状态下是很好的绝缘体，当条件改变时也可能变为导体。例如干燥的木头是很好的绝缘体，但把木头弄湿后，它就变得容易导电了。

（三）电阻

在导体两端加上电压，导体中就会产生电流。从物体的微观结构来说，电子的运动必然要和导体中的分子或原子发生碰撞，使电子在导体中的运动受到一定阻力，导体对电流的阻碍作用，称为电阻。不同材料的导体，对电流的阻碍作用也是不尽相同的。电阻用 R 表示，单位是欧姆，其符号为 Ω。常用的单位还有千欧（kΩ）和兆欧（MΩ）。

电阻表达式为：

$$R = \rho \frac{l}{S}$$

式中　R——导体电阻，Ω；
　　　ρ——导体电阻率，Ω·m；
　　　l——导体长度，m；

S——导体截面积，m^2。

在实验中发现各种材料的电阻率会随温度而变化。一般金属的电阻率随温度的升高而增大，人们常利用金属的这种性质制作电阻温度计。但有些合金，例如康铜和锰铜的电阻率随温度变化特别小，用这些合金制作的导体，其电阻受温度影响也特别小，所以常用来作标准电阻。

（四）储能元件

电路中常见的储能元件有电容、电感等元件。

在工程技术中，电容器的应用极为广泛。电容器都是由间隔以不同介质的两块金属板组成。当在两极板上加上电压后，两极板上分别聚集起等量的正、负电荷，并在介质中建立电场而具有电场能量。将电源移去后，电荷可继续聚集在极板上，电场继续存在。所以电容器是一种能储存电荷或者说储存电场能量的部件。电容用 C 表示，单位为 F（法拉，简称法）。

电感元件是实际线圈的一种理想化模型，它反映了电流产生磁通和磁场能量储存这一物理现象，其元件特性是磁通与电流的代数关系。在工程中广泛应用导线绕制的线圈，例如，在电子电路中常用的空心或带有铁芯的高频线圈，电磁铁或变压器中含有在铁芯上绕制的线圈等均为电感元件。电感用 L 表示，单位是 H（亨利，简称亨）。

在交流电路中，电容器对电流的阻碍作用就是容抗。容抗的大小用公式表示如下：

$$X_C = \frac{1}{2\pi f C}$$

式中　X_C——容抗，Ω；
　　　f——交流电频率，Hz；
　　　C——电容，F。

在交流电路中，电感线圈对电流的阻碍作用就是感抗。感抗的大小用公式表示如下：

$$X_L = 2\pi f L$$

式中　X_L——感抗，Ω；
　　　L——电感，H。

具有电阻、电感和电容的电路里，对交流电所起的阻碍作用称为阻抗。阻抗常用 Z 表示，阻抗的单位是 Ω。

五、欧姆定律

在电路中，电压可理解为产生电流的能力。欧姆定律是表示电路中电压、电流和电阻这三个基本物理量之间关系的定律。

（一）部分电路欧姆定律

该定律指出，在图 1-8-1 所示的局部电路中，流过电阻 R 的电流 I 与加在电阻两端的电压 U 成正比，而与电阻成反比。其表达式为：

$$U = IR \text{ 或 } I = U/R$$

式中　U——电路上的电压，V；

I——流经电路电流，A；

R——电路电阻，Ω。

从欧姆定律可知，在电路中如果电压保持不变，电阻越小则电流越大；而电阻越大则电流越小。当电阻趋近于零时，电流很大，这种电路状态称为短路；当电阻趋近于无穷大时，电流几乎为零，这种电路状态称为开路。

（二）全电路欧姆定律

全电路是含有电源的闭合电路，如图1-8-2所示。虚线框中的E代表电源电动势，r代表电源内阻。通常把电源内部的电路称为内电路，电源外部的电路称外电路。全电路欧姆定律的内容是：全电路中电流与电源的电动势成正比，与整个电路的电阻成反比，其表达式为：

$$I=\frac{E}{R+r}$$

式中　E——电源电动势，V；

I——电路的电流，A；

r——内电路电阻，Ω；

R——外电路电阻，Ω。

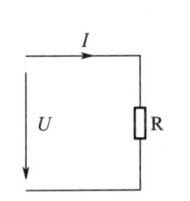

图1-8-1　局部电路的欧姆定律　　图1-8-2　全电路的欧姆定律

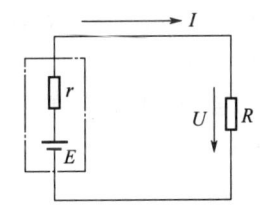

六、电功、电功率与热效应

（一）电功

将电能转换成其他形式的能时，电流都要做功，电流所做的功为电功，单位是焦耳（J），常用单位还有千瓦时（kW·h），1kW·h也称为1度。电功根据公式$I=Q/t$及$U=W/Q$和欧姆定律可得电功W的表达式为：

$$W=UQ=IUt$$

$$或 \quad W=I^2Rt=\frac{U^2}{R}\cdot t$$

式中　W——电流所做的功，J；

t——通电时间，s。

（二）电功率

单位时间内电流所做的功为电功率，用字母P表示，其表达式为：

$$P = W/t$$

当电路为纯电阻电路时，由部分电路欧姆定律可得常见功率的计算式：

$$P = UI = I^2R = U^2/R$$

电功率的单位是瓦特（W）。在实际工作中，功率的常用单位还有千瓦（kW）、毫瓦（mW），它们之间的关系为：

$$1kW = 10^3 W = 10^6 mW$$

在交流电路中，凡是消耗在电阻元件上、功率不可逆转换的那部分功率，如转变为热能、光能或机械能，称为有功功率，用 P 表示，单位是瓦（W）。它反映了交流电源在电阻元件上做功的能力大小，或单位时间内转变为其他能量形式的电能数值，也称为平均功率。

有功功率表达式为：

$$P = UI\cos\phi$$

式中 $\cos\phi$ 称为功率因数。

在交流电路中，凡是具有电感性或电容性的元件，在通电后便会建立起电感线圈的磁场或电容器极板间的电场。因此，在交流电每个周期内的上半部分（瞬时功率为正值）时间内，它们将会从电源吸收能量用建立磁场或电场；而下半部分（瞬时功率为负值）的时间内，其建立的磁场或电场能量又返回电源。因此，在整个周期内这种功率的平均值等于零。电源的能量与磁场能量或电场能量在进行着可逆的能量转换，而并不消耗功率。一般将电感或电容元件与交流电源往复交换的功率称之为无功功率，用 Q 表示，单位是乏（Var）。凡是有线圈和铁芯的感性负载，它们在工作时建立磁场所消耗的功率即为无功功率。如果没有无功功率，电动机和变压器就不能建立工作磁场。

无功功率表达式为：

$$Q = UI\sin\phi$$

交流电源所能提供的总功率，称之为视在功率，在数值上是交流电路中电压与电流的乘积。视在功率用 S 表示，单位为伏安（V·A）。它通常用来表示交流电源设备（如变压器）的容量大小。视在功率既不等于有功功率，又不等于无功功率，但它既包括有功功率，又包括无功功率。

视在功率表达式为：

$$S = UI$$

有功功率、无功功率、视在功率关系如下：

$$S^2 = P^2 + Q^2$$

（三）电流的热效应

电流通过导体时所产生的热量和电流值的平方、导体本身的电阻值以及电流通过的时间成正比，用公式表达就是：

$$Q = I^2Rt$$

这个关系式为楞次—焦耳定律，热量 Q 的单位是 J。为了避免设备过度发热，根据绝缘材料的允许温度，对于各种导线规定了不同截面下的最大允许电流值，又称安全电流。

七、串联与并联电路

（一）串联电路

在电路中，两个或两个以上的电阻按顺序联成一串，使电流只有一条通路，这种连接方式为电阻的串联，如图 1-8-3(a) 所示。

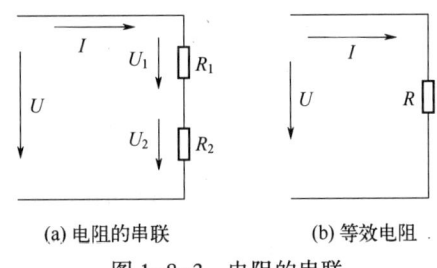

(a) 电阻的串联　　(b) 等效电阻

图 1-8-3　电阻的串联

串联电路的特点：
(1) 串联电路中流过每个电阻的电流都相等且等于总电流：
$$I=I_1=I_2=I_3=\cdots=I_n$$
式中的角标 1，2，$\cdots$，n 代表第 1、第 2、第 n 个电阻（以下表示相同）。
(2) 电路两端的总电压等于各个电阻两端的电压之和：
$$U=U_1+U_2+U_3+\cdots+U_n$$
(3) 串联电路的等效电阻（即总电阻）等于各串联电阻之和：
$$R=R_1+R_2+R_3+\cdots+R_n$$
知道了等效电阻，就可以将图 1-8-3(a) 画成等效电路，见图 1-8-3(b)。

（二）并联电阻

在电路中两个或两个以上的电阻一端连在一起，另一端也连在一起，使每一电阻两端都承受同一电压的作用，这种连接方式称为并联，如图 1-8-4(a) 所示。

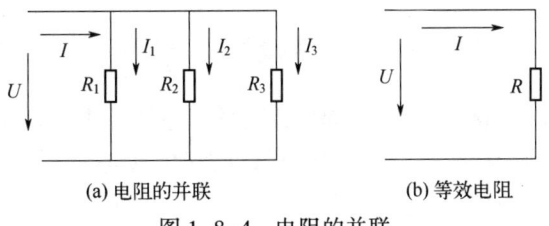

(a) 电阻的并联　　(b) 等效电阻

图 1-8-4　电阻的并联

并联电路的特点：
(1) 并联电路中的总电流等于各电阻中的分电流之和：
$$I=I_1+I_2+I_3+\cdots+I_n$$
(2) 并联电路中各电阻两端的电压相等且等于电路两端的电压：
$$U=U_1=U_2=U_3=\cdots=U_n$$

(3) 并联电路的等效电阻（即总电阻）的倒数为各电阻的倒数之和：
$$1/R = 1/R_1 + 1/R_2 + 1/R_3 + \cdots + 1/R_n$$

(4) 在电阻并联电路中，各支路分配的电流与该支路的电阻值成反比：
$$I_n = RI/R_n$$

上式称为分流公式，R/R_n 称为分流比。

【例1-8-1】 有一个电压表，内阻为250kΩ，最大量程为250V，现用它测量500V以下的电压，现已经串联一个150kΩ电阻，问还需串联一个多大电阻后才能使用？

已知：$U_1 = 250V$，$R_1 = 250kΩ$，$U = 500V$，$R_2 = 150kΩ$。

求：$R_3 = ?$

解：由 $I_1 = I = U_1/R_1$ 得： $I_1 = I = 250 \div 250 = 1 (mA)$

由 $I = U/R$ 得： $R = U/I = 500 \div 1 = 500 (kΩ)$

因 $R = R_1 + R_2 + R_3$ 得： $R_3 = R - R_1 - R_2 = 500 - 250 - 150 = 100 (kΩ)$

答：还需串联一个100kΩ电阻后才能使用。

【例1-8-2】 有一并联电路中有两个阻值相同的电阻，其阻值分别为20Ω，两端电压为110V，求并联电路的总电阻和总电流各是多少？

已知：$R_1 = R_2 = 20Ω$，$U_总 = 110V$。

求：$R_总 = ?$ $I_总 = ?$

解：并联电路总电阻为： $R_总 = R_1 \cdot R_2/(R_1 + R_2) = 20 \times 20/(20 + 20) = 10 (Ω)$

并联电路总电流为： $I_总 = U_总/R_总 = 110/10 = 11 (A)$

答：并联电路的总电阻为10Ω，总电流为11A。

项目二 交流电

一、交流电的基本概念

（一）定义

交流电是指大小和方向都随时间作周期性变化的电压、电流或电动势。交流电可分为正弦交流电和非正弦交流电。现在所使用的都是正弦交流电。

（二）正弦交流电的产生

正弦交流电是由交流发电机产生的，它主要由一对能够产生磁场的磁极（定子）和能够产生电动势的线圈（转子）组成，如图1-8-5所示。定子上有N、S两个磁极，在磁极间放有钢制的圆柱形铁芯，铁芯上绕有线圈，线圈两端分别接到两个相互绝缘的铜制滑环上，通过电刷与外电路接通。

为了使线圈产生出来的感应电动势能按正弦规律变化，发电机定子的磁极做成了特殊形状，使磁极和转子之间的磁感应强度按正弦规律分布，如图1-8-5(b)所示。如果线圈

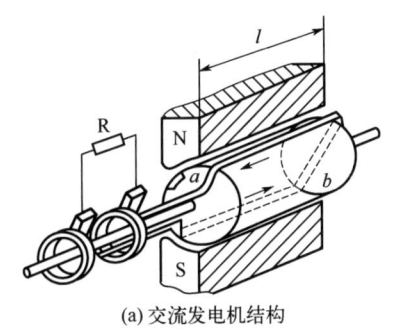

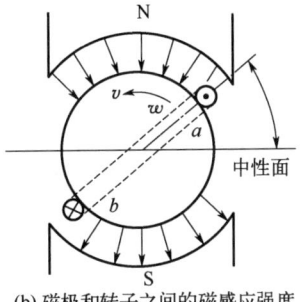

(a) 交流发电机结构　　　　(b) 磁极和转子之间的磁感应强度

图 1-8-5　发电机示意图

从中性面开始以与角速度 ω 逆时针转动时，线圈中将产生感应电动势，其大小为：

$$e = E_m \sin\omega t$$

因为线圈经电刷与外电路负载接通，形成闭合回路，所以外电路中就产生了相应的正弦电压和正弦电流。

（三）正弦交流电的物理量和三要素

1. 周期、频率、角频率

1）周期

如图 1-8-6 所示，正弦交流电从零起到正的最大值再回到零，接着从零到负的最大值，再回到零，这样一个循环过程称为一个周期。以后按同样规律循环下去。一般把交流电变化一次所需的时间称为周期，用符号 T 表示，单位秒（s）。

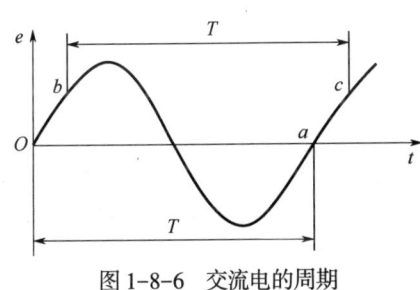

图 1-8-6　交流电的周期

2）频率

交流电 1s 内重复变化的次数称为频率，用 f 表示，单位赫兹（Hz），简称赫。常用单位还有千赫（kHz）、兆赫（MHz）。

从定义式可知，周期与频率互为倒数：

$$T = 1/f$$

我国工业的电力标准频率为 50Hz（习惯上称工频）。

3）角频率

表达式 $e = E_m \sin\omega t$ 中的 ω 称为角频率或角速度，它表示交流电每秒钟内变化的电角度。电角度一般用弧度表示，即交流发电机每转一次，交流电变化一周（2π 弧度）。角频率的单位是弧度/秒（rad/s）。根据角频率定义可知：

$$\omega = 2\pi f = 2\pi/T$$

2. 瞬时值、最大值、有效值

1）瞬时值

交流电的大小是变化的，交流电在某一时刻的大小，称为这一时刻的瞬时值，分别用小写字母 e、u、i 表示。

2）最大值

最大的瞬时值称最大值，也称峰值，用大写字母加下标 m 表示，如 E_m、U_m、I_m。

3）有效值

交流电的大小和方向不停地随时间而变化，给测量和计算带来麻烦，因此，通常都是用有效值来表示交流电的大小。把一个直流电流（或电压）与一个交流电流（或电压）分别通过一个阻值相等的电阻，若通电时间相同，产生的热量也相同，则该直流电流值（或电压值）就等于该交流电流（或电压）有效值。有效值用大写字母 E、U、I 表示。

正弦交流电的有效值和最大值的关系是：最大值是有效值的 $\sqrt{2}$ 倍。一般如无特殊说明，正弦交流电的大小均指有效值。如交流电表所指的值，用电设备的额定电压、额定电流等都是有效值。

3. 相位与相位差

交流电发电机在磁场中旋转将产生正弦交流电。当转子转动瞬时，线圈不与中性面重合，则产生的电动势大小为 $e = E_m \sin(\omega t + \phi)$。

其中，正弦交变量的辐角（$\omega t + \phi$）称作相位角，简称相位。ϕ 为 $t=0$ 时的相位，称为初相。

在电学中，频率相同的两个正弦量，如果初相位不同，它们的相位也不同，到达最大值的先后次序就不同。

4. 正弦交流电三要素

有效值（或最大值）、频率（或周期、角频率）和初相是表示正弦交流电的三个重要物理量，它们统称为正弦交流电的三要素。

二、三相正弦交流电路

前面所讲的交流电是指单相交流发电机供电的单相交流电，而在实际生产中几乎全都采用三相制供电。所谓"三相制"就是指三相交流电路，主要由三相电源、三相负载、三相输电线路三部分构成。其供电系统的电源是由三个最大值相等、频率相同、初相位依次滞后 120° 的正弦电压源组成。

（一）三相电动势的产生

三相电动势是由三相交流发电机产生的，它主要由转子和定子两部分组成。转子是电磁铁，其磁极表面的磁场按正弦规律分布。定子铁芯当中嵌放了 3 个尺寸、匝数、绕法完全相同的线圈，空间排列相差 120°，如图 1-8-7 所示。3 个线圈的首端分别为 U1、V1、W1，尾端用 U2、V2、W2 表示。当线圈逆时针匀速旋转切割磁感应线时就会产生 3 个大

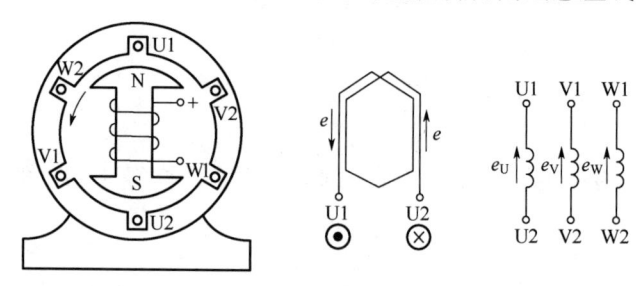

图 1-8-7　三相交流发电机示意图

小相等、频率相同、相位彼此互差120°的对称电动势。三相电源可采用星形（Y）连接和三角形（△）连接两种连接方式。

（二）三相四线制

把发电机中3个线圈的末端连在一起（星形连接），成为一个公共端点，称为中性点。从中性点引出的输电线称为中性线，简称中线，用N表示。中性线通常与大地相接，接地的中性线称为零线。从3个线圈的始端引出的输电线称为端线或相线，俗称火线，分别用L1、L2、L3表示。

按照三相电源与三相负载的连接方式三相电路有Y-Y、Y-△、△-Y、△-△四种连接方式。在Y-Y连接方式中将电源中性点与负载中性点使用中性线连接起来，此种连接方式称为三相四线制。其余连接方式均为三相三线制。

图1-8-8所示为一般三相四线制的简便画法。三相四线制可输送两种电压：一种是端线与端线之间的电压，称为线电压；另一种是端线与中线之间的电压，称为相电压。线电压与相电压的关系为电源线电压是电源相电压的$\sqrt{3}$倍。

图1-8-8 三相四线制电路画法

（三）三相负载的连接

接在三相电源上的负载统称三相负载。三相负载可分为三相对称负载和三相不对称负载两种。如果三相负载完全相同，称为三相对称负载，如三相电动机、大功率三相电炉等。如果各相负载不同，称为三相不对称负载，如三相照明电路。

三相负载的连接方式有两种，分别为星形（Y）连接和三角形（△）连接。

1. 三相负载的星形连接

把各相负载分别接在三相电源的相线和中线之间的连接方式，称为负载的星形连接，如图1-8-9所示。相关概念：

(1) 负载相电流。流过负载的电流，用$I_{相}$表示。
(2) 负载相电压。负载两端的电压，用$U_{相}$表示。
(3) 线电流。流过各相线的电流，用$I_{线}$表示。
(4) 线电压。相线与相线之间的电压，用$U_{线}$表示。

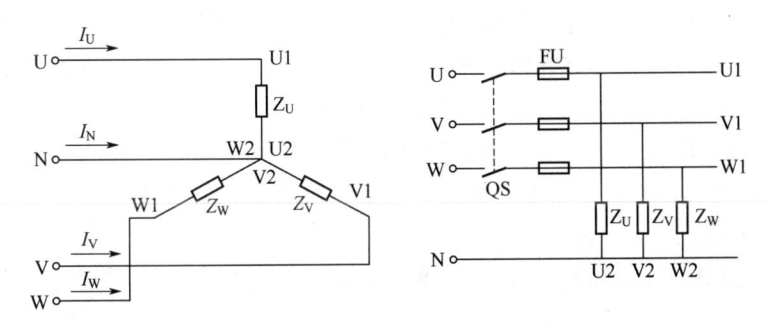

图1-8-9 三相负载的星形连接

由图可知，三相负载星形连接时，每一相负载都串接在相线上。相线和负载通过的是一个电流：

$$I_{Y线} = I_{Y相}$$

星形连接时，每一相负载都接在了电源的相线和中线之间，所以负载的相电压就是电源的电压，线电压与相电压的关系为：

$$U_{Y线} = \sqrt{3}\, U_{Y相}$$

在三相对称负载的星形连接中，中线电流 $I_N = 0$，因而取消中线也不会影响三相电路的工作，三相四线制变成了三相三线制，如高压输电时的三相负载就是对称的三相变压器，采用的都是三相三线制。但低压供电系统中，由于三相负载经常变动（如电气设备不同时使用，照明电路的灯具经常开关），所以负载不对称。负载不对称时中线不能取消，也不能在中线上安装熔断器或开关，而且中线常用钢丝制成，以防止断裂，以此来平衡各相电压，保证三相负载成为三个互不影响的独立回路，此时各相负载电压等于电源相电压，不会因负载变动而变动。

2. 三相负载的三角形连接

把三相负载分别接在三相电源的两根相线之间的连接方式，称为负载的三角形连接，如图 1-8-10 所示。

从图中可看出，每相负载都接在两根相线之间，因此，负载的相电压就是电源的线电压：

$$U_{\triangle 线} = U_{\triangle 相}$$

三角形连接时相电流与线电流的关系为：

$$I_{\triangle 线} = \sqrt{3}\, I_{\triangle 相}$$

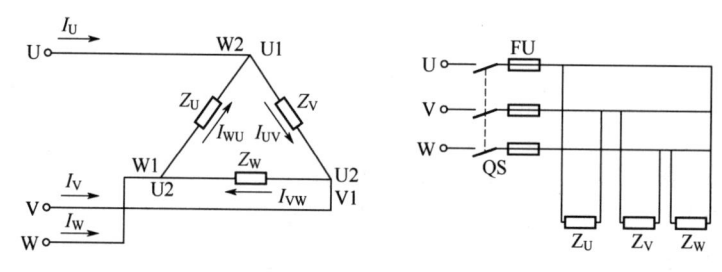

图 1-8-10　三相负载的三角形连接

负载是 Y 形还是 △ 形连接，要根据三相负载的额定电压与实际使用要求而定。我国工业用电的线电压为 380V，如三相电动机的各相额定电压为 380V 时，应做 △ 形连接。若三相负载各相的额定电压为 220V 时，就应做 Y 形连接。

【例 1-8-3】 在线电压为 220V 的三相四线制电源上，星形接法的负载每相阻抗都是 20Ω。但是 A 相为电阻性；B 相为电感性；功率因数为 0.87；C 相为电容性，功率因数也是 0.87。求三相负载的总功率？

已知：$U = 220V$，$R = 20\Omega$，$\cos\phi_B = 0.87$，$\cos\phi_C = 0.87$。

求：$P = ?$

解：由于各相复阻抗的绝对值相等，故各相电流的绝对值也相等：

$$I_A = I_B = I_C = U/R = 220 \div 20 = 11(A)$$

三相总功率为：
$$P = U_A I_A \cos\phi_A + U_B I_B \cos\phi_B + U_C I_C \cos\phi_C$$
$$= 220 \times 11 + 220 \times 11 \times 0.87 + 220 \times 11 \times 0.87$$
$$= 6631(\text{W}) \approx 6.6(\text{kW})$$

答：三相负载的总功率约为6.6kW。

项目三　安全用电常识

一、电流对人体的危害

所谓触电是指电流流过人体时对人体产生的生理和病理伤害。电流对人体的危害程度与通过人体的电流强度、通电持续时间、电流的频率、电流流过人体的部位（途径）以及触电者的身体状况等多种因素有关。

（一）电流强度

通过人体的电流为8~10mA时，人手就很难摆脱带电体了。通过人体的电流达到100mA时，只要很短的时间，就会使人窒息，心跳停止，即发生触电事故。通过人体的电流越大、持续时间越长，触电后果越严重。

（二）电流频率

人体对不同频率电流的生理敏感性是不同的，因而不同种类的电流对人体的伤害程度也有区别。工频电流（50Hz）对人体伤害最为严重，直流电、高频和超高频电流对人体伤害程度较小。但电压过高的高频电流仍会使人触电致死。

（三）电流流过人体的途径

电流通过头部，会使人立即昏迷；通过脊髓，会使人肢体瘫痪；通过心脏和中枢神经，会引起神经失调、心脏停搏、呼吸停止、全身血液循环中断，造成死亡。因此，电流从头部到身体任何部位及从左手经前胸到脚的路径是最危险的，其次是一侧手到另一侧脚的电流途径，再其次是同侧的手到脚的途径，然后是手到手的电流途径，危险性最小的电流途径是从左脚到右脚。

（四）人体的电阻值

触电通过人体的电流直取决于作用到人体的电压和人体的电阻值。人体的电阻与触电部分的皮肤表面状态、接触面积及身体的状况等有关，通常从几百欧到几万欧不等。

（五）触电电压

电压越高对人体的危险越大。这就涉及一个安全电压的问题。安全电压是指在各种不同环境和条件下，人体接触到有一定电压的带电体后，其各部分组织（如皮肤、心脏、呼吸器官、神经系统等）不受到任何伤害的电压。

在需要电击防护的地方，采用不高于 GB/T 3805—2008《特低电压（ELV）限值》中规定的，不同环境下正常和故障状态时的电压限值（表1-8-1），则不会对人体构成危险。

表1-8-1　正常和故障状态下稳定电压的限制

环境状况	电压限值，V					
	正常（无故障）		单故障		双故障	
	交流	直流	交流	直流	交流	直流
皮肤阻抗和对地电阻均忽略不计（如人体浸没水中）	0	0	0	0	16	35
皮肤阻抗和对地电阻降低（如潮湿条件）	16	35	33	70	不适用	
皮肤阻抗和对地电阻均不降低（如干燥条件）	33[1]	70[2]	55[1]	140[2]	不适用	
特殊状况（如电焊、电镀）	特殊应用					

[1] 对接触面积小于 1cm² 的不可握紧部件，电压限值分别为 66V、80V。
[2] 对电池充电，电压限值分别为 75V、150V。

在地面正常环境下，成年人人体的电阻为 1~2kΩ，发生意外时通过人体的电流按安全电流 30mA 计算，则相应的对人体器官不构成伤害的电压限制为：无故障时交流 33V、直流 70V；单故障时交流 55V、直流 140V。在潮湿环境下人体电阻大大降低，约为 650Ω，无故障正常状态下的电压限值为：交流 16V、直流 35V。

二、常见触电方式及原因

（一）常见触电方式

人体触电的方式多种多样，一般可分为直接接触触电和间接接触触电两种。此外，还有高压电场、高频电磁场、静电感应、雷击等对人体造成的伤害。人体直接触及或过分靠近电气设备及线路的带电导体而发生的触电现象称为直接接触触电。单相触电、两相触电、电弧伤害都属于直接接触触电。电气设备在正常运行时，其金属外壳或结构是不带电的。当电气设备绝缘损坏而发生接地短路故障（俗称"碰壳"或"漏电"）时，其金属外壳便带有电压，人体触及便会发生触电，这种触电称为间接接触触电。

1. 单相触电

单相触电指人体某一部分触及一相电源或接触到漏电的电气设备，电流通过人体流入大地造成触电。触电事故中大部分属于单相触电，而单相触电又分为中性点接地的单相触电和中性点不接地的单相触电。人站在地面上，如果人体触及一根相线，电流便会经导线流过人体到大地，再从大地流回中性线形成回路，图1-8-11所示为中性点接地的单相触电，这时人体承受 220V 的相电压。图1-8-12所示为中性点不接地的单相触电。单相触电大多是由于电气设备损坏或绝缘不良、使带电部分裸露而引起的。

2. 两相触电

人体同时触及带电设备或线路中的两相导体而发生的触电方式称为两相触电，如图1-8-13所示。两相触电时，作用于人体上的电压为线电压，电流将从一相导体经人体流入另一相导体，这种情况是很危险的。以 380/220V 三相四线制为例，这时加于人体的电压为380V，若人体电阻按1700Ω考虑，则流过人体内部的电流将达224mA，足以致人死亡。因此，两相触电要比单相触电严重得多。

3. 跨步电压及跨步电压触电

电气设备发生接地故障时，在接地电流入地点周围电压分布区（以电流入地点为圆心，半径为20m的范围内）行走的人，其两脚将处于不同的电位，两脚之间（一般人的跨步约为0.8m）的电位差称之为跨步电压。如图1-8-14所示，人体受到跨步电压作用时，电流将从一只脚经胯部到另一只脚与大地形成回路。触电者会发生脚发麻、抽筋、跌倒在地。跌倒后，电流可能改变路径（如从头到脚或手）而流经人体重要器官，使人致命。已受到跨步电压威胁者应采取单脚或双脚并拢方式迅速跳出危险区域。

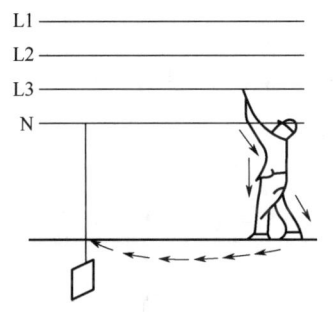

图1-8-11 中性点接地的单相触电 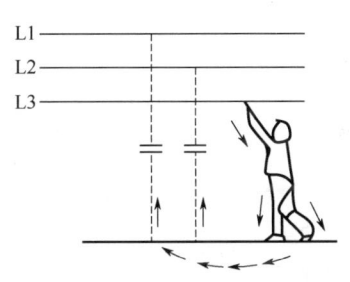　　图1-8-12 中性点不接地的单相触电

图1-8-13 两相触电 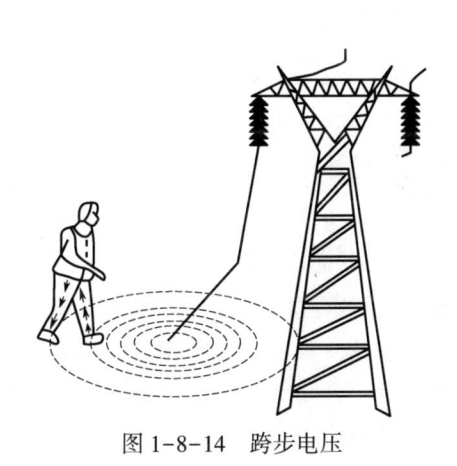　　图1-8-14 跨步电压

（二）常见触电原因

常见的触电原因有三种：一是违章冒险，如明知在某些情况下不准带电操作，而冒险在无必要保护措施情况下带电操作，结果触电受伤或死亡。二是缺乏电气知识，如把普通220V台灯移到浴室照明，并用湿手去开关电灯；又如发现有人触电时，不是及时切断电源或用绝缘物使触电者脱离电源，而是用手去拉触电者。三是输电线或用电设备的绝缘损坏，当人体无意触摸到绝缘损坏的通电导线或带电金属体时，发生触电。

三、安全用电

安全用电的原则是不接触低压带电体，不靠近高压带电体。

（一）安全距离

为防止人体触及或过分接近带电体，或防止车辆和其他物体碰撞带电体，以及避免发生各种短路、火灾和爆炸事故，在人体与带电体之间、带电体与地面之间、带电体与带电体之间、带电体与其他物体和设施之间，都必须保持一定的距离，这种距离称为电气安全距离，简称间距。

间距的大小取决于电压的高低、设备的类型及安装的方式等因素，大致可分为四种：各种线路的间距、变配电设备的间距、各种用电设备的间距、检维修时的间距。

各种线路、变配电设备及各种用电设备的间距，在电力设计规范及相关资料中均有明确而详细的规定。例如，在低压检修操作中，人体或其所携带工具等与带电体的距离不应小于0.1m；在高压无遮拦操作中，人体或其所携带工具与带电体之间的最小距离不应小于表1-8-2规定的值。当距离不足时，应装设临时遮拦，并应符合相关要求。

表1-8-2　高压无遮拦操作中人体或其所携带工具与带电体之间的最小距离

电压	10kV及以下	20~35kV
最小距离	0.7m	1m

（二）常用安全用电措施

1. 火线必须进开关

火线进开关后，当开关处于分断状态时，用电器上就不带电，不但利于维修而且可减少触电机会。另外接螺口灯座时，火线要经开关与灯座中心的簧片连接，不允许与螺纹相连。

2. 合理选择照明电压

一般工厂和家庭的照明灯具多采用悬挂式，人体接触机会较少，可选用220V电压供电；工人接触机会较多的机床照明灯则应选用36V供电，绝不允许采用220V灯具作机床照明；在潮湿、有导电灰尘、有腐蚀性气体的情况下，则应选用24V、12V，甚至是6V电压来供照明灯具使用。

3. 合理选择导线和熔断丝

导线通过电流时，不允许过热，所以导线的额定电流应比实际输电的电流要大些。而熔断丝是作保护用的，要求电路发生短路时能迅速熔断，所以不能选额定电流很大的熔断丝来保护小电流电路；但也不能用额定电流小的熔断丝来保护大电流电路，因为这会使电路无法正常工作。

4. 电气设备要有一定的绝缘电阻

电气设备的金属外壳和导电线圈间必须要有一定的绝缘电阻，否则当人触及正在工作的电气设备（如电动机、电风扇等）的金属外壳时就会触电。通常要求固定电气设备的绝缘电阻不低于1MΩ。

5. 电气设备的安装要正确

电气设备要根据安装说明进行安装，不可马虎。带电部分应有防护罩，高压带电体更应有效加以防护，使一般人无法靠近高压带电体。必要时应加联锁装置以防触电。

6. 采用各种保护用具

保护用具是保证工作人员安全操作的工具，主要有绝缘手套、鞋，绝缘钳、棒、垫等。家庭中干燥的木质桌凳、玻璃、橡皮等也可充作保护用具。

常用安全用电工具见表1-8-3。

表1-8-3 常用安全用电工具

分类		举例
绝缘安全	基本安全用具	如高压绝缘棒、高压验电器、绝缘夹钳等
	辅助安全用具	如绝缘手套、绝缘靴（鞋）、绝缘垫、绝缘台等
一般安全用具		携带型接地线、防护眼镜、临时遮挡、安全帽、安全带、标志牌，以及梯子、脚扣、脚踏板等登高工具

7. 电气设备的接地保护

正常情况下电气设备的金属外壳是不带电的，但在绝缘损坏而漏电时，外壳就会带电。为保证人体触及漏电设备的金属外壳时不会触电，通常都采用接地保护的安全措施。

接地是将电气设备或装置的某一点（接地端）与大地之间做符合技术要求的电气连接。目的是利用大地为正常运行、绝缘损坏或遭受雷击等情况下的电气设备等提供对地电流流通回路，保证电气设备和人身的安全。

1）接地装置

接地装置由接地体和接地线两部分组成，如图1-8-15所示。接地体是埋入大地中并和大地直接接触的导体组，它分为自然接地体和人工接地体。自然接地体是利用与大地有可靠连接的金属构件、金属管道、钢筋混凝土建筑物的基础等作为接地体。人工接地体是用型钢如角钢、钢管、扁钢、圆钢制成的。人工接地体一般有水平敷设和垂直敷设两种。电气设备或装置的接地端与接地体相连的金属导线称为接地线。

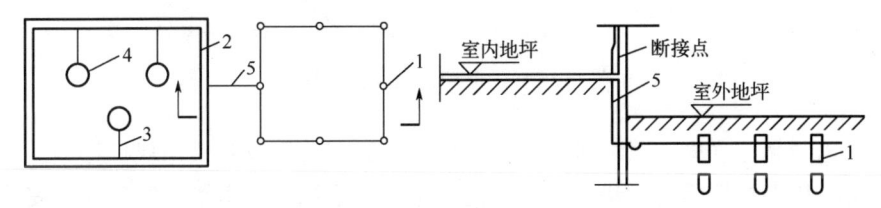

图1-8-15 接地装置示意图
1—接地体；2—接地干线；3—接地支线；4—电气设备；5—接地引下线

2）保护接地与保护接零

星形连接的三相电路中，三相电源或负载连在一起的点称为三相电路的中性点。由中性点引出的线称为中性线，用 N 表示，如图 1-8-16(a) 所示。

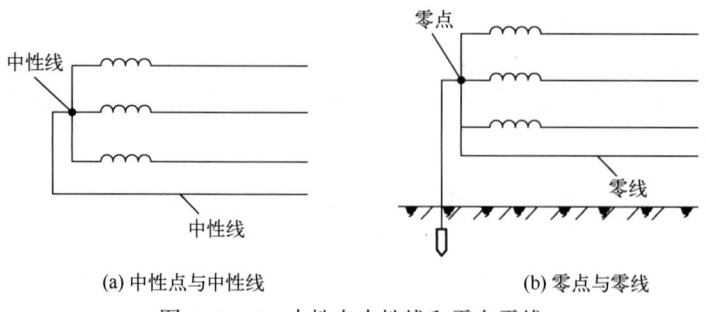

(a) 中性点与中性线　　(b) 零点与零线

图 1-8-16　中性点中性线和零点零线

当三相电路中性点接地时，该中性点称为零点。由零点引出的线称为零线，如图 1-8-16(b) 所示。

根据供电系统的对地关系、电气设备外露可导电部分的对地关系、系统中中性线（N 线）与保护线（PE 线）的连接情况，供电系统接地保护可分保护接地与保护接零两类。具体可分为 IT 系统、TT 系统、TN 系统（包括 TN-S、TN-C、TN-C-S 系统）五种。其中第一个字母表示中性点是否接地，I 表示不接地或高阻抗接地，T 表示电源端直接接地；第二个字母表示设备外壳是否接地或接零，T 表示保护接地，N 表示保护接零。

（1）保护接地是将在正常情况下不带电的金属外壳或构架与大地之间做良好的金属连接，如图 1-8-17(a) 所示。通常采用深埋在地下的角铁、钢管作接地体。

（2）保护接零是将电气设备在正常情况下不带电的金属外壳或构架，与供电系统中的零线连接，如图 1-8-17(b) 所示。保护接零适用于三相四线制中线接地系统中的电气设备。

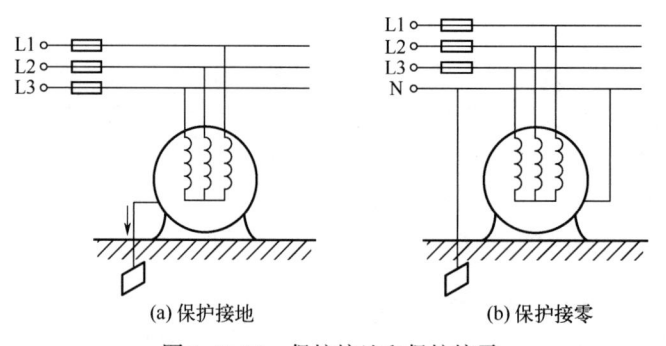

(a) 保护接地　　(b) 保护接零

图 1-8-17　保护接地和保护接零

必须指出的是，在同一供电线路中，不允许一部分电气设备采用保护接地，而另一部分电气设备采用保护接零的方法。另外，在三相供电系统中的中线上绝不允许安装熔断器或开关。

（三）安全用电注意事项

（1）判断电线或用电设备是否带电，必须用试电器（或试电笔），绝不允许用手去触摸。

(2) 在检修电气设备或更换熔断丝时，应切断电源，并在开关处挂上"严禁合闸"的警示牌。

(3) 安装照明线路时，开关和插座离地一般不低于1.3m。有必要时，插座可以装低，但离地不应低于15cm。不要用湿手去摸开关、插座、灯头等，也不要用湿布去擦灯泡。屋内配线时禁止使用裸导线和绝缘破损的导线，若发现电线、插头插座有损坏，必须及时更换。塑料护套线直接装置在敷设面上时，须用防锈的金属夹头或其他材料的夹头牢固装夹。塑料护套连接处应加瓷接头或接线盒。严禁将塑料护套或其他导线直接埋设在水泥或石灰粉刷层内。拆开的或断裂的、裸露的带电接头，必须及时用绝缘物包好并放在人身不易接触到的地方。根据需要选择熔断器的熔断丝粗细，在照明和电热器线路上严禁用铜丝代替熔断丝。

(4) 在电力线路附近不要安装收音机、电视机的天线；不放风筝、打鸟；更不能向电线、瓷瓶和变压器上扔东西等。在带电设备周围严禁使用钢直尺、钢卷尺进行测量工作。

(5) 发现电线或电气设备起火，应迅速切断电源，在带电状态下绝不能用水或泡沫灭火器灭火。

(6) 雷雨天尽量不外出。遇雨时不要站在大树下躲雨或站在高处，而应就地蹲在凹处，并且两脚尽量并拢。

四、触电急救

对触电事故，必须迅速抢救，关键要"快"。"快"包括两个方面：一是快速脱离电源；二是快速作医务救护处理。

（一）自救

当自己触电而又清醒时，首先保持冷静，设法脱离电源，向安全的地方转移，如遇跨步电压电击时要防止摔倒、跌伤等二次伤害事故。

（二）互救

对于他人触电，第一步也是使触电者脱离电源，如拉闸、断电或将触电者拖离电源等，具体的方法是：

(1) 迅速拉闸或拔掉电源插头，如一时找不到电源开关或距离开关较远时，可用绝缘工具剪断、切断、砸断电源线。

(2) 迅速用绝缘工具，如干燥的竹竿、木棍挑开触电者身上的导线或电气用具。

(3) 站在干燥的木板、衣物等绝缘体上，戴绝缘手套或裹着干燥衣物拉开导线、电气用具或触电者。

（三）医务抢救

触电者脱离电源后，必须根据情况立即实施医务抢救。可采用人工呼吸法和胸外心脏按压法进行抢救。据统计，触电后不超过1min立即救治者，90%有良好的效果；触电后6min开始救治者，仅10%有良好的效果；触电后12min才开始救治者，救活率很小。所以触电时的及时抢救极为重要。

五、电气火灾预防

(一) 电气火灾的产生

引起电气设备发热及电气火灾的主要原因是短路、过载、接触不良,具体发生原因见表 1-8-4。

表 1-8-4 电气火灾的发生原因

引起火灾的原因	情形
短路	(1) 电气设备的绝缘老化变质,受机械损伤,在高温、潮湿或腐蚀的作用下使绝缘破坏; (2) 雷击等过电压的作用,使绝缘击穿; (3) 安装和检修工作中,由于接线和操作的错误; (4) 由于管理不严或维修不及时,有污物聚集、小动物钻入等
过载	(1) 设计选用的线路或设备不合理,以致在额定负载下出现过热; (2) 使用不合理,如超载运行,连接使用时间过长,超过线路或设备的设计能力,造成过热; (3) 设备故障运行造成的设备和线路过载,如三相电动机断相运行、三相变压器不对称运行,均可造成过热
接触不良	(1) 不可拆卸的接头连接不牢、焊接不良或接头处混有杂物,都会增加接触电阻而导致接头过热; (2) 可拆卸的接头不紧密或由于振动而松动,也会造成过热; (3) 活动触头,如刀开关的触点、接触器的触点、插入式短路器的触点、插销的触点等活动触点,如没有足够的接触压力或接触粗糙不平,都会导致过热; (4) 对于铜铝接头,由于铜和铝的性质不同,接头处易受电解作用而腐蚀,从而导致过热

(二) 电气火灾的预防要求

针对电气装置起火的原因,必须注意以下几点事项:
(1) 电气装置要保证符合规定的绝缘强度。
(2) 限制导线的载流量,不得超载。
(3) 严格按安装标准装设电气装置,要确保质量合格。
(4) 要经常监视负荷,不能超载。
(5) 防止由于机械损伤破坏绝缘,以及接线错误等原因造成设备短路。
(6) 导线和其他导体的接触点必须牢靠,防止氧化。
(7) 生产过程中产生静电时,要设法消除。

第二部分
反应再生系统

模块一　　石油烃类催化裂化反应

催化裂化是炼油工业中重要的二次加工过程，是重油轻质化的重要手段。该工艺过程使原料油在适宜的温度、压力和催化剂存在的条件下，进行裂化、异构化、氢转移、芳构化、缩合等一系列化学反应，将原料油转化成气体、汽油、柴油等主要产品及油浆、焦炭等副产品。催化裂化过程具有轻质油收率高、汽油辛烷值高、气体产品中烯烃含量高等特点，了解和掌握催化裂化反应规律对新技术开发或优化生产操作有非常重要的指导意义。

项目一　　催化裂化反应机理

到目前为止，正碳离子学说被公认为解释催化裂化反应机理比较好的一种学说。正碳离子是有机化学反应过程中一种活泼的反应中间体，对于它的研究已经有100多年的历史。在酸催化反应领域中，大多数烃的转化反应如催化裂化、异构化、烷基化、叠合等反应都是按照正碳离子反应机理进行的。

一、共价键在有机反应中断裂的方式

烃类化合物发生化学反应要经过若干步骤，其中共价键断裂是最关键的一步，并产生活泼的中间体。共价键断裂方式分为均裂和异裂两种方式。

（一）均裂

均裂是指原来共享电子对成键的两个原子各自带走一个电子，从而形成两个单带电子的碎片，这种碎片称为自由基，如下式所示（以C—C键为例）。

$$C:C \longrightarrow C\cdot + C\cdot$$

上述带有单电子的碳就称为碳自由基。这种经过均裂生成自由基的反应称为自由基反应，反应一般在光、热或过氧化物存在下进行，碳自由基只是在反应中作为活泼中间体出现，它只能在瞬间存在。

（二）异裂

异裂是指原来共享的电子对被成键的两个原子之一带走，中性分子发生异裂形成一个带正电荷的碎片和一个带负电荷的碎片，前者称为正离子，后者称为负离子，如下式所示（以C—C键为例）。

$$C:C \longrightarrow C^+ + C:^-$$

这种异裂后生成带正电荷和带负电荷的原子或原子基团过程的反应，称为离子型反应。带正电荷的碳原子称为正碳离子，带负电荷的碳原子称为负碳离子。无论是正碳离子

还是负碳离子都是非常不稳定的中间体，都只能在瞬间存在，但它对反应的发生却起着不可替代的作用。

综上所述，C—C 或 C—H 共价键均裂生成自由基，异裂生成正碳离子、负碳离子。碳自由基、正碳离子和负碳离子是多种反应的重要中间体，具有很高的能量，在反应过程中存在的时间非常短。

二、正碳离子学说

所谓正碳离子，是指缺少一对价电子的碳所形成的烃离子，如 $R\overset{+}{C}H_2$。

正碳离子的基本来源是由一个烯烃分子获得一个氢离子 H^+ 而生成。例如：

$$C_nH_{2n} + H^+ \longrightarrow C_nH_{2n+1}^+$$

氢离子来源于催化剂的表面。催化裂化催化剂如硅酸铝、分子筛催化剂的表面都有酸性，可以提供氢离子。

下面通过正十六烯的催化裂化反应来说明正碳离子学说。

(1) 正十六烯从催化剂表面或已生成的正碳离子获得一个 H^+ 而生成正碳离子，反应式如下：

$$n\text{-}C_{16}H_{32} + H^+ \longrightarrow C_5H_{11}\overset{H}{\underset{+}{C}}C_{10}H_{21}$$

$$n\text{-}C_{16}H_{32} + C_3H_7^+ \longrightarrow C_3H_6 + C_5H_{11}\overset{H}{\underset{+}{C}}C_{10}H_{21}$$

(2) 大的正碳离子不稳定，容易在 β 位置上断裂：

$$C_5H_{11}\overset{H}{\underset{+}{C}}CH_2\overset{\beta}{-}C_9H_{19} \longrightarrow C_5H_{11}\overset{H}{C}=CH_2 + \overset{+}{C}H_2-C_8H_{17}$$

注：β-断裂是指带正电荷的碳 β 位的 C-H 或 C-C 键处发生断裂（虚线位置）：

只有主链中碳原子数在 5 个以上才容易断裂，裂化后生成的至少为 C_3 的分子，所以催化裂化产品中 C_1、C_2 含量较少。

(3) 生成的正碳离子是伯正碳离子，不够稳定，易于变成仲正碳离子，然后又接着在 β 位置上断裂：

$$\overset{+}{C}H_2-C_8H_{17} \longrightarrow CH_3-\overset{+}{C}H-C_7H_{15} \longrightarrow CH_3-CH=CH_2 + \overset{+}{C}H_2-C_5H_{11}$$

以上所述的伯正碳离子的异构化、大正碳离子在 β 位置上断裂、烯烃分子生成正离子等反应可以继续下去，直至生成不能再断裂的小正碳离子（即 $C_3H_7^+$、$C_4H_9^+$）为止。

（4）正碳离子的稳定性。

根据与带正电荷正碳离子结合的烃基数目的不同，正碳离子可分为伯正碳离子（"伯"代表跟一个烃基结合）、仲正碳离子（"仲"代表跟两个烃基结合）和叔正碳离子（"叔"代表跟三个烃基结合），其稳定性强弱顺序依次是：

$$叔碳(CR_3^+) > 仲碳(CR_2H^+) > 伯碳(CRH_2^+) > 甲基碳(CH_3^+)$$

因此生成的正碳离子趋向于异构成叔正碳离子（故催化裂化产品中异构烃多）。例如：

$$C_5H_{11}\overset{+}{-}CH_2 \longrightarrow C_4H_9\overset{+}{-}CH\overset{}{-}CH_3 \longrightarrow CH_3\overset{+}{-}\underset{CH_3}{\underset{|}{C}}\overset{}{-}C_3H_7$$

（5）正碳离子将 H^+ 还给催化剂，本身变成烯烃，反应终止。例如：

$$C_3H_7^+ \longrightarrow C_3H_6 + H^+（催化剂）$$

关于烷烃的反应历程可以认为是烷烃分子与已生成的正碳离子作用而生成一个新的正碳离子，然后再继续进行以后的反应。用正碳离子反应机理也可以较满意地解释带烷基侧链的芳香烃反应时在与芳香环相连接的C—C键上断裂。

正碳离子学说可以解释烃类催化裂化反应中的许多现象。例如，由于正碳离子分解时不生成比 C_3、C_4 的更小的正碳离子，因此裂化气中含 C_1、C_2 少（催化裂化条件下总不免伴随有热裂化反应发生，因此总有部分 C_1、C_2 产生）；由于伯、仲正碳离子趋向于转化成叔正碳离子，因此裂化产物中含异构烃多；由于具有叔正碳离子的烃分子易于生成正碳离子，因此异构烷烃或烯烃、环烷烃和带侧链的芳香烃的反应速率高，等等。正碳离子学说还说明了催化剂的作用，催化剂表面提供 H^+，使烃类通过生成正碳离子的途径来进行反应，而不像热裂化那样通过自由基来进行反应，从而使反应的活化能降低，提高了反应速率。

三、热裂化反应

在催化裂化条件下，各种烃类可以发生催化反应及非催化反应。催化反应是指在催化剂作用下发生的反应；非催化反应是指在热裂化条件下进行的反应。

在高温热裂化条件下，烃类反应基本上可以分为裂解与缩合两个方向。裂解反应产生较小的分子，生成分子越来越小、沸点越来越低的烃类，直至气体；缩合反应则生成较大的分子，生成分子越来越大的稠环芳香烃，直至最后生成焦炭。烃类热反应机理主要是自由基机理，按照自由基反应机理，热裂化反应特征产物为 C_1、C_2 和 α-烯烃，没有异构烃类，烯烃与烷烃之比较小。

催化裂化反应与热裂化反应的比较列于表 2-1-1。

表 2-1-1 催化裂化反应与热裂化反应的比较

裂化类型	催化裂化	热裂化
反应机理	正碳离子反应	自由基反应

续表

裂化类型	催化裂化	热裂化
烷烃	(1) 异构反应快于正构反应； (2) 反应产物中 C_3、C_4 多； (3) 产物中异构烃多； (4) $\geqslant C_4$ 分子含 α-烯烃少	(1) 异构反应快于正构反应； (2) 反应产物中 C_1、C_2 多； (3) 产物中异构烃少； (4) $\geqslant C_4$ 分子含 α-烯烃多
烯烃	(1) 反应速度比烷烃快； (2) 氢转移反应显著； (3) 产物中烯烃，尤其二烯烃少	(1) 反应速度与烷烃相似； (2) 氢转移反应很少； (3) 产物的不饱和度高
环烷烃	(1) 反应速率与异构烷烃相似； (2) 氢转移反应显著，同时生成芳香烃	(1) 反应速率比正构烷烃还低； (2) 氢转移反应不显著
带烷基侧链（C_3^+）芳香烃	(1) 反应速率比烷烃快得多； (2) 在烷基侧链与苯环连接的键上断裂（从根部断裂）	(1) 反应速率比烷烃慢； (2) 烷基侧链断裂时，芳香环上留 1~2 个碳的短侧链

热裂化反应程度的判据：热裂化反应活化能（251.2kJ/mol）比催化裂化的活化能（62.8kJ/mol）大得多，对温度的升高要敏感得多。对绝大多数烃类，当反应温度低于 450℃时，热烈化速率是很低的；当温度超过 600℃时，几乎所有烃类（除 CH_4 外）的热裂化速度都很高。

为衡量热烈化反应的程度，通常有以下几个指标：

(1) Mauleon 提出的 $(C_1+C_2)/i\text{-}C_4$ 比值。

$(C_1+C_2)/i\text{-}C_4$ 比值可以比较好地判定催化裂化反应和热裂化反应。C_1 和 C_2 是热裂化反应的特殊产物，而异丁烷 $i\text{-}C_4$ 则是催化裂化特征反应即氢转移反应的产物。该比值小于 0.6 时（反应温度小于 538℃），主要以催化裂化反应为主；在 0.6~1.2 之间（温度范围 550~610℃），催化裂化反应和热裂化反应共同作用；比值大于 1.2 时（反应温度大于 610℃），反应以热裂化为主。

(2) 丁二烯含量。

衡量热裂化反应程度的另一个指标是丁二烯含量。随着提升管顶部温度的提高，C_4 馏分中丁二烯的含量急剧升高。对于常规催化裂化，当该温度由 520℃提高到 540℃时，丁二烯含量可由 4000μg/g 升高到约 10000μg/g。

(3) $C_4/(C_3+C_4)$ 比值。

Shell 公司认为液化气中 $C_4/(C_3+C_4)$ 比值为 0.6~0.7 时，以催化裂化反应为主；小于 0.5 时则有较强的热裂化反应。

项目二　催化裂化化学反应类型

催化裂化反应主要涉及裂化反应（α-断裂和 β-断裂）、异构化反应、氢转移反应、烷基化反应、脱氢反应及缩合与生焦反应。这些反应发生的程度影响着催化裂化的产物分布和产品性质。

一、裂化反应

裂化反应是催化裂化工艺过程最重要反应之一，其反应速度比较快。裂化反应主要是C—C键的断裂。同类烃相对分子质量越大，反应速度越快，一般情况下，烯烃比烷烃更易裂化。环烷烃裂化时，既能脱掉侧链，也能开环生成烯烃。芳香烃环很稳定，如苯、萘就难以反应。单环芳香烃不能脱甲基，只有三个碳以上的侧链才容易脱掉。稠环芳香烃能脱掉部分甲基，与热裂化反应不同的是，芳香烃的侧链断裂都发生在与苯环相连接的部位，整个侧链脱掉，称为脱烷基。侧链越长，取代深度越深，反应速度就越快。环烷烃裂化时，既能断侧链，还能开环生成烯烃。相应的反应方程式如下：

(1) 烷烃（正构烷烃及异构烷烃）裂化生成烯烃及较小分子的烷烃。

$$C_nH_{2n+2} \longrightarrow C_mH_{2m} + C_pH_{2p+2}$$
（烯烃）（烷烃）

式中 $n = m + p$。

(2) 烯烃（正构烯烃及异构烯烃）裂化成两个较小分子的烯烃。

$$C_nH_{2n} \longrightarrow C_mH_{2m} + C_pH_{2p}$$
（烯烃）（烯烃）

(3) 烷基芳香烃脱烷基。

$$A_rC_nH_{2n+1} \longrightarrow A_rH + C_nH_{2n}$$
（芳香烃）（烯烃）

(4) 烷基芳香烃的烷基侧链断裂。

$$A_rC_nH_{2n+1} \longrightarrow A_rC_mH_{2m-1} + C_pH_{2p+2}$$
（带烯烃侧链的芳香烃）（烷烃）

(5) 环烷烃裂化成烯烃。

$$C_nH_{2n} \longrightarrow C_mH_{2m} + C_pH_{2p}$$
（烯烃）（烯烃）

(6) 环烷—芳香烃裂化时，可以是环烷环开环断裂，或环烷环与芳香环连接处断裂。

(7) 不带取代基的芳香烃由于芳香环很稳定，在典型的催化裂化条件下裂化反应很缓慢。

二、异构化反应

异构化反应是催化裂化的重要反应，它是在相对分子质量大小不变的情况下，烃类分子发生结构和空间位置的改变。在催化裂化反应中，最容易发生的是烯烃双键异构化反应，还会发生甲基转移异构化反应（骨架异构）。烯烃双键异构化在催化剂上非常迅速，当反应温度达到500℃时，双键转移和顺—反异构化有望达到平衡；烯烃的支链异构化反应也很快，在催化剂裂化反应条件下可以达到平衡。

由于异构化反应，使催化裂化产品含有较多的异构烃类，这能提高汽油的辛烷值。

三、氢转移反应

氢转移反应是催化裂化的特征反应，其主要作用是减少产物中的烯烃含量，强烈影响产物的相对分子质量分布和焦炭产率。氢转移主要发生在有烯烃参与的反应中，其结果是生成富氢的饱和烃及缺氢的产物。烯烃作为反应物的典型氢转移反应有烯烃与环烷烃、烯烃之间、环烯烃之间及烯烃与焦炭前身物的反应。反应式如下：

$$3C_nH_{2n}+C_mH_{2m}\longrightarrow 3C_nH_{2n+2}+C_mH_{2m-6}$$
（烯烃）（环烯烃） （烷烃）（芳香烃）

$$4C_nH_{2n}\longrightarrow 3C_nH_{2n+2}+C_nH_{2n-6}$$
（烯烃） （烷烃） （芳香烃）

$$3C_mH_{2m-2}\longrightarrow 2C_mH_{2m}+C_mH_{2m-6}$$
（环烯烃） （环烷烃）（芳香烃）

烯烃+焦炭前身物——→烯烃+焦炭

四、缩合反应

缩合反应是新的C—C键生成及相对分子质量增加的反应。催化裂化过程反应不仅存在着缩合反应，并且缩合反应起到了重要的作用，焦炭生成与缩合反应密切相关。叠合反应也是一种缩合反应，属于特殊的缩合反应。

缩合反应主要在烯烃与烯烃、烯烃与芳香烃以及芳香烃与芳香烃之间进行。因多环芳香烃正碳离子很稳定，在终止反应前会在催化剂表面继续增大，最终生成焦炭。

五、脱氢反应

原料中的烃类在催化裂化催化剂上发生脱氢反应活性是相当低的，可以忽略不计，但在两种情况下会发生脱氢反应：一是原料中含有较多的环烷烃；二是催化剂表面上沉积金属 Ni 和 V。

催化裂化过程中发生脱氢反应，主要由沉积在催化剂上的金属 V 和 Ni，尤其 Ni 所引起的。一般来说 V 的脱氢活性约为 Ni 脱氢活性的 1/5~4/5。

六、歧化反应/烷基转移

歧化反应是相同分子在一定条件下由于相互之间的基团转移而生成两种不同分子的反应过程，与烷基转移密切相关，在有些情况下歧化反应为烷基转移的逆反应。

七、环化反应

烯烃生成正碳离子后可环化生成环烷烃及芳香烃。例如正十六烯生成正碳离子后，能自身烷基化形成环状结构。生成的环正碳离子异构化后能吸取一个负氢离子生成环烷烃，或失去质子生成环烯烃。环烯烃再进一步反应，直至生成芳香烃。

八、烷基化

烷基化与叠合反应一样，都是裂化反应的逆反应。烷基化是烷烃与烯烃之间的反应，芳香烃与烯烃之间也可以发生。

$$烷烃+烯烃\longrightarrow 烷烃$$
$$烯烃+芳香烃\longrightarrow 烷基芳香烃$$

九、芳构化反应

烃类芳构化过程是一个极为复杂的多种化学反应的宏观综合，涉及烃类裂化、脱氢、环化、异构化、氢转移、低聚等反应类型组合，同时也有少量的烷基化、歧化等反应发生。在催化裂化工艺过程中，随着烃类裂化反应的进行，大分子不断地裂解生成小分子烯烃，而小分子的烯烃经环化脱氢生成芳香烃。

项目三　单体烃的催化裂化反应

石油馏分是由多种烃类组成的混合物，下面讨论各种单体烃在催化剂上的反应。

一、烷烃

烷烃主要发生裂化反应，裂解成较小分子的烷烃和烯烃。生成的烷烃又可继续裂解成更小的分子。烷烃分子中的 C—C 键的键能（kJ/mol）随着其由分子的两端向中间移动而减小，例如：

$$C_1 \xrightarrow{301} C_2 \xrightarrow{267} C_3 \xrightarrow{264} C_4 \xrightarrow{262} C_5 \xrightarrow{262} C_6 \xrightarrow{262} C_7 \xrightarrow{264} C_8 \xrightarrow{267} C_9 \xrightarrow{301} C_{10}$$

因此，烷烃分解时多从中间的 C—C 键处断裂，而且分子越大也越易断裂。同理，异构烷烃的反应速度比正构烷烃的反应速度快。

二、烯烃

烯烃的主要反应也是裂化反应，但还有一些其他重要的反应。

（一）裂化反应

烯烃裂解为两个较小分子的烯烃。烯烃的裂解反应速率比烷烃的高得多，例如在同样条件下，正十六烯的裂解反应速率比正十六烷的高一倍。与烷烃裂解反应的规律相似，大分子烯烃的裂解反应速率比小分子快，异构烯烃的裂解反应速率比正构烯烃快。

（二）异构化反应

烯烃的异构化反应有三种：第一种是分子骨架改变，正构烯烃变成异构烯烃；第二种是分子中的双键向中间位置转移；第三种是烯烃空间结构发生变化。例如：

$$C-C-C=C \longrightarrow C-C=C$$
$$\qquad\qquad\qquad\qquad\qquad |$$
$$\qquad\qquad\qquad\qquad\qquad C$$

$$C-C-C-C-C=C \longrightarrow C-C-C=C-C-C$$

$$\underset{C=C}{\overset{C\quad C}{|\quad |}} \longrightarrow \underset{C=C}{\overset{C}{|}}$$
$$\qquad\qquad\qquad\qquad\qquad\qquad |$$
$$\qquad\qquad\qquad\qquad\qquad\qquad C$$

（三）氢转移反应

环烷烃或环烷—芳香烃（如四氢萘、十氢萘等）放出氢使烯烃饱和而自身逐渐变成稠环芳香烃的反应。两个烯烃分子之间也可以发生氢转移反应，例如两个己烯分子之间发生氢转移反应，一个变成己烷而另一个则变成己二烯。可见，氢转移反应的结果是一方面某些烯烃转化为烷烃，另一方面，给出氢的化合物转化为多烯烃及芳香烃或缩合程度更高的分子，直至缩合成焦炭。

氢转移反应是催化裂化过程中较为特殊的反应，是造成催化裂化汽油饱和度较高的主要原因。氢转移反应的速率较低，需要活性较高的催化剂。在高温下，例如500℃左右，氢转移反应速率比裂化反应速率低得多，所以在高温时，裂化汽油的烯烃含量高；在较低温度下，如400~450℃，氢转移反应速率降低的程度不如裂化反应速率降低的程度大（因裂化反应速率常数的温度系数 k 较大），于是在低温反应时所得汽油的烯烃含量就会低些。

（四）芳构化反应

烯烃环化并脱氢生成芳香烃。例如：

$$C-C-C-C-C=C-C \longrightarrow \bigcirc\!\!-\!C \longrightarrow \bigcirc\!\!\!\!\bigcirc\!\!-\!C$$

三、环烷烃

环烷烃的环可断裂生成烯烃，烯烃再继续进行上述各项反应。例如：

$$\begin{matrix} C\!\!-\!\!-C\!\!-\!\!C\!\!-\!\!C \\ |\qquad\quad | \\ C\qquad C \\ \;\backslash\quad / \\ C \end{matrix} \longrightarrow C-C-C-C=C-C-C$$

与异构烷烃相似，环烷烃的结构中有叔碳原子，因此分解反应速率较快。如果环烷烃带有较长的侧链，则侧链本身也会断裂。

环烷烃也能通过氢转移反应转化为芳香烃。带侧链的五元环烷烃也可以异构化成六元环烷烃，再进一步脱氢生成芳香烃。

四、芳香烃

芳香烃的芳核在催化裂化条件下十分稳定，例如苯、萘就难以进行开环裂化反应。但是连接在芳香环上的烷基侧链则很容易断裂生成较小分子的烯烃，而且断裂的位置主要是发生在侧链与芳香环相连接的键上。

多环芳香烃的裂化反应速率很低，它们的主要反应是缩合成稠环芳香烃，最后成为焦炭，同时放出氢使烯烃饱和。

由以上列举的化学反应可以看到：在催化裂化条件下，烃类进行的反应不仅仅是裂化这一种反应。在烃类的催化裂化反应中，不仅有大分子裂解为小分子的反应，而且有小分子缩合成大分子的反应（甚至缩合成焦炭）。与此同时，还进行异构化、氢转移、芳构化等改变分子骨架结构的反应。在这些反应中，裂化反应是最主要的反应，催化裂化这一名称就是因此而得。

项目四　石油馏分和渣油催化裂化反应

一、石油馏分催化裂化反应特征

石油馏分是由各种单体烃所组成，前面所述的单体烃的反应规律和反应机理是石油馏分进行反应的依据。例如石油馏分除了进行裂化反应外，也进行异构化、氢转移、芳构化等反应；重质馏分油的反应速率比轻质馏分油的反应速率快等。但是，组成石油馏分的各种烃类之间又相互影响，因此，石油馏分的催化裂化反应又有其自身的特点。下面主要讨论两个方面的特征。

（一）各类烃之间竞争吸附及对反应的阻滞作用

在一般催化裂化条件下，原料油（VGO）是气相，馏分油的催化裂化反应是典型的气—固非均相催化反应（气相+固相），其反应历程包括以下七大步骤：

（1）气相原料分子从主气流中扩散到催化剂外表面；
（2）原料分子沿催化剂微孔向催化剂的内部扩散；
（3）催化剂表面的原料分子被活性中心吸附，原料分子变得活泼，某些化合键开始松动；
（4）被催化剂活性中心吸附的反应物进行化学反应；
（5）反应产物从催化剂表面上脱附下来；
（6）反应产物沿催化剂微孔，由内表面向外表面扩散；
（7）反应产物从催化剂外表面扩散到主气流中去。

上述七个步骤是"串联"的，整个催化反应的速率取决于这七个步骤进行的速率，而速率最慢的步骤对整个反应速率起决定性的作用而成为控制因素。

由此可见，烃类进行催化裂化反应的先决条件是在催化剂表面上的吸附。因此，决定原料中各类烃分子反应结果的因素不仅与反应速率有关，吸附能力是更为关键的因素。

根据实验数据，各种烃类在催化剂上的吸附能力按其强弱顺序大致可排列如下：

稠环芳香烃>稠环环烷烃>烯烃>单烷基侧链的单环芳香烃>环烷烃>烷烃。

在同一族烃类中，大分子的吸附能力比小分子强。

如果按化学反应速率的高低顺序排列，则大致情况如下：

烯烃>大分子单烷基侧链的单环芳香烃>异构烷烃及环烷烃>小分子单烷基侧链的单环芳香烃>正构烷烃>稠环芳香烃。

可以看出，这两个排列顺序有着显著的差别，最突出的是稠环芳香烃，它的吸附能力最强而化学反应速率却最低。因此，当裂化原料中含这类烃较多时，它们就优先占据催化剂表面，但反应得很慢，且不易脱附，甚至缩合至焦炭。这样就大大地妨碍了其他烃类被吸附到催化剂表面上来进行反应，从而使整个石油馏分的反应速率降低。

（二）复杂的平行—顺序反应

单体烃在催化裂化时可以同时朝几个方向进行反应，这种反应称为平行反应。同时，随着反应深度的加深，初次反应产物（中间产物）还可以继续进行反应，这种反应称为顺序反应。石油馏分的催化裂化反应也是一种复杂的平行—顺序反应，见图2-1-1。

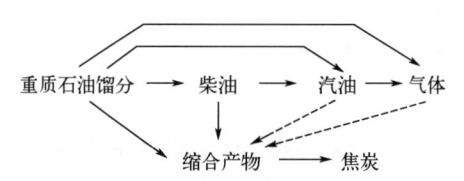

图 2-1-1　石油馏分的催化裂化反应
虚线表示不重要的反应

平行—顺序反应的一个重要特点是反应深度对各产品产率的分布有重要影响。图2-1-2表示了某提升管反应器内原料油转化率及各反应产物产率沿提升管反应器高度（也就是随着反应时间的延长）的变化情况。

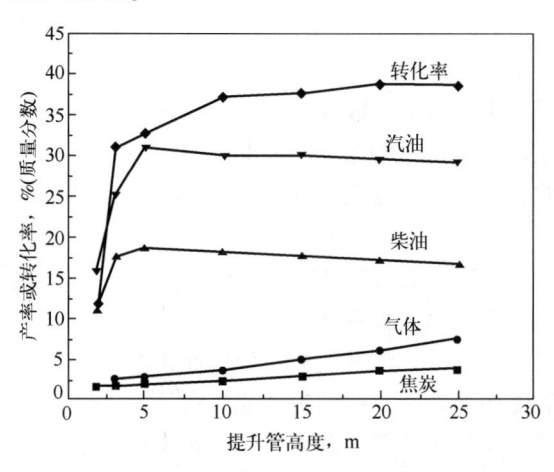

图 2-1-2　反应产物产率或转化率沿提升管反应器高度的变化情况

由图可以看出：

(1) 随着反应时间的延长，转化率逐渐提高。

(2) 目的产物即汽油和柴油的产率在开始一段时间内增大，但在经过一最高点后则下降，这是因为汽油和柴油是反应的中间产物，到一定的反应深度后，汽油和柴油的分解速率高于其生成速率。

(3) 最终产物气体（裂化气）和焦炭则在某个反应深度时开始产生，并随着反应深度的增大而单调地增大。

通常把初次反应产物再继续进行的反应称为二次反应。催化裂化的二次反应是多种多样的，其中有些是有利的，有些则是不利的。除了初次裂化产物继续再裂化外，还有其他的二次反应。例如，烯烃异构化生成高辛烷值汽油组分，烯烃和环烷烃发生氢转移反应生成稳定的烷烃和芳香烃等，这些反应都是我们所希望的反应。而烯烃进一步裂化为干气、丙烯和丁烯通过氢转移反应而饱和、烯烃及高分子芳香烃缩合生成焦炭等反应则是我们所不希望的。因此，对二次反应应加以适当控制。

二、渣油催化裂化反应特征

目前，工业催化裂化装置的原料是重质馏分油和部分重质油或渣油。减压渣油是原油中沸点最高、相对分子质量最大、杂原子含量最多和结构最为复杂的部分。与减压馏分油相比，减压渣油的催化裂化反应行为有其重要的特征，现总结如下。

(1) 除了相对分子质量较大外，减压渣油中的芳香分含有较多的多环芳香烃和稠环芳香烃，减压渣油还含有较多的胶质和沥青质。因此，减压渣油催化裂化时会有较高的焦炭产率和相对较低的轻质油收率。

(2) 减压渣油的沸点在 500℃ 以上，模拟蒸馏计算结果表明，在催化裂化提升管反应器进料段的条件下，相当大的一部分减压渣油不能汽化。此外，实验结果也表明，减压渣油在与 700~800℃ 的高温裂化催化剂接触时，不会发生"膜沸腾现象"，而是迅速被吸入催化剂微孔。因此，减压渣油的催化裂化反应过程中有液相存在，它是一个气—液—固非均相催化反应过程，在液相中的反应主要是非催化的热反应，反应的选择性差。

(3) 常用作催化裂化催化剂的 Y 型分子筛孔径一般为 0.8~0.9nm，减压渣油中较大的分子难以直接进入分子筛微孔。因此，在减压渣油催化裂化时，大分子先在具有较大孔径的催化剂载体上进行分解反应，生成的较小分子再扩散至分子筛微孔内进行进一步的反应。

项目五　影响催化裂化反应速率的因素

一、基本概念

（一）转化率

催化裂化反应深度以转化率表示：

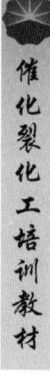

$$\text{转化率} = \frac{\text{原料} - \text{未转化的原料}}{\text{原料}} \times 100\%$$

式中"未转化的原料"是指沸程与原料相当的那部分油料，它的组成和性质已不同于新鲜原料。

在科研和生产中常常还用以下公式来表示转化率：

$$\text{转化率} = \text{气体产率} + \text{汽油产率} + \text{焦炭产率}$$

由以上两式可见，如果原料是柴油馏分，则两式计算的结果在数值上是相等的。但是，当原料是重质馏分油且柴油是产品之一时，以上两式就不一致了。从原理上讲，第一式反映了反应的实质，但是习惯上常用第二式来表示转化率。

工业上为了获得较高的轻质油收率，经常采用回炼操作。因此，转化率又有单程转化率和总转化率之别。

单程转化率（质量分数,%）是指总进料（包括新鲜原料、回炼油和回炼油浆）一次通过反应器的转化率，是反应速率和反应时间的直接反映。

$$\text{单程转化率} = \frac{\text{气体} + \text{汽油} + \text{焦炭}}{\text{总进料}} \times 100\%$$

总转化率（质量分数,%）是以新鲜原料为基准计算的转化率：

$$\text{总转化率} = \frac{\text{气体} + \text{汽油} + \text{焦炭}}{\text{新鲜原料}} \times 100\%$$

（二）空速和反应时间

在移动床或流化床催化裂化装置中，催化剂不断地在反应器和再生器之间循环，但是在任何时间，两器内部各自保持有一定的催化剂量。两器内经常保持的催化剂量称为藏量。在流化床反应器中，通常是指在分布板以上的催化剂量。

每小时进入反应器的原料油量与反应器藏量之比称为空间速度，简称空速。如果进料量和藏量都以质量单位计算，称为质量空速（也称重时空速）；若以体积单位计算，则称为体积空速。

$$\text{质量空速} = \frac{\text{总进料量 (t/h)}}{\text{藏量 (t)}}$$

$$\text{体积空速} = \frac{\text{总进料量 (m}^3\text{/h)}}{\text{藏量 (m}^3\text{)}}$$

二、影响催化裂化反应速率的基本因素

（一）反应温度

反应温度是工业操作的主调参数，最敏感，对反应速度、产品分布及产品质量都有着最直接的关系。

提高反应温度，则反应速率增大。催化裂化反应的活化能约 41.8~125.4kJ/mol，温度每升高 10%~20%，反应速率约增加 10%~20%。当反应温度提高时，热裂化反应的速度提高得比较快。当反应温度提至很高时，热裂化反应渐趋重要，于是产品中表现出热裂

化产品的特征，例如气体中的 C_1、C_2 增多，产品的不饱和度增大等。应当指出，即使在这样的高温下，主要的反应仍是催化裂化反应而不是热裂化反应。

当反应温度提高时，汽油→气体的反应速率加快最多，原料→汽油反应次之，而原料→焦炭的反应速率加快得最少。因此，当反应温度提高时，如果转化率不变，则汽油产率降低，气体产率增加，而焦炭产率略有下降。当反应温度提高时，分解反应（产生烯烃）和芳构化反应比氢转移反应增加得快，于是汽油中的烯烃和芳香烃含量有所增加，汽油的辛烷值有所提高。

（二）反应压力

更确切地讲，应当是反应器内的油气分压对反应速率的影响。油气分压的提高意味着反应物浓度的提高，因而反应速率加快。提高反应压力也提高了生焦的反应速率，而且影响比较明显。工业装置的处理能力常常受到再生系统烧焦能力的制约，因此在工业上一般不采用太高的反应压力（反应压力不作为控制手段），目前采用的反应压力为 0.1～0.4MPa（表）。反应器内的水蒸气会降低油气分压，从而使反应速率降低，不过在工业装置中，这个影响在一般情况下变化不大。

（三）催化剂活性

提高催化剂的活性有利于提高反应速率，也就是在其他条件相同时，可以得到较高的转化率，从而提高反应器的处理能力。提高催化剂的活性还有利于促进氢转移和异构化反应，因此在其他条件相同时，所得裂化产品的饱和度较高，含异构烃类较多。

催化剂的活性决定于它的组成和结构。例如分子筛催化剂的活性比无定形硅酸铝催化剂的活性高得多。又如对同一类型的催化剂，当比表面积较大时常表现出较高的活性。

在反应过程中，催化剂表面上的积炭逐渐增多，活性也随之下降。

（四）原料性质

关于各种烃类的催化裂化反应速率的比较以及它们之间的相互影响在前面已经讨论过。

对于工业用催化裂化原料，在族组成相似时，沸程越高则越容易裂化，但对分子筛催化剂来说，沸程的影响并不重要；而当沸程相似时，含芳香烃多的原料则较难裂化。

工业装置常采用回炼操作以提高轻质油的产率，但回炼油含芳香烃多，较难裂化，需要较苛刻的反应条件。在工业生产中，回炼油量是由反应苛刻度决定的，因此，不同的操作苛刻度就有不同回炼比的操作。回炼比是指回炼油量与新鲜原料量之比，其值一般小于1。催化裂化催化剂是酸性催化剂，许多研究工作表明碱性氮化物会引起催化剂中毒而使其活性下降。原料中的含硫化合物对催化裂化反应速率影响不大。

模块二　催化剂与助剂

项目一　按用途分类的典型催化裂化催化剂

催化裂化催化剂作为催化技术的材料基础，是实现原油高效转化和清洁利用的关键核心。催化裂化工艺面临着原料油重质化、生产过程清洁化、产品需求多样化的客观要求，且对产品质量要求越来越严格，催化剂的配方设计在满足催化裂化工艺不同要求方面起着重要的作用。截至目前，裂化催化剂品种达数百种，常用的也有30余种。催化剂按功能可分为：重油裂化催化剂、高辛烷值汽油催化剂、降低汽油烯烃含量的催化剂等；按生产目标产品可分为：多产汽油的催化剂、多产轻循环油的催化剂、高轻质油收率催化剂、多产液化气和丙烯的催化剂、高总液收的催化剂等。其中较为典型且应用较广的催化剂为多产汽油的重油裂化催化剂、降低汽油烯烃含量的催化剂、多产液化气和丙烯的催化剂等。

一、重油裂化催化剂

重油中含有较多的重馏分（>500℃），分子直径大，在正常催化裂化条件下难以裂化。重油中也含有较多的重金属和碱土金属元素，包括 Fe、Ni、Cu、V、Na、Ca、Mg 等，这些杂质会污染催化剂，使其活性下降或影响催化剂的选择性。重油中亦含有杂环化合物、胶质和沥青质，S 和 N 含量高，残炭高，H/C 比低。重油催化裂化催化剂的开发思路是：

（1）活性组元方面。采用复合分子筛为活性组元，采用 P-REHY 分子筛以提高活性稳定性，采用超稳分子筛 USY 以增加催化剂的二级孔，采用含稀土的超稳分子筛 REUSY 提高催化剂的活性及选择性，采用结构优化 MASY、HASY、SOY 分子筛及 HSY 分子筛以提高活性并可改善焦炭选择性，采用择形分子筛 ZSP、SA-5 等分子筛提高择形裂化能力。

（2）基质方面。采用活性氧化铝担体，适合于重油裂化；采用大孔基质材料，提高催化剂的活性中心可接近性，改善焦炭选择性。

（3）针对重油中的重金属镍、钒等，强化催化剂的抗重金属污染性能，通常采用稀土氧化物、特种氧化铝材料等作为镍、钒的捕集组分，捕集、钝化重金属。

基于上述思路开发的高轻质油收率的 RICC、COKC、LV-23 及 LDO、LDC 等系列重油裂化催化剂已在国内多套催化裂化装置进行广泛应用。RICC-1 催化剂的工业应用标定结果表明，在催化剂占系统藏量100%时，汽油产率增加3.5%，轻质油收率总增加了2.6%，回炼油产率降低3.7%，总液收增加3.4个百分点，产品分布明显改善，经济效益显著。RICC-1 型催化剂裂化能力强、水热稳定性突出、有较好的抗重金属污染能力，在原料中重金属 Ni+V 含量大幅上升的情况下，换剂后干气中的 H_2/CH_4 反而略有下降。LDC-200 催化剂工业应用标定结果表明，在催化剂占系统藏量 80% 时，油浆产率降低了 0.71 个百分点，焦炭产率+损失降低了 1.03 个百分点，总液收增加 1.77 个百分点，丙烯选择性增加了 1.72 个百分点，汽油研究法辛烷值（RON）增加了 1.5 个单位。

二、降低汽油烯烃含量的催化剂

进入 21 世纪，低烯烃汽油是国内催化裂化装置主要目标产品。为此，开发出高稀土超稳 Y 分子筛、含 MOY 沸石的 GOR 系列降低汽油烯烃催化剂、LBO 系列和原位晶化的 LB 系列催化剂。其开发思路是：

（1）采用新型改性 Y 型分子筛，强化降烯烃功能，提高分子筛的水热稳定性，适当增加分子筛上可改善酸中心密度的金属元素的含量，并控制其形态，改善分子筛的酸中心密度，保证分子筛的氢转移活性；同时引入稳定晶胞，可同晶取代另一金属元素，提高沸石的稳定性，二者相辅相成，相互促进。

（2）采用一种高活性大中孔基质材料，强化基质的预裂化作用，保证优良的扩散性能；对拟薄水铝石进行改性，改变其原有的单孔分布，使其形成部分大中孔；并使新基质材料具有高活性大中孔的同时，保证其黏结性能。

（3）为了弥补烯烃降低引起的汽油辛烷值损失，采用 MFI 型分子筛为辅助活性组分，强化催化剂的芳构化反应和异构化反应功能，同时将汽油中富含烯烃的组分裂解出汽油馏程。在基质中或者在 MFI 型分子筛中引入芳构化功能组分，促使烯烃芳构化，增加汽油中芳香烃含量。

（4）在催化剂制备过程中引入"原位晶化"技术，使分子筛与基质的结合类似于化学键作用，提高分子筛活性中心的晶胞抗收缩能力，同时基质特殊的元素组成和大孔结构改善了催化剂的重油转化和抗重金属污染能力。

中国石油先后研制出了 LBO-12、LBO-16 降低催化裂化装置汽油烯烃含量的催化剂，在多家石化单位 50 余套催化裂化装置上实现了工业应用，可以满足不同催化裂化工艺、不同催化原料和差异化清洁油品生产（如烯烃降低幅度控制、辛烷值控制、产品分布等）诸多需求，其中，原位晶化型重油高效转化催化剂、汽油降烯烃系列催化剂分别获得国家科技进步奖，在降低汽油烯烃含量催化剂及部分催化材料技术方面处于国际领先地位。

工业应用结果表明：GOR 系列催化剂等降烯烃催化剂，在相同的操作方案、相近的原料油性质和操作条件下，汽油烯烃体积含量降低约 6~10 个百分点。

三、增产低碳烯烃的催化剂

20 世纪 80 年代中期，Mobil 公司发明了 ZSM-5 沸石分子筛，含有机胺阳离子的新型分子筛。由于 ZSM-5 特殊的孔道结构限制了一次反应产物在孔道内的扩散，加强了二次裂化，有利于丙烯的生成；另外，ZSM-5 的硅铝比高，酸性中心位少，不利于双分子氢转移反应发生。因此 ZSM-5 是增产低碳烯烃的主要活性组分，尤其多产丙烯。我国自主开发的多产低碳烯烃的催化裂化工艺专用催化剂活性组元含有较多的中孔沸石。DCC（多产低碳烯烃的催化裂化）工艺专用催化剂先后有 CHP-1、CIP-1、CRP-1、MMC-2 和 DM-MC-1 催化剂。CPP（DCC 工艺延伸，提高乙烯和丙烯产量）工艺专用催化剂有 CEP 系列。DCC 专用催化剂不仅保证了国内 DCC 装置使用，同时还向泰国、沙特阿拉伯、印度出口。

中国石化研发的 CGP 催化剂是为满足 MIP-CGP 工艺需要而开发的。在设计开发催化剂时，兼顾两个反应区各自的特点，以突出其优势作用。在 CGP-1 催化剂制备过程中刻意改善了胶体性质，并且通过严格控制各组分的加入条件，达到调节基质孔分布和酸性的目的。开发的新基质具有适宜的孔结构，有着良好的容炭性能，因此减少了第一反应区生成的积炭对活性组元的污染，使其特点在第二反应区得以充分发挥。采用中孔分子筛为第二活性组元，选择性地裂化汽油中的小分子烯烃，达到进一步降低汽油烯烃含量、多产丙烯的目的。工业试验标定结果表明：与常规催化裂化工艺相比，采用 CGP-1 催化剂，在汽油产品质量提高同时，丙烯产率达到 8% 以上。此外，汽油诱导期大幅提高，抗爆指数增加；总液体收率有所提高，干气产率下降，焦炭选择性良好。CGP-1 催化剂相继在国内多套工业装置进行应用，成为目前应用广泛的催化剂。

中国石油研发了 LCC 系列增产低碳烯烃催化剂，催化剂研发中采取了以下的技术创新：（1）采用 ZSM-5 分子筛高效化学改性技术，解决了传统方法改性元素流失的问题；调变 ZSM-5 分子筛的酸性，提高其水热稳定性和反应活性。（2）对 Y 型分子筛进行孔道"清理"，使 Y 型分子筛的硅铝比提高，酸性分配合理，增加了 Y 型分子筛的稳定性。（3）开发了硅—铝基质、活性大孔基质等材料，这些材料具有适中的活性、通畅的孔道和合理的孔径分布，为丙烯分子的生成和扩散提供理想的环境。（4）采用物理、化学等手段处理 ZSM-5 分子筛，解决了 ZSM-5 分子筛的颗粒团聚的问题，降低了催化剂的磨损指数，提高了催化剂的反应活性。

工业应用结果表明，在相近的原料和操作条件下，重油催化装置使用 LCC-2 催化剂，液化气产率增加了 6.91 个百分点，油浆产率降低了 1.20 个百分点，汽油研究法辛烷值增加了 2.2 个单位，丙烯产率达到 7.70%，增加了 2.89 个百分点。

四、抗 V 催化剂

重油中的 V 主要存在于胶质和沥青质中，相对分子质量大。当原料油与催化剂接触反应时，金属钒与焦炭一起，沉积于催化剂载体大孔表面上。当催化剂再生时，V 转化为 V_2O_5 的形式存在。在有 H_2O 存在的条件下，V_2O_5 在 650℃ 以上，即能发生固相迁移，进入催化剂的活性组元分子筛的小孔内表面，导致分子筛破坏，催化剂失活。针对 V 在平衡剂上先沉积在载体上，然后迁移至分子筛中，进而破坏分子筛的行为特征，中国石化设计了具有抗高 V 污染能力的重油裂化催化剂 LV-23，中国石油研发了 LMC 系列催化剂。

抗 V 催化剂主要设计思路：
（1）在催化剂的活性组元采用了高硅铝比的分子筛，以提高活性组元的耐酸性。

(2) 采用了稀土型抗钒组元。重油裂化时，催化剂上沉积的 V 在氧化与高温加热条件下，易于向分子筛表面迁移，由于稀土氧化物的存在，可阻断 V 向活性组元迁移，保护了分子筛的结构，避免了催化剂的失活。

抗 V 重油裂化催化剂 LV-23 在茂名石化的工业应用结果表明：

(1) 在较高的平衡催化剂污染水平（V：3600~4400μg/g、Ni：5000~8000μg/g）下，LV-23 具有优良的活性、稳定性和抗重金属污染能力。

(2) LV-23 具有出色的重油转化能力，特别是在焦炭和干气产率很低的前提下表现了很好的重油转化能力。

(3) LV-23 催化剂具有优良的汽油和汽油加液化气的选择性，同时汽油的安定性和辛烷值有所改善。

LMC-500 催化剂工业应用结果表明：在 Fe、Ni、V 含量之和接近 15000μg/g 时，汽油收率提高，柴油收率下降，焦炭产率变化不大；汽油研究法辛烷值大于 92.5，整体持平或优于对比剂，表现出良好的重油转化性能。

五、生产高辛烷值汽油的催化剂

汽油的辛烷值取决于其化学组成。对于同族烃类，其辛烷值随相对分子质量的增大而降低。当相对分子质量相近时，各族烃类抗爆性优劣的大致顺序如下：芳香烃>异构烷烃及异构烯烃>正构烯烃及环烷烃>正构烷烃。

提高催化汽油辛烷值的设计思路：一是强化低辛烷值组分的裂化，使正构烷烃和环烷烃裂化成烯烃；二是促进环烷烃脱氢芳构化、烯烃异构化和芳构化等反应以增加高辛烷值的烃类。

氢转移活性低的超稳 Y 型分子筛催化剂所产的催化汽油富含烯烃，因而辛烷值高，特别是 RON 高。不含 RE 的 USY 催化剂能较大幅度地提高 RON，但 MON 提高较少，敏感度增大。而且这种不含 RE 的 USY 剂虽然酸中心很强，但酸密度较小，操作中需要高的剂油比和高的反应温度，反应中生成较多烯烃，而烯烃较活泼易裂化，故汽油中的一部分烯烃进一步转化为轻烯烃，降低了汽油产率，增加了气体产率。20 世纪 80 年代中期以后，针对 USY 存在的缺点，出现了许多改性的超稳 Y 催化剂。改性目标就是增加催化汽油中的异构烷烃，在提高辛烷值的同时，提高汽油产率。为此，出现了一些改性的 USY 分子筛，以此 USY 分子筛为活性组元的催化剂具有以下特点：

(1) 提高沸石的活性稳定性，使平衡催化剂的晶胞常数保持最佳值。

新鲜的超稳 Y 沸石催化剂晶胞常数一般在 2.45nm 左右，但在工业装置上使用几天后，晶胞常数进一步缩小，这是在再生器高温水蒸气环境下继续脱 Al 的结果。研究表明，晶胞常数在 2.43nm 以下时，氢转移指数变化不大；大于 2.43nm，氢转移指数增大，说明晶胞常数在 2.43nm 较合宜。

控制晶胞常数，最简单易行的办法是用 RE 含量来调节，也就是在超稳 Y 阳离子位置上交换进去少量 RE，其量由平衡剂合适的晶胞常数来决定。RE 量多，平衡催化剂保留的晶胞较大，因为 RE 可以抑制脱 Al。

（2）改变催化剂的 Z/M❶ 和晶胞常数，以改变汽油中异构烷烃和烯烃之比，汽油中异构烷烃含量高，RON 和 MON 都较高，敏感度小。

（3）改变沸石的晶粒大小，提高对汽油的选择性。

（4）改变沸石晶体内表面的可接近性。

汽油馏分的碳数在 12 以下。从择形反应的概念出发，具有较好的汽油选择性的催化剂应含有足够酸性，其活性组分 Y 型沸石的孔道大小在 0.75nm 左右。

载体对汽油产率有影响。载体要有合适的孔分布和酸性，以保证有足够的一次裂化产物供沸石再裂化。此外，载体还要有好的焦炭选择性，以减少在其表面生焦堵塞沸石孔道。载体也对辛烷值有影响，但不起主导作用。

中国石油先后开发了 LDR、LOG、LCC 等系列催化剂产品，工业应用结果表明：使用 LDR-100 催化剂后，总液体收率增加了 0.29 个百分点，汽油烯烃降低了 3.07 个百分点，汽油研究法辛烷值增加了 1.7 单位，同时，装置剂耗降低了 25%。

六、提高轻循环油收率的催化剂

轻循环油是催化裂化反应的中间产物，在不太苛刻的反应条件下，轻循环油组分仍能继续裂解成为汽油、气体和焦炭。所以，提高轻循环油的收率关键在于控制催化裂化的反应深度。从影响催化裂化反应深度可知，提高轻循环油产率主要包括催化原料、催化剂和操作条件三大因素，其中采用多产轻循环油的裂化催化剂及相应的工艺条件，是最有效的措施。

从裂化反应特点来看，催化剂载体提供的主要是大分子裂化活性表面。对载体的改进，主要是调整载体的比表面积、孔径和酸度分布，控制适当的酸性和活性，提高裂解大分子的能力，使催化裂化原料中的大分子部分先裂解成分子大小适中的产物，从而实现载体和分子筛的活性与酸性的最优组合，达到多产催化轻循环油的目的。

重油大分子在载体表面上进行热裂化和催化裂化，可生成相对分子质量较大的轻循环油组分。从化学因素看，载体大孔表面应具有足够的酸性活性中心，且其酸性应主要集中在中低酸强度范围内，这样可在保证催化剂具有较高的大分子裂化活性的同时，还能抑制中间馏分的裂化，维持良好的焦炭选择性。因此，载体应具有尽可能大的活性表面、丰富的大孔和中孔、较多的中低酸强度活性中心。

催化剂国际市场知名的供应商主要为美国 Grace Davison、Albemarle 和德国 BASF 三大公司。据统计，2018 年，Grace Davison、Albemarle 和 BASF 三大公司所占市场份额分别为 25%、15% 和 16%，中国催化剂公司的市场份额约 31%，其中中国民营催化剂公司占比约 7%。国内主要的催化剂生产厂家以中国石油和中国石化两大公司为主，拥有周村、长岭、兰州、长汀 4 个生产基地，也出现了多家民营催化剂生产厂家。中国石化目前总产能达到 18×10^4t/a 以上，中国石油现有总产能 11×10^4t/a。

---

❶ Z/M 为水热减活 RFCC 模型催化剂中 Y 型分子筛与基质比表面积之比。

项目二 按分子筛种类分类的工业催化裂化催化剂及选用

一、工业催化裂化催化剂种类

催化裂化催化剂主要由活性组分（分子筛）和基质组成。如果按照分子筛的种类来分类，目前工业催化裂化催化剂大致可分为稀土 Y（REY）型、超稳 Y（USY）型和稀土氢 Y（REHY）型三种。此外，尚有一些复合型的催化剂。下面对几种催化剂的主要性能特点作简要介绍。

（一）稀土 Y（REY）型

REY 型分子筛催化剂具裂化活性高、水热稳定性好、汽油收率高的特点，但由于它的酸性中心多、氢转移反应能力强，故其焦炭和干气的产率也高，汽油的辛烷值低。

REY 型分子筛催化剂一般适宜用于直馏瓦斯油原料，采用的反应条件比较缓和。在 20 世纪七八十年代，它是我国使用的主要催化裂化催化剂品种，如共 Y-15、偏 Y-5、CRC、LB-1 等。

（二）超稳 Y（USY）型

USY 型分子筛催化剂的活性组分是经脱铝稳定化处理的 Y 型分子筛。这种分子筛骨架有较高的硅铝比、较小的晶胞常数，其结构稳定性提高、耐热和抗化学稳定性增强。而且由于脱除了部分骨架中的 Al，酸性中心数目减少，降低了氢转移反应活性，使得产物中的烯烃含量增加、汽油的辛烷值提高、焦炭产率减少。

USY 型分子筛催化剂在选择性上有明显的优越性，因而发展很快。但是在使用时应注意到它的酸性中心数目有所减少，需要提高剂油比来达到原料分子的有效裂化，而且在再生时再生剂含碳量须降至 0.05% 以下。

典型的 USY 型分子筛催化剂有 LCH-7、CC-22、Orbit-3000 等。

（三）稀土氢 Y（REHY）型

REHY 型分子筛催化剂是在 REY 型分子筛催化剂的基础上降低了分子筛中 RE^{3+} 的交换量，而以部分 H^+ 代替，使之兼顾了 REY 型和 HY 型分子筛催化剂的优点。REHY 型分子筛催化剂的活性和稳定性低于 REY 型分子筛催化剂，但通过改性可以大大提高其晶体结构的稳定性。因此，REHY 型分子筛催化剂在保持 REY 型分子筛催化剂的较高活性及稳定性的同时，也改善了反应的选择性。

REHY 型分子筛催化剂中的稀土元素和氢元素的比例可以根据需要来调节，从而制成具有不同活性和选择性的催化剂以适应不同的要求，如 LCS-7、RHZ-300 等。

（四）SOY 型分子筛催化剂

SOY 型分子筛催化剂于 2006 年开发成功，是结构优化的 Y 型分子筛，具有焦炭选择性好、汽油产率高、水热稳定性好的特点，主要用于重油催化裂化反应中。典型的 SOY 型分子筛催化剂有 VRCC、COKC、RICC 等。

（五）HSY 型

HSY 型是高稳定性的 Y 型分子筛，与常规超稳 Y 型分子筛相比，其结晶度高、孔道畅通、晶格完好，而且其钠含量低，裂化活性高，热稳定性和水热稳定性好。

（六）复合分子筛催化剂

复合分子筛催化剂，如 RMG 催化剂等，具有很好的催化裂化性能，其活性高，选择性好，汽油、液化烃及丙烯、丁烯的产率较高，抗金属污染能力强。

分子筛催化剂虽然可以分成几类，但其商品牌号却是不胜枚举。有些催化剂从类型和性能来看是基本上相同的，但在不同的生产厂家却都有自己的商品牌号。

二、工业催化裂化催化剂选用

工业催化裂化催化剂自 1936 年问世以来，已经经历了 80 多年的发展，实现了高效化（活性和稳定性）和多样化（选择性、品种和牌号）。目前国内外市场供应的各类催化剂品种繁多，如何根据不同原料油、不同的产品分布和产品性质以及不同的装置条件选择催化剂就成为一个十分重要的问题，一般要进行实验室评价和工业试用才能决定。这里只叙述指导原则：

（1）随着原料油特性因数的减小或是掺炼渣油比例的增大，操作苛刻度要增加，剂油比要加大，相应地要选用 REHY 乃至 USY（或 REUSY）型催化剂。如原料油中重金属含量高，宜选用小比表面积的载体或加捕集组分的 USY（或 REUSY）型催化剂。

（2）从产品方案及产品质量考虑催化剂的选择。当产品方案从最大轻质油收率向最大汽油辛烷值以至最大辛烷值方向变化时，选择催化剂也要从 REY 向 REHY 以至 USY（或 REUSY）型的方向变化；而当要求提高产品的柴汽比，或降低催化汽油烯烃含量时，需选择复合型改性沸石催化剂。

（3）要根据装置的制约条件来确定催化剂。例如，当主风机满负荷时，应考虑使用焦炭选择性低的 REHY 乃至 USY（或 REUSY）；催化剂循环量即剂油比受制约时，宜选用 REHY 乃至 REY 或同类剂中高活性者，再生剂含碳高时也如此；汽提段效率低时宜选用大孔体积、低载体表面汽提效果好的催化剂。

项目三　催化裂化助剂

催化裂化过程除采用催化剂（主催化剂）外，还先后发展了多种起辅助作用的助催化剂（简称助剂）。这些助剂以不同的方式，加到催化裂化催化剂或原料油（指液体助剂）中，在催化裂化过程中起到特定的辅助作用，如促进 CO 转化为 CO_2、提高汽油的辛烷值、增加低碳烯烃收率、钝化原料中重金属杂质对催化剂活性的毒害作用以及降低再生烟气中

SO_x、NO_x 的含量等。随着这些助剂的开发成功与应用，催化裂化过程的操作比以往更具灵活性和多样性，能够更有效地应对来自原料、市场及环保等方面的变化和技术挑战。

一、CO 助燃剂

CO 助燃剂是应用最广泛的流化催化裂化助剂之一，可促进 CO 在密相床层内氧化成 CO_2，避免 CO 后燃，减少烟气中的 CO 含量，有利于减少污染。同时可回收烧焦时产生的大量热量，使再生器的再生温度有所提高，提高烧焦速率并使再生剂的含碳量降低，提高再生剂的活性和选择性，有利于提高轻质油收率。由于再生器的温度提高，催化剂循环量有所降低。

CO 助燃剂的活性组分可分为贵金属助燃剂和非贵金属助燃剂两大类。目前广泛使用的是贵金属助燃剂，其活性组分主要是铂（P_t）、钯（P_d）等贵金属，以 Al_2O_3 或 SiO_2-Al_2O_3 为载体，其外观制成与催化裂化催化剂形状、大小相近的微球形。在 CO 助燃剂中，铂含量仅为 0.01%~0.05%。CO 助燃剂的用量很小，其加入量按催化剂藏量中的铂含量计，达到 $0.2\mu g/g$ 以上（580℃）就能吸附 CO，保持在 $2\mu g/g$ 左右就能达到稳定操作。无论再生器是以 CO 完全燃烧或部分燃烧方式操作，都可以使用 CO 助燃剂。

由于铂的催化氧化活性高，目前使用的 CO 助燃剂几乎都是以铂为活性组分。钯的活性虽然比铂差些，要达到相同的效果用量要大些，但钯的价格比铂低，总的来看，成本相对要低些。此外，有的装置发现使用钯助燃剂时，烟气中的 NO_x 含量相对较低。对以非贵金属代替贵金属作助燃剂的研究也有不少，但在实际生产中应用的尚不多见。

二、金属钝化剂

金属化合物以卟啉或类似卟啉化合物的形式存在于原油中。这类化合物易于挥发，经催化裂化后，沉积在催化剂上，使催化剂遭受金属污染。如 Ni 主要是通过脱氢作用使催化剂的选择性变差，导致轻质油产率下降、焦炭产率增大、氢气产率增大等；V 主要是破坏分子筛骨架结构，同时在高温下使催化剂的活性和选择性下降。在掺炼渣油时，由于原料含重金属较多，对催化剂的毒害更为严重。

将某些助剂中的组分沉积到催化剂上，与沉积的重金属作用使之丧失其毒性的方法，通常称为金属钝化，所采用的助剂称为金属钝化剂。

工业上使用的钝化剂主要有锑型、铋型和锡型三类，前两类主要是钝镍，而锡型则主要是钝钒。目前最广泛使用的是锑型钝化剂。国外比较著名的有菲利普斯公司的 Phil Ad 钝化剂，国内有 MP 系列和 IMP 系列的钝化剂，都属锑型钝化剂。这些钝化剂是液体，可直接注入裂化反应器中，钝化剂的注入量一般认为以催化剂上的锑镍比为 0.3~1.0 为宜。对不同的原料或不同的催化剂，加入钝化剂的效果会有所不同。一般来说，当金属污染较严重时，加钝化剂后与未加前相比，氢气产率相对减少 35%~50%，焦炭产率相对减少 10%~15%，而汽油产率相对增加 2%~5%。

虽然锑基钝化剂对降低催化剂的镍中毒很有效，但锑是有毒元素，含硫、磷的锑型钝化剂毒性更大，对人体健康有一定影响。锑化合物已被美国列入危险化学品名单中。锑易随产品流失或沉积在设备内，使用时应注意安全。此外，在使用钝化剂时应注意正确的使用方法，否则达不到预期的效果。

近年来，对无毒的金属钝化剂的研制工作有很多，有的已取得了良好的研究成果。

三、油浆阻垢剂

油浆阻垢剂主要用于催化裂化装置油浆及换热系统。催化裂化分馏塔底油浆密度大、操作温度高、稠环芳香烃含量多且含有一定量的催化剂粉尘，在装置长周期运行过程中易出现重组分的高温缩合结焦结垢或固体颗粒的沉积结垢，影响油浆系统的换热效果与正常运行。油浆阻垢剂就是针对油浆的结垢机理研制而成的，用于抑制重油催化裂化油浆系统的结垢，是目前国内生产品种最多、使用最普遍的一种阻垢剂。

阻垢剂之所以具有防止或减缓油浆系统结垢的功能，主要在于其一般具有以下某项或几项性能：

（1）清净分散性能。阻垢剂以胶束状分散于油中，与含氧化合物如含羟基、羧基、羰基化合物形成胶团，溶存于油中，阻止这些物质进一步氧化与缩合。阻垢剂中的极性基团能在设备和管线的金属表面定向排列，亲油基团胶溶已经生成的有机结垢物和固体小颗粒，以阻止垢的沉积。

（2）抗氧化性能。在氧存在条件下，受热、光、金属的催化作用，油品中的 C—H 键受到破坏，发生自由基链反应，而具有抗氧化性的阻垢剂能与被氧化的烃自由基形成惰性分子，终止成垢的链反应，不能形成大分子聚合物，以达到减少有机垢生成的目的。

（3）阻聚性能。阻止烃分子的聚合，减少有机垢的形成。

（4）金属钝化性能。具有该种性能的阻垢剂，能在设备和管线的金属表面形成一层膜，抑制金属对油品氧化和热转化的催化作用。

（5）抗腐蚀性能。在设备表面形成保护膜，使之不受油品中酸性物质的腐蚀，减少腐蚀产物的生成，保持设备和管线内表面的光洁。

此外，阻垢剂还应具有油溶性，与加工油料能均匀混合；黏度小，易流动，便于使用；对后续加工工艺和产品性质不会产生不良影响；在使用温度下不分解等理化性质。

当油浆中注入阻垢剂后，换热效果明显好转，油浆外甩量减少，轻质油收率增加。若在装置一开工时就注入阻垢剂，并保持连续使用，可使催化裂化油浆系统在整个开工周期内不会出现任何结垢现象，也不再需要清洗换热器，装置操作稳定。

阻垢剂一般为易于流动的液体，用柱塞泵直接注入。油浆系统的阻垢剂注入量一般控制在油浆中阻垢剂浓度为 200mg/kg 左右。

四、降硫助剂

随着环保法规的日益严格，降低催化裂化汽油硫含量成了炼油行业迫切需要解决的难题。降硫助剂就是直接在催化裂化过程中把噻吩类化合物转化为 H_2S 进入干气，从而降低催化裂化汽油硫含量。其机理为含硫有机物属于 L 碱，催化裂化汽油降硫助剂在化学上属于 L 酸。含硫有机物被 L 酸吸附，在提升管的气氛下发生氢转移反应，进而裂解，硫转化

为 H_2S 进入干气。

中国石油化工股份有限公司石油化工科学研究院开发的 MS-011 催化裂化降硫助剂属于固体助剂，其作用原理是通过含硫化合物在助剂上的吸附和化学反应，如汽油中的噻吩类化合物与分子筛 B 酸中心或通过分子筛的 B 酸与烷基发生氢转移反应，形成具有硫醇或硫醚类性质的物质，然后裂解成裂化气和烯烃。其物化性质与常规裂化催化剂相似，具有较好的流化性能和适当的裂化性能。工业试验结果表明，助剂占藏量 10.5%（质量分数）时，汽、柴油硫含量分别下降 33.4%（质量分数）和 6.1%（质量分数）。

此外，中国石化洛阳石油化工工程公司开发的 LDS-L1 液体降硫剂、中国石化长岭分公司研究院开发的 SRS-1 降硫助剂、南京石油化工厂开发的 NS-FCC 等助剂都具有一定的脱硫效果。

五、SO_x 转移助剂

催化裂化原料油中的硫约有 10% 以上进入焦炭沉积在裂化催化剂上，而加氢处理原料油中有更多的硫进入焦炭，可达到 15% 以上。在再生器烧焦过程中，焦炭中的硫氧化为 SO_2 和 SO_3，统称为 SO_x。硫转移剂是为了减少催化裂化装置再生烟气中 SO_x 排放对大气影响而使用的一种助剂。由于它是将再生烟气中的 SO_x 转化成 H_2S 而进入干气中，然后再由硫黄回收装置作为硫黄回收，故称硫转移剂，也称再生烟气脱硫剂。SO_x 转移剂多为固体助剂，也有一些为液体助剂。

硫转移剂与催化裂化主催化剂按一定比例机械混合，同时加入或分别加入催化裂化装置再生器中，硫转移剂在催化裂化装置的反应器和再生器之间循环发挥效用。在再生器中，硫转移剂在氧化气氛下，将 SO_2 氧化吸附形成稳定的金属硫酸盐，然后与催化剂一起被输送到提升管反应器和汽提器中。所形成的金属硫酸盐在还原气氛下被还原，以 H_2S 的形式随裂化产物一起从沉降器顶部排出，最后经分馏和气体分离系统被回收处理。再生后的硫转移剂则进行下一次的循环使用，这样既可以回收到有经济价值的单质硫产品，同时减少烟气中硫化物的排放量，有效降低了再生烟气中硫化物对环境的污染。

硫转移助剂反应再生部分的主要反应如下。
(1) 再生器部分（金属硫酸盐的生成，M 表示硫转移剂中的金属）：

$$S+O_2 \longrightarrow SO_2+SO_3$$
$$SO_2+1/2O_2 \longrightarrow SO_3$$
$$MO+SO_3 \longrightarrow MSO_4$$

(2) 反应器（金属硫酸盐的还原）：

$$MSO_4+4H_2 \longrightarrow MS+4H_2O$$
$$MSO_4+4H_2 \longrightarrow MO+H_2S+3H_2O$$
$$MS+H_2O \longrightarrow MO+H_2S (汽提段)$$

SO_2 要氧化为 SO_3 才可能与硫转移助剂 SO_x 中的金属氧化物反应，形成硫酸盐。因此，在 SO_x 转移剂中都含有促进 SO_2 氧化的成分。SO_3 与金属氧化物形成硫酸盐，若太稳定，在提升管反应器内难以还原为 H_2S。

除了固体的硫转移剂外，我国还研制成功了使用更加方便的液体硫转移剂 LST-1。可将再生烟气中的硫氧化物脱除 25%~60%，其作用机理与固体相同，只是它随原料一起注入提升管反应器，与催化剂接触后分解，其有效组分被均匀吸附在催化剂表面，从而可避免惰性载体对系统催化剂的稀释作用。

六、降低 NO_x 排放助剂

催化裂化反应过程中，原料中的氮约 40%~50%进入焦炭沉积到待生催化剂上（碱性氮 100%进入焦炭）。再生过程中，焦炭中的氮化物大部分转化为 N_2，只有 2%~5%氧化形成 NO_x，其中大部分（约 95%以上）是 NO。再生烟气中的 NO_x 含量一般在 50~500μL/L 之间，但也有部分炼厂的 NO_x 含量偏高，达到 1200~1300μL/L，甚至高达 2806μL/L 和 4267μL/L。影响催化裂化装置再生烟气 NO_x 浓度的关键因素是催化裂化进料的氮含量，其次是再生器采用 CO 部分燃烧方式还是完全燃烧方式，待生剂分布器的机械设计、主风和待生剂接触的均匀性、铂基 CO 助燃剂的使用、Sb 基金属钝化剂的使用也都有显著的影响。

虽然目前很多催化装置配备了 SCR、$LoTO_x$ 等脱硝后处理设施，但 SCR 注氨量易过剩，造成硫铵在余热锅炉结盐使系统压降增加，且温度过高时会促进少量 SO_2 生成 SO_3；$LoTO_x$ 则存在能耗高、废水总氮增加等问题。因而降低 NO_x 排放助剂（脱硝助剂）仍有普遍的应用。

对于完全再生装置，增加再生器的还原气氛可以减少 NO_x 排放；降低 NO_x 排放助剂的作用是减少 NO_x 的生成或催化 NO_x 的还原反应。

不完全再生装置烟气中 NO_x 的形成过程与完全再生不同，再生器出口含氮化合物主要以 NH_3、HCN 形式存在，基本不含 NO_x；在烟气进入下游 CO 锅炉后，NH_3、HCN 等含氮化合物氧化生成 NO_x，通过控制 CO 锅炉温度、调节出口 CO 浓度等措施可以在一定程度上降低 NO_x 排放，但影响装置操作弹性。采用助剂将 NH_3 等还原态氮化物在再生器中转化，可从根源上减少进入 CO 锅炉的 NO_x 前驱物，从而降低烟气 NO_2 排放。

项目四　催化裂化催化剂失活与再生

在催化裂化反应再生过程中，催化剂活性和选择性不断下降，这种现象称为催化剂失活。催化裂化催化剂失活原因主要有三个：高温或高温与水蒸气的作用，称为水热失活；缩合反应生焦，称为结焦失活；毒物的毒害，称为中毒失活。

一、催化裂化催化剂的失活

（一）水热失活

水热失活是一个缓慢过程，与分子筛类型和停留时间有关。在高温，特别是有水蒸气存在的条件下，催化裂化催化剂的表面结构发生变化，比表面积减小，孔容减小，分子筛的晶体结构遭到破坏，导致催化剂的活性和选择性下降。REY 型分子筛的晶体崩塌温度为 870~880℃，USY 型分子筛的崩塌温度为 1010~1050℃。实际上，在高于 800℃时，许多分子筛就已开始有明显的晶体破坏现象发生。在工业生产中，对分子筛催化剂，一般在<650℃时催化剂失活很慢，在<720℃时失活并不严重，但当温度>730℃时失活问题就比较突出了。

（二）结焦失活

催化裂化反应生成的焦炭沉积在催化剂表面，覆盖催化剂的活性中心，使催化剂活性和选择性下降。随着反应进行，催化剂上沉积的焦炭增多，失活程度也加大。

工业催化裂化所产生的焦炭可认为包括四种类型：

（1）催化焦。烃类在催化剂活性中心上反应时生成的焦炭，其氢碳比较低（氢碳原子比约为 0.4）。催化焦随反应转化率的增大而增加。

（2）附加焦。原料中的焦炭前身物（主要是稠环芳香烃）在催化剂表面上吸附，经缩合反应产生焦炭。通常认为在全回炼时附加焦的量与残炭值大体上相当。

（3）可汽提焦，也称剂油比焦。因在汽提段汽提不完全而残留在催化剂上的重质烃类，其氢碳比较高。可汽提焦的量与汽提段的汽提效率、催化剂的孔结构状况等因素有关。

（4）污染焦。由于重金属沉积在催化剂表面上促进脱氢和缩合反应而产生的焦为污染焦。污染焦的量与催化剂上的金属沉积量、沉积金属的类型以及催化剂的抗污染能力等因素有关。

（三）中毒失活

在实际生产中，催化裂化催化剂的毒物主要是重金属（Fe、Cu、Ni、V 等）、碱金属和碱土金属（钠和钙为主）、碱性氮化合物（存在于减压渣油和焦化蜡油中），其中对催化剂影响最大的是重金属。

1. 重金属污染

在催化裂化过程中，重金属沉积在催化裂化催化剂表面，降低催化剂的活性和选择性，使焦炭产率增大，液体产品产率下降，产品的不饱和度增加，气体中的 C_3 和 C_4 的产率降低，特别明显的是氢气产率增加，这就是催化剂的重金属污染。

重金属对催化剂影响的方面和程度是有所不同的。铜含量很小，不构成主要危害，其中以镍和钒的影响最大。在催化裂化反应条件下，镍起着脱氢催化剂的作用，使催化剂的选择性变差，其结果是焦炭产率增大、液体产品产率下降、产品的不饱和度增大、气体中的氢含量增大。钒会破坏分子筛的晶体结构并使催化剂的活性下降。在催化剂上金属含量低于 3000μg/g 时，镍对选择性的影响比钒大 4~5 倍，而在高含量时（15000~20000μg/g），钒对选择性的影响与镍达到相同的水平。

重金属污染的影响还与其老化的程度有关。实践表明，已经老化的重金属的污染作用要比新沉积的金属的作用弱得多。此外，重金属污染的影响的大小还与催化剂的抗金属污染能力有关。

催化剂上的重金属来源于原料油。国外许多原油的钒含量较高，我国多数原油的镍含量较高而钒含量则较低。一般情况下，以瓦斯油为原料时，重金属污染的程度并不严重，但是对来自某些含重金属很多的原油的瓦斯油，或减压蒸馏时雾沫夹带严重，则必须重视重金属污染的问题。

抑制重金属污染的方法主要有原料预处理、催化剂脱金属及使用金属钝化剂，其中，使用金属钝化剂是最经济、便利和有效的方法。

2. 碱金属和碱土金属污染

催化剂制造过程中残存的碱金属和原料油中携带的碱金属和碱土金属对催化剂都有不同程度的毒害。研究表明，在催化剂被污染的程度相同的前提下，碱金属和碱土金属对催化剂活性影响的顺序如下。

对新鲜催化剂而言：

$$Na = K > Ca = Mg > Ba\text{（在热环境中）}$$
$$Mg = Na \approx K > Ca > Ba\text{（在缓和水热环境中）}$$
$$Mg \gg Na \approx K > Ca, Ba\text{（在苛刻水热环境中）}$$

对平衡催化剂而言：

$$Na \approx K > Ca \approx Mg\text{（在缓和水热环境中）}$$
$$K > Ca \approx Mg > Na\text{（在苛刻水热环境中）}$$

碱金属和碱土金属以离子态存在时，可以吸附在催化剂的酸性中心上起中和作用，从而降低催化剂的活性。它们的中和作用应该是服从化学计量的概念，比如在相同污染量的情况下，钡的中和作用应该小得多。这些碱金属和碱土金属一旦与沸石发生了离子交换，在苛刻的水热条件下，可以破坏沸石的结构。一般而言，钙和镁以无机物形式进入催化裂化装置，在高温再生过程中，易转化为氧化物，不能再与沸石发生离子交换，所以它们对工业平衡剂的毒害并不是很严重，但已发现当钙的量>1%时，可以破坏沸石。在苛刻的水热条件下，只要是发生了离子交换，镁比钠的污染还要严重得多。当钡达到1%的水平时，在苛刻的水热条件下，降低了富硅结构沸石的熔点。钾在非常苛刻的水热条件下，与钠、钙、镁相比，更少破坏平衡剂的沸石，这与它的离子尺寸有关。

钠作为氧化铝的熔剂，降低了催化剂结构的熔点，在正常的再生温度下足以使污染部位熔化，把沸石和载体一同破坏。钠还中和酸性中心而降低催化剂活性。重金属的毒害作用由于钠的促进而增大，为了限制原料带入钠对失活的作用，原料的脱盐必须十分重视，应控制在 $1\sim2\mu g/g$ 范围内，催化剂上钠含量以不超过 0.5% 为宜，其中电脱盐对金属的脱除效果，以钠的脱除率最高，钾、镁次之，钙的脱除率最低。

钠除了影响催化剂的活性之外，还影响汽油质量。

3. 碱性氮化合物

除了金属毒物外，碱性氮化合物对催化裂化催化剂也是毒物，它会使催化剂的活性和选择性降低。中毒机理是：碱氮化合物含有孤对电子，具有强烈的络合和吸附性能，催化裂化催化剂的活性中心是 L 酸和 B 酸，具有电子空轨道，二者结合形成强配位键的络合物使催化剂中毒失活。

碱氮中毒是非永久性中毒，在再生器中转化为 NO_x 或 N_2 后，催化剂活性恢复。催化剂碱氮中毒的表现：从反应性能上看，重油裂化能力下降，油浆增多，高附加值产品产量下降，催化剂分析无异常反应。

催化剂的抗碱氮技术：催化剂可提供更多的酸性位，一部分用于诱发正碳离子，另一部分可用于络合碱氮化合物，以减少碱氮化合物吸附后的位阻作用，并对含氮化合物侧链尽可能地裂化，防止焦中氢的增加，如基质上增加少量的强酸性位。

二、催化剂平衡活性

由以上讨论可见，催化裂化催化剂的活性和选择性在使用过程中会受到各种因素的影响而逐渐发生变化，因此新鲜催化剂的活性并不能反映工业装置中实际的催化剂活性。在实际生产中，通常用"平衡活性"来表示装置中实际的、相对稳定的催化剂活性。影响裂化催化剂的平衡活性的因素很多，主要有：

（1）催化剂的水热失活速率。由于再生器的温度比反应器的温度高得多，因此，再生器的操作条件对催化剂的水热失活速率的影响是决定性的。催化裂化再生器都是流态化反应器，尽管不同形式的再生器会有不同的流化状态，但总是会存在各种形式的固体颗粒停留时间分布函数。因此，催化剂颗粒在再生器内的停留时间分布是计算催化剂失活的重要基础。

（2）催化剂的置换速率。裂化催化剂在反应再生系统中进行循环时会由于磨损、粉碎而流失。而且，为了保持平衡活性，也需要卸出一些旧催化剂而补充一些新鲜催化剂。因此，对装置内的催化剂应有一个合理的催化剂置换速率。催化剂置换速率高时，平衡活性也高。但是在这两者之间并不是简单的比例关系。新鲜催化剂中的细粉在最初的几个循环中即可能流失，而有些耐磨的粗颗粒则可能在反应再生系统内长期停留，从而导致不同直径颗粒的失活程度有很大的不同。

（3）催化剂的重金属污染。重金属在催化剂上的沉积量是逐渐增多的，其污染影响也逐渐加大。另一方面，沉积重金属的毒性又会随着其寿命的延长而下降。

影响裂化催化剂平衡活性的因素很复杂，除了上面讨论的三个方面外，还有新鲜催化剂的活性及稳定性、原料油的性质及重金属含量、催化剂的流失率、装置的操作条件等影响因素。严格来说，裂化催化剂的失活始终不是一个稳态过程，达不到真正的动态平衡条件，因此，在实际生产中，所谓"稳定的"平衡活性不可能是真正的固定不变。

三、催化裂化催化剂的再生

催化裂化催化剂在反应器和再生器之间不断地进行循环，通常在离开反应器时催化剂（待生催化剂，简称待生剂）上含碳约1%（质量分数），必须在再生器内烧去积炭以恢复催化剂的活性。再生后的催化剂称再生催化剂（简称再生剂）。对分子筛催化剂一般要求含碳量降至0.2%（质量分数）以下，而对超稳Y型分子筛催化剂则要求降至0.05%（质量分数）以下。通过再生可以恢复由于结焦而丧失的活性，但不能恢复由于结构变化及金属污染引起的失活。催化裂化催化剂的再生过程决定着整个装置的热平衡和生产能力，因此，在研究催化裂化时必须十分重视催化剂的再生问题。

（一）催化剂再生反应和再生反应热

1. 催化剂再生反应

催化剂上沉积的焦炭主要是缩合反应产物，它的主要成分是碳和氢，也含有少量硫和氮。

催化剂再生反应就是用空气中的氧烧去沉积的焦炭，反应的主要产物是 CO_2、CO 和 H_2O。一般情况下，再生烟气中的 CO_2 和 CO 的比值为 1.1~1.3，在高温再生或使用 CO 助燃剂时，此比值可以提高，甚至可使烟气中的 CO 全部转化为 CO_2。再生烟气中还含有 SO_x（SO_2、SO_3）和 NO_x（NO、NO_2）。由于焦炭本身是许多种化合物的混合物，而且没有确定的组成，因此，无法写出它的准确分子式，故其化学反应方程式只能笼统地用下式来表示：

$$\text{焦炭} \xrightarrow{O_2} CO + CO_2 + H_2O$$

待生催化剂上的氮化物在再生过程中可转化为 NO、N_2、N_2O、NO、HCN 和 NH_3，其中 HCN 和 NH_3 是形成 NO_x 的中间产物。在氧过剩的再生条件下，特别是在催化剂和金属的参与下，绝大多数的 HCN 和 NH_3 氧化为 NO 和 N_2O，而 NO 和 N_2O 又进一步还原或分解生成 N_2。

在部分燃烧的条件下，有 CO 等还原剂存在，有助于减少 NO_x 的排放，而使 NO 更多地转化成 N_2。而在密相床中缺乏足够的氧，会影响中间含氮化合物的氧化反应，将有较多数量的 HCN 和 NH_3 存在，在下游的 CO 锅炉中会进一步转化成 NO 和 N_2。

硫的燃烧速率比碳快。焦炭中硫燃烧的产物有 SO_2 和 SO_3，总称 SO_x。其中，SO_2 系一次生成，进一步氧化为 SO_3。SO_3 生成较少，一般为 SO_x 的 10%~20%。

2. 催化剂再生反应热

再生反应是放热反应，而且热效应相当大，足以提供本装置热平衡所需的热量。在有些情况下（例如 CO_2 和 CO 的比值大甚至完全燃烧，焦炭产率高，特别是以重油为裂化原料时），还可以提供相当大量的剩余热量。

焦炭的元素组成主要是碳和氢，元素碳和元素氢的燃烧热如下：

$$\begin{cases} C+O_2 \longrightarrow CO_2 & 33873 kJ/kg\ C \\ C+1/2O_2 \longrightarrow CO & 10258 kJ/kg\ C \\ H_2+1/2O_2 \longrightarrow H_2O & 119890 kJ/kg\ H \end{cases}$$

可以看出，三个反应的反应热数值相差很大，再生反应热的数值与焦炭的氢碳比及再生烟气中的 CO_2 和 CO 的比值有关。

注意：这种计算方法实质上是把焦炭看成是碳和氢的混合物，从理论上讲是不正确的。需要扣除焦炭生成热。把焦炭视为稠环芳香烃时反应热为 500~750kJ/kg，约占总热效应的 1%~2%。

工业计算方法：再生反应净热效应 = 总热效应 - 焦炭脱附热，其中焦炭脱附热 = 总热效应×11.5%。

（二）再生反应速度

再生反应速率决定再生器的效率，它直接对催化剂的活性、选择性和装置的生产能力有重要影响。

　　烧焦中氢的燃烧速度是碳燃烧反应速度的 1.8~2.4 倍，且对氢和碳来说均是一级反应，所以当催化剂上的碳 85% 被烧掉时，焦炭中的氢已几乎全部烧掉，这样在第二段再生过程中，烟气中水汽分压较低，从而可提高再生温度。因此再生反应速率决定于焦炭中碳的燃烧速率。

　　影响烧碳反应速率的主要因素有再生温度、氧分压、催化剂的含碳量等，催化剂的类型也会对烧碳反应速率产生影响。

模块三　流态化与气固分离

气固流态化技术与流化催化裂化技术的发展密切相关。催化裂化工艺的开发、反应再生系统的设计与操作、反应器与再生器模型化等方面无一不与流态化技术有关，涉及全部流态化系统，包括鼓泡流化床、湍动流化床、快速流化床、立管密相输送、斜管密相输送、密相输送流化床、稀相输送流化床以及流化床中的一些关键部件，例如空气分布器、催化剂分配器等。因此，从事催化裂化的工作者需要了解并掌握催化裂化催化剂的气固流态化基本原理，不断提高装置的生产操作与管理水平。

项目一　气固流态化过程中颗粒的物理特性与分类

流态化是一种使微粒固体通过与液体或气体接触而转变成类似流体状态的操作。借助于固体流态化完成某种过程的技术，称之为流态化技术。颗粒不同，气固流态化特性也有所不同。因此，讨论气固流态化行为应先了解影响气固流态化特性颗粒的主要物性，如粒径、颗粒密度、颗粒的流化与脱气性能，进而按流态化特性进行颗粒分类。

一、颗粒的几何特性

（一）单颗粒的几何特性

颗粒是指一定尺寸范围内具有特定形状的几何体，其尺寸通常介于 nm 和 mm 之间。颗粒的几何特性主要包括颗粒的大小、形状、比表面积、孔径等。

单颗粒的大小用其在空间范围所占据的线性尺寸来表示，也就是粒径，它是最基本的物性参数，是衡量颗粒大小的具体指标。

1. 球形颗粒

球形颗粒的粒径就是直径，颗粒的体积、表面积、比表面积都可用直径表示，即球形颗粒可用单一参数（直径）确定其特性。

2. 非球形颗粒

非球形颗粒必须有两个参数才能确定其特性，即当量直径和形状系数。因为非球形颗粒形状千变万化，不可能用单一参数全面表示颗粒的体积、表面积和比表面积。

1）当量直径

非球形颗粒的粒径可用球体、立方体或长方体代表尺寸表示，其中用球体的直径表示不规则颗粒的粒径应用得最普遍，称为当量直径。当量直径与颗粒的各种物理现象相对应。当量直径有以下几种情况：

(1) 等体积球当量直径：与颗粒体积相等的球的直径，记作 d_V；
(2) 等表面积球当量直径：与颗粒表面积相等的球的直径，记作 d_s；
(3) 等比表面积球当量直径：与颗粒比表面积相等的球的直径，记作 d_{sV}。

等体积球当量直径 d_V、等表面积球当量直径 d_s 和等比表面积球当量直径 d_{sV} 三者之间的关系为：

对于圆球形颗粒：$\quad d_V = d_{sV} = d_s$

对于非圆球形颗粒：$\quad d_V \neq d_{sV} \neq d_s$

2) 形状系数

非球形颗粒常用形状系数表征颗粒的形状与球形的差异程度，常用球形度和圆形度来表示。

(1) 球形度。φ_s 表示非圆球形颗粒的非球形程度，也称为球形度：

$$\varphi_s = \frac{s}{s_p}$$

式中　s——与颗粒等体积的球形颗粒的表面积；

s_p——颗粒实际表面积。

它表明颗粒形状接近于球形的程度，φ_s 越大，颗粒越接近于球形。因为在相同体积的不同形状颗粒中，球形颗粒的表面积最小，故对非球形颗粒而言，$\varphi_s < 1$；球形颗粒的 $\varphi_s = 1$。

若知道球形度 φ_s 和等效体积粒径 d_V，则可以计算出等比表面积粒径 d_{sV}。

在催化裂化领域，常用球形度表示裂化催化剂颗粒形状。

(2) 圆形度。颗粒的投影与圆接近的程度，它在显微镜和图像分析中有着广泛的应用。圆形度 ψ_c 的定义式：

$$\psi_c = \frac{L_c}{L} = \frac{D_H}{D_L}$$

式中　D_H——与颗粒投影面积相等的圆的直径；

D_L——与颗粒面积相等的圆的直径；

L——颗粒的投影周长；

L_c——与颗粒面积相等的圆的周长。

（二）颗粒群的几何特性

颗粒群由大量的单颗粒所组成。颗粒系统的粒径相等时（如标准颗粒），可用单一粒径表示其大小，称这类颗粒系统为单粒度体系。实际颗粒大都由粒度不等的颗粒组成，称这类颗粒为多粒度体系。描述多颗粒尺寸大小的两个指标是粒度和粒度分布。

粒度分布是将颗粒样品按粒度大小不同分为若干级（粒径区间），表达出每一级粉末（按质量、按数量或按体积）所占的百分率，可用简单的表格、绘图和函数形式表示，但使用不太方便，故用平均粒径表示。颗粒群的平均粒径有不同的表示法，有个数平均径、长度平均径、面积平均径、体积平均径、表面积平均径、体积长度平均径以及调和平均径。粒径是以多颗粒群为对象，表征所有颗粒在总体上尺寸大小的概念，而一般将颗粒的平均大小称为粒度。因此，习惯上可将粒径和粒度两词通用。粒度和粒径是颗粒几何性质的一维表示,是最基本的几何特征。

催化裂化催化剂的粒径分布大体趋于正态分布。新鲜催化剂筛分组成一般为 $0\sim40\mu m$ $\leq25\%$;$40\sim80\mu m\geq50\%$。一般采用激光粒度仪或气动筛分仪来测定催化剂颗粒粒径分布。值得注意的是,不同仪器测定的筛分组成(粒径分布)有一定出入。

颗粒群的粒径用粒径分布表示在关联式计算中不太方便,常用一"代表"粒径来表达这个颗粒群的粒径。在流态化过程中常用的"代表"粒径是颗粒群的调和平均粒径,其定义如下:

$$d_p = \frac{1}{\sum x_i/d_{pi}}$$

式中 d_p——颗粒群的调和平均粒径;

x_i——粒径 d_{pi} 颗粒的质量分数。

二、颗粒密度和空隙率

(一)颗粒密度

物理学上密度的定义为单位体积的质量。因此,随单位体积意义的不同则有不同的密度。对于催化裂化催化剂有骨架密度、颗粒密度、堆积密度、充气密度、沉降密度及压紧密度。

由于催化裂化催化剂是微球多孔性物质,则颗粒的体积有包括颗粒中微孔体积与不含微孔体积的单纯固体体积之分。堆积颗粒物料的体积则包括颗粒本身的体积与颗粒间空隙的体积。为此上述六种颗粒密度的定义为:

(1)骨架密度 ρ_s:单位颗粒(不含微孔体积)固体体积的质量,或称真实密度,一般为 $2000\sim2200kg/m^3$。

(2)颗粒密度 ρ_p:单位颗粒(包含微孔体积)体积的质量,一般是 $900\sim1200kg/m^3$。

(3)堆积密度 ρ_b:单位堆积颗粒体积(包含颗粒之间的空隙体积)的质量,一般为 $500\sim800kg/m^3$。

对于微球状分子筛催化剂,按测定的方法不同,堆积密度又可分为松动状态、沉降状态和密实状态下的堆积密度。

(4)充气密度(或称松密度):催化剂装入量筒内经摇动后,待催化剂刚刚全部落下时,按立即读出的体积计算的密度,它是最小的床层密度。

(5)沉降密度(或自由堆积密度):上述量筒中催化剂静置 2min 后,由读取的体积计算的密度。

(6)压紧密度 ρ_{bt}:将量筒振动数次至体积不再变时,由读出的体积计算的密度,是最大床层密度。

对于催化裂化催化剂,常用骨架密度、颗粒密度、堆积密度及压紧密度,其关系如下:

$$\rho_s > \rho_p > \rho_{bt} > \rho_b$$

催化剂的堆积密度常用来计算催化剂的体积和重量,而催化剂的颗粒密度对催化剂的流化性能有重要影响。

（二）空隙率

对于体积为 V_b 的颗粒床层，应包括颗粒体积 V_p 与颗粒之间空隙的体积 V_a：

$$V_b = V_p + V_a$$

空隙率 ε：颗粒之间空隙的体积与催化剂床层或堆积体积之比，就称为空隙率 ε：

$$\varepsilon = \frac{V_a}{V_b} = \frac{V_b - V_p}{V_b} = 1 - \frac{V_p}{V_b} = 1 - \frac{\rho_b}{\rho_p}$$

空隙率的大小与颗粒形状、粒度分布、颗粒直径与床层直径的比值、床层的填充方式等因素有关。

三、颗粒物料的流动特性

表征颗粒物料的流动特性有：颗粒休止角、颗粒内摩擦角、颗粒滑动角、颗粒与器壁摩擦角。

（一）休止角 θ_r

图 2-3-1 是在料仓底部开一个小孔，仓内物料可以通过小孔自由降落的情景。

由小孔流出的固体颗粒在下面堆成一圆锥体，圆锥体斜边（母线）与水平面的夹角 θ_r 称为休止角。休止角 θ_r 的形成有两种情况：一种是向下流出的颗粒堆积而成，另一种为颗粒由料仓下流时在料仓内形成，如图 2-3-1 中标注的两个 θ_r 位置。

由定义可知，当固体颗粒处在倾斜角小于 θ_r 的平面上时，固体颗粒就停留在斜面上而不会下落。休止角是反应颗粒流动性好坏的一个重要参数，休止角越小，流动性越好。一般认为休止角在 35°~45°之间的固体颗粒可以自由流动，休止角大于 45°的固体颗粒可以缓慢流动。

（二）内摩擦角 θ_f

如图 2-3-1 中，在没有充气时，离底边 $H = (D/2)\tan\theta_f$ 处开始形成一个倒锥形的流动区，圆锥体以外的固体颗粒基本不流动，则倒锥体母线与水平面之间的夹角 θ_f 称内摩擦角。一般来说，内摩擦角越大，粉体流动性越差。

（三）滑动角 Φ_s

滑动角表示颗粒物料与倾斜固体表面的摩擦特性，即颗粒堆积在平面上，使平面倾斜到一定角度时，所有的堆积颗粒全部滑落时板与水平面的最小夹角。由定义知，凡是大于休止角 θ_r 的角，能使颗粒自然流动，即 $\Phi_s > \theta_r$。

（四）壁面摩擦角 Φ_w

壁面摩擦角表示颗粒物料与固体壁面之间的摩

图 2-3-1 固体颗粒的休止角和内摩擦角

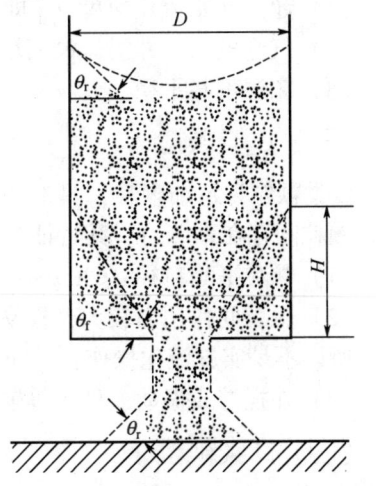

擦特性，对粉体输送和储存过程有重要意义。

催化裂化催化剂，属于粉体颗粒，同样具有上述各种角度。一般来说，小密度催化剂休止角为32°，大密度催化剂休止角为34°~36°，有时大密度平衡催化剂休止角达38°。在工程设计中，考虑到催化剂这些物性，一般再生器、沉降器及催化剂储罐等均设计成锥形底，锥形体与平面的夹角都大于45°，即大于催化剂休止角，达到滑动角的范围，在停车时便于卸出催化剂；为了保证催化剂畅快地流动，输送斜管与垂直线的夹角一般采用27°~35°；还有大型加料线、小型加料线均设计成具有较大曲率半径的弯管等，都与这些角有关。

四、Geldart 颗粒分类法

气固流化床中颗粒的粒度和颗粒的表观密度与气体密度之差对流化特性有显著的影响。Geldart（1973）在大量实验的基础上，提出了具有实用意义的颗粒分类法——Geldart颗粒分类法。这种分类方法只适用于气固体系。根据不同的颗粒粒度及气固密度差，颗粒可分为 A、B、C、D 四种类型。

（一）A 类颗粒

A 类颗粒又称细颗粒或可充气颗粒，一般为小粒径（30~100 μm）、低密度（小于1400kg/m³）的颗粒。催化裂化催化剂颗粒是典型的 A 类颗粒物料，存在颗粒间作用力。其特征为：

（1）在床层起始流化速度 u_{mf} 与首次出现气泡的表观起始气泡速度 u_{mb} 之间，床层出现散式流化，因此 $u_{mb}/u_{mf}>1$；

（2）气泡径小，床层膨胀较大，流化较为平稳；

（3）固体的返混较为严重。

（二）B 类颗粒

B 类颗粒又称粗颗粒或鼓泡颗粒，平均粒径为 40~500 μm，颗粒密度在 1400~4000kg/m³。典型颗粒为砂粒。其特征为：

（1）超过起始流化速度 u_{mf} 即出现气泡，故 $u_{mb}=u_{mf}$；

（2）气泡较大，并沿床高而增大；

（3）床层不甚平稳。

（三）C 类颗粒

C 类颗粒为超细颗粒，具有明显黏性。进入三旋分离器的催化剂就是这类的典型颗粒，颗粒间存在黏着力。其特征为：

（1）颗粒平均粒径 $d<30$ μm；

（2）颗粒间作用力较大，极易导致颗粒的团聚，因其具有较强的黏聚性，极易产生沟流，所以不易实施流化操作；

（3）在搅拌或振动、外场等辅助作用下，可以实现流化操作。

（四）D 类颗粒

D 类颗粒属于过粗颗粒或喷动用的颗粒，一般为尺寸大（平均直径在 600 μm 以上）

或比较重的颗粒。玉米、麦粒和粗玻璃珠均属于此类。其特征为：流化时产生极大气泡或节涌，使操作难以稳定，它更适用于喷动床。

项目二 流态化基础知识

一、流化床的形成

在工业上，固体流态化是在容器中进行的，把容器和呈现流化状态的固体颗粒一起称为流化床。

（一）形成流化床的基本条件

（1）要有一个合适的容器作为床体，如催化裂化装置中的反应器、再生器等，底部设置有使流体分布良好的分布器，以支撑床层并使流化良好；

（2）容器中要有足够数量的大小适中、相对密度和耐磨性能满足要求的固体颗粒来形成床层，如催化裂化装置中使用的催化剂颗粒；

（3）要有连续供应的流体充当流化介质使固体流化起来，如主风、蒸汽、干气等；

（4）流体的流速大于最小流化速度，但不能超过颗粒的带出速度。

（二）流化床的形成过程

如果在一个下面装有小孔筛板的圆筒内装入一些微球催化剂，让空气由下而上通过床层，并测定空气通过床层的压降 Δp，将会发现以下现象。

（1）固定床。

当气体流速 u_f 较小时，床层虽有流体通过，但固体颗粒相对位置不发生变化，床层高度不发生变化，即处于固定床状态。只是随着 u_f 的增大，床层压降也随之增大，如图 2-3-2 的 AB 段。

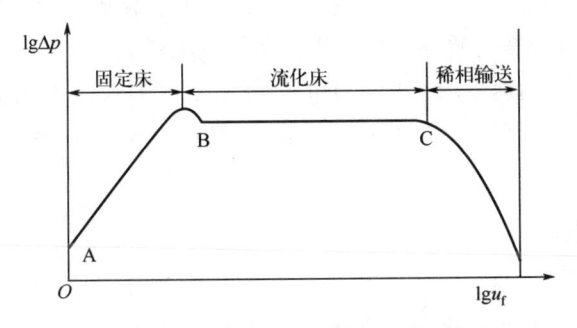

图 2-3-2 床层压降与气体线速的关系

（2）流化床。

当气速增大至一定程度时，床层开始膨胀，一些细粒在有限范围内运动；当气速再增大时，固体颗粒被气流悬浮起来并做不规则的运动，即固体颗粒开始流化。此后，继续增大气速，床层继续膨胀，固体运动也越剧烈，但是床层压降基本不变，如图 2-3-2 的 BC 段。

(3) 稀相输送。

气速再增大至某个数值，例如 C 点，固体颗粒开始被气流带走，床层压降下降。气速再继续增大，被带出的颗粒越多，最后被全部带出，床层压降下降至很小的数值。

在此过程中，对应于 B 点处的气速称为临界流化速度 u_{mf}，即固体开始流化的最低速度；对应于 C 点的气速称为终端速度 u_t，也称带出速度。由上述过程可见，当气速小于 u_{mf} 时为固定床，在 u_{mf} 与 u_t 之间为流化床，大于 u_t 则为稀相输送。

在固定床阶段，颗粒之间的空隙形成了许多曲曲弯弯的小通道，气体流过这些小通道时因有摩擦阻力而产生压降。摩擦阻力与气体流速的平方成正比，因此流速越大时产生的床层压降也越大。

当气速增大至 B 点，作用于床层的各力达到平衡，整个床层被悬浮起来而固体颗粒自由运动，有：

$$床层压降 \times 床层截面积 = 床中固体重 - 固体所受浮力$$

或

$$\Delta p \cdot F = V(1-\varepsilon)\rho_p g - V(1-\varepsilon)\rho_g g$$

式中　Δp——床层压降，Pa；

F——床层截面积；m^2；

V——床层体积；m^3；

ε——床层空隙率；

ρ_p, ρ_g——固体颗粒及气体的密度，kg/m^3。

上式可以写成：

$$\Delta p \cdot F = V(1-\varepsilon)(\rho_p - \rho_g)g$$

因 ρ_p 远大于 ρ_g，所以可近似写成：

$$\Delta p \cdot F = V(1-\varepsilon)\rho_p g$$

上式等号的右边就是固体颗粒的重力。当没有加入或带出固体时，它是一个常数。因此，在流化床阶段，当气速增大时 V 虽然增大，但 ε 亦随之增大，结果 $\Delta p \cdot F$ 基本保持不变，也就是 Δp 基本不变。利用这个原理，在实验室或工业装置中可以通过测定流化床中不同高度的两点间的压差来计算床层中的固体藏量或床密度。

当气体流速超过终端速度时，床层中的固体质量因颗粒被带出而减小，于是床层压降减小，直至全部固体颗粒被带出时，圆筒两端的压差就是气流通过空筒时的摩擦压降。

二、气固流态化域

不同类型颗粒的流态化特性是有差别的，这种差别首先表现在流态化域上。催化裂化催化剂是典型的 A 类颗粒，A 类细粉颗粒流化床的流化状态与床层内的表观气速 u_f 有关。随着 u_f 的增大，床层可分为几种不同的流化状态，或称为不同的流态化域，见图 2-3-3。

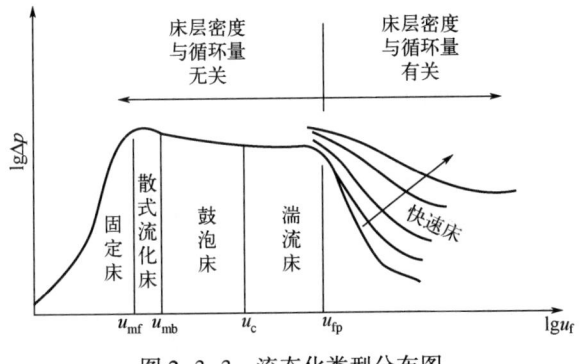

图 2-3-3 流态化类型分布图

(1) 固定床：固体颗粒相互紧密接触，呈堆积状态。

(2) 散式流化床：固体颗粒脱离接触，但均匀地分散在流化介质中，无颗粒与流体的聚集状态，床层界面清晰而稳定，已具有一些流体特性。

(3) 鼓泡床：随着气速 u_f 的增大，固体颗粒脱离接触，但流化床中出现了气体的聚集相，即气泡。当气泡上升至床层表面时，气泡破裂并将部分颗粒带到床面以上的稀相空间，形成了稀相区（固体颗粒含量较少），床面以下则是密相区。工业流化床汽提段属于此类。

(4) 湍动床：气速 u_f 增大到一定程度时，由于气泡不稳定使气泡分裂成更多的小气泡，床层内循环加剧，气泡分布较为均匀，床层由气泡引起的压力波动减小。此时床层表面气体夹带颗粒量大增，使稀相区的固体浓度增大，在细颗粒较多时出现固体颗粒聚集现象（也称絮团），稀、密相之间的界面变得模糊不清，这种流化床层称为湍动床。工业流化床再生器多属此类。

(5) 快速床：气速 u_f 再增大，气体夹带固体量已达到饱和，密相区已不能继续维持而要被气流带走，此时必须靠一定的固体循环量来维持，密相区的密度与固体循环量密切相关。催化裂化装置中的烧焦罐就属此类。

(6) 输送床：当气速增大到即使靠固体循环量也无法维持床层时，就进入气力输送状态，称输送床。催化裂化提升管反应器原料喷嘴以上基本属于此类。

三、非正常流化现象

（一）节涌

由于床层直径较小，高径比较大，气泡聚集并致使气泡直径大小接近床层直径，气泡在床层形成柱塞状，将床层分为一层起泡、一层固体颗粒相，这种现象称为节涌，亦称腾涌或气节，如图 2-3-4 所示。节涌现象在直径小于 50mm 的流化床中很容易发生。产生节涌的主要原因有：

(1) 流化床高径比过大；
(2) 布风板设计不合理，布风不均匀；
(3) 颗粒粒度分布过窄。

↑ 圆头节涌　　↑ 贴壁节涌　　↑ 平头节涌

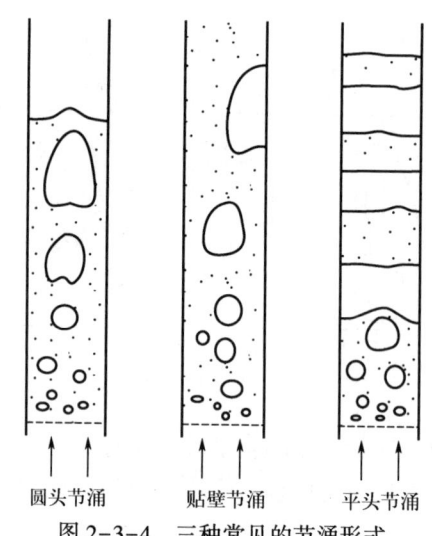

图 2-3-4　三种常见的节涌形式

流化床产生节涌时，气体必须渗过慢速运动的密相区，因此床层的压降比正常流化时的压降大。但当大气泡到达床层顶部时气泡崩破，颗粒骤然散落，床层压降又突然降低，严重时还会发生振动。通常增设内构件来消除流化床内的节涌现象。

（二）沟流

当床层各纵向阻力不同或气体分布不均匀时，流化气体可能穿透床层中阻力小的部位，连续地沿着捷径上升而形成短路，这种现象称为沟流，也称为穿透现象，如图 2-3-5 所示。沟流有贯穿沟流和局部沟流之分。贯穿沟流是气流从下到上穿透整个床层。在这种情况下，气流速度即便超出临界流化速度，床层也不可能进入流化状态。局部沟流指只出现在床层的局部区域、局部高度内的沟流。在这种情况下，气流沟道未到达的部分仍然可以进入流化状态。产生沟流的主要原因有：

图 2-3-5　沟流示意图

（1）流化床的高径比过小，床层过薄；
（2）床层气体分布不均匀；
（3）黏性较大的细颗粒较多；
（4）操作气流速度过小；
（5）颗粒物料水分过大，引起局部颗粒黏结。

（三）分层

分层是指颗粒在床层中不能均匀混合、出现颗粒按粒度或密度分层的现象。粗而重的颗沉积在下面，细而轻的颗粒则被吹到上面。

分层现象使床层因为性质不同分为上下两部分。当气速继续提高时，上部细而轻的颗粒可以达到流态化，而下部粗重颗粒层仍处于固定床状态。这时下部床层相当于上部流化床二次布风器。在某些情况下，下层物料可能会出现局部高温，造成颗粒结块，有可能造成装置非计划停工，更有甚者损害设备，如分布板。

四、流化床基本特征

气固流化床的各个流态化域有共同的特点（固体颗粒处于流化状态），但是也各有特点。下面简要介绍处于不同流态化域的流化床基本特性。

（一）散式流化床

（1）在散式流化床中，颗粒与颗粒之间已脱离相互接触，颗粒间充满流化介质（在气固流化中为气体），形成颗粒悬浮状态。

（2）流化介质气体在颗粒间隙中流动，并无聚集状态，具有平稳的床层界面。

（3）空隙率随气体的表观速度增加而增加，床层压降为定值。

（4）流态化后的流化床层具有某些流体的性能特征，如易于流动、充满容器等流体性能。

在催化裂化装置中，催化剂的密相输送处于散式流化状态。

（二）鼓泡床与湍动床

（1）对于 A 类颗粒，当气流速度大于 u_f 大于起始起泡速度 u_{mb} 时在床层内出现气泡，即除去起始气泡 u_{mb} 的气体使床层呈现散式流化外，超过起始气泡速度 u_{mb} 的 (u_f-u_{mb}) 气量在床层内以气体聚集相——气泡相存在，气泡相以外为散式流化的乳化相。鼓泡床与湍动床层内都具有气泡相与乳化相两相共存，气泡与乳化相各自有其独特的行为。

（2）气泡在床层内由分布器形成，气泡在床层内依靠浮力由下向上运动，气泡在床层界面处破裂。气泡破裂时将床层内的颗粒向稀相空间喷溅，并且稀相空间的气流将喷溅的颗粒携带向上，形成颗粒浓度较稀的稀相空间，此空间称为稀相区。相对于稀相区的床层被称为密相区，也有时称为密相床层。因此，鼓泡床与湍动床是稀、密两相区共存的体系。

（3）由于气体分布器孔口流出的气流受分布器结构的影响，从分布器口喷射出的气流形式与床层气流形式有较大的差异，形成分布器作用区。因此，密相床层可以分为分布器作用区与气泡、乳化相两相区。

（4）鼓泡床内气泡随床高而增大。湍动床内气泡直径较小、空间分布广；气泡尺寸几乎不随气速和床高变化；气速增加，气泡数迅速增加。

（5）与鼓泡床不同，湍动床密相内不均匀，具有"粒子束"的结构，粒子束具有大颗粒的某些性质，湍动床颗粒夹带量远比预计值小。

（三）快速流化床

快速流化床与湍流床的一个重要区别在于快速流化床的气速已增大到必须依靠提高固体颗粒的循环量才能维持床层密度。催化裂化装置的烧焦罐式再生器的操作气速多在 1~2m/s 范围内，大部分属于快速流化床。

在快速流化床阶段，气泡相转化为连续含颗粒的稀相，而连续乳化相逐渐变成由组合松散的颗粒群（絮团）构成的密相。或者说，在快速流化床，气泡趋向于消失而在床内呈现不同的密度分布。一般情况下，上部密度小（称为稀区），下部密度较大（称为密区），而在径向上则呈中心稀、靠壁处浓的径向分布。在快速流化床内，气体和固体颗粒也还有显著的返混现象。

影响快速流化床的流化特性的因素除了气速、固体颗粒的性质等外，还有气体的入口方式、固体颗粒循环量的调节是属强或弱控制、出口结构形式等因素。

五、流化床反应器的特点

流化床反应器的优点：
（1）由于返混和传热效率高，床层各部分温度较均匀，避免了局部高温现象，对强放热反应（再生），可采用较高的反应温度以提高反应速度。
（2）气固运动很激烈，且固体颗粒的直径很小，因此气固之间的传质效率高，提高了传质步骤的速率，对于扩散控制的化学反应特别有利。
（3）固体处于流化态，具有流体一样的流动性，装卸、输送都很方便。
（4）催化剂在反应器和再生器之间大量循环，简化了设备，又传送了大量的热量，可以进行自动控制。

流化床的不足之处主要表现在：
（1）气固接触不充分，因此一般鼓泡床很难达到很高的转化率。
（2）气固流化床由于返混造成催化剂在床层内停留时间不均一。
（3）催化剂在床层中剧烈搅动，造成催化剂颗粒和设备磨损。
（4）在生产负荷太低的情况下，流化床操作难以平稳，操作波动大。

项目三 催化剂颗粒输送与循环

气固输送是靠气体和固体颗粒在管道内混合呈流化状态后，使固体流动而达到输送的目的。催化剂在管路中输送时，根据颗粒浓度的大小分为密相气体输送和稀相气体输送（也称气力输送）。《流态化工程原理》定义以 $100kg/m^3$ 为分界，凡浓度大于 $100kg/m^3$ 为密相输送，小于 $100kg/m^3$ 则属于稀相输送范畴。例如，在催化裂化装置中，催化剂大型加料线、大型卸料线、小型加料线和卸料线和提升管反应器及烧焦罐式再生器的稀相管等均属于稀相输送；再生剂和待生剂两条循环管线则属于密相输送。下面介绍这两种输送原理及特征。

一、密相气体输送

流化催化裂化装置的催化剂循环采用密相输送的办法。在提升管催化裂化装置中则采用斜管或立管输送。在输送管内，固体浓度约 $400\sim600kg/m^3$，故为密相输送。

（一）密相输送基本原理

密相输送时，颗粒是在少量气体松动的流化状态下进行集体运动，并不靠气体使它加速，固体的移动是靠静压差来推动的。推动固体颗粒运动的动力是管路两端的静压差，这个静压差称为推动力。流化状态的固体颗粒就是靠推动力克服流动过程中产生的各种阻力，达到密相输送的目的。

在提升管式催化裂化装置中，常用斜管或立管进行催化剂输送，也是靠静压差来实现，即靠斜管或立管中料柱产生的静压头克服催化剂流动过程中产生的阻力和两器之间的负压差。

在设计输送斜管时必须注意斜管的倾斜角度。在工业催化裂化装置中，输送斜管（如待生斜管、再生斜管及 MIP 循环斜管等）与垂直线的夹角一般采用 27°~35°，因为平均直径为 60μm 的微球裂化催化剂休止角为 32°，输送斜管与水平面的夹角大于催化剂的休止角 θ_r，才能保证催化剂畅快流动。

在斜管输送时，斜管里有时会发生一定程度的气固分离现象，即部分气体集中于管路的上方，从而影响催化剂的顺利输送，因此在气固混合物进入斜管前一般应先进行脱气以脱除其中的大气泡。

（二）密相输送的两种形态

固体颗粒的密相输送有两种形态：黏滑流动和充气流动。当固体颗粒向下流动时，气体与固体颗粒相对速度不足以使固体颗粒流化起来，此时固体颗粒之间互相压紧，阵发性地缓慢向下移动，且流动不畅，下料不均，这种流动形态称为黏滑流动，这时的颗粒流动速度一般小于 0.6~0.75m/s。如果固体颗粒与气体的相对速度较大，足以使固体颗粒流化起来，此时的气固混合物具有流体的特性，可以向任意方向流动，这种流动形态则为充气流动。充气流动时气体的流速应稍高于固体颗粒的起始流化速度。黏滑流动主要发生在粗颗粒的向下流动，例如移动床反应器内的催化剂运动就属于黏滑流动；充气流动主要发生在细颗粒的流动，例如催化裂化装置各段循环管路中的流动都属于充气流动。但如果气体流速低于固体颗粒起始流化速度，则在立管或斜管中有可能出现黏滑流动，这种情况应尽可能避免。

（三）密相输送特点

催化剂在两器间循环输送的管路随装置形式不同而异。Ⅳ型装置采用 U 形管，同轴式装置采用立管，并列式提升管装置采用斜管。无论哪种管路，催化剂在其中都呈充气流动状态进行密相输送，但随气固运动方向的不同，输送特点又有显著差别。

（1）气固同时向下流动：如斜管、立管以及 U 形管的下流段等处。这时的固体线速要高些，一般约为 1.2~2.4m/s，最小不低于 0.6m/s，否则气体会向上倒窜，造成脱流化现象，使气固密度增大，容易出现"架桥"。如果发生这种现象，可在该管段适当增加松动气量以保持流化状态，使输送恢复正常。

（2）固体向下而气体向上的流动：如溢流管、脱气罐、料腿、汽提段等处。这些地方希望脱气好，因而要求催化剂下流速度很低，如汽提段不大于 0.1m/s，溢流管不大于 0.24m/s，料腿不大于 0.76m/s，以利于气体向上流动和高密度的催化剂顺利地向下流动。

（3）固体和气体同时向上流动：如 U 形管的上流段、密相提升管及预提升管等处。这种情况下的气固流速都要高些，气体量也要求较大，气固密度较小，否则催化剂会下沉，堵塞管路而中断输送。若气体流速超过 2m/s 时，则与高固气比的稀相输送很相似。

密相输送的管路直径由允许的质量流速决定。

为了防止催化剂在管路中沉积，沿输送管设有许多松动点，通过限流孔板吹入松动蒸汽或压缩空气。输送管上装有切断或调节催化剂循环量的滑阀。在Ⅳ型装置中，正常操作时滑阀是全开的，不起调节作用，只是在必要时（如发生事故）起切断两器的作用。在提升管催化裂化装置中滑阀主要起调节催化剂循环量的作用，斜管中还起料封作用，防止气体倒窜，在压力平衡中是推动力的一部分。滑阀在管路中节流时，滑阀以下就不是满管流动，因此滑阀以下的催化剂起不到料封的作用，所以在安装滑阀时应尽量使其靠近斜管下端。滑阀以上斜管长度应满足料封的需要，并留有余地，以免斜管中催化剂密度波动时出现窜气现象。为了减少磨损，输送管内装有耐磨衬里。对于两端固定而又无自身热补偿的输送斜管应装设波形膨胀节。

（四）催化剂循环线路压力平衡

从以上讨论可见，为了使催化剂按照预定方向作稳定流动，不出现倒流、架桥及窜气等现象，保持循环线路的压力平衡是十分重要的。实际上这个问题与反应器—再生器压力平衡问题是紧密相关的。两器之间的压力平衡对于确定两器的相对位置及其顶部应采用的压力是十分重要的。

二、稀相气体输送

稀相输送也称为气力输送，是大量高速运动的气体把能量传递给固体颗粒，推动固体颗粒加速运动而进行输送的，因此气体必须有足够高的线速度。如果气体速度降低到一定程度，颗粒就会从气流中沉降下来，这一速度就是气力输送的最小极限速度。气力输送的流动特性在垂直管路和水平管路中是不完全相同的。

（一）稀相垂直输送

以提升管反应器为例。提升管中气固混合物的密度大约十几到几十千克每立方米，属于稀相输送的范围。由再生器来的催化剂通过斜管上的节流滑阀进入提升管的下端，先与提升蒸汽（或干气、轻烃）汇合，由蒸汽提升向上运动一段，再与油气混合，气固混合物呈稀相状态同时向上流动。在提升管的出口，反应后的油气与催化剂分离。

1. 滑落和滑落系数

提升管中的气速比流化床高得多，工业装置一般采用油气进口处的线速为 4.5~7.5m/s。由于在向上流动的过程中，反应生成的小分子油气增加，气体体积增大，因此在提升管出口处的气速增大至 8~18m/s，催化剂也由比较低的初速度逐渐加快到接近油气的速度。催化剂颗粒是被油气携带上去的，其上升速度总是要比气体的速度低些，这种现象称作催化剂的滑落，而气体线速 u_f 与催化剂线速 u_s 之比则称为滑落系数。在催化剂被加速之后，催化剂的速度应等于气体线速 u_f 与催化剂的自由降落速度 u_t（亦称催化剂的终端速度）之差，因此：

$$滑落系数 = \frac{u_f}{u_s} = \frac{u_f}{u_f - u_t}$$

根据一些实验数据，微球裂化催化剂的 u_t 约为 0.6m/s。由上式可见，当 u_f 增大时，滑落系数增大,当 u_f 很大时,滑落系数趋近于 1,也就是 u_s 趋近于 u_f,此时催化剂的返混现象减小至最低程度。

2. 噎塞速度

在垂直管路中随着气速的降低,颗粒上升速度迅速减慢,因而使管路中颗粒的浓度增大,最后造成管路突然堵塞,出现这种现象时的管路空截面气速称为噎噻速度。为了在提升管内维持良好的流动状态,管内气速必须大于噎噻速度。

噎塞速度主要取决于催化剂的筛分组成、颗粒密度等物性。此外,管内固体质量流速或管径越大,噎塞速度也越高。根据实验数据,工业用微球裂化催化剂用空气提升时的噎塞速度约为 1.5m/s,实际工业采用的气速在油气入口处为 4.5～7.5m/s,远高于此噎塞速度。但是在预提升段,由于预提升气的流量较小,应注意维持这一段的气速高于噎塞速度。若采用过高的气速也会导致摩擦压降太大和催化剂磨损严重,因此,工业上不采用过高的气速。

(二) 稀相水平输送

1. 水平输送流态图

水平输送较垂直输送复杂得多。在垂直输送中降低气速,固体将沉降于上升气流中,固体颗粒仍呈弥散状态,只是随着气速的降低固体滑落增加,但总趋势仍为向上流动。当水平输送时,降低气速会使固体颗粒沉积于管底,气体则由沉积层上部至管顶的通道中通过。沉积于管底部的固体流动情况与气速有密切关系。若气速足够高,沿整个水平管可维持较均匀输送固体,当气速较低时,固体可以是均匀、沙丘状、齿状、节涌状态流动,见图 2-3-6。

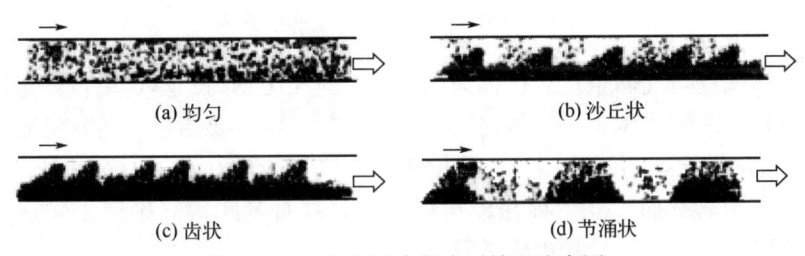

(a) 均匀

(b) 沙丘状

(c) 齿状

(d) 节涌状

图 2-3-6 气固混合物水平输送流态图

2. 沉积速度

在水平管路中,当气速减低到一定程度时,开始有部分固体颗粒沉于底部管壁,不再流动,这时空截面的气体速度称为沉积速度。虽然沉积速度低于颗粒的终端速度,但并不是一达到沉积速度就立刻使管路全部堵塞,而是由于部分颗粒沉于底部管壁使有效流通截面减小,气体在上部剩余空间流动,实际线速仍超过颗粒的终端速度,使未沉降的颗粒继续流动,只是输送量减小。如果进一步降低气速,颗粒沉积越来越厚,管子有效流通截面越来越小,阻力相应地逐渐增大,固体输送量也越来越少,最后才完全堵塞。

(三) 倾斜管路输送

倾斜管路的输送状态介于水平和垂直管路之间。当倾斜度在 45°角(管子与水平线的夹角）以下时其流动规律与水平管相似，但颗粒比在水平管路中更易沉积。实际的气力输送系统常常是既有垂直管段又有水平和倾斜管段，对粒度不等的混合颗粒，沉积速度约为噎噻速度的3~6倍，所以操作气速应按大于沉积速度来确定，以免出现沉积或噎噻。但气速也不宜过高，因气速太高会使压降增大，损失能量造成严重磨损。一般操作气速在8~20m/s的范围。

（四）稀相输送方式

稀相输送分压送式和真空抽吸式两种方式。例如大型和小型催化剂加入反应再生系统或从反应再生系统卸出催化剂等处，均属于压送式稀相输送，而向催化剂罐内装催化剂则属于真空抽吸式稀相输送，两种稀相输送方式如图2-3-7所示。

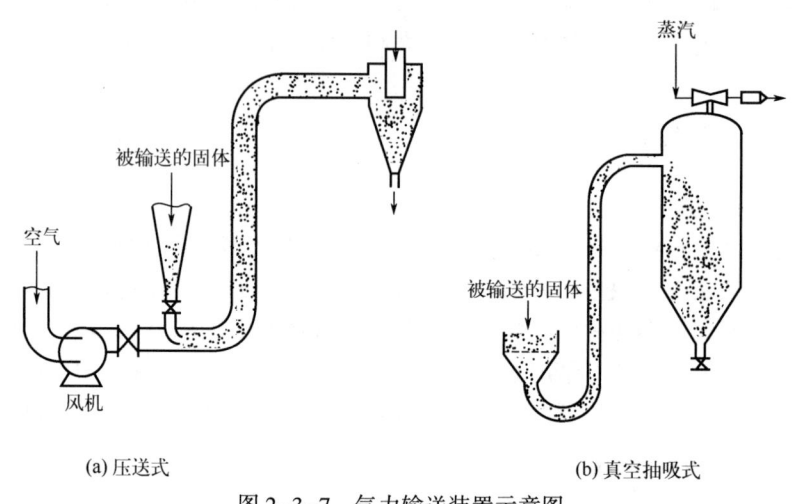

图 2-3-7　气力输送装置示意图

输送时固体重量与气体重量之比称为固气比。固气比越高，输送单位重量固体所需气体少，但需要较大的气体压力。固气比是稀相输送的一项重要指标，适宜的固气比通常为5左右，对于流动性很好的固体颗粒，可操作的固气比应在0.5~40范围内。压送式所能达到的固气比高于真空抽吸式。稀相输送可以达到数百米距离。确定了输送气速和固气比，根据固体输送量就可以计算出输送管的直径。

三、关键部位的催化剂流动输送

前面论述了立管、斜管和水平管催化剂流动输送。在催化裂化过程中，关键部位的催化剂流动输送是否顺畅也十分重要。涉及关键部位的催化剂流动输送情况较为复杂，在此只论述几个关键部位的催化剂流动输送。

（一）催化剂的进入和导出

催化剂在流化床中的停留时间为一种概率分布，有的颗粒停留时间超过平均停留时间，有的则比平均停留时间短。为了降低这种停留时间分布的不良影响，就必须在结构设计和布置上采取适当措施，使催化剂进入口远离催化剂导出口，必要时在其间设置挡板，以免催化剂走短路或加重停留时间的不均匀性。

待生催化剂进入和再生催化剂导出的配置随再生器的结构以及反应器的相互关系有所差别，主要有三种：

(1) 上进下出式。待生催化剂进入位置在再生器密相床上部，再生催化剂由密相床下部的淹流管导出。

(2) 下进上出式。待生催化剂通过待生催化剂循环管从再生器密相床下部的侧壁开口处进入，再生催化剂从和密相床高相等高度的溢流管向下流动导出。

(3) 旋转床式。待生催化剂经待生催化剂循环管沿再生器器壁的切向进入密相床下部，利用其动能使之大体上绕再生器中轴线旋转一周，而后从距进入口相反旋转方向约90°角处的淹流管导出。

再生催化剂从再生器密相床的导出主要有三种形式：淹流管、溢流管和脱气罐。其目的有二：一是减少再生催化剂到反应器携带的烟气量，降低干气产品中无用组分；二是给再生催化剂循环管（立管或斜管）的输送提供好的前提条件（具有较大的催化剂密度，既具有较大的蓄压又有良好的流化输送状态）。现分述如下：

(1) 淹流管。

淹流管有高淹流管和低淹流管之分。高淹流管系进口设置在比空气分布器高的密相床内的淹流管。低淹流管系进口设置在空气分布器附近的淹流管。在湍动流化床中，由床层底部到顶部，催化剂密度由高到低。因此与低淹流管相比，高淹流管导出催化剂密度较低，催化剂质量流率也较低。由不同淹流管工业装置的操作数据可以证明：低淹流管导出的催化剂质量流率在 $7 \sim 10 t/(m^2 \cdot min)$，相连接斜管中的催化剂密度 $450 kg/m^3$ 以上；高淹流管导出的催化剂质量流率在 $5 \sim 6.5 t/(m^2 \cdot min)$，相连接斜管中的催化剂密度 $300 kg/m^3$ 左右。

(2) 溢流管。

溢流管进口设置在密相床顶面附近，是一个倒置截圆锥体。由于床层料面波动，且此处催化剂密度较低，所以它使催化剂在管内脱烟气的作用更为重要，并在上部沿溢流管圆周均匀分布槽口。溢流管高度是密相床高的一个重要限制因素，同时溢流管的有效操作又受密相床高的制约。因此，采用溢流管导出再生催化剂时，密相床高的精确预测是一个关键问题。

(3) 脱气罐。

对于催化剂下进上出的再生器，再生催化剂也可用一个脱气罐导出。脱气罐是一个设置在再生器外部的圆筒形的容器。再生催化剂导出位于密相床的一个适当高度（上方宜具有约 $3.9 kPa$ 催化剂静压），从一个催化剂循环管流入脱气罐内。脱除的烟气由脱气罐顶部的烟气管线返回再生器稀相段。和溢流管相比，它不占再生器密相床的体积，内部结构简单，且自身调节能力强。脱气罐的设计应遵循以下原则：

① 催化剂流速不宜大于 $0.3 m/s$，质量流速应保持在 $300 \sim 600 t/(m^2 \cdot h)$ 之间；
② 高径比要小于10；
③ 有效容积与实际容积之比要保持 $1:2$；
④ 脱气罐底部要平缓过渡，立管要短，并注意设置松动点；
⑤ 脱气罐顶部的排气管与再生器稀相段连通。

（二）气固混合物在料腿中的流动

根据催化裂化实际情况，一般来讲，再生器的翼阀和料腿插入密相床，而沉降器的翼阀和料腿均安装在稀相。两种位置不同，旋分器入口浓度也有较大的差异。在沉降器中，由于提升管出口设置了快速分离器，使60%~96%的催化剂已被分离出来，进入旋分器的催化剂量明显低于再生器旋分器入口的催化剂量，这也是料腿中流型变化的原因之一。

1. 料腿和翼阀插入在密相床中料腿中催化剂的流型

在料腿中可以看到有一个明显的密相界面，见图2-3-8，该料面随着床面的波动而波动，它永远高于床界面。二级料腿内密相高度又高于一级料腿，在上述状态下，料腿一般呈四区流动模型见图2-3-9。从灰斗出来的气固混合物呈螺旋向下旋转流动，旋转段的长度和涡距与旋分器入口线速有关。旋分器入口线速高，旋转段的长度大，由此可知旋分器灰口处经常会磨穿，灰斗处加耐磨衬里可解决灰斗磨穿的问题，该区称为Ⅰ区即旋转区。旋转区以下，催化剂依靠重力向下流动，称为稀相重力流动区为Ⅱ区。因为翼阀阻力和床界面高度将料腿和再生器看成一个U形管，故料腿底部会出现一个料面高度，也就是密相重力流动，称为Ⅲ区。当催化剂流到阀口，受阀板正压力和床层静压的影响，阀板呈脉冲运动，催化剂自阀口流出后，呈扇形向下流动，将该处称阀口区，为Ⅳ区。试验证明，若催化剂在料腿中能平稳地保持四区流动，则不会发生窜气，旋分器能保持较好的分离效率。

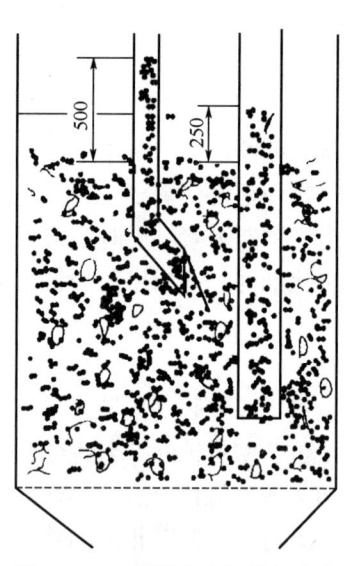

图2-3-8 料腿中密相料面高度　　图2-3-9 料腿四区流动模型

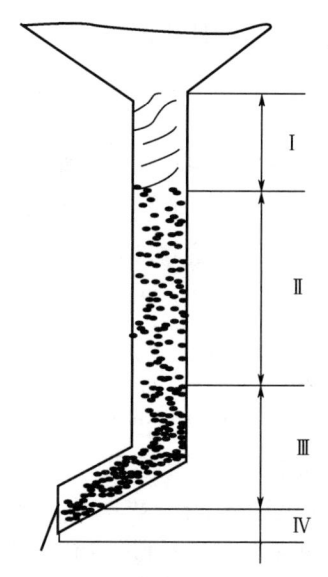

2. 料腿和翼阀插入在稀相床中料腿中催化剂的流型

料腿和翼阀在稀相时，料腿中气固流型比翼阀安装在密相床中复杂得多。一级料腿中催化剂密相料面时有时无，一般还可看成是四区流动模型，但是，催化剂流动速度较快，固体携带气体同向向下，翼阀无窜气现象。二级料腿中情况则更复杂，流型不稳定，有时有旋转区，有时旋转区则很小，仅几十毫米到 100mm 长，且是瞬间加长，凡旋转区较大时，料腿底部有一很小的密相段，也是瞬间消失。密相段消失后会有气体反窜，可见大部分时间存在着气体反窜。

对于催化裂化装置，二级旋风器灰斗下部高度不够时，过渡段过缓，易发生堵塞。由于二级翼阀的拐角一般是 28°~32°，造成在翼阀出口部分细粉不流动，占据出口面积，造成二级翼阀阀板磨损。二级翼阀的拐角应进一步降低，料腿拐弯与竖直方向的角度应小于 10°。

（三）气固混合物在分布板区的流型

这里就快速流态化分布板区的流型做一简介。直孔板分布板区流型如图 2-3-10 所示，气体的射流中心高且宽，而边壁低而窄，顶部看不到原生气泡。催化剂随气体的流动有絮状物上下运动，絮状物时聚时散，固体呈不连续相，而气体则为连续相。

（四）气固在过渡段中的流动

工程设计采用的床膨胀比为 $R=1.8$，也就是膨胀床高与静态床高比为 1.8，故所设计的过渡段并不是真正的弹溅区界面，该界面一般是缩径段。当直径较小时，过渡段变径处会形成一个小的密相床，如图 2-3-11 所示，在过渡段处，由于直径扩大，表观气速降低，造成部分催化剂沉积，形成一个小的密相床，在此段中有催化剂沿边壁下滑，然后又被上升气流夹带。图 2-3-11 所示的两个密相床，底部因为床膨胀高度不够，形成稀相和密相，过渡段小密相床以上的稀相，系由于颗粒或粒团的沉降所致。无论鼓泡床、湍流床，还是快速床，均会产生上述流型，快速床所不同的是，在小头段无明显的床界面，仅存在上稀下浓的状态，而小密相处的浓度要大于小头段上部的浓度，过渡段以上也是上稀下浓的状态。

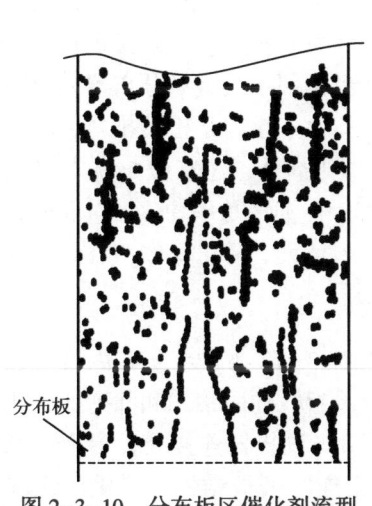

图 2-3-10　分布板区催化剂流型 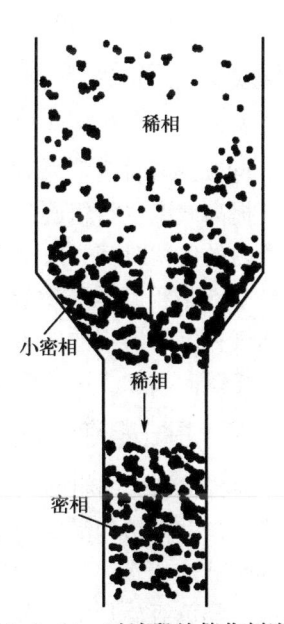　　图 2-3-11　过渡段处催化剂流型

项目四 气固分离

在催化裂化装置的流态化反应再生设备内,通过气固两相接触完成了预期的化学反应之后,就需要将气体(反应油气或烟气)与所携带的固体颗粒(催化剂)分离,气体作为反应产物进一步进行处理,催化剂则在反应设备内循环使用。由于气体携带的固体量很大($5 \sim 30 kg/m^3$),往往需要不同形式的分离设备进行多级分离,才能保证催化剂的损失在限定范围之内。催化裂化装置的分离设备主要应用在提升管末端、沉降器与再生器内及烟气能量回收系统中,现分述如下。

一、提升管末端分离器

催化裂化提升管反应器出口的分离设备习惯上又称快速分离器(简称快分),其作用有两个:

(1)使油气在离开提升管后,迅速和催化剂分离,避免过度地二次裂化和氢转移等反应,以提高目的产品产率和质量。

(2)尽量减少催化剂随油气带出,降低旋风分离器入口的颗粒浓度,以降低催化剂的单耗。

目前我国常用的快速分离设备有改进型粗旋风分离器、预汽提挡板式粗旋快分(FSC)、预汽提旋流式快分(VQS)、密相环流快分(CSC)及带隔流筒预汽提旋流式快分系统(SVQS),见图2-3-12。

(一)粗旋风分离器

粗旋风分离器是一种传统的提升管出口快速分离设备,见图2-3-12(a)气固分离效率高于95%,同轴式外提管和并列式内提升管装置均可使用。近年又进行了改进,进一步优化本体设计提高效率,将粗旋升气管向上延伸到顶部单级旋风分离器入口附近,缩短了油气在沉降器内的停留时间,取得了一定效果。但由于粗旋是正压排料,粗旋内的压力比沉降器高(约0.5倍粗旋压降),料腿排料时除催化剂外,还有约5%~10%的油气向下排出。该部分油气在沉降器中的停留时间长达100s,使油气总平均停留时间变长,发生热裂化使沉降器结焦倾向增加。由于粗旋结构简单,弹性大,易于操作,目前仍被大量采用。

(二)挡板汽提式粗旋快分系统(FSC)

FSC是一种特殊结构的粗旋风分离器,见图2-3-12(b)在灰斗内设置挡板,使其具有预汽提功能,是一种结构简单、效果好的快分装置,在同轴式和并列式催化裂化装置中均可使用(同轴式应用较多)。FSC在粗旋排料口与汽提器连接处设置中心稳涡杆和消涡板,油气排出口与单级旋风分离器入口采用"紧连"开放结构。优化设计汽提器挡板结构,在获得高效汽提、不降低气固分离效率的同时,把粗旋的正压排料变为负压排料,让全部油气都从粗旋上口流出,使催化剂向下夹带的油气降到2%左右,预汽提器中线速

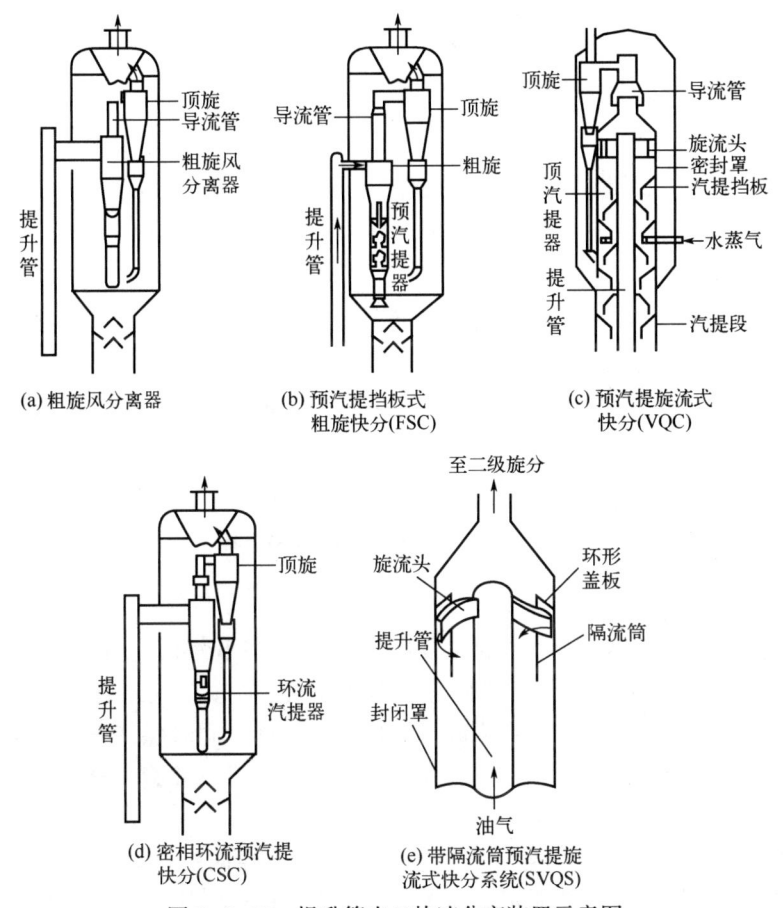

图 2-3-12 提升管出口快速分离装置示意图
(a) 粗旋风分离器
(b) 预汽提挡板式粗旋快分(FSC)
(c) 预汽提旋流式快分(VQC)
(d) 密相环流预汽提快分(CSC)
(e) 带隔流筒预汽提旋流式快分系统(SVQS)

0.1~0.2m/s，气固分离效率达99%以上，油气停留时间在5s以下。

（三）预汽提旋流快分系统（VQS）

VQS是专门为内提升管装置开发的一种结构紧凑、高效的快速分离装置，见图2-3-12(c)。在提升管上端安装数台旋流器，并在外侧设置封闭罩。封闭罩的顶端设有油气导出系统，与单级旋风分离器入口相连。封闭罩的下部设有预汽提挡板。反应油气自提升管上端旋流器喷出，沿封闭罩内壁旋转，催化剂沿器壁以螺旋线轨迹落入下部预汽提器，预汽提器下部进入蒸汽，对待生催化剂预汽提。油气在封闭罩中心区域向上流动，经油气导出系统进入单级旋风分离器。气固分离效率达98.5%以上，油气在沉降器的停留时间<5s。

（四）密相环流预汽提粗旋快分系统（CSC）

FSC和VQS这两种快速分离器通过对待生催化剂及时预汽提，减少了进入汽提段的油气量，分离效率较高，运行可靠，可提高装置的轻质油收率。然而，这两种快速分离器预汽提器中的催化剂是以稀相洒落的形式与汽提蒸汽接触，因而汽提效率有待进一步提高。密相环流预汽提快分（CSC）通过一种独特设计，使催化剂在预汽提中形成密相床层，并在汽提器中内、外两个环形空间形成环流，见图2-3-12(d)。待生催化剂被快速分离后落到密相中首先自行脱气，再经密相环流方式汽提，催化剂可以多次在床层底部得到新鲜蒸汽汽提，可提高汽提效率，大幅度降低待生催化剂携带的油气量，在内环线速 0.1m/s 时，气固分离效率达 99% 以上，油气在沉降器中的停留时间在 5s 以下。CSC 是一种结构新颖、效率高的快速分离设备，具有很好的应用前景，同轴式外提升管装置和并列式内提升管装置均可使用。

（五）带隔流筒预汽提旋流式快分系统（SVQS）

SVQS 系统主要由提升管、旋流快分头、封闭罩、隔流筒、环形盖板、导流管、预汽提挡板等组成，如图 2-3-12(e) 所示。

与 VQS 系统相比，SVQS 系统的主要特点在于：通过增设隔流筒来消除在旋流头喷出口附近直接上行的"短路流"，从而使隔流筒与封闭罩之间、旋流头底边至隔流筒底部的区域内，轴向速度全部变为下行流，消除了 VQS 系统的上行流区，同时强化这一区域的离心力场，可以更进一步提高颗粒的分离效率。

注：FSC 和 CSC 适用于外提升管 FCC 装置；VQS 和 SVQS 适用于内提升管 FCC 装置。

二、沉降器与再生器内的一级、二级旋风分离器

沉降器中的旋风分离器主要作用是从反应后的油气中回收催化剂以控制油浆中催化剂浓度在 2g/L 左右，一般采用快分（惯性分离器或粗旋）+顶旋的串联组合方式；再生器中的旋风分离器主要作用是从烟气中回收再生后的催化剂，同时保持再生器出口高温烟气中催化剂浓度在 $0.4 \sim 1.5 g/Nm^3$（湿）之内，以利于下游第三级旋风分离器的分离，通常采用两级串联组合方式。

旋风分离器系统由旋风分离器、料腿、拉杆、夹持导向机构和料腿下端密封设施组成。料腿上端与旋风下口相焊铅垂或小于 15°的垂直悬吊于器内，其作用是防止气体反窜，确保分离器正常工作；拉杆将旋风分离器料腿相互连接成整体结构，增加刚度并改变单个旋风分离器和料腿组件的自振频率，用以抵抗摆动和扭转振动；旋风和料腿夹持导向机构作用是抵抗振动载荷。

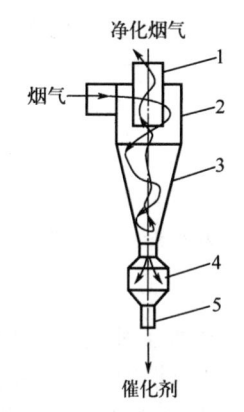

图 2-3-13 旋风分离器
分离结构原理示意图
1—升气管；2—筒体；3—锥体；
4—灰斗；5—料腿

（一）旋风分离器结构及原理

沉降器与再生器内的旋风分离器（包括粗旋与顶旋、一旋与二旋）结构基本相同，主要部件包括筒体、锥体、灰斗、升气管、排尘管等，见图 2-3-13。含固体微粒的气流以切线方向进入，在升气管与壳体之间形成旋转的外涡流，由上而下直达锥体底部。悬浮在气流中的固体微粒在离心力（比其重力大数百甚至几千倍）作用下，一面被甩向器壁，一面随气流旋转至下方，最后落入灰斗内。净化的气体形成上升的内涡流，通过升气管排出。

旋风分离器按气体从入口到出口的流向可分为逆流式和顺流式两大类，按分离颗粒的方式还可分为切流式和旋流式两大类。在催化裂化装置应用中以前者为主。

(二) 翼阀及重锤阀

料腿下端密封设施有悬吊舌板式翼阀、重锤式翼阀、倒锥、防冲挡板。悬舌板式翼阀密封性能好，应用广泛，见图 2-3-14；重锤式翼阀用于稀相中的料腿密封，制造现场安装调试要求高，见图 2-3-15；倒锥在密相床层中使用，用于再生器一级旋风分离器料腿下口，结构简单，制造方便，见图 2-3-16；防冲挡板用于再生器一级旋风分离器料腿下口，结构简单。

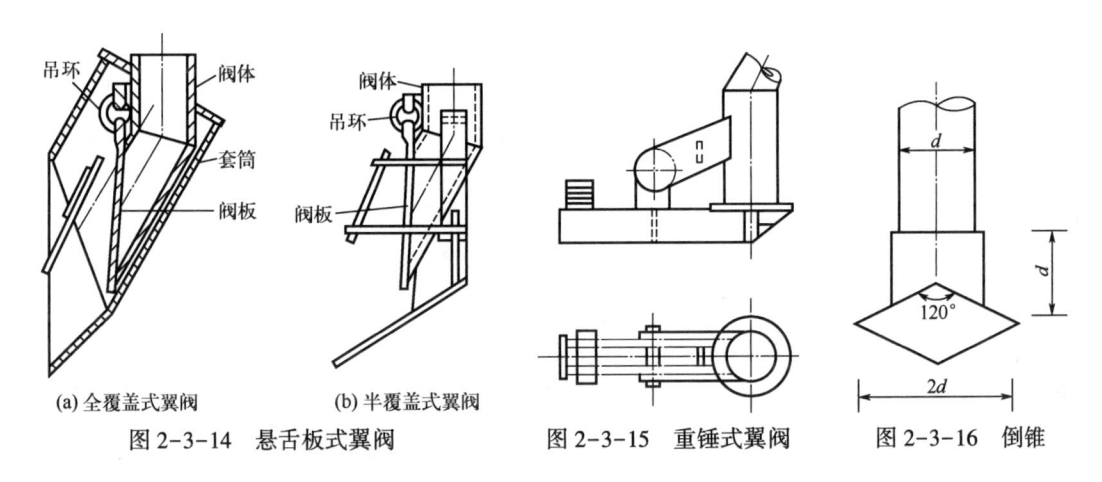

(a) 全覆盖式翼阀　　(b) 半覆盖式翼阀

图 2-3-14　悬舌板式翼阀　　图 2-3-15　重锤式翼阀　　图 2-3-16　倒锥

由于旋分器有一定的压降，特别是二级出口采用缩径结构后压降增大，因此二级旋分器料腿内的压力低于床层压力，二级旋分器料腿顶部压力和再生器内稀相段压力差，接近于一级、二级旋分器的总压力降。翼阀的作用就是避免由于这一压差的存在而使催化剂由料腿倒窜。正常的情况下，翼阀的翼板和阀座处于良好密闭的状态。当料腿内催化剂量蓄积到料腿内的静压超过旋风器的压降，以及翼阀上方床层静压及打开翼阀所需压力这三者之和时，翼阀及时自行打开，料腿内的催化剂流入床层。若料腿内的静压低于上述三者压力之和时，翼阀自行关闭，防止催化剂倒窜。

翼阀由与料腿直径相等的直管和斜管组成。斜管端口用阀板封住，阀板吊在加工圆滑的吊环上，外面装有防护罩。由防护罩的形式，可分为全覆盖翼阀及部分覆盖翼阀，当翼阀位于激烈的湍流区域操作时，一般选用全覆盖翼阀；当翼阀所在区域仅有垂直向上的气流作用时，一般选用部分覆盖翼阀。防护罩的作用是保护阀板不受床层的影响，并且当催化剂积聚到能使翼阀开启的高度时，阀板能及时灵敏地打开，排出催化剂后又能迅速地关上。翼阀的作用是保证料腿内有一定的料住高度，其密封作用是依靠翼板本身的重量。料腿中能维持的料位高度与旋分器的压降及翼板与垂直线的夹角有关，早些时候大部分为 3° 左右，现在 5°~8°。

(三) 常用旋风分离器形式

旋风分离器的性能优劣不但对反应再生系统的正常运转和催化剂跑损有直接关系，而且对分馏塔底油浆的固体含量亦影响很大。随着旋风分离器技术的不断发展，催化裂化装置以往常用的 Ducon 型和 Buell 型等老式旋风分离器逐渐被 GE 型、Emtrol 型及国内的 BY 型和 PV 型等高效旋风分离器所取代。各种旋风分离器结构的比较如图 2-3-17 所示。

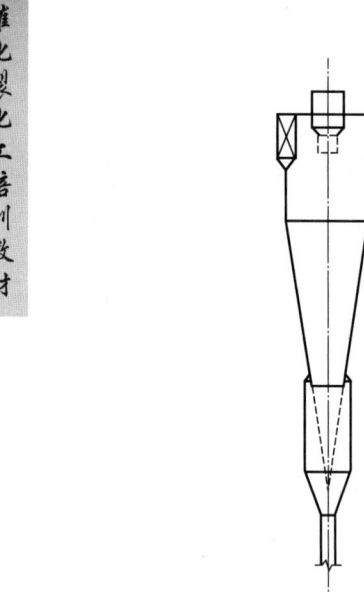

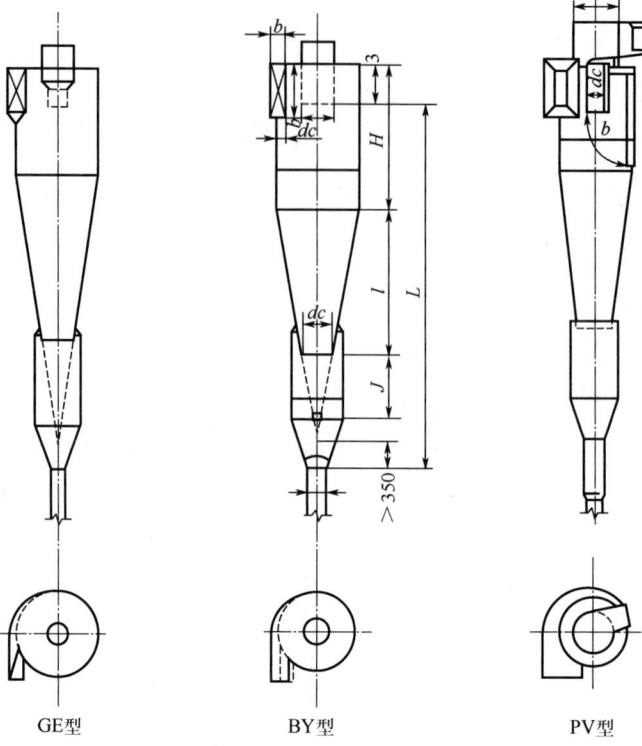

图 2-3-17　几种典型的一级、二级高效旋风分离器示意图

1. BY 型高效旋风分离器

旋风分离器下部紧接料腿，一级料腿末端是防倒锥，二级料腿末端是全覆盖式翼阀。一级与二级的结构形式相同，只是尺寸有变化。

BY 型旋风分离器具有效率高、压降小、处理量大、性能稳定、操作弹性宽优点，尤其适合再生器本体设备受限制的装置。其具体结构特点如下：

（1）入口面积及入口截面面积比大，一旋和二旋均是蜗壳式入口结构，进口外缘为渐开线，入口具有一定的切进度，可减少对出口气流的干扰影响，提高分离效率、降低分离器压降。

（2）总长径比大，使旋风分离器的分离空间增大，有助于提高细颗粒的捕集效率，而压力降则不会增加。

（3）灰斗长，且灰斗体积较大，对漏风的敏感性减弱，抗料腿的窜气能力提高，有利于催化剂的聚集回收。

（4）全覆盖式料腿翼阀。一旋料腿下料处采用防倒锥形式，正常生产时，一旋料腿末端是埋在密相床内部，不需要翼阀，而在开工装催化剂时，一旋料腿很快被密封，催化剂质量流速大，因此设计为防倒锥形式，避免了因翼阀阀板一旦脱落而出现催化剂跑损等不安全情况发生。二旋料腿插入密相床内部，防止因气流和粉尘飞溅而影响翼阀密封性能，提高了抗床层波动能力。

2. PV 型高效旋风分离器

PV 型旋风分离器是 20 世纪 80 年代末我国自主研发的一种新型高效旋风分离器,采用平顶、矩形蜗壳入口,主要结构特点是:

(1) 入口采用矩形 180°、蜗壳式结构。

(2) 分离器顶板和蜗壳的底板都是水平的,结构简单,且可以避免出现垂直流动。

(3) 分离器主体部分由圆筒加圆锥组成,高径比较大,可以增加气流在器内的停留时间和旋转次数,强化了灰斗返混流在上升过程中的二次再分离作用。

三、烟气能量回收系统中的旋风分离器

(一) 第三级旋风分离器

第三级旋风分离器的作用是将再生器顶部出来的高温烟气进一步净化,减少催化剂微粒对烟机的冲蚀磨损,延长烟机的运行周期,减少对大气的污染。因此,它是催化裂化装置能量回收的一个重要设备。对第三级旋风分离器的基本要求是:经除尘的烟气含尘量(标准状态)小于 $180mg/m^3$,大于 $10\mu m$ 的催化剂细粉基本除净,这样才能确保烟机的操作寿命在三年以上。

我国研制的第三级旋风分离器,按分离单管的布置形式可分为立管式和卧管式两种,分别如图 2-3-18 和图 2-3-19 所示。其中图 2-3-18(a) 为多管立式三旋结构示意图,图 2-3-18(b) 为新开发成功并得以成功应用的大立管三级旋风分离器(BSX),适用于处理量较大的催化裂化装置,再大一些处理量的催化裂化装置则更适合应用卧管式三级旋风分离器。

(a) 多管立式　　(b) 大立管式

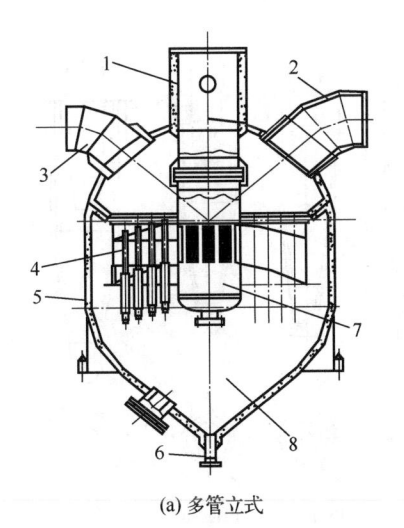

图 2-3-18　立管式三级旋风分离器
1—进气口;2,3—排气口;4—分离单元;
5—壳体;6—排尘口;7—进气腔;8—排尘腔

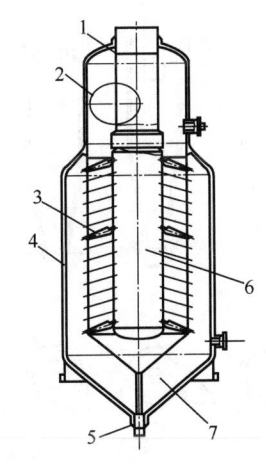

图 2-3-19　卧管式三级旋风分离器
1—进气口;2—排气口;3—分离单元;
4—壳体;5—排尘口;6—进气腔;7—排尘腔

第三级旋风分离器是由多根分离单管组成的,分离单管是第三级旋风分离器的核心部

分，它的性能优劣对分离效果具有决定性作用。多年来我国科研、设计与制造单位一起研究开发了多种立管式或卧管式的分离单管，由于催化裂化装置的规模不断扩大，目前常用的立管式或卧管式分离单管有大处理量的 PSC、PST 及碟式分离单管。

目前或曾经应用的立管式分离单管见图 2-3-20，卧管式分离单管见图 2-3-21。这些分离单管结构合理，利用颗粒的惯性作用，能有效地提高除尘效率。立管式分离单管和卧管式分离单管的分离效率分别达到 96% 和 98%，其中立管式分离单管适用于立管式第三级旋风分离器，卧管式分离单管适用于卧管式第三级旋风分离器。

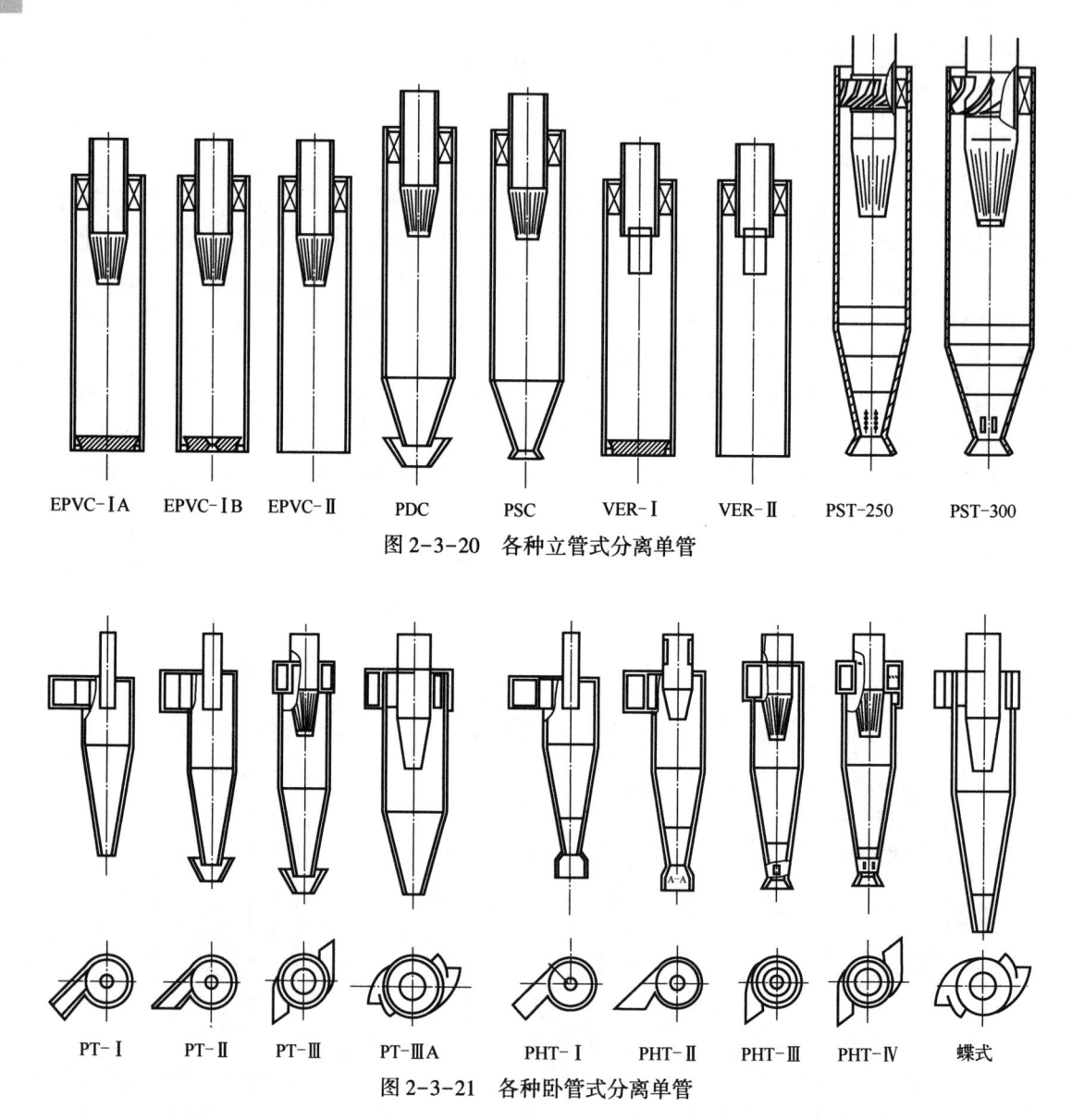

图 2-3-20　各种立管式分离单管

图 2-3-21　各种卧管式分离单管

（二）第四级旋风分离器

在催化裂化能量回收系统中三旋从高温烟气中分离下来的催化剂，是通过气流输送的方式由三旋底部的卸剂管道排放到废催化剂罐中。安装在三旋下游烟道上的临界流速喷嘴控制着输送气流的流量大小,还需要一台分离器将废催化剂从输送气流中分离出来最终排放到废催化剂罐中。这台安装在三旋卸剂系统中的分离器通常为常规的旋风分离器,称为第四级旋风分离器(简称为四旋)。为了减小烟气做功的损失,三旋输送废剂的泄气量由临界喷嘴严格控制在三旋入口流量的3%~5%,因此,四旋的处理气量不大,直径一般在800~1200mm,结构形式常选用与沉降器和再生器内相同的旋风分离器。四旋的作用不仅是净化输送气流,更重要的是保证三旋的排剂通畅。

模块四　反应再生工艺及控制

项目一　反应再生系统工艺流程

催化裂化联合装置由反应再生系统、分馏系统、吸收稳定系统、热工系统、烟气脱硫系统、主风机组、气压机组组成。其中反应再生系统是装置的核心，也是影响装置长周期运行的关键因素。

反应再生系统中反应和再生过程是连续进行的，原料油的裂化和催化剂的再生均在此部分完成，各产品的产率和催化剂的再生效果均由反应再生部分所决定。该系统由反应部分和再生部分组成，包括反应沉降器、提升管反应器、再生器、内外取热器、催化剂罐、助燃剂和钝化剂加入设施及反再系统特殊阀门等。图 2-4-1 为 MIP-CGP（多产异构烷烃并增产丙烯的催化裂化）工艺反应再生系统工艺流程图。

一、进料预热流程

蜡油催化裂化装置多采用冷进料流程，原料预热温度 350~380℃。具体流程一般为：90℃原料油进装置后首先进入原料油缓冲罐，经原料油泵升压后依次和顶循环油、轻柴油、中段油、重柴油、循环油浆换热到 200~250℃，再由加热炉加热到 300~350℃，经原料油喷嘴进入提升管反应器。

重油催化裂化因生焦量大、再生温度高、剂油比大、再生器热量过剩。为维持两器热平衡，需大幅度降低原料油进料温度，新鲜进料温度一般为 180~275℃。原料油经换热即可得到该预热温度，正常生产原料油加热炉停开。新设计或新改造的重油催化裂化装置多取消了原料加热炉，改为开工蒸汽加热器或用油浆蒸汽发生器倒加热，以节省投资。为合理利用能量，有的装置采用热进料，原料油进装置温度 150~200℃，原料油只和循环油浆换一次热，控制进料温度稳定后便可进入提升管反应器。冷料和热料经计量表、管道混合后进入原料缓冲罐，经原料油泵加压后与分馏部分的介质（二中回流、循环油浆等）换热，然后经原料流控阀和进料喷嘴进入提升管反应器。

部分老装置设有原料加热炉，新鲜原料与分馏介质换热后分几路进入原料加热炉对流段，为保证进炉流量相同，每路都设有流控阀，在其对流室出口与回炼油合流，经加热炉辐射段加热到一定温度后进入反应器。原料预热温度由加热炉燃料气（或燃料油）流控阀自动控制。

第二部分　反应再生系统

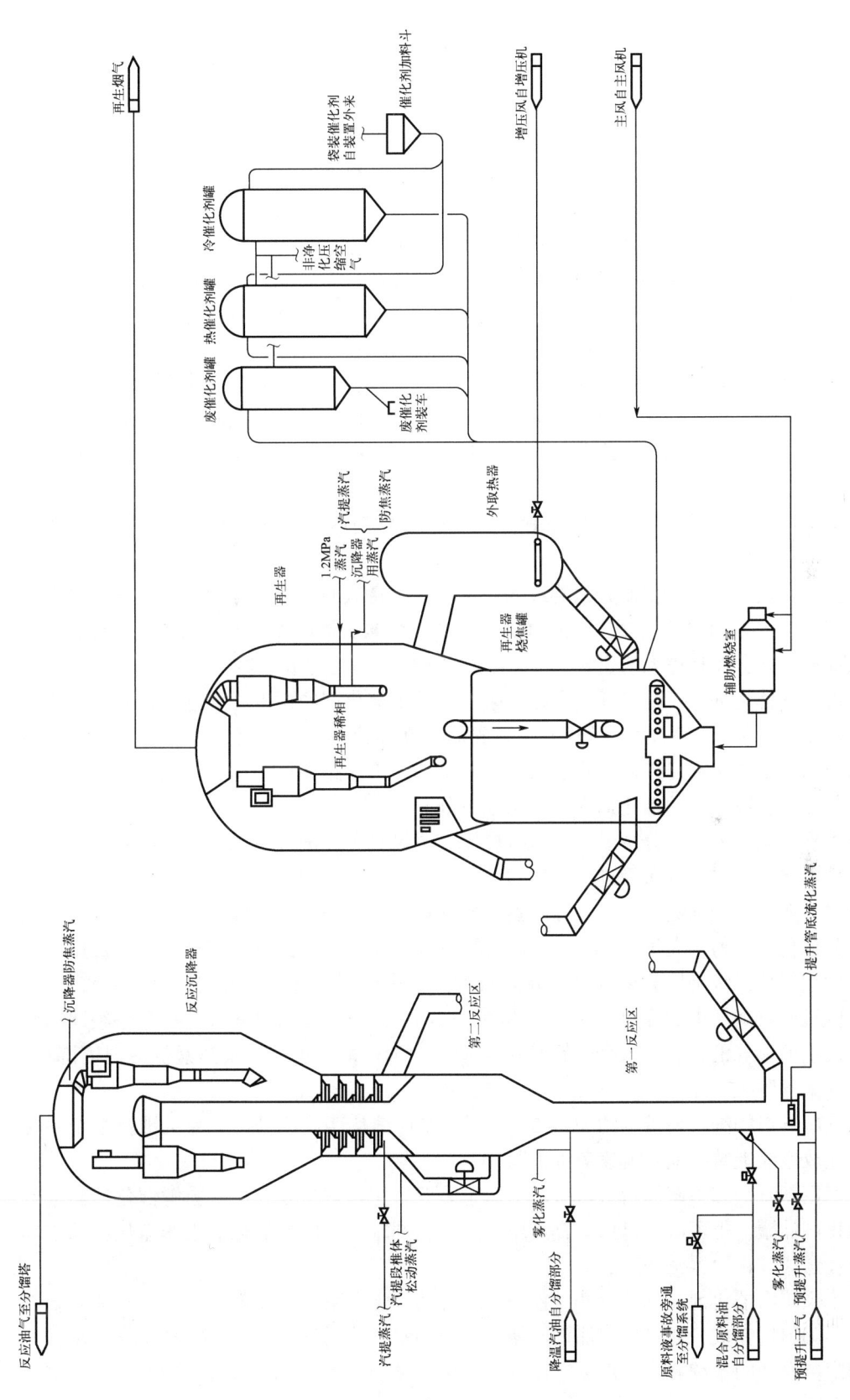

图 2-4-1　反应再生系统工艺流程图

二、反应再生流程

以某 $250×10^4$ t/a 催化裂化装置为例,原料油自上游装置送至本装置进入原料油罐,由原料油泵抽出增压后,分八路经原料油雾化喷嘴进入提升管反应器,与再生器来的高温催化剂接触,完成原料的升温、汽化及反应。在分馏二中—原料油换热器后设原料油开工加热器,仅当装置临时停工或开工初期为加热原料油使用。

一反出口油气与催化剂通过分布器进入第二反应区,通过二反低重时空速、长反应时间,为氢转移、异构化、芳构化等双分子反应提供条件,降低汽油组分中的烯烃含量并增产丙烯。在第二反应区的入口处设有备用急冷介质注入点。

经粗旋与单级旋分器回收的待生催化剂进入汽提段,在此与蒸汽逆流接触以汽提催化剂所携带的油气。催化剂在汽提段下部分为两路,少量待生剂经待生循环催化剂管线进入二反分布板上方,补充二反的藏量,控制重时空速,大部分催化剂经待生斜(立)管进入烧焦罐。

完成反应的油气进入粗旋及单级旋分器脱除催化剂后,经反应油气管线进入分馏塔下部。

待生催化剂经待生催化剂分配器进入烧焦罐,在富氧的条件下开始进行烧焦。在催化剂沿烧焦罐向上流动的过程中,烧去约90%左右的焦炭,同时温度升至685℃。然后从烧焦罐顶部经大孔分布板进入二密相,在690℃的条件下最终完成烧焦过程。

二密相的催化剂分三路离开二密相:第一路再生催化剂经再生斜管进入提升管反应器底部,在干气(或蒸汽)的预提升下,完成催化剂加速、分散过程,然后与雾化原料接触;第二路再生催化剂经外循环管返回烧焦罐下部;第三路催化剂进入外取热器,取出再生器多余热量,取热后的催化剂返回烧焦罐下部。

再生器烧焦所需大部分主风由主风机提供,主风自大气进入主风机,升压后经主风管道、辅助燃烧室及主风分布管进入再生器。

再生器产生的烟气经两级旋风分离器分离催化剂后,进入三级旋风分离器,从中分离出大部分催化剂细粉,大于 $10\mu m$ 的催化剂颗粒基本除去,以保证烟气轮机叶片长周期运转。净化烟气从三级旋风分离器出来分为两路:一路经两台蝶阀进入烟气轮机膨胀做功,驱动主风机回收烟气中的压力能和部分热能,做功后的烟气经水封罐与另一旁路经双动滑阀调节放空的烟气汇合后进入余热锅炉回收烟气中的热能,烟气经余热锅炉后温度降低,最后进入烟气脱硫单元。

从三旋排出的细粉夹带有约3%~5%的烟气要连续从四旋顶排出。为了维持整个系统压力,在放空线上装有临界流速免维护装置。

开工用新鲜剂和平衡剂由汽车从厂家运至装置,用抽真空方式送入新鲜催化剂储罐或平衡催化剂储罐,也可以通过罐车直接压送到催化剂罐,罐内的催化剂用非净化压缩空气输送至烧焦罐或再生器密相床。

由于系统内催化剂在日常生产过程中不断失活,需向系统补充新鲜剂,正常加注新鲜剂由自动加料器完成,通过设定加剂周期,用压缩空气将新鲜剂加入再生器或烧焦罐中。

为维持合理的系统藏量,需不定期从烧焦罐(或再生器)卸出部分平衡剂。由于烧焦罐及再生器内催化剂温度较高，烧焦罐底部卸剂时容易造成卸剂线超温，加剧卸剂管线的磨损，后期又增加了外取 A/B 下部至催化剂罐卸剂线流程，平衡剂由非净化风输送至平衡催化剂罐或废催化剂罐，并对原烧焦罐卸剂口进行升级改造，更换新的卸剂口。

三、蒸汽流程

（一）雾化蒸汽

适宜的雾化蒸汽能够将原料油在喷嘴处较好地分散成小液滴，与催化剂均匀接触，受热汽化并在催化剂活性中心发生反应，避免因原料油液滴过大在催化剂表面汽化不及时而生焦。同时在切断提升管进料的同时，进料雾化蒸汽全开到最大以防止提升管噎塞。

（二）汽提蒸汽

从沉降器顶旋风分离器和提升管出口快速分离器分离下来的催化剂进入汽提段，与汽提蒸汽逆流接触，置换出催化剂颗粒间和孔隙内的油气。多采用多级汽提（2~3 段）和高效汽提挡板，同时设置两路或三路汽提蒸汽，分别设置流量控制。汽提蒸汽应采用过热蒸汽，以提高汽提效率。

（三）防焦蒸汽

重油催化裂化因原料油重、反应温度高，沉降器结焦的倾向增加。采用过热蒸汽（400℃以上），利用限流孔板或流控阀控制进入沉降器的流量。在沉降器顶部设置一环形分配管，朝上开数十个小孔，防焦蒸汽朝上喷出，然后反弹向下流动形成蒸汽垫，避免油气在顶部停留时间过长结焦。对于大型工业装置，因单环分配管蒸汽分配不均匀，将防焦蒸汽分 4 路进入沉降器。每路设限流孔板控制流量或设流量指示，防焦蒸汽分配环也相应改为 4 段，分别与 4 路蒸汽相连。这可使防焦蒸汽分布均匀，但蒸汽用量较大。

项目二　反应再生系统形式及工艺

催化裂化反应再生系统形式多样，类型划分的依据从历史沿革、技术发展脉络和技术特点方面而有所不同。从压力平衡类型方面划分，包括同高并列式与高低并列式；从反应器流态化域划分，包括密相湍流床、快速床、稀相气力输送（提升管）；从反应器与再生器布置方式划分，包括并列式与同轴式；从再生方式划分，包括完全再生与不完全再生和两段再生以及多种形式的组合；从再生温度分为低温再生、中温再生和高温再生；从燃烧方式分为部分燃烧和完全燃烧；从所加工的原料性质和功能划分，又大致可分为馏分油催化裂化和重油催化裂化。

一、反应器的形式

1936 年，第一套固定床催化裂化装置投产，标志着催化裂化工艺开始进入炼油技术的舞台，随后呈现出精彩纷呈的新构思和新设计，移动床、流化床、等直径提升管和变径提升管反应器相继诞生，催化裂化反应器类型演变见图2-4-2。变径流化床（提升管）反应器在国际上首创了一种应对复杂气固催化反应技术，实现了我国催化裂化技术从跟踪模仿创新方式向自主创新方式转变。

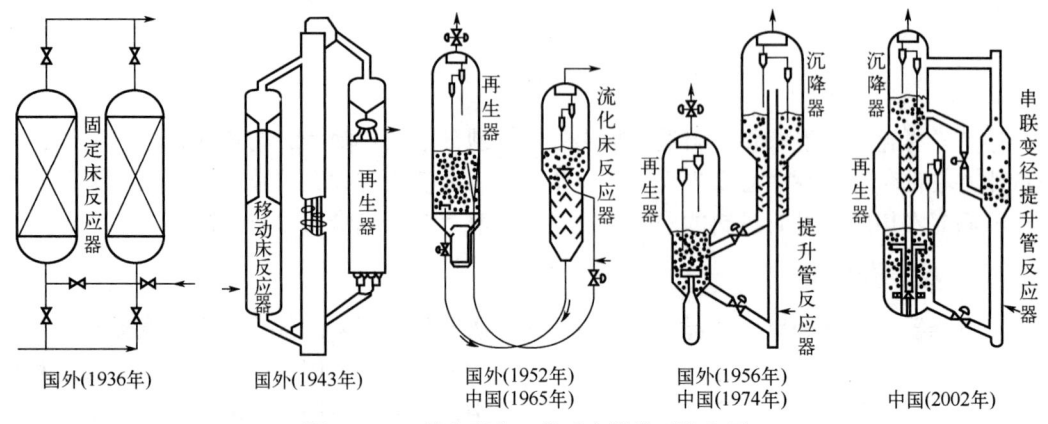

图2-4-2 催化裂化工艺反应器类型演变图

（一）密相流化床反应器及相应工艺

中国第一套流化催化裂化装置采用了同高并列式反应再生形式，见图2-4-3。同高并列式催化裂化主要技术特点包括：

（1）反应器和再生器框架标高相同，两器总高度相近，操作压力相近，装置总标高较低，一般为32~36m。

（2）反应器和再生器之间催化剂通过U形管密相输送循环，反应器和再生器之间压力平衡遵循U形管的水力学静压平衡原理；反应器和再生器之间催化剂循环主要通过注入松动和提升气体介质改变U形管两端的催化剂密度进而改变催化剂循环推动力来实现，待生和再生催化剂管路的单动滑阀只在事故状态时作切断用，正常操作时滑阀全开，滑阀不易磨损。

（3）反应器与再生器内催化剂床层处于密相鼓泡至湍动床流态化域，反应进料提升段很短，反应主要在密相床内进行，适宜于活性不太高的无定形硅铝催化剂和空速较低的反应行为。密相段有低速床与高速床两种，低速床气体线速为0.3~0.6m/s，高速床在0.8~1.2m/s。由于低速鼓泡床返混较大，对产品收率与质量有一定负面影响，采用高速床可以减少返混，提高目的产品的选择性。

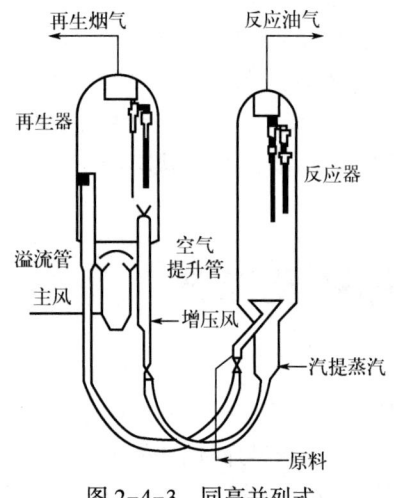

图2-4-3 同高并列式反应再生系统简图

随着分子筛催化裂化技术的进步，同高并列式催化裂化装置随后大都进行了相应改造。很多改造围绕U形管进料段改为提升管反应器，进而逐渐使高低并列式催化裂化成为新设计和装置改造的主流。

（二）提升管反应器及相应工艺

目前，催化裂化装置均采用提升管反应器。按提升管相对于沉降器的位置，有内提升管和外提升管；按反应器和再生器的相对位置，有并列式和同轴式等；按提升管的结构有单提升管反应器、双提升管反应器、提升管+床层反应器和两段提升管反应器等。

1. 高低并列式

为了增加提升管长度以满足对反应时间的要求，同时要提高再生压力，以利于烧焦，降低再生催化剂上的碳含量，在装置形式布置上，反应器位置较高，再生器位置较低，两器不在一条轴线上，称为高低并列式催化裂化装置，如图2-4-4所示。高低并列式催化裂化装置技术特点如下：

（1）由于反应沉降器位置较高，两器压力不同，一般再生器比反应器的压力高0.02~0.04MPa，这种压力平衡的结果适合于原料裂化分子膨胀反应对较低反应分压、再生烧焦对较高压力的需求。

（2）由于裂化反应在提升管内完成，反应沉降器内一般不再保留催化剂床层，只起沉降催化剂和容器内气固分离的作用。为了避免产品的二次裂化，在提升管出口还设有快速分离装置。

（3）催化剂在两器间的循环用斜管输送，由滑阀调节。一般用反应温度控制再生滑阀的开度，用汽提段的藏量控制待生滑阀的开度。由于滑阀经常处于节流调节状态，滑阀的设计和材质应能满足耐磨要求，以保证运行周期。

（4）斜管内的催化剂处于重力流，比同高并列式所需的松动与提升介质显著减少。

2. 同轴式

同轴式催化裂化装置就是把反应沉降器叠置于再生器之上，反应器与再生器处于同一轴线上。反应部分采用外提升管反应器，其反应再生系统简图见图2-4-5。其特点有：

（1）采用折叠式提升管，既满足了对油料和催化剂接触时间的要求，又降低了装置的总高度，使其比采用直提升管要低得多。

（2）待生立管中的催化剂流量由塞阀控制，而不用滑阀，控制催化剂流量的锥形阀头直接伸入再生器底部，催化剂立管蓄压大，控制方便，有利于调节催化剂循环量。由于阀的阀头和催化剂均匀地接触，阀头磨蚀轻。

（3）按同轴的方式布置两器，可以省掉反应器的框架，布置紧凑，占地面积小。

（4）按同轴式布置的两器的差压较并列式大，沉降器压力较再生器压力低0.05MPa。反应压力低有利于裂化反应，再生压力高有利于烧焦反应，且操作简单。

（三）变径流化床反应器及相应工艺

为了获得复杂催化裂化反应目标产品更高的产率与更优的质量，发明了变径流化床反应器。变径流化床反应器分为第一反应区、变径的第二反应区和第三反应区，第一反应区与第二反应区之间设置流体分配器，第二反应区底部能够形成一定密度的催化剂床层。通常第一和第三反应区属于高速输送床，第二反应区属于快速流化床。变径流化床结构示意图见图2-4-6。

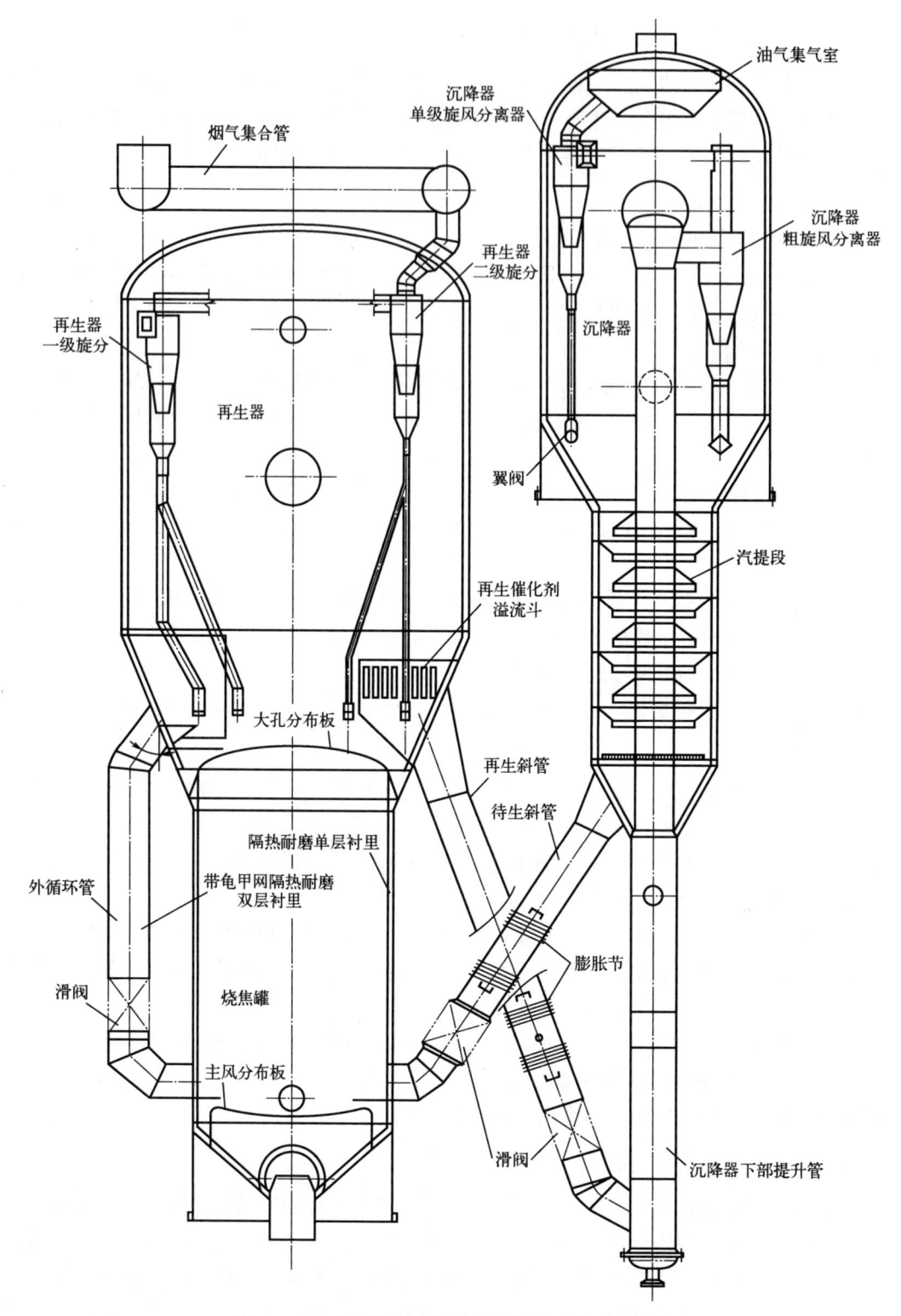

图 2-4-4 高低并列式催化裂化装置反应再生部分

第二部分 反应再生系统

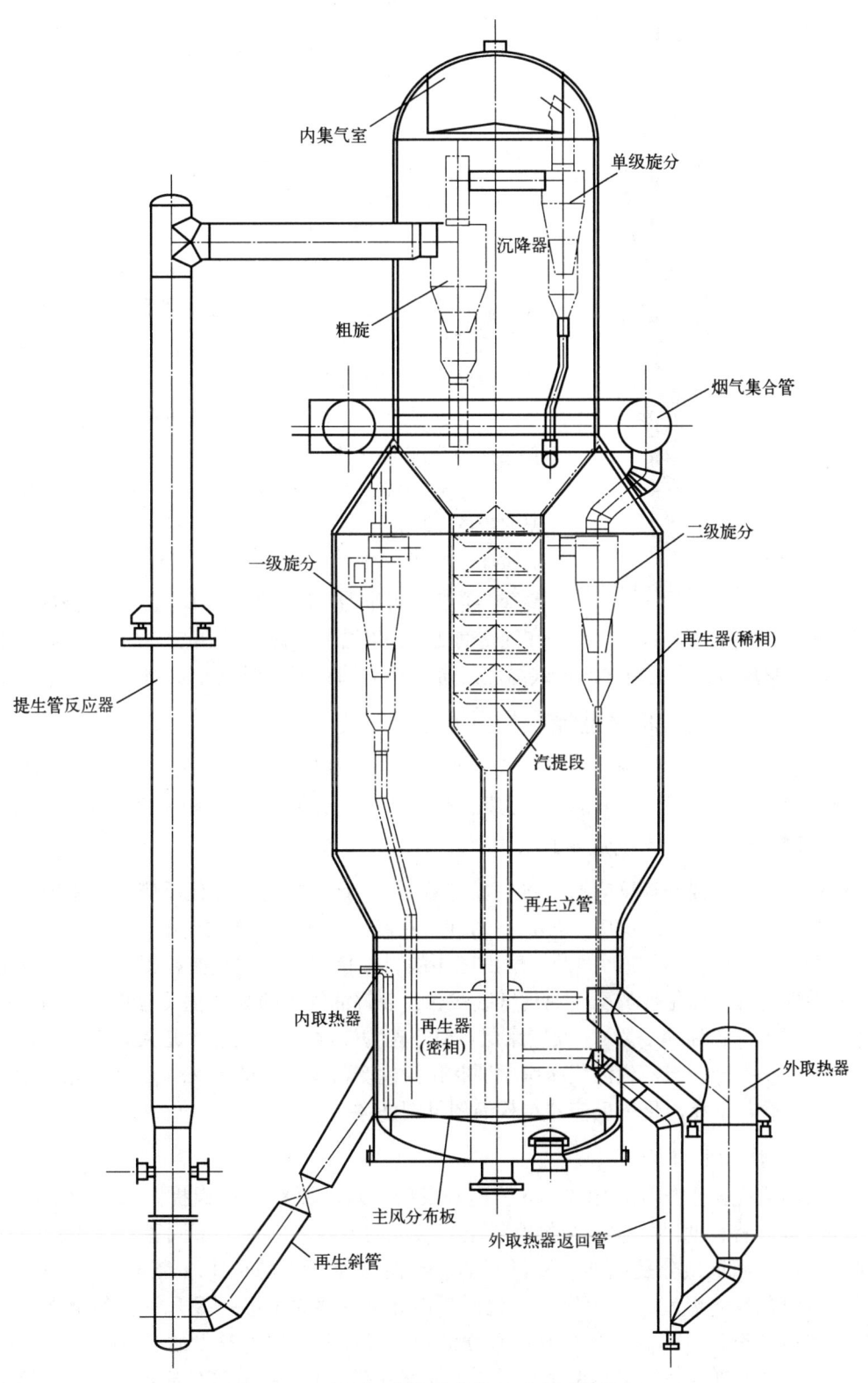

图 2-4-5 同轴式催化流化装置反应再生部分

变径流化床反应器作为多产异构烷烃的催化裂化（MIP）工艺专用反应器而开发的。原料首先注入提升管反应器（第一反应区），在此主要发生裂化反应，采用较高的反应温度，较短的反应（停留）时间，以多产烯烃产物，在其出口油气和催化剂不分离，进入快速流化床（第二反应区），其重时空速为 $10 \sim 40 h^{-1}$，并通过催化剂循环管补充催化剂，提高或降低该区的反应温度，同时增加其直径以降低油气和催化剂的流速，来满足重时空速要求。对于 MIP 工艺，通过降低第二反应区温度和延长反应时间以增加烯烃的氢转移和异构化反应，烯烃在氢转移反应的作用下，汽油中的烯烃转化为丙烯和异构烷烃，使汽油中的烯烃大幅度下降，而汽油的辛烷值保持不变或略有增加。

基于变径流化床反应器技术平台，开发出调控复杂气固催化反应技术，从而提高复杂气固催化反应的目标产品选择性。例如，对于多产低碳烯烃工艺，通过催化剂循环斜管补充高温再生催化剂到第二反应区，提高该区的温度和催化剂活性，以增加裂解油气中的易裂化反应物发生选

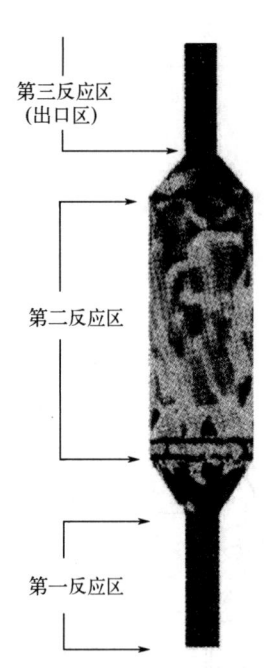

图 2-4-6　变径流化床结构示意图

择性深度裂化反应，生成更多的低碳烯烃，同时干气产率控制在较合理的水平。

（四）组合式流化床反应器及相应工艺

组合式反应器是以常规的提升管为核心，采用与其他类型流化床按并联或/和串联方式进行组合，形成了提升管+密相流化床、双提升管、双提升管+密相流化床等形式。

1. 提升管与密相流化床串联

原料首先注入提升管反应器（第一反应器），在此主要发生裂化反应。采用较高的反应温度和剂油比，较短的反应（停留）时间，在其出口油气和催化剂不分离，进入密相流化床（第二反应器），反应时间及深度由床层的料位控制，目的是使在提升管裂化反应已积炭的活性均匀的催化剂与反应油气继续接触，裂解油气中的易裂化反应物，从而多产低碳烯烃（丙烯、乙烯和丁烯）。反应床层重时空速为 $2 \sim 4 h^{-1}$，实际上是大大提高了催化剂的停留时间。提升管与密相流化床串联通常作为生产低碳烯烃的 DCC、CPP 工艺的专用反应器。提升管与密相流化床反应器结构简图见图 2-4-7。

2. 两个提升管并联

并联两段提升管早期是由 Texco 公司开发的，新鲜原料进一根提升管，回炼的组分进另一根提升管，通过控制两个提升管工艺参数的差异，实现了不同原料发生选择性催化裂化反应。回炼组分是汽油、轻循环油、重循环油、油浆或其他馏分原料及其组合。第二提升管的反应温度、剂油比、催化剂活性等可以独立于第一提升管，甚至提升管出口的分离设施设置也不同，各自具有独立的粗旋或快分。国内开发的 FDFCC、两段提升管接力、FCC 汽油改质均采用两个提升管反应器并联。两个提升管反应器并联结构简图见图 2-4-8。

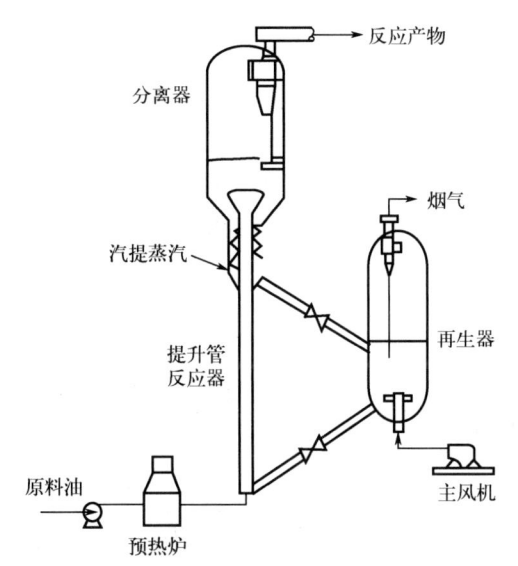

图 2-4-7　提升管与密相流化床反应器结构简图

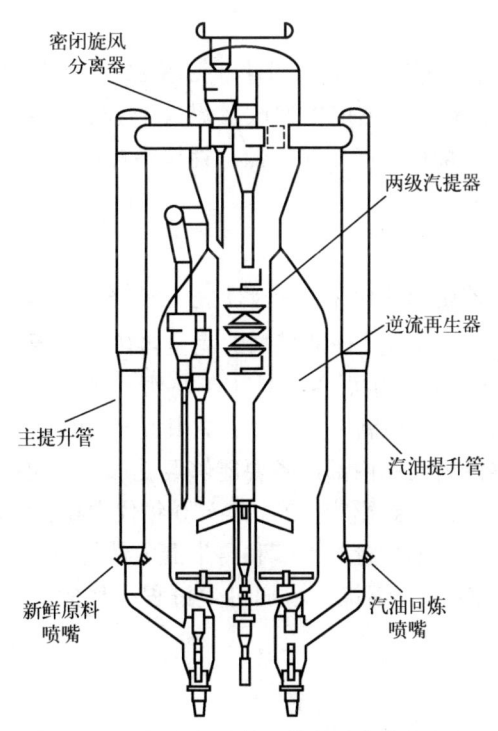

图 2-4-8　两个提升管反应器并联结构简图

3. 提升管与流化床并联和串联

并联和串联提升管与流化床组合更加复杂，催化剂在此反应再生系统内保持正常地流化与循环存在很大的风险，只是在特殊的工艺上使用。例如并联双提升管与流化床串联就应用到改进的 CPP 工艺。第一提升管进料为新鲜原料油和回炼裂解重油，提升管出口温

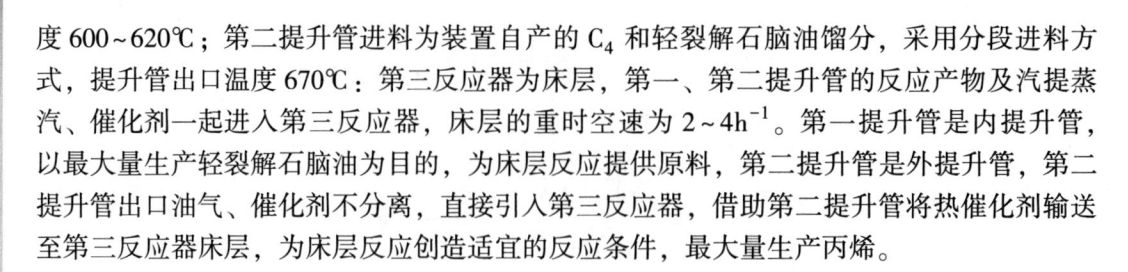

度600~620℃；第二提升管进料为装置自产的C_4和轻裂解石脑油馏分，采用分段进料方式，提升管出口温度670℃；第三反应器为床层，第一、第二提升管的反应产物及汽提蒸汽、催化剂一起进入第三反应器，床层的重时空速为$2~4h^{-1}$。第一提升管是内提升管，以最大量生产轻裂解石脑油为目的，为床层反应提供原料，第二提升管是外提升管，第二提升管出口油气、催化剂不分离，直接引入第三反应器，借助第二提升管将热催化剂输送至第三反应器床层，为床层反应创造适宜的反应条件，最大量生产丙烯。

二、再生器的形式

工业上有各种形式的再生器，大体上可分为四种类型：单段再生、两段再生、快速流化床再生、管式再生及各种组合方式的再生形式。

（一）单段再生

单段再生是只用一个流化床再生器来完成全部再生过程。由于工艺和设备结构比较简单，故至今仍被广泛采用。按CO燃烧是否完全，单段再生又分为不完全再生和完全再生。

1. 不完全再生（常规再生）

再生器内主风量不富裕，烧焦后氧含量小于0.5%。由于焦炭燃烧不完全，产生大量CO，CO需要在后续的CO锅炉中燃烧以回收其燃烧热能，这种再生方法为不完全再生，也称为常规再生。再生器内烧焦强度相对较低，耗风指标低，对分子筛催化剂来说，常规再生温度一般为650~680℃。

2. 完全再生

完全再生是指在再生器密相流化床内是CO完全燃烧为CO_2。完全再生又分为两种类型，一是高温完全再生；二是采用CO助燃剂的完全再生。高温完全再生工艺的特点是对于分子筛催化剂，采用较高的再生温度，使CO在密相流化床内燃烧，CO燃烧热量的80%为催化剂所吸收，从而可以控制再生温度，尤其是稀相温度。即使如此，再生温度也高达760~815℃，再生器的材质和内部设备要能够经受如此的再生温度，在如此高温下再生肯定会使催化剂的平衡活性受到影响。20世纪70年代中期，CO助燃剂开始在工业催化裂化装置上应用，从而实现依据装置热平衡和再生器内件材质情况，采用助燃剂既可以使CO完全燃烧，又可以使CO部分燃烧，增加再生过程操作的灵活性，同时降低再生操作苛刻度。

（二）两器两段再生

两器两段再生是随着渣油催化裂化的发展而发展起来的，其特点是由两个湍流床再生器组成，分为两器两段错流再生和两器两段逆流再生。

1. 两器两段错流再生

两器两段错流再生可分为有取热设施的与无取热设施两种。

1）无取热设施的两器两段错流再生

我国20世纪80年代引进的无取热设施的渣油催化裂化的两器两段再生。两段均采用湍流床，一段、二段烟气分流，一段是常规再生，二段是高温下完全再生（不用助燃剂）。按照生焦率和两器热平衡的需要来调节一段、二段的烧焦比例，不设取热设施。由于二段再生温度可达800℃以上，故第二段再生器内无内构件（旋风分离器、料腿、翼阀），专门用于渣油催化裂化装置，有并列和同轴两种，见图2-4-9和图2-4-10。目前，国内该类型的装置基本都增加了取热设施，仅有极个别的装置没有取热设施。其特点可归纳如下：

(1) 再生效果好，再生催化剂碳含量可小于0.05%；
(2) 两器分别在不同的温度和水汽分压下再生，催化剂的减活条件缓和；
(3) 一段、二段烟气分别处理，没有二次燃烧问题，烟气能量利用稍差；
(4) 一段用主风量控制烧焦量，二段的烧焦比例可在一定范围内调节；
(5) 反应再生系统热平衡决定了焦炭产率在6%～7.5%，只能加工较优质的原料油。

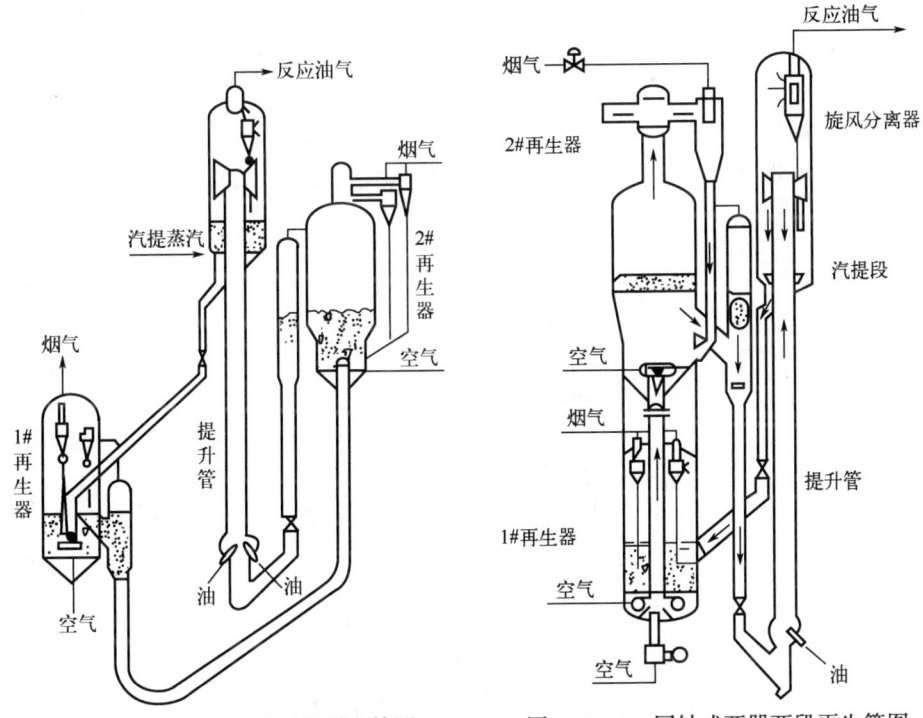

图2-4-9　并列式两器两段再生简图　　图2-4-10　同轴式两器两段再生简图

2) 有取热设施的两器两段错流再生

有取热设施的两器两段再生与无取热设施的两器两段再生的主要区别，是在第一再生器设有取热设施，可灵活调节取热负荷，因而生焦率可允许在较大范围内变动（6%～10%）。另外，第二再生器烟气通过降温后与第一再生器的烟气合并，因而烟气能量利用较好，适用于高生焦量的大规模催化裂化装置。与此同时，我国对这种双器错流两段再生进行改进，第二再生器采用快速床—湍流床串联再生取代单纯的湍流床结构，消除了严重的二次燃烧，提高烧焦强度。两个再生器均使用CO助燃剂，直接回收压力能。

2. 两器两段逆流再生

两器两段逆流再生的特点，是用逆流再生方式使第一段的CO部分燃烧和第二段的CO

完全燃烧，第一段碳含量高的催化剂与氧含量低的空气，第二段碳含量低的催化剂与氧含量高的空气优化组合。两个再生器只排出一股含有 CO 且 O_2 含量低的烟气，消除了两股烟气合流产生尾燃，烟气能量利用好。

我国开发的逆流两段再生是将第一再生器设置在第二再生器上部，大约 20% 的焦炭在第二再生器中烧掉，第二再生器不设旋风分离器，其烟气携带部分再生催化剂进入第一再生器继续烧焦，离开第一再生器的烟气含有 1%~6% 的 CO 和 1%~2% 的 O_2。由于两个再生器串联，只有一股烟气，有利于烟气的能量回收，同时也降低了空气的用量。再生催化剂碳含量可降至 0.05%。取热设施位于第一再生器下部，反应沉降器位于第一再生器顶部，总高度小于 62m，低于国外的逆流两段再生催化裂化装置。

逆流两段再生流程见图 2-4-11，其特点：两个再生器重叠布置，一段再生器位于二段再生器之上；第一再生器中的贫氧再生、CO 部分燃烧；第二再生器过剩氧再生，CO 完全燃烧。新鲜主风分别进第一再生器和第二再生器，其中第二再生器主风与第一再生器来的含碳量较低的半再生催化剂充分接触烧焦，产生含有一定过剩氧的二段再生烟气通过分布板进入一段再生器；一段再生烟气过剩氧为 0~0.5%，再生器内烟气无尾燃，采用烟道部分补燃措施，排烟气温度 700~730℃，进入三旋，除去微粒剂后，烟气进入烟机回收烟气压力能，排出的烟气去余热锅炉回收烟气中 CO 的化学能和热能。

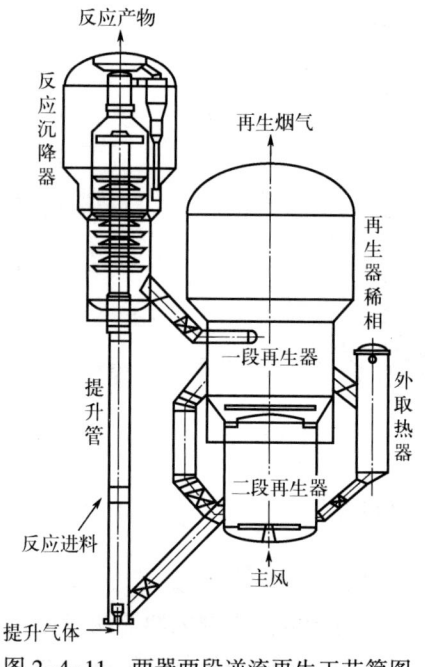

图 2-4-11 两器两段逆流再生工艺简图

（三）快速床再生

快速床再生特点是将线速提高至 1.2m/s 以上，气体和催化剂向上同向流动，从上部将两种物流导出，催化剂被气体带出量和进入量相等。原先存在于乳化相的催化剂颗粒被分散到气流中，构成絮状物的颗粒团变为分散相，烧焦气体转为连续相，有利于氧的传递。反应过程基本受化学动力学限制，强化了烧碳过程和 CO 燃烧过程。

1. 烧焦罐再生

如图 2-4-12 所示，快速床再生由快速床（又称前置烧焦罐）、稀相管和鼓泡床组成。我国现有的这类再生器由于循环管结构不同又分为两种：一种是早期曾使用的密相床与高速床由带翼阀的内溢流管连通；一种是目前普遍采用的由带滑阀的外循环管连通。

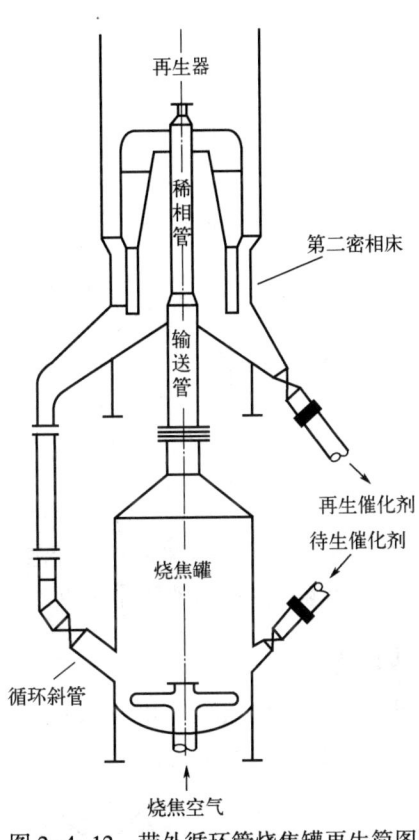

图 2-4-12 带外循环管烧焦罐再生简图

其烧焦工艺流程：待生催化剂首先进入第一密相段（即烧焦罐），在其中烧去大部分焦炭，并使温度提高到 677℃。空气自烧焦罐底部通过分布板送入，保持床层气体线速约为 1.5m/s，此时床层密度约 160kg/m³。烧去部分焦炭的半再生催化剂随气体进入稀相再生管，在再生管下部补入一部分空气，使气体中的氧含量可达 5% 左右，这时 CO 就几乎全部变为 CO_2，温度可达 740℃。由于再生温度很高，同时出口氧浓度在 1.8% 左右，所以在稀相再生管中也烧去一部分焦炭，从而使再生催化剂上的碳含量降低到 0.02% 以下。再生后的催化剂经稀相再生管输送到第二密相段（汽提段），在此进行催化剂汽提脱烟气，然后再返回到提升管底部。

快速床再生主要特点：

（1）由于烧焦罐系快速流化床，在其中保持了高流速、高温度、高氧含量和低催化剂藏量的条件，从而可将烧焦罐烧焦强度提高到 500kg/(h·t)（温度 700℃ 以上时），约有 90% 焦炭在高速床烧掉。但由于二密相床的烧焦强度较低，故总烧焦强度只有 250kg/(h·t) 左右。

（2）由于采用了高温、高氧含量和高流速的再生条件，使再生催化剂碳含量降低，在700℃时，可保持0.1%左右。

（3）在烧焦罐和稀相管中同时进行CO的燃烧（一般采用助燃剂），这样就利用了CO的燃烧热，提高了烧焦温度。单器再生之后串联一个快速床，简称后置烧焦罐再生，见图2-4-13。

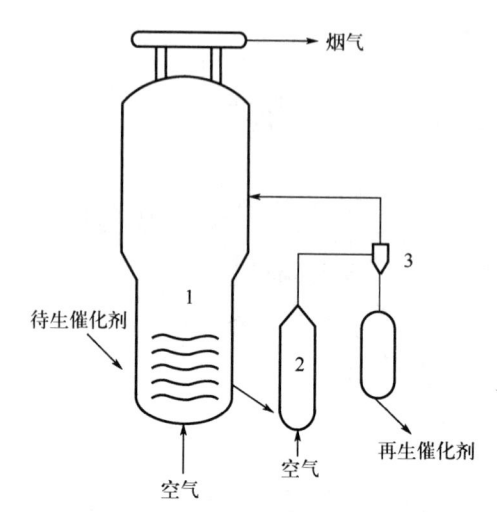

图 2-4-13 后置烧焦罐再生流程简图
1—湍动床再生器；2—后置烧焦罐；3—粗旋风分离器

2. 烟气串联的快速床两段再生

在烧焦罐高效再生工艺基础上，将烧焦罐（快速床）、湍流床的烟气进行串联布局，从而开发出烧焦罐串联再生工艺，如图2-4-14所示。

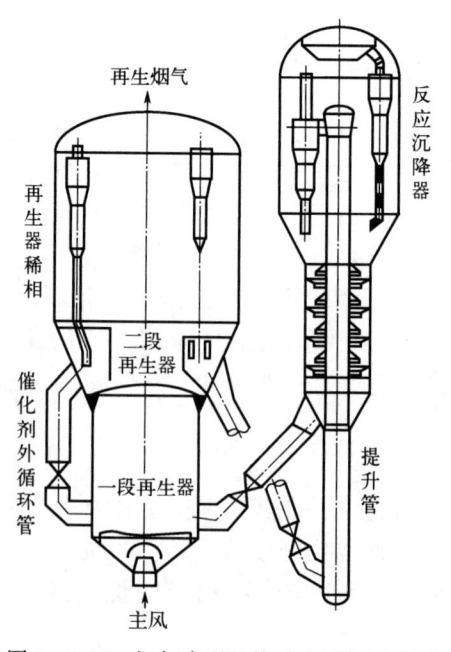

图 2-4-14 烟气串联的快速床再生示意图

由图 2-4-14 可以看出，一段再生与二段再生的分界处有一个大孔径、低压降的孔板，第一段实现了快速床再生，第二段处于高速湍流床烧焦状态，两段烧焦强度都得到了强化，从而使再生器的烧焦强度得到了提高。

（四）管式再生

如图 2-4-15 所示，管式再生采用提升管，管内表观线速为 3~10m/s，提升管内的催化剂处于活塞流状态。燃烧用的主风分成 3~4 股，在提升管的不同高度注入，以控制烧焦管内的密度和氧浓度，氧的传质阻力和催化剂的返混可达到很低的程度，从而使烧焦强度可达到 1000kg/(t·h)。

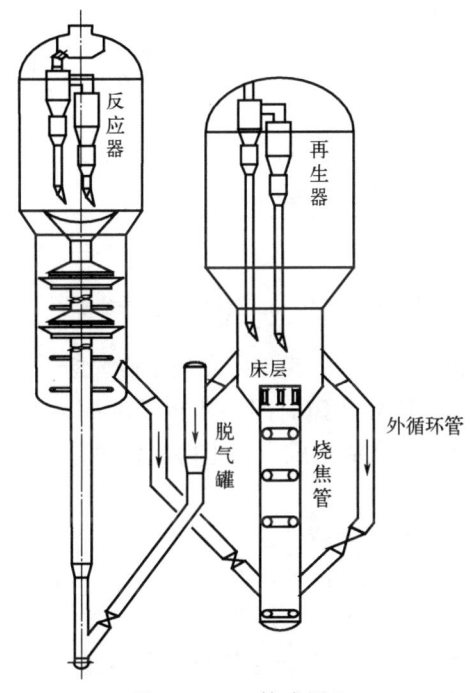

图 2-4-15 管式再生

项目三　催化裂化工艺系列技术

一、MIP 工艺

针对 2003 年 1 月 1 日起实施的国家标准《车用无铅汽油》（GB 17930—1999），中石化石油化工科学研究院有限公司（以下简称石科院）开发多产异构烷烃和降低汽油烯烃含量的催化裂化技术。MIP 工艺是在变径流化床反应器技术平台上开发的，相对于等直径提升管反应器，变径流化床反应器将渣油催化裂化反应设置在第一反应区，将所生成的烯烃异构化和氢转移反应设置在第二反应区，从而实现了渣油高选择性进行催化裂化与转化，不仅使汽油产率大幅度增加，而且汽油质量得到明显提高，再一次使催化裂化技术呈现出台阶式进步，见图2-4-16。MIP工艺主要技术特点如下：

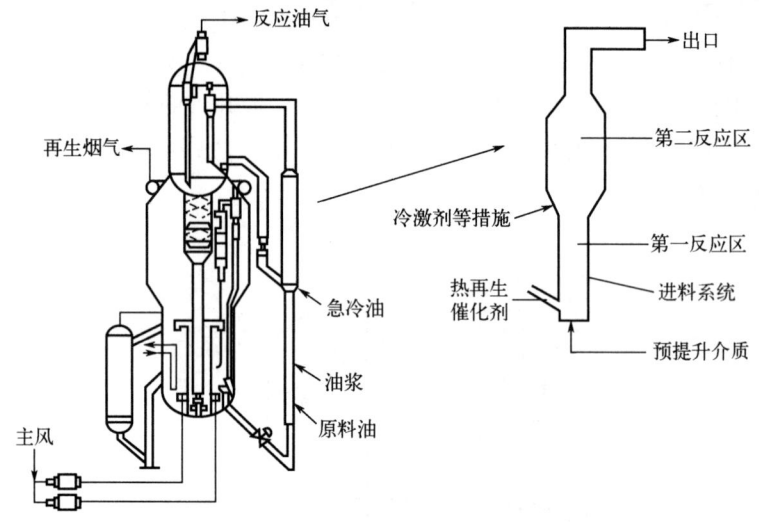

图 2-4-16　MIP 工艺反应再生系统示意图

（1）第一反应区以裂化反应为主，采用较高的反应温度、较短的油气与催化剂接触时间和较高的剂油比，这样可以达到在短时间内将较重的原料油经催化裂化生成小分子烯烃，同时高反应苛刻度可以减少汽油组成中的正构烷烃和环烷烃等低辛烷值组分，对提高汽油的辛烷值非常有利。

（2）第二反应区操作方式是采用较低的反应温度和较长的反应时间，促使第一反应区出口的反应油气中富含低碳（$C_5 \sim C_7$）烯烃发生氢转移、异构化反应，使汽油中的烯烃含量大幅度下降，同时辛烷值保持不变或略有增加。

（3）MIP工艺在操作参数设置上明显地不同于常规催化裂化工艺。通常，第一反应区出口温度控制在500~530℃，油气停留时间一般为1.2~1.4s；第二反应区温度控制在490~520℃，重时空速一般为15~40h^{-1}（油气停留时间5~6s）。尽管MIP工艺反应时间延长，但反应温度降低，其热裂化反应效应大幅度地降低，从而有利于干气产率的减少。

图2-4-17为MIP反应原理示意图。

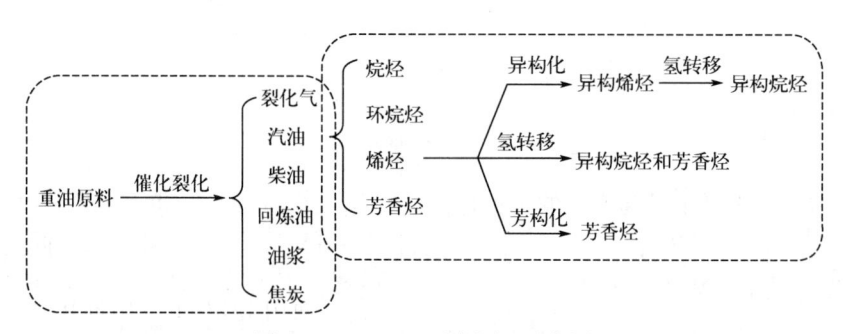

图 2-4-17　MIP 反应原理示意图

二、MIP-CGP 工艺

在 MIP 工艺基础上，针对丙烯需求旺盛和清洁汽油生产的双重重大需求，石科院开发汽油组成满足欧Ⅲ标准并增产丙烯的催化裂化技术（MIP-CGP），见图 2-4-18。

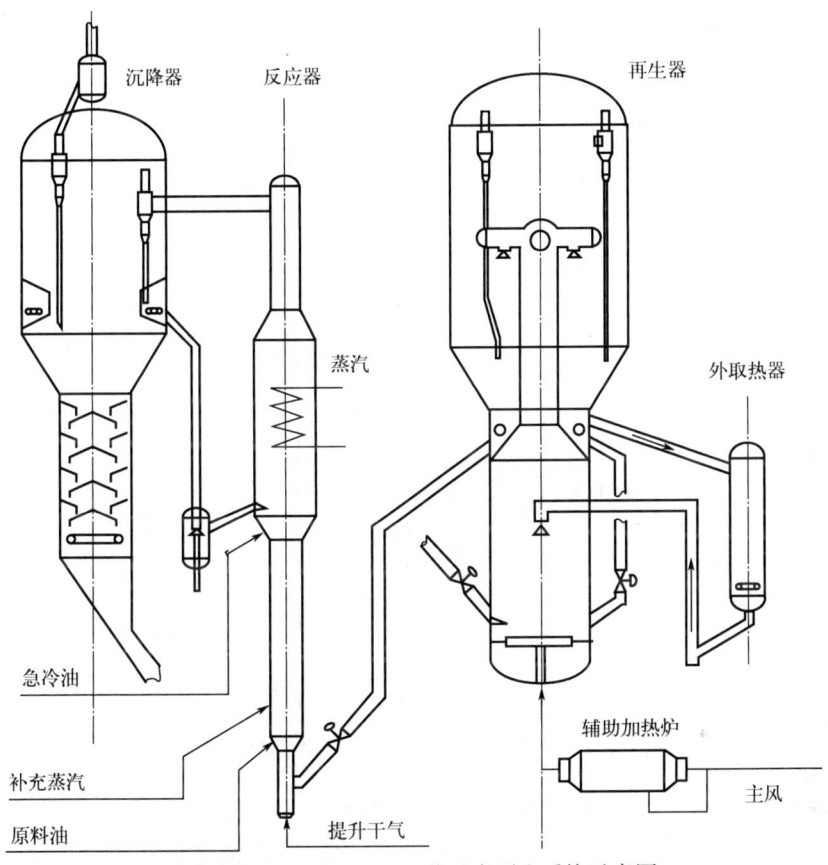

图 2-4-18 MIP-CGP 工艺反应再生系统示意图

该技术以重质油为原料，采用串联提升管反应器构成的新型反应系统，在不同的反应区内设计与烃类反应相适应的工艺条件，并使用专用催化剂。烃类在新型反应区内可选择性地转化生成富含异构烷烃的汽油和丙烯，在生产清洁汽油的同时增产丙烯。在催化裂化反应中，烃类在酸性分子筛催化剂上发生裂化、异构化、氢转移、脱氢环化、歧化、缩合、烷基化等反应。因裂化是吸热反应，而氢转移、异构化和烷基化反应是放热反应，故降低反应温度对汽油降烯烃有利。

MIP-CGP 可选择性地控制裂化反应和氢转移反应。因生成异构烷烃的前驱物烯烃是串联反应的中间体，故将烯烃的生成和反应分成两个反应区。这两个反应区具有不同的功能，通过选择性地控制第一反应区裂化反应，增强了 MIP 工艺的适应性。在第二反应区中，氢转移反应起着双重作用：一是使汽油中的烯烃饱和，提高汽油质量；二是终止裂化反应，有利于提高汽油、柴油收率，降低干气收率。使用 CGP-1 专用催化剂，能有效控制反应深度，提供适宜的氢转移反应环境，有利于增产丙烯、异丁烷和低烯烃汽油。

三、CRCFCC 工艺

洛阳维达石化工程有限公司开发、设计了剂油比独立控制与优化控制的冷再生剂循环催化裂化技术（CRCFCC）。它是在再生催化剂循环线路上增加冷却器降低再生催化剂的温度，实现"低温接触、大剂油比、高催化剂活性"的反应要求，同时为噻吩硫化物向 H_2S 转移的氢转移反应提供更有利的条件，达到改善产品分布，提高总液收，提高汽油产品质量，降低装置能耗，从而增加装置经济效益的目的，见图2-4-19。

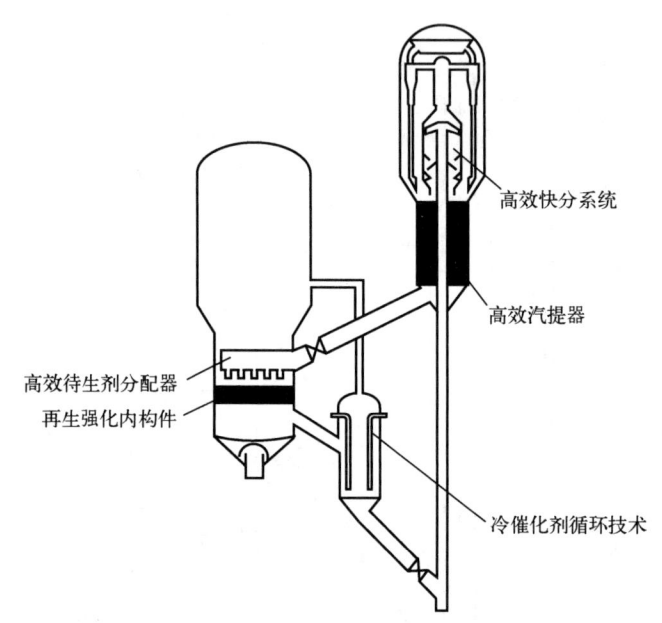

图 2-4-19　CRCFCC 工艺反应再生原理示意图

CRC 技术降低再生剂温度的措施是在翅片管冷却器中用水取走再生催化剂中的热量。翅片管传热面积大，增加了高温催化剂颗粒与翅片的碰撞机会，并起到了破坏气泡的作用，进一步强化了换热效率。同时，由于 CRC 设置于再生线路，催化剂循环量大、温度高，流化风对取热负荷控制比普通外取热更为灵敏，可以达到灵活改变剂油比、调节反应再生系统热量平衡的目的。

四、TSRFCC 工艺

中国石油大学开发的 TSRFCC 技术，采用两段提升管反应器，构成了两段提升管催化裂化反应系统，见图 2-4-20。第一段提升管进新鲜原料，与再生催化剂接触反应一定时间后进入油气和待生催化剂分离系统；未转化的原料（循环油）进入第二段提升管，与再生催化剂接触进一步转化反应。TSRFCC 技术通过分段反应、催化剂接力、短反应时间和大剂油比工艺条件，可以明显促进催化反应和抑制热裂化反应，并在一定程度上克服新鲜原料和循环油在同一反应器内存在的恶性吸附—反应竞争。

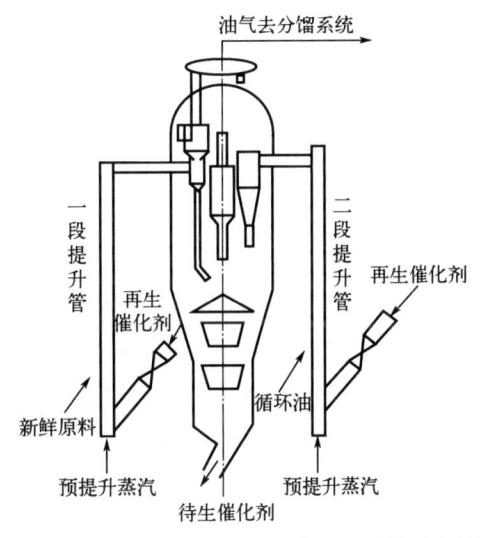

图 2-4-20　TSRFCC 工艺反应再生系统示意图

五、FDFCC 及 FDFCC-Ⅲ 工艺

中石化洛阳工程公司开发了灵活多效催化裂化技术（FDFCC），采用并联双提升管工艺流程对劣质重油和汽油在不同的提升管反应器和不同的操作条件下进行联合改质，为汽油理想二次反应提供独立的改质空间和充分的反应空间，从而降低催化裂化汽油的烯烃和硫含量，改善柴汽比，提高催化汽油的辛烷值，同时增产液化气和丙烯。

FDFCC-Ⅲ 工艺在 FDFCC 工艺的基础上增加了外循环管，将含碳量较低的部分副待生催化剂引至主提升管底部，以增大主反应器剂油比。由于副分馏塔高于主分馏塔，副分馏塔塔底油浆采用自流的方式流入主分馏塔，在主分馏塔内部与主油浆上返塔共用一根分布管。其工艺流程见图 2-4-21。

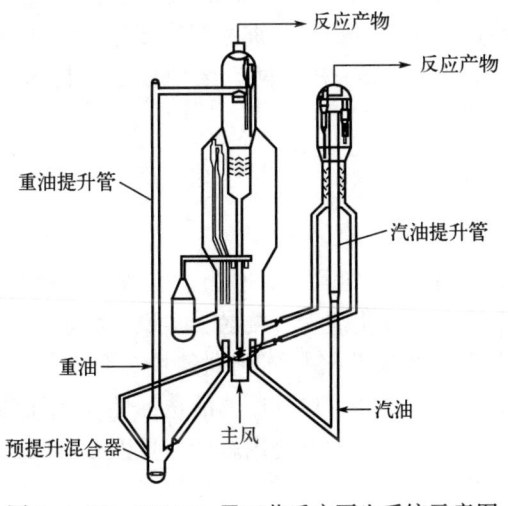

图 2-4-21　FDFCC-Ⅲ 工艺反应再生系统示意图

FDFCC 采用并联双提升管催化裂化技术，能够有效促进或抑制催化裂化反应，达到降低催化汽油烯烃含量的目的。

六、MGD 工艺

石科院开发多产液化气和柴油的催化裂化技术（MGD）。它以重质油为原料，利用现有的催化裂化装置经过少量改造，即可在常规催化裂化装置上同时增产液化气和柴油，并大幅度地降低催化汽油中烯烃含量的一项新工艺技术。

根据进料在提升管不同高度位置，将提升管分为汽油、重质油、轻质油和总反应控制区。在汽油反应区，高温催化剂与进料汽油接触，获得大量的液化气产物；重质油反应区，反应温度和催化剂活性降低，控制反应深度；轻质油反应使原料尽可能多地转化为柴油；总反应深度控制区通过采用注入急冷介质的方法，控制反应时间、反应温度和剂油初始接触温度来控制反应深度。

七、MGG 工艺

石科院开发以蜡油或者掺炼渣油为原料，通过催化裂化多产气体烯烃和优质汽油的催化裂化技术（MGG），通过特制的催化剂（RMG，高的裂化性和好的选择性）使原料油中具有不同裂化性能和不同分子大小的烃，在不同酸性、不同孔径的分子筛上分别选择性裂化，高温下大孔的非酸性表面促使极性强的大分子杂环化合物热裂解，而带适当酸性的中孔裂化中等大小的分子，并为烃类达到分子筛酸性中心提供通道。

八、ARGG 工艺

石科院在 MGG 工艺技术基础上开发的常压重油多产气体和汽油的催化裂化技术（ARGG），以常压渣油等重油为原料，采用重油转化能力与抗重金属污染能力强、选择性好及具有特殊反应性能的 RAG-1 催化剂，在高的液化气和汽油产率下，同时得到好的油品性质，特别是汽油的质量优于或者相当于重油催化裂化的汽油性质。

与 MGG 工艺目的产品和技术都一样，两者区别在于原料的不同。ARGG 以常压渣油（AR）为原料，特别是石蜡基的 AR。

九、MSCC 工艺

UOP 公司开发的毫秒催化裂化技术（MSCC）。在 MSCC 过程中，催化剂向下流动形成催化剂帘，原料油水平注入与催化剂垂直接触，实现毫秒催化反应。反应产物和待生催化剂水平移动，依靠重力作用实现油气与催化剂的快速分离。这种毫秒反应以及快速分离，减少了非理想的二次反应，提高了目的产物的选择性，汽油和烯烃产率增加、焦炭产率减少，能更好地加工重质原料，且投资费用较低，见图 2-4-22。

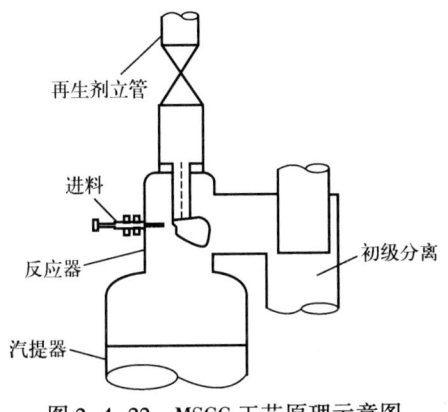

图 2-4-22　MSCC 工艺原理示意图

十、DCC 工艺及 DCC-plus

（一）DCC 工艺

石科院开发以多产低碳烯烃为目标的催化裂解工艺，又称深度催化裂化工艺（DCC）。

DCC 技术是通过对石油烃催化裂化生成丙烯的正碳离子和 ZSM-5 的特殊孔道结构具有较高丙烯选择性特性的再认识，结合多产低碳烯烃的反应工艺与工程的应用基础研究，提出采用催化裂化工艺技术生成丙烯的开创性构思而开发的技术。DCC 技术创新性在于采用提升管与密相流化床组合型反应器，其中提升管反应器为重油催化裂解生成汽油馏分等丙烯前身物的反应器，密相流化床为丙烯前身物催化裂解生成丙烯的反应器，见图 2-4-23，并在反应体系中引入高比例 ZSM-5 分子筛催化剂，加之相适配的反应条件，从反应热力学和反应动力学角度解决了 C-C 键断裂生成丙烯的选择性最优化问题，实现高选择性生成丙烯的化学反应过程。

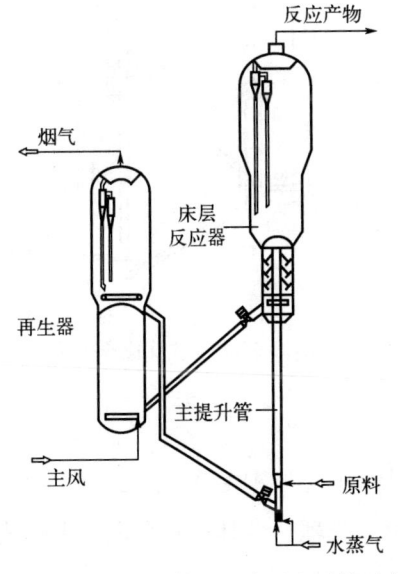

图 2-4-23　DCC 装置反应再生系统示意

该工艺具有两种操作方式：

(1) DCC-Ⅰ：选用较为苛刻的操作条件，在提升管加密相流化床反应器内进行反应，最大量地生产以丙烯为主的小分子烯烃；催化剂是以 HZSM-5 分子筛作为活性组分的 CHP-1，以及以 ZRP 分子筛作为活性组分的 CRP-1。

(2) DCC-Ⅱ：选用较缓和的操作条件，在提升管反应器内进行反应，最大量地生产丙烯、异丁烯和异戊烯等小分子烯烃，并兼产高辛烷值优质汽油；催化剂 CIP-1，以多种分子筛作为活性组分，以高分散性的基质为载体。

（二）DCC-plus 工艺

石科院在 DCC 工艺基础上，发展了提升管反应器和流化床反应器分区控制的增强型催化裂解技术（DCC-plus）。技术特点如下：

(1) 采用全新的专利组合反应器结构，主提升管以及第二提升管+床层反应器串并联组合。其优势在于将高温、高活性再生催化剂通过第二提升管输送到床层反应器，床层反应器温度由第二提升管催化剂温度和循环量决定而不是主提升管出口温度决定，降低主提升管出口温度可以有效减少干气和焦炭产率。

(2) 增加了轻烃反应器，第二反应器可加工碳四和轻汽油馏分增产丙烯和乙烯，也可加工柴油组分增产丙烯和轻芳香烃（高辛烷值汽油），与单独新建轻烃/轻油裂化装置相比，无须新建投资装置，操作灵活性高，不占用重油加工负荷，灵活调整全厂产品结构。反应再生系统见图 2-4-24。

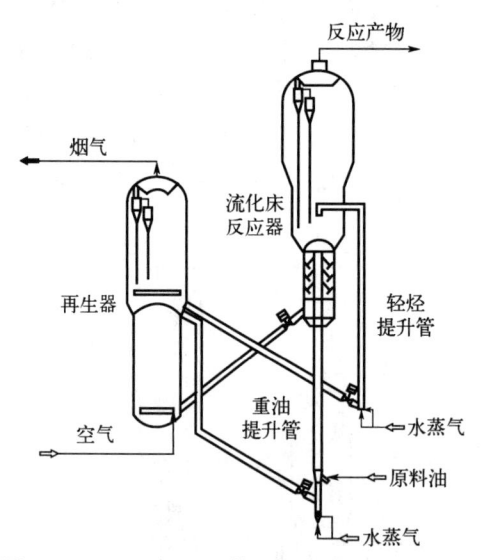

图 2-4-24 DCC-plus 装置反应再生系统示意图

十一、ROCC-V 工艺

中石化洛阳工程公司开发"三器"联体逆流两段再生形式催化裂化技术（ROCC-V），见图 2-4-25。其主要特点是：

（1）反应再生系统为全同轴布置。自上而下依次为沉降器、第一再生器（一再）和第二再生器（二再）。与国外类似装置相比，反应器、再生器两器总高度降低了约 15m，缩短了裂化油气在反应系统的停留时间，有利于减少反应系统结焦。

（2）采用立管输送催化剂，与斜管相比，催化剂输送推动力大，适于各种密度的催化剂，可实现大剂油比操作，装置操作弹性大、抗事故能力强。

（3）采用 LPC 型高效进料雾化喷嘴、干气预提升和快速终止反应（终止剂）、高效汽提等技术，以降低气体和焦炭产率。提升管出口设有粗旋风分离器（粗旋），粗旋升气管与沉降器顶旋入口采用软连接。

（4）一再采用不完全燃烧常规再生方式，二再采用高温完全再生。二再烟气返回一再床层，待生催化剂通过分配器进入一再床层，先与一再主风逆流接触，烧掉大部分氢，然后与二再烟气接触，含碳量低的催化剂最后与氧含量高的主风接触。整个烧焦过程化学动力学速度均一，烧焦强度高，降低了反再系统中催化剂藏量。

（5）设备布局紧凑，占地面积小。

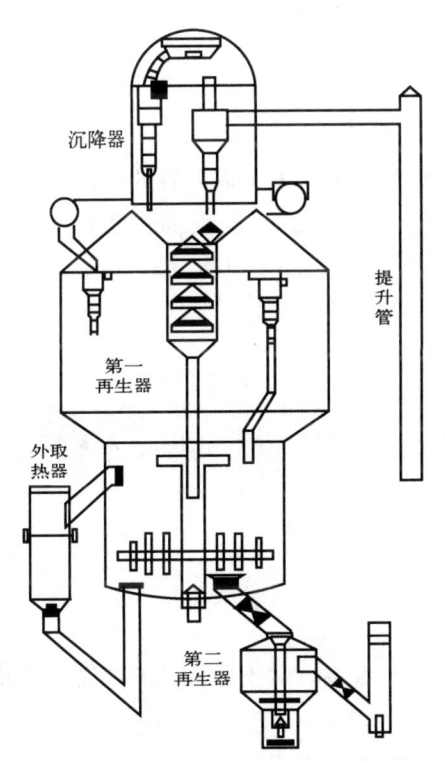

图 2-4-25　ROCC-V 反应再生系统示意图

十二、VRFCC 工艺

由北京燕山石油化工有限公司、中国石化北京设计院和石科院联合开发，以大庆石蜡基减压渣油为原料生产高附加值液化气、汽油和柴油馏分的重油催化裂化技术（VRF-CC），该技术主要包括：

（1）高黏度原料的减黏雾化技术；
（2）无返混床剂油接触实现热击汽化及高重油转化技术；
（3）短接触反应抑制过裂化和结焦技术；
（4）应再生温差及再生剂温度调控协调初始反应深度及总反应苛刻度技术；
（5）用 VRFCC 专用催化剂（DVR 系列）技术。

第一套 VRFCC 工业装置是北京燕山石油化工有限公司炼油厂催化裂化装置改造成 800kt/a 装置，该装置工程设计的主要特点有：

（1）提升管反应器采用了新一代高效雾化喷嘴，提高了高黏度进料的雾化效率；
（2）采用带四层预汽提段和三臂旋流头的旋流快速分离器（VQS），有效地降低了焦炭含氢量；
（3）使用了在我国首次采用的富氧再生技术，解决了在再生器主体不动、主风量不足的前提下烧焦量增加约 60% 的难题；
（4）采用了新的防焦蒸汽注入设计，有效地防止了加工高生焦母体渣油进料的反应系统、沉降器内部构件、穹顶及大油气管线等部位的设备结焦问题。

十三、RTC 工艺

重油高效催化裂解（RTC）技术是石科院开发的一种石油化工技术，主反应器采用快速床反应器，加工混合重质原料，它能够有效地将劣质重油转化为高价值的化工原料，特别是丙烯和乙烯，再生系统采用烧焦罐+稀相管完全再生形式。2023 年 6 月首套 300×10^4 t/a 重油高效催化裂解装置在安庆石化投产。

项目四 反应再生工艺参数的控制

一、反应温度的控制

反应温度一般指提升管出口温度。对于采用 MIP 工艺的催化裂化联合装置，反应温度一般指一反出口温度。

（一）反应温度对反应速率、产品分布和质量的影响

提高反应温度则反应速率增大。催化裂化反应的活化能约为 42~125kJ/mol，温度每升高 10℃，反应速率约提高 10%~20%。烃类热裂化反应的活化能较高，约为 210~290kJ/mol，当反应温度提高时，热裂化反应的速率提高得比较快。当反应温度提高到很高时（如 500℃ 以上），热裂化反应渐趋重要，于是裂化产品中反映出热裂化反应产物的特征，如气体中 C_1、C_2 增多，产品的不饱和度增大等。

反应温度还影响产品的分布和产品的质量。当反应温度提高时，汽油→气体的反应速率加快最多，原料→汽油反应次之，而原料→焦炭的反应速率加快得最少。因此当反应温

度提高时，如果所达到的转化率不变，则汽油产率降低，气体产率增加，而焦炭产率降低。

（二）反应温度影响因素

提升管催化裂化装置反应温度主要影响因素有再生温度、提升管进料量、原料预热温度、两器差压、催化剂循环量、提升管注汽量等，参数波动会引起提升管第一反应器出口温度波动。

（三）反应温度控制方式

提升管出口温度与再生滑阀压降组成低值选择控制。正常情况下，反应温度由温度调节器控制再生单动滑阀（或塞阀）的开度来实现。通过改变温度调节器设定值，调节再生单动滑阀（或塞阀）开度，以控制催化剂循环量，提高或降低反应温度。异常情况下，当滑阀（或塞阀）差压低于再生滑阀（或塞阀）压降调节器设定值时，低选控制器将选择压降调节器输出信号，控制再生滑阀（或塞阀）开度来调整反应温度。当反应提升管中部温度低于460℃时，应立即启用进料自保，装置按紧急停工处理，防止原料难以汽化，引起反应系统结焦。

二、反应压力的控制

反应压力指沉降器顶压力，有些装置将压力检测点设在分馏塔顶。反应压力是生产中主要控制参数，对装置产品分布、平稳操作、安全运行有直接影响。降低反应压力，可降低生焦率，增加汽油产率，汽油和气体中烯烃含量增加，汽油辛烷值提高。反应压力虽然是独立操作变量，但由于装置加工能力的限制、分馏和吸收稳定系统的限制以及气压机的限制，在操作中，压力一般是固定不变的，不作为调节操作的变量。由于压力平衡的要求，反应压力和再生压力之间应保持一定的压差，不能任意改变。在工业催化裂化装置上，反应压力通常在0.2~0.4MPa（绝压）之间。

反应压力控制方式有分馏塔顶油气管道蝶阀、富气压缩机转速、反喘振阀、压缩机入口放火炬阀等，在不同的操作阶段选用不同的手段加以控制。

（1）开工拆油气管道大盲板前，两器烘干、升温及装催化剂期间，用沉降器顶的放空调节阀控制反应器压力。

（2）拆除大盲板、沉降器和分馏塔连通之后，提升管进油之前，用分馏塔顶油气管道蝶阀和开工干气控制反应压力。

（3）提升管进油后，富气压缩机正常投运前，通过调节喷油速度、分馏塔顶蝶阀及气压机入口放火炬阀开度控制反应压力。

（4）富气压缩机正常运行后，分馏塔顶油气管线进口电动阀（或蝶阀）全开，放火炬阀全关，用富气压缩机入口压力自动调节富气压缩机转速控制反应压力。变速运行的压缩机通过改变压缩机转速来控制反应压力，但必须注意防止喘振；恒速运行的压缩机则通过改变反喘振流量或压缩机入口节流来控制反应压力，但必须注意防止喘振。当富气量降到压缩机喘振线以下时，反喘振阀自动打开。当富气压缩机转速达到最高允许转速时，放火炬阀自动打开，避免分馏塔顶压力超高引起安全阀起跳。当因分馏系统阻力降增大而导致反应压力超高时，要及时调整分馏系统的操作。在保证富气压缩机组安全运行的前提下，尽可能减少反喘振量，以节能降耗。

压缩机能力有限度，富气量不能超过压缩机的能力，才具有对反应系统的压力调节作用。富气量除取决于反应气体产率，还与分馏塔顶冷凝器的冷却效果有关，冷却效果较差时部分轻油组分进入富气中增加压缩机负荷。生产中增加劣质渣油掺炼量时，重金属污染严重，会使气体中氢含量增加，从而导致富气量增大。一般设置的控制方案中，当富气量大于压缩机的能力时，通过放火炬排放一部分富气，使压缩机正常运行，也可以适当降低吸收解吸系统压力。

三、沉降器藏量的控制

提升管催化裂化装置反应器藏量主要指沉降器和汽提段藏量，一般藏量主要在汽提段中。对于 MIP 装置，除控制汽提段催化剂藏量外，为控制汽油烯烃含量，还要控制第二反应区的催化剂藏量。汽提段藏量影响催化剂汽提效果、两器压力平衡，同时催化剂的料封还可防止催化剂倒流。

正常生产时，通过调节待生滑阀（或待生塞阀）开度，调节待生催化剂的循环量来控制沉降器藏量。当待生滑阀采用压降低选控制方案时，待生滑阀开度过大，压降低于设定值时会发出报警，并由压降控制滑阀开度，关小滑阀直至压降达到设定值。但有时会因待生滑阀压降的假信号，而引起待生滑阀的突然关闭，在实际操作过程中要通过其他参数是否变化，作出正确判断和处理，防止催化剂终止流化情况的发生。

同轴装置汽提段及待生立管的蓄压较大，发生倒流的可能性很小，一般仅设待生塞阀压降低限报警，部分装置从安全角度考虑也设了自保。对于高低并列装置为防止催化剂的倒流，必须建立必要的催化剂床层料封。

四、原料油预热温度的控制

原料油预热温度是指原料油进提升管反应器前的温度，是调节两器热平衡和剂油比的一个手段。原料油预热既可用加热炉，也可与装置内热物流换热，或者两者共用。目前多数装置加工原料油较重，再生器热量过剩，大幅度降低了原料油预热温度，不设或停用了加热炉。高剂油比操作也需要较低预热温度。从降低再生器过剩热和提高剂油比角度，似乎进料温度越低越好。但预热温度过低原料油黏度增加，带来雾化效果变差，生焦率增加，装置结焦倾向增加等诸多的负面影响。目前的原料油雾化喷嘴技术在黏度小于 $5mm^2/s$ 时，可得到较好的雾化效果，所以应根据原料油黏温性确定原料油的预热温度，一般在 180~250℃。

以四川石化催化裂化装置为例，原料油进料量、装置外来料温度、二中循环量及抽出温度等参数波动会引起原料预热温度的波动。正常生产时原料预热温度是通过调节分馏二中进换热器的流量，改变原料取热量来控制的。开工或切断进料后恢复生产时，使用原料油开工加热器加热原料油，通过控制进加热器的蒸汽流量来控制预热温度。

五、汽提蒸汽量的控制

汽提蒸汽的作用是脱除催化剂上吸附的油气及置换催化剂颗粒之间的油气，减少油气损失和再生器的烧焦负荷。影响汽提效率因素有汽提段藏量、汽提时间、汽提蒸汽量、汽提蒸汽的品质、气固接触效率及汽提段温度等。

正常生产时汽提蒸汽不作为经常调节的参数。其他参数都在正常范围内时，通过提降汽提蒸汽量观察再生温度升降变化来确定汽提蒸汽量是否合适。汽提蒸汽量过低，烧焦用风负荷增加，装置能耗上升，产品收率低；汽提蒸汽量过大，进入分馏塔蒸汽量过大，增加了塔顶油气冷却器的负荷，同时也影响到分馏塔的操作和产品的切割。

六、再生温度的控制

再生温度对催化剂再生烧焦速度影响很大。提高再生温度可提高烧焦速度。对于常规催化裂化，再生温度控制在650℃左右，每提高10℃在其他相同条件下，烧炭强度约提高20%。对于重油催化裂化装置，采用单段完全再生的装置再生温度约650℃；对于采用两个再生器串联再生装置，在一再内焦炭中氢已基本烧掉，二再可适当提温操作，但受催化剂水热稳定性和再生器设备材质的限制，再生温度一般不大于720℃。

实际生产中，再生温度是独立操作变量，再生器设有取热器且其取热量能够调节，可根据再生温度的变化来判断两器热量是否平衡。若再生温度偏低，说明两器供热不足；再生温度偏高，则表明两器热量过剩。正常情况下，再生器设有取热器且取热量可调节的装置，可适当调整取热器的取热量。再生器无取热设施或取热器取热量不能调节的装置，可采取其他手段，如调节反应进料量、催化剂循环量、回炼油量和进料预热温度等，控制适宜的再生温度。两器供热不足时，可使用再生器喷燃烧油来维持两器热平衡。

七、再生压力的控制

无烟气轮机的装置通常用双动滑阀直接控制再生器压力。有烟气轮机的装置，通过调节器两路分程控制双动滑阀和烟机入口蝶阀来实现。第一路控制双动滑阀，第二路经低选器与来自机组调速器的输出值进行低值选择，低的信号进行调节烟机入口蝶阀开度。当再生器压力高于压力调节器的给定值时，先开大烟机入口蝶阀，若蝶阀全开仍不能维持再生器压力，则打开双动滑阀以维持再生器压力的平稳；反之，当再生器压力低于压力调节器的给定值时，先关小双动滑阀，继而再关小烟机入口蝶阀以维持再生器压力。

再生器与反应器是一个相互关联的系统，再生压力还是影响两器压力平衡的重要参数。再生器压力大幅度波动直接影响再生效果及催化剂跑损，也将影响装置的安全运行。

八、再生器藏量的控制

再生器藏量决定了催化剂在再生器中的停留时间。提高藏量可延长烧焦时间，增加烧焦能力，降低再生催化剂含碳。因此在其他参数恒定的情况下，再生器藏量也是烧焦能力的一种体现。但在高温下催化剂停留时间过长会导致催化剂失活，因此对每一种形式的再生器有一个合适的再生器藏量值。再生器还是反应再生系统操作的催化剂缓冲容器，操作过程中反应器、汽提段、外取热器的藏量调节变化，都由再生器藏量的变化来吸收。因此再生器藏量也不宜过低，否则除烧焦能力下降外，装置操作弹性会变小。

操作中催化剂在反应器、再生器间循环，不断老化、磨损、污染中毒等，需要置换催化剂。再生烟气总是要带走一部分催化剂，也需要用小型加料补充，保持再生器藏量稳定。催化剂活性、粒度、金属毒物含量达到一平衡值，该催化剂称为平衡催化剂。当平衡催化剂重金属含量很高或活性损失较多或粒度不当，说明正常催化剂跑损不能满足运行要求，应卸出部分平衡催化剂，再加入等量的新鲜催化剂。能保持再生催化剂性能和再生器藏量稳定，说明解决好了催化剂损失与补充之间的平衡。

再生器藏量控制：再生器藏量一般不直接控制，根据再生条件确定合理的再生器藏量值，通过小型加料补充维持平衡。

（一）单段再生

单段再生的装置，通过待生单动滑阀和再生单动滑阀来调节催化剂在反应再生系统的分配，根据系统催化剂的总量用小型加料补充。

（二）烧焦罐装置

烧焦罐密度或藏量用循环管滑阀控制。二密相藏量一般不直接自动控制，用小型加料补充平衡；对旋分器及粗旋料腿插入二密相的烧焦罐装置，二密相料位过高或过低都会影响催化剂跑损，再生器二密相藏量由外循环滑阀手动控制。催化剂在二密相内将剩余的积炭烧掉，二密相藏量要封住旋分器料腿，同时还起到为再生斜管提供料封和推动力的作用，故二密相藏量应控制适当。由于二密相催化剂还同时分两路经外取热返至烧焦罐，该两路流量也将对二密相及烧焦罐藏量产生一定影响，实际生产过程中应结合外取热器负荷、催化剂循环量等因素控制二密相藏量。若烧焦罐密度降低，说明系统藏量不足，应提高小型加料速度。

（三）两段再生装置

1. 重叠式两段逆流再生

一再藏量不直接自动控制，用小型加料补充平衡，二再藏量由半再生自动滑阀控制。

2. 三器连体型两段逆流再生（ROCC-V）

一再藏量不直接自动控制，用小型加料补充平衡；二再藏量由半再生阀控制。

（四）两器再生

两器再生装置有两再生器重叠式、并列式、一再和沉降器同轴与二再并列三种形式。

两器藏量控制：一再藏量由半再生自动滑阀（或塞阀）控制，二再藏量不直接自动控制，用小型加料或小型自动加料器补充平衡。

九、再生烟气氧含量的控制

再生烟气氧含量是主风烧焦后剩余氧气的体积分数，主要受生焦量、总主风量、再生器流化状态的影响，它是衡量供氧是否恰当的标志。

一般贫氧再生烟气过剩氧控制在 0.5%~1%（体积分数），过高会发生二次燃烧，过低可能发生炭堆积。单器再生装置通过稀密相温差调节主风微调放空量，控制过剩氧含量；两器再生装置一再采用贫氧再生，由于一再不存在炭堆积问题，控制要求不严格，可直接根据要求定量控制主风量；完全再生装置烟气过剩氧控制在 2%~5%（体积分数），过高浪费能量，过低可能有 CO 产生，甚至因供氧不足而发生炭堆积。

正常情况下，应采用全量的主风量进行操作。当原料变轻或处理量降低时，对再生器仅需通过取热设施来调节热平衡，而不要对过剩氧进行控制。

十、两器压力平衡的控制

两器压力平衡是维持催化剂正常循环、保证装置安全运行的关键。两器压力平衡的内容包括：设定合理的两器压力及合理调整催化剂输送系统。压力平衡解决不好，两器系统就无法正常操作；催化剂从一器向另一器倒流，破坏料封，空气、油气倒窜造成事故。

首先要合理确定两器压力。再生器密相床流化要正常，催化剂引出口的位置应在密相床流化稳定区域，淹流口要有足够大的面积接收催化剂，并能够恰到好处地脱气。催化剂在输送管中的流速要合理，具有足够大的流通能力、较大的密度和蓄压。催化剂管道要合理松动充气，尤其是拐弯和变径处。单动、双动滑阀或塞阀动作准确，灵敏稳定，要有合理的压降（一般为 0.03~0.04MPa）。另外还要有一个合理的预提升段，使催化剂能够顺利转移到提升管反应器，两器压力平衡状况很大成分是装置设计决定的。已有装置所能做的工作是平稳操作，调整好催化剂管道各松动点，使催化剂密度适宜，流动通畅。调整两器压力，使各滑阀或塞阀压力降均衡；将单动、双动滑阀或塞阀投入自动控制，联锁保护系统投入自动。

模块五　反应再生设备

项目一　反应沉降系统设备

一、提升管反应器

反应器的主要作用是提供原料油和催化剂充分接触所需要的空间，并控制一定的反应温度和转化率，以达到所需要的产品分布。目前，催化裂化反应器以提升管反应器为主，床层反应器很少见。提升管反应器是催化裂化装置的关键设备，其设计和操作的好坏对催化裂化工艺有重大影响，其基本结构形式如2-5-1所示。

提升管反应器是一个变气速的密相输送流化床，其直径由进料量确定。工业上一般采用的线速是入口处为4~7m/s、出口处为12~18m/s。随着反应深度增大，油气体积流量增大，因此提升管反应器大多采用下细上粗的变径提升管。提升管反应器的高度取决于反应所需时间，而反应时间由进料性质、所需的产品分布和产品质量等确定，一般工业设计时多采用2.5~3.5s的反应时间，汽油生产方案反应时间长于柴油生产方案。对于采用MIP工艺的装置，第一反应区以裂化反应为主，反应时间为1.0~1.2s；第二反应区主要增加氢转移反应和异构化反应，反应时间较长（约10s）。

如图2-5-2所示，按照物料流动方向（由下而上），提升管反应器系统可分为如下几个区域。

（一）预提升段

预提升段是指进料口以下的一段，位于提升管底部。预提升段的功能是用气体将再生斜管来的再生剂提升到一定高度，使其密度大小和分布能够最佳地满足油雾与催化剂充分均匀接触的要求。分布和提升结构设计得好坏直接影响催化剂的循环量。段内设有：

（1）蒸汽分布环：用于松动、流化底部催化剂，使催化剂在底部分布均匀，以利于提升。

（2）预提升蒸汽分布器：为多喷嘴蒸汽分布板，用以均匀分布加速蒸汽，提升催化剂。

预提升介质一般采用蒸汽，其缺点在于催化剂水热失活较为严重。近年来，也有采用干气或富气作为提升介质，其优点是可以对部分重金属起到钝化作用，有利于降低干气的产率，但缺点在于增加了富气压缩机的负荷，增加了能耗。

预提升段传统上采用的是Y型预提升结构，如图2-5-3所示，但其缺点是底部区域催化剂存在显著的偏流现象，截面分布很不均匀，对喷油进料十分不利，又严重影响催化剂循环强度的提高。目前已开发一种套筒式催化剂进料结构，完全消除了气固流动的偏心，在相同推动力下可提高催化剂循环强度30%～50%，如图2-5-4所示。

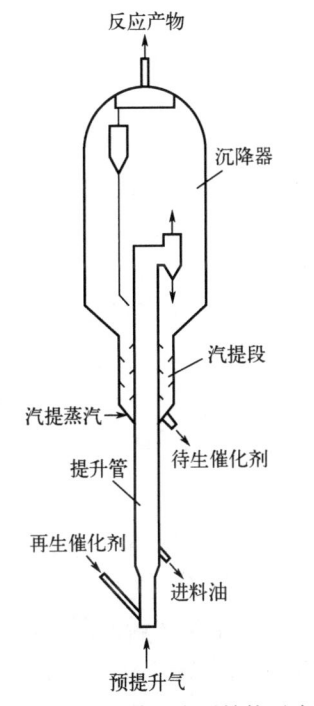

图 2-5-1　提升管反应器结构示意图

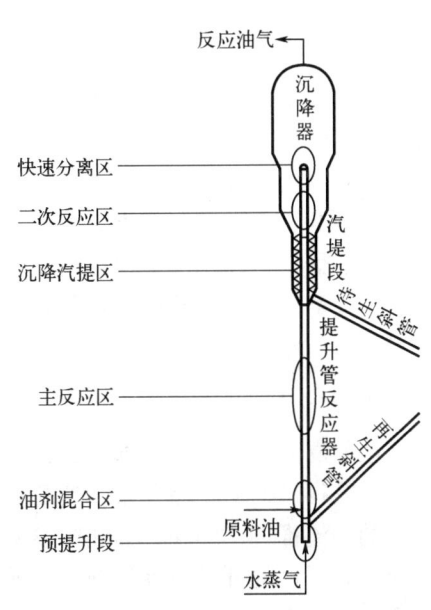

图 2-5-2　催化裂化复杂多相流动—反应历程示意图

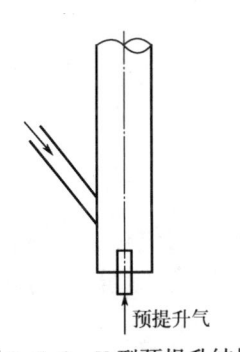

图 2-5-3　Y型预提升结构

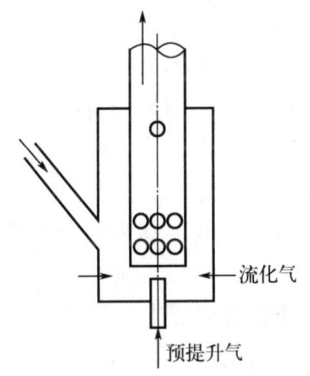

图 2-5-4　套筒式进料结构

预提升段内气固流动特征沿轴向可分为三个区：

（1）入口混合加速段：也就是预提升段，偏流和返混严重，颗粒滑落系数大，密度高，高度一般在2.5～4m之间。

（2）均匀加速段：已呈现环核流动结构，颗粒滑落系数开始减小，但颗粒仍在加速中，喷嘴一般安装在这个区的中下部。

（3）充分发展段：已呈现稳定的环核流动结构，颗粒浓度不随高度变化。

（二）进料段和喷嘴（油剂混合区）

经过整定流型的催化剂来到提升管反应器的进料段。这里沿提升管圆周方向均匀安装着4~8个进料喷嘴，喷嘴轴心线与提升管反应器轴线呈30°夹角，斜往上喷射，将原料油喷入提升管反应器内的催化剂床层里。此时，原料油液雾与催化剂颗粒进行混合、接触、反应，并一起在提升管反应器内向上流动，此区域也称为油剂混合区。

良好的进料分布和汽化系统对获得好的产品分布十分重要，特别是对干气和焦炭产率有着至关重要的影响。一般要求原料油滴必须在1/4s就被完全汽化，否则剩余部分就会变成液焦。为了快速完成油滴的汽化，必须要求原料油滴直径尽可能减小。对于较重的重油原料，雾化喷嘴的性能将更加重要。实验及计算结果表明，雾滴初始粒径越小则进料段内的汽化速率越高，两者之间呈指数关系。对重油催化裂化，提高进料段的汽化率能改善产品产率分布。因此，选用喷雾粒径小而且粒径分布范围较窄的高效雾化喷嘴，对重油催化裂化是很重要的。除了液雾的粒径分布外，影响油雾与催化剂的接触状况的因素还有喷嘴的个数及位置、喷出液雾的形状、从预提升管上升的催化剂的流动状况等。

（三）主反应区

主反应区是提升管反应器中部区域，是催化裂化反应发生的主要区域。为了高效转化重质油原料，获得最优的产品分布，油剂高效接触完成后，提升管内理想的状态应该是催化裂化反应的平流推进，即在大剂油比和适宜反应温度下，进行最优接触时间的油剂平推流流动。对于高活性的分子筛催化剂，应采用短的油剂接触时间，通常只需要1~4s就可以达到所需的转化率。

（四）二次反应区

一方面，因为催化裂化反应具有显著的平行—顺序反应特性，再往上就会发生汽、柴油组分的二次裂化，而大部分二次反应是不利的，因为刚刚生成的汽油、柴油理想组分又进一步裂化成了气体，特别是低价值的干气，是不希望发生的反应，也是要极力抑制的反应。为此提升管反应终止剂技术应运而生，即在提升管的中上部某个适当位置注入冷却介质以降低中上部的反应温度，从而抑制二次反应。有的还在注入反应终止剂的同时相应地提高或控制混合段的温度，称为混合温度控制技术。

另一方面，有些二次反应则是有利的。例如，为了降低催化裂化汽油的烯烃含量，MIP技术就在提升管反应器上部设置了二次反应区，促进汽油烯烃组分的氢转移反应，在不降低汽油辛烷值的情况下，有效降低汽油烯烃含量。

二、提升管终端气固分离设备（RTD）

在提升管反应器的出口设置快速分离装置，目的是使催化剂与油气快速分离以抑制不利的二次反应，确保轻质油收率。出口快分装置详见本部分模块三。

三、进料喷嘴

进料喷嘴的作用是让原料油经喷嘴雾化后破碎成细微的雾状油滴颗粒，是催化裂化装置最关键的设备之一，良好的进料分布和汽化系统对获得好的产品分布十分重要，一般要求原料油滴必须在 1/4s 就被完全汽化，否则剩余部分就会变成液焦。为了快速完成油滴的汽化，必须要求原料油滴直径尽可能减小。对于较重的重油原料，雾化喷嘴的性能将更加重要。

目前国内常用的提升管进料喷嘴按雾化机理的不同分为四大类。

（一）喉管类雾化喷嘴

喉管式喷嘴利用收敛—扩张形喉道，尽量提高流速，流体克服油的表面张力和黏度的约束，并利用气、液两相的速度差，撕裂液体薄膜而雾化。值得注意的是，速度高雾化好，但高速会使催化剂粉碎并增加能耗，还会产生管线和设备振动等问题。

目前常用的有中国石油大学的 CS 型、洛阳石化工程公司的 LPC 型、中科院力学所的 KH 系列。

1. CS-Ⅱ 喷嘴

CS-Ⅱ喷嘴选用约 60m/s 的线速，采用油、气预混技术，防止偏流、抢量；采用变形的文丘里结构，低压降、低速雾化，雾化粒径分布均匀合理；采用二次雾化蒸汽多角度"消音爆破"，喷嘴出口上方设置汽幕孔，屏蔽射流形成的低压液雾区。结构如图 2-5-5 所示。

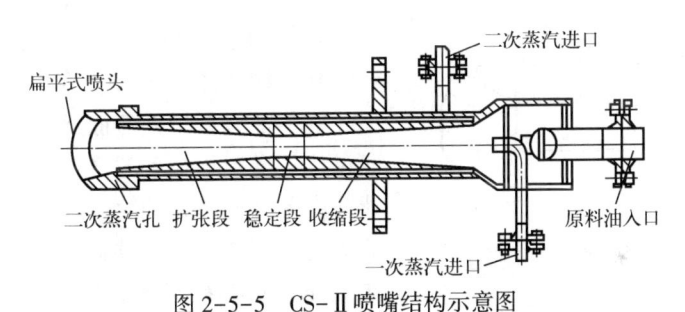

图 2-5-5 CS-Ⅱ喷嘴结构示意图

CS-Ⅱ喷嘴的研发思路是使物流在低流速的状况下取得较好的雾化，同时低速喷嘴喷出的有角度的物流被上行的催化剂携带向上，一起在提升管内做活塞流运动，不会在提升管的中轴线上相交碰撞。由于提升管的结焦是活塞流返混碰撞提升管内壁形成的，因此，在喷嘴出口附近设计了一排蒸汽孔道来消除返混碰撞，并且 CS-Ⅱ喷嘴的安装无须对中。

CS-Ⅱ型喷嘴特点：

（1）CS-Ⅱ喷嘴在降低干气、生焦率、提高总液体收率方面表现出优良性能的同时，抗结焦性能突出，可以提高装置的处理量和渣油掺炼量。

（2）采用低速射流技术，不破坏催化剂，减轻了射流对喷嘴的冲蚀，在保持设计工况条件下，能稳定使用 3 年。

（3）采用低汽耗（雾化蒸汽量 5%）、低压力降（喷嘴压力降<0.4MPa）二次进汽，多级雾化的设计理念，在突出节能的同时，实现了对劣质油的高效雾化。

（4）操作弹性大，可在设计值±30%范围内自如操作，不出现"油汽抢量"、振动和啸喘等现象，始终保持喷嘴的平稳运行。

（5）在喷头球面上方设置了若干汽幕孔，用来屏蔽射流形成的低压液雾区，以防提升管结焦。

2. LPC-1 喷嘴

LPC-1 喷嘴采用单孔鸭嘴形结构，雾化蒸汽经喉管加速后沿轴向进入混合室，原料油经喉管按一定角度从混合室侧面进入，出口为扁开孔并带有锋利的锐边，雾化油流呈扇状薄层喷出。结构如图 2-5-6 所示。

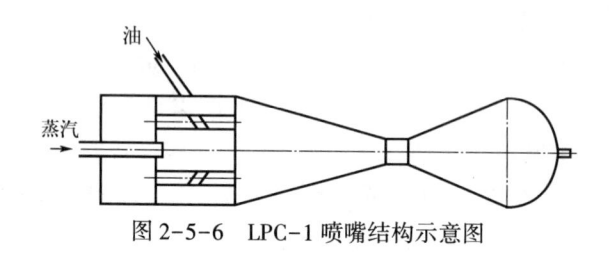

图 2-5-6　LPC-1 喷嘴结构示意图

LPC-1 喷嘴的雾化质量较为理想，油滴粒径小、粒度均匀、喷射雾化角稳定，而且能耗低。冷模试验中，当雾化气耗为 5%~7% 时，平均雾化粒径约 60μm。喷嘴压降为 0.3~0.4MPa 时就获得良好的雾化效果，因此，可采用炼厂通用的 1.0MPa 蒸汽作为雾化介质，喷射速度 70m/s。

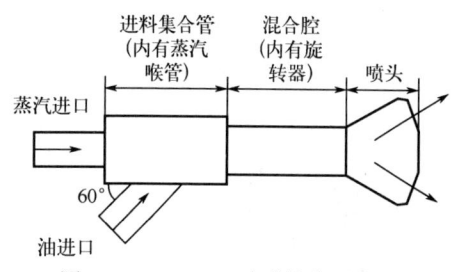

图 2-5-7　KH-5 喷嘴结构示意图

3. KH-5 喷嘴

KH-5 喷嘴又称为内混合式双喉道型进料喷嘴，其结构如图 2-5-7 所示。

原料油以低速从侧面进入混合腔，雾化蒸汽通过第一喉道加速到超音速，冲击液体，利用气液速度差，使原料油第一次破碎。破碎后形成气液混合相再通向第二喉道，在第二喉道产生第二次破碎，使进料雾化。据测定原料可雾化成为 60μm 的微细颗粒。

喷嘴压降一般在 0.4MPa 以上，KH-5 喷嘴追求高的韦伯数，秉承高线速、细颗粒原则，控制喷嘴线速可达 70m/s 的量级。

由于 KH-5 喷嘴的气液两相共用通道，特别是在超负荷工况下（如负荷率在 110% 时），易出现雾化蒸汽比降低的现象，最低时雾化蒸汽比可能降至 3% 以下，而此时喷嘴压降也可能触及上限（0.6MPa）。

（二）靶式进料雾化喷嘴

原料油高速撞击金属靶破碎成液滴，并在靶柱上形成液膜，高速蒸汽掠过靶破坏液膜雾化。靶式进料雾化喷嘴要求油压高、蒸汽压力高、喷嘴压降大。冲击靶式喷嘴结构如图 2-5-8 所示。

（三）气泡雾化喷嘴

气泡雾化喷嘴的雾化机理是原料油从外腔流入，雾化蒸汽由喷嘴内腔流入，内腔出口板有多个小孔，蒸汽经由小孔进入原料油所在的外腔，使原料油中含有大量气泡，再从出口喷出，气泡爆破使原料油得以充分雾化。该类喷嘴雾化效果较好，雾化粒径接近催化剂

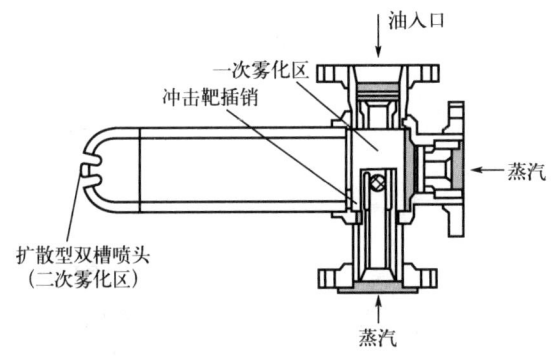

图 2-5-8　冲击靶式喷嘴结构示意图

粒径。目前此类喷嘴在国内催化裂化装置上的应用还不够普及，对大处理量喷嘴的使用还有待于考察。

中国石油大学的 UPC 型喷嘴结构如图 2-5-9 所示。

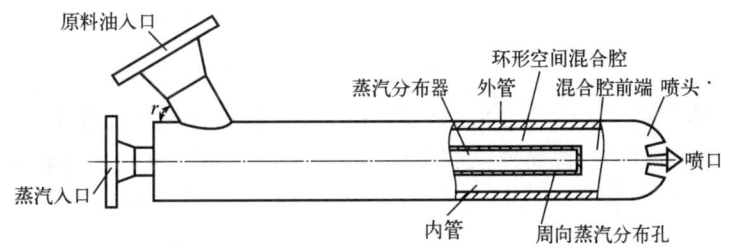

图 2-5-9　UPC 型喷嘴结构示意图

（四）旋流式雾化喷嘴

旋流式雾化喷嘴的典型代表是 BWJ 型系列喷嘴，其雾化机理是：原料油从混合室侧面进入，雾化蒸汽沿轴线进入混合室，混合腔内的气液两相流体，在一定压力作用下进入涡流的螺旋通道，快速回旋激烈掺混，使液体的黏度和表面张力进一步下降，随着旋流室直径的减小，切向速度相应增大，液体在离心力作用下展成薄膜，在与气体介质的作用下实现第一次破碎雾化。之后，气液两相雾流再通过加速段和稳定段形成气液两相稳定的雾化流，在半球形喷头内进一步加速经扁槽外喷口喷出，实现第二次雾化。BWJ-Ⅲ喷嘴结构如图 2-5-10 所示。

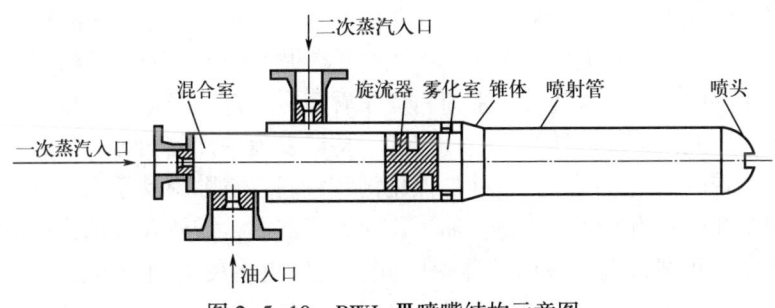

图 2-5-10　BWJ-Ⅲ喷嘴结构示意图

要获得良好的雾化效果，喷嘴系统的安装也非常重要。多喷嘴系统对重油催化裂化尤为重要，通常采用 4~8 个喷嘴，馏分油进料时只有 1~2 个喷嘴。采用沿圆周多喷嘴布置时，喷嘴应成偶数沿圆周等距离布置，并两两对应使分布均匀。同时各喷嘴的接管也应对称布置，避免各喷嘴由于接管不对称而造成压降的差异。喷嘴安装方式如图 2-5-11 所示。

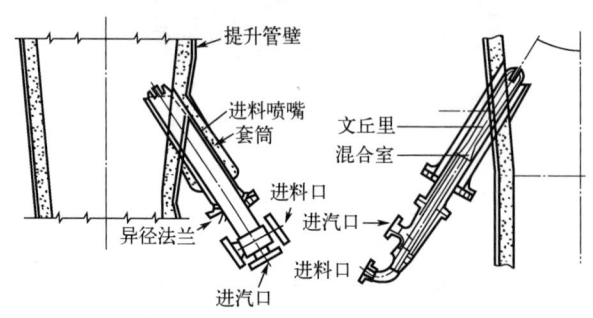

图 2-5-11 喷嘴安装方式示意图

四、汽提段

由提升管快速分离器出来的催化剂在重力作用下落入汽提段，用过热水蒸气（汽提）脱除催化剂上吸附的油气及置换催化剂颗粒之间的油气，减少油气损失和再生器的烧焦负荷。待生催化剂携带的油气约 75% 存在于催化剂颗粒之间，25% 吸附在催化剂颗粒的空隙中。

在汽提器内只有向上流动的汽提蒸汽才能起到汽提油气的作用，向下流动的汽提蒸汽对油气汽提是没有贡献的。在单段汽提器中，汽提蒸汽均在汽提器底部通入，希望汽提蒸汽全部向上流动，与向下流动的催化剂逆流接触，进行传质、传热，汽提蒸汽经过汽提器的全长度，与催化剂的接触时间最长。但实际上汽提器是一个鼓泡床，其表观流化线速在 0.2m/s 左右，颗粒质量流速为 40~60kg/(m^2·s)，汽提段颗粒密度为 500~700kg/m^3，催化剂流动速度约 0.06~0.12m/s，催化剂夹带气体的能力是很弱的。汽提后的待生催化剂在进入待生立管入口锥体后，由于截面急剧减小，催化剂加速，密度降低。若立管颗粒密度按 300~500kg/m^3，催化剂颗粒质量流速取 400~600kg/(m^2·s)，催化剂的流速约 0.8~2m/s，催化剂夹带气体的能力剧增。在待生立管的入口端对催化剂有一种抽吸作用，使部分汽提蒸汽被待生催化剂携带进入待生立管，而未向上流动，未起到汽提油气的作用。因此，单段汽提器的汽提效率比较低。采用简单的汽提段结构的工业装置的焦炭氢含量（按烟气分析计算）常常在 8% 以上，说明焦炭中的可汽提焦较多。随着重油催化裂化技术的发展和能量利用率的改善，从装置热平衡角度来看，尽可能地降低装置生焦量，尤其焦炭中的可汽提焦，因此汽提段的结构改进一直处于持续发展中。前面已论述，进入汽提段的待生催化剂所携带的油气分两种：一种是催化剂颗粒间、空隙内易于汽提的夹带油气；另一种是催化剂微孔内吸附的油气，该类油气比较难于汽提，需要较长的汽提时间。加长了汽提段，以延长催化剂在汽提段内的停留时间，促使更多的吸附重烃生成轻质产品和焦炭，从而减少了进入再生器物料的氢含量。除了加长汽提段外，还可以通过增加汽提段的长径比、改变待生剂的流动路线等办法来增加停留时间，保证汽提段内催化剂的停留时间可达 4~5min。为了防止待生催化剂走短路，一般采用的预防措施是使用挡板，挡板的形式有斜板式、碟—环式和人字形挡板等。汽提段的结构简图如图 2-5-12 所示。值得一提的是改进的降伞形挡板，在每一层降伞下维加一圈高约 0.3m 的铝板，并在裙板和伞面开设小孔，形成多股射流与待生催化剂接触，蒸汽从下到上顺序通过各层裙板，而待生催化剂从上而下通过降伞与裙板间环形通道，这样就形成多股逆流接触，增加了理论传递单元数目，可以减少汽提蒸汽达到高的汽提效率。一个 2Mt/a 的催化裂化装置，其汽提段直径 3m，有 4 层外周降伞，3 层中心降伞，采用这种新结构后，蒸汽用量减少到每 1000kg 催化剂循环量 0.7kg（甚至 0.5kg）。还有采用规整填料作为待生催化剂汽提段的内部构件。

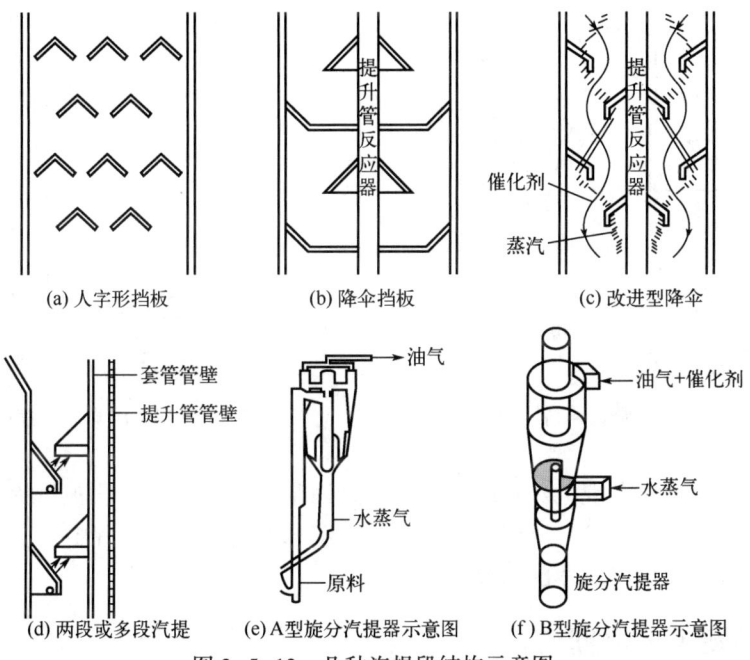

图 2-5-12　几种汽提段结构示意图

(a) 人字形挡板　(b) 降伞挡板　(c) 改进型降伞　(d) 两段或多段汽提　(e) A型旋分汽提器示意图　(f) B型旋分汽提器示意图

为适应催化裂化原料劣质化，改善汽提段挡板的汽提效率，对于重油催化裂化装置，汽提器内件以新型盘环形挡板取代人字形挡板；而对于蜡油催化裂化装置，考虑到沉降器结焦较少或不结焦，已有部分装置汽提段内件采用了新型格栅填料，见图 2-5-13。采用两段或多段汽提工艺，来提高置换效率，较为简单的是上下叠置的两段汽提结构。

虽然合适的汽提段的结构（包括内构件形式、汽提蒸汽分布器的设置）设计将大大地增加汽提段的性能，但非常值得注意的是汽提段的性能受原料性质、催化剂的循环量及催化加的物性和操作条件的影响。

五、沉降器

沉降器的作用是为油气与催化剂颗粒的进一步分离提供场所。沉降器为空筒结构，有内外集气室，内置粗旋风分离器和顶部旋风分离器。新设计或新改造的重油催化裂化装置采用单级旋风分离器。

近些年来，随着催化裂化原料的变重变差，很多催化裂化装置的沉降器出现了频繁的结焦现象，结焦部位如图 2-5-14 所示。随着装置的开工运行，沉降器结焦就像钟乳石一样悬挂在沉降器内部。当大到一定程度，装置稍微有所震动，巨大的焦块就会掉落在汽提段内，严重时会堵塞催化剂的循环流动，造成装置的非正常停工。

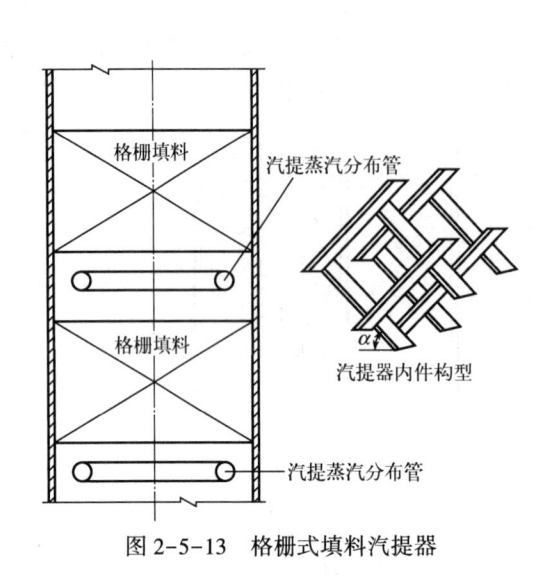

图 2-5-13 格栅式填料汽提器

图 2-5-14 沉降器结焦部位示意图

中国石油大学研究发现沉降器结焦的本质是油浆重组分在汽提段被汽提出来后，以液滴形式进入沉降器，弥漫在整个沉降器空间。在沉降器内的流动过程中，有 95% 以上被固体壁面捕获，继而发生沉降器的结焦。

六、沉降器旋风分离器

催化裂化装置沉降器旋风分离器详见本部分模块三。

项目二 再生系统设备

一、再生器

（一）再生器筒体

再生器的主要作用是为催化剂再生提供场所和条件，烧去待生催化剂上的焦炭，恢复催化剂活性，同时尽可能地降低 CO 尾燃和局部催化剂烧结，实现待生催化剂高效再生。其结构形式和操作状况直接影响烧焦能力和催化剂损耗，是决定整个装置处理能力的关键设备。

图 2-5-15 为单段再生器结构简图。再生器壳体是一个或两个大型压力容器，国外最大的直径达 16.8m（装置处理能力 8.5Mt/a）。整个压力容器外壳按冷壁设计，材质为优质碳钢或低合金钢，内壁衬双层或单层的以非金属材料为主的隔热耐磨衬里，总厚度为 100~150mm。考虑露点腐蚀，外壁表面温度 150~200℃。再生器内部操作压力根据反应器压力和反应再生系统的压力平衡条件确定，一般在 0.17~0.40MPa 之间。再生器内操作温度一般在 680~730℃，异常时会超过 750℃。

壳体内的上部为稀相区，下部为密相区，中间变径处通常称为过渡段（倾斜角≥45°）。

1. 密相区

密相区的有效藏量（指处于烧焦环境中的藏量）由烧焦负荷及烧焦强度确定，根据密相区的有效藏量和固体密度可确定密相区的容积。

密相区的直径由空塔气速决定，一般有两种情况：一种是采用较低的气速，其范围是 0.5~0.9m/s；另一种是采用较高的气速，为 1~1.5m/s。采用较高的气速可以有较高的烧焦强度，从而使藏量减少，但床层密度下降而使床层体积增大，因此，气速的选择有一合理的范围。

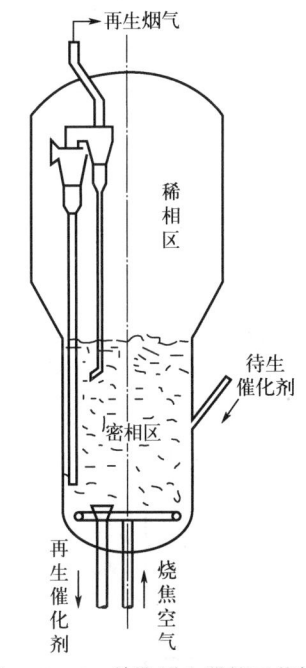

图 2-5-15 单段再生器的工艺结构

密相区的直径和容积确定后，即可确定其高度。密相区的床层高度一般为 5~8m，它应保证旋风分离器料腿出口处有足够的料封。有些装置利用空气把待生催化剂（或半再生催化剂）输送到再生器床层内，其进口上方也需料封。

密相区床层压差要和气体分布器的压差协调一致，以保持气流分布均匀和床层的稳定性。

2. 稀相区

为了避免过多地带出催化剂及增大催化剂的损耗，稀相区的气速不能太高：对堆积密度较小的催化剂一般采用 0.6~0.7m/s；对堆积密度较大的催化剂则可采用 0.8~0.9m/s。

从密相区向上到一级旋风分离器入口之间的稀相空间高度应大于分离空间高度 TDH。即使如此，稀相空间仍有一定的催化剂浓度。为了减少催化剂的损耗，再生器内装有两级串联的旋风分离器，其回收固体颗粒的效率应在 99.99% 以上。旋风分离器的直径不能过大，以免降低分离效率，因此，在烧焦负荷大的再生器内装有多组旋风分离器，它们的升气管连接到一个集气室，将烟气导出再生器。

（二）循环流化床（烧焦罐式）再生器

循环流化床高效再生工艺于 1974 年实现工业化，并得到广泛应用，具有强大的生命力。其再生器结构形式与常规再生器迥然不同，如图 2-5-16 所示，主要包括以下五个部分：

（1）第一流化床（快速流化床，又称烧焦罐）；

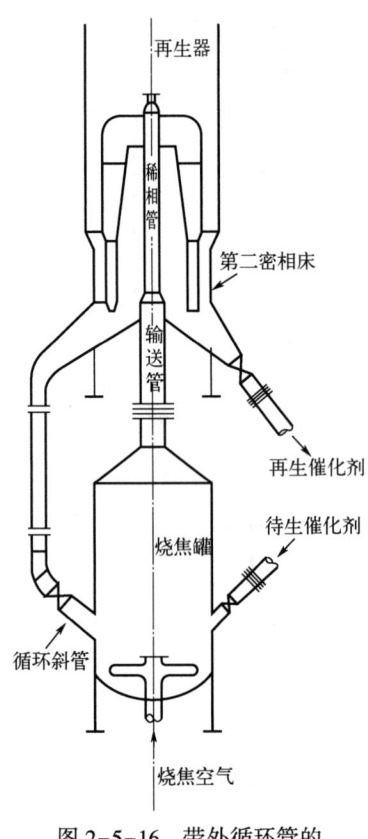

图 2-5-16 带外循环管的循环流化床再生器

(2) 再生催化剂和烟气并流向上流过的稀相烧焦管;

(3) 稀相烧焦管顶部直接连接的粗旋风分离器系统,对气体和催化剂进行分离;

(4) 作为再生催化剂缓冲容器兼深度烧焦的第二流化床(亦称密相流化床再生器);

(5) 再生催化剂从第二流化床循环到烧焦罐底部的循环管线。

烧焦罐是实现高效再生的核心设备,气速必须满足过渡到快速床的流态化条件。此外,良好的气固接触和工艺参数(温度、氧分压、密度、碳含量等)都是十分关键的。下面仅就循环流化床再生器的主要问题叙述如下。

1. 烧焦罐

烧焦罐是循环流化床再生器的主要烧焦区域,要求烧焦罐的催化剂密度(或藏量)不可过低,也不可过高。按催化剂藏量质量计算的烧焦强度在 450~700 kg/(t·h) 之间,比湍动流化床高得多。但如果按体积计算的烧焦强度不过 30~50 kg/(m^2·h),和湍动流化床不相上下。若催化剂密度太低,无疑将增加快速流化区的体积,经济上不尽合理,若催化剂密度过高,床层流型可能改变为高速输送床,使烧碳强度降低。

2. 空气分布器

循环流化床再生器是根据烧焦比例分配所需的空气量并联分别进入烧焦罐底部及第二密相流化床底部。循环床再生器的空气分布器分为两组,大部分空气(85%~90%)进入烧焦罐下部的平面树枝形管式分布器,其余少部分空气进入第二密相流化床的带有朝下喷嘴的环形分布器,视床径大小可采用一个或两个圆环。因第二密相流化床风量小,喷嘴直径宜小,以保证单位面积上有足够的流化风,防止局部流化不良而影响催化剂的正常循环或旋风分离器料腿的正常排料。

3. 第二密相流化床

第二密相流化床是循环流化床再生器的重要组成部分,主要作再生器和反应器之间的缓冲容器,而且也是快速流态化区在工况变化或藏量波动时的缓冲容器,完成最终烧焦,因此需要一定的催化剂藏量。这个量不得小于烧焦分配比例所需的量。另外,再生催化剂要由此直接导出,一路直接输送到提升管反应器底部,一路经再生催化剂循环管输送到快速流态化区底部和待生催化剂、烧焦空气混合,保证此处的温度达到起始烧焦温度。因此第二密相流化床采用典型的鼓泡床,并要有一定的密相流化床高度以满足再生催化剂导出量的要求。第二密相流化床的表观速度为 0.15~0.25m/s。第二密相流化床、粗旋风分离器上部还应根据允许的催化剂自然跑损量设置稀相段和旋风分离器系统。

4. 催化剂混合区

烧焦罐的底部温度决定于待生催化剂和烧焦空气的混合温度和罐内的返混程度。在烧焦罐底部的待生催化剂温度一般约为500℃，和所需的烧焦空气（一般约为150~200℃）相混合，则混合温度仅约450℃。考虑烧焦罐加速段的催化剂返混，其混合温度也很难超过600℃。如此低的温度从烧碳动力学角度来看，远远达不到起始烧焦所需的温度660~680℃，这就需要采取从第二密相流化床引入一股高温再生催化剂作为热载体与待生催化剂在烧焦罐入口处混合升温的措施，将烧焦罐底部的起始温度提高50~80℃，达到660~680℃，满足高效再生起始温度的要求，从而形成了烧焦罐底部的催化剂混合区。催化剂混合区主要解决两个问题：一是引入的再生催化剂量或称再生催化剂与待生催化剂的循环比；二是再生催化剂对待生催化剂的均匀混合问题。

烧焦罐中的气体和固体以相同方向流动，返混程度比湍流床小。出口氧含量一般可达3%~5%，烧焦罐处于高氧条件下操作，从而使烧碳速率提高。烧焦罐中的催化剂藏量对焦炭燃烧的影响与常规再生有一定差异。常规再生器中催化剂藏量的变化，对焦炭燃烧的速率和再生催化剂上的碳含量有明显的影响。而烧焦罐中催化剂藏量在一定范围内变化对烧焦效率影响不大。

循环流化床再生器内催化剂总停留时间约为75~85s，仅为常规再生器的三分之一左右，其中烧焦罐中停留时间约35~40s（占总停留时间的40%~50%），稀相管停留时间2~3s（占总停留时间的3%~4%），第二密相流化床停留时间35~45s（占总停留时间的45%~55%）。由此可以看出，循环流化床再生工艺因烧碳强度提高导致催化剂藏量降低。

二、主风分布器

为了使烧焦空气进入床层时能沿整个床截面分布均匀，在再生器下部装有主风分布器。主风分布器直接影响主风分布的好坏、流化质量及烧焦效果。

主风分布器主要结构形式有分布管式（平面树枝形和环形）和分布板式（碟形）两类，目前工业上使用较多的是管式分布器，外壁做有一层耐磨衬里，喷嘴内衬陶瓷短管。

（一）主风分布管

1. 树枝状主风分布器

树枝状分布器由总管、主管和支管组成。总管由外壳底部引入，并支撑整个分布器的结构和重量，上端用封头封死；四根主管成十字分布与总管上部垂直相连通，在主管长2/3处加斜撑，支承在总管下部，防止主管高温下变形；多根支管水平等间距垂直横穿主管并与主管相焊相通，主管、支管末端均用盲板焊死。在支管、主管上，均匀分布着若干45°或90°向下喷气的耐磨喷嘴，用以均匀分布主风，以利烧焦。树枝状主风分布管见图2-5-17(a)。

2. 环状主风分布器

环状主风分布管见图2-5-17(b)，主风多由壳体底封头向上引入或外壳壁径向引入。

（1）整圈环状分布器：分布器做成一个圆环，喷嘴均布在环管上，也有做成同心的两

(a) 树枝状　　　　　　　　　(b) 环状

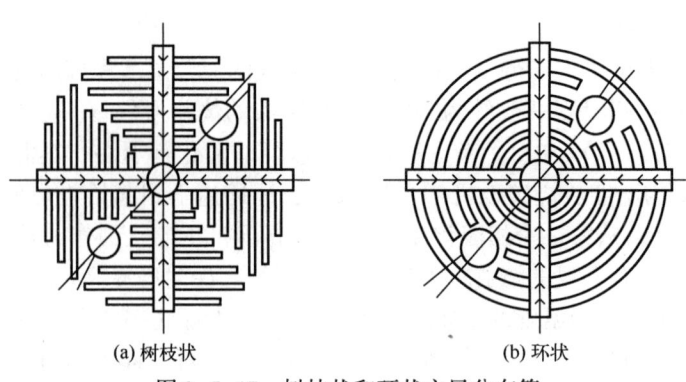

图 2-5-17　树枝状和环状主风分布管

个整环，大环在外，管径大；小环在内，标高约高于大环，管径小；可由两个主风入口分别进入，也可从一个入口引入，在器内连通。整环刚性好，不易变形，但主风从环的一处引入，环向分布欠佳，催化剂不易排除，支承结构应考虑热膨胀。

（2）两半环组成的环形分布器：整环分布器由于各喷嘴离主风入口距离不等，而引起喷入气体量也随之变化，引起主风分布不均，尤其当空气环压降小时，不均匀性更大，影响烧焦效果。另外，整环一旦催化剂进入环中后，总在环管内旋转，难以排除。若采用两个或三个进气口，做成两半环或 1/3 段环，可解决分布不均问题，并可将进入环内的催化剂吹到环的末端排除。

（二）主风分布板

为了增加分布板的刚度和热膨胀弹性，分布板多设计成下凹碟形多孔板，多用裙筒支撑于壳体的内环梁上，裙筒与外壳衬里间留有足够的热膨胀间隙，环形热膨胀间隙填满陶纤毯，可满足分布板受热后径向膨胀的需要。为防止烘炉或短时过热和磨损，分布板上下两面均设耐磨衬里。分布板小孔焊耐磨短管，耐磨短管有金属钴剂合金耐磨短管或非金属耐磨管。当分布板直径太大时，分布板径向热膨胀量大，在支撑裙筒下外壳连接处产生很大热变形和热应力，容易引起裙筒失稳和分布板变形鼓泡。

碟形分布板上开有许多小孔，孔直径为 16~25mm，孔数为 10~20 个/m^2。分布板可使空气得到良好的分布，但是大直径的分布板长期在高温下操作易变形而使空气分布状况变差。碟形主风分布板见图 2-5-18。

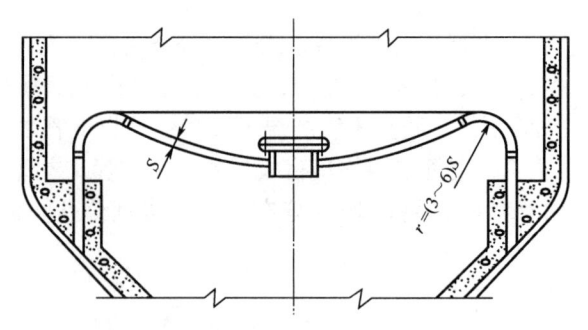

图 2-5-18　碟形主风分布板

三、待生催化剂入口和再生催化剂出口

待生催化剂进入再生器和再生催化剂出再生器的方式及相关的结构形式随再生器的结构、再生器与反应器的相对位置等因素而多种多样，同时还应从反应工程的角度考虑如何能有较高的烧焦效率。一般来说，待生催化剂从再生器床层的中上部进入，并且以设有分配器为佳；再生催化剂从床层的中下部引出，通常是通过淹流管引出。

（一）待生催化剂入口结构

1. 船形溢流分布器

进入再生器的待生催化剂进入一个船形的槽中，船底通入风使之流化，催化剂从船形两侧多个均布的齿形口洒在再生器催化剂床层上，分布较均匀，有利烧焦。船形分布器要有一定刚度，防止高温变形失效。

2. 旋转式切向入口

待生催化剂切向进入再生器床层上部，催化剂缓慢旋转运动烧焦，减少催化剂返混。从另一侧引出烧焦后催化剂去提升管参加反应。

（二）再生催化剂出口结构

再生催化剂引出再生器，上进下出式采用淹流管，下进上出式采用溢流管。

1. 溢流管

为增加催化剂循环量，催化剂出口一般设计一个大锥形斗，按结构方式不同可分为：

（1）固定式溢流斗：下端固定在再生斜管内壁，顶端伸入再生器内一定高度的锥斗。由于热膨胀不协调，常变形、开裂失效。

（2）悬挂式溢流斗：溢流斗较大、较高时多设计成此形式。漏斗用螺栓或卡子等悬挂在再生器外壳内壁，下口插入再生斜管入口处，受热时能自由胀缩，效果较好。但结构复杂，设计、制造、安装难度大。

2. 淹流管

锥斗较低，一般比主风分布器约高一点，埋在催化床层中接在再生斜管内壁。

在烧焦罐式催化裂化装置上，再生催化剂出口在二密床底部器壁上，催化剂出口轴线与垂直方向成45°。

四、气固分离设施

为了将进入稀相区上方被烟气携带的催化剂回收下来，再生器内部设有两级多组高效旋风分离器，再生器外设有第三级高效旋风分离器，详细内容见本部分模块三。

第一级旋风分离器一般靠近再生器内壁沿圆周布置，各个入口朝向同一圆周方位，使气流沿顺时针或逆时针的切线方向进入。各第二级旋风分离器也按圆周方向布置在第一级的内侧，典型的平面布置如图2-5-19所示。

第二级旋风分离器的出口管汇集到再生器内部的内集气室或外部的外集气管。前者占

据空间小，重量轻，但集气室承受的荷载较大，不宜在较高温度（>700℃）下长期工作。第一级旋风分离器则吊挂在集气室外的再生器封头部。往往由于吊挂设计不周，热膨胀得不到充分的平衡，在高温下集气室会发生永久性变形，甚至旋风分离器升气管与集气室连接处的焊缝开裂。

外集气室（图2-5-20）是设置在再生器封头上面的一个高温容器，它可以做成一个单一的扁平容器，也可做成环状集合管，第二级旋风分离器升管伸出再生器封头与之连接。这种集气室简化了旋风分离器的悬挂系统，整体受力较好。循环床再生器的烧焦罐出口管周围设有粗旋风分离器，效率90%左右，其高径比较小，而且属正压操作（内压高于外压），料腿也较短。

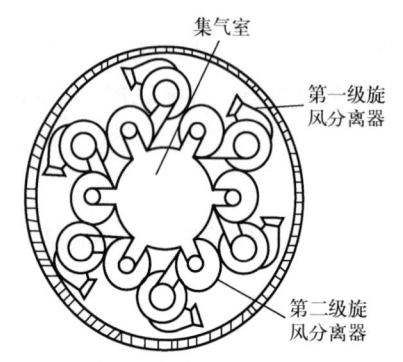

图2-5-19 再生器内旋风分离器平面布置示意图　　图2-5-20 外集气室

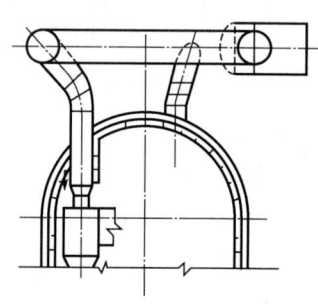

五、取热器

取热器的作用是调节再生温度，提高剂油比和操作的灵活性，满足装置的热平衡需求。按取热元件放置位置不同分为内取热器和外取热器。无论内外取热器，操作一定要平稳，忌干烧。

（一）内取热器

工业上采用在再生器内安装取热盘管或管束的办法来取走过剩的热量，称为内取热方式。内取热器有以下几种结构：

（1）水平环形取热管：再生器内件多、开口多、较难布置。由于径向热膨胀量大，承重和固定结构与热膨胀矛盾，热变形、热应力大，结构固定不好易开裂，见图2-5-21(a)。

（2）水平盘管式取热管：盘管元件不需整圈，根据再生器内部结构布置可长、可短，布置方便，元件分若干组，末端不固定可满足热膨胀伸长需要，承重固定、导向比较方便，见图2-5-21(b)。

（3）垂直蛇管式取热管：布置方便，承重结构简单，但汽水循环不好，蛇管下部易变形，上弯头易汽蚀，见图2-5-21(c)。

（4）垂直管束式取热管：布置较难，联箱易漏、承重简单方便，见图2-5-21(d)。

（5）垂直套管式取热管：布置方便，取热效率低，外部配管复杂，见图2-5-21(e)。

内取热器由于操作灵活性差及取热管易损坏，近年来，内取热方式已被外取热方式逐渐所替代。

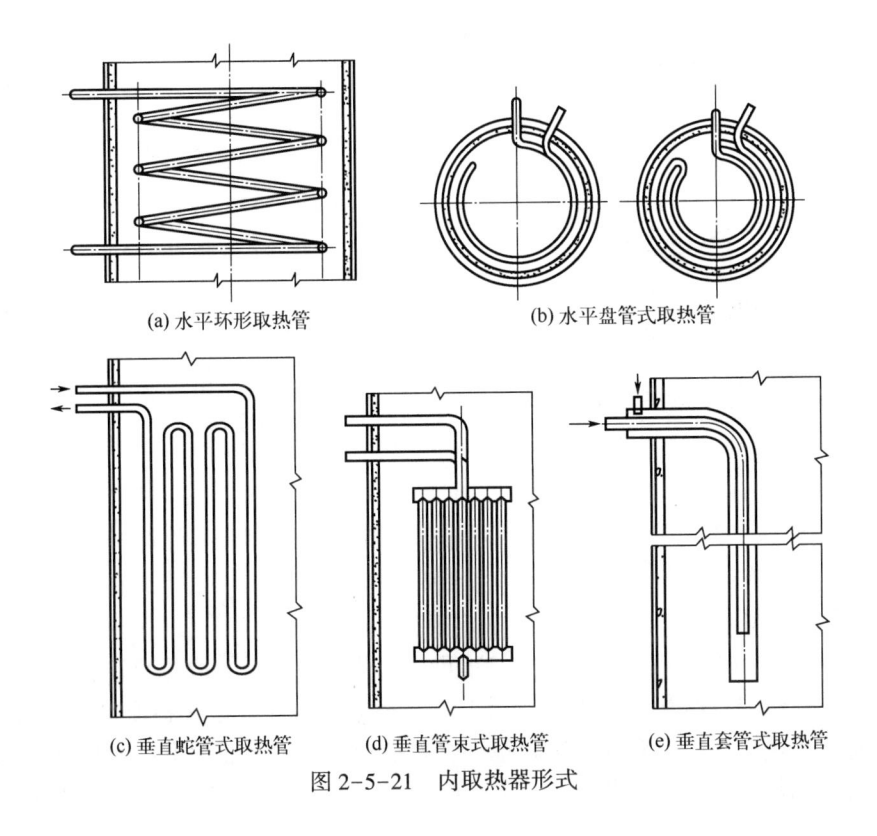

(a) 水平环形取热管　(b) 水平盘管式取热管

(c) 垂直蛇管式取热管　(d) 垂直管束式取热管　(e) 垂直套管式取热管

图 2-5-21　内取热器形式

（二）外取热器

外取热方式是在再生器壳体外部设一催化剂冷却器（称外取热器），从再生器密相床层引出部分热催化剂，经外取热器冷却，温度降低 100~200℃，然后返回再生器。这种取热方式可以采用调节引出的催化剂的流率的方法改变冷却负荷，其操作弹性可在 0~100% 之间变动，这就使再生温度成为一个独立调节变量，从而可以适合不同条件下的反应再生系统热平衡的需要。

按催化剂流动方向不同，目前工业应用的外取热器主要有两种类型，即下行式外取热器和上行式外取热器，它们的结构分别见图 2-5-22 和图 2-5-23。

1. 下行式外取热器

下行式外取热器的操作方式是从再生器来的催化剂自上而下通过取热器，流化空气以 0.3~0.5m/s 的表观流速自下而上穿过取热器使催化剂保持流化状态。在取热器内也形成了密相床层和稀相区，夹带了少量催化剂的气体从上部的排气管返回再生器的稀相区。取热器内装有管束，通入软化水以产生水蒸气，从而带走热量。催化剂循环量由出口管线上的滑阀调节，取热器内密相床层料面高度则由热催化剂进口管线上的滑阀调节。

2. 上行式外取热器

上行式外取热器的操作方式是热催化剂进入取热器的底部，输送空气以 1~1.5m/s 的表观流速携带催化剂自下而上经过取热器，然后经顶部出口管线返回再生器的密相床层的中上部。在取热器内的气固流动属于快速床范畴，其催化剂密度一般为 100～200kg/m³。催化剂的循环量由热催化剂入口管线上的滑阀调节。

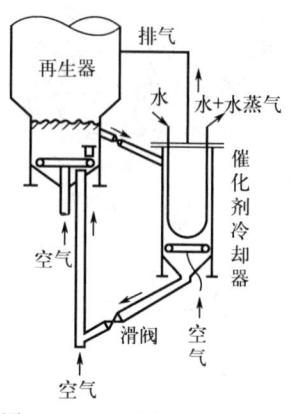

图 2-5-22　下行式外取热器 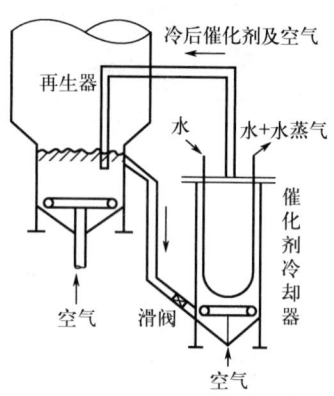　　　图 2-5-23　上行式外取热器

3. 外取热管形式

（1）联箱单元取热管束：每个单元管束由给水管、取热管、取热套管、集汽联箱、集水联箱和集汽管组成，给水向下流动，到集水联箱后均匀分散进入各取热管和取热套管，被加热汽化产生蒸汽后向上升到集汽联箱，进入集汽管后从上部引出；取热管中水汽化产生的气泡升举趋势与水流动方向一致，不会产生气阻现象。其具有较高的水力可靠性和操作可靠性，但焊接接头多、距离近，对制造、焊接要求很严格，焊接应力大，必须进行整体热处理消除焊接残余应力。结构见图 2-5-24(a)。

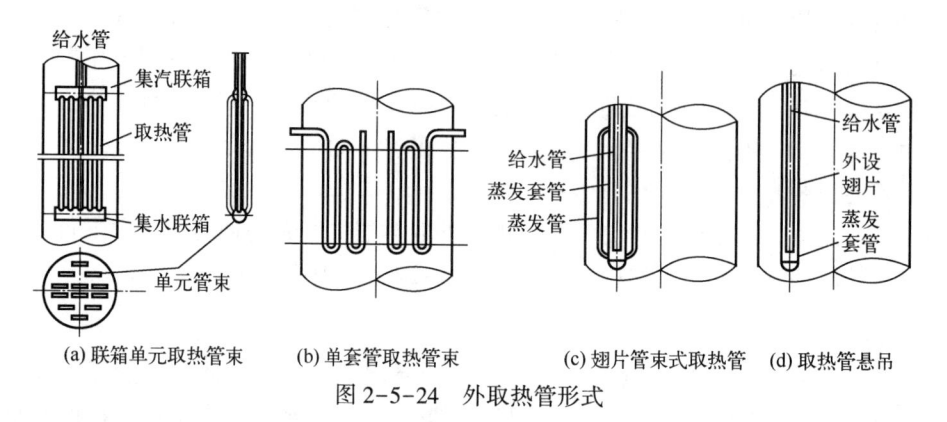

(a) 联箱单元取热管束　　(b) 单套管取热管束　　(c) 翅片管束式取热管　　(d) 取热管悬吊

图 2-5-24　外取热管形式

（2）单套管取热管束：只有给水管和取热套管组成，给水向下流动进入管底翻转后向上入取热套管。取热水汽化产生的气泡升举趋势与取热套管中水流动方向一致，不会产生气阻现象，安全可靠，结构简单，焊接接头少，制造容易，单元取热面积小，组合后外取热器壳体稍大，投资稍大。结构见图 2-5-24(b)。

（3）翅片管束式取热管：与联箱式取热管束水相同，只是取消了专门的联箱，加大取热套管，改为取热管拐弯后与取热套管直接相焊，焊缝减少，但焊缝间距离近的问题并未解决，应进行整体热处理。结构见图 2-5-24(c)。

（4）取热管束或取热套管均悬吊于外取热器外壳顶封头或筒体上段，下端自由，受热后可自由伸长，管束中下部设定位、导向架，减少取热管弯曲和振动。下设增压风分布器，以满足催化剂流化，增加取热效果。结构见图2-5-24(d)。

六、辅助燃烧室

辅助燃烧室用于开工时加热主风以保证两器升温或衬里烘干。正常生产时，不使用燃料，辅助燃烧室此时只起主风通道的作用，不起加热作用。在反再系统紧急停工时，也可以用来维持系统温度或升温使床层温度达到喷燃烧油温度点。

辅助燃烧室属于正压炉，与再生器连接。燃烧器可以实现点火枪的自动点火，大大降低点火时的操作强度，提高点火成功率。辅助燃烧室主要由燃烧室及混合室组成，启用时一次风进入燃烧室，燃料在900~1200℃下燃烧完全，二次风经筒体夹层进入混合室，与燃烧室过来的高温烟气混合后进入再生器。结构见图2-5-25。

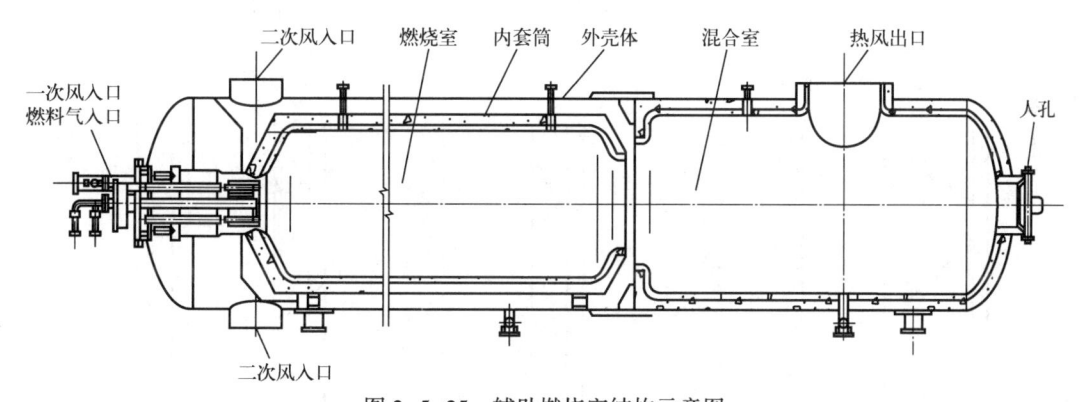

图2-5-25 辅助燃烧室结构示意图

七、各种衬里结构

衬里在催化装置中是一个及其重要的环节，衬里的质量直接关系到装置能否长周期安全运行。衬里设计时应根据设备的工艺过程、操作条件、不同部位的工况、金属构件膨胀对衬里的影响、环保要求及经济合理等因素综合考虑，确定衬里结构、选择衬里材料及其施工方法。

衬里设备及管道的壳体设计温度（强度计算时）一般取350℃。反应再生系统设备一般优先选用无龟甲网隔热耐磨单层衬里。

衬里结构主要有以下五种。

（一）龟甲网隔热耐磨双层衬里

龟甲网隔热耐磨双层衬里主要用于反应再生系统设备中受催化剂冲蚀比较严重且又需考虑衬里隔热作用的部位，如冷壁旋风分离器、烟气孔板降压器等，提升管反应器和其他连接管道（待生斜管、再生斜管等）也可考虑采用龟甲网隔热耐磨双层衬里，但这种结构的衬里的龟甲网的高温膨胀量大于壳体的膨胀量，致使龟甲网易在高温下鼓胀，引起衬里的损坏。结构如图 2-5-26(a) 所示。

(二) 龟甲网高耐磨单层衬里

龟甲网高耐磨单层衬里主要用于反应再生系统设备中受催化剂冲蚀严重且不需考虑衬里隔热作用的部位，如内旋风分离器、稀相管、料腿及内提升管等。分布管、分布板等异型结构零部件如需考虑耐磨时也可采用高耐磨单层衬里，采用高耐磨单层衬里时优先采用龟甲网高耐磨衬里。结构如图 2-5-26(b) 所示。

(a) 龟甲网隔热耐磨双层衬里　(b) 龟甲网高耐磨单层衬里　(c) 无龟甲网隔热耐磨双层衬里

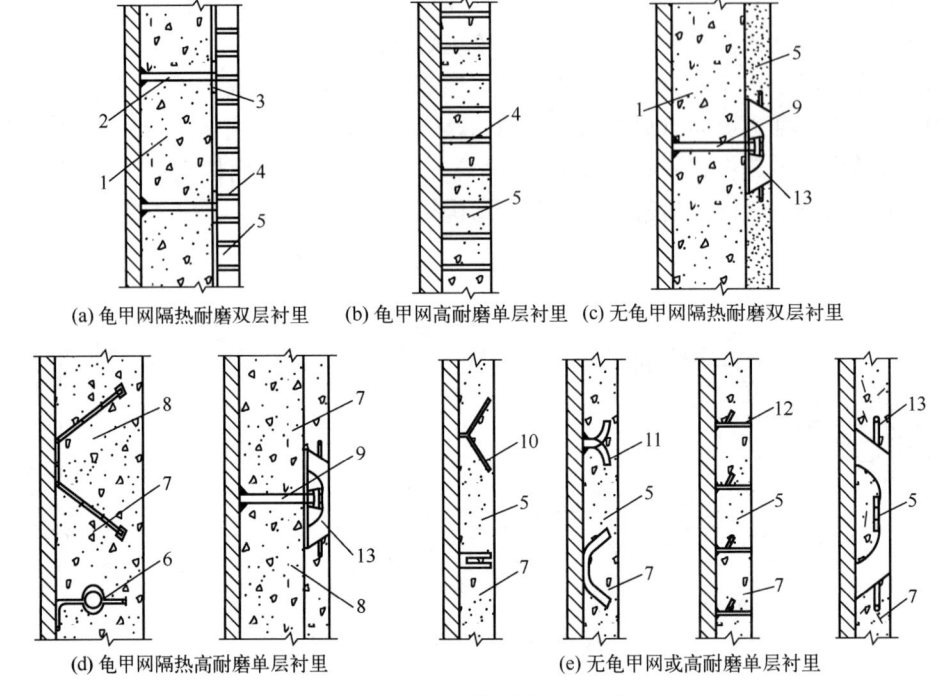

(d) 龟甲网隔热高耐磨单层衬里　　　(e) 无龟甲网或高耐磨单层衬里

图 2-5-26　隔热耐磨衬里结构

1—隔热混凝土；2—柱型锚固钉；3—端板；4—龟甲网；5—耐磨/高耐磨混凝土；6—Ω 型锚固钉；7—钢纤维；8—隔热耐磨混凝土；9—柱型螺栓；10—Y 型锚固钉；11—V 型锚固钉；12—S 型锚固钉；13—侧拉型圆环

(三) 无龟甲网隔热耐磨双层衬里

无龟甲网隔热耐磨双层衬里主要用于反应再生系统设备中受催化剂冲蚀比较严重且又需考虑衬里隔热作用的部位，如冷壁旋风分离器、烟气孔板降压器等，提升管反应器和其他连接管道（待生斜管、再生斜管等）也可考虑采用无龟甲网隔热耐磨双层衬里。该衬里结构一般采用环型锚固钉，可采用手工涂抹法施工。结构如图 2-5-26(c) 所示。

(四) 隔热耐磨单层衬里

隔热耐磨单层衬里主要用于反应再生系统设备中受催化剂冲蚀不太严重且又需考虑衬里隔热作用的部位，如反应（沉降器）器、再生器、烧焦罐、脱气罐、外取热器、提升管反应器、三级旋风分离器等设备壳体的隔热耐磨衬里。冷壁旋风分离器、烟气孔板降压器、连接管道（待生斜管、再生斜管等）也可考虑采用隔热耐磨单层衬里。该衬里结构一般采用 Ω 型锚固钉，采用浇注法施工。结构如图 2-5-26(d) 所示。

（五）无龟甲网高耐磨单层衬里

无龟甲网高耐磨单层衬里主要用于反应再生系统设备中受催化剂冲蚀严重且不需考虑衬里隔热作用，且由于直径较小或异形等不宜采用龟甲网高耐磨单层衬里的部位，如料腿防倒锥上的拉筋、分布管小支直管外壁等部位。结构如图 2-5-26(e) 所示。

八、反应再生系统波纹管膨胀节

膨胀节习惯上也称为补偿器或伸缩节，主要由工作主体的波纹管（一种弹性元件）和端管、支架、法兰、导管等附件组成。膨胀节是利用其工作主体波纹管的有效伸缩变形，以吸收管线、导管、容器等因热胀冷缩等原因而产生的尺寸变化，补偿管线、导管、容器等的轴向、横向和角向位移。反应再生部分的各条斜管和能量回收部分的烟道上均设置膨胀节。

（一）膨胀节的结构形式和功能

反应再生系统常用 U 形波纹管膨胀节，按其基本结构和吸收变形的方式不同主要分为以下几种。

1. 单波纹管膨胀节

1) 轴向膨胀节

轴向膨胀节主要吸收膨胀节轴向的变形，少量横向变形和转角。膨胀节的盲板力和弹性反力外传，盲板力用支架和设备支撑，使用时应特别注意盲板力的破坏性。

2) 铰链膨胀节

铰链膨胀节无单独完成管线热补偿的能力，多是两个或三个铰链膨胀节为一组使用。铰链膨胀节能吸收铰链板间的轴向位移和单一平面的角位移。膨胀节的盲板力由环板、立板、铰链板、铰链轴等附件吸收，不外传；角变形引起的波纹管弹性反力向外传。

3) 万向铰链膨胀节

万向铰链膨胀节无单独完成管线热补偿的能力，两个万向铰或两个万向铰与一个铰链膨胀节联合使用，热补偿效果良好。

万向铰链膨胀节能吸收铰链板间的轴位移和多平面内的角位移。盲板力由环板、立板、平衡环、铰链板、铰链轴吸收，不外传；角变形引起的波纹管弹性应力外传。

2. 双波纹管膨胀节

1) 复式膨胀节

复式膨胀节可同时吸收轴向、横向变形和转角，两个波纹管同时产生轴向变形和协同产生转角来完成热补偿任务。盲板力、波纹管弹性反力外传。盲板力由支架和设备来承受，使用时应特别注意盲板力的破坏性。复式膨胀节见图 2-5-27。

2) 大拉杆膨胀节

大拉杆膨胀节可吸收多平面内的横向变形和大拉杆内的轴向变形，两个波纹管协同转角变形来满足管线横向变形的热补偿，还可吸收大拉杆间的少量压缩变形。盲板力由环板、大拉杆吸收，不外传，但横向变形引起的弹性反力外传。大拉杆螺母不得拆卸。大拉杆膨胀节见图 2-5-28。

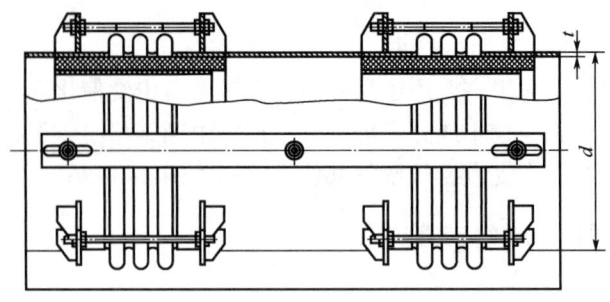

图 2-5-27 复式膨胀节

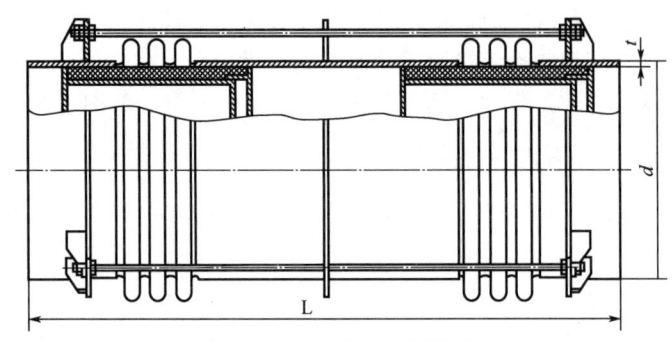

图 2-5-28 大拉杆膨胀节

3）比例连杆膨胀节

控制复式、大拉杆和复式压力平衡膨胀中的两个波纹管的变形均匀协调、同步，防止变形不均，避免某波纹管受力大提前破坏，防止波纹管振动、中间筒节上下和左右振动或扭动产生附加载荷而使波纹管提前破坏，或影响正常工作。比例连杆膨胀节见图 2-5-29。

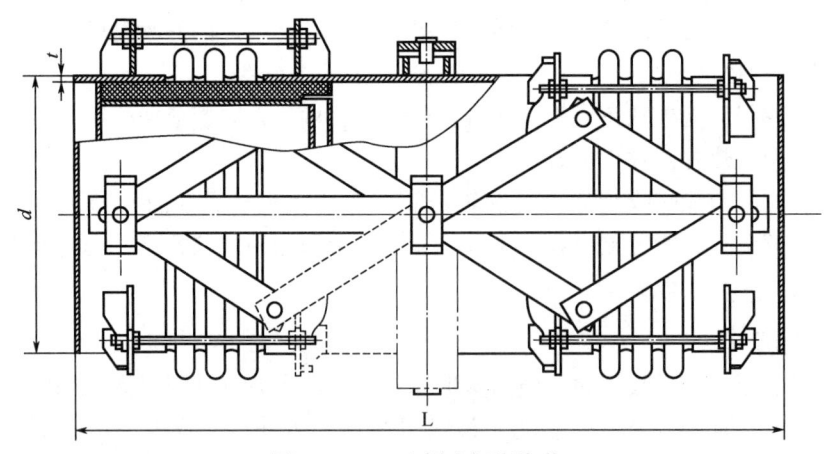

图 2-5-29 比例连杆膨胀节

（二）膨胀节的使用注意事项

（1）膨胀节的铰链板、平衡环、大拉杆等附件是膨胀节的工作元件，操作过程中要承受很大的载荷。附件的大小和厚度是经强度或刚度计算确定的，不得随意拆除、更改和更换。

（2）膨胀节的装运螺栓在运输、吊装和安装过程中起保护波纹管作用，不得拆卸和松开（预变位过程除外），但必须在安装就位完毕后在烘炉前拆除或松开。

（3）膨胀节对支座有横向推力，夹持结构和止推支座都是按推力大小和方向设计的，不能随意移位、改变和取消。

（4）膨胀节内套筒开口有方向性，应与介质流向一致。当介质和膨胀节内套筒开口向上时，应在内套筒下端开泪孔，用来排除凝液。

（5）不得强力组装膨胀节，不得用膨胀节来补偿安装误差。

（6）应按设计要求对膨胀节进行预变位。预变位可减小管线的变形和对支座的推力。

（7）衬里烘炉升温前，与膨胀节配合使用的弹簧支、吊架上的弹簧定位块必须拆除，使弹簧进入工作状态。

（8）应经常检查膨胀节的变形情况，有无泄漏、失稳、鼓胀、扭曲和严重变形等异常情况。

九、蒸汽抽空器

蒸汽抽空器作用就是产生真空，由喷嘴、扩压管和混合室构成，如图 2-5-30 所示。

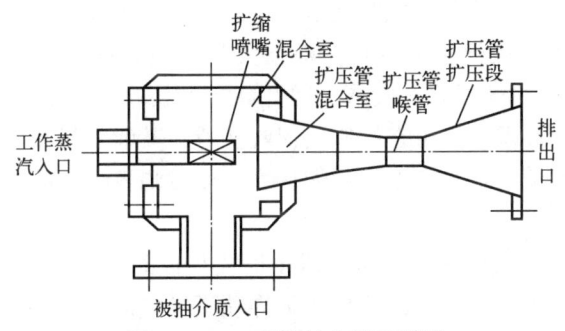

图 2-5-30　蒸汽抽空器示意图

蒸汽进入蒸汽抽空器时先经过扩缩喷嘴，气流通过喷嘴时流速增大、压力降低，喷嘴处达到极限速度（1000~1400m/s），在喷嘴的周围形成了高度真空。被抽气体（不凝气）从进口被抽进来，在混合室内与驱动蒸汽部分混合，并被带入扩压管；在扩压管前部两种气流进一步混合并进行能量交换。气流在通过压管时，其动能转化为压力能，流速降低而压力升高。气流在扩压管喉颈附近形成冲击波，将吸入腔和扩散腔分开，冲击波的形成是动能转化为压力能的关键，也是抽空器达到抽真空能力的关键。冲击波的下游为亚音速状态，流速逐渐降低，压力进一步提高，最后达到满足排出压力的要求。

由此可见，抽空器排出气体的压力，可以高于不凝气的吸入压力，从而把不凝气从冷凝器（催化剂罐等）抽出而排入压力高的地方，并在容器中形成真空。

十、降压孔板

再生烟气从再生器烟气集合管到余热锅炉入口的烟气压降较大，为减少双动滑阀的磨损需要设置降压孔板，分担一部分烟气系统压力降。

降压孔板的原理就是通过多块孔板降压。烟气流过每一块孔板的压降不同，即每块孔板开孔面积不一样（迎气侧为第一块，依此类推，开孔面积越来越大）。根据工艺需要，降压孔板内一般有 3~6 块多孔板，多孔板采用椭圆形封头（长短轴之比为 2∶1），每块多孔板上设置一定数量的耐磨短管。由于耐磨短管喷出的气流较高，为减少降压孔板的磨损，其直径较烟气管线大，且需内衬较高强度的隔热耐磨衬里。

此外，为便于检查和维修，降压孔板前后装有人孔和压力表，如图 2-5-31 所示。

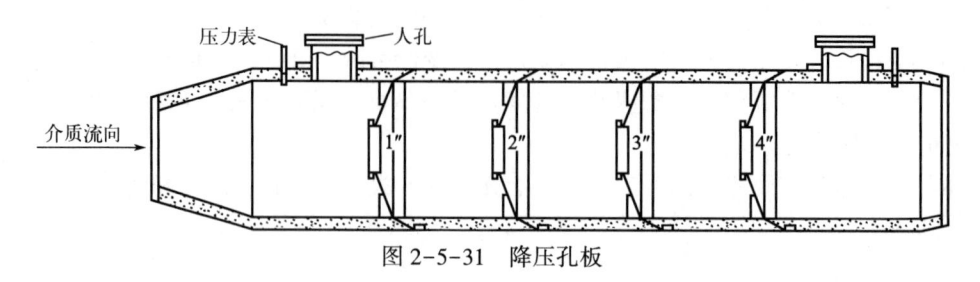

图 2-5-31　降压孔板

十一、临界喷嘴

临界喷嘴是安装在三旋下部收集罐去烟囱管线上的一个设备，目的是对收集罐进行卸压，但主要目的是维护三旋的正常运行。根据大量试验数据，单管式三旋在保证泄气量 3% 以上时才能保证良好的气固分离效果，因此在三旋泻剂的后路安装临界喷嘴以保证三旋的分离效果。但因为高温烟气可在烟机处回收能量，其泄气量也不要太大，以利于回收能量。故设计时根据相关数据进行泄气量的计算，使过临界喷嘴的烟气以声速通过临界喷嘴，既保证三旋的运行效果又利于吸收能量。

炼油厂常用的临界喷嘴有两种结构，即孔板式和拉瓦尔式，见图 2-5-32。颗粒相对两种临界喷嘴的磨损位置差异较大，孔板式临界喷嘴磨损区域主要在主烟道壁面，距临界喷嘴插入点 1000~1500mm 区域，产生磨损的颗粒主要为大于 5μm 颗粒；而催化剂颗粒对拉瓦尔式临界喷嘴磨损区域在喷嘴扩散后段，距临界喷嘴插入点 0~500mm 区域，磨损颗粒主要为小于 10μm 粒径颗粒，颗粒对拉瓦尔喷嘴主烟道不产生磨损。两种临界喷嘴磨损存在差异的原因：孔板式临界喷嘴不存在扩散减速段，颗粒以 90m/s 的速度冲刷主烟道壁面；拉瓦尔式扩散段内出现旋转涡流携带催化剂颗粒冲刷壁面产生磨损。

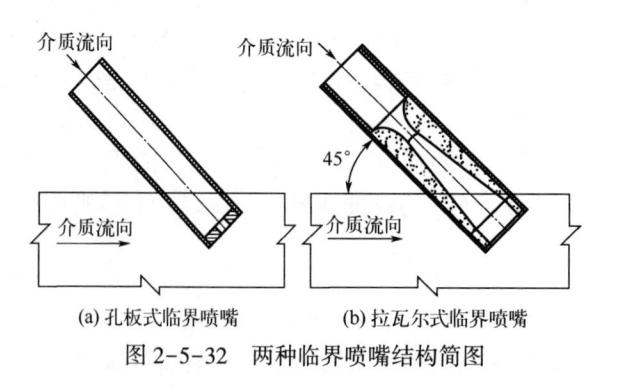

(a) 孔板式临界喷嘴　　(b) 拉瓦尔式临界喷嘴

图 2-5-32　两种临界喷嘴结构简图

十二、催化剂小型加料系统

催化裂化装置催化剂的小型加料形式一般有两种，即手动加料和自动加料（图2-5-33）。

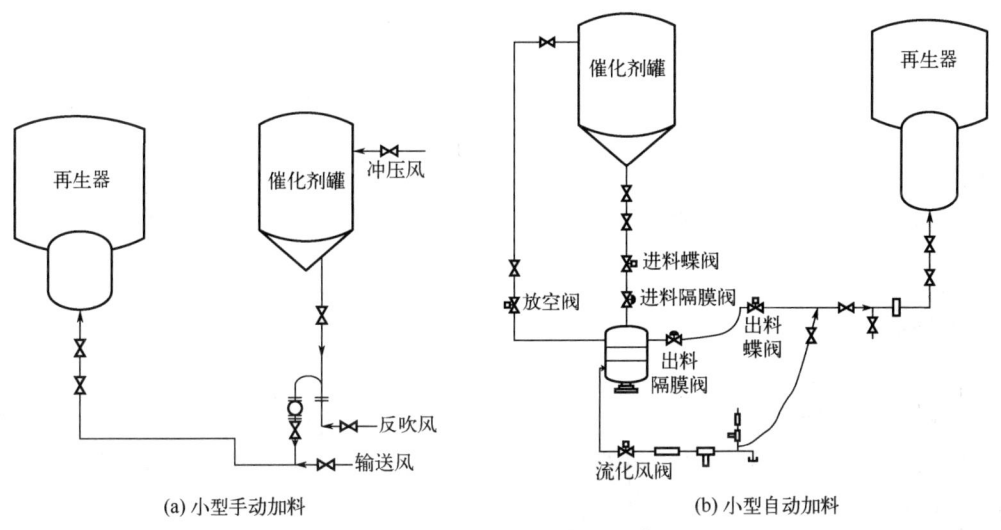

(a) 小型手动加料　　(b) 小型自动加料

图2-5-33　催化剂小型加料示意图

（一）手动加料

新鲜催化剂储罐上部通入工业风（称充压风）使罐内充压，催化剂由罐锥体部流入加料立管。在立管中设有小分布板，通入工业风（称流化风）形成流化床，催化剂经插入该床层的引出管进入小型加料输送线上，然后用工业风（称输送风）将催化剂送至再生器中。在小型加料引出线上设置一个视窗，通过观察流出催化剂的状况来确定加料速度。

（二）自动加料器

自动加料器主要由催化剂流化输送系统、气动称重系统和控制系统组成。催化剂储罐内的催化剂依靠重力从储罐流出，经气动蝶阀和气动隔膜阀进入流化罐。流化罐安装在气动秤上，气动秤是依靠力平衡原理设计的，能自动称出流化罐内催化剂的净重。当流化罐内的催化剂量达到给定值时，气动秤把信号送到微机控制系统，自动关闭加料阀。打开流化阀，关闭放空阀，将净化压缩空气送入流化罐，使催化剂流化并逐渐升高压力。当压力达到给定值时出料阀自动打开，流化态的催化剂送入再生器，流化罐的压力逐渐降低。当压力低到给定值时，罐内的催化剂输送完毕。然后自动关闭出料阀，打开吹扫阀和放空阀。流化罐的压力降到常压，再进入下一轮循环。

加料器的工作过程分为四个状态：进料状态、流化状态、出料状态、放空状态。加料时加料隔膜阀打开，加料蝶阀再开，催化剂由储罐自压进入加料流化罐中，重量达到称重系统设定值时，加料蝶阀关闭，加料隔膜阀关闭，然后放空阀关闭，进料状态结束。流化隔膜阀打开，加料流化罐进行流化充压，当加料流化罐达到设定压力时，出料隔膜阀和蝶阀打开，达到出料设定时间后，出料隔膜阀、出料蝶阀和流化隔膜阀相继关闭，出料和流化状态结束。放空隔膜阀打开，进入放空状态。一个加料周期结束，按照设定的加料时间进入下一个周期。

项目三　特殊阀门

集机械、电气、仪表于一体的阀门为特殊阀门。特殊阀门在石油化工生产中起着巨大作用。特别在炼油过程的催化裂化装置中，为其他类型的阀门不可替代。目前应用在催化裂化装置的特阀主要有：滑阀、塞阀、蝶阀及特殊材质阀门等，本部分只介绍滑阀和塞阀。

一、滑阀

催化裂化装置使用的滑阀主要是用于高温烟气催化剂混合通道（待生/再生催化剂斜管、外循环管、烟气旁路、外取热器催化剂流道）上，用于调整催化剂或高温烟气的流量。其工作条件苛刻，且要求适应装置长周期运行和特殊工艺的需要。

电液控制冷壁滑阀由阀体部分和电液执行机构组成。按阀板作用形式分为单动滑阀和双动滑阀两种，如图 2-5-34 和图 2-5-35 所示。

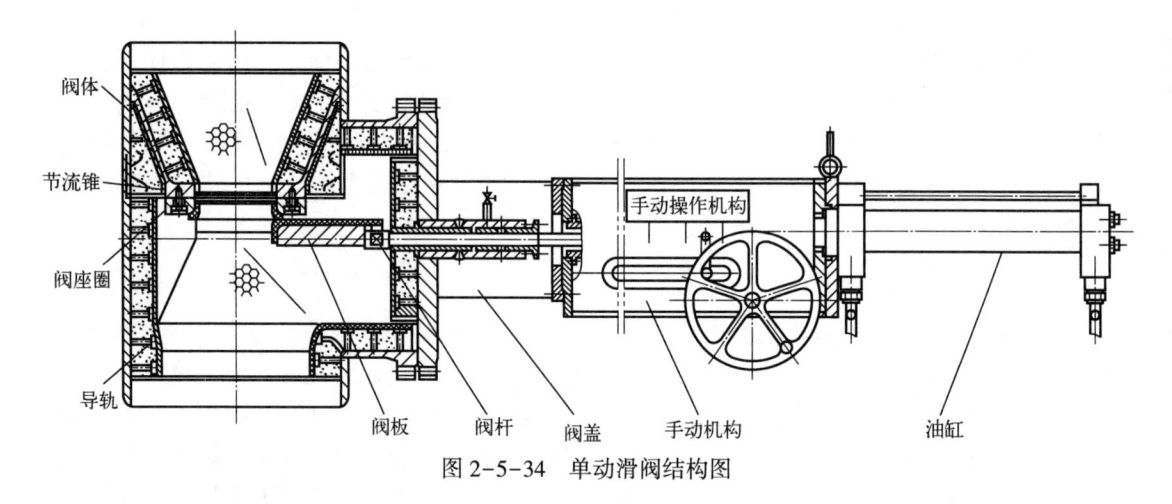

图 2-5-34　单动滑阀结构图

（一）冷壁滑阀结构

冷壁滑阀本体部分的主要部件由阀体、阀盖、节流锥、阀座圈、阀板、导轨和阀杆等部件组成。

1. 阀体

阀体采用冷壁结构，为 20g 或 16MnR 钢板焊接的圆筒同径或异径三通结构（双动滑阀阀体为圆筒形异径四通结构，阀座圈开口为矩形）。阀体内部衬有 100~150mm 的有龟甲网或无龟甲网双层衬里。操作温度下，其外壁温度一般不超过 200℃，阀体与相邻接管的

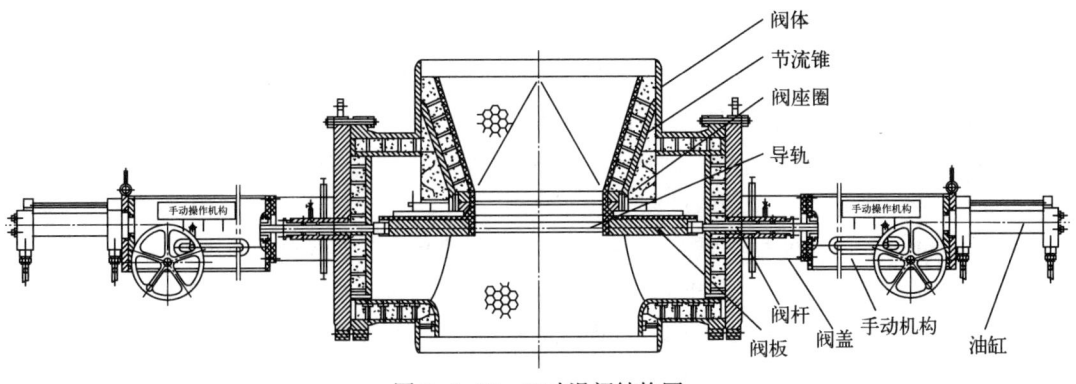

图 2-5-35 双动滑阀结构图

连接采用同类材料焊接方式，质量容易保证，而且衬里后两者的内径相同，介质流动平稳，避免变径处的磨损。

阀体与阀盖连接采用标准圆形法兰结构，配用标准带加强环缠绕式垫片，受力均匀，密封可靠，克服了滑阀容易泄漏的弱点。阀盖上的填料函，采用双填料密封结构，可在阀门正常工作状态下，方便地更换外侧的工作填料，见图 2-5-36。

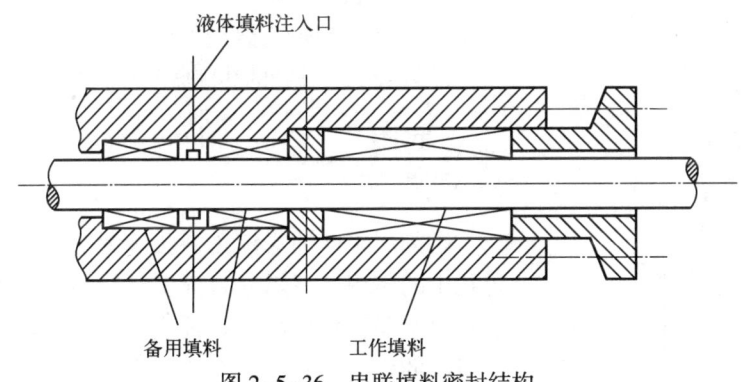

图 2-5-36 串联填料密封结构

2. 阀盖

阀盖采用组焊结构，材质与阀体相同。阀盖法兰内表面衬有龟甲网纤维增强的双层衬里。阀盖法兰两侧和填料函上分别设有导轨和阀杆的吹扫口，正常操作时通入吹扫风，以防催化剂阻塞阀板和阀杆。

3. 节流锥

节流锥位于阀体内部，是滑阀的重要受力部件，它承受介质压差及阀座圈、导轨和阀板等的全部重量。由于处在高温区，节流锥用高温合金钢铸造，下端直接与阀座圈相连，在开工、停工温度骤变时可自由地膨胀伸缩。

4. 阀座圈、阀板与导轨

冷壁滑阀的阀座圈、阀板为高温合金钢铸造结构；导轨为锻造结构，均开 V 形槽，以防止催化剂堆积。阀座圈的阀口四周和阀板头部均衬有耐磨衬里。阀板上表面全部衬制龟甲网单层耐磨衬里。阀座圈与阀板相对滑动的两个衬里表面，烧结后均进行磨削加工。

5. 阀杆

阀杆为高温合金钢锻造结构，与阀板连接的头部采用T形接头和后密封台肩于一体的圆柱形球面连接形式，阀杆与阀板的连接采用滑动配合，以适应阀板随节流锥、阀座圈热胀冷缩时的位移。阀杆表面喷焊硬质合金，其表面硬化层厚而均匀，经磨削后几何精度高，表面光滑，有利于提高填料的密封性能。

电液冷壁单动滑阀常用的规格范围为DN500~1700mm；电液冷壁双动滑阀常用的规格范围为DN600~2000mm。滑阀的适宜调节区间为"流通面积占滑阀总面积"的50%~60%，当面积比超过70%时已无调节性能。若此时进一步将开度增大至100%，不仅起不到增加流通能力的作用，还可能出现窜气、短路等现象。

（二）冷壁滑阀特点

（1）外壁温度低，热损失小，改善了滑阀附近的环境条件；

（2）仅需更改滑阀内件即可满足更高操作温度的要求；

（3）阀盖采用标准圆形法兰，无泄漏问题；

（4）便于现场与管线的焊接安装，质量易保证；

（5）降低了外壁的热膨胀和热应力，有利于管线设计。

二、塞阀

塞阀用于同轴式催化裂化装置。按在催化裂化工艺过程中的作用，塞阀分为待生塞阀和再生塞阀，分别安装在再生器底部的待生和再生立管上。与待生滑阀和再生滑阀的作用相同，待生塞阀和再生塞阀分别控制催化剂的藏量和反应器温度，以及在开停工或发生事故时切断催化剂循环。

（一）阀体部分结构

塞阀主要由阀体部分、传动部分、定位及阀位变送部分和补偿弹簧箱组成，而塞阀的阀体部分主要由阀体、节流锥、阀座圈、阀头、阀杆和填料函组成。结构见图2-5-37。

1. 阀体

阀体采用垂直安装结构，安装时用螺栓与再生器的接口阀体连接法兰以上的阀套、阀头、上阀杆、保护套等直接伸法兰连接入再生器内。阀体法兰采用标准圆形法兰，并配用标准缠绕式垫片，受力均匀，密封可靠。

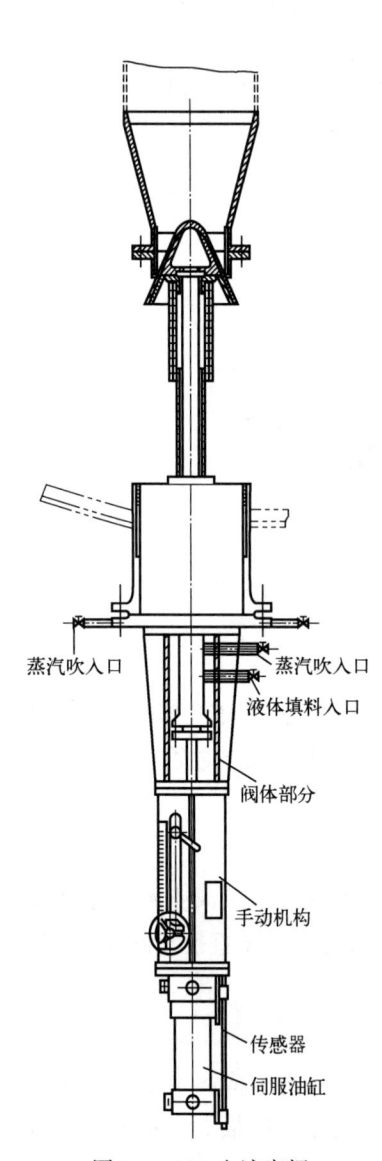

图 2-5-37　电液塞阀

2. 节流锥、阀座圈

节流锥采用铸造结构，上端直接与再生器内的立管焊接，阀座圈采用法兰连接结构，用高温螺栓与节流锥下端法兰相连，以便对阀座圈进行检修或更换。为防止高温催化剂的强烈冲蚀与磨损，对磨损部位严重的阀座圈内圈表面衬制刚玉耐磨衬里，节流锥下端内圆表面喷焊硬质合金或衬制刚玉耐磨衬里。

3. 阀头、阀杆

阀头为铸造空心结构，与上阀杆的连接采用台肩止口配合螺栓连接，拆装更换方便。为防止高温催化剂对阀头的严重冲刷磨损，阀头外表面中间磨损部位衬制刚玉耐磨衬里。阀杆由上阀杆、下阀杆组成，上阀杆与下阀杆用螺纹连接，并用螺母锁紧，在使用过程中一般不应拆开。为提高上阀杆的耐磨及密封性能，其外表面采用喷焊硬质合金硬化处理，并经磨削加工。下阀杆表面采用气体渗氮工艺处理，提高表面硬度与耐磨性。

4. 阀套

阀套直接伸入再生器内，为降低导向套、阀杆、连接法兰和填料函的工作温度，阀套内衬有 70~150mm 厚的隔热衬里，阀套为带有一定锥度的圆筒结构，以便对阀体进行安装和检修。

为了防止催化剂沿阀杆下落，积存于上阀杆与导向套、阀套之间卡阻阀杆，在阀套的法兰面和填料函上均设有压缩空气（或蒸汽）吹扫口，以吹扫催化剂，同时也可冷却上阀杆、导向套等有关部件。

5. 填料函

填料函的阀杆密封采用串联填料密封结构，即在一个填料函内串联装入两组不同材料和规格的填料，内侧为备用填料，外侧是工作填料。正常操作时，备用填料松套在阀杆上，并不压紧。当工作填料失效或需要更换时，可通过填料函上备用填料的注入口向内注入液体填料，将备用填料充实并压紧，使该填料起到密封作用。

6. 固定保护套及活动保护套

为防止伸入再生器内的阀杆受催化剂的直接冲刷，在阀杆外围设置有固定及活动保护套，固定保护套装在阀套上，活动保护套与阀杆上端连接，并随阀杆一起移动。活动保护套与固定保护套承插在一起，在全行程范围内，阀杆始终处于保护套中。活动保护套外表面衬有龟甲网加固刚玉耐磨衬里，固定保护套外表面喷涂硬质合金。

塞阀正常工作区间宜在 33%~100% 范围内，国产电液塞阀常用规格为 DN450~1100mm。

（二）补偿弹簧箱

与塞阀阀头接触的塞阀阀座连接在立管上，在开停工过程中，由于温度的变化，立管有很大的膨胀和收缩。补偿弹簧箱就是用来吸收（或补偿）这一较大的膨胀（或收缩）量的。补偿弹簧箱的结构见图 2-5-38。

三、电液执行机构

电液执行机构是以电动机为动力、高压液压油为介质，通过精密的伺服控制系统和伺服油缸实现滑阀、塞阀及蝶阀的自动控制。它是催化裂化装置特殊阀门配套使用的新型执行机构。下面以四川石化催化裂化装置SKHF-2型数字式智能型电液自动控制执行机构为例介绍其组成及工作原理。

（一）电液执行机构工作原理

图2-5-39为滑阀电液控制系统原理图。该执行机构控制系统是由仪表、液压两部分组成，伺服油缸和位移传感器作为反馈元件，控制信号为4～20mA的电流信号，控制负载为伺服阀绕组，液压油缸为执行机构，位移传感器是位置检测元件，其控制对象为滑阀。

SKHF-2执行机构在仪表控制上采用全数字化PLC控制，全套进口AD/DA转换模块，工业控制液晶触摸屏作数据设定和操纵界面显示单元。该执行机构具有精度高、寿命长、定位准确、安全可靠、维护维修方便、调试简单等优点。

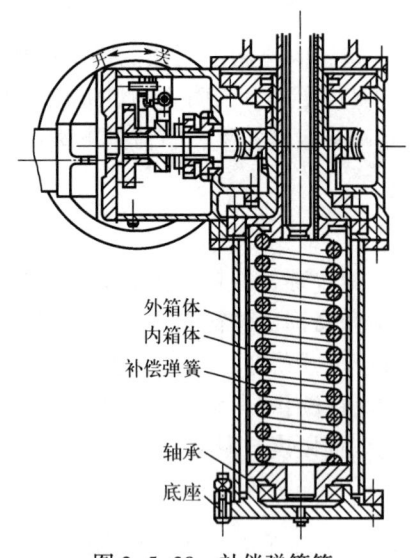

图2-5-38 补偿弹簧箱

该控制机构以电流信号作为给定的控制信号，以高精度位移传感器作反馈元件，液压功率放大产生大推力输出。执行机构具有伺服阀和比例阀互换通用模式，满足不同用户要求。采用进口比例阀，具有控制精度高，抗污染能力强，解决了比例阀死区问题。当采用伺服阀控制时，系统能自动校正伺服阀的零点漂移，使控制精度始终保持在0.3%内。系统在自锁上采用运行趋势分析，使滑阀运行更安全可靠。系统采用液晶触摸屏作显示单元，所有调试都通过软按键输入方式，使调试更直观简单，电路部分更可靠稳定。

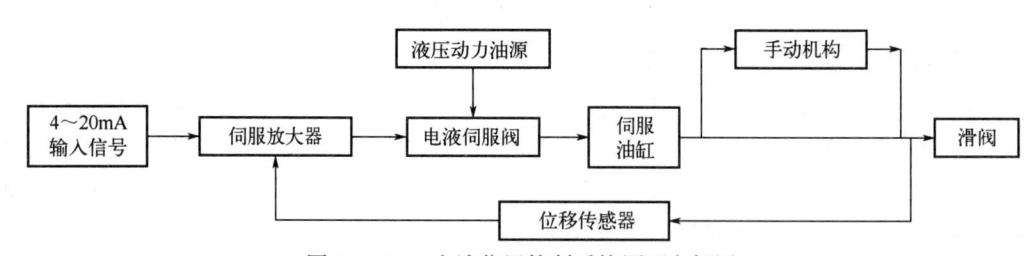

图2-5-39 电液位置控制系统原理方框图

该电液执行机构关键部件比例定向控制阀带压力补偿，以实现一定载荷条件或增加的需求下对力量、速度、加速和减速实现优化控制。压力补偿为一个泄压阀或降压阀，并同时有一个或多个具有限流功能的定向控制阀阀芯。因此，比例定向控制阀阀芯形状和常规阀门不同。这样特殊的结构得到一个渐升的流量曲线（控制压力增加时A或B端流量的增加）。为了使阀芯最大的冲程得到最有效的使用，可以将A端（或）B端流入口改变为使用不同的流体。为了保持稳定的流量，阀芯孔处流过的压降仍然保持稳定，而和施加的压力无关。针对工作情况要求的不同，比例控制阀可设置多点进出流量管线。

(二) 滑阀液压循环工作系统

滑阀液压循环工作系统其核心工作原理即为电磁控制系统提供高压 (8MPa) 液压油,液压油作为动力源推动滑阀机械机构中活塞缸,达到控制滑阀开或关到指定阀位的目的。

该系统基本工作原理：油箱储存液压油,油箱底液压油经过滤器进电动机驱动螺杆泵升压,过泵出口过滤器、单向阀进入主油路,主油路高压液压油进电磁控制系统,于滑阀油缸中做功后液压油回油箱。油箱设置油位、油温现场指示以及信号传感器。泵出口设置安全泄压阀油回油箱。油箱油路设置油冷却器引用装置循环水冷却。主油路过滤器正常一个投用,一个备用,出入口设置压差指示。主油路设置两个蓄能器,也一开一备,作为紧急状况下主油路补充压力和缓冲油路压力波动。

(三) 电液滑阀的优点

(1) 灵敏度高,响应速度快。

电液滑阀的控制信号为电信号传输,响应速度快,不像气动滑阀那样有滞后现象。原气动滑阀在小信号和阀位接近全关位置时,滑阀灵敏度很低,调节性能也差。而采用电液滑阀后,在小信号及接近全关位置时仍然具有很高的灵敏度。在开工过程中,缩短了装置达到稳定的时间。

(2) 推动力大,行程速度快,调节平稳。

电液滑阀的推动力大,在输入信号变化不足 0.25% 时就能达到最大推力,消除了气动滑阀经常出现的卡阻现象。行程速度是气动阀的 5 倍以上,且操作过程平稳。

(3) 具有自保和锁位功能。

当输入信号丢失时,在主控室有声光报警,同时使阀就地锁位,可避免因信号丢失而引起的生产波动。

(4) 控制精度得到提高。

电液滑阀在控制精度上有了大幅度提高,使再生压力及差压调节控制平稳,减少波动,对催化剂的跑损能起到一定的缓解作用。

(5) 改进阀体外壳材质。

壳体由不锈钢改为碳钢,有利于与管道的焊接。由于阀体内部结构的改进,使得抗冲刷性、耐磨性均比气动滑阀有所提高。

模块六 反应再生系统开停工

项目一 反应再生系统开工

一、催化裂化装置开工要求及注意事项

（一）催化裂化装置开工要求

（1）为确保开工的顺利进行，开工前各岗位人员必须认真学习开工方案，开工过程中要加强联系，严格按开工方案的要求做好各项工作，服从统一指挥，分工明确。开工过程中遇到问题，及时汇报、处理。

（2）开工方案已向生产人员交底；工艺操作规程、DCS 操作规程、全部 PID 图、事故处理预案经公司审批并发放到所有人员手中，从管理人员到操作人员均已掌握；开工方案和生产指令"上板""上墙"。

（3）装置内施工项目经主管部门验收完毕，确保项目无遗漏，质量无问题，资料齐全。

（4）装置通信设施完好备用。

（5）各塔、容器的人孔封好，装置盲板（包括反应分馏大盲板）按要求拆装完毕。盲板挂牌，专人负责做好明细表。

（6）装置按要求吹扫、试压完毕，各种问题已处理完毕。

（7）水、电、汽、风等动力系统引进装置，装置的照明好用，地沟畅通，地面保持清洁无杂物。

（8）各机泵、主风机、气压机、增压机处于良好状态，冷却水系统畅通，油箱中加够合格的润滑油，压力表、液位计、温度计、阀门等齐全好用。

（9）三机组和备机组、气压机、增压机等大型转动设备经过单机试运处于良好的备用状态。

（10）各特殊阀门，各联锁自保系统调试完毕，动作灵活，准确好用，各流程有关的压力表、温度计、限流孔板全部装完并投用，规格正确无误，并做好记录。

（11）火炬线畅通，与装置有关的外部系统管线流程及设备等均已施工完毕，并验收合格。

（12）联系调度和罐区运输部、公用工程部准备好开工用的原料油、汽油、轻柴油、石脑油、碱液、燃料气，并做好化验分析和脱水工作。

（13）联系硫黄回收装置，做好贫胺液、净化水的供给，富胺液、酸性水的接收工作。

（14）准备好各种记录纸、交接班日记、开工方案、两器升温曲线、各种使用工具。

（15）对装置一切安装检查完毕，杂物清扫干净，各塔、容器、炉、自保阀、管线、机泵确保无遗漏质量问题，装置公用工程水、电、汽等动力系统正常，达到开工条件要求。

（16）安全环保设施、消防气防器材、可燃气体及有毒气体报警仪必须齐全好用，摆设整齐，并做好防火防爆准备。

（二）催化裂化装置开工注意事项

（1）开工期间要在公司统一安排下，做好和油品、机电仪维护单位等单位的联系协调工作。

（2）开工过程中，要确保不窜油、不跑油、不着火、不伤人、不憋压、不损坏设备、不满水、不缺水，减少一切不安全因素，避免意外事故的发生。

（3）凡进入有毒、有害部位（包括进入设备内、地下污油池、下水井内）作业，必须配备防毒面具、氧气呼吸器、空气呼吸器等特殊防护用品，以防中毒。进入容器内作业必须办理作业证。在设备内检修作业前应办理作业证，应打开设备上的所有人孔，保持设备内空气流通，必要时可向设备内通风，但不得通入纯氧，以防中毒。

（4）需要拆加的盲板由专人负责并做好记录。

（5）引重油及外甩前需先蒸汽贯通、暖线，引原料开路循环至喷油之前重油线应投蒸汽伴热。

（6）衬里升温时，炉膛温度不超过 950℃，分布管不超过 650℃。

（7）向再生器装剂初期速度要快，以尽快封住料腿，减少催化剂的跑损。

（8）拆分馏大盲板时，应关严气压机入口放火炬，严防瓦斯回窜。

（9）引油前一定要关闭各放空排凝，介质随人走，严防跑油窜油。

（10）分馏闭路升温期间，各泵一定要切换运行。

（11）反应再生系统引主风前，烟气脱硫系统水循环正常。

（12）引蒸汽时，脱净存水，缓慢打开蒸汽阀门，注意防止水击，如发生水击则关小蒸汽阀门，加强排水。

（13）蒸汽贯通管线时，质量流量计改走副线。

（14）分馏塔外三路循环正常后，投用重油管线伴热。

（15）碱液及碱渣线，没有部门同意，蒸汽伴热严禁投用。

二、反应再生开工操作

（一）反应岗位开工准备

1. 全面检查

两器内部杂物清扫干净，各个仪表及附件安装齐全，工艺管线连接好，工艺流程、盲板、联锁系统及 DCS 操作仪表检修施工调试完，瓦斯火嘴安装合格、施工质量符合要求。确认两器各松动点畅通。冷态下各支吊架做好标记。

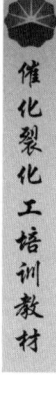

2. 准备催化剂

准备好新鲜催化剂和平衡催化剂、钝化剂、CO 助燃剂。

3. 试加料线

改好加料流程，关闭再生器器壁加料大阀，投用催化剂罐加剂线输送风，试压打开再生器器壁加料大阀，确认管线压力有明显下降，说明加料线畅通，确认各松动点畅通，确认各反吹风畅通。

4. 贯通燃烧油流程

确认燃烧油喷嘴盲板已加，改通燃烧油流程，燃烧油泵出口给汽，贯通燃烧油流程，确认燃烧油喷嘴盲板前见汽后，联系分馏岗位停燃烧油泵出口给汽。

5. 设备、器具就位

各特殊阀门灵活好用，反应再生系统自保联锁信号处于旁路状态，自保阀复位。

稳定状态：反应具备引主风条件，准备引主风吹扫和气密试验；备机具备启动条件；热工具备试压条件；烟气脱硫单元已建立水循环，臭氧发生器、排液处理单元具备投用条件。

（二）启备用风机，反应再生引主风吹扫、气密试验、引燃料气

1. 两器投用仪表反吹风、松动风

（1）两器吹扫前，联系仪表配合投用仪表反吹风，做好投用后漏点检查，避免催化剂堵塞引压管；确认 DCS 操作站数据正常。

（2）引非净化风投用各松动点。

2. 引蒸汽至器壁前

（1）确认改好反应再生系统各用汽点流程，反应再生各用汽点器壁阀关闭，低点脱净存水，关闭所有排凝放空阀。

（2）缓慢打开蒸汽总管至各反应再生用汽支线阀，引 1.2MPa 蒸汽至各用汽点，引汽过程中结合蒸汽介质实际流向，做好疏水排凝，防止管线水击。

（3）联系仪表配合引 1.2MPa 蒸汽，投用相关仪表，并做好引介质后的漏点检查。

（4）蒸汽总管、支线及各路用汽点低点脱水排凝。

（5）确认 1.2MPa 蒸汽引至各用汽点，备用。

3. 引主风吹扫，气密试验

（1）引风前准备。

吹扫流程：打开沉降器顶放空和沉降器顶油气线放空，提升管底放空、外取热器放空；打开烟机入口蝶阀前放空、再生待生滑阀、双动滑阀、油气大盲板前排凝；关闭主风机出口电动闸阀、烟机入口切断蝶阀、调节蝶阀、烟机入口预热旁路阀、烟机出口水封罐装水，将烟机隔离。

（2）引主风吹扫。

联系机组岗位向再生器供风，再生压力控制 0.03MPa，主风量控制在 2600Nm^3/min；检查各松动点、放空点贯通吹扫半小时确认畅通，关闭放空；确认主风吹扫时间在 2h 以上；联系热工岗位吹扫余热锅炉。主风吹扫示意图见图 2-6-1。

```
主风自备用风机 → 再生器 → 反应器         排至大气
                  ↓外取放空  ↑沉降器顶放空    ↑
                           油气盲板前放空
                  → 余热锅炉 → 烟气脱硫塔
```

图 2-6-1　主风吹扫示意图

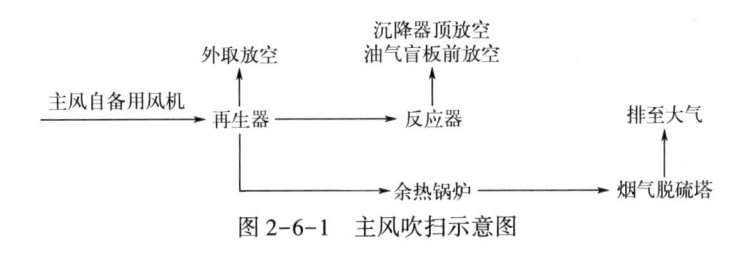

(3) 气密试验。

两器吹扫完毕，关小各点放空，利用烟机旁路双动滑阀控制反应再生系统压力，逐渐升压至 150kPa 后稳压，注意控制升温速度 5~8℃/h（升压过程要缓慢，防止备用风机喘振）；分组检查反应再生系统人孔、法兰、焊口有无泄漏，做好标记，对气密试验出现的漏点做好记录，及时消漏并再次检查，用双动滑阀控制反应再生系统升压至 300kPa 再次进行气密试验直至合格。若有更换垫片等撤压操作，主风切除系统，再更换垫片，重新试压。

(4) 气密结束，反应再生 150℃ 恒温，控制升温速度为不大于 10℃/h。

(5) 150℃ 恒温，外取热器汽包上水。

4. 辅助燃烧室引燃料气

(1) 联系维护单位拆除辅助燃烧室前盲板，改好燃料气流程，稳定岗位燃料气线给氮气贯通燃料气流程，打开辅助燃烧室盲板前排凝阀，排净空气。置换完毕后关闭氮气阀，确认燃料气系统所有放空全部关闭。联系监测部门取样分析，确认氧含量不大于 0.5%。

(2) 准备好点火盆，接好消防蒸汽胶管，备好灭火器。

(3) 置换完毕后，联系调度，并通知稳定岗位装置引燃料气，打开辅助燃烧室前排凝阀，确认燃料气引到单向阀前，并关闭排凝阀。

(4) 联系生产监测部分析燃料气氧含量，确认燃料气氧含量不大于 0.5%，确认燃料气压力大于 0.3MPa。点燃辅助燃烧室前燃料气临时点火盆，准备辅助燃烧室的点火升温。

稳定状态：反应气密试验合格，机组备用风机运转正常，热工除氧器上水，烟气脱硫水循环正常。

(三) 反应再生点火升温

1. 点火前的准备

(1) 确认主风调节挡板、辅助燃烧室看窗、电点火器、火焰检测器、温度指示好用。

(2) 确认工业风引至辅助燃烧室前并脱水。

(3) 联系生产监测部分析辅助燃烧室炉膛气可燃气体含量。

(4) 确认辅助燃烧室炉膛气可燃气含量小于 0.2%（体积分数）。

2. 150℃ 恒温结束，辅助燃烧室点火

(1) 用主风吹扫炉膛后，逐渐将主风切出再生器，关闭出口电动阀。

(2) 主风二次风挡板全开（一次风最小，旁路蝶阀关死）。

(3) 调整好工业风与燃料气配比，按规程辅助燃烧室点火。

(4) 控制辅助燃烧室出口温度不高于 700℃，炉膛温度不高于 950℃，主风分布管下温度不高于 650℃。

(5) 小火嘴点燃后，缓慢开启风机出口电动阀，保证火焰燃烧正常。

注意：若10s内小火嘴没有点着，则关闭瓦斯阀，开大主风吹扫10min后，用便携式四合一检测仪检测炉膛气合格后方可再次点火；随着瓦斯量与主风量增加，辅助燃烧室出现异常振动时，应及时关小二次风挡板并开大一次风，调整要缓慢。

3. 按升温曲线升温

(1) 为保证衬里质量，按升温曲线均匀升温，控制好升温速度。

(2) 根据反应再生系统升温点来调整提升管底部放空、沉降器顶放空、油气大管线放空、外取热器上下放空，确认反应再生系统升温至250℃。

(3) 根据实际数据绘制升温曲线。

(4) 升温期间注意加强对两器及三旋系统热膨胀情况的检查。

(5) 升温过程中要调节待生、再生、再生外循环、待生循环、外取热器滑阀，使各个部位的温度均匀上升。

4. 250℃投用松动蒸汽、内取热引蒸汽保护、热紧

(1) 由150℃向250℃升温速度不大于15℃/h。

(2) 根据实际数据绘制升温曲线。

(3) 确认反应再生系统升温至250℃。

(4) 投用反应再生系统松动蒸汽、提升管各喷嘴雾化蒸汽、汽提段底部流化蒸汽再生器燃烧油雾化蒸汽各滑阀吹扫蒸汽。

(5) 投用内取热蒸汽。

(6) 联系维护单位进行热紧。

(7) 升温期间注意加强对两器及三旋系统热膨胀情况的检查。

5. 升温至315℃

(1) 由250℃向315℃升温速度不大于15℃/h。

(2) 反应再生系统315℃恒温时间达到要求。

(3) 按实际数据绘制升温曲线。

(4) 确认反应再生系统升温至315℃。

(5) 温度达到315℃时，检查反应系统所有器壁密封点。

(6) 确认反应再生系统315℃恒温24h。

6. 升温至540℃，540℃热紧

(1) 由315℃向540℃升温速度不大于20℃/h。

(2) 反应再生系统540℃恒温时间达到要求。

(3) 按实际数据绘制升温曲线。

(4) 确认反应再生系统升温至540℃。

(5) 联系保运单位进行第二次热紧。

(6) 确认反应再生系统540℃恒温12h。

7. 注意事项

1) 反应再生系统向150℃升温的调整手段

(1) 放空阀、双动滑阀开度保持不变，适当调主风量。

(2) 调节主风各路分支流量，保证再生器温度均匀上升。

(3) 适当调节再生、待生滑阀，保证沉降器升温均匀。

2) 反应再生系统向315℃升温的调整手段

(1) 首先将小火嘴换成大火嘴升温。

(2) 调节瓦斯量及主风一次、二次风挡板开度。

(3) 调节提升管底放空、沉降器顶放空、油气大管线放空、外取热器放空。

3) 反应再生系统向540℃升温的调整手段

(1) 调节瓦斯量，主风一次、二次风挡板，旁路蝶阀。

(2) 联系机组调节主风量。

(3) 提再生压力。

稳定状态：反应升温至540℃恒温，备用风机运转正常，热工外取热汽包引蒸汽、上水，烟气脱硫水循环及排液系统运行正常。

（四）赶空气、拆大盲板、切汽封

1. 赶空气，拆盲板

(1) 540℃恒温结束，降低再生器压力，降低主风量，控制好辅助燃烧室炉膛温度。

(2) 打开沉降器顶部和大油气管线放空阀，沉降器撤压。

(3) 控制沉降器压力略高于再生压力。

(4) 依次打开汽提蒸汽、预提升蒸汽、原料油雾化蒸汽、终止剂雾化蒸汽、预提升蒸汽、防焦蒸汽、提升管底排凝阀赶空气，确认沉降器顶、油气大管线放空吹扫2h以上，沉降器顶大量见汽30min后，关小以上各路蒸汽（含沉降器侧松动蒸汽），保持微正压。

(5) 打开油气大管线盲板前排凝，通过油气大管线盲板前放空、排凝检查油气大管线蒸汽量，以不冒或少冒蒸汽为宜，如果冒汽较多，可适当减汽，开大放空。

(6) 确认反应再生系统、分馏系统达到拆油气大管线盲板要求，拆油气大管线盲板。关闭油气大管线盲板前排凝阀，联系维护单位给油气大管线盲板前排凝放空加盲板。

2. 切汽封

(1) 油气大管线盲板拆除完毕，调整两器压力，控制沉降器压力略高于再生压力（5~10kPa），略低于分馏塔压力，逐步开大提升管及汽提段各路蒸汽（分馏先开大蒸汽）。

(2) 沉降器顶大量见汽30min后，逐步关闭沉降器顶放空，调整各路蒸汽量，反应分馏连通并建立汽封（要求并配合分馏塔压力调整，控制沉降器压力略高于再生器压力5~10kPa）。

(3) 投用沉降器顶及油气大管线放空反吹蒸汽。

(4) 缓慢关闭分馏塔顶放空，油气大管线放空。打开塔顶蝶阀，引蒸汽走正常油气流程。

(5) 逐渐提高两器压力、提高主风量、辅助燃烧室瓦斯量、再生器密相温度，控制好辅助燃烧室炉膛温度与主风分布管下部温度不超温，用分馏塔顶蝶阀控制反应压力，保持反应压力大于再生压力（5~10kPa），两器压力平稳，现场观察辅助燃烧室炉火燃烧情况及炉温变化，联系维护单位给沉降器顶放空、油气大管线放空加盲板。

(6) 组织气压机开机。

3. 投用增压风

确认增压风流程正确并投用外取热器大/小流化风。

4. 做装剂准备

确认新鲜催化剂装至冷催化剂罐备用，平衡催化剂装至平衡剂催化剂罐备用，确认助燃剂已准备好。

5. 贯通大型加卸料线

(1) 关闭各催化剂罐顶放空，打开催化剂罐充压风，确认各催化剂罐顶压力控制为 0.45MPa 左右。

(2) 投用各催化剂罐底部锥体松动风，改好催化剂罐至再生器的加剂流程。

(3) 投用各催化剂罐加剂线输送风，打开催化剂罐底的下料阀，打开再生器器壁加料阀并确认装剂条件。

稳定状态：油气大盲板已拆除，赶空气结束，具备装剂条件。

（五）装剂、流化升温

1. 关闭反应再生放空，确认装剂条件

(1) 关闭再生、待生、再生外循环、待生循环、外取热器滑阀。

(2) 关闭除提升管底部放空外反应再生部分所有排凝放空。

(3) 投用外取热器增压风，投用主风至各斜管输送风。

2. 启用大型加料线，再生器装剂

(1) 开始装催化剂。装催化剂初时速度要快，以尽快封住旋风分离器料腿，减少催化剂跑损。

(2) 当再生器内催化剂床层高于再生器燃烧油喷嘴约 2m 时方可放慢加剂速度装催化剂。根据再生器床层温度调整辅助燃烧室温度，不使再生器温度下降过快，当再生器床层温度高于 380℃ 时即可开燃烧油喷嘴。

3. 喷燃烧油，辅助燃烧室熄火

(1) 确认燃烧油流程畅，引燃烧油至器壁前并脱水，当再生器床温大于 400℃，联系外操喷燃烧油。

(2) 烧焦罐温度明显上升，则说明燃烧油已点燃。继续向再生器装催化剂，用再生器燃烧油控制再生温度。辅助燃烧室可酌情逐渐降温，然后熄火。

(3) 再生器装催化剂量达到开工要求后，停装催化剂。及时降低燃烧油量，防止再生器超温，稍开外取热器滑阀，控制床温在 600~650℃ 为宜。

注意：再生器装剂过程中，密切监视再生器藏量变化，以防由于仪表问题而使再生器装剂量超高引起催化剂大量跑损。

4. 向沉降器转剂，两器流化

(1) 在向沉降器转催化剂前，反应压力高于再生压力，提升管和汽提段底部以及待生滑阀前排空见蒸汽。转催化剂时，关闭反应系统所有排汽点。

（2）缓慢打开再生滑阀，向沉降器转催化剂。汽提段催化剂料位达到一定时稍开待生滑阀。反应系统催化剂藏量达到开工要求后，待生滑阀投自控，合理调整两器差压，使两器正常流化，酌情适当打开外取热器催化剂出（入）口滑阀，投用外取热器。

（3）在向沉降器转催化剂和两器流化当中，要随时分析油浆固体含量。如果油浆固体含量持续超高，应暂停转剂或流化，等故障排除后再重新向沉降器转催化剂。

5. 改原料流程，做喷油准备

改好原料、终止剂流程。喷油前向再生器加入助燃剂。

稳定状态：两器流化正常，具备喷油条件；增压机正常运转，气压机低速运转，主机具备启动条件；烟气脱硫单元投用正常。

（六）反应喷油、气压机升速，全面调整操作

1. 提升管喷急冷油

联系分馏部分，提升管准备喷急冷油。确认反应参数正常，缓慢打开急冷油控制阀，同时注意二反藏量、沉降器藏量变化，及时调节反应温度和压力正常，调节急冷油量保证二反流化正常。

注意：喷油后，用分馏塔顶蝶阀及分馏塔顶油气—热水换热器入口阀开度、气压机转速及反喘振量控制稳反应压力，反应压力超高调节无效，用气压机入口放火炬阀控制反应压力。

2. 提升管喷原料油

（1）确认反应温度、压力正常，控制原料集合管压力 0.5~1.0MPa。

（2）对开原料喷嘴 2 扣，根据操作依次打开其他原料喷嘴，并逐步关小事故旁通副线阀直至全关，保证集合管压力 0.5~1.0MPa。

（3）关闭原料预热线阀门，并扫线。

（4）联系外操逐渐全开分馏塔顶板换入口阀门，调节分馏塔顶蝶阀控制反应压力。

（5）联系机组气压机提速，注意观察气压机入口压力变化。

（6）随着进料量增加，关小原料雾化蒸汽量至正常。

（7）联系检维修提升管底部放空加盲板。

3. 调整操作

（1）根据再生温度情况，投用外取热器滑阀。

（2）调节取热量，减小燃烧油量至全关，并扫线加盲板。

（3）反应进料后用分馏塔顶蝶阀及分馏塔顶油气—热水换热器入口阀控制反应压力。

（4）在机组提速时，调整分馏塔顶蝶阀及反喘振流量，控制气压机入口压力不过低，防止气压机喘振。

（5）当气压机转速达到运行转速后，气压机转速改至反应控制，并减小反喘振量至正常。

（6）分馏塔顶蝶阀全开后联系外操人员确认并锁位。

（7）喷原料油操作正常后，按规定投用各个联锁。

4. 投用钝化剂及小型加料

改通钝化剂流程；投用钝化剂；改好小型加剂流程，投用小型加料。

5. 投用预提升干气

改好预提升干气流程；稳定系统操作平稳后，投用预提升干气；开工正常后，投用装置自保。

6. 投用烟机

联系机组按操作规程投用烟机，确认烟机运行正常。

7. 备机与主机切换

（1）按规程开主风机，确认主风机运行正常。
（2）主风机与备机切换，切换完毕，调整好主风量与增压风量。
（3）确认反应再生岗位操作正常，自保投用正常。

稳定状态：全面调整操作，各个工艺参数符合工艺卡片要求，装置按生产计划进行生产。

项目二　反应再生系统停工操作

一、催化裂化装置停工注意事项及停工条件

（一）催化裂化装置停工注意事项

停工过程中严格按照停工方案执行，并对有关人员进行培训。做好对外联系，减少对相关装置影响。停工期间严格执行安全、环保规定，确保安全、清洁停工。停工降量时要缓慢均匀，并控制好两器压力，严防催化剂倒流、油气倒窜，并少出不合格产品；要做到不窜油、不超温、不超压、不损坏设备不跑损催化剂、不堵塞管线、不随意排放、不着火、不爆炸。同时要根据各汽包液面，调整补水量，严防汽包干锅。

（二）催化裂化装置停工确认条件

（1）停工切断进料检查下列管线是否畅通：催化剂大型卸料线、辅助燃烧室底部卸料线、紧急放空线、放火炬线、不合格汽油线、轻、重污油线。
（2）联系调度及有关单位做好停工的配合工作。
（3）停工前应保证催化剂腾罐，放空打开。
（4）检查特殊阀门，使其处于完好状态：大小放火炬阀，单、双动滑阀，分馏塔顶蝶阀，余热锅炉旁路大蝶阀。
（5）联系有关单位做好停工盲板拆装准备工作。
（6）联系热工系统，保证停工过程中蒸汽管网的平稳运行以及停工后装置用汽的正常供给。

二、反应再生停工操作

（一）停工准备

1. 确认催化剂罐空，贯通卸料线

停工前24h，确认平衡催化剂罐、废催化剂空罐，卸料线畅通。

2. 钝化剂水洗后停注

（1）钝化剂罐液位抽至低液位后补新鲜水，对管线及钝化剂罐冲洗置换。

（2）钝化剂罐液位抽至低液位时，停注钝化剂注入泵，关闭钝化剂注入原料线根部阀。

3. 停止小型加料

停工前8h，停止自动加料。关闭小型加料线上的阀门，防止催化剂倒流，堵塞管线。

4. 确认特殊阀门

（1）确认大小放火炬阀、分馏塔顶开工蝶阀及再生、待生、再生外循环、待生循环、双动滑阀和外取热器滑阀好用。

（2）联系仪表维护人员，装置准备停工，根据停工进度逐步停用必要的相应仪表。

稳定状态：反应做好停工准备。

（二）降温、降量、降压、降液位

1. 停注预提升干气，改蒸汽预提升

（1）联系稳定，停干气至提升管。

（2）打开预提升蒸汽流量调节阀，同时关闭预提升干气调节阀，预提蒸汽控制约为9t/h。

2. 降处理量

（1）反应降量缓慢均匀，防止提升管超温，按20~25t/h降处理量，同时关小回炼油回炼量，开大原料雾化蒸汽量，保证提升管线速，防止提升管流化失常。

（2）根据烧焦罐温度，适当降低外取热负荷，维持两器热平衡。

（3）降低主风量，控制氧含量不小于2%。

（4）降量过程保证烟脱环保指标达标排放。

3. 降量、降压，切换至备机，两器藏量卸至低料位

（1）原料逐渐降至160~180t/h，视温度变化情况改手动控制再生滑阀调节反应温度，继续增加原料雾化蒸汽。

（2）用双动滑阀、烟机入口蝶阀、主风流量控制再生压力并适当降低再生压力。

（3）调节气压机转速、反喘振量，降低沉降器压力，控制两器差压正常。

（4）确认备用风机运转正常，将主风机切至备用风机。

（5）按规程停烟机、主风机。

（6）逐渐关闭烟机入口蝶阀，烟机切出，用双动滑阀控制再生压力，热工岗位注意

余热锅炉过热蒸汽温度的变化与控制。

(7) 适当调整外取热取热量、再生剂外循环量，维持再生温度、烧焦罐温度正常。

(8) 两器卸剂至藏量控制指标下限。

稳定状态：各项准备工作结束，反应降量，切换备用主风机运行，余热锅炉停炉、主风机切出系统停运，烟气脱硫单元正常运行。

（三）反应切断进料

(1) 根据停工进度依次切除切断进料联锁自保。

(2) 确认原料量降至 160~180t/h，两器差压 20~45kPa。

(3) 切断进料后，引蒸汽至原料循环预热线扫线蒸汽阀前脱水。

(4) 打开原料事故旁通副线阀，使原料进入分馏塔，通知分馏岗位控制好原料油液位。

(5) 切断进料后，用气压机入口放火炬阀控制反应压力。若放火炬调节反应压力无效时，主要由分馏塔顶入口蝶阀、手阀控制压力，此时两器差压维持-10kPa 左右。

(6) 提高原料雾化蒸汽、预提升蒸汽，维持两器循环流化，关小外取热器滑阀，防止再生温度下降过快。

(7) 关闭环预热线扫线蒸汽排凝阀，打开各原料喷嘴吹扫蒸汽阀门，喷嘴内原料扫线至提升管。

(8) 吹扫完毕，关闭各原料喷嘴吹扫蒸汽阀门，关闭原料喷嘴一、二道器壁阀。

稳定状态：反应切断进料，气压机停运，反应压力用放火炬控制，准备转卸催化剂。

（四）反应再生卸剂

(1) 确认"主风低流量联锁""切断两器联锁"切除。卸剂时，要加强检查，防止管线堵塞，磨穿及异常情况。

(2) 卸料温度不高于 450℃。

(3) 卸剂时控制好两器压力，确保沉降器压力较再生器压力高 10~20kPa，防止空气窜入沉降器、进入分馏塔顶油气分离器引起硫化亚铁自燃，如发现这种情况应大量给汽。

(4) 切断进料后，要尽快将沉降器内催化剂转入再生系统，并切断两器；当沉降器温度小于 250℃，关闭再生、待生斜管各松动蒸汽。

(5) 两器无可见藏量时，定时活动再生滑阀和待生滑阀，尽量卸净再生滑阀前残剂。

(6) 两器催化剂卸完，停增压机，主风继续吹扫再生器，沉降器进行蒸汽吹扫。

稳定状态：两器催化剂卸完，停增压机，主风继续吹扫再生器，沉降器进行蒸汽吹扫。

（五）装油气大盲板，停备用主风机

(1) 系统内催化剂卸净后，手摇关闭再生和待生滑阀，挂上禁动标志。

(2) 反应沉降器吹扫一定时间后，打开沉降器顶放空阀，沉降器集气室顶放空阀大量见蒸汽后，除稍开提升管预提升蒸汽外，关闭其他所有进入反应沉降器的蒸汽。

(3) 具备条件时，联系检修单位加油气大管线盲板。

(4) 油气大管线盲板加好后，反应沉降器分别给上雾化蒸气和汽提蒸气，打开油气线大盲板前放空阀，控制反应压力略高于再生压力。

（5）卸净催化剂后，适当降低再生压力。

（6）联系机组停增压机。

（7）当再生器温度低于250℃时，停再生斜管、烟道的所有蒸汽。再生温度低于150℃时，停外取热器系统（将系统存水排净）。

（8）反应沉降器给蒸汽吹扫24h后，停止蒸汽吹扫，自然降温。注意观察反应器和油气管线上各点温度，防止焦炭燃烧。根据装置情况，备用主风机正常停机。

注意事项：

（1）反应再生系统停汽必须先关闭蒸汽器壁手阀，防止堵塞喷嘴或环管。

（2）装油气大管线盲板时，防止空气窜入分馏塔引起着火，万一发生，给大蒸汽。

稳定状态：油气管线大盲板已装结束，备机停运，热工、烟气脱硫停运。

（六）检修条件确认，交付检修

（1）关闭两器系统所有蒸汽阀门（保留消防蒸汽），打开排凝阀，停用松动风。

（2）配合加反应再生系统盲板，包括干气至提升管加盲板、进料喷嘴加盲板、终止剂喷嘴加盲板、燃烧油管线加盲板、燃料气进辅助燃烧室加盲板。

（3）联系生产监测部进行反应器、再生器内气体检测分析。

（4）反应器、再生器通风冷却后，交付检修。

稳定状态：油气大管线盲板加完，反应再生系统人孔打开自然通风冷却，爆炸性分析合格，交付检修单位。

模块七　反应再生系统异常工况处理

反应再生系统事故处理原则：

(1) 在任何情况下，反应再生系统的催化剂藏量不得相互压空。特殊情况，如反应系统供汽中断，为避免提升管喷塞和沉降器汽提段催化剂死床，要及时将反应部分的催化剂转到再生器，在保持单器流化的同时，控制反应压力高于再生压力，严禁热风窜入反应器。

(2) 反应再生系统内有催化剂时，必须通入流化介质和松动介质，以防塌方或死床。

(3) 一旦主风中断，必须立即切断进料，停喷燃烧油。再生器床温低于450℃，主风仍未恢复，立即组织卸剂。

(4) 在进料情况下，提升管出口温度不能低于460℃。若一时无法提起，应切断进料。

(5) 当停主风机、切断进料后，两器温度不能低于400℃。若低于此温度，应卸催化剂。

(6) 在反应再生系统有催化剂循环时，必须保持油浆循环。若油浆循环长期中断，应改为再生器单容器流化或根据情况卸出催化剂。

(7) 反应再生系统发生严重超温、火灾、高温催化剂大量泄漏事故均应酌情切断进料，迅速降温降压。

(8) 反应再生系统即使切断进料、主风机停运，但系统内仍存有催化剂时，必须保持反吹风和松动风（汽）不中断，床温低于250℃时，停止各点吹汽，防止催化剂和泥。

项目一　反应系统异常工况处理

一、原料油带水

原料油带水是催化裂化装置操作中常见的事故，若处理不及时，轻者装置切断进料，严重时会造成重大的生产事故，因此，必须加强原料分析，必要时增加分析频次，减少原料带水给装置带来的操作波动。

（一）现象

(1) 原料预热温度下降，原料进料流量指示剧烈波动。

(2) 原料泵出口压力波动，原料集合管压力上升。

(3) 严重时，原料换热器憋压、原料油泵抽空。
(4) 提升管温度下降，沉降器压力大升。
(5) 两器差压波动，滑阀压降波动，提升管压降大升。
(6) 汽提段料位下降，再生器藏量上升。
(7) 总进料上升，富气量下降。

（二）原因

(1) 原料罐脱水不及时。
(2) 泵入口扫线蒸汽阀漏量。

（三）处理

(1) 反应系统降低进料量，保持提升管出口温度不能过低。
(2) 提高原料预热温度。
(3) 压力太高时适当开气压机入口放火炬，但要防止气压机喘振。
(4) 查明带水原料来源，若为罐区来料导致，要求罐区脱水切罐或中断罐区付料。
(5) 控制好再生压力、温度，防止二次燃烧、炭堆积。
(6) 原料带水严重，操作无法维持时，切断提升管进料。

（四）注意事项

(1) 当反应新鲜进料严重带水时，应加强原料分析频次，每小时分析 1 次原料含水量，以及原料密度。
(2) 处理时，要迅速及时，防止发生次生事故。
(3) 若无法维持生产，应酌情切断提升管进料。

二、原料中断

（一）现象

(1) 原料流量表指示回零，进料量低报警。
(2) 反应压力快速下降，反应温度快速上升。

（二）原因

(1) 原料严重带水气阻。
(2) 原料罐抽空。
(3) 原料泵故障。
(4) 仪表故障，或进料自保动作。

（三）处理

(1) 原料中断，进料自保启动。
(2) 通知机组岗位，进行气压机降速工作。
(3) 主控室操作人员手动关闭所有提升管进料调节阀门。
(4) 开大提升管原料雾化蒸汽、预提升蒸汽等，保证提升管的提升能力，同时关闭提升管注干气调节阀。

(5) 调整双动滑阀和分馏塔顶蝶阀，保证两器压力平衡。

(6) 相应关小再生、待生滑阀，尽可能保证催化剂的两器流化，用急冷介质控制提升管出口温度不超高。

(7) 在气压进入暖机转速后，关闭反喘振调节阀，防止蒸汽倒窜入气压机。

(8) 改油浆紧急外甩。

(9) 现场操作人员应详细检查自保动作情况，如自保没有按规定动作应就地手动投用。

(10) 一般情况下，调节阀会有漏量，现场操作人员应先关闭低处的原料、油浆、回炼油总阀，再关闭提升管喷嘴器壁阀。

(11) 联系调度，相应关小装置外来原料油量，维持原料罐液位不超高，给分馏改油浆紧急外甩线和建立原料开路循环提供时间。

(12) 将燃烧油由循环状态改至备用状态。

（四）注意事项

(1) 反应温度过高，可提高回炼油、回炼油浆，降低反应温度，必要时关小再生滑阀。

(2) 两器压差过大，易造成催化剂倒流。立即打开双动滑阀，控制好两器压差。一旦发现压力控制不住、催化剂出现单方向流动的危险时，立即启动两器压差低限自保，关闭待生、再生滑阀。

(3) 自保动作后，操作人员应立即就地检查各自保阀动作是否正确，发现错误立即纠正。

(4) 自保启用后，应立即改为就地控制，再将自保开关复位。

(5) 恢复生产时，应逐步关小或开大有关阀门。恢复正常后，再全面检查一下，确认各自保是否恢复到自动位置。

三、原料油泵抽空

原料油泵是催化裂化装置的重要设备，在催化裂化生产中具有举足轻重的作用。如果原料油泵抽空或故障停运，会引起反应大幅度波动。严重时，空气倒窜入反应器，发生爆炸事故，所以处理过程要迅速、果断，严防次生事故的发生。

（一）现象

(1) 原料油泵抽空后，机泵出口压力下降，电流下降，声音异常。

(2) 提升管出口温度上升。

(3) 沉降器压力下降。

(4) 两器压差超限。

(5) 原料流量下降，直至回零。

(6) 总进料流量下降。

(7) 原料集合管压力下降。

（二）原因

(1) 原料油罐液面低。
(2) 原料油调节阀失灵。
(3) 原料油泵在使用变频泵时，变频输出低。
(4) 原料油温度低，黏度大。
(5) 原料油带水。
(6) 原料油泵本身故障。

（三）处理

(1) 首先应提高其他原料进料量，如提高回炼油（浆）量，开大原料雾化蒸汽、预提升蒸汽、预提升干气，关小再生滑阀、待生滑阀，尽可能保证提升管不堵塞。
(2) 开大反喘振调节阀控制好两器压差，保证提升管出口温度和沉降器压力，维持操作。
(3) 关小原料油进料调节阀，同时立即启动备用泵，直至恢复提升管正常进料量。
(4) 提升管出口温度高时，可用终止剂控制提升管出口温度不超高。
(5) 如气压机入口压力低无法操作，可视情况停气压机，同时调整双动滑阀和分馏塔顶蝶阀，保证沉降器和再生器压力平衡。
(6) 切换机泵后，逐步降低其他进料及回炼油（浆）量，逐步提高原料量。操作平稳后，反应器处理量达到规定要求，进料流量改由调节阀或变频机泵电流自动控制。
(7) 若提升管内催化剂无法维持流化或长时间原料中断，按紧急停工处理。

（四）注意事项

(1) 机泵切换时，将原料进料调节阀关小后再缓慢进料，防止引起反应操作大幅度波动。
(2) 控制好提升管出口温度不超温，两器压差不超限。
(3) 在恢复进料时应配合调整主风流量，应避免生焦量突然增加造成的炭堆积和再生器尾燃。

四、反应温度大幅度波动

当反应温度达高限或低限时，应迅速检查再生温度、再生滑阀开度、原料油预热温度、沉降器压力及藏量等参数，同时参考邻近的温度点参数，以判断反应温度是否真实超限。经处理后如反应温度继续降低，应视情况及时启动反应温度自保并带动进料自保启动。自保启动后，迅速检查各自保阀动作情况，并按紧急事故规程进行处理。

（一）原因

(1) 提升管总进料量大幅度变化，原料油泵或回炼油泵抽空、故障。
(2) 急冷油量大幅度波动。
(3) 再生单动滑阀故障，控制失灵。
(4) 两器压力大幅度波动。

(5) 原料预热温度大幅度变化。
(6) 再生温度大幅度波动。
(7) 催化剂循环量大幅度变化（主风、增压风量变化，送风变化使流化不畅，两器压力突变，系统藏量突变等）。
(8) 原料油带水，造成反应温度急剧下降。
(9) 仪表热偶失灵。

（二）处理

迅速查清反应温度波动的原因，采取调整措施：

(1) 提升管进料量波动，查找原因。仪表控制失灵时改手动或副线手阀控制；若机泵故障，迅速切泵，以稳定其流量。
(2) 平稳急冷油量。
(3) 滑阀故障时迅速改手摇控制，联系仪表工、钳工紧急处理。
(4) 平稳控制两器差压。
(5) 平稳原料预热介质流量和温度，调整预热冷热路，平稳控制原料预热温度。
(6) 通过调整再生器烧焦效果、外取热器取热量等方法控制好再生器床层温度。
(7) 如再生斜管流化不好，应相应调节再生斜管松动点流化风，保证催化剂的循环稳定。
(8) 控制平稳沉降器及再生器压力，调整各路输送风、增压风量，稳定催化剂循环量。
(9) 原料油带水按原料油带水的事故处理（包括降低进料量、联系罐区切水或换罐、提高原料预热温度等）。
(10) 仪表失灵可通过提升管内温度、粗旋出口温度、沉降器出口温度等判断，发现失灵要立刻改手动，联系处理。
(11) 若反应温度过高，可增大反应终止剂用量；提升管温度过低可开大再生滑阀和降低处理量。如果温度持续下降，应立即切断进料。

（三）注意事项

若提升管出口温度过低（重油催化低于480℃，蜡油催化低于450℃），无法提起时，应紧急切断进料，启用反应温度低限自保。

五、反应压力大幅度波动

（一）原因

(1) 反应温度大幅度变化。
(2) 原料带水或进料量大幅度波动。
(3) 急冷介质启用过猛，沉降器压力突然升高。
(4) 蒸汽带水或汽提蒸汽量、压力大幅度波动。
(5) 装置内低压蒸汽压力及流量变化大。

(6) 气压机入口压力变化大（反喘振调节阀失灵、气压机故障等）。

(7) 分馏塔底液面或粗汽油罐液面过高，引起反应压力上升。

(8) 分馏塔回炼污油量过大或冷回流量过大，反应压力升高。

(9) 分馏塔冷凝冷却系统效果差，冷后温度高，反应压力上升。

(10) 分馏塔各段回流取热分配不均，造成局部负荷过大或液泛现象，分馏塔压降增大造成反应压力升高。

(11) 仪表失灵。

（二）处理

迅速查明原因，采用相应处理措施：

(1) 对于原料带水反应温度、进料量波动，及时调整操作，加强系统间的联系。

(2) 调节急冷介质动作要缓慢，启用时，密切监视并控制好沉降器压力。

(3) 做好蒸汽的设备前脱水，控制平稳汽提蒸汽、雾化蒸汽、预提升蒸汽流量。

(4) 平稳装置内低压蒸汽压力及流量。

(5) 反喘振调节阀失灵时，改手动或副线手阀控制。放火炬系统应定期试验，确保畅通。

(6) 气压机因故障停车时，打开气压机入口放火炬维持反应压力，同时反应岗位降量操作或停工处理。

(7) 分馏塔底液位过高造成反应系统憋压时，应投用紧急排油浆，降低分馏塔底液位。粗汽油罐液面过高应迅速查找原因并及时处理，必要时可启两台泵送粗汽油。

(8) 分馏打冷回流或回炼污油时要做好岗位间的联系。

(9) 调整分馏塔顶冷凝冷却器负荷。检查冷凝冷却系统，发现故障及时处理保证冷后温度不超标。

(10) 优化分馏塔各段回流取热分配，保证全塔热平衡。

(11) 仪表失灵，及时联系仪表处理。

（三）注意事项

处理过程中，密切注意两器压差变化情况。注意汽提段和再生器的藏量，当任何一方有压空危险时可启用气压机入口放火炬等手段。仍无法维持时，投两器自保并关闭待生、再生滑阀切断催化剂循环，防止油气互窜。

六、提升管噎塞

气固悬浮物在管道中垂直向上流动时，管道中密度太大，气流已不足以支持固体颗粒，出现腾涌的最大气体速度为噎塞速度。噎塞速度的数值主要决定于催化剂的筛分组成、颗粒密度等物性。此外，管内固体质量速度或管径越大，噎塞速度也越高。

（一）现象

(1) 反应温度急剧下降，沉降器压力下降。

(2) 汽提段藏量下降。

(3) 再生器藏量上升。

(4) 待生滑阀关小，再生滑阀开大。

(5) 提升管差压、密度大幅度波动。

（二）原因

(1) 提升管气体线速过低，形成噎塞。

(2) 催化剂循环量过大。

(3) 预提升干气、蒸汽中断。

（三）处理

(1) 检查提升管预提升干气、预提升蒸汽是否正常，如果调节阀故障关，可用副线阀调节。

(2) 如果催化剂循环量过大，可适当降低反应温度或提高再生温度，以关小再生滑阀，降低催化剂循环量。

（四）注意事项

(1) 提升管发生噎塞时，要及时发现，及时处理，防止反应温度过低发生联锁。

(2) 控制好提升介质流量，并加强预提升蒸汽脱水。

七、提升管终止流化

提升管流化反应器是采用稀相输送原理，在垂直管道中，用油气及水蒸气将催化剂输送上去，在输送过程中完成目标反应。在提升管流化的过程中，催化剂和油气接近同向流动，在理想的提升管中，二者是同速同向流动的，不会出现催化剂的返混。在实际中，催化剂和油气之间的接触，在沿着提升管的不同高度发生着复杂的变化。

（一）现象

(1) 提升管密度下降。

(2) 再生滑阀压降迅速变小、提升管压降迅速变小。

(3) 提升管温度直线下降。

(4) 待生汽提段料位下降。

（二）原因

(1) 进料量过小，提升能力差。

(2) 再生器密度大，使再生器内催化剂流化不起来，此时待生汽提段催化剂料位下降。

(3) 预提升蒸汽，原料雾化蒸汽堵塞。

(4) 再生滑阀失灵。

（三）处理

(1) 开大预提升蒸汽和雾化蒸汽。

(2) 适当提主风量，调节再生线路上的松动蒸汽量。

(3) 如滑阀失灵，则改手动或手轮操作，并联系仪表工或钳工处理。

(4) 上述调节无效时，立即切断进料。如果蒸汽压力变小或阻塞，也应立即切断进料，以防提升管结焦。待蒸汽恢复正常后，重新组织进料。

（四）注意事项

提升管长时间终止流化，应立即联系生产调度，装置降量维持生产，严重时切断进料。

八、催化剂倒流

在催化裂化装置正常生产操作中，是通过对两器差压的严格控制来维持两器的压力平衡，从而保证催化剂的正常循环。若两器差压超限，则催化剂会向沉降器或再生器集中，即催化剂倒流。

（一）现象

(1) 两器藏量发生大幅度波动。

(2) 再生、待生滑阀之一的压降回零。

(3) 如催化剂向再生器集中，再生系统温度急剧升高，再生器出口氧含量降低归零。

(4) 如催化剂向沉降器集中，则有可能发生爆炸。

（二）原因

(1) 两器压力大幅度波动，压差超过极限值。

(2) 主风机突然停车或反应进料量突然增大。

(3) 两器系统各部藏量、密度急剧变化。

(4) 松动风（汽）、预提升蒸汽、流化蒸汽压力突然大幅度下降。

(5) 仪表失灵。

（三）处理

(1) 一旦发现催化剂倒流，立即切断两器（两单动滑阀采用超驰控制，滑阀压降低时会自动关闭，但也应到现场检查，如滑阀动作不到位，就地改手动关闭）。投进料低流量自保，关闭进料喷嘴手阀。

(2) 如双动滑阀突然全关，应立即降低主风量以降低再生器压力，同时可相应提高反应压力，维持两器差压不超限。迅速将双动滑阀改手动摇回原位，并联系仪表工处理。

(3) 如双动滑阀突然全开，应立即降低进料量，必要时可开气压机入口放火炬，维持两器差压不超限。迅速将双动滑阀改手动摇回原位，并联系仪表工处理。

(4) 气压机突然停机，应立即打开气压机放火炬蝶阀，并适当降低进料量。放火炬不畅通，立即投进料低流量自保，关闭进料喷嘴手阀。

(5) 主风机突然停机，应立即投用主风低流量自保，切断两器，关闭进料喷嘴手阀。

（四）注意事项

调整过程中两器不能压空，以免发生互窜而引起爆炸。

九、催化剂跑损

(一) 分析

1. 两器内部构件对催化剂跑损的影响

(1) 再生器分布器（分布板或分布管）。要求分布器能把进入床层的空气沿床截面分配均匀，不致发生涡流、沟流和偏流等。力求密相密度大，稀相密度小，以利于减少催化剂损耗。

(2) 稀相沉降高度。适当增加沉降高度，降低稀相浓度，减轻旋风分离器负荷，对减少催化剂损耗是行之有效的措施。一般有增加稀相段高度和降低料位操作两种。再生器降低料位操作必须在满足催化剂再生的前提下进行。

(3) 料腿、翼阀与床层的配合。旋风分离器回收的催化剂，经由料腿和翼阀返回床层。料腿、翼阀和床层之间的合理配合，对催化剂的回收，有决定性的影响。

(4) 翼阀的制造和安装角度。安装角度一般为 5°~8° 较合理。同时料腿的拉紧固定极为重要。若固定不好，因受热而倾斜，使翼阀角度变化，就无法起到单向阀的作用，将造成催化剂损耗增加。翼阀板的开启方向，一般朝向器壁，便于催化剂流出。

(5) 设备内部结构的焊接及衬里。有些部位的焊缝容易裂开，裂开后，严重影响旋风分离器效率。若裂缝大，催化剂可以从裂缝部位直接跑至烟囱，使催化剂大量跑损。旋风分离器及再生器器壁的耐磨衬里表面必须光滑，否则也会影响旋风分离器效率，增加催化剂破碎量，从而使催化剂消耗增大。

(6) 再生器锥体段。再生器采用分布管后，分布管下的锥体形成一死区，该死区会存大量催化剂，这部位的催化剂在生产中不起任何作用，但是增加了开工装剂时间。由于当时料腿还未封住，因而就大大增加了开工装剂时的催化剂跑损量。有不少装置用珍珠岩保温材料填平死区，顶上铺一层钢板，其距分布管底约 800mm，不仅减少开工催化剂损失，而且停工时，催化剂卸得较干净。

(7) 旋风分离器的回收效率。由于带入旋风分离器的催化剂量很大，对旋风分离器效率的要求很高，一般要求在 99.99% 以上。对于 60×10^4 t/a 的催化裂化装置，其旋风分离器效率如降低万分之一，则每天催化剂的损耗将增加 2t 左右。因此，只有旋风分离器的制造和安装的质量达到设计规范的要求，才能提高回收效率，降低催化剂损耗。如果由于旋风分离器入口线速过高或过低影响回收效率，则应调整线速。

2. 操作变化对催化剂损耗的影响

(1) 操作压力。如果压力操作不稳定或突变，会加大烟气中催化剂夹带量，使催化剂损耗增加。因此，在正常操作中应保持两器差压及再生器压力平衡。

(2) 主风及各项蒸汽。若主风量或水蒸气量加大或发生大幅度变化，则会增加床层线速及旋风分离器入口线速，使催化剂带出量增加。尤其是水蒸气大量带水或喷入事故蒸汽甚至降温水，则不仅增加线速，而且使催化剂严重破碎，增加细粉，使催化剂损失更大。操作中，在保证再生器烧焦最佳条件，使再生剂含碳量最低的前提下，尽量减少主风量及各种蒸汽和松动风量。除非在万不得已的情况下，绝不能喷事故降温水。

(3) 燃烧油及 CO 助燃剂。燃烧油燃烧的烟风比为 1.13，加上燃烧速度快以及燃烧后的高温造成气体膨胀。因此喷入燃烧油后，即使主风量不变，也会造成气量突增，再生器压力剧烈变化。双动滑阀猛开猛闭，造成催化剂大量跑损。另一方面，由于燃烧油是局部方位喷入，故造成整个床层的不均匀性（如雾化不好，更加剧之）。因此，尽量不用燃烧油。若要使用，必须缓慢调节燃烧油量，同时使燃烧油雾化良好。

使用 CO 助燃剂后，可停喷燃烧油。同时，又大大减少二次燃烧的发生，减少了使用各种冷却蒸汽、冷却水的机会，这对降低催化剂损耗具有很好的作用。

(4) 新鲜催化剂的补充。由于新鲜剂中 40μm 以下的细粉占 18%～20%，所以为避免这部分细粉在进入再生器后被气流夹带损失掉，在补充新鲜剂时应控制量要小一些，采用细水长流的补充原则。

若启用大型加料，一方面使催化剂进入再生器后的跑损量增加，另一方面如生焦量增加后不及时调整操作，会导致炭堆的发生，操作发生剧烈变化，催化剂损耗增加。

(5) 原料油性质。若原料油性质变化过于频繁，过于剧烈，则会使整个操作发生变化而不平稳，对降低催化剂损耗极为不利。原料油带水时，操作影响尤其大。

(6) 平稳操作。如果工艺条件和操作不当，造成炭堆或尾燃以及两器压力大幅度变化，破坏了系统平衡，严重时甚至被迫切断进料以及其他类型事故发生，造成装置被迫停工等，都会引起催化剂损耗成倍增加。

(7) 选择适宜的床层线速和催化剂藏量，以减少旋风分离器入口浓度。

3. 催化剂质量指标对催化剂损耗的影响

(1) 粒度组成的影响。颗粒越小，越易流化，表面积越大，但气体夹带损耗量也加大。新鲜催化剂中小于 40μm 的细粉含量在 15%～20% 时，流化和再生性能好，气体夹带损失也不大。细粉过多，会大大增加损失。粗粒过多，流化性能差，且本身破碎和对设备磨损加大。

(2) 颗粒密度的影响。颗粒密度越低，催化剂带出量越大。新鲜催化剂颗粒密度约为 800～900kg/m³，平衡催化剂颗粒密度为 1100～1300kg/m³。新开工的装置加入平衡剂比加入新鲜剂的损耗量少，其原因就在此。

(3) 催化剂湿度的影响。湿度大，催化剂加入系统易热崩溃碎裂，增大其损耗量。因此，不仅要求制造催化剂过程中含水分不能大，而且在储备运输过程中，不能受潮而使湿度增加。

(4) 催化剂圆度的影响。由于喷雾干燥成型时圆度较差，在显微放大镜下观察时，呈棱角较多，或大颗粒外粘有小颗粒较多，这样磨损指数较大，使用时损耗就大。

4. 装置开停工装卸催化剂对催化剂损耗的影响

(1) 开工装催化剂时，在一级料腿被催化剂封住以前，加入的催化剂大多数是由一级料腿倒窜跑损掉。此时，应启用大型加料，速度尽量要快，降低稀相线速，降低旋风分离器入口浓度，主风量应适度降低，缩短加催化剂、封住料腿的时间。

(2) 两器流化升温时，主风量不宜过大，时间不宜太长。在达到喷油条件的前提下，及早喷油。这样，既能减少流化期间的催化剂跑损，又能减少油浆外排的催化剂损失。

(3) 此外，开工期间封料腿前装的催化剂，最好使用平衡催化剂，避免因催化剂细粉多、含水多相对密度小而增加损耗。

（4）停工卸催化剂时，压力、温度按规定控制好，风量要降低，按顺序转剂卸料。在保证不超温的前提下加快卸料速度。

（二）处理

（1）正常操作中保持两器压差及再生器压力平衡，避免压力大幅波动。

（2）避免主风量或各种蒸汽注汽量的增加或大幅度波动，尤其蒸汽大量带水或大量喷入事故降温水；在保证烧焦质量的前提下，尽量减少主风量及各种蒸汽和松动风量。

（3）合理搭配 CO 助燃剂的使用，减少燃烧油的使用。

（4）采用小型自动加料系统，匀速补充新鲜催化剂。

（5）保证原料性质稳定，避免频繁大幅变化，尤其要避免原料油大量带水的发生。

（6）选择适宜的工艺条件，尤其是床层线速和催化剂藏量，平稳操作。

（7）严格检测监控催化剂粒度组成、颗粒密度、催化剂湿度、圆度等对催化剂跑损有影响的指标。

（8）如确认为内构件故障且无法通过在线操作调整克服，则计划停工或紧急停工处理。

（9）开工装催化剂时，应尽量选用平衡剂；启用大型加料，速度尽量要快，主风量应适度降低，缩短加催化剂和封住料腿的时间。

（10）停工卸催化剂时，控制好压力、温度，尽量降低风量，在保证不超温的前提下加快卸料速度。

（三）注意事项

（1）控制好两器压差，防止大幅度波动。

（2）尽量减少两器用蒸汽量。

十、催化剂"架桥"

反应再生两器内的催化剂能否正常循环，取决于两器压力平衡及催化剂的流化质量。催化剂"架桥"是因催化剂在斜管或再生器、沉降器锥体及在斜管内有气阻，流化不好使催化剂循环量不稳、大幅度减少甚至流化中断的现象。催化剂"架桥"因发生在斜管之内位置不同，故事故现象、原因及处理也不尽相同。

（一）再生斜管催化剂"架桥"

1. 现象

（1）再生滑阀压降突然降低。

（2）提升管下部、出口温度急降。

（3）反应压力降低，提升管出口粗旋压降急降。

（4）再生器藏量、密度上升，沉降器催化剂藏量、密度突然下降。

（5）提升管下部密度、藏量回零。

2. 原因

(1) 再生滑阀开度过小，或突然关闭，或是被前部脱落的衬里堵住。

(2) 两器差压过小或负差压，造成推动力不足。

(3) 再生立管松动风或蒸汽过高或过低，斜管催化剂架桥松动不正常。

(4) 提升管底部的预提升介质中断。

(5) 再生器藏量过低。

3. 处理

应立即切断进料，加大事故蒸汽量，查明循环中断的原因，并进行相应处理。恢复流化时要缓慢，加大汽提蒸汽量，以免引起催化剂带油造成再生器超温或反应压力过高等。

（二）待生斜管催化剂"架桥"

1. 现象

(1) 待生滑阀（塞阀）压降减小。

(2) 反应沉降器汽提段藏量和密度上升，再生器藏量降低。

(3) 待生管（套筒）密度降低，再生床温逐渐下降。

(4) 再生压力、温度下降。

2. 原因

(1) 反应沉降器与再生器负压差过小。

(2) 待生立管内松动介质过大，或汽提段汽提蒸汽、锥体松动蒸汽量过大，产生气阻或松动。

(3) 催化剂发生堆积阻塞。

(4) 待生滑阀（塞阀）开度过小或关闭。

3. 处理

(1) 待生滑阀（塞阀）改手动或手摇开，保持流化。

(2) 降低提升管的进料量，控制好两器温度和压力。

(3) 提高松动风和蒸汽的压力，加强脱水。

(4) 调节待生管（套筒内）介质流量，保证流化正常。

（三）空气提升管、半待生斜管催化剂"架桥"

对于两个再生器串联的装置，空气提升管噎塞或半再生立管噎塞也会造成催化剂中断循环。空气提升管噎塞多因增压机突停或增压风流控阀失灵关闭所致。半再生立管噎塞多因半再生滑阀失灵关闭（或一再催化剂藏量指示失灵造成半再生滑阀自动关闭）或立管失流化所致。发生上述事故时，若二再催化剂藏量不能维持，应及时切断反应进料，酌情关闭再生滑阀。

1. 原因

(1) 流化床的操作变化引起循环管线"架桥"。当再生器或沉降器中的表观气速降低时循环管中催化剂可能会发生"架桥"。

(2) 不正确的通入松动风或松动点设计不合理引起"架桥"。

(3) 在斜管输送催化剂时，靠近提升管连接处以上一定范围内不能通入松动气，否则易引起"架桥"。

(4) 循环系统压力波动，也就是瞬间压力平衡遭到破坏，也是造成"架桥"的原因。

(5) 循环管线设计不合理（如变径过大、拐弯多、管径小），在某一条件下产生了强约束流动，是引起"架桥"的条件之一。

(6) 在一定通气量下，催化剂循环强度较低时，也容易发生"架桥"，这主要是因为催化剂循环强度改变了相对速度。

2. 处理

催化剂"架桥"现象是一个复杂的问题，在实际生产中无法准确地判断出设备内部流化状态，只好通过判别和操作经验来处理。当催化剂"架桥"故障发生时，一般可采取如下处理方法：

(1) 如因流化床层变化引起"架桥"，应保持流化床平稳操作，确保压力平衡，无论降低或提高床层表观气速，应采取勤调、逐步、慢速调节，切不可猛提猛降。

(2) 如在变径或拐弯处"架桥"，应加大管线变径处或拐弯处松动风量，最好是在"架桥"处上方稍通气，当"架桥"疏通后必须尽快减小该处的给风量，以保持催化剂的正常流动。

(3) 垂直管适宜的松动点间距为 4~4.5m，若中间多加一个松动点且通气量较大则"架桥"，因此，该点应关掉。对立管松动点和松动风量进行适当调整。

(4) 如压力不平衡引起，应减小"架桥"点以下的压力，可采用在"架桥"点以下放出部分气体（要采取一些防护措施，防止高温催化剂引起火灾或烫伤操作人员），或关掉部分松动点，待"架桥"疏通后再投用。

(5) 如湿的松动风或蒸汽引起，则平时应保证工业风的露点低于-40℃，蒸汽松动点前的管线保温良好，进喷嘴前为过热状态。

(6) 如外来物或衬里脱落导致管路堵塞，应使用射线来检查确定堵塞，并使用高压蒸汽或氮气清除堵塞物，必要时停工清除。

(7) 如因催化剂颗粒太粗、细粉含量偏低引起，应检查最近使用的催化剂性质；检查催化剂铁含量；三旋细粉回收利用或增加油浆回炼量回收细粉；增加新鲜剂的补充；考虑更换催化剂。

(8) 如催化剂脱流化，达到堆积密度，或再生器压力低引起"架桥"，则提高再生器压力。

(9) 如近期装置检修或改造后"架桥"，则应核对料斗和立管的设计、堵塞外部料斗的排气口、检查松动气喷嘴的数量和方向、装置检修后封人孔前所有松动点都确认畅通。

3. 注意事项

若催化剂循环中断短期无法恢复，应切断进料、切断两器。

十一、汽提段藏量大幅波动

（一）原因

(1) 汽提蒸汽量突然变化。

(2) 两器压力变化造成汽提段料位变化。
(3) 催化剂循环量的突然变化。
(4) 松动介质压力或流量的突然变化。
(5) 待生滑阀调节失灵。

(二) 处理

(1) 及时调整汽提蒸汽流量，若仪表故障，立即改手动，并联系仪表人员处理。
(2) 控制好两器压力，平稳两器差压。
(3) 调整再生滑阀、待生滑阀开度，控制好催化剂循环量。
(4) 现场检查各松动点压力，确保松动介质正常注入。
(5) 待生滑阀改手动控制，联系仪表人员处理。

项目二　再生系统异常工况处理

一、再生系统超温、超压

(一) 再生系统超温的处理

(1) 在外取热器允许的范围内，适当开大外取热器滑阀。
(2) 反应停止油浆及回炼油回炼，相应降低掺渣、进料量，调整主风量。
(3) 如再生器持续超温可切断进料。
(4) 严重超温时可通入主风事故蒸汽降温。
(5) 检查反应再生系统设备是否有损坏。

(二) 再生系统超压的处理

(1) 发生再生器超压事故时应及时查找原因并处理。
(2) 迅速开大双动滑阀降低再生器压力，控制好两器差压，防止催化剂倒流。
(3) 适当降低主风量，但要防止主风机组发生喘振。
(4) 两器差压无法控制时启动差压自保，必要时启动主风自保。
(5) 确认待生、再生滑阀关死，防止介质互窜，发生危险。
(6) 检查反应再生系统设备是否有损坏。

(三) 注意事项

如因超温、超压造成设备发生泄漏，应即退守至稳定状态。

二、炭堆积

炭堆积是由于反应生焦与再生烧焦的平衡被打破形成的。当生焦能力超过烧焦能力时，催化剂上的焦炭量的增加成为主要矛盾，严重时就会形成炭堆积。此时催化剂上的焦炭量像滚雪球一样越积越多，使催化剂活性不断下降。

（一）现象

（1）再生烟气氧含量下降，甚至降到零。
（2）烟气中的 CO 含量上升。
（3）稀密相温差下降。
（4）再生器稀相密度、旋分器压降增大。
（5）斜管滑阀压降上升。
（6）再生温度上升，反应深度下降，富气量降低，回炼油液面上升。
（7）再生剂变黑、变亮（严重时颜色呈亮灰色），颗粒变粗。

（二）原因

（1）原料量突然增大或原料性质变化。
（2）回炼油量或回炼油浆量突然增大。
（3）反应深度过大，造成反应生焦量增大。
（4）汽提蒸汽量过低或中断。
（5）主风量偏小，烧焦能力不足，造成再生催化剂含碳量逐渐升高。

（三）处理

（1）轻微炭堆积时，应降低原料量、回炼量，增大汽提蒸汽，停止小型加料。
（2）视外取热能力，提高主风量，增加烧焦强度。
（3）降低原料量，提高原料预热温度，降低催化剂循环量，增加催化剂烧焦时间。
（4）当催化剂由黑转为灰白且有光泽时，为严重炭堆积，此时应逐渐降量并切断进料，流化烧焦。
（5）当稀密相温差增大至正常值，氧含量回升，催化剂颜色好转时，缓慢提量恢复生产。注意降低主风量时，要防止发生二次燃烧。

现在催化裂化装置大多采用了 CO 助燃剂完全再生、高温再生的办法，炭堆积情况不常见。

（四）注意事项

（1）提高外取热器取热量时要防止再生温度大幅度波动。
（2）严重炭堆积时必须切断进料，以防恢复生产再生器超温以至设备损坏。
（3）必要时启用主风自保，防止发生爆炸等恶性事故。

三、再生滑阀故障

再生滑阀是催化裂化装置重要的特殊滑阀之一，用于确保原料油所要求的反应深度，并作为自保阀门，在事故状态下切断两器。若再生滑阀出现故障，将会直接影响整个装置的长周期平稳运行，并造成巨大的经济损失。

（一）再生滑阀工作突然失灵的原因

(1) 信号丢失锁位、反馈丢失锁位、跟踪丢失锁位。
(2) 操作幅度过大。
(3) 装置工艺自保动作。
(4) 输入信号与阀位偏差较大。
(5) 催化剂堵塞阀道。
(6) 电液控制系统故障。

（二）再生滑阀故障全开时的紧急处理

(1) 再生滑阀故障全开会导致反应温度快速上升。此时改手动关小再生滑阀，若 DCS 控制失灵，快速到现场将再生滑阀改机械手轮操作关小。

(2) 关小提升管进料调节阀，降低总进料量，适当提高反应用蒸汽量，保证反应压力不超高，维持两器差压。

(3) 控制反应温度至正常状态。此时应注意防止提升管发生噎塞。若长时间处理不好，操作无法维持或危及安全生产时，切断进料，按紧急停工处理。

（三）再生滑阀故障全关时的紧急处理

(1) 再生滑阀故障全关会导致反应温度快速下降，此时应立即关小提升管进料调节阀，降低总进料量。

(2) 改手动开大再生滑阀，若 DCS 控制失灵，快速到现场将再生滑阀手动打开，控制反应温度不低于最低允许温度。

(3) 一旦反应温度过低，无法维持生产时，按紧急停工处理。

（四）注意事项

(1) 保证两器压差不超限。
(2) 再生滑阀故障全开时保证再生线路催化剂料封，防止出现催化剂压空现象。
(3) 再生滑阀故障全关时保证反应温度不低于规定值，避免待生催化剂带油。

四、完全再生的二次燃烧

再生器密相上升烟气中的 CO 遇到高温及高过剩氧，就会发生二次燃烧，又称尾燃。

（一）现象

(1) 再生器稀相段，再生器一级、二级旋风分离器入口温度、再生器出口温度上升，稀密相温差不正常增长。

(2) 再生器出口氧含量表下降甚至回零，CO 含量上升。

(3) 三级旋风分离器出口温度上升，烟机入口温度超高并发出声光报警。

（二）原因

(1) 主风量不足，再生器烧焦不充分，烟气中携带大量 CO，在遇到高温、高过剩氧后，便会发生二次燃烧。

（2）再生烟气中含有氧气，CO 没有在再生器床层内全部烧掉，便会带入稀相和后部烟道，发生燃烧。

（3）再生温度较高，烟气停留时间过长。

（4）完全再生时，再生温度突降，导致烧焦不充分。

（三）处理

（1）当发生二次燃烧时，应及时加入 CO 助燃剂，停小型加料。

（2）降低主风量，此时要注意氧含量的变化情况，防止降风量过多而产生炭堆积。

（3）根据温度情况可适量启用稀相喷水和喷汽来保护三级旋风分离器和烟气轮机。

（4）在密相床层温度不高时，可喷燃烧油来暂时抑制住二次燃烧，但要防止炭堆积。

（5）必要时可提高回炼比，增加生焦量。

（四）注意事项

（1）发生二次燃烧时要及时处理，避免超温损坏设备。

（2）合理调节主风量及控制好再生催化剂的定炭，保证烧焦效果。

五、催化剂小型加料线不通

催化裂化装置配有催化剂小型自动称重加剂系统和手动加剂系统，新鲜催化剂根据生产需求定时定量加入再生器中，补充系统生产时耗损的催化剂，维持系统催化剂活性。

（一）处理

（1）可根据输送风的压力来判断小型加料线是否畅通。正常时输送风的压力指示应在非净化风压力和再生器压力之间，如输送风压力上升至非净化风压力，则说明小型加料线不通，此时应及时处理。

（2）关闭小型加料线器壁阀，开器壁阀前放空检查，如不见催化剂则说明小型加料线堵塞；如见风不见催化剂则说明催化剂罐锥体底部堵塞。

（3）如小型加料线堵塞可用工具震击管线，调整小型加料线流化风阀开度和加料阀的开度，必要时可将管线断开处理。

（4）如催化剂罐锥体底部堵塞，可用扳手敲击催化剂罐锥体底部。如还不通可关闭小型加料阀门，关闭催化剂罐充压风，打开放空阀。打开蒸汽抽空器对加料线进行反抽。

（5）处理后确认加料线罐底通畅，重新投用小型加料。

（二）注意事项

（1）检查锥体松动风压力表是否正常，保持松动风线通畅。

（2）密切观察看窗，调整下料阀和输送风阀门开度，避免加料速度过快造成二次燃烧或加料线堵塞。

六、内取热器泄漏

（一）现象

（1）再生器密相床上部密度下降，旋风分离器压力降上升。

(2) 再生器密相床以上温度下降。
(3) 催化剂跑损增加，烟囱排烟颜色变化。
(4) 内取入口流量不正常大于出口流量，严重时汽包水位难以维持正常。
(5) 再生压力升高，双动滑阀开度变大。

（二）原因

(1) 应力腐蚀破坏。
(2) 应力疲劳破坏。

（三）处理

(1) 利用取热器筒体上的温度测点，分析、确认泄漏管束的方位。
(2) 利用探针听诊，有异常声音的取热管发生漏水的可能性极大。
(3) 观察管束入口水压力，压力低的泄漏概率大。
(4) 现场操作人员确认内取热器泄漏管束，立即切除。
① 开故障取热管放空阀。
② 关故障取热管入口阀。
③ 关故障取热管出口阀。
④ 关故障取热管放空阀。
(5) 故障取热管切除后，反应岗位视情况变化调整操作。

（四）注意事项

(1) 查找泄漏取热管时，要认真准确，多方确认，避免失误。
(2) 当影响反应操作时，迅速降低进料量，并用双动滑阀调节再生器压力，控制好两器差压。
(3) 注意系统催化剂藏量，防止催化剂跑损。

七、外取热器内漏

（一）现象

(1) 外取热器及再生器稀相、密相温度急剧下降。
(2) 再生器压力迅速升高。
(3) 再生器旋风分离器压降上升。
(4) 外取热器给水流量不正常，大于蒸汽流量。
(5) 汽包水位下降，严重时无法维持。
(6) 再生器稀相催化剂浓度增加。
(7) 蒸汽流量下降，压力下降。

（二）原因

(1) 安装和制造质量差。
(2) 催化剂长时间冲刷使管壁磨损。

（3）水循环倍率过低，使管子受热不均。

（4）水质不合格，没有按规定排污，管束内部结垢，使管束局部过热而损坏。

（5）进入外取热器催化剂不均，使管子受热不均，热膨胀不好，因应力集中而造成管子损坏。

（6）松动风较长时间启用，或启用松动风旁路将取热管吹破。

（7）取热管被干烧过。

（8）取热管母材有缺陷。

（9）取热管超过使用寿命（使用寿命一般为 8 年），管壁磨损减薄、破裂。

（三）处理

（1）利用探针听诊，有异常声音的取热管发生漏水的可能性极大。

（2）发现外取热器取热管泄漏，应立即降低外取热器的取热负荷。

（3）再生压力和温度无法控制时切除外取热器。

（4）利用每组取热管出入口阀门的关闭，巡查漏水管，并切除漏水管。

（5）如果外取热泄漏严重时，应降处理量，停用外取热器。

（四）注意事项

（1）如果两器差压和热平衡无法控制时，按装置紧急停工步骤处理。

（2）外取热器在任何工况下都不能干烧。对于已出现漏水的取热管应切除，并在大检修时更换。

（3）对于汽包与取热器分开布置的外取热器，取热管组进出口的阀门应处在全开状态。

八、外取热器汽包干锅

汽包是为了保证汽水分离的容器，外取热器汽包干锅，会引起重大的设备事故，处理不及时，会烧坏设备。如果紧急给水就会发生爆炸的危险，所以必须认真操作，及时发现事故苗头，及时处理。

（一）现象

（1）外取热器及再生器密相、稀相床温度急剧上升。

（2）汽包液位指示回零。

（3）给水流量回零。

（4）给水流量不正常，小于蒸汽流量。

（5）汽包低液位报警。

（二）原因

（1）给水泵故障，造成给水中断。

（2）给水泵回流水量过大，或给水管路漏水严重。

（3）定期排污阀未关或其他误操作。

（三）处理

（1）立即调节流化风和提升风量，降低取热负荷直至切除取热器。

(2) 反应部分立即调节进料量和重油掺入量，防止超温。
(3) 查明干锅原因后，做好重新启动准备。
(4) 外取热器温度降至150℃以下才能给汽包上水，严防发生取热管破坏或取热系统爆炸的恶性事故。

（四）注意事项

(1) 注意当外取热器温度降至150℃以下，再给外取热管束进水，进水量应缓慢地由小渐大，严禁在外取热器温度较高的情况下进水，以避免损坏设备。
(2) 建立循环的同时，给汽包内的水通蒸汽加热，水循环正常后，再缓慢地引外取热器热源。

九、双动滑阀故障

（一）双动滑阀突然打开的处理

(1) 仪表室操作人员及时联系现场操作人员及时手动关小双动滑阀，同时关小烟机入口蝶阀，提高再生器压力。在提高再生器压力时要密切注意主风机工作点，防止主风机出口憋压；相应降低处理量，提高气压机转速，以降低沉降器压力，控制好两器差压。
(2) 及时调整各滑阀阀位，尽量保证两器料位在正常范围内，减少催化剂的跑损。
(3) 及时调整主风量，防止发生尾燃。
(4) 分馏、稳定岗位根据反应再生降量情况作出相应调整。
(5) 严重时，危及两器及人身安全时，按紧急停工处理。

（二）双动滑阀突然关闭的处理

(1) 仪表室操作人员及时降低主风量，防止再生器超压，并通知主风机岗位注意烟机转速的变化，防止烟机超速；注意主风机工作点的变化，防止主风机喘振。及时联系现场操作人员手动打开双动滑阀，沉降器压力如果有余地，适当降低气压机转速，提高沉降器压力，维持两器压差不超限。
(2) 及时调整各滑阀阀位，尽量保证两器料位在正常范围内，减少催化剂的跑损。
(3) 及时调整再生器主风量，防止发生尾燃。
(4) 分馏、稳定岗位根据反应再生降量情况作出相应调整。
(5) 严重时，危及两器及人身安全时，按紧急停工处理。

（三）注意事项

(1) 发生故障时要尽可能保持流化正常，防止催化剂倒流。
(2) 如难以控制必须切断进料、切断两器。

项目三　公用工程系统异常工况处理

公用工程系统或称动力系统，是各装置共同使用的部分，如水、电、汽、风、燃料气、氮气等，它是生产辅助装置提供的。公用工程系统出现问题的原因是多种多样的，很多时候本装置是无法控制的。公用系统出现问题，对装置的影响通常是大面积的，轻则影响生产，打乱操作，重则导致装置停工停产。因此，对操作人员来讲，要做好充分的事故处理方案准备，一旦公用系统出现问题，做到应对自如，严格控制好反应再生系统三大平衡，保证人身设备的安全，待故障消除后，逐步恢复正常生产。

石化企业供电方式一般可分为二次降压供电方式和一次降压供电方式两种。对用电负荷很大的石化企业，往往采用 35~220kV 的电源进线，将 35~220kV 的电源电压降至 6~10kV 的电压，继而降至 380V/220V 的电压，供给低压电气设备使用。这种方式称为二次降压供电方式。对某些用电负荷较小的企业，可由 35kV 或 10kV 电力网供电，将 35kV 或 10kV 电源电压直接降压为 380V/220V 电压，供给低压用电设备使用，这种方式称为一次降压供电方式。催化裂化装置用电主要分为以下类别：

（1）大型机组用电：如主/备用风机机组电机，为 10kV 用电；

（2）大型机泵用电：油浆泵、增压机等，为 6000V 用电；

（3）普通工/变频机泵用电：为 380V 用电；

（4）生活用电：一般为 220V 用电；

（5）生产检修或潮湿可燃气体场所用电：一般为 12V/24V/36V 用电。

一、停低压电

（一）停动力电（380V 电）

1. 现象

（1）380V 电一般用在低压机泵上。装置停 380V 低压电时，低压电用电设备停运，如反应再生滑阀油泵失电报警，DCS 部分参数发出声光报警。

（2）分馏系统、吸收稳定系统低压电机泵停运，空冷停运，系统温度上升。

（3）若瞬间晃电时，主风机组、气压机组滑润油备泵自启动；若长时间停 380V 电，主风机组、气压机组润滑油压力低联锁动作停机。

2. 原因

（1）供电系统故障。

（2）电网波动晃电造成跳闸。

3. 处理

（1）当 380V 电瞬间晃电时，要及时汇报调度、装置值班人员，联系供电单位保证供电平稳。因主要的机泵都设置有自启动装置，瞬间晃电时可以马上自启动。

（2）机组人员应迅速检查动力油泵、润滑油泵是否自启动，其他人员同时应迅速检查，并立即启动没有自启动的机泵。

（3）当供电恢复后，操作人员应立即到现场重新启动电液滑阀油泵。

（4）电动泵停泵应及时关闭各泵出口阀门，来电后按封油泵、油浆泵、原料泵、粗汽油泵、回炼油泵顺序迅速启动泵。

（5）分馏塔顶油气分离器界位上升，及时排污水至地漏，防止界位过高，造成沉降器憋压。

（6）如果 380V 电长时间停电，则应迅速启动主风、原料自保（滑阀在失电后，可以开关两个行程，自保动作后，滑阀可以关闭），控制好两器压差并检查自保阀是否动作，按紧急停工处理。

（二）停仪表电（220V 电）

处理

（1）220V 电主要用于照明及仪表用电。如因停 220V 电而引起仪表停电时，一般情况下，装置 DCS 有 UPS 蓄电池专供仪表停电 30min 内使用，因此当仪表停电时，UPS 能自动投入进行工作，并发出报警信号，30min 内能维持生产操作，此时迅速联系调度，确定来电时间。

（2）如 30min 后仍不能来电，按紧急停工处理。

（三）装置停电反应岗位的处理

停电分为瞬间停电和长时间停电。岗位值班人员应根据停电造成的不同影响正确选择处理方法。若发生瞬间停电，在电力恢复后将停运设备开启（或靠自启动功能自行开启），尽快恢复正常生产。因停电导致装置无法继续运行，应通知车间主管人员和厂调度，手动启用原料自保切断提升管进料。

（1）控制好反应再生两器压力，防止相互压空两器藏量。尽可能维持两器催化剂循环，不能维持时将反应系统的催化剂转到再生器中，保持单器流化，控制反应压力高于再生压力，严禁油气和烟气互窜。

（2）检查自保动作情况。迅速关闭进料喷嘴前手阀，防止进料窜入反应器。若原料事故旁通阀失控，打开其副线阀。

（3）采用干气提升和注金属钝化剂的装置，切断干气提升和金属钝化剂注入喷嘴前手阀。

（4）反应再生两器只要有催化剂，就要通入流化介质，并保持反吹风和松动蒸汽不中断。若再生温度维持不住，降到 450℃时请示卸催化剂。

（5）看管好热工系统。酌情停止外取热器取热。冬季停工要做好热工系统的防冻凝工作。

（6）在电力恢复后，应根据情况尽快恢复正常生产。

（四）注意事项

（1）如多台机泵停运，无法维持生产，应按紧急停工处理。

（2）及时查找原因进行处理，防止发生次生事故。

二、停高压电（6000V 电）

（一）现象

（1）DCS 部分参数声光报警。

（2）增压风自保动作，外取热流化风量仪表指示回零。

（3）下列 6000V 设备停运：增压机、原料油泵、油浆泵、锅炉给水泵等；分馏油浆循环中断，流量指示回零，分馏塔各段温度上升；锅炉给水泵停运，除氧器液位上升；余热锅炉鼓风机停机自保动作,风量指示回零。

(二) 原因

(1) 供电系统故障。
(2) 电网波动晃电造成跳闸。

(三) 处理

(1) 联系调度,通知装置值班人员、维护人员现场就位。
(2) 增压风自保、余热锅炉鼓风机停机自保动作,检查自保阀是否就位。
(3) 启动进料自保。
(4) 关小外取热滑阀,保证汽包液位。
(5) 检查油浆泵,关闭泵出口阀,启动备用油浆泵。
(6) 监视气压机,必要时停机,放火炬控制反应压力。
(7) 气压机停机,必要时分馏引瓦斯维持压力,控制反应压力略大于再生压力。
(8) 稳定维持三塔循环,必要时切除解吸塔热源,防止塔压上升、安全阀起跳。

(四) 注意事项

(1) 如停高压电,主风机及原料油泵停运,应立即按紧急停工处理。
(2) 装置紧急停工后,控制好两器差压,防止油气窜入再生器发生着火爆炸事故。

三、停水

(一) 停循环水

1. 现象

停循环水时,循环水压力明显下降,来水流量减小,各泵、压缩机组冷却水中断,压缩机组和泵需水冷部位温度升高,主风机电动机超温停车。若长时间停循环水,由于各机泵、机组无冷却介质,导致各机泵、机组不能正常运转;各冷却水器停循环水后,将导致各塔温度、压力升高,出装置的油品温度也升高。

2. 处理

(1) 停循环水后,要注意观察操作参数的变化,及时通知生产调度和循环水场,尽快恢复供水。
(2) 反应再生系统降低处理量,可用空冷或其他介质(如新鲜水、除盐水)冷却的地方改用替代介质,等待循环水恢复,注意各特殊滑阀控制柜油温和在运行机泵的温度,温度超高可停运。
(3) 分馏系统启动全部空冷,同时尽量控制好各介质冷后温度,控制好各塔顶温度,防止超压而发生安全阀起跳。
(4) 暂停外甩油浆,油浆系统改为闭路循环。
(5) 密切注意富气温度和富气压缩机工况,若温度超高,可紧急停气压机。
(6) 密切监视各机泵的轴承箱温度,必要时接新鲜水冷却,若长时间温度高,停泵。

3. 注意事项

联系生产调度，装置降量维持生产，严重时，无法维持生产，紧急切断进料。

（二）停除盐水

除盐水进装置除氧器除氧后，称为除氧水。除盐水在进除氧器之前，还与装置低温热源换热，起到冷却降温的作用，还能使自身温度得到提高，减少除氧器蒸汽的消耗。除氧水主要用于余热锅炉、外取热器、油浆蒸汽发生器等设备发生蒸汽补水。为保证发汽系统的正常运行，减少腐蚀结垢，保证蒸汽品质，除氧水的溶解氧、硬度、铁、硅等指标应达到厂控标准。

1. 现象

除盐水进装置流量和压力明显下降，用除盐水冷却的设备温度上升，除氧器液位低于正常值，继而引发余热锅炉、外取热器、油浆蒸汽发生器等设备水位低于正常值。

2. 原因

（1）除盐水泵故障。

（2）除盐水管线爆裂，造成水压过低或中断。

（3）管网系统操作发生故障。

3. 处理

除盐水供水中断后，联系调度，及时恢复除盐水来量。注意相关部位温度、压力变化，防止超温超压事故的发生。

1) 除盐水中断初期

（1）注意观察除盐水冷却设备的冷后温度，改用的备用冷却手段或切除超温的设备。

（2）反应岗位大幅度降反应进料量、回炼量和掺渣比，减少外取热器的取热量，外取热汽包液位过低时，可将外取热器切出，通蒸汽保护。

（3）余热锅炉视汽包液位下降情况进行切除，烟气走旁路进烟囱，炉膛仅保留长明灯。

（4）分馏尽量减少油浆蒸汽发生器产汽量，改用备用措施保证分馏塔底温度不超温。

（5）注意按需求量调节各汽包上水，均衡控制好各汽包液位。

2) 除盐水长时间中断

（1）除氧器液位过低停除氧水泵。

（2）立即切除外取热器和余热锅炉，并迅速降低和处理量。

（3）油浆蒸汽发生器切除，油浆改走跨线。投用备用油浆冷却器，控制好油浆返塔温度。

（4）当操作无法维持时，切断进料处理，装置紧急停工。

四、停风

工业风在炼厂中有两种类型：一是分为净化风、非净化风；二是工业风都为净化后的净化风。一般催化裂化装置非净化风用于再生器各松动点、催化剂加注系统充压及输送风。净化风用于再生器仪表反吹风，各风动调节阀动力风。

（一）非净化风中断

1. 现象

当非净化风中断时，装置内非净化风系统压力下降，低于正常值，反应再生系统有可能会出现流化不好的情况，小型加料输送风压力明显下降，小型加料不能正常工作。

2. 处理

（1）如果非净化风突然中断，再生、半再生斜管等松动风中断，此时应迅速将非净化风切换为备用松动介质，以保证催化剂的流化。

（2）迅速关闭小型加料器壁阀门，防止高温催化剂倒流。

（3）如果因非净化风中断已造成催化剂流化失常，生产维持不住时，装置切断进料，按紧停工处理。恢复送风后，先处理各吹扫、流化、松动点，再按正常开工步骤开工。

（二）净化风中断

1. 现象

当净化风中断致使停仪表风压过低，各风动调节阀定位器失灵，仪表信号回零，所有风开阀全关，风关阀全开。净化风中断，还可能导致反应再生系统的某些仪表反吹风中断，使藏量、料位、密度、压差、压力等仪表失灵。

2. 处理

（1）净化风中断后，如非净化风正常，则迅速打开净化风、非净化风连通线，维持生产，并加强脱水，同时密切注意装置各部分的操作变化。

（2）联系厂调度迅速恢复净化风压力。

（3）当非净化风压力也降低，并影响调节阀动作时，应立即将所有风开阀改副线控制，风关阀用下游阀控制。

（4）如果两种工业风全部中断，应按紧急停工处理。

（5）由于净化风中断，可能导致反应再生系统的某些仪表反吹风中断，如藏量、料位、密度、压差、压力等仪表失灵，必要时应切断进料，严重时切除主风并根据现场压力指示控制好反再系统压力平衡，同时切断两器，防止催化剂倒流，料位压空，空气、油气互窜造成爆炸事故。

（6）当净化风恢复正常时，所有改旁路和改手动的阀都要改回正常状态，并要检查所有仪表反吹点是否堵塞，完成上述工作后，再依照开工程序组织恢复生产。

3. 注意事项

（1）如装置操作人员配置较少时，净化风压力下降，不采取用副线阀或下游阀的控制方法，参数达到自保条件，直接紧急停工，更为安全。

（2）处理事故过程中，要防止发生次生事故。

五、停汽

因催化裂化自身因素或系统故障造成以汽轮机驱动的大机组供汽中断，如主风机、气压机等，将危及装置安全生产，处理不当有可能造成非计划停工。

（一）停 1.0MPa 蒸汽

一般催化裂化装置，都能自产 1.0MPa 蒸汽，在满足装置内用汽之余，可外送一部分蒸汽，当装置外 1.0MPa 蒸汽系统压力过低时，将导致装置内 1.0MPa 蒸汽系统压力下降。

1. 现象

(1) 1.0MPa 蒸汽管网压力降低、外送蒸汽流量上升。
(2) 汽轮机背压降低，转速升高，导致反应压力下降。
(3) 反应器蒸汽量减少导致反应压力下降。
(4) 汽提效果变差导致再生器温度升高。
(5) 两器流化异常。
(6) 烟机轮盘冷却蒸汽降低，轮盘温度上升。

2. 原因

(1) 系统蒸汽管线爆裂，蒸汽压力下降。
(2) 电站锅炉故障，导致蒸汽压力过低。

3. 处理

(1) 立即联系调度，电站及有关单位迅速恢复供汽。
(2) 开大减温减压器向 1.0MPa 蒸汽系统适当补入 3.5MPa 蒸汽。
(3) 关小 1.0MPa 蒸汽进出装置界区阀门，维持装置内压力平稳。
(4) 汽提、雾化效果出现恶化，装置降低处理量，保持反应温度、再生温度及两器压差。
(5) 及时调整烟机轮盘冷却蒸汽，防止超温。
(6) 各蒸汽管线末端加强疏水，防止蒸汽带水发生水击。
(7) 防止催化剂中止流化及炭堆积。
(8) 如果蒸汽压力低但可以保证再生器喷燃烧油维持床层温度，则热工系统可以维持运行，供反应再生系统用汽。
(9) 若 1.0MPa 蒸汽过低无法维持生产时，启动进料自保，催化剂转入再生器进行单容器流化，喷入燃烧油维持再生温度 550~650℃，停运外取热器。
(10) 停汽后关闭两器及分馏稳定系统所有进汽阀门，以防催化剂和油气窜入蒸汽管线内。长时间停汽应将催化剂转入再生器保持单容器流化，注意床层温度不要控制过低，随时等待开工。
(11) 如果蒸汽完全中断，应注意检查反应、分馏系统，防止负压。

4. 注意事项

(1) 汽轮机出口背压低，联锁停机。
(2) 烟机轮盘冷却蒸汽降低，轮盘温度上升。
(3) 联系生产调度，装置降量维持生产，如无法维持生产时，应立即切断进料。

（二）停 3.5MPa 蒸汽

在催化裂化装置中，重油催化裂化装置可自产 3.5MPa 蒸汽，不仅可以满足装置内用汽需要，而且还外输一部分 3.5MPa 蒸汽。所谓停 3.5MPa 蒸汽，是指装置中压蒸汽系统出现故障，而管网中压蒸汽不能及时补充进来的情况。

1. 现象

（1） 3.5MPa 蒸汽压力下降，装置内各汽包压力下降，产汽量上升。
（2） 3.5MPa 蒸汽外送蒸汽量增加。
（3） 汽压机转速下降，反应压力升高。

2. 原因

公用工程 3.5MPa 蒸汽系统管网故障。

3. 处理

（1） 联系调度、装置值班人员，联系相关单位尽快恢复 3.5MPa 蒸汽供汽。
（2） 关小 3.5MPa 蒸汽进/出装置界区阀门，保证装置内 3.5MPa 蒸汽压力不过低。
（3） 调节气压机转速或气压机入口放火炬，控制好反应压力。
（5） 适当降量，降低气压机组负荷。
（6） 关注 1.0MPa 蒸汽压力，防止 1.0MPa 蒸汽压力变化影响汽轮机运行。
（7） 调节产汽量，维持装置内蒸汽系统压力平衡。
（8） 若长时间 3.5MPa 蒸汽管网中断且自产 3.5MPa 蒸汽无法维持生产，按生产指令切断进料。

4. 注意事项

（1） 气压机转速下降，会影响反应压力。
（2） 3.5MPa 蒸汽管网压力下降，会造成汽包压力和液位波动。
（3） 注意 1.0MPa 蒸汽管网压力波动。

第三部分

分馏吸收稳定系统

模块一　分馏系统

项目一　分馏系统工艺和设备

一、分馏系统工艺原理及任务

分馏系统是基于分馏的原理，利用气液相各组分相对挥发度的不同进行分离。将反应系统来的过热油气在分馏塔底脱除过热并且洗涤反应油气中携带的催化剂后，按沸点范围分割成富气、粗汽油、轻柴油、重柴油、回炼油、油浆等馏分，并保证各个馏分质量符合规定要求。

分馏系统包含多个流程，如原料产品的原料油流程、轻柴油流程、重柴油流程、产品油浆流程，用于取热调整产品质量的顶循流程、一中流程、二中流程，以及酸性水流程、富气流程、粗汽油流程、其他物料流程等，是一个复杂的多流程、多介质体系。分馏系统上受反应系统制约，下又牵扯富气压缩机和吸收稳定系统。分馏系统起着承上启下的作用，所以在装置中的作用非常重要。高温反应油气带有大量的热量，分馏系统如何合理地利用和回收，对整个装置的能耗具有很大的影响。利用回流热和馏分的余热可以将原料油和其他低温介质预热到较高的温度，利用蒸汽发生器和换热器可以回收热量，降低能耗，也可以为稳定塔底重沸器提供热源。此外分馏系统还担负着工厂污油、不合格油、凝缩油等物料的回炼任务。

二、分馏系统工艺特点

（1）有脱过热和洗涤段。分馏塔进料是带有催化剂细粉的高温油气，与其他装置分馏塔不同之处是催化分馏塔专门设有脱过热和洗涤段。脱过热段设有数层人字挡板或圆盘形挡板，油气与260~360℃循环油浆逆流接触、换热、洗涤，油气被冷却，过剩的热量被回收，油气由过热状态变为饱和状态再进行分馏。其中最重的馏分（油浆）被冷凝下来，作为塔底产品。同时将油气中夹带的催化剂细粉洗涤下来，防止其污染上部的侧线产品，堵塞上部塔盘。

为保持循环油浆中的固体含量低于一定数值（不大于6g/L），需要有一定量的油浆移出系统，返回提升管或作为产品送出装置。循环油浆系统操作温度较高，且含有较多的重环芳香烃和催化剂粉尘，系统容易结焦，对分馏系统是一个非常重要的循环回流。分馏塔底油浆系统流程见图3-1-1。

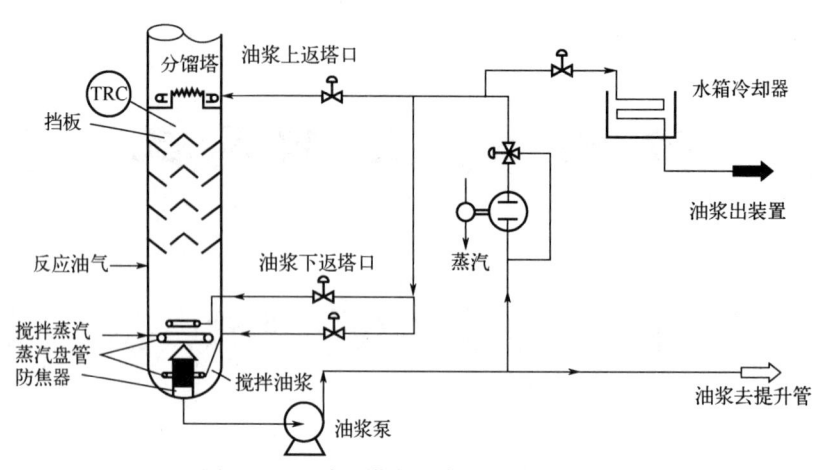

图 3-1-1　分馏塔底油浆系统流程示意图

(2) 全塔的剩余热量大。催化分馏塔的进料是450℃以上的高温过热油气，塔顶是低温气体，其他产品均以液态形式离开分馏塔。在整个分馏过程中有大量的过剩热量需要移出。因此，在满足分离要求的前提下，应尽量减少顶部回流的取热量，增加温度较高的油浆及中段循环回流的取热量，以便充分利用高温位热量换热和发生蒸汽。一般催化分馏塔设有多个循环回流：塔顶循环回流、一至两个中段循环回流、油浆循环回流。

(3) 产品分馏要求较容易满足。油品分馏难易程度可用相邻馏分50%馏出温度差值来衡量。差值越大，馏分间相对挥发度越大，就越容易分离。催化分馏塔馏分除塔顶粗汽油外，还有轻柴油、重柴油、回炼油三个侧线组分。催化裂化各侧线组分50%馏出温度温差值较大（尤其是汽油与轻柴油间），所以催化分馏塔产品分馏要求较容易满足。催化裂化油品50%馏出温度见表3-1-1。

表 3-1-1　催化裂化油品50%馏出温度

项目	粗汽油	轻柴油	重柴油	回炼油
50%馏出温度，℃	110~120	260~280	300~340	370~400
温差，℃	150~170	40~80	70~100

(4) 催化裂化分馏塔要求尽量减小分馏系统压降，提高富气压缩机的入口压力，降低气压机的能耗，提高气压机处理能力。一般情况下气压机入口压力提高0.02MPa（出口压力为1.6MPa时），可节省气压机功率8%~9%。为减少塔板压降，一般采用舌形塔板。为稳定分馏塔压降，控制产品质量，采用了固定流量、利用冷热路调节阀调节回流油温度的控制方法，避免回流量波动对压降的影响。为减少塔顶油气管线和冷凝冷却器的压降，塔顶回流采用循环回流而不用冷回流。

三、分馏系统工艺流程

以四川石化重油催化裂化装置工艺流程为例，工艺流程图如图3-1-2所示。沉降器来的反应油气进入分馏塔底部，通过人字形挡板与上返塔循环油浆逆流接触，洗涤反应油气中夹带的催化剂并脱除过剩热量，使油气呈"饱和状态"进入分馏塔。

图 3-1-2 分馏系统工艺流程图

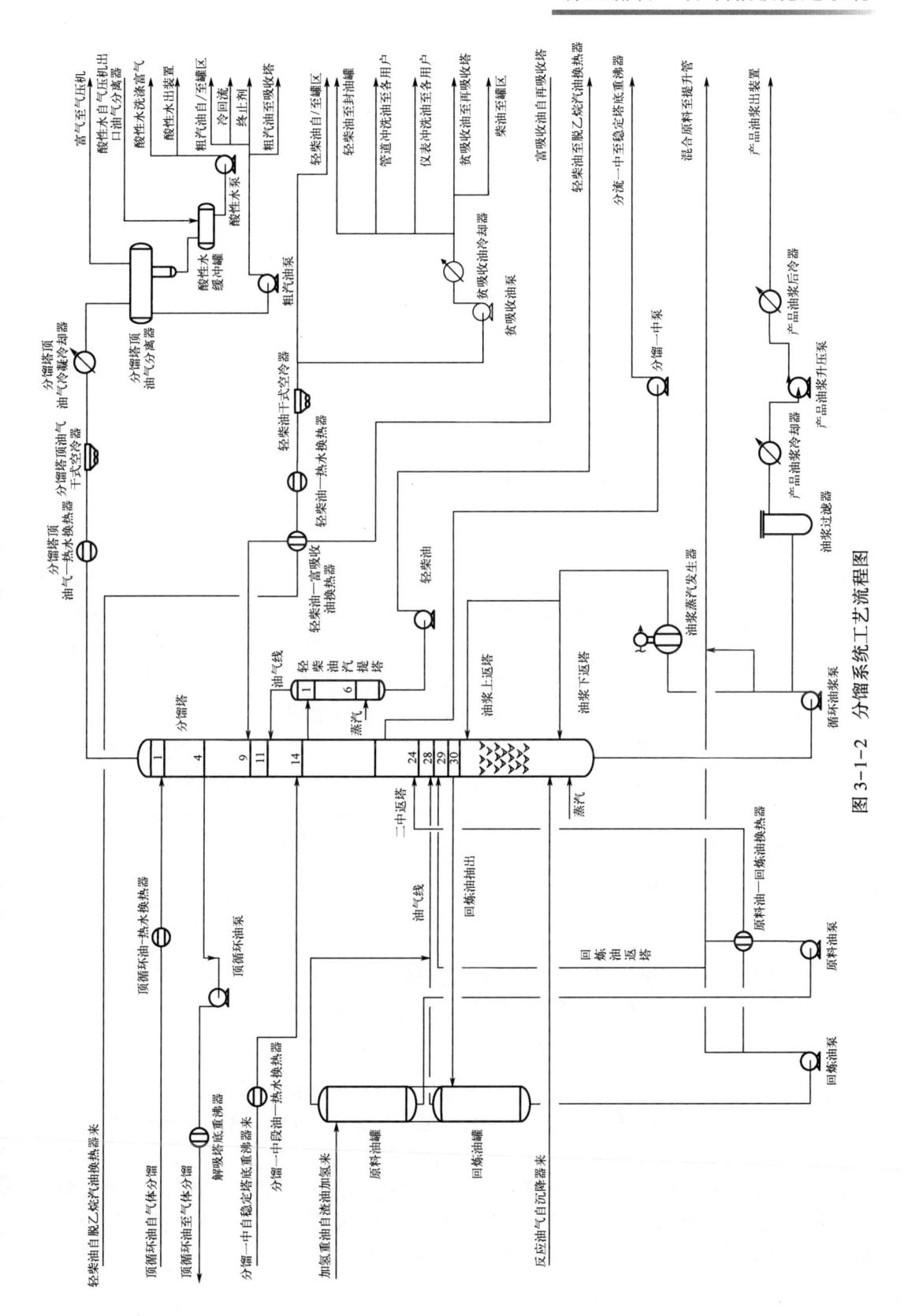

分馏塔顶油气经分馏塔顶油气—热水换热器、分馏塔顶油气干式空冷器、分馏塔顶油气冷凝冷却器冷却至40℃，进入分馏塔顶油气分离器进行气、液相分离。粗汽油经粗汽油泵抽出，进入吸收塔顶部作为吸收剂；富气进入气压机，压缩后送至凝缩油罐；分馏塔顶油气分离器脱液包的酸性水进入酸性水罐经酸性水泵抽出加压后，部分酸性水洗涤富气和分馏塔顶油气，其余送至酸性水汽提装置。

轻柴油自分馏塔第12、14层抽出，自流至轻柴油汽提塔，经蒸汽汽提后的轻柴油由轻柴油泵抽出加压经稳定塔进料换热器、轻柴油—富吸收油换热器、轻柴油—热水换热器换热后，通过冷热路流量控制轻柴油产品作为热供料送至柴油加氢装置，去罐区时可启运轻柴油干式空冷器，冷却后送出装置。贫吸收油经轻柴油干式空冷器，进入贫吸收油泵，升压后再经过贫吸收油冷却器冷却，一部分送至再吸收塔顶部作吸收剂，另一部分送至罐区。

回炼油自分馏塔29层自流至回炼油罐，经二中及回炼油泵升压后分为三路：第一路与原料油混合后进入提升管反应器回炼，第二路直接返回分馏塔，第三路作为分馏塔二中循环油，经过分馏二中—原料油换热器加热原料油后返回分馏塔。

分馏塔过剩热量分别由顶循环回流、一中段循环回流、二中循环回流及油浆循环回流取走。顶循环回流自分馏塔4层塔盘抽出，用顶循环油泵升压，经解析塔重沸器，气体分馏装置重沸器、顶循环油—热水换热器降至90℃后返回分馏塔1层。一中段回流油自分馏塔17层抽出，用分馏一中泵升压，作稳定塔底重沸器热源，再经分馏一中段油—热水换热器使温度降至200℃返回分馏塔12、14层。二中为回炼油泵出口分出的一路，经过与原料换热后，温度降至270℃后返塔24层。油浆自分馏塔底由油浆泵抽出，分为三路，一路经油浆蒸汽发生器发生4.0MPa蒸汽，使温度降至280℃，一路返回分馏塔；另一路经油浆过滤器、油浆冷却器冷却后，用产品油浆泵升压，经产品油浆后冷器冷却至90℃作为副产品送出装置。正常情况下油浆不回炼，若需回炼时，经循环油浆泵出口分支进入原料油总管与原料油混合进提升管反应器回炼。从长周期看不建议回炼油、油浆进行回炼。

四、分馏系统主要设备

催化裂化分馏部分主要设备有：分馏塔、轻柴油汽提塔、重柴油汽提塔、油气分离器、蒸汽发生器、冷却和换热设备、机泵等。

（一）分馏塔

催化裂化分馏塔分上下两部分。上部为精馏段是分馏塔主体，一般有28~31层塔盘。由于催化裂化工艺要求分馏塔压降尽量小，一般采用压降较小的舌型、筛孔等塔盘。近年开发的ADV、Super V、箭型、JF系列浮阀、规整填料等在分馏塔上也得到了广泛应用，取得了较好效果。由于反应油气带有催化剂细粉，虽然经脱过热段进行洗涤，仍有将催化剂细粉带到上部的可能性，操作中应特别注意。下部为脱过热段，装有8~10层人字挡板或圆盘形挡板，有的装置在扩能改造中采用大通量格栅。催化裂化分馏塔结构见图3-1-3。

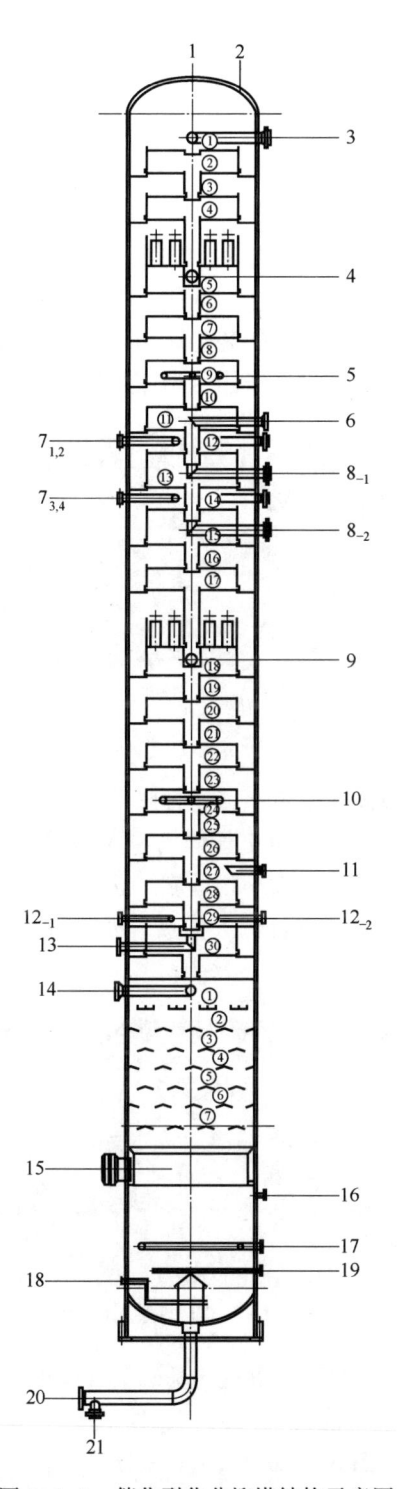

图 3-1-3 催化裂化分馏塔结构示意图

1—油气出口；2—放空口；3—顶循返回口；4—顶循抽出口；5—富吸收油返塔口；6—汽提塔油气返塔口；7——中返回口；8—轻柴抽出口；9——中抽出口；10—二中返塔口；11—压力平衡口；12—回炼油返塔口；13—回炼油抽出口；14—循环油浆返塔口（上）；15—反应油气入口；16—事故旁通入口；17—循环油浆返塔口（下）；18—搅拌油浆入口；19—搅拌蒸汽入口；20—油浆抽出口；21—排凝口

1. 塔盘

1) 舌型塔盘

舌型塔盘（图3-1-4）属于喷射型塔盘，舌孔有三面切口和拱形切口两种，舌孔有一定的角度，舌孔方向与液流方向一致，故气体从舌孔喷出时，可减小液面落差，减薄液层，减少雾沫夹带。

舌型塔盘的优点：处理能力大，压降小，抗堵性能好，结构简单，容易制造、安装和检修。缺点：效率一般，操作弹性不大，在低负荷时容易漏液，循环回流不易建立。故顶循油、中段油抽出层多采用集油箱，有的装置在循环回流段局部采用浮阀类塔盘。也有些装置在分馏塔人字挡板上方几层塔盘，采用舌型塔盘形式。

图3-1-4　舌型塔盘

2) 浮阀塔盘

浮阀塔盘的结构特点是液体在塔盘上横过各阀孔，上升的气体经由阀孔喷出，阀片随之被顶起，从而进行热与质的交换。由于气体的速度不同，阀片的开启高度可随之变化，也就是说，阀片的开启高度和气流的大小相适应。这就是浮阀塔盘的独特优点。此外它还有压降小、结构简单、安装方便、造价低等优点，因此得到广泛的应用。图3-1-5为F1型浮阀塔盘。

图3-1-5　F1型浮阀塔盘

ADV微分浮阀塔盘是在F1型浮阀塔盘的基础上开发的，在浮阀结构和塔板结构上进行了创新。ADV塔盘在提高生产能力的同时，也使效率提高、阻力降低、操作弹性增加，全面提高了塔盘的技术水平。图3-1-6为ADV微分浮阀结构。

浮阀结构的优化体现在两个方面，其一是在阀面上增加三个切口，其作用是：

（1）使气流分散得更细，消除传统F1浮阀顶部传质死区，提高效率；

（2）有利于降低雾沫夹带，增加生产能力；

（3）有利于减少漏液，增加操作弹性。

图 3-1-6 ADV 微分浮阀结构

其二是特殊的阀腿设计使 ADV 浮阀具有导向性，其作用在于：
(1) 降低塔盘上的液面梯度，减少爽带，提高生产能力；
(2) 消除塔盘上液体停滞区，使液流均匀分布，从而提高效率；
(3) 减少返混，提高效率。

3）SuperV 系列浮阀

SuperV 系列浮阀实现了塔板浮阀填料化。结构特点如下：浮阀采用 U 形带翼结构，阀体侧翼开孔或开缝，提高塔板气液接触均匀性，防止浮阀结焦和结垢沉积。

侧翼开孔浮阀，适用于低等结焦、结垢体系，称为 SuperV1 浮阀。侧翼开缝浮阀，适用于中等以上易结焦、结垢体系，称为 SuperV2 浮阀。带圆弧角的矩形平直阀孔或矩形文丘里阀孔，改善矩形阀孔的塔板机械强度，匹配矩形文丘里阀孔的塔板称为 SuperV3 浮阀（重阀），SuperV4 浮阀（轻阀）适应于减压体系。

4）JF 浮阀

JF 浮阀是一种复合型阀，它在结构上吸取了 V1 型、V4 型、条型浮阀、舌型阀的优点，巧妙地将条型浮阀、舌型阀有机地结合在一体。阀面上开有固舌和小浮舌，在结构尺寸上尽可能降低阀的最小开度，设计最小开度约为 F1 圆浮阀的 60%，最大升举高度为 F1 圆浮阀的 1.5 倍。保证在升举时尽可能降低环隙气速，JF 浮阀处理能力较 F1 浮阀塔板提高 20%~45%。

5）箭型浮阀

箭型浮阀的结构特点：

(1) 该阀的导向气流从阀前端斜向下方冲出，在塔板清液层部位对液相进行局部导流，在降低液面梯度的同时避免了某些条状阀在阀上部开孔对液体导流的缺点。

(2) 该阀前腿窄后腿宽，阀前喷出的气流与阀前部的液体进行充分接触，在阀间距较大时消除了浮阀正前方的传质死区，这是其他方形孔条状浮阀所无法克服的。

(3) 阀前部的特殊结构可以增大单阀的实际通气面积 1%~3%，增加气液接触面积，提高传质效率。

(4) 阀的特殊结构还可以增大阀的排布密度，能增大开孔率 2%~5%，I 型箭阀（大阀）开孔率可达 17% 以上，II 型箭阀的开孔率还可进一步提高，从而提高处理量 20%~30%。

(5) 该阀的预启点在阀的前部，与其他支点在前后两端或在中间位置的条状阀相比，在操作下限时其泄漏量极小。

(6) 水力特性：板上液面梯度小，有明显的导流作用；在大液相负荷下操作范围宽；

塔盘压降低。

2. 脱过热段

分馏塔底脱过热段气液流量很大,为了避免阻力过大,也为了避免循环油浆中的催化剂细粉堵塞过热段的塔盘,因此不采用常规塔盘,而是采用空隙率较大的人字挡板或圆盘式挡板。有的装置扩能改造时为增加换热面积采用了大通量格栅。

3. 侧线抽出

催化裂化分馏塔侧线抽出有全抽出和部分抽出两种形式。全抽出型顾名思义将该层塔板上的液体全部抽出,下层塔板上液体全部由外部循环回流提供,这样可灵敏控制塔内温度,从而有效控制产品质量。部分抽出时该板液体一部分作为产品抽出,一部分作为下层塔板内回流。由于抽出量的变化会引起内回流量的变化,从而对塔内热平衡及产品质量有影响。目前催化裂化装置轻柴油多采用全抽出方式。全抽出结构见图3-1-7。

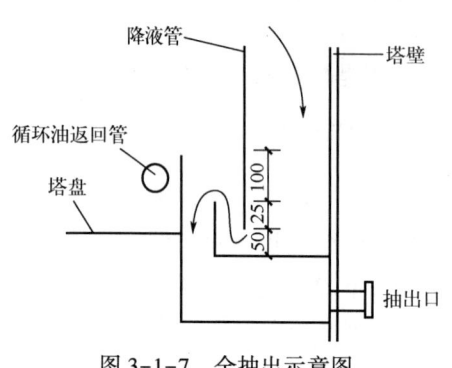

图 3-1-7　全抽出示意图

4. 集油箱

为在开工时尽快建立循环回流和增加操作弹性,顶循油、中段回流抽出多采用集油箱。集油箱有两种结构形式:一种是带降液管型集油箱,该集油箱不需设液位计,液位升高后自动经降液管溢流到下一层塔板;另一种是全抽出型集油箱,需要设置液位计,用集油箱液位控制液体抽出量。一般集油箱升气孔面积占塔截面15%~21%,液体停留时间1min左右。催化裂化分馏塔多采用带降液管型集油箱,吸收塔中段回流抽出多采用全抽出型集油箱。集油箱结构见图3-1-8。

(a) 带降液管型集油箱　　(b) 全抽出型集油箱

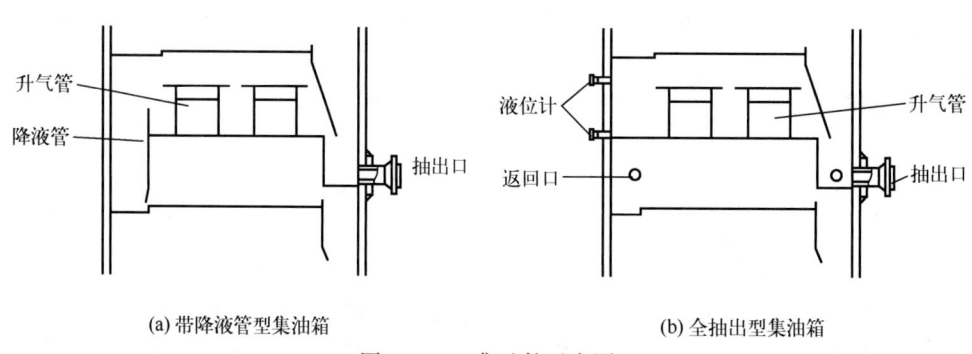

图 3-1-8　集油箱示意图

(二) 轻柴油汽提塔

轻柴油汽提塔一般采用4~6层浮阀塔盘,见图3-1-9。

(三) 分馏塔顶油气分离器

分馏塔顶油气分离的特点是气体量大,水蒸气量大。一般分离器有两个进口(在容器的两端,罐内出口朝向封头内壁并设有防冲板),富气从中间引出,并设有破沫网,气体中的液滴与细丝撞击，附着于丝网上，当液滴聚集到一定体积后，在其重量作用下，液滴自行下落。丝网除沫器如图 3-1-10 所示。下部设有分水包。为保证油水分离（防止乳化等），分水包凝结水停留时间要求在 8min 以上，有的大型装置专门设有分水罐，对小型装置的油气分离器可设一个进口和一个出口。

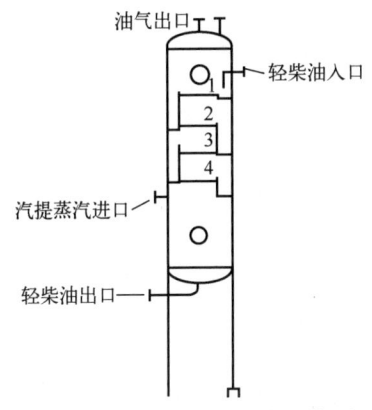

图 3-1-9　轻柴油汽提塔示意图　　　　图 3-1-10　丝网除沫器

（四）蒸汽发生器

蒸汽发生器是最常用的余热回收设备。具有下列特点：

（1）传热系数高。

（2）蒸汽经过热后可并入全厂蒸汽管网。

（3）工艺换热量变化时，发生蒸汽量随着变化，通过调节工厂锅炉蒸汽产量使全厂蒸汽平衡。所以蒸汽发生器是一个可调节的余热回收设备，对装置平稳操作非常重要。

汽包多为卧式，一次分离元件水下孔板，二次分离采用不锈钢丝网。中压蒸汽汽包内部安装旋液分离器。蒸汽发生器见图 3-1-11。

（五）油浆系统设备

循环油浆系统对装置安全运行非常重要，循环油浆系统设备也有其特殊性。

1. 换热器及蒸汽发生器

循环油浆系统操作温度为 280~370℃，油浆的自燃点为 230~240℃，循环油浆系统泄漏将发生火灾。为安全考虑循环油浆系统设备（如换热器、蒸汽发生器）法兰均采用 PN4.0MPa 等级，管道采用厚壁管。循环油浆含有催化剂细粉，为防止沉淀循环油浆走换热器管程，并保持管内流速在 1.5m/s 以上。为便于换热器检修清洗一般选用浮头式换热器、采用 DN25mm 换热管。由于循环油浆操作温度较高，换热器内部小浮头容易泄漏，常采用蝶簧垫片紧固或波齿型垫片紧固，有的装置在开工前将内部小浮头法兰焊死。

2. 油浆冷却水箱

油浆冷却水箱是油浆外甩冷却专用设备，经过多年实践运行非常可靠。一般催化裂化装置设置大小 2 台油浆冷却水箱，大水箱用于紧急外甩油浆，能够适应瞬间大量油浆冷却排放；小水箱用于日常小流量产品油浆冷却。中小型装置可将 2 台水箱合并成 1 台设备

(a) 大型蒸汽发生器

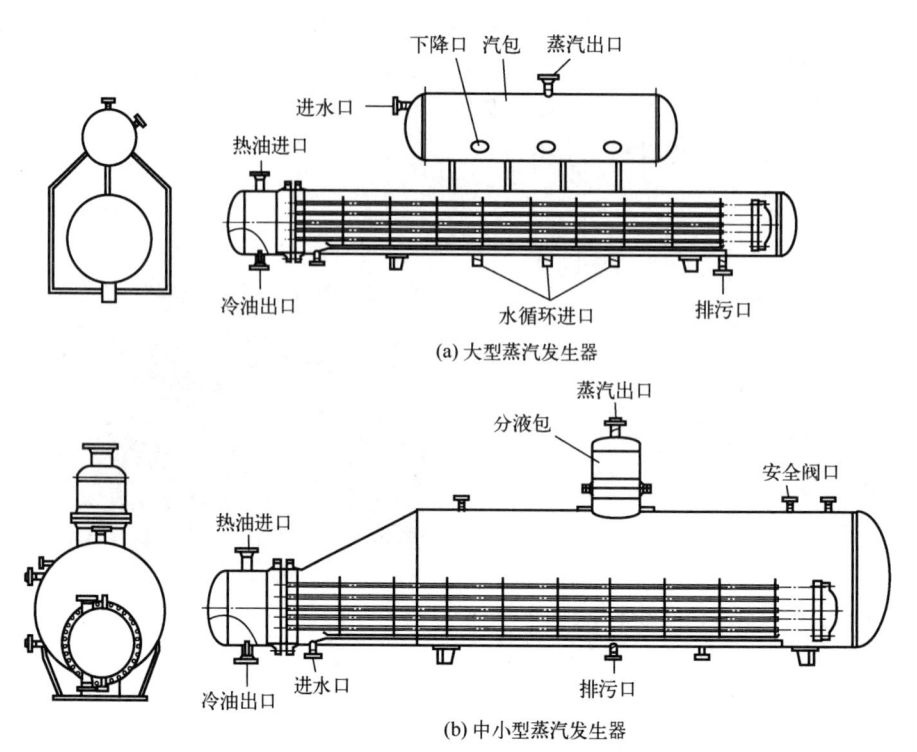

(b) 中小型蒸汽发生器

图 3-1-11　蒸汽发生器示意图

（具有上述两种功能），油浆冷却水箱外壳可以是方形，也可是圆形。内部设有数组蛇型管束，大水箱管束一般采用 $\phi 80 \sim 100$ mm 管，数组蛇型管束并联。小水箱管束一般采用中 $\phi 25 \sim 50$ mm 管，数组蛇型管束串联或并联。此外，水箱内还有压缩空气搅拌、蒸汽加热、密封盖、高空排放管等设施。油浆冷却水箱见图 3-1-12。

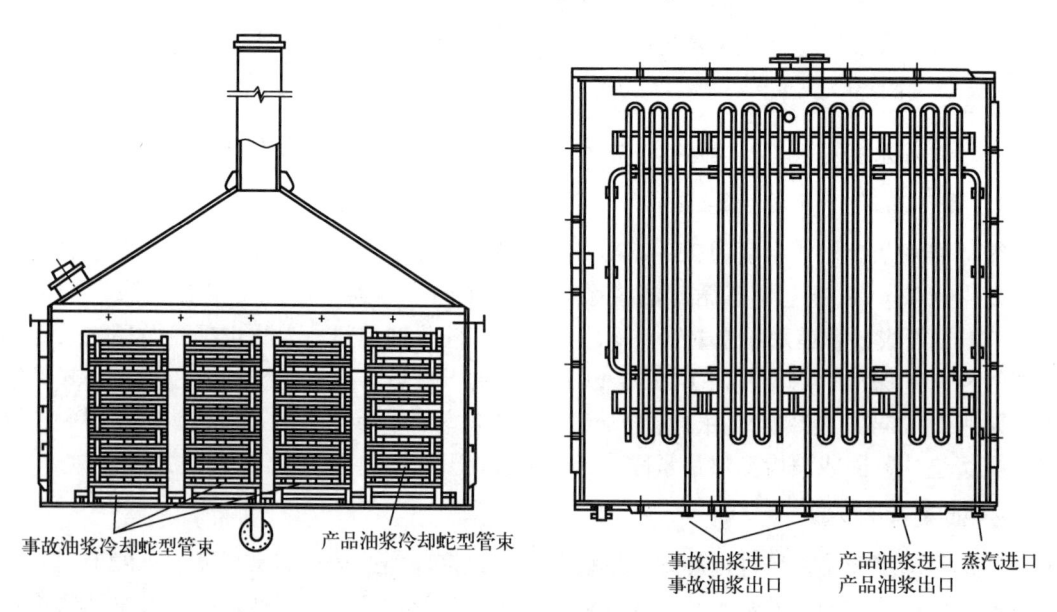

图 3-1-12　油浆冷却水箱示意图

项目二　分馏系统常规操作

一、分馏系统操作原则

（1）平稳操作，控制好分馏塔各点温度及循环回流量，保证产品质量合格，根据产品质量指标的要求，合理调节。

（2）控制好分馏塔底温度、油浆循环量、塔底液位、油浆固体含量，以防止油浆系统结焦，保证分馏塔底温度控制在320~350℃，油浆固体含量不大于6g/L。

（3）投用用冷回流时，一定要缓慢，以防影响反应压力。

（4）在调节一中段回流量时，要充分考虑到吸收稳定系统重沸器热量要求，避免影响吸收稳定的操作。

（5）注意调整好分馏塔的中段回流的取热分配，合理利用高温位热源。

（6）根据气温、产品出装置温度及回流的冷后温度的变化及时调整冷却器的冷却水用量，保证经济合理用水。

（7）根据热水出装置温度的变化及时调整热水的取热分配，保证合理用能。

二、原料油罐液位控制

原料油罐液位与渣油加氢装置来加氢重油量、罐区来加氢重油量、提升管新鲜原料进料量、加氢重油返罐区量等因素有关。正常生产中渣油加氢装置和罐区提供加氢重油，为了防止加氢重油来路憋压，同时调整加工原料性质，设置混合加氢重油返罐区流程。原料油罐液位通过加氢重油进原料油罐压力和原料返罐区流量进行液位串级调节，并加入APC性能控制系统，保持液位稳定在80%左右。当原料油罐液位升高时，进罐压力设定值降低，从而开大原料返回罐区控制阀，反之，关小控制阀。在原料供应偏低时，为了避免原料返回罐区控制阀长期关闭，造成管线重油冷凝堵塞，返回控制阀一般保留小阀位，保证足够的加氢重油流通，或者定期手动开关返回控制阀，保证原料返回线畅通。

三、分馏塔压力控制及其影响因素

分馏塔顶压力由反再系统统一控制，一般分馏岗位不做调节。分馏塔顶压力受系统压力限制，但分馏塔顶压力的变化又会影响反应压力及分馏塔顶油气分压。当塔顶压力变化时，联系反应、气压机、吸收稳定岗位，控制好气压机入口、出口压力和反应压力。以下为反应压力的操作方法。

（1）正常生产时，调节气压机转速或由调节气压机反喘振量自动控制分馏塔顶压力。

(2) 开、停工和事故状态下，调节气压机入口放火炬阀和调节分馏塔顶油气开工蝶阀控制分馏塔顶压力（若有），或通过充瓦斯量控制分馏塔顶压力（若有）。

(3) 气压机入口放火炬为非正常调节手段，一般情况下不启用；分馏塔顶油气开工蝶阀处于全开位置并置于现场手动位置（若有）。

分馏塔顶部压力主要受反应进料量和反应深度、气压机转速及气压机反喘振量、顶循环回流及冷回流的变化等因素影响。此外，顶部压力还会受到异常操作的影响，如气压机入口放火炬阀漏量或开度变化、冷回流带水、塔顶分液罐液位超高等因素的影响。影响因素：

(1) 反应处理量增加，分馏塔顶压力升高。

(2) 反应深度增加，分馏塔顶压力升高。

(3) 启用冷回流或冷回流量增加或冷回流带水，分馏塔顶压力升高。

(4) 分馏塔顶油气分离器液面超高，分馏塔顶压力突升。

(5) 分馏塔顶油气开工蝶阀突关，分馏塔顶压力突升（若有）。

(6) 气压机入口放火炬阀开度增加，分馏塔顶压力下降。

(7) 气压机转速增加，分馏塔顶压力下降。

(8) 气压机反喘振量增加，分馏塔顶压力升高。

(9) 气压机、仪表故障。

四、分馏塔顶温度控制及其影响因素

分馏塔多采取顶循环回流量定值控制，塔顶温度自动控制顶循环回流的冷、热路阀改变顶循环返塔温度来实现的塔顶温度控制的。在控制分馏塔顶温度时，宜采用大流量小温差，即顶循环回流量要大些，抽出与返塔之间的温差要小些。由于重油催化反应注汽量较大，使分馏塔顶油气中水蒸气分压增加，因此控制分馏塔顶温度不能过低，为防止塔内易出现游离水和结盐现象。当调整幅度较大时可调节顶循环回流量，增加取热量，甚至启用冷回流配合控制塔顶温度，注意冷回流量不要打入太大，调节幅度时不能过急，更不能带水，以免引起反应压力的波动。如果提升管操作变化较大，进料量大幅增加，分馏塔负荷变化较大，此时可通过增加分馏塔中、下部取热量，调整顶部温度，实现全塔热量平衡。

分馏塔顶温度是控制粗汽油干点的主要参数。分馏塔顶压力越高，油气分压越高，馏出同样的粗汽油所需的塔顶温度越高；一定的油气分压下，塔顶温度越高，粗汽油的干点越高。影响因素：

(1) 反应处理量增加，分馏塔顶温度上升。

(2) 反应深度增加，分馏塔顶温度上升。

(3) 分馏塔顶压力升高，分馏塔顶温度下降。

(4) 顶循环回流量增加和返塔温度下降，分馏塔顶温度下降。

(5) 富吸收油返塔量增加或返塔温度降低，分馏塔顶温度下降。

(6) 启用冷回流或增加冷回流流量，分馏塔顶温度下降。

(7) 下段、中段气相温度上升，分馏塔顶温度上升。

(8) 轻柴油汽提塔满塔溢流，分馏塔顶温度上升。
(9) 顶循环油泵故障，分馏塔顶温度上升。
(10) 顶循环系统控制仪表失灵，分馏塔顶温度变化。

五、粗汽油干点控制

汽油干点是通过调节分馏塔顶循环回流的冷、热流调节阀改变其返塔温度或调节返塔流量来调节分馏塔顶温度来控制的。一般以调节返塔温度为主，调节返塔流量为辅，在特殊情况下，可启用冷回流来控制塔顶温度。粗汽油干点高，降低顶循环回流返塔温度，或提高顶循环回流流量，必要时启用冷回流控制。在加工原料性质、流量大幅变化（如渣油加氢开停工时）或回炼轻污油时应根据粗汽油干点分析结果，调整塔顶温度，保证粗汽油干点合格。

影响汽油干点的因素很多，如反应进料性质、反应的深度、催化剂的性质、装置加工量的变化，分馏的塔顶温度、冷回流量、顶循环回流量、一中段循环回流量及回流返塔温度等。

六、分馏塔顶冷后温度控制及其影响因素

分馏塔顶冷后温度直接影响到分馏塔顶油气分离器的分离效果、反应压力、气压机运行工况等，操作中应严格按照设计条件控制好分馏塔顶温度。根据能量回收原则，尽量增加高温热能的回收。生产中应保证分馏塔顶油气与除盐水充分换热，视冷后温度高低，调整空冷变频器信号，确定空冷器投用台数。当分馏塔顶气相负荷增大，冷后温度过高，最简单的办法是降处理量，视情况调整原料性质、反应深度及分馏各段去热负荷（包括冷回流量），避免气相负荷过高形成气阻，导致冷后温度升高。

影响因素：
(1) 气相负荷变化。
(2) 循环水、热水供水温度、压力、流量变化。
(3) 冷回流量投用或流量大幅变化。
(4) 原料性质、处理量、反应温度、催化剂活性、反应深度等变化。
(5) 反应再生系统及分馏系统蒸汽压力及用量变化。
(6) 冷换设备投用台数、环境温度（如暴雨、大风天气）等变化。
(7) 塔顶冷换设备是否结垢堵塞，是否形成气阻。

七、分馏塔顶油气分离器液位、界位控制

正常时分馏塔顶油气分离器液位用去吸收塔的粗汽油流量来串级调节。油气分离器液位低，降低粗汽油去吸收塔的流量；反之，提高粗汽油去吸收塔的流量。值得注意的是油气分离器液位过高，会引起气压机入口带油，造成压缩机的损坏；液位过低，粗汽油易带气体，会引起粗汽油泵的抽空。

此外，装置处理量及反应深度、分馏塔顶温度、分馏塔顶油气冷却温度对油气分离器液位也有影响。装置处理量及反应深度增加油气分离器液位上升；反之，液位下降。分馏塔顶温度高，油气分离器液位高。分馏塔顶油气冷却温度高，富气量增加，液位降低。

油气分离器界位是通过油气分离器底部脱液包至酸性水罐控制阀的开度来控制界位的。酸性水罐顶部设有压力返回线，利用油气分离器和酸性水罐之间的压力差，保证酸性正常进入酸性水罐。当油气分离器界位升高时，开大控制阀，酸性流量增加，反之关小控制阀。界位过高，粗汽油容易带水。界位过低，酸性水脱油、脱气带油时间不足，造成酸性水罐压力升高，气返线发生气阻，严重时界位无法控制，酸性水带汽油。

此外，油气分离器界位还受反应用汽量、使用酸性水终止剂、反应回炼污油、分馏回炼污油、气压机压凝液等因素影响。当装置开工反应系统用汽量大或原料带水时，易造成油气分离器界位上涨过快，界位调整不及时，易造成粗汽油带水、机泵超电流的故障。

八、柴油汽提液位控制及其影响因素

轻柴油汽提塔液通过轻柴油出装置流量串级控制。为了实现装置间的热工料，有些装置采用轻柴油外送柴油加氢装置流量的定值控制，利用冷却后的贫吸收油直接去罐区来实现轻柴油汽提塔液位的稳定控制。不要热供料时，只需启运轻柴油空冷，达到要求温度后直接送至罐区。轻柴油汽提塔的液位高低直接影响轻柴油的汽提效果，需根据轻柴油的闪点合理控制。轻柴油汽提塔满塔溢流，不但影响汽提效果，还会破坏分馏塔中部塔板的正常操作，造成中段温度下降，液相负荷增大；上段温度上升，气相负荷增大，造成粗汽油、轻柴油质量不合格。液面过低，则会造成轻柴油泵抽空。影响因素：

（1）分馏塔顶温度降低，液面上升。
（2）分馏塔顶压力升高，液面上升。
（3）分馏塔轻柴油抽出塔板上一层气相温度升高，液面上升。
（4）反应处理量增加、回炼量增加，液面上升。
（5）反应深度变化，液面变化。
（6）仪表失灵，轻柴油泵故障。

九、柴油凝点和闪点控制

（一）柴油凝点

催化裂化装置轻柴油的凝点一般通过调节分馏塔一中段循环回流返塔温度和一中段循环回流量自动控制柴油抽出板下的气相温度，来控制柴油的95%点馏出温度或干点，生产时需要根据柴油生产情况及季节进行调节。当柴油凝点偏高时，可降低分馏塔一中段循环回流返塔温度，或提高一中段循环回流量。调节过程中以调节一中返塔温度为主，流量为辅。

重柴油的凝点常靠改变其抽出量来调节，当重柴油抽出量减少时，其下段内回流量随即增大，因此重柴油会变轻，凝点也随之降低。

影响柴油凝点的因素很多，如反应进料性质、反应的深度、装置加工量的变化，分馏塔的塔顶温度、一中段循环回流量和回流返塔温度、富吸油流量和返塔温度。分馏塔有重柴油抽出时，其凝点受抽出比例的影响。

（二）柴油闪点

一般柴油的闪点控制在不高于67℃，通过调节向柴油汽提塔内吹入1.0MPa过热蒸汽量，控制轻柴油的闪点。在轻柴油抽出塔盘上气液平衡条件下，总有少量的汽油的轻组分进入柴油馏分中，这就导致分馏塔馏出的柴油闪点偏低，靠塔下部吹入过热蒸汽，使轻组分得以汽化，以保证柴油闪点合格。当轻柴油的闪点低时，可适当加大向汽提塔吹入的蒸汽量，也可降低汽提塔液位增加汽化空间或增加柴油的停留时间来调整，一般汽提蒸汽量为轻柴油抽出量的2%~3%（质量分数）。

重油催化裂化柴油的产品质量如十六烷值低，硫、氮和胶质含量高，油品的颜色深、安定性差，且易氧化产生沉渣，一般要进行柴油的加氢精制以提高其质量，此时重油催化裂化的柴油闪点可适当放宽。

十、回炼油罐液位的控制

回炼油自分馏塔第29层自流进入回炼油罐，回炼油罐液位的高低反映出反应深度的大小。正常生产时，回炼油罐液位主要通过调节回炼油返塔流量来控制，同时还要参考柴油抽出温度和人字挡板上方的气相温度，保证柴油质量合格，分馏塔下部不超温。

回炼油罐液位也受分馏热量分配的影响，其液位通过反应深度、回炼油返塔流量、反应回炼量及调整全塔取热分配进行间接调整。反应深度增大，回炼油罐液位降低；反之升高，回炼油罐液位升高。反应处理量增大，回炼油罐液位升高；反之降低，回炼油罐液位降低。分馏塔中部热负荷大，回炼油罐液位升高；反之降低。回炼油回炼量增大，回炼油罐液位降低；反之液位升高。回炼油至渣油加氢量增大，回炼油罐液位降低；反之升高。

十一、分馏塔底液位控制

正常情况下，分馏塔底液位与产品油浆出装置流量串级调节，当分馏塔底液位升高时，提高产品油浆出装置流量，反之降低油浆出装置量。分馏塔底液位过高，会有淹没油气大管线的风险，造成反应器憋压，压力升高引发两器差压联锁。分馏塔液位过低，会引起油浆泵运行不稳定，油浆循环量波动或者油浆泵抽空油浆循环中断，处理不及时会造成分馏塔冲塔，破坏分馏塔热平衡，使汽油、柴油产品质量不合格。除保证分馏塔底液位正常外，还要保证油浆系统的流动性，防止油浆出装置量过低造成油浆系统凝线。分馏塔液位一般控制在30%~50%，以免分馏塔底液位高，造成油浆停留时间长结焦和催化剂沉积。

分馏塔底液位还受上返塔流量、反应深度、反应进料量、回炼油及二中返塔量、油浆回炼量等因素影响。上返塔流量大，塔底液位高。反应深度大，塔底液位低。进料量大，塔底液位高。回炼油及二中返塔量增大，塔底液位升高。反应油浆回炼量增加分馏塔底液位降低。

十二、分馏塔底温度控制

分馏塔底温度正常时用油浆下返塔流量调节阀调节，在调节过程中，控制下返塔流量不能过低。早期的蜡油催化裂化分馏塔底温度控制在370~380℃，重油催化裂化的进料加重，分馏塔底易结焦，一般控制塔底温度不高于350℃。分馏塔底温度高，提高下返塔流量；反之，则降低。必要时可调节循环油浆的取热量，改变循环油浆的返塔温度，控制塔底温度。

分馏塔底温度还受反应温度变化、反应总进料量的影响。反应温度高，带入分馏塔热量大，分馏塔底温度高；反之，则降低。反应总进料量增加，带入分馏塔热量大，分馏塔底温度高；反之，则降低。

十三、油浆外甩温度控制

正常生产时，分馏岗位通过油浆外甩量控制分馏塔底液位稳定，为了保证油浆外甩至罐区不因压力降低而发生突沸情况，需要控制油浆外甩温度不高于90℃。外甩油浆采用热水和循环水换热冷却，一般通过调节油浆换热的冷热路流量保证外甩温度的稳定。值得注意的是，油浆外甩温度不得控制过低，以免发生蜡油冷凝挂壁，造成管道变窄油浆外甩不畅。

十四、固体（催化剂）含量控制及其影响因素

油浆中固体含量的高低取决于催化剂进入分馏塔数量上的平衡。进入量取决于沉降器旋风分离器的分离效率，即油气携带进入分馏塔的催化剂量，而排出量取决于油浆回炼量与油浆出装置量之和。在生产过程中应保证一定的油浆循环量，不能时大时小，油浆上返塔塔流量不能过低，保证催化剂在脱过热段被洗涤下来；回炼油浆量或油浆外甩量要控制在某一数值以上，不能经常处于很小的量，以防止催化剂粉末在分馏塔底积聚；若发现油浆固体含量升高，应加强产品油浆的分析频次和分析项目（如灰分、密度等），及时分析反应再生系统操作状态，加以调整，减少催化剂带出量，并提高油浆外甩量和回炼量；当油浆中固体含量高时，应加大油浆循环量，防止催化剂沉积，堵塞设备；必要时提高催化剂的质量；若沉降器内旋风分离器故障或磨穿，催化剂跑损量增加，不能维持正常生产时，及时停工处理。

影响因素：

（1）反应器系统操作波动，特别是压力波动，沉降器藏量变化大，造成大量催化剂进入分馏塔。

（2）沉降器内旋风分离器效率差（料腿翼阀密封不好，料腿磨坏等），使反应油气中大量携带催化剂。

（3）催化剂细粉多，或强度低，质量差，使催化剂跑损量增加。

（4）油浆回炼量或油浆出装置量过小造成催化剂在塔底聚集，固体含量升高。

项目三　分馏系统开停工

一、分馏系统开工

（一）开工前的准备

1. 开工前检查

施工单位对装置一切安装检查完毕，杂物清扫干净，各塔、容器、自保阀、管线、机泵确保无遗漏质量问题。检查管线油漆、保温情况，蒸汽线等热力管网热补偿设施管线支吊架、管托齐全、牢固。

2. 分馏岗位流程打通，设备备用

改还原料油、顶循环油、轻柴油、贫富吸收油、一中油、回炼油、循环油浆、产品油浆、封油、酸性水流程。机泵、空冷风机调试完毕，油雾润滑及润滑油正常。

3. 调节阀调试完毕、安全阀投用、压力表安装完毕、泵及空冷已送电

检查管线设备阀门、密封填料、法兰等紧固完毕，单向阀方向正确。管线扫线点、采样、放空、压力表、温度计齐全，温度计、热电偶、压力表等安装符合要求。塔、器压力表、玻璃板液面计、安全阀等安全附件齐全。

4. 分馏区域盲板处于开工状态，公用工程引至设备前

所有出、入装置管线盲板已按照要求拆装，蒸汽、氮气等工艺介质引至设备前排凝。

（二）分馏系统的吹扫、气密

1. 准备工作

装置设备、管道安装完毕并清扫干净。熟悉流程、明确吹扫给汽点及排汽点。加好有关盲板并做好记录。关闭泵出入口阀门，装好泵临时过滤。拆除调节阀、流量计、限流孔板并关闭其切断阀。拆除量程低于200℃的温度计，并装好丝堵。吹扫时蒸汽压力不低于0.9MPa（表），压缩空气压力不低于0.5MPa（表）。

2. 吹扫

新装置或改造后装置，开工前要进行设备、管线吹扫。吹扫一般用蒸汽或氮气，吹扫时要注意，先打开所有放空阀、排凝阀，确保系统不超压，并畅通。吹扫时调节阀与计量表走副线，计量表与调节阀卸下吹扫，吹扫干净后方可恢复。吹扫管线时，如要进塔，则在塔前断法兰，上挡板，保证杂物不进塔。经防腐处理的冷却器，不能通入蒸汽，防止损坏防腐层，冷换设备一程通汽，另一程一定要排空，以防憋压损坏设备，塔和容器通蒸汽时，顶部要排空，底部要排凝。如用氮气涨压式吹扫，则通过向塔容器内充气，充气至一定压力后，通过阀后断法兰，或通过专用泄压阀，经瞬间泄压，达到带出杂质的目的，但注意压力不能超过容器操作压力。

3. 气密

分馏、稳定、吹扫合格后，各塔充气密并处理泄漏点。气密时，要用肥皂水对各人孔、法兰连接处试漏。气密结束后要将各塔、管线低点排凝打开放净凝结水。气密时注意各塔压力，防止安全阀起跳。

4. 系统赶空气

赶空气的目的是系统在停工检修时充满空气，而空气与开工后的瓦斯混合物在浓度达到爆炸极限后有爆炸的危险，因此必须在系统内通过充瓦斯或氮气赶空气。在系统赶空气前应先将分馏系统与后部系统隔离。分馏系统赶空气用蒸汽，并在建汽封、切汽封时进行。稳定赶空气时，有的装置用氮气，有的装置用瓦斯。用氮气赶空气时，可用胀压置换法，胀压置换法优点是不存死角，赶空气较彻底。用蒸汽赶空气时，注意不能留死角，赶空气结束后，要及时关闭蒸汽，否则蒸汽由于冷凝，系统可能会形成负压，窜入空气，因此必须保证正压状态下引瓦斯。引瓦斯前一定先做好分析工作，瓦斯合格后，当系统压力低于瓦斯压力时，即可引瓦斯，此时可分析系统氧含量，如大于 0.5%（体积分数）则必须置换，一般通过向火炬排放置换，直至瓦斯氧含量小于 0.5%（体积分数）后系统保持正压。但注意气压机系统赶空气时，不能用蒸汽，因为蒸汽瞬间升、降温对气压机密封有影响，容易引起机组泄漏，所以只能用氮气赶空气。

（三）油联运

1. 引原料油，建立塔外三路循环，原料油加热

（1）原料油界区外赶水：原料引进装置后，从压力控制返回线返回罐区。

（2）原料油罐装油：原料引至原料罐，罐底排凝脱水，见油关闭。

（3）原料系统循环：原料至喷嘴前，再返回原料罐，调节泵出口流量，控制液位稳定。

（4）利用开工循环线和塔容串线逐步建立塔外原料、回炼油、油浆三路循环：先开路循环置换脱水，再闭路循环，保证原料油罐、回炼油罐液位稳定。

2. 引封油，原料循环加热

（1）引减二线蜡油至封油罐，加强封油罐脱水，投用封油系统，控制好封油压力。

（2）利用开工加热器原料进行加热，控制好升温速度。热油泵投用封油。升温过程中，应定期切换各备用泵，备用泵预热。

（3）引柴油进燃烧油罐，加强燃烧油罐脱水，改好燃烧油循环流程，控制好燃烧油罐液位、压力备用。

3. 塔器给汽脱水

（1）利用分馏塔搅拌蒸汽、柴油汽提塔汽提蒸汽，给汽，塔顶见汽，塔底加强脱水。

（2）气压机入口给汽至分馏塔顶油气分离器，放空见汽。

（四）拆大盲板，建立塔内循环，分馏收油

1. 拆油气大盲板

（1）拆油气大盲板前工作，分馏塔、柴油汽提塔蒸塔，热紧完毕后，减少蒸汽保持分

馏塔微正压。

（2）拆除油气管线大盲板后，开大蒸汽阀，用分馏塔顶开工蝶阀及蒸汽阀控制塔顶压力，分离塔向分馏塔顶油气分离器赶空气。

2. 塔罐吹扫赶空气

（1）塔顶油气流程至油气分离器放空，大量见汽后关闭气压机入口吹扫蒸汽，关闭分馏塔顶油气分离器顶放空。

（2）关小搅拌蒸汽，原料油罐、回炼油罐气相挥发进分馏塔，逐步打开循环线器壁阀分馏塔进油，防止塔内水汽化造成压力波动。改塔内循环，控制好各塔罐液位稳定，压力稳定。

3. 分馏收油

（1）引开工汽油至分馏塔顶油气分离器。加强脱水，酸性水罐液位高时，打通酸性水外送流程。改冷回流流程、顶循回流流程充汽油。

（2）引柴油，充分馏一中循环回流流程，静止并加强脱水。

（3）缓慢投用分馏塔顶冷回流，控制塔顶温度。

（五）反应装剂转剂，分馏三路循环

（1）控制分馏塔内三路循环平稳，投用油浆阻垢剂，加强油浆固含分析。

（2）与反再做好配合，控制燃烧油、封油罐液位，液位降低及时收油。

（3）与吸收稳定做好配合，稳定塔改蒸汽加热，一中循环走跨线。

（六）反应喷油，分馏建立各路循环

1. 建立各段循环，外送产品

（1）配合反应喷油，控制好原料油罐液位，停分馏塔顶开工干气流程。

（2）保证油浆循环正常，投用产品油浆外甩，保证油浆固体含量合格。

（3）根据反应进料量及分馏塔顶温度建立顶循环回流，控制塔顶温度，减少冷回流量。

（4）根据反应进料量及分馏塔顶温度建立一中循环回流，一中进稳定塔底重沸器，平稳控制分馏塔中部温度。若一中循环回流建立失败重新充柴油，促使回流建立。

（5）柴油汽提塔液位足够时，启泵外送轻柴油至罐区，保持液位稳定。

（6）与吸收稳定做好配合，投贫富吸收油流程。

（7）根据回炼油罐液位，减少原料补油量，启运回炼油泵，建立二中循环和回炼油循环，保持回炼油罐液位稳定，原料预热温度稳定，逐步减少开工加热器蒸汽量。

（8）与仪表做好配合，投用仪表冲洗油。

（9）根据分馏塔顶油气分离器液位逐步停收开工汽油，并控制液位稳定，外送粗汽油至不合格罐区。根据分析情况，与吸收稳定岗位配合，打通粗汽油进吸收塔流程。

2. 全面调整

（1）与热工岗位做好配合，逐步投用油浆蒸汽发生器，保证油浆系统循环稳定。

（2）与硫黄装置配合投用分馏塔顶注净化水流程、分馏塔顶注缓蚀剂。

（3）做好油浆过滤系统投用准备，并根据需求投用油浆过滤系统。

（4）全面检查各段流程及现场生产情况，调整分馏塔各温度、压力、流量、液位等参数，符合工艺卡片要求，产品质量合格，生产稳定，并按生产计划进行生产。

二、分馏系统停工

（一）分馏岗位停工准备

（1）与罐区做好沟通确认，根据操作卡提前贯通好油浆紧急外甩流程备用。
（2）与罐区做好沟通确认，改好不合格汽油至相应罐的流程，并试通不合格汽油线。
（3）与轻重污油装置做好沟通确认，降低轻污油罐液位，为停工做好准备。
（4）与轻重污油装置做好沟通确认，蒸汽贯通重污油线，为停工做好准备。
（5）根据油浆过滤器操作规程，停油浆过滤系统，关闭相关阀门。
（6）维持封油罐、燃烧油罐液位，确保停工过程中的封油、燃烧油的供应。
（7）根据盲板表按要求拆盲板，相关排凝接胶管。

（二）降温、降量、降压，降液位

（1）分馏系统降负荷，逐步降低各塔罐液位，提高分馏塔顶油气分离器液位。
（2）停分馏塔顶注酸性水、停注缓蚀剂。
（3）与吸收稳定做好配合，稳定塔重沸器切除一中热源。

（三）分馏系统扫线

（1）切断进料后，停收原料，开事故旁听至分馏塔，原料油系统扫线，相应的回炼线及原料集合管都扫线至分馏塔。
（2）将回炼油罐油逐步倒至分馏塔，停回炼油泵，回炼油、二中系统扫线。
（3）切断进料后，维持正常的油浆循环，调整油浆外甩量，维持油浆循环正常，保证油浆泵运行正常，加强产品油浆分析。
（4）产品油浆、油浆过滤器系统扫线，扫线过程注意蒸汽脱水，防止发生水击。
（5）根据分馏塔运行情况，启用冷回流，控制分馏塔顶不超温，并逐步停顶循环，停一中、停轻柴油、停贫富吸收油。

（四）分馏退油、扫线

（1）分馏塔顶温度得到控制后，停冷回流，顶循环回流管线排油，扫线。
（2）与气压机岗位做好配合，完成凝缩油退油至分馏塔顶油气分离器，粗汽油改经不合格线外送至罐区。
（3）轻柴油系统退油至罐区，扫线。
（4）一中循环回流、贫富吸收油、封油罐、燃料油罐退油，扫线。油随着原料、回炼油、油浆、一中系统退油时，将封油罐内存油全部送至各机泵，随介质一起外退，在各热油泵停运之前，必须将封油罐内存油退空。
（5）监视轻污油罐液位，间断启动轻污油泵，及时外送轻污油。
（6）卸完剂后，停止油浆循环，油浆经紧急外甩线送至罐区。在分馏塔放空检查时，若塔底存油较多，需重新启泵外送，直至塔底油退净。

(7) 油浆线退油结束后，吹扫干净油浆紧急外甩线。

（五）装油气大盲板，停备用主风机

(1) 开大分馏塔底搅拌蒸汽和柴油汽提塔汽提蒸汽，对分馏塔蒸塔，分馏塔顶大量见汽，塔底无油。

(2) 减少给汽量，保持分馏塔微正压，配合反应装油气大盲板。装好后继续大量给汽吹扫。

(3) 分馏各流程进行全面扫线，打开塔顶和塔底放空，塔底给汽蒸塔。

(4) 检查各流程系统吹扫无死角，无漏线。蒸塔 24h，关闭给汽点，扫线结束。

(5) 配合做好分离系统的钝化。

（六）检修条件确认，交付检修

(1) 根据方案停运检查设备停运、介质阀门关闭。自上而下分馏塔、容器开人孔，但要防止硫化亚铁自燃。

(2) 自然通风冷却、采样、分析合格。根据盲板表完成盲板隔离，分馏部具备分检修条认，交付检修。

项目四　分馏系统异常工况处理

一、处理原则

分馏系统发生事故时，要冷静分析，查出原因，果断处理，并做好与有关岗位的联系，本岗位必须做到：

(1) 控制住塔顶温度不高于 130℃，严防冲塔事故发生，严禁由于冲塔而把反应沉降器压力憋高。

(2) 保证油浆循环正常，不能使油浆泵抽空，维持塔底液位在 30%~70%，严格控制油浆排出温度不高于 90℃。

(3) 分馏塔顶油气分离器液位保持在 20%~60%，不能超高造成富气带油，也不能让液位过低使泵抽空，必要时从罐区收油，保证冷回流用油。

(4) 看好封油罐、燃料油罐液位，控制在 30%~70%，加强切水，保证封油、冲洗油循环正常及反再喷燃烧油的需要，必要时联系相关单位收油。

二、反应系统对分馏系统的影响

反应岗位进料量的变化、反应温度的高低以及催化剂种类与活性，直接影响分馏系统的物料平衡、热平衡及馏分分布等，对分馏系统的操作有很大的影响。如反应系统两器流化不正常或两器压力平衡失常，可导致反应切断进料，从而打乱分馏系统的正常操作。

回炼比的大小影响产品分布和气液相负荷的变化，对分馏系统热平衡及回流量的大小有较大的影响。

反应系统蒸汽量大小影响分馏塔板上的气相负荷。蒸汽量过大，会造成分馏系统各层塔板气相负荷增大，易产生雾沫夹带，造成产品质量不合格；同时增加塔顶冷凝冷却系统的热负荷。蒸汽量太小，气相负荷减小，会造成漏液现象，使分离效果变差，产品质量不合格。

三、反应切断进料分馏系统的处理

（1）配合反应、再生岗位停原料油泵，防止与原料换热的换热器憋压。

（2）原料油停后，关闭事故旁通线前手阀，防止原料开路循环时原料油大量进塔。

（3）改好分馏塔油浆紧急外甩流程，投用油浆紧急外甩冷却器，联系调度向罐区甩油。注意关闭油浆紧急外甩扫线蒸汽，防止蒸汽窜油。

（4）在轻柴油泵没有抽空之前，减少轻柴油出装置量，尽可能保持封油罐、燃烧罐高液面，为外引柴油做封油、燃烧油提供时间。

（5）视封油罐液位情况，外引柴油。如封油罐液位过低，改好外引封油流程，联系油品车间启动轻柴油泵向装置内送柴油。装置外柴油进来后，如封油罐液面允许，可暂时将装置外柴油送回罐区，将管路内存水脱净再引进封油罐。

（6）分馏塔底液位低时，可暂时停回炼油泵，当塔底液面见量后，再启泵小量循环。

（7）当分馏塔底温度低于250℃时，配合热工岗位对油浆进行倒加热。

（8）如在油浆紧急外甩过程中，原料罐液面过高，可将部分原料同油浆一起甩到罐区。

（9）外甩油浆结束后，改好原料开路大循环流程，维持原料罐液面，保证开路大循环正常。

（10）反应进料切断后，可根据各回流泵运转情况将各中段回流停掉。

（11）当分馏塔顶油气分离器液位高时，可启动粗汽油泵将分离器内汽油跨过稳定、精制直接送出装置。

（12）加强酸性水罐脱水，防止满罐。

四、反应器跑剂分馏系统的处理

当沉降器发生跑剂时，大量的催化剂被油气携带至分馏塔，此时应严格控制分馏塔人字挡板上部的气相温度，同时提高油浆循环量，增加油浆上返塔流量，保证洗涤效果，避免催化剂被带至分馏塔上部。大量的催化剂被洗涤下来沉积在分馏塔底，会加速油浆泵及油浆管线等设备的冲蚀，导致机泵抽空、电流上升、管线泄漏等问题。此时应持续大量外甩油浆，有油浆回炼的应提高油浆回炼量，快速降低油浆中的固体含量，减缓跑剂的影响。在增加油浆外甩过程中，保证油浆外甩温度不超，油浆换热器不开副线。为避免油浆在塔底沉积聚集，应适当开大交班蒸汽量。同时还应该增加产品油浆、回炼油固体含量分析频次，跟踪油浆固体含量变化，并与反应岗位及时沟通及时恢复正常。如影设备严重故障等原因，油浆固体含量无法得到有效控制，则停工处理。

五、分馏塔顶回流波动或顶回流泵抽空

（一）原因

(1) 反应温度下降，使塔顶负荷过低，引起泵晃量，严重时抽空。
(2) 在打冷回流时，因为带水，调节不及时，引起晃量或抽空。
(3) 富吸收油突然增加，顶部负荷过小，也会引起泵的晃量，严重时抽空。
(4) 中段回流调节不当，塔内各种负荷分布不均，中部负荷较大，顶部负荷过小，引起泵晃量，严重时抽空。
(5) 反应温度突然上升，使塔顶负荷过大，靠塔顶回流取热，已经不能满足热平衡的要求，使抽出层集油箱存油减少，引起泵晃量，严重时抽空。
(6) 分馏塔顶温度过高，调节不及时，使顶回流抽出层集油箱存油减少。
(7) 总进料量突然下降。
(8) 机泵故障，仪表失灵。

（二）处理

(1) 在分馏塔顶回流量波动时，应及时降量，并适当提高冷回流，以保证粗汽油干点。适当提高轻柴油抽出塔板温度，逐步增加顶部负荷。
(2) 及时切换备用泵。应先打入冷回流，以压住塔顶温度，但必须注意系统压力。当机泵上量后，逐步提量至正常。若分馏塔顶温度没有控制住，引起冲塔，必要时还可降低反应进料量，然后采取措施进行处理。
(3) 若仪表失灵，应及时改用手操作器，或用副线操作，并联系仪表处理。

六、粗汽油泵抽空

（一）现象

(1) 粗汽油至吸收塔流量回零，油气分离器液位上升。
(2) 如用粗汽油作终止剂，则终止剂流量回零，反应温度、压力上升。
(3) 吸收塔底温度上升，液位降低。
(4) 稳定系统压力上升。
(5) 严重时，吸收塔冲塔，再吸收塔液面满。

（二）原因

(1) 粗汽油泵抽空或故障。
(2) 油气分离器液位过低或油水界位失灵，界位控阀关闭或含硫污水泵故障停运。
(3) 油水界位超高造成粗汽油带水严重。
(4) 粗汽油温度高，使粗汽油泵泵体过热。
(5) 开停工时，油气分离器压力低，吸入压头不足。
(6) 气压机入口抽负压，粗汽油泵入口压力低，吸收塔压力高。

（三）处理

（1）粗汽油泵或含硫污水泵故障，应迅速切换备用泵，联系对故障机泵进行处理。如泵体过热，应迅速向泵体注凉水降温。安排专人现场盯住运行机泵。

（2）粗汽油罐油液位或油水界位失灵后，应根据现场液（界）位，立即改副线控制。

（3）加强油气分离器脱水，保持水界面不超标。

（4）粗汽油温度高，应迅速降低分馏塔顶油气冷后温度。

（5）联系反应岗位，适当提高油气分离器压力，保证机泵正常运行。

（6）联系反应岗位，消除气压机抽负压，降低粗汽油泵出口背压，为避免气压机带油，情况紧急时，切断反应进料，气压机紧急停机。

七、轻柴油泵抽空

（一）现象

（1）柴油出装置指示回零。

（2）柴油汽提塔液面上升。

（3）机泵振动大，出口压力大幅波动，电流波动。

（二）原因

（1）汽提塔液面过低。

（2）仪表及控制阀失灵。

（3）汽提蒸汽量过大，使汽提塔压力高于分馏塔压力，柴油压不出来。

（4）柴油泵入口扫线蒸汽阀内漏。

（三）处理

（1）及时联系下游装置，减少轻柴油出装置量，调整塔内负荷。

（2）适当提高柴油抽出层温度，调整轻重柴油抽出量。

（3）存在柴油补一中流程时，及时停止，以防一中泵抽空。

（4）在轻柴油闪点合格的基础上，适当关小汽提蒸汽量，防止轻柴油自流进塔不畅。

（5）机泵故障及时切换备用泵，仪表失灵联系仪表处理。

（6）必要时从装置外引柴油，并保证封油、燃烧油及冲洗油的供给。

（7）如机泵长时间抽空，反应岗位降处理量，提高分馏塔中部温度。

八、一中回流泵抽空

（一）现象

（1）机泵振动大，出口压力大幅波动，电流波动。

（2）一中段回流流量指示回零，分馏塔上部温度上升。

（3）一中作吸收稳定单元热源的塔底温度降低，液位上升。

（4）分馏塔顶油气分离器、柴油汽提塔液位上升，回炼油罐液位下降。

（二）原因

(1) 反应操作大幅度波动。
(2) 分馏塔中部、顶部温度过高，冲塔。
(3) 重柴油抽出量过大，轻柴油抽出层温度过高，引起一中段负荷不足。
(4) 封油量过大、过轻或带水。
(5) 泵入口扫线蒸汽内漏。
(6) 机泵故障，仪表失灵。

（三）处理

(1) 平稳反应操作，保证分馏系统稳定。
(2) 提高顶循环回流流量或降低回流返塔温度，必要时启用冷回流，保证塔顶不超温、分馏塔不冲塔。
(3) 一中段回流波动时，应及时关小一中泵出口阀，降低一中段抽出量，并适当降低塔顶温度。
(4) 若抽出温度高，加大塔底油浆循环取热，降低塔中部温度。
(5) 若分馏塔中部负荷低，逐步增加中段负荷，也可以采用轻柴油补入一中回。
(6) 加强封油脱水，调整封油注入量。
(7) 泵入口蒸汽扫线上加盲板。
(8) 泵故障时，及时切换备用泵。
(9) 若仪表失灵，应及时将控制器改手动，或用副线操作，联系处理。

九、回炼油泵抽空

（一）现象

(1) 机泵振动大，出口压力大幅波动，电流波动。
(2) 回炼油返塔流量指示回零，回炼油罐液位上升，分馏塔温度上升。
(3) 分馏二中流量指示回零，原料预热温度降低。
(4) 回炼油回炼流量指示回零，反应温度上升。

（二）原因

(1) 反应深度大，液面过低，调节不及时。
(2) 分馏塔底温度低。
(3) 扫线蒸汽阀漏，蒸汽窜入泵体，形成气阻。
(4) 封油量过大或封油带水。
(5) 轻柴油抽出塔板温度过高，中段回流泵抽空。
(6) 仪表失灵。
(7) 有重柴油抽出的装置，重柴油抽出量过大；在不生产重柴油时，轻柴油抽出塔板温度过高，引起回炼油组分变轻。

（三）处理

(1) 适当调整反应深度，必要时可向回炼油罐补油。
(2) 回炼油泵抽空引起反应温度变动时，可用原料油量或催化剂循环量控制调节。
(3) 调整轻柴油抽出塔板温度，改变回炼油组分。
(4) 泵故障时，关小泵出口阀，放空赶出空气，必要时切换备用泵，并联系修理。
(5) 联系有关岗位加强封油脱水。
(6) 若仪表失灵，及时改用手操作器控制或副线操作。
(7) 若是扫线蒸汽阀漏，应及时修理。
(8) 调整分馏塔底温度。
(9) 有重柴油抽出的装置，调整重柴油抽出量。

十、油浆泵抽空

（一）现象

(1) 油浆循环量指示回零，分馏塔中部温度快速上升。
(2) 油浆回炼量指示回零，反应温度上升。
(3) 分馏塔底液位快速下降。

（二）原因

(1) 分馏塔底液面过低。
(2) 轻柴油抽出塔板温度过低，轻组分压入塔底，使油浆组分变轻（不出重柴油时），开工时轻柴油没有及时抽去。
(3) 封油量过大、过轻或封油带水，在泵体内汽化造成气阻。
(4) 固体含量过高，造成管道催化剂堵塞。
(5) 泵入口扫线蒸汽阀漏，造成气阻。
(6) 塔底温度过高，造成塔底结焦，管道堵塞。
(7) 泵的预热不当。
(8) 机泵本身故障，仪表失灵。

（三）处理

(1) 当塔底液面低时，及时降低油浆返塔温度，提高循环油浆量，同时根据实际情况向塔底补油（原料），并联系反应岗位降油浆回炼量。
(2) 当油浆组分变轻时，应及时提高轻柴油抽出板温度。同时确保回炼油不溢流入塔底。
(3) 调节封油量，并联系有关岗位脱水（一般封油压力比泵体压力高 0.1MPa 以上为宜）。
(4) 泵入口被催化剂或焦块堵塞，则清理泵入口过滤网，泵抽出口或管线堵塞，则用蒸汽反吹或用油介质反顶，但要注意安全操作。处理好后采取针对性措施，防止固体含量高和结焦。

（5）吹扫蒸汽入泵，找到汽源并关死。

（6）泵的预热不当，则泵排净气体，缓慢预热。

（7）如机泵故障，关小泵出口阀，放空赶出空气，必要时切换备用泵，并联系钳工修理。

（8）液位指示失灵，联系仪表工处理。

（9）采取措施无效时，应切断进料处理。

十一、分馏塔结盐

（一）现象

（1）塔顶温度的调整不灵活。
（2）塔顶循环回流泵的抽空次数显著增加。
（3）汽油、轻柴油重叠严重。轻柴油闪点不合格，用塔底汽提蒸汽也无法调整。当用回流调整时，又会出现汽油干点不合格的情况。
（4）严重结盐时，轻柴油无法抽出。

（二）原因

在催化裂化反应中，反应进料中的有机氮化物可发生分解反应生成氨，与原料中的氯化物生成 NH_4Cl。分馏塔顶部温度低于水蒸气的露点温度，有液相水出现，水迅速溶解气相中的 NH_4Cl 颗粒而成为 NH_4Cl 水溶液。在下流的过程中，随着温度的升高，NH_4Cl 水溶液失水浓缩而成为一种黏性很强的半流体，与铁锈、催化剂粉末一起沉积附着在塔板及降液管处，堵塞降液管，使回流中断，造成冲塔。

（三）处理

由于在顶回流返塔线上打入水洗水，改变了顶回流中少量氯化铵溶液状态，即由饱和状态变成不饱和状态，这样，当顶回流返入分馏塔顶部时，便会溶解塔板上所聚结的盐类，再进入顶回流系统，溶解掉顶回流泵泵体内及泵入口管道内的盐类，然后高浓度的盐溶液再从分配器均匀地返回塔顶，随塔顶油气一部分盐会被带走，持续循环，整个系统的盐含量便会显著下降。

（四）预防

预防分馏塔结盐首先加强原料管理，保证电脱盐的效果，控制原料盐含量低于 6.0mg/L，在加工高盐原料时应提高分馏塔顶操作温度。终止剂采用软化水代替酸性水，避免使用氯含量较高的水作终止剂。回炼污油时应加强脱水，不回炼高盐污油。使用新型助剂可以增大铵盐溶解度，降低结晶可能。改进分馏塔的设计，选择合适塔盘、填料，并在塔顶增设注氨、注水洗涤流程。根据经验公式或模拟软件，模拟计算液相水产生的温度，并适当提高分馏塔顶温度操作。分馏塔结盐是一个时间累积的过程，应加强原料、顶循环油、酸性水的分析，发现异常及时处理。

十二、分馏系统油浆结焦

（一）现象

分馏塔底和油浆过滤器、换热器及油浆管线是分馏油浆系统出现结焦现象。油浆系统换热器结焦后会造成换热效率下降，原料预热温度降低（有原料加热炉的装置加热炉负荷升高），油浆产汽量下降，油浆返塔温度升高。油浆过滤器结焦会造成过滤器堵塞，流通量减少，油浆泵入口流量波动，严重时油浆泵发生抽空。分馏塔上下返塔油浆分布环结焦会造成上下返塔量降低，下部塔盘结焦会造成分馏塔压降升高，塔底结焦严重时会造成油浆抽出量减少，甚至抽不出来。

（二）原因

（1）油浆性质差。油浆性质变差是油浆系统结焦的重要原因之一。例如，油浆黏度增大将影响其流动性能。固体含量增大也会使结焦性能增强。油浆中含有大量的多环芳香烃和一定量高分子烯烃，在高温下极易发生缩合反应。随着催化裂化掺炼重油比的增加，油浆中的多环芳香烃含量增加，相对密度增大，油浆因缩合而生焦的能力增强。

（2）分馏塔底温度高。分馏塔底温度是导致油浆系统结焦的直接原因。随着温度的升高，轻馏分逐渐蒸发，油浆浓缩，生焦倾向增强。同时，油浆中的烯烃、多环芳香烃产生缩合反应。当温度升高到一定值时，缩合反应速度会变得很快。

（3）油浆的停留时间长。当油浆在某一高温下停留时间足够长时，油浆中将有焦炭生成。

（4）流速低。油浆在管道中的流速过低，容易使缩合物沉积在管道表面而得以富集。聚集的缩合物进一步反应，生成"软焦"。

（三）预防

（1）在分馏塔底保持较短的停留时间，尽量将流量保持在油浆泵的上限，维持较低的分馏塔液面，以避免油浆在高温情况下结焦。分馏塔底停留时间控制在适宜范围内（如 3~5min）。

（2）油浆在管道中的流速应控制不低于 1.5~2.0m/s，在换热器的管程内宜控制在 1.2~2.0m/s，防止油浆循环系统的管道和设备结焦。

（3）换热器的副线投用应当慎重，确保油浆换热器内流速不低于 1.2m/s，避免油浆在换热过程中由于油温降低、黏度增大而结垢。

（4）选用汽蚀余量较大的机泵，避免油浆泵不上量引起大量催化剂堆积在分馏塔底。

（5）降低循环油浆返塔温度，加大油浆返塔下部入口量，控制塔底温度。用急冷油浆急冷，既可加强对塔底的冲刷作用，防止催化剂堆积在分馏塔底的缓流区而引起结焦，又可使塔底油浆快速降温，防止油浆组分因高温聚合生焦。此方法尤其适用于分馏塔底温度较高而油浆系统循环量及取热量均达上限的装置。分馏塔底温度在催化裂化进料为蜡油时一般控制在 370~380℃；掺炼重油后，则应控制在 370℃ 以内。一般随掺炼重油量的增加，原料性质的变差，分馏塔底温度也需降低，以控制油浆缩合反应速度。

（6）选用合适的油浆阻垢剂，从装置投用起连续注入，防止油浆中不溶物附着在换热器的管壁。

（7）合理调整外排油浆，降低油浆相对密度，控制油浆中稠环芳香烃浓度。国内目前控制油浆相对密度一般不大于1。

（6）合理进行技术改进，增加低温搅拌流程。

十三、分馏塔冲塔

（一）现象

（1）油品颜色变深。
（2）油品密度增大。
（3）分馏塔顶温迅速上升。
（4）油品变重，馏程重叠，残炭值大。
（5）分馏塔底液面迅速下降，各层温度上升。

（二）原因

（1）分馏塔循环回流突然中断。
（2）反应进料量或反应深度过大。
（3）反应进料带水严重。
（4）分馏塔塔盘结盐或结垢、结焦堵塞。

（三）处理

（1）首先联系将产品改进不合格罐。
（2）原料带水严重，联系反应迅速降量操作，联系原料罐区换罐、加强原料脱水。
（3）机泵故障、仪表失灵，应立即进行处理。
（4）适当提高分馏塔循环回流量，降低其返塔温度，调整好分馏塔热平衡。

十四、吸收稳定系统对分馏系统的影响

分馏系统的粗汽油作为吸收塔的吸收剂，吸收塔操作不正常，影响粗汽油的正常外送，吸收稳定停运时，需经粗汽油改至不合格汽油外送出装置。

分馏系统的轻柴油部分作为再吸收塔的吸收剂——贫吸收油，而解吸塔的解吸效果影响贫气的质量，从而使再吸收塔塔底的富吸收油的组成有较大的变化，富吸收油返回分馏塔，将直接影响分馏塔的热平衡和压力，造成分馏系统操作波动，特别要注意避免再吸收塔液面压空影响分馏塔压力。

分馏塔的中段回流一般作为吸收稳定单元解吸塔或稳定塔重沸器热源，因此吸收稳定单元运行情况，直接影响中段回流的取热情况。

吸收稳定的气压机出口油气分离器和稳定塔顶油气分离器产生的酸性水通过自压送至酸性水罐，操作中应保持界位稳定，避免界位压空造成波动。

因此，分馏与吸收稳定系统必须加强联系，尽量减少相互影响，保证装置平稳操作。

模块二　吸收稳定系统

项目一　吸收稳定工艺和设备

一、吸收过程

(一) 吸收简介

1. 吸收的作用

在吸收塔内以粗汽油、稳定汽油作吸收剂，将气压机出口的压缩富气中的 C_3、C_4 组分尽可能吸收下来。

2. 吸收剂的选择及要求

(1) 溶解度。吸收剂对于溶质组分应具有较大的溶解度，这样可以加快吸收过程并减少吸收剂本身的消耗量。

(2) 选择性。吸收剂要在对溶质组分有良好吸收能力的同时，对混合气体中的其他组分却能基本上不吸收或吸收甚微，否则不能实现有效的分离。

(3) 挥发度。操作温度下吸收剂的蒸气压要低，即挥发度要小，以减少吸收过程中吸收剂的损失。

(4) 腐蚀性。吸收剂若无腐蚀性，则对设备材质无过高要求，可以减少设备费用。

(5) 黏性。操作条件下吸收剂的黏度要低，这样可以改善吸收塔内的流动状况从而提高吸收速率，且有助于降低输送能耗，还能减小传热阻力。

(6) 其他。吸收剂还应具有较好的化学稳定性，不易产生泡沫，无毒性，不易燃，凝点低，价廉易得等经济和安全条件。

实际生产中，满足上述全部条件的吸收剂是很难找到的，往往要对可供选择的吸收剂进行全面的评价以作出经济合理的选择。

(二) 吸收的影响因素

1. 吸收推动力

气体吸收是物质自气相到液相的转移，是一种传质过程。该过程中，气相中的溶质（气体分子）首先要穿越气、液两相界面进入液相，进入液相中的气体分子也会有一部分返回气相。液体中溶解的溶质气体越多，气体分子从液相逸出的速率也就越大。当气体分子从气相进入液相的速率等于它从液相返回气相的速率时，气液两相呈动态平衡，溶液的浓度就不再变化，也就是溶液已经饱和，即达到了它在一定条件下的溶解度。此时，在溶液上方溶质气体组分产生一定的平衡分压。

混合气体中每一组分可以被溶液吸收的程度，既取决于气体中该组分的分压，也取决于溶液里该组分的平衡分压。气体吸收的推动力就是二者之差。传质的方向取决于气相中组分的分压与其溶液的平衡分压的大小。只要气相中组分的分压大于其溶液的平衡分压，吸收过程便会进行下去，直到气液两相达到平衡；反之，如果溶液中某一组分的平衡分压大于混合气体中该组分的分压，那么，传质方向便会反转，这个组分便要从液相转移到气相，即为解吸过程。

2. 影响吸收的因素

影响吸收的因素很多，主要有：油气比、操作温度、操作压力、吸收塔结构、吸收剂和溶质气体的性质等。对具体装置来讲，吸收塔的结构、吸收剂和气体性质等因素都已确定，吸收效果主要靠适宜的操作条件来保证。

1) 油气比

油气比是指吸收油用量（粗汽油与稳定汽油）与进塔的压缩富气量之比。当催化裂化装置的处理量与操作条件一定时，吸收塔的进气量也基本保持不变，油气比大小取决于吸收剂用量的多少。增加吸收油用量，可增加吸收推动力，从而提高吸收速率，即加大油气比，利于吸收完全。但油气比过大，会降低富吸收油中溶质浓度，不利于解吸，会使解吸塔和稳定塔的液体负荷增加，塔底重沸器热负荷加大，循环输送吸收油的动力消耗也要加大；同时，补充吸收油用量越大，被吸收塔顶贫气带出的汽油量也越多，因而再吸收塔吸收柴油用量也要增加，又加大了再吸收塔与分馏塔负荷，从而导致操作费用增加。另一方面，油气比也不可过小，它受到最小油气比限制。当油气比减小时，吸收油用量减小，吸收推动力下降，富吸收油浓度增加。当吸收油用量减小到使富吸油操作浓度等于平衡浓度时，吸收推动力为零，是吸收油用量的极限状况，称为最小吸收油用量，其对应的油气比即为最小油气比。实际操作中采用的油气比应为最小油气比的 1.1~2.0 倍。一般吸收油与压缩富气的质量比大约为 2。

2) 操作温度

由于吸收油吸收富气的过程有放热效应，吸收油自塔顶流到塔底，温度有所升高。因此，在塔的中部设有两个中段冷却回流，经冷却器用冷却水将其热量带走，以降低吸收油温度。降低吸收油温度，对吸收操作是有利的。因为吸收油温度越低，气体溶质溶解度越大，这样，就可加快吸收速率，有利于提高吸收率。然而，吸收油温度的降低，要靠降低入塔富气、粗汽油、稳定汽油的冷却温度和增加塔的中段冷却取热量。这要过多地消耗冷剂用量，使费用增大。而且这些都受到冷却器能力和冷却水温度的限制，温度不可能降得太低。

对于再吸收塔，如果温度太低，会使轻柴油黏度增大，反而降低吸收效果，一般以 40℃ 左右较为合适。

3) 操作压力

提高吸收塔操作压力，有利于吸收过程的进行。但加压吸收需要使用大压缩机，使塔壁增厚，费用增大。实际操作中，吸收塔压力已由压缩机的能力及吸收塔前各个设备的压降所决定，多数情况下，塔的压力很少是可调的。催化裂化吸收塔压力一般在 0.78~1.37MPa（绝压），在操作时应注意维持塔压，不使之降低。

二、解吸过程

（一）解吸的作用

利用解析塔尽可能将脱乙烷汽油中的 C_2 组分解吸出去。

（二）解吸影响因素

解吸塔的操作要求主要是控制脱乙烷汽油中的乙烷含量。要使稳定塔不排不凝气，解吸塔的操作是关键环节之一，需要将脱乙烷汽油中乙烷解吸到 0.5% 以下。

与吸收过程相反，高温低压对解吸有利。但在实际操作上，解吸塔压力取决于吸收塔或其气、液平衡罐的压力，不可能降低。对于吸收解吸单塔流程，解吸段压力由吸收段压力来决定；对于吸收解吸双塔流程，解吸气要进入气、液平衡罐，因而解吸塔压力要比吸收塔压力高 50kPa 左右，否则，解吸气排不出去。所以，要使脱乙烷汽油中乙烷解吸率达到规定要求，只有靠提高解吸温度。通常，通过控制解吸重沸器出口温度来控制脱乙烷汽油中的乙烷含量。温度控制要适当，太高会使大量 C_3、C_4 组分被解吸出来，影响液化气收率；太低则不能满足乙烷解吸率要求。必须采取适宜的操作温度，既要把脱乙烷汽油中的 C_2 脱净，又要保证干气中的 C_3、C_4 含量不大于 3%（体积分数）。其实际解吸温度因操作压力而不同。

三、吸收稳定工艺流程

（一）流程

以四川石化重油催化裂化装置为例，吸收稳定工艺流程图见图 3-2-1。从分馏塔顶油气分离器来的富气经气压机入口油气分离器进入气压机一段进行压缩，然后由气压机中间冷却器冷至 40℃，进入气压机中间气液分离器进行气、液分离。分离出的富气再进入气压机二段，二段出口压力为 1.6MPa（绝压）。气压机二段出口富气经酸性水洗涤后去压缩富气干式空冷器冷却，然后再和解吸塔顶气及吸收塔底油混合经压缩富气冷凝冷却器冷却至 40℃，进入气压机出口油气分离器进行气、液分离。分离后的气体进入吸收塔用粗汽油及稳定汽油作吸收剂进行吸收，吸收过程放出的热量由两个中段回流取走。贫气至再吸收塔，用轻柴油作吸收剂进一步吸收后，干气进入干气分液罐，分液后的干气分成两路，一路作预提升干气，另一路送至产品精制单元脱硫。

凝缩油由解吸塔进料泵从气压机出口油气分离器抽出，升压后直接进入解吸塔顶部。由解吸塔底重沸器 1（1.2MPa 蒸汽）、解吸塔底重沸器 2（稳定汽油）、解吸塔底重沸器 3（分馏顶循环油）和解吸塔中间重沸器（稳定汽油）提供热源，以解吸出凝缩油中 C_2 及以下组分。脱乙烷汽油由解吸塔底引出，自压经稳定塔进料换热器与轻柴油换热后送至稳定塔进行多组分分馏，稳定塔底重沸器由分馏一中提供热量。液化气从塔顶馏出，经稳定塔顶干式空冷器以及液化气后冷器冷至 40℃后进入稳定塔顶回流罐，液化气经稳定塔顶回流油泵抽出后，一部分作稳定塔回流，其余作为液化气产品送至产品精制单元。稳定汽油

第三部分 分馏吸收稳定系统

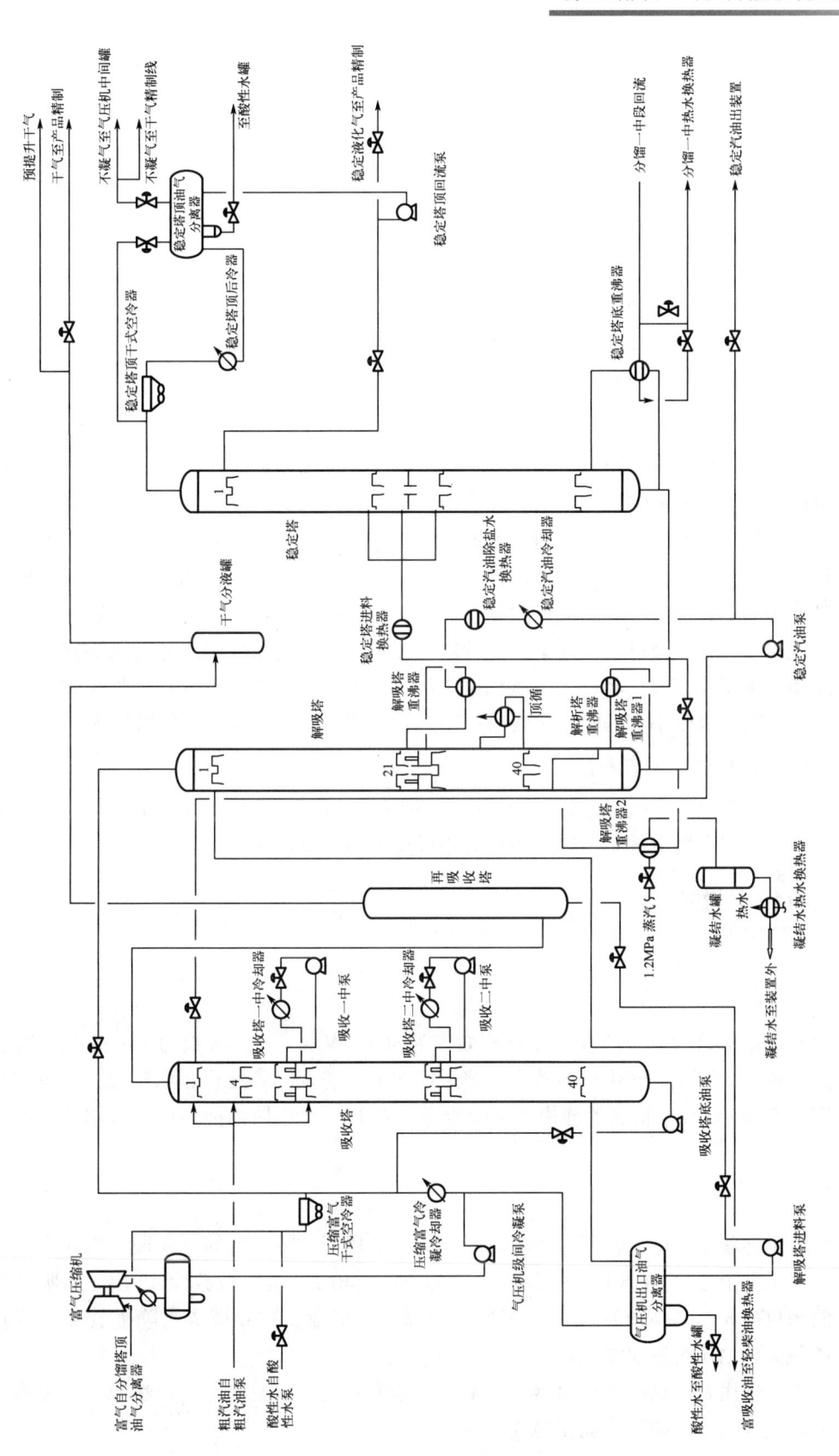

图 3-2-1 吸收稳定工艺流程图

从稳定塔底流出，经解吸塔底重沸器、解吸塔中间重沸器、稳定汽油—除盐水换热器换热后，再经稳定汽油冷却器冷却至40℃，一部分作为汽油产品送至汽油加氢装置，另一部分由稳定汽油泵升压，送至吸收塔作补充吸收剂。

气压机出口油气分离器分离出的酸性水和稳定塔顶回流罐分离出的酸性水一起，自压至酸性水缓冲罐。

（二）工艺特点

1. 吸收塔设置中段回流

由于吸收过程是一个放热过程，为了取走吸收过程所放出的吸收热，保证吸收在较低的操作温度下进行，提高吸收效果，吸收塔需要有中段回流。

2. 单塔吸收和双塔吸收的优缺点

吸收解吸有单塔和双塔两种典型流程。单塔流程中吸收和解吸在一个塔内完成，上段吸收、下段解吸，粗汽油和稳定汽油自吸收段顶部进入，向下流动与上升的油气在各层塔板接触，吸收油气中 C_3、C_4 组分，经吸收段底部直接进入解吸段顶部，然后继续向下流动并进行解吸过程。解吸段底部重沸器提供热量，解吸气自解吸段上端直接进入吸收段底部。单塔流程简单，但吸收和解吸过程相互影响，同时提高吸收率和解吸率困难。

双塔流程吸收和解吸过程在两个独立的塔内完成，解吸气和吸收油都去压缩富气冷却器，经冷却后和压缩富气一起进入气压机出口油气分离器。双塔流程排除了吸收和解吸两过程的相互影响，吸收率和解吸率可同时提高，目前双塔流程已取代了单塔流程。

3. 解吸塔设置中段重沸器

由于解吸过程是一个吸热过程，为了提供解吸过程所吸收的热，保证解吸在较高的操作温度下进行，提高解吸效果，解吸塔设置中段重沸器提供热量。

四、吸收稳定设备

（一）吸收塔

吸收塔理论板数为10~12块，平均板效率为30%~40%，实际板数为30~36层。吸收塔特点是液体负荷较大，气体负荷较小，多采用双溢流塔盘。降液管面积较大，与塔截面积之比高达50%~60%。依装置规模大小吸收塔设有1~3个中段油抽出层，采用全抽出型集油箱。

（二）解析塔

解吸塔也称脱乙烷塔，就其过程特点看，实质上相当于精馏塔的提馏段。塔底设有重沸器。解吸塔理论板数为15块，平均板效率为30%~40%，实际板数为40层。解吸塔的特点是液相负荷大、气体负荷较小，多数采用双溢流塔盘，解吸塔塔盘降液管面积也较大，与塔截面积之比高达50%~60%。

解吸塔底采用卧式热虹吸重沸器，大都使用分馏系统一中循环回流作热源，重沸器中加热形成的气体，返回解吸塔底作为气相回流。

（三）再吸收塔

再吸收塔通常为单溢流浮阀塔盘，理论板数为 4~10 块，平均板效率为 25%~33%，实际板数为 14~30 层。小型装置由于设备直径较小，塔板安装困难而采用填料。为避免干气带油，有的装置在塔顶扩径降低流速减少夹带，有的装置单独设一个干气分液罐。

（四）稳定塔

稳定塔也称脱丁烷塔，包含精馏段和提馏段，塔底设有重沸器，塔顶为冷凝器，是典型的油品分馏塔。

稳定塔理论板数为 22~26 块（包括塔底重沸器和塔顶回流罐），平均板效率为 50%，实际板数为 40~50 层。由于液相负荷大，大多采用双溢流塔盘。早期的稳定塔上部气液负荷较小而缩小了上部设备直径。目前稳定塔采用深度稳定回流比增大，上下气液负荷相近，因此上下设备直径相同。稳定塔设有 3 个进料口，可根据进料温度和季节选择不同的进料口操作，用来有选择性地控制稳定汽油蒸气压和液化石油气中 C_5 含量。

（五）重沸器

重沸器是塔底供热设备。解吸塔底一般采用卧式循环热虹吸重沸器，该设备结构类似于普通换热器，只是壳程折流板间距较大，重沸器的底部和顶部留有液体通道，以减小流体阻力。通常下方有 1 个进口，上方有 2 个出口。热虹吸重沸器汽化率 25%，出口系气液两相流，因此需要较高的解吸塔基础，才能满足重沸器壳程物流的自然循环流动。近年开发了折流杆型重沸器，该型重沸器壳程压降较小，故采用一个进口和一个出口。管束有列管管束、T 形槽管束等。热虹吸重沸器特点是体积小，但其分离作用小于一块理论板。

稳定塔底用罐式重沸器或热虹吸重沸器均可。罐式重沸器本身有蒸发空间，允许汽化率高达 80%，相当于稳定塔的一块理论板。罐体直径较大金属耗量稍高，相对于热虹吸重沸器，罐式重沸器对稳定塔的基础高度要求较小。两种类型的重沸器分别示于图 3-2-2 和图 3-2-3。

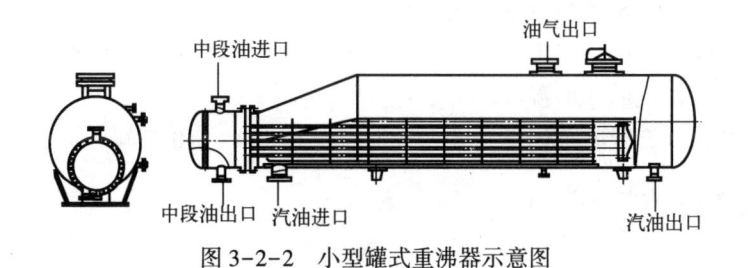

图 3-2-2 小型罐式重沸器示意图

图 3-2-3 大型罐式重沸器示意图

项目二　吸收稳定系统常规操作

一、吸收稳定系统操作原则

（1）在控制吸收稳定系统压力的情况下，要保证稳定汽油、液化气、干气的质量和收率。

（2）在操作不平稳的情况下，要保证瓦斯压力平稳，严禁干气带液，以防影响后续装置的平稳操作。

（3）经常检查放火炬罐液位情况，不得存有过多残液，保证火炬系统畅通。

（4）操作不正常或发生事故时，要沉着冷静，查清原因，及时处理，严防事故扩大，避免超温、超压、火灾、爆炸等事故。

二、吸收塔顶温度控制

吸收塔顶温度的高低直接影响到富气中 C_3、C_4 组分的吸收。吸收塔顶温度过高，干气中带有较多的 C_3、C_4 组分，液化气产率下降。有催化干气直接制乙苯装置，会增加其用苯消耗。吸收塔顶温度过低，造成吸收过度，会增加解吸塔的负荷，使吸收解吸系统的能耗升高。严重时，C_3、C_4 在吸收—解吸塔之间循环，影响整个吸收稳定系统的正常操作。

降低吸收塔顶温度的措施：

（1）降低补充吸收剂和粗汽油的入塔温度。

（2）增大吸收塔一中、二中回流量，或降低一中、二中回流的返塔温度。

（3）降低压缩富气的入塔温度。

（4）适当降低补充吸收剂用量，要保证油气比在 1.1~2.0 之间。

三、再吸收塔压力控制

再吸收塔顶压力受气压机的压缩能力限制，在装置设计阶段就已经确定。再吸收塔顶压力高有利于吸收，但也增加了气压机的功率消耗。

再吸收塔压力由干气分液罐压力调节阀控制，通过控制干气至产品精制流量来控制再吸收塔压力。再吸收塔压力高，提高干气至产品精制流量；反之，降低干气至产品精制流量。

再吸收塔压力还受富气流量和温度变化、吸收塔中段回流温度变化、解吸塔底温度变化的影响。当再吸收塔压力升高时，可适当增加吸收剂或补充吸收剂流量，降低吸收剂、补充吸收剂和压缩富气温度，提高吸收塔的一中、二中回流量，降低冷后温度，适当降低解吸塔底温度，防止解吸过度。部分装置有干气预提升或 CO 焚烧炉用瓦斯，在自控阀前引出，它们的提降量对再吸收塔顶压力有一定影响。

四、解吸塔底温度控制

解吸塔底气相返塔温度的高低直接影响到液化气中 C_2 组分含量。该温度过高，解吸过度，解吸气量增加，影响吸收塔的正常操作，同时也增加解吸塔底重沸器负荷，严重时，大量的 C_2 在吸收—解吸塔间循环；该温度过低，解吸度不够，脱乙烷汽油中带有较多的 C_2 组分，影响稳定塔的正常操作，同时也不利于液化气中 C_2 组分含量的控制。

正常生产时解吸塔底温度控制是通过调节 1.2MPa 蒸汽流量（控制解吸塔底重沸器返塔温度）和分馏顶循环油副线阀开度（控制解吸塔重沸器返塔温度），由 1.2MPa 蒸汽流量与解吸塔底温度组成串级控制回路进行控制，进而达到控制塔底温度的目的。

解吸塔温度低，提高 1.2MPa 蒸汽流量；反之，降低 1.2MPa 蒸汽流量。此外，解吸塔底温度还受塔底再沸器和塔中间重沸器热源温度、进料温度变化、进料量及组成的变化的影响。操作时要保持热源平稳，保证塔底温度在适合范围内，通过调整空冷保证解吸塔进料温度稳定，并根据进料量及组成变化，相应调节好塔底温度。

五、稳定塔顶压力控制

稳定塔顶压力取决于对稳定汽油和液化气的质量要求。国内稳定塔顶压力常采用的控制方式有两种：热旁路式见图 3-2-4(a)和截流式见图 3-2-4(b)。

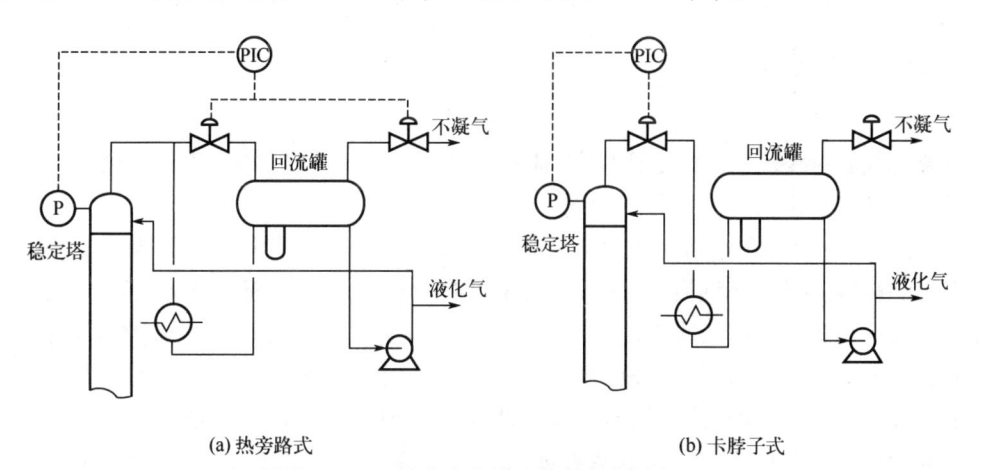

(a) 热旁路式　　　　　　　　　　(b) 卡脖子式

图 3-2-4　国内稳定塔压控制方案示意图

目前多采用热旁路式，由热旁路阀和不凝气阀组成分程控制，即由稳定塔顶压力自动控制热旁路阀开度来实现。压力高，热旁路阀关；压力低，热旁路阀开。当热旁路阀无调节能力时，压力再升高，不凝气阀开，压力回落时先关不凝气阀，后关热旁路阀。热旁路压力控制器及不凝气压力控制器设定值如下：不凝汽压力控制器设定值=热旁路压力控制器设定值+50kPa。

稳定塔顶压力还受稳定塔顶冷却效果、稳定塔回流、稳定塔底温度的影响。当压力变化时可以调整冷却水流量、温度和空冷风机，并根据液化气分析质量适当调整塔顶回流比、塔底温度。

六、稳定塔底温度控制

正常稳定塔底温度控制是通过调节稳定塔塔底重沸器冷流、热流调节阀，来控制重沸器返塔温度，进而达到控制塔底温度的目的。稳定塔底温度高，管冷流调节阀，开热流调节阀，降低塔底重沸器的返塔温度；反之，提高塔底重沸器的返塔温度。稳定塔底的温度还受稳定塔顶温度变化、稳定塔进料量及温度变化、稳定塔进料位置变化、稳定塔底液位变化诸多因素的影响。在季节发生变化时，要选择适当的进料口位置。

七、干气质量调节

对催化稳定干气质量一般要求 C_3 不大于3%（体积分数），而有些炼厂因后续化工工艺的需要以及减少低碳烯烃的损失特别是丙烯，而严格要求干气中 C_3 不大于0.5%（体积分数）。

一般吸收塔压力不作为经常调节的参数，干气中 C_3 含量稍有波动，通过改变补充吸收剂量来调节干气中 C_3 含量。当进料量和进料性质发生变化时，调整两中段回流量和入塔物料的温度，改变吸收塔的操作压力来控制干气中的 C_3 含量。

引起干气中 C_3 含量高的因素，主要有粗汽油入塔温度高、补充吸收剂量小和温度高、两中段回流量不足或冷后温度高、解吸气量过大、进料量和进料性质发生变化等。

八、液化气质量调节

对液化气质量要求 C_2 不大于1%（体积分数）、C_5 不大于3%（体积分数），不同的炼厂对此两项目指标的要求也各不相同。

引起液化气中 C_2 含量高的因素与吸收塔、解吸塔的操作有关，即吸收塔的吸收过度和解吸塔的解吸不足。降低液化气中 C_2 含量措施：(1) 选择合适的吸收塔操作条件。减少补充吸收剂用量、提高吸收塔温度、降低吸收塔压力。(2) 改善解吸塔操作条件。提高解吸塔底温度、提高进料温度、改变解吸塔冷热流的进料比例、降低解吸塔压力。

引起液化气中 C_5 含量高的因素：稳定塔压力低或压力波动、稳定塔顶温度高、稳定塔进料温度高、回流比小或回流返塔温度高等。一般情况下液化气中 C_5 含量是在一定压力下，调节稳定塔顶、塔底温度及回流比控制的。在保证汽油蒸气压合格的前提下，通过提高稳定塔压力、降低塔顶及进料温度、进料位置下移、适当提大回流量等来降低液化气中的 C_5 含量。

九、稳定汽油蒸气压控制

稳定汽油蒸气压还受稳定塔顶温度、稳定塔进料量及温度变化、稳定塔进料位置变化、稳定塔底液位变化诸多因素影响。稳定汽油蒸气压主要通过调节稳定塔底温度来控制的。一般稳定塔的压力不作为经常调节的参数，在稳定汽油蒸气压高时，可提高塔底重沸器气相返塔温度，适当降低塔顶回流量，提高进料温度，也可改变稳定塔的进料位置。

十、进料位置对稳定汽油蒸气压的影响及不同季节进料位置的选择

稳定塔是典型的精馏塔，当稳定塔进料位置上移时，提馏段塔板数增加，汽油中轻组分减少，汽油蒸气压下降；进料位置下移，则精馏段塔板数增加，液态烃中 C_5 含量下降，汽油中轻组分含量增加，汽油蒸气压增大。

稳定塔进料通常设有三个进料口，进料脱乙烷汽油在进入稳定塔前，先要与稳定汽油、柴油等物料进行换热、升温，使部分进料汽化。进料的预热温度直接影响稳定塔的精馏操作，进料预热温度高时，汽化量大，气相中重组分增多。此时，如果开上进料口，则容易使重组分进入塔顶轻组分中，降低精馏效果。因此，应根据进料温度的不同，使用不同进料口。总的原则是，根据进料汽化程度选择进料位置：进料温度高时使用下进料口；进料温度低时，使用上进料口；夏季开下口，冬季开上口。

十一、稳定汽油蒸气压对辛烷值的影响

汽油中丁烷含量直接影响汽油的蒸气压。汽油的 MON 及 RON 均随着蒸气压的升高而增加，其中 RON 增加的幅度更为显著。丁烷不仅本身具有高的 RON 及 MON，而且还有高的调和辛烷值。汽油蒸气压每增加 10kPa，RON 可增加 0.9。

项目三　吸收稳定系统开停工

一、吸收稳定系统开工

（一）开工前的准备

1. 开工前检查

施工单位对装置一切安装检查完毕，杂物清扫干净，各塔、容器、自保阀、管线、机泵确保无遗漏质量问题。检查管线油漆、保温情况，蒸汽线等热力管网热补偿设施管线支吊架、管托齐全、牢固。

2. 吸收稳定岗位流程打通，设备备用

改吹扫流程、三塔循环流程等吸收稳定系统流程。机泵、空冷风机调试完毕、油雾润滑及润滑油正常。

3. 调节阀调试完毕、安全阀投用、压力表安装完毕、泵及空冷已送电

检查管线设备阀门、密封填料、法兰等紧固完毕，单向阀方向正确。管线扫线点、采样、放空、压力表、温度计齐全，温度计、热电偶、压力表等安装符合要求。塔、器压力表、玻璃板液面计、安全阀等安全附件齐全。

4. 稳定区域盲板处于开工状态，公用工程引至设备前

所有出、入装置管线盲板已按照要求拆装，蒸汽、氮气等公益介质引至设备前排凝。

（二）吸收稳定吹扫试压

1. 富气、干气线吹扫试压

（1）检查确认压缩富气馏程，关闭解吸塔顶压控阀。

（2）关闭干气去预提升、辅助燃烧室流程阀门。

（3）打开气压机出口油气分离器、吸收塔、再吸收塔塔、干气脱液罐底放空阀。

（4）打开气压机出口扫线蒸汽排凝脱水，给汽吹扫。

（5）打开吸收塔、再吸收塔扫线蒸汽排凝脱水，给汽吹扫。

（6）贯通富气至气压机入口油气分离器、气压机出口油气分离器充压线后，关闭充压线阀门。

（7）贯通吹扫干气至预提升干气、油浆过滤器、余热锅炉、辅助燃烧室、分馏塔顶冲压线、不凝气阀组流程，后关闭相应阀门。

（8）关闭再吸收塔液位控制阀、干气分液罐调节阀、气压机出口油气分离器界位控制阀后手阀。

（9）关闭塔罐的顶部和底部放空阀，进行憋压至1.0MPa以上，检查泄漏点。

（10）关小各扫线蒸汽，打开干气去精制阀门，开塔罐顶部、底部排凝，保持系统压力。

2. 吸收塔一中、二中吹扫试压

（1）改好吸收塔一中、二中流程。

（2）打开吸收一中泵、吸收二中泵扫线蒸汽脱水，给汽阀吹扫。

（3）关闭一、二中抽出和返塔器壁阀，系统憋压至1.0MPa以上，检查泄漏点。

（4）关小一中、二中扫线蒸汽，打开一中、二中抽出返塔器壁阀，稍开各点排凝，保持系统压力。

3. 凝缩油线吹扫试压

（1）改好气压机出口油气分离器经凝缩油泵至解吸塔流程。

（2）打开凝缩油泵出入口扫线蒸汽脱水，给汽吹扫。

（3）关闭凝缩油抽出阀、关闭凝缩油至解吸塔器壁阀，系统憋压至1.0MPa以上，检查泄漏点。

（4）关小吹扫蒸汽，打开凝缩油至吸收塔器壁阀，稍开各点排凝，保持系统压力。

4. 脱乙烷汽油系统吹扫试压

（1）改好解吸塔经稳定塔进料换热器至稳定塔的脱乙烷汽油流程。

(2) 打开解吸塔底和一中泵 B（脱乙烷汽油）出口扫线蒸汽排凝，给汽吹扫。

(3) 贯通各设备、污油线流程后关闭阀门。

(4) 关闭解吸塔顶放空、关闭解吸气出口阀、关闭三个脱乙烷汽油进料阀，系统憋压至 1.0MPa 以上，检查泄漏点。

(5) 关小吹扫蒸汽，打开脱乙烷汽油三个进料阀，稍开各排凝，保持系统压力。

5. 稳定塔稳定汽油线吹扫试压

(1) 改好稳定塔及稳定汽油流程以及稳定汽油至吸收塔流程。

(2) 打开稳定塔底扫线蒸汽排凝脱水，给汽吹扫。

(3) 吹扫稳定汽油至加氢装置流程，吹扫补充吸收剂至吸收塔流程，贯通吹扫各设备、轻污油流程。

(4) 吹扫结束后关闭各阀门，系统憋压至 1.0MPa 以上，检查泄漏点。

(5) 关小吹扫蒸汽，稍开各排凝，保持系统压力。

6. 稳定塔液化气系统吹扫试压

(1) 改好稳定塔顶部液化气流程、液化气出装置流程、不凝气流程。

(2) 打开稳定塔、液化气泵出口扫线蒸汽脱水，给汽吹扫。

(3) 贯通吹扫酸性水流程、不凝气流程。

(4) 关闭稳定塔、稳定塔顶回流罐顶、底放空，关闭各排凝阀，系统憋压至 1.0MPa 以上，检查泄漏点。

(5) 关小吹扫蒸汽，稍开各排凝，保持系统压力。

7. 蒸汽贯通引天然气至辅助燃烧室

(1) 系统吹扫憋压完毕后，关闭各塔罐顶放空、底排凝。

(2) 关闭吸收稳定系统相连的（粗汽油、稳定汽油出装置、液化气出装置、酸性水、气压机来凝缩油、贫富吸收油、干气出装置、富气注水等）系统管线阀门。

(3) 关闭吸收稳定系统所有污油线、泄压线阀门，投用系统安全阀。

(4) 改引天然气流程至辅助燃烧室前流程。

(5) 与反再岗位配合，引天然气至辅助燃烧室。

(三) 吸收稳定引天然气冲压，收汽油

1. 吸收稳定引天然气冲压

(1) 投用吸收稳定部分所有循环水冷却器，保证正常运行。

(2) 与调度、公用工程、产品精制配合引天然气。

(3) 停各扫线蒸汽，确认所有排凝全部关闭，系统微正压。

(4) 打开天然气至气压机出口油气分离器、干气分液罐、稳定塔回流罐阀门。

(5) 关注系统压力变化，逐一打开排凝放净存水，见天然气后关闭。

(6) 冲压至 0.35~0.4MPa，停止引天然气，联系监测分析氧含量。

(7) 加强塔罐底部脱水，检查各部位无泄漏。

2. 引汽油，建立三塔循环流程

(1) 改好三塔循环流程。

（2）与分馏岗位配合，经粗汽油泵引汽油至吸收塔，建立液位，加强脱水。

（3）启动吸收塔底油泵，向气压机出口油气分离器送油，建立液位，加强脱水。

（4）启动凝缩油泵，向解吸塔送油，建立液位，加强脱水。

（5）启动一中泵，经脱乙烷汽油流程，向稳定塔送油，建立液位，加强脱水。

（6）启动稳定汽油泵，经补充吸收剂流程，向吸收塔送油。

（7）启动吸收塔一中、二中泵，建立中段循环回流。

（8）维持各塔罐液位平稳，与分馏配合，停收汽油。

3. 投用解吸塔、稳定塔重沸器

（1）缓慢打开解吸塔底重沸器蒸汽阀，缓慢升温。

（2）与分馏岗位配合，完成稳定塔底重沸器一中循环的投用。

（3）检查重沸器运行情况，各部位无泄漏。

（4）控制好解吸塔、稳定塔温度及压力，保证运行平稳。

4. 接收富气、粗汽油，全面调整

（1）与机组岗位配合接收压缩富气。

（2）与精制岗位配合，外送干气至产品精制。

（3）与分馏岗位配合，粗汽油干点合格后，引粗汽油至吸收塔。

（4）调整重沸器运行情况，保证压力温度可控。

（5）稳定塔顶回流罐建立液位后，投用稳定塔顶回流泵，建立液化气回流，并外送液化气至产品精制。

（6）稳定汽油合格后，与加氢装置配合，外送稳定汽油。

（7）与分馏岗位配合，建立贫富吸收油流程，外送干气至各点位。

（8）投用富气洗涤水流程及酸性水外送流程。

（9）调整各塔罐压力，将脱乙烷汽油改为自压流程。

（10）全面调整各塔罐液位、流量、压力等参数，保证产品质量合格，运行平稳。

二、吸收稳定系统停工

（一）停工准备

1. 脱乙烷汽油自压改为一中泵送至稳定塔

（1）改好解吸塔底脱乙烷汽油启泵供料至稳定塔流程。

（2）启动一中泵，调整脱乙烷汽油流量，保证解吸塔液位稳定。

2. 气体放火炬罐、放火炬气体凝液罐排液

（1）与分馏岗位做好配合，压送放火炬罐，火炬凝液罐压送凝缩油。

（2）关闭气体放火炬罐和火炬气体凝液罐连通线。

（3）关闭火炬气体凝液罐防火炬阀。

（4）打开冲压氮气阀门，冲压至 0.5MPa。

（5）缓慢打开凝液至分馏塔顶油气分离器阀门。

(6) 关注液位变化，压空后，关闭凝液压送阀，关闭冲压氮气阀。

(7) 打开泄压至火炬线阀门，停伴热系统。

3. 拆除盲板

(1) 按照停工要求，根据盲板表拆装盲板。

(2) 各排凝接胶管备用。

（二）吸收稳定降温、降量、降压、降液位

反应降量过程中，降量、降负荷、降各液位

(1) 与反应岗位做好配合，停用预提升干气。

(2) 用氮气吹扫预提升干气线至提升管。

(3) 增加稳定汽油、液化气外送量，降低各塔罐液位。

(4) 根据温度，压力变化，逐步停运重沸器。

（三）系统退稳定汽油、退液化气

1. 停富气洗涤水、再吸收塔

(1) 停富气洗涤水，关闭洗涤水器壁阀。

(2) 停再吸收塔，贫富吸收油切除系统，关闭器壁阀。

2. 停吸收剂、降液位

(1) 气压机停机后，与分馏岗位配合，停粗汽油进吸收塔。

(2) 与精制岗位做好配合，停稳定干气至精制，维持系统压力。

(3) 停吸收塔一中、二中。

(4) 与精制、气分岗位做好配合，大量外送汽油、液化气。

(5) 液位抽空后，停运机泵。

3. 吸收稳定系统泄压

(1) 不凝气停进气压机中间罐，改走干气阀组。

(2) 改通系统向低压火炬泄压流程，利用安全阀副线，向低压火炬泄压。

(3) 控制泄压速度，压力达标后关闭安全阀副线。

(4) 停运空冷、停运冷却器，放水。

（四）水顶油、液化气

1. 水顶油

(1) 利用冷换设备轻污油线，放净存油。

(2) 改通水顶油流程，利用粗汽油泵水顶油。

(3) 有序完成补充吸收剂流程、吸收塔一中二中流程、吸收塔底油流程、凝缩油流程、脱乙烷汽油流程、稳定汽油外送流程的水顶汽油工作。

(4) 水顶结束后，关闭新鲜水阀门。

2. 水顶液化气

(1) 与精制、气分岗位做好配合，利用液化气泵水顶液化气。

(2) 有序完成液化气回流流程、液化气外送流程水顶液化气工作。
(3) 水顶结束后，关闭新鲜水阀门。

3. 系统放水

(1) 水顶结束后，放净设备、低点管线内的存水。
(2) 逐一打开各塔罐底部排凝，放净存水后，关闭排凝。
(3) 停运相关的机泵、空冷电机、用电设备电源。

（五）吸收稳定系统吹扫、清洗钝化

1. 系统全面扫线

(1) 按照开工流程吹扫方法，吹扫富气流程、干气流程、吸收塔一中流程、二中流程、凝缩油流程、脱乙烷汽油流程、稳定汽油流程、液化气流程等稳定系统流程。
(2) 检查各吹扫部位，无死角，无遗漏。

2. 蒸塔

(1) 扫线结束，继续给汽扫线蒸塔 24h。
(2) 关闭所有给汽点，低点排凝。

3. 清洗钝化

与清洗钝化厂家做好配合，进行清洗钝化。

（六）检修条件确认，交付检修

加盲板，开人孔

(1) 检查各工艺设备吹扫干净。
(2) 关闭水、汽、风总阀，保留消防蒸汽，防止硫化亚铁自燃。
(3) 自上而下打开人孔，通风冷却，过程中防止硫化亚铁自燃。
(4) 进行气体检测合格后，加装相关盲板。
(5) 吸收稳定部分检修条件确认，交付检修。

项目四 吸收稳定系统异常工况处理

一、处理原则

吸收稳定系统发生事故时，要冷静分析，查出原因，果断处理，并做好与有关岗位的联系，本岗位必须做到：

(1) 控制好系统压力，严禁系统超压，憋压造成气压机停机。
(2) 控制好再吸收及干气脱液罐液位，避免压控，造成干气窜入分馏塔。
(3) 维持好各塔罐液位，必要时改三塔循环，为复工做准备。

(4) 平稳控制稳定塔，避免稳定塔冲塔，造成回流罐污染。
(5) 控制好气压机出口油气分离器及稳定塔顶回流罐界位，严禁酸性水压空。

二、干气带液

（一）现象

(1) 干气流量不正常的高。
(2) 瓦斯管网带液量变大，燃烧炉温度升高。
(3) 干气脱液罐液位上涨。

（二）原因

(1) 再吸收塔贫吸收剂温度过高或流量过小，塔底液位超高。
(2) 再吸收塔贫气入塔温度过高或流量波动过大。
(3) 解吸塔解吸气量过大，存在过度解吸。
(4) 吸收塔富气入塔流量过大，温度过高。
(5) 吸收塔温度高，压力低。

（三）处理

(1) 适当降低再吸收塔贫吸收剂温度，控制好贫吸收剂流量。再吸收塔塔底液位应立即改副线控制，并联系处理。
(2) 适当降低压缩富气冷后温度以及吸收塔的操作温度。
(3) 在保证液态烃质量合格的前提下，适当降低解吸塔的操作温度。
(4) 平稳控制吸收塔富气量，增强冷却器效果，降低温度。
(5) 提高吸收塔中段回流量，降低吸收塔温度，提高吸收塔压力。

三、干气中 C_3 组分含量超标

（一）原因

(1) 富气量过大或冷换设备冷却效果差，C_3 组分含量增加。
(2) 吸收剂量不足，油气比小或吸收剂温度过高，影响吸收效果，C_3 组分含量增加。
(3) 吸收塔顶温度高，吸收效果差，C_3 组分含量增加。
(4) 吸收塔顶压力过低或波动太大，影响吸收效果，C_3 组分含量增加。
(5) 解吸塔温度高，解吸过度，大量的 C_3、C_4 组分脱吸。
(6) 仪表失灵。

（二）处理

(1) 增加吸收剂量，控制适宜的油气比，调节冷换设备，提高冷却效果。
(2) 降低中段回流返塔温度或提高回流量，控制好吸收塔温度。
(3) 适当提高吸收塔顶压力，并保持平稳。
(4) 适当降低脱吸塔底重沸器的出口温度。

(5) 如仪表故障，改手动或副线控制，联系仪表工处理。

四、吸收塔冲塔

（一）现象

（1）再吸收塔压力波动。

（2）气压机出口压力上升。

（3）吸收塔、再吸收塔液面大幅度波动。

（4）富吸收油中汽油含量上升，分馏塔富吸收油返回层温度波动。

（5）干气质量变坏，含油量增加。

（二）原因

（1）由于操作条件不适当，两个中段回流油量和吸收油量过大或反应深度大，造成富气过多，使塔内气、液相负荷过大。

（2）吸收塔顶温度过低，塔底温度过高，液气比过大，使大量的 C_2 轻组分在塔内循环。

（3）塔内构件长期腐蚀，使受液槽和塔盘堵塞，阻力增大，严重时造成液泛冲塔，使富吸收油中大量带汽油。

（4）脱吸塔底温度过高或脱吸塔压力过低，造成解吸过度，解吸气量过大。

（三）处理

（1）降低吸收塔底温度，降吸收剂量；降低反应深度，降低裂解气体量。

（2）适当降低两个中段回流量，提高吸收塔内温度。

（3）如果塔盘堵塞，可降量维持生产，严重时停吸收稳定系统进行处理。

（4）增加压缩富气后冷器冷却效果，以减少富气量。

五、再吸收塔液面异常上升

（一）现象

（1）再吸收塔液面居高不下。

（2）严重时气压机出口憋压。

（二）原因

（1）吸收塔、解吸塔冲塔，贫气大量带汽油。

（2）富吸收油控制阀失灵。

（3）贫吸收油量突然增大。

（三）处理

（1）处理吸收塔、解吸塔冲塔以维持平稳操作。

（2）开富吸收油控制阀副线，控制再吸收塔液面，并及时联系处理。

(3) 降低贫吸收油量。

六、稳定塔顶产生不凝气

（一）原因

稳定塔排放不凝气量，与塔顶冷凝器冷凝效果有关，还受解吸塔 C_2 组分解吸效果影响。液化气冷后温度高，不凝气量也就大。冷后温度主要受气温、冷却器冷却面积等因素影响。

（二）处理

适当提高稳定塔操作压力，则液化气的泡点温度也随之提高。这样，在液化气冷后温度下，易于冷凝，利于减少不凝气。提高稳定塔塔压后，稳定塔重沸器的热负荷要相应增大，以保证稳定汽油蒸气压合格，而增大塔底加热量，往往会受到热源不足的限制。一般稳定塔压力为 0.98~1.37MPa（表压）。稳定塔不凝气量增多时，还应注意是否因脱乙烷汽油中 C_2 组分含量高影响，要根据脱乙烷汽油组成控制好解吸塔底温度。吸收过度也会造成脱乙烷汽油中 C_2 组分含量高，要加以调整。

七、液化气 C_5 含量高

（一）原因

液化气中的 C_5 含量高主要受稳定塔的操作影响，稳定塔压力低或压力波动、稳定塔顶温度高、稳定塔进料温度高、回流比小或回流返塔温度高等，都会造成液化气 C_5 不合格。

（二）处理

一般情况下液化气中 C_5 含量是在一定压力下，调节稳定塔顶、塔底温度及回流比控制的。在保证汽油蒸气压合格的前提下，通过提高稳定塔压力、降低塔顶及进料温度、进料位置下移、适当提大回流量等，来降低液化气中的 C_5 含量。

八、液化气 C_2 含量高

（一）原因

液化气中的 C_2 含量高与吸收塔及解吸塔操作有关，当发生吸收过度和解吸不足时，C_2 组分随脱乙烷汽油进入稳定塔，造成液化气带 C_2。

（二）处理

当吸收过度时应选择合适的吸收塔操作条件：减少补充吸收剂用量、提高吸收塔温度、降低吸收塔压力。当解吸不足时应改善解吸塔操作条件：提高解吸塔底温度、提高进料温度、降低解吸塔压力。生产时一般通过改变重沸器热源分馏中段油旁路阀开度（当用蒸汽加热时调节给入蒸汽量实现）控制。有的装置采用灵敏塔板温度控制重沸器给热量的大小，一般解吸塔灵敏板的位置在塔的中上部。

九、稳定塔顶回流罐液面异常上升

（一）现象

稳定塔顶回流罐液面上涨，报警，液位居高不下。

（二）原因

（1）稳定塔顶回流罐液控失灵。
（2）稳定塔顶回流泵故障或抽空。
（3）液化气精制部分故障。

（三）处理

（1）稳定塔顶回流罐液位指示失灵时，应参照实际液面调节，并及时联系处理。
（2）稳定塔顶回流泵故障应及时切换备用泵。
（3）适当降稳定塔底温。
（4）如是精制部分问题则应及时联系处理，否则联系调度产品改直接出装置。

十、粗汽油中断

（一）现象

（1）粗汽油流量回零。
（2）吸收塔底温上升，液面下降。
（3）稳定塔底温上升，稳定塔底重沸器液面下降。
（4）严重时会造成吸收塔冲塔，再吸收塔液面满。

（二）原因

（1）反应进料中断。
（2）粗汽油泵抽空或故障。
（3）分馏突然打冷回流过大；开停工时油气分离器压力低，造成泵上量不好或不上量。
（4）分馏塔顶油气分离器液面失灵。

（三）处理

（1）降低解吸塔进料和稳定汽油出装置量，增加吸收塔补充吸收剂量，保持吸收塔、解吸塔、稳定塔底重沸器液面正常。
（2）适当调节稳定塔底重沸器、解吸塔底温度、确保两塔压力平稳。
（3）粗汽油泵抽空或故障，切换粗汽油泵并处理。
（4）联系仪表工处理。

(5) 调整分馏冷回流量。

十一、压缩富气中断

(一) 现象

(1) 压缩富气指示回零，解吸气指示逐渐回零。
(2) 再吸收塔压力下降、气压机出口油气分离器液面下降、干气量逐渐下降。

(二) 原因

(1) 反应停止进料。
(2) 气压机系统故障。

(三) 处理

1. 短时间中断

(1) 减少或停止干气出装置，保持吸收、解吸系统压力。必要时关闭富气冷却器入口阀，维持稳定系统压力，保证汽油蒸气压合格。
(2) 降低液态烃出装置量，保持稳定塔顶回流罐液面，当液面低于30%时，停止液态烃出装置，调整稳定塔顶回流，间断外送液化烃。
(3) 减低解吸塔底重沸器出口温度，加大三通阀热流量，防止塔底温度过高，出现过度汽化。
(4) 调整各部分负荷，适当降低补充吸收剂量，保持各塔压力、液面平稳。
(5) 关小富气注水阀，当吸收塔压力低于0.8MPa时，切除富气注水。

2. 长时间中断

(1) 改粗汽油至不合格汽油出装置。
(2) 关富气注水阀。
(3) 平稳各塔压力，尽量保持压力、液位。
(4) 联系分馏岗位停贫吸收油及富吸收油，补充吸收剂。
(5) 解吸塔底重沸器热源走副线，视情况停吸收塔底泵、吸收塔中段回流泵、解吸塔进料泵。
(6) 停富气空冷。

十二、气压机出口憋压

(一) 现象

(1) 气压机出口压力高。
(2) 反应压力升高。

(二) 原因

(1) 气压机出口油气分离器液面过高，气压机出口憋压。

(2) 再吸收塔液面过高。

(3) 稳定系统压力过高

(三) 处理

(1) 及时调整操作，使气压机出口油气分离器、再吸收塔液面在正常范围之内。

(2) 降低吸收及稳定系统压力。

(3) 气压机出口憋压严重时可迅速联系班长及气压机人员，打开气压机出口放火炬泄压。

十三、稳定塔底重沸器热源中断

(一) 现象

(1) 稳定塔温度下降。

(2) 分馏塔中段回流量回零。

(3) 稳定塔压力下降。

(二) 原因

分馏塔中段回流泵抽空或故障，中断回流控制阀故障。

(三) 处理

(1) 联系汽油加氢装置，稳定汽油改不合格罐。

(2) 用再吸收塔压控和不凝气出装置阀控制压力维持在适当值。

(3) 压力维持不住时，关闭干气出装置阀，保持压力，以便回流恢复时及时恢复生产。

(4) 稳定汽油出装置量，启运脱乙烷汽油泵，维持三塔循环。

十四、气压机停机（保证稳定汽油蒸气压合格）

处理

(1) 切断富气进吸收系统。

(2) 切断干气去瓦斯管网，维持吸收塔压力，保证稳定进料泵不抽空。

(3) 稳定塔压力自控。

(4) 稳定塔顶回流罐液面自控，多余液态烃出装置。

(5) 将分馏塔顶油气冷凝器的冷却温度尽量降低，以保证粗汽油的蒸气压比控制指标高。

(6) 控制好解吸塔及稳定塔底温度，保证稳定汽油蒸气压合格。

(7) 另一个办法是粗汽油直接进入稳定塔，而不进吸收、解吸塔，然后调整稳定塔操作条件，维持塔底温度。塔顶分离器控制压力，排放不凝气。

第四部分 热工烟脱系统

模块一　热工系统

项目一　热工系统设备和工艺

一、余热锅炉

余热锅炉是指利用各种工业过程中的废气、废料或废液中的余热及其可燃物质燃烧后产生的热量把水加热到一定工况的锅炉，具有烟箱、烟道等余热回收利用结构的燃油锅炉、燃气锅炉、燃煤锅炉也称为余热锅炉。余热锅炉通过余热回收可以生产热水或蒸汽来供给装置或企业的其他工段使用。

根据工艺特点不同，余热锅炉可以分为补燃式余热锅炉和常规余热锅炉两种。

补燃式余热锅炉：一般情况下，炉膛内微正压，一般用于有烟气轮机的能量回收工艺中，通过瓦斯补燃提高过热段烟气温度，确保过热蒸汽的品质。

常规余热锅炉：炉膛内呈微负压状态，一般用于没有烟气轮机的能量回收工艺中，由于炉膛内烟气温度偏高，能够满足过热饱和蒸汽的需要。

（一）余热锅炉的结构和工作原理

1. 余热锅炉的结构

余热锅炉的主体结构包括：汽包、下降管、蒸发段、过热段、减温器、省煤器、空气预热器、炉墙。附件包括：安全阀、水位计、温度计、压力表、阀门、烟气在线分析仪。辅机及辅助设备包括：通风机及引风机、泵、除氧器和扩容器、除尘器和吹灰器等。其结构图如图4-1-1所示。

2. 余热锅炉的工作原理

经过烟气轮机后的再生器烟气，进入余热锅炉的过热段，对饱和蒸汽进行加热，产生过热蒸汽。加热饱和蒸汽后的烟气依次经过蒸发段、省煤器后由烟囱排出。其中，过热段是利用烟气对汽包产生的饱和蒸汽进行进一步加热的场所；蒸发段是余热锅炉产生饱和蒸汽的场所；省煤器是利用烟气的余热加热锅炉给水的场所。

（二）余热锅炉的腐蚀及其防腐措施

1. 锅炉腐蚀的原因

锅炉腐蚀是对锅炉部件金属表面的侵蚀破坏，可以分为外腐蚀和内腐蚀两种。所谓外腐蚀，指的是由于水落在锅炉外表面上，或漏进保温层或耐火砖墙所覆盖的部位，而引起

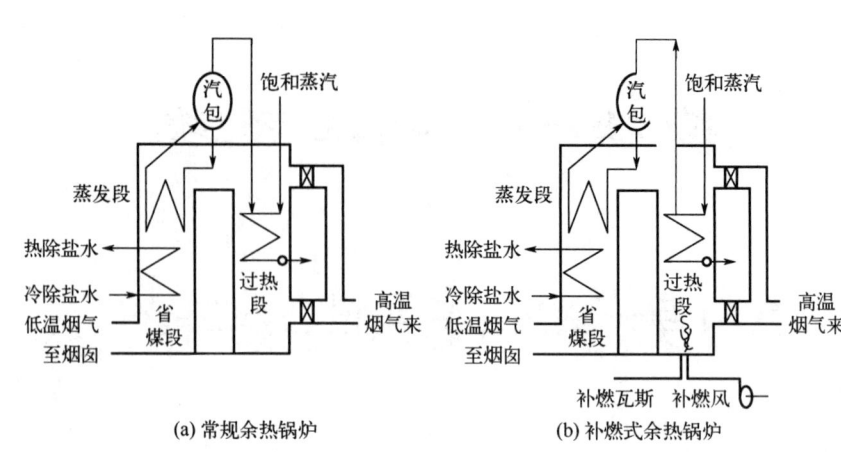

图 4-1-1　余热锅炉结构示意图

(a) 常规余热锅炉　　(b) 补燃式余热锅炉

的锈蚀过程。腐蚀也可能发生在火管和烟道上，这时的腐蚀是因为烟气中的水分和二氧化硫生成硫酸所引起。内腐蚀是给水中的酸、氧或其他气体，或者由于电解作用所造成的，此外，pH 值和温度对金属腐蚀的速度也有影响，溶解氧腐蚀是最常见的腐蚀。

2. 余热锅炉防腐措施

保持金属外表面及管子、烟道清洁干燥，可防止外腐蚀。对于省煤器来说，重要的是要使烟气温度高于露点温度。采取适当的水处理和去除水中的可溶性气体，特别是去除氧气，可以防止内腐蚀。

（三）余热锅炉水封罐

1. 水封罐的作用

催化裂化装置烟气能量回收系统由烟气轮机系统和余热锅炉系统组成。烟气从再生器出来后，进入烟机带动主风机做功，然后进入余热锅炉系统放热发生蒸汽。烟气水封罐作为催化裂化装置中余热锅炉系统的一个辅助设备，一般设置在余热锅炉的进口和旁路烟气管道上，相当于一个不漏的阀门，起到隔断烟气的作用。

2. 水封罐的结构

水封罐的结构如图 4-1-2 所示。烟气经过烟道进入水封罐内筒，经过内筒折反流经内外夹套后流出，水封罐隔断烟气主要依靠的是内外筒间的水的静压力，需要截断烟气时，从下部进入循环水，随着液面的上升，内筒的水在一定压力烟气的压缩下，液面比外筒的液面低，当内筒与外筒的液面差产生的压差大于烟气压力时，烟气即被隔断了。

在正常生产时大水封是没有水的，为了防止烟气泄漏，投用小水封封住烟气，相当于一个阀门，也可用阀门代替。当锅炉需要检修或停运时，才起用大水封罐，进入循环水阻隔烟气。

大水封是防止烟气通过该管线，小水封是防止烟气在经过该管线时从放水线漏出。

（四）余热锅炉常用防爆门

防爆门的作用是在炉膛和烟道由各种原因引起爆燃时，自动打开，降低炉膛和烟道系统内的压力，以避免或降低对炉膛和烟道的损坏。

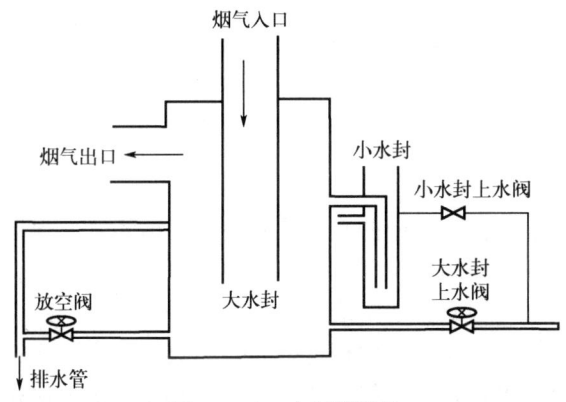

图 4-1-2 水封罐结构

余热锅炉防爆门常用的有三种，分别是旋启式防爆门、薄膜式防爆门和水封式防爆门。

旋启式防爆门是利用防爆门盖和重锤的重量自行关闭，当炉膛或烟道发生爆燃时，自动开启，爆燃后能自行关闭。这种防爆门的优点是爆燃后不用修理，即可重新投入使用。缺点是严密性较差。微正压炉的炉膛压力高达 2000~3000Pa，炉膛上部采用旋启式防爆门，不但烟气泄漏量大而且防爆门易烧坏。

薄膜式防爆门是用螺栓将石棉板、薄铝板或马口铁薄板压紧在防爆门边缘上制成的。这种防爆门的优点是密封性好，缺点是一旦发生爆燃，防爆门必须经修复后才能使用。

水封式防爆门如图 4-1-3 所示，是通过改变外筒的重量来实现防爆的，准确地计算外筒的重量是确保水封式防爆门正确动作的关键。外筒罩在内筒上，外筒和内筒之间存在着间隙，正常运行时，炉膛压力有足够的时间通过间隙传到内、外筒间的空间内，所以内、外筒空间内承受的是炉膛正常运行时的压力。在炉膛发生爆燃的瞬间，炉膛的压力来不及通过间隙传递到内、外筒间的空间内，只有外筒和内筒接触的面积承受的是爆燃压力。经过实验，计算出外筒重量，在炉膛压力升至规定值时，防爆门准确动作。水封式防爆门的缺点是结构比较复杂，维护工作量较大。

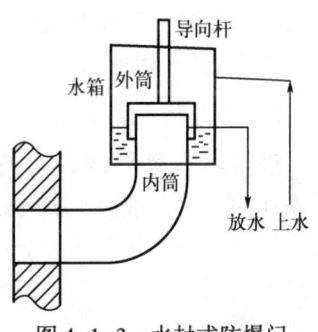

图 4-1-3 水封式防爆门

二、除氧器

（一）溶解氧对锅炉运行的影响

氧对腐蚀的作用，表现于下述几个方面：
(1) 氧的气体腐蚀是一种电化学腐蚀。
(2) 在电化腐蚀中，氧是阴极去极化剂，加速了腐蚀。
(3) 腐蚀产物沉淀在金属表面，形成紧密的保护膜，有氧存在时，则破坏此保护膜，生成三价铁沉淀，加速腐蚀。

(4) 炉水中含氧浓度不均匀时，在高氧浓度和低氧浓度部位的金属就产生电位差（高氧浓度部位的金属为阴极，低氧浓度部位的金属为阳极），而发生腐蚀。

虽然氧有时能与金属氧化成保护膜，使腐蚀减弱，但总的来说氧的存在是加剧腐蚀的主要因素。

（二）除氧器的原理和结构

除氧器的主要作用是除去给水中的氧气及其他不凝结气体，保证给水的品质。水中溶解氧气，除了上述对腐蚀的作用外，在热交换器中若有气体聚集，就会妨碍传热过程的进行，降低设备的传热效果。因此，水中溶解有任何气体都是不利的，尤其是氧气，它将直接威胁设备的安全运行。除氧器工作原理可分为物理除氧和化学除氧。

物理除氧包括热力除氧和真空除氧。热力除氧的原理是将水加热到沸腾的温度，使气体在水中的溶解度降到零，从而达到除去水中氧气和二氧化碳的目的。真空除氧是在常温下，利用抽真空的方法，使水呈沸腾状态以除去其中溶解的气体。

化学除氧是给水通过一定的化学反应而达到除氧的目的，包括钢屑除氧和催化树脂除氧，其中催化树脂除氧是最简单、运行费用最低的除氧方法。

1. 热力除氧原理

根据气体溶解定律——亨利定律，任何气体在水中的溶解度与该气体在气水界面上的分压力成正比。氧气在水中的溶解度只与大气中氧的分压力有关，而与大气压力无关。氧的分压力越大，水中溶解氧的浓度就越高，当氧的分压力等于零时，水中的溶解氧也趋于零。把大气中的水加热到沸腾时，水的饱和蒸气压等于气水界面上的大气压力，氧的分压等于零，此时，氧气在水中的溶解度因急剧下降而从水中逸出，这就是热力除氧的原理。

热力除氧还能除去溶解于水的其他气体，如 CO_2 等。

2. 热力除氧器结构

进行热力除氧的设备称为热力除氧器，热力除氧器由脱气塔和储水箱组成，如图 4-1-4 所示。低压锅炉中，热力除氧器将水加热至比大气压力稍高（0.02MPa），给水对应压力下的饱和温度为 104.25℃，使逸出的气体和部分剩余蒸汽能及时排出除氧器。不同热力除氧器的区别主要在脱气塔，主要包括：淋水盘式除氧器、喷雾式除氧器、真空式除氧器等。

1) 淋水盘式除氧器

淋水盘式除氧器结构如图 4-1-5 所示。含氧水从塔上引入，蒸汽从塔下部进入除氧器，含氧水经过多层多孔淋水盘后以淋落方式和蒸汽接触并被加热到沸点。水中逸出的气体同剩余蒸汽经排气管排出，除氧水落入储水箱。

2) 喷雾式除氧器

喷雾式除氧器如图 4-1-6 所示。需除氧的水经喷嘴雾化成细的水滴，雾状的水滴经填料塔时与自下而上的蒸汽接触而被加热，除去的氧气等气体和部分蒸汽由顶部排出。这种除氧器结构简单，维护方便，比淋水盘式除氧器的体积小，因而应用广泛。

3) 真空式除氧器

如果锅炉房中有蒸汽锅炉或有蒸汽源，则锅炉可以采用大气压力式热力除氧器。如果没有蒸汽来源的热水锅炉则可采用真空式热力除氧器来进行除氧。图 4-1-7 为一种真空式热力除氧器结构示意图。净水经加热器和蒸汽冷却器加热后进入除氧器。除氧器中加热含氧水所需的蒸汽由锅炉高温水（110~150℃）进入真空式除氧器后沸腾蒸发产生。真空除氧器中真空度的保持和水中逸出气体的排除依靠抽气器4来完成。

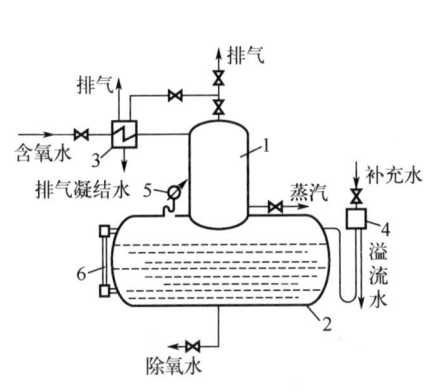

图 4-1-4 热力除氧器系统
1—脱气塔；2—储水箱；3—排气冷却器；
4—安全水封；5—压力表；6—水位表

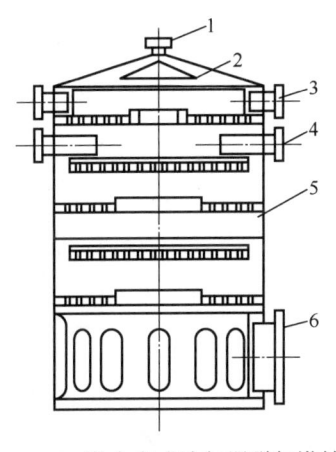

图 4-1-5 淋水盘式除氧器脱气塔结构
1—排气管；2—挡水板；3,4—含氧水入口；
5—淋水盘；6—蒸汽进口

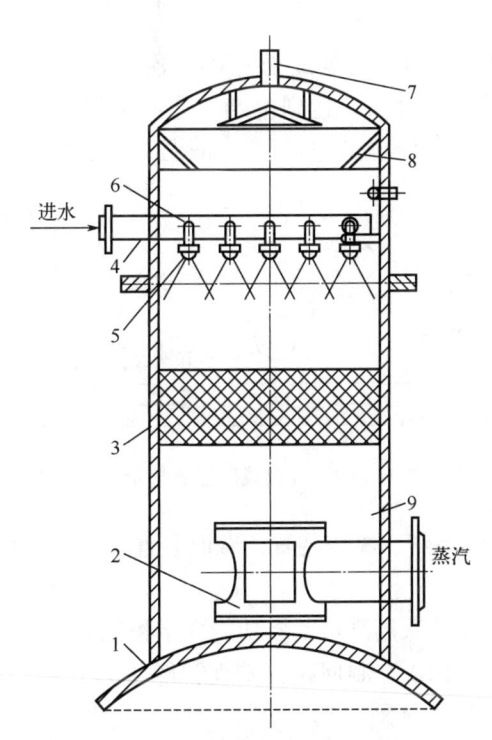

图 4-1-6 喷雾式除氧器脱气塔结构
1—除氧器储水箱；2—蒸汽分配器；3—填料；4—进水管；5—喷嘴；6—支管；
7—排气管；8—圆锥挡板；9—蒸汽入口

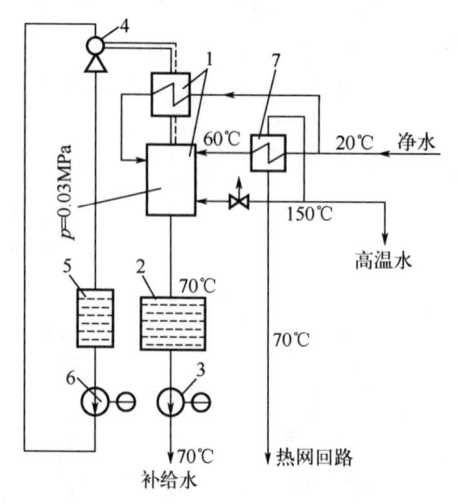

图 4-1-7　真空式除氧器系统

1—蒸汽冷却器；2—已除氧水储水箱；3—补给水泵；4—抽气器；
5—抽气器用水水箱；6—抽气器水泵；7—净水加热器

三、减温减压器的作用与机理

减温减压器是一种将压力为 p_1、温度为 t_1 的一次（新）蒸汽进行减温减压，使其压力变为 p_2、温度变为 t_2 的二次蒸汽，达到生产工艺所需的要求，广泛用于热电厂、集中供热、石化工业、纺织工业、制药等很多行业。减温减压器原理如图 4-1-8 所示。

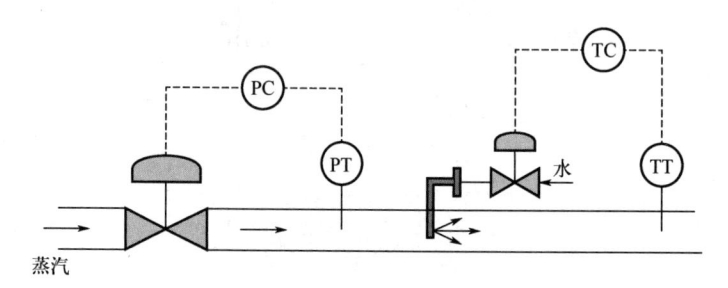

图 4-1-8　减温减压器原理示意图

减温减压器主要由控制系统、减压装置、减温装置及安全排放装置组成，其主要的特点如下：

（1）控制系统。控制系统采用高精度多功能数字控制器，具有强大的功能组件；有良好的人机界面和快速准确的 PID 控制回路，实现智能化无人值守、可灵活调整参数设定，并可根据要求进行功能扩展。

（2）减压装置。蒸汽的减压过程是由减压阀及节流孔板的节流来实现的，其减压级数由新蒸汽减压后蒸汽压力之差来决定。减压阀的压力调节是通过执行器执行机构来完成，运行平稳，寿命长，根据次蒸汽设定值要求，无论一次蒸汽压力如何波动，均能保持二次蒸汽压力稳定。

（3）减温装置。减温水雾化装置采用流体自身动力降低设备功耗，减温水被雾化喷嘴粉碎成雾状水珠与一次蒸汽混合，吸收一次蒸汽显热并汽化，从而达到降低一次蒸汽温度的作用。

（4）安全排放装置。减温减压器虽然结构及原理简单，但根据其应用的场合，决定了安全排放系统对于热力管网及设备的安全稳定运行至关重要，安全排放装置主要由蒸汽安全阀、排放消音器等设备组成。

四、取热器

（一）内、外取热的定义和原理

在再生器密相床层内，安装盘管取热，为内取热。取热的盘管及其他相应的构件组成内取热器。它的工作过程是：床层中的催化剂与盘管外壁接触，以对流和辐射的方式，将热量传递到管壁，水流经管内部，吸收热量后成为蒸汽。

外取热器装在再生器外面。催化剂从再生器密相床引出来，进入外取热器，加热给水使水汽化后将热量带走，催化剂冷却后再回到再生器。这种外取热器有时称为外部催化剂冷却器。这种取热方式为外取热。

（二）取热器设置的原因

一般情况下，当生焦量在5%左右时，催化裂化装置本身可以维持热平衡，但当焦炭产率超过这一界限时，热量就会过剩而产生超温现象。这将引起再生器内温度升高，设备器壁超温；同时，会使催化剂破裂，活性下降。其后果是裂解过度，产生大量气体，液体收率反而下降等。这些现象都是不允许的。蜡油裂化中，一般不存在热量过剩的问题，当掺有部分渣油或全部渣油后，焦炭产率就明显地提高。设置取热器的目的就在于将这些多余的热量取出来，发生蒸汽以供它用，并维持好反应再生系统的热平衡。

（三）取热方式的选择

一般而言，取热方式应根据取热量的大小和热负荷的变化是否频繁而定。而取热量的大小和热负荷的大小，又取决于原料性质、掺炼渣油的比例、焦炭产率和处理量的大小。

当一个装置要转移出去的热负荷大而恒定，在再生器内装设盘管即可将多余的热量全部取走，便可选用内取热器。反之，如果装置多余的热量较大，即使在再生器周围排满了盘管，仍无法将过剩的热量取走；或者原料性质变化很大，处理量也不恒定，在再生内部装设盘管就难以应付了，在这种情况下就应选用外取热器。内取热器的负荷较为恒定，可以将一部分热量取走，然后用外取热器将多余的热量取走，作为调节取热量的设施。

内取热器或外取热器，可以单独采用，也可以同时采用，应根据实际需要来定。

（四）内取热器的优缺点

内取热器设置在再生器密相床层内，沿再生器周边布置，不用增设输送催化剂的斜管和单动滑阀，节省设备投资，尺寸紧凑，布置合理。其缺点是操作弹性小。盘管浸没在床层内，取热的面积是固定的。因此，在再生器内它的取热量较为恒定，要调节取热量大小就比较困难。这种取热方法，对于装置的处理量或原料性质经常变换的场合是不适应的。

此外，因设置在再生器床层内部，温度较高，操作时或开工初期，干烧现象较难避免。因此，通常选用低合金耐热钢作为取热盘管材料。

（五）外取热器的优缺点

优点：

（1）取热量的可调节范围大。通过调节单动滑阀的开度，控制通往外取热器催化剂的流量，可以对取热负荷从0%~100%进行调节。因此，当处理量不同、原料性质不同或操作条件改变时，能维持反应再生系统的热平衡，保证装置平稳操作。

（2）通过调节取热量的大小，可以灵活有效地调节再生器的床层温度，为反应再生系统的热平衡提供条件。

（3）制造材料要求不高，节约成本有优势。外取热器的取热量是通过调节催化剂的流量来达到的，可以保证外取热器的给水不中断，取热管壁能达到及时冷却，可控制壁温不超过碳钢允许的界限。所以，外取热器可以选用碳钢制造，减少合金钢的用量。

缺点：

增加了与外取热器相连接的管道和阀门，因此，增加了投资和维护费用。

五、热工系统的工艺流程

热工系统工艺流程如图4-1-9所示。

（一）除氧水系统

自装置外来除盐水分两路，一路经烟气脱硫单元臭氧发生部分、稳定汽油—除盐水换热器、热水—除盐水换热器换热后与另一路经过乏汽回收系统的除盐水汇合进入除氧器除氧（入除氧器前引出一部分用作热工加药系统稀释用水），除氧用蒸汽一部分来自装置内1.2MPa过热蒸汽总管，另一部分来自连续排污扩容器闪蒸蒸汽及0.4MPa蒸汽。除氧器出水氧含量小于0.015mg/L。自锅炉给水泵来的中压除氧水一部分送入余热锅炉省煤器预热（其中一部分送至装置外取热器汽水分离器，一部分送至油浆蒸汽发生器汽水分离器；一部分减压至1.0MPa后，送至渣油加氢装置及烟脱机泵冷却水，一部分作为减温加压器的减温水，一部分至汽油加氢装置。

（二）乏汽回收系统

乏汽回收设施将除氧器产生的乏汽进行回收，该系统由乏汽吸收动力头、乏汽回收设施本体和乏汽回收水泵组成。除氧器产生的乏汽，进入对应的乏汽吸收动力头，利用乏汽吸收动力头内的文丘里射流装置和汽水混合装置将乏汽和低温除盐水进行汽水混合吸收，形成79℃的高温除盐水后，自流进入乏汽回收设施本体，再通过乏汽回收水泵升压后送回除氧器再利用，充分回收乏汽热量，减少除氧器蒸汽消耗。

（三）蒸汽系统

外取热器中压汽水分离器产中压饱和蒸汽、循环油浆蒸汽发生器中压汽水分离器产生中压饱和蒸汽，送至余热锅炉过热至440℃，一部分经背压透平后的低压蒸汽减温后送至1.2MPa蒸汽总管，装置剩余中压过热蒸汽送至系统。

第四部分　热工烟脱系统

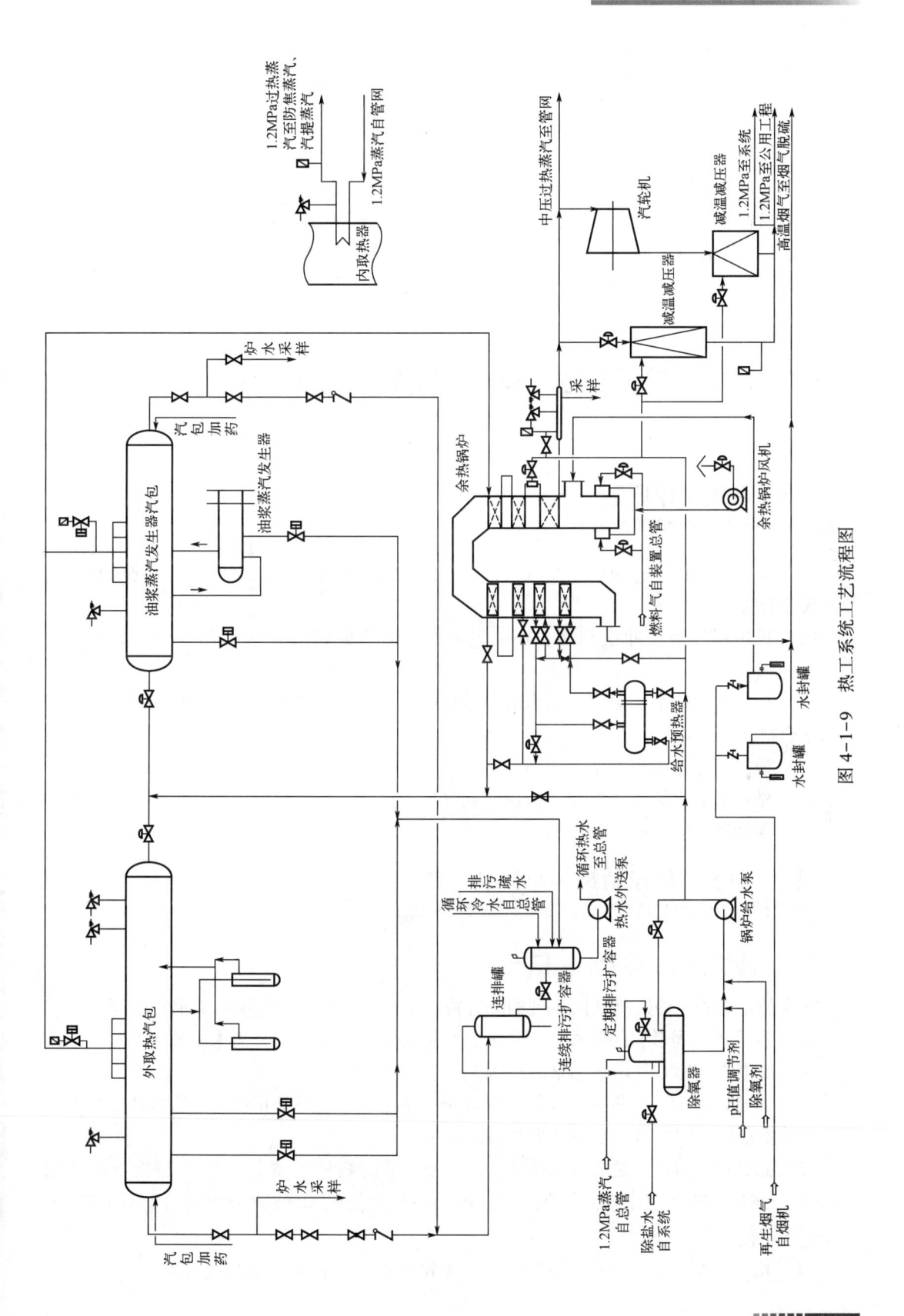

图 4-1-9　热工系统工艺流程图

来自透平减温后的1.2MPa蒸汽，其中一部分经再生器内过热盘管过热至420℃（一部分经减温减压器并0.4MPa蒸汽管网，另一部分供装置防焦、汽提使用），一部分供催化装置自用，一部分供余热锅炉区除氧器使用，其余送至系统（不足则由系统补充）。

（四）余热锅炉系统

催化裂化联合装置产生的再生烟气（515℃）经过高温烟道水平进入炉膛，与炉膛下部布置的燃料气补燃燃烧器产生的高温烟气混合，混合后的烟气依次经过高温过热器、两台低温过热器、转弯烟道、四波金属膨胀节、两台高温省煤器、双波金属膨胀节、两台低温省煤器、单波金属膨胀节，最后烟气温度降至175℃后从出口烟道进入烟气脱硫单元。

项目二　热工系统常规操作

一、热工系统操作原则

（1）保持汽包压力、液位、产汽量、给水量的相对稳定，严防汽包干锅、满液位、超压等现象发生。

（2）投用好汽包三冲量控制，在装置事故状态下应将汽包液位作为重点监控参数之一。

（3）加强汽包炉水、蒸汽、给水的质量分析，控制好汽包加药及炉水排污量，保证蒸汽品质合格。

（4）控制好过热蒸汽温度、压力。

（5）做好余热锅炉除灰工作，控制好烟气排放温度。

（6）保证蒸汽的平稳外供或输入。

二、锅炉炉水质量控制指标与控制方法

（一）锅炉炉水质量控制指标

水质是指水和一些杂质共同表现的综合特性，评价水质好坏需用以下水质指标。

（1）悬浮物：固形物的简称。测定方法是采用某种过滤材料分离水中较大的颗粒不溶性物质，在105~110℃下烘干称重而测得。

（2）总硬度（YD）：是指水中钙、镁离子含量之和，它是衡量锅炉给水水质好坏的一项重要技术指标。它表示了水中结垢物质的多少。

（3）总碱度（JD）：是指水中能够接受氢离子的物质的含量。通常是指重碳酸根（HCO_3^-）、碳酸根（CO_3^{2-}）、氢氧根（OH^-）及少量的磷酸根（PO_4^{3-}）、磷酸氢根（HPO_4^{2-}）等。

（4）相对碱度：水中游离氢氧化钠的含量和溶解固形物含量的比值。

(5) 炉水 pH 值：控制范围 pH 值 9~11。影响因素有给水 pH 值、pH 调节剂加入量、炉水处理剂加入量。

(6) 溶解氧（O_2）：是指水中含有游离氧的浓度。它主要是用来控制本体及管道腐蚀程度的指标。

(7) 含油量（Y）：是表示水中含油类物质的量。它的存在对交换剂有污染，影响蒸汽品质，降低受热面的热效率。

(8) 亚硫酸盐（SO_3^{2-}）：是给水进行亚硫酸钠除氧处理时，对锅水内其过剩量的控制指标。

(9) 含铁量：是指给水中铁离子含量。它的存在能引起锅炉的腐蚀，但仅限于燃油、燃气锅炉。

(10) 氯化物（Cl^-）：水中的氯化物是指氯离子的含量。锅水中其含量越小越好，含量高时则会腐蚀锅炉，易引起汽水共腾。由于氯化物的溶解度很大，不易呈固相析出，所以常以锅水氯离子的变化，间接表示锅水含盐量的变化。因此，锅水中的氯离子含量和给水氯离子的比值，常被用来衡量锅水浓缩倍数和指导排污。

（二）锅炉炉水质量控制方法

锅炉炉水质量控制一般是锅炉内加药处理和锅炉外软化处理（沉淀法软化和离子交换法软化）。

锅炉内水处理的方法是通过向锅炉内加入一定数量的软水剂，使锅炉给水中的污垢转变成泥垢然后将泥垢从锅内排出，从而达到防止水垢产生或减缓的目的。这种处理水的方法是在锅炉内部进行的，所以称为锅炉内水处理。

1. 锅炉内水处理常用药剂配方

(1) "三钠一胶"法。"三钠一胶"法指的是磷酸三钠、碳酸钠、氢氧化钠和栲胶。

(2) "四钠"法。"四钠"法指的是磷酸三钠、碳酸钠、氢氧化钠和腐殖酸钠，这种方法处理的效果优于"三钠一胶"法，适合于各种水质。

(3) 纯碱法。主要是向锅内放入纯碱（Na_2CO_3），在一定压力作用下，虽然能分解成部分氢氧化钠，但对于成分复杂的给水，不能达到让人满意的效果。

(4) 纯碱—栲胶法。由于栲胶和纯碱的共同协作的结果，要比单用纯碱效果好。

(5) 纯碱—腐殖酸钠法。此法又要比纯碱—栲胶法效果好，主要是腐殖酸钠的水处理效果要比栲胶优越的缘故。

(6) 有机聚膦酸盐、有机聚羧酸盐和纯碱法。

(7) 有机聚膦酸盐、有机聚羧酸盐、腐殖酸钠和纯（烧）碱法。这种方法中的纯（烧）碱不仅其本身具有良好的防垢作用，而且还为有机聚羧酸盐和有机聚膦酸盐提供了良好的阻垢条件，腐殖酸钠是很好的泥垢调解剂，效果更理想。

水处理药剂的用量一般需要根据水的硬度、碱度和锅水维持的碱度或药剂浓度及锅炉排污率大小等来确定。通常无机药剂可按化学反应物质的量进行计算；而有机药剂（如栲胶、腐殖酸钠、膦酸盐或羧酸盐等水质稳定剂）则大多按实验数据或经验用量进行加药。

2. 锅炉外水处理

1) 预处理

当原水为地表水时，预处理的目的是除去水中的悬浮物、胶体物和有机物等。通常是在原水中投加混凝剂（如硫酸铝等），使上述杂质凝聚成大的颗粒，借自重而下沉，然后过滤成清水。当以地下水或城市用水作补给水时，原水的预处理可以省去，只进行过滤。常用的澄清设备有脉冲式、水力加速式和机械搅拌式澄清器；过滤设备有虹吸滤池、无阀滤池和单流式或双流式机械过滤器等。为了进一步清除水中的有机物，还可增设活性炭过滤器。

2) 软化

采用天然或人造的离子交换剂，将钙、镁硬盐转变成不结硬垢的盐，以防止锅炉管子内壁结成钙镁硬水垢。对含钙镁重碳酸盐且碱度较高的水，也可以采用氢钠离子交换法或在预处理（如加石灰法等）中加以解决。对于部分工业锅炉，这样的处理通常已能满足要求，虽然给水的含盐量并不一定明显降低。经过软化或除盐的补给水和凝结水，在进入锅炉之前一般都要除氧。

三、过热蒸汽及饱和蒸汽的控制指标及控制方法

（1）过热蒸汽及饱和蒸汽钠含量≤15μg/kg。影响过热蒸汽及饱和蒸汽钠含量的因素一般有炉水钠含量、给水中钠含量、加药量、排污量、汽包液位、蒸发量。

控制方式：过热蒸汽及饱和蒸汽钠含量，正常通过调整加药量和连续排污量，控制炉水中钠含量不过高，可参考水汽在线分析仪表调整排污量。当蒸汽钠含量超标时，可开大连续排污阀和增加定排次数的方法来控制，必要时适当降低汽包产汽量，减少液体夹带。

（2）过热蒸汽及饱和蒸汽二氧化硅≤20μg/kg。影响过热蒸汽及饱和蒸汽二氧化硅含量的因素一般有炉水钠含量、给水中钠含量、加药量、排污量、汽包液位、蒸发量。

控制方式：过热蒸汽及饱和蒸汽中二氧化硅含量，正常通过炉水加药，将给水中所含的硅及钙镁离子以水渣的形式从定期排污中排出汽包。

（3）过热蒸汽及饱和蒸汽铁含量≤20μg/kg。影响过热蒸汽及饱和蒸汽铁含量的因素一般有给水中铁含量、排污量、汽包液位、蒸发量。

控制方式：过热蒸汽及饱和蒸汽铁含量，正常通过控制外来原水中铁含量来控制，并保证水汽系统较低的腐蚀情况。

（4）过热蒸汽及饱和蒸汽铜含量≤5μg/kg。影响过热蒸汽及饱和蒸汽铜含量的因素一般有给水中铜含量、排污量、汽包液位、蒸发量。

控制方式：过热蒸汽及饱和蒸汽铜含量，正常通过控制外来原水中铜含量来控制。

四、4.0MPa 过热蒸汽温度和压力的影响因素及控制方法

（一）4.0MPa 过热蒸汽温度的影响因素及控制方法

在正常操作中，4.0MPa 过热蒸汽温度一般控制在 385~430℃为宜。影响过热蒸汽温

度的因素主要有：余热锅炉的减温水量；余热锅炉的饱和蒸汽进汽量；余热锅炉的补燃段温度；余热锅炉的入口烟气温度。

控制方式：在高、低温过热器之间布置喷水减温器，减温水管道上布置调节阀，根据过热器出口热电偶的蒸汽温度值进行调节，当温度高于设定值时，调节阀开大；当温度低于设定值时，调节阀关小。如果调节阀关闭/全开后过热蒸汽温度仍低于/高于设定值，则在控制室炉通过 DCS 远程调节燃料气管道上调节阀，增加或减少燃料气消耗量。燃料气量与风量相匹配，确保炉内高效燃烧，根据燃料气流量确定助燃空气流量自动调节风门挡板开度。燃料气流量与助燃空气流量的配比为 1∶10。

（二）4.0MPa 过热蒸汽压力的影响因素及控制方法

4.0MPa 过热蒸汽压力一般控制在 3.8~4.2MPa 为宜。影响过热蒸汽压力的因素主要有：主蒸汽管网压力，减温减压器开度，各汽包（外取热器汽水分离器、油浆蒸汽发生器汽水分离器）压力。

控制方式：4.0MPa 过热蒸汽压力主要取决于主蒸汽管网压力。在正常运行中，过热器出口蒸汽压力根据装置产汽量的变化，及时联系自备电站保持主蒸汽管网压力平稳。

五、汽包液位的影响因素及控制方法

汽包液位正常控制在 30%~70%，影响汽包液位的因素一般有：给水流量、蒸汽产汽量、排污量。

控制方式：通常是将汽包液位、蒸汽流量、给水流量组成汽包液位三冲量控制系统。在正常情况下，汽包液位根据汽包的蒸汽流量、给水流量变化控制汽包给水调节阀的开度。

三冲量投用方法：
(1) 确认汽包液位稳定、投自动状态。
(2) 将上水流量控制阀投至手动（MAN）或自动（AUT）状态。
(3) 将汽包液位控制投至三冲量控制。
(4) 将上水流量控制阀投至串级（CAS）状态。

三冲量切除方法：
(1) 确认汽包上水量在串级（CAS）状态。
(2) 液位在自动（AUT）状态。
(3) 将上水量改至手动（MAN）或自动（AUT）状态。
(4) 将汽包液位控制投至液位单控制。

六、排烟温度的影响因素及控制方法

余热锅炉的排烟温度的高低会受很多因素变化而变化，其中影响因素主要有以下几种：
(1) 进余热锅炉的烟气量和烟气温度。
(2) 进余热锅炉过热段饱和蒸汽量。

(3) 余热锅炉过热段减温水量。
(4) 余热锅炉省煤器上水量。
(5) 余热锅炉省煤器上水温度。
(6) 余热锅炉长时间运行积灰严重，换热效率下降。

降低排烟温度，可通过以下方式调节：
(1) 增大过热段饱和蒸汽量。
(2) 增大调节过热段减温水量。
(3) 增大省煤器上水量。
(4) 降低省煤器上水温度。
(5) 对余热锅炉进行定期吹灰，减少积灰，提高换热效率。

七、余热锅炉吹灰

（一）余热锅炉蒸汽除灰的投用操作

吹灰的目的是减少受热面积灰提高锅炉热效率。吹灰前，必须将蒸汽引至阀前脱水，吹灰器电动机必须确保润滑良好。吹灰操作时，现场不得离人，防止吹灰器从滑轨上脱落，烧坏电动机。一般吹灰必须每班一次，每次不得少于2min。整个吹灰器安装在锅炉外部，当吹灰器运行时，吹灰器吹杆延伸到管束内，然后将蒸汽从吹杆顶端吹向管束，通过吹杆的横向和旋转运动来完整地吹扫管束。当吹杆延伸和收缩时，吹杆通过蒸汽冷却。清除完成时，吹杆从锅炉中完全缩回。

(1) 打开吹灰蒸汽大阀阀前导淋对蒸汽脱水。
(2) 按下余热炉吹灰器总开关。
(3) 如有吹灰器发生故障，没有完成工作，应立即联系处理。
(4) 吹灰完毕，关闭吹灰蒸汽大阀。

（二）激波吹灰的原理及投用操作

1. 激波吹灰器的原理

激波吹灰器是利用燃料气和空气在混合罐体中按一定比例混合，达到额定容量后，经高频点火引爆产生爆燃。气体体积瞬间急剧增溢，产生高温高压气体。这种燃烧过程中产生的压缩波在特殊结构的脉冲罐体内得到加速激发，蓄积了极高的能量。在脉冲罐体的喷口处发射冲击波，以动能、声能、热能的形式进入炉体内，作用在锅炉受热面积灰层上。通过激波吹灰器的冲击波作用，使受热面上的积灰脱落，将被污染受热面上的灰尘颗粒、松散物、黏合物及沉积物除去，随烟气流排出炉外，降低锅炉排烟温度，提高锅炉热效率。

2. 激波吹灰投用操作

(1) 打开燃气路阀门，调节燃气路燃气减压阀，确认燃气路供气压力不低于0.1MPa。
(2) 打开空气路阀门，调节空气路减压阀，调节压缩空气供气压力不低于0.2MPa。
(3) 按下"电源启动"按钮，"电源启动"指示灯亮，表明控制柜已经上电。

(4) 按下"运行"按钮,"运行"指示灯亮,系统默认进入手动运行状态。

(5) 手动按下1#按钮,1#设备开始按照程序规定开始工作,1#设备工作完后,依次按下其他按钮。

(6) 若要从手动状态回到自动状态,按下"手/自动"按钮,"手/自动"按钮指示灯亮;1#(激波吹灰器第一路)开始工作,1#设备指示灯亮,1#设备运行完后,1#设备指示灯灭;每个激波吹灰依次自动开始吹灰,完成一个工作循环。

(7) 关机操作：按下"电源停止"按钮开关,切断控制柜电源。

八、炉水加药操作

（一）pH调节剂加药装置收剂加注操作

(1) 检查确认pH调节剂加药装置液位低于20%；pH调节剂已运抵现场；穿戴好防护器具。

(2) 打开除氧器缓蚀剂桶盖；将气动泵入口管线插入除氧器缓蚀剂桶；将气动泵出口管线与pH值调节剂加药装置顶部加注口连接。

(3) 开启气动泵气源阀门,将pH调节剂加入pH调节剂加药装置储罐。

(4) 关闭气动泵气源阀门；将气动泵入口管线拔出除氧器缓蚀剂桶；将气动泵出口管线与pH调节剂加药装置顶部加注口断开；将空桶桶盖拧紧。

(5) 确认pH调节剂加药装置液位正常,注入泵运行正常。根据炉水分析的pH值调整注入量。

（二）炉水处理剂收磷酸盐加注操作

(1) 确认炉水处理剂储罐液位低于20%；药剂现场已备用；护目镜等防护器具穿戴好,防止药液溅入眼睛,若溅入眼睛或皮肤上时应马上用大量清水冲洗,再到医务室治疗。

(2) 打开炉水处理剂储罐顶部加药桶盖；通过气动泵将一定量的药剂加入炉水处理剂储罐；打开脱盐水到炉水处理剂储罐手阀；确认炉水处理剂储罐现场液面已升到规定值；关闭脱盐水到炉水处理剂储罐手阀。

(3) 确认炉水处理剂液位正常；炉水处理剂注入泵运行正常；根据炉水和蒸汽质量情况,调整炉水处理剂注入泵行程,控制药剂加入量。

（三）除氧剂加药装置收剂加注操作

(1) 确认除氧剂加药装置液位低于20%；除氧剂桶已运抵现场；防护器具穿戴好,防止药液溅入眼睛,若溅入眼睛或皮肤上时应马上用大量清水冲洗,再到医务室治疗。

(2) 打开除氧剂桶盖；将气动泵入口管线插入除氧剂桶；将气动泵出口管线与除氧剂加药装置顶部入口连接。

(3) 关闭气动泵气源阀门；将气动泵入口管线拔出除氧剂桶；将气动泵出口管线与除氧剂加药装置顶部入口断开；将空桶桶盖拧紧。

(4) 确认除氧剂加药装置液位正常,注入泵运行正常。根据除氧水的氧含量分析调整注入量。

九、启动锅炉给水泵的注意事项

(1) 严禁无液体空转，以免零件损坏。
(2) 启动后在出口阀未开的情况下运行不应超过 1~2min 防止憋压。
(3) 用出口阀调节流量，不可用入口阀调节流量，以免抽空。
(4) 注意节流调节的影响，避免发生汽化而出现噪声及振动的问题。
(5) 备用泵处于备用状态。
(6) 机泵启运前应将泵出口最小回流线阀门稍开，避免机泵启动初期形成汽蚀。

十、水封罐投用

(1) 确认水封罐各附件完好无损。
(2) 检查水封罐放水阀是否关闭。
(3) 打开水封罐大水封上水阀，引水入水封罐。

项目三　热工系统开停工

一、热工系统开工

(一) 热工开工前检查、准备

热工系统检查完毕，杂物清扫干净，各塔、容器、炉、自保阀、管线、机泵确保无遗漏质量问题，装置公用工程水、电、汽等动力系统正常，流程、设备均达到开工要求。

(二) 余热锅炉吹扫、气密，除氧器投用

(1) 投用余热锅炉仪表反吹风、非净化风，启用余热锅炉鼓风机。
(2) 余热锅炉引主风吹扫。
(3) 引除盐水进除氧器，分析除盐水水质合格。联系调度准备引除盐水，启动除盐水泵，稍开除氧器上水调节阀。打开除氧器底部放水阀门，冲洗除氧器，见清水后关闭。开启除氧器除氧蒸汽调节阀上下游阀门，开启除氧器除氧蒸汽调节阀，逐渐将除氧器压力升至工作压力。控制除氧器温度 103~105℃，控制除氧器液位 50% 左右。

(三) 外取汽包上水及投用、减温减压器暖管及投用、引烟气进余热锅炉

1. 外取汽包上水

(1) 汽包上水时应缓慢，除氧水化验分析合格后，改好除氧水至外取热汽包流程。当

汽包水质不合格，排污进行换水，直至水质合格为止。

（2）启动锅炉给水泵，自循环。检查给水泵的运行不能超电流；检查给水泵的运行情况无异常。

（3）控制好给水泵出口压力，用调节阀副线阀向汽包上水。

（4）控制除氧器上水，保持水位正常，并投用连续排污和定期排污扩容器。

（5）投用汽包自动加药系统，向外取热汽包加药，联系生产监测部化验水质。

2. 减温减压器暖管

（1）检查确认相关系统，如安全阀、减温水、各疏水系统等完好，具备投用条件。

（2）关闭减温减压器控制阀、1.2MPa 蒸汽并汽阀及放空阀、减温水控制阀、4.0MPa 蒸汽并汽阀，打开减温减压器出口排凝、1.2MPa 蒸汽并汽阀跨线阀。确认减温减压器后疏水阀无水后，关小疏水阀。缓慢打开 4.0MPa 饱和（过热）蒸汽进减温减压器阀组排凝阀，缓慢稍开减压阀，疏水阀见汽后关小排凝阀，暖管。暖管过程中要平稳，防止出现"水塞"和"水冲击"，并加强对各法兰、阀门、管道、支吊架等的检查。

（3）在暖管刚开始时，应全开疏水阀，并检查疏水阀的放水情况，如放水量较大，则应暂缓增加进汽；随着压力的升高，应根据排汽的情况，适当关小放水阀。

3. 投用外取热器汽包

（1）减温减压器暖管结束，减温减压器后放空打开，改通外取热器饱和蒸汽经余热锅炉至减温减压器后放空流程。

（2）打开过热器出口阀，放空阀关闭，各疏水阀开启。打开外取汽包饱和蒸汽出口阀后排凝，打开外取汽包出口放空阀副线阀及汽包顶部放空阀。

（3）缓慢打开汽包饱和蒸汽阀出口，缓慢关闭汽包饱和蒸汽出口和蒸汽放空阀。

（4）用减温减压器调节阀控制外取汽包缓慢升压，控制升至 0.2~0.3MPa，外取热汽包压力升至 0.3~1.0MPa。

（5）4.0MPa 蒸汽管线温度达到 250℃ 时，通知维护人员热紧，投入连续排污与汽水取样。

（6）用减温减压器调节阀控制好外取热器汽包压力。

4. 投用减温减压器

（1）蒸汽分析合格，视外汽包产汽情况，当温度、压力达到并 1.2MPa 蒸汽管网要求，准备投用减温减压器。升压过程中要严密监视汽包压力、水位的变化，防止超压和缺水。

（2）联系调度、公用工程向 1.2MPa 蒸汽管网并汽，投用减温水调节阀。

（3）打开减温减压器向 1.2MPa 蒸汽管网并汽，同时关闭减温减压器后放空阀并根据蒸汽温度变化缓慢开启减温水调节阀，使 1.2MPa 蒸汽温度保持在规定值。

（4）当自产蒸汽温度较低时，加强饱和蒸汽管道疏水，防止水击。

5. 引烟气进余热锅炉操作及注意事项

（1）确认省煤器连续通水，过热器已通入装置自产的饱和蒸汽。

（2）当余热锅炉入口烟气温度达到 250℃ 时引烟气进余热锅炉。锅炉出口烟道挡板全开。

(3) 联系反应、烟气脱硫，烟气准备并入锅炉，锅炉入口水封罐撤水，缓慢开启锅炉入口烟道挡板，关闭烟囱旁路阀将烟气并入锅炉，操作过程要缓慢防止再生器超压。

(4) 控制余热锅炉升温速度不超过 25℃/h，根据过热蒸汽温度以及高温省煤器出口水温，控制烟道各挡板的开度。防止过热器出口的蒸汽超温超压，省煤器内的水汽化而造成超压，安全阀动作。

(5) 根据过热蒸汽温度情况投用蒸汽减温器，控制高温省煤器出口水温不高于 204℃，控制余热锅炉排烟温度在 145~230℃，过热蒸汽温度不高于 450℃。

(6) 加强过热蒸汽管道的暖管疏水，防止水击。

(四) 贯通补燃流程

(1) 改通燃料气线至余热锅炉燃料气流程。

(2) 燃料气线给氮气吹扫干净后，关闭排凝阀，分别打开各器壁阀确认各火嘴畅通并关闭相应器壁阀。

(3) 检查燃料气流程是否有泄漏，是否畅通。如有泄漏，关闭氮气阀，联系保运人员进行处理后重新气密。气密合格后，打开器壁阀排凝吹扫置换，并联系监测部门取样分析，控制氧含量不大于 0.5%。

(4) 置换完毕后，关闭各排凝阀、氮气阀，稳定干气阀组至余热锅炉火嘴间管线氮气保压。

(五) 油浆汽包上水

油浆蒸汽发生器汽包上水

(1) 确认油浆蒸汽发生器汽包上水流程，缓慢开启上水汽包的给水调节阀副线阀，控制汽包上水量，保持水位 50%。

(2) 分油浆蒸汽发生器汽包上水时要注意油浆温度变化，现场要加强检查发现泄漏及时处理。

(3) 投用自动加药系统，向外取热汽包加药，联系监测化验水质。

(六) 外取热器、油浆蒸汽发生器蒸汽向过热蒸汽管网并汽

当余热锅炉系统运行正常、蒸汽压力低于系统蒸汽压力 0.05~0.1MPa 时可以缓慢进行蒸汽并入管网操作。因为在余热锅炉的蒸汽压力高于系统蒸汽压力时，主汽阀开启后大量蒸汽迅速输出，既影响了系统压力，又使余热锅炉压力骤降、产汽骤增，从而易发生汽水共腾现象；如果余热锅炉的蒸汽压力远低于系统蒸汽压力时，当主汽阀开启后，系统的蒸汽会大量倒流入余热锅炉内，严重影响蒸汽系统的正常运行。

操作步骤：

(1) 打开主蒸汽管道上的导淋，排出凝结水。

(2) 控制余热锅炉蒸汽压力低于系统蒸汽压力 0.05~0.1MPa。

(3) 缓慢开启主汽阀的旁路阀进行暖管，暖管结束后逐渐开大主汽阀，然后关闭旁阀以及系统主汽管上的导淋。

(4) 缓慢打开并汽大阀进行余热锅炉蒸汽并管网系统操作。

(5) 并汽过程中应保持汽压和水位正常。

(6) 并汽过程中若管道中有水击现象，应停止并汽进行疏水，水击消除后再并汽。

（七）按需投用补燃系统

(1) 缓慢开补燃炉燃料气阀门。

(2) 分别打开余热锅炉火嘴器壁阀前排凝阀置换氮气，确认燃料气引至各火嘴器壁阀前，并关闭各排凝阀。

(3) 联系生产监测部分析瓦斯组成，确认瓦斯氧含量不大于 0.5%。

(4) 确认长明灯、点火器非净化风投用，确认减压阀后瓦斯压力 0.1MPa，连接部位无泄漏。

(5) 联系生产监测部炉膛可燃气采样，确认炉膛可燃气分析合格，炉膛气可燃气含量小于 0.2%（体积分数）。

(6) 点燃长明灯，点着后调节风道挡板。

(7) 缓慢打开该主火嘴的燃料气阀门，确认该火嘴已点燃、燃烧正常，补燃系统投用正常。

二、热工系统停工

（一）热工部分降负荷

(1) 通知调度、公用工程等相关岗位，催化反应降负荷，外取热发汽量减少，饱和蒸汽量较少。联系调度加大 4.0MPa 蒸汽供给，保证气压机正常运行。

(2) 控制好过热蒸汽温度。

（二）外取热器停运，烟气切出余热锅炉

(1) 联系调度、公用工程，准备停运外取热器。

(2) 反应岗位在降量过程中，逐渐切除外取热器热源，并降低汽包上水量，控制水位正常。

(3) 当发汽量降至大约满负荷的 50%时，停止汽包加药及连续排污。

(4) 联系调度，过热蒸汽准备并入 1.2MPa 蒸汽管网。当余热锅炉过热蒸汽出口温度降到400℃时，改过热蒸汽进减温减压器，缓慢关闭余热锅炉过热蒸汽至 4.0MPa 蒸汽管网阀门。

(5) 锅炉补燃熄火，关闭大、小火嘴及长明灯器壁阀，确认燃料气各自保阀关闭，关闭稳定干气阀组至余锅燃料气总阀。开大鼓风机挡板开度，吹扫炉膛。余热锅炉烟气旁路水封罐放水。

(6) 打开余热锅炉烟气旁路烟道挡板，关闭余热锅炉入口烟道挡板，将烟气切除余热锅炉系统，向锅炉入口水封罐装水，建立水封。

(7) 停气压机后，缓慢关闭 4.0MPa 蒸汽界区阀。

(8) 余热锅炉过热蒸汽出口温度降到大约260℃时，打开减温减压器出口放空阀，同时缓慢关闭减温减压器出口并汽阀，注意汽包压力防止汽包超压。

(9) 用减温减压器调节阀控制汽包压力稳定。当再生器内的温度降至 300℃左右时，逐渐关闭各汽包的出口并汽阀，进行冷却。

(10) 热源全部切除、外取热器停运后，保持汽包水位50%左右。反应再生系统催化剂卸空，外取热器温度低于200℃时，外取热器汽包撤压、放水，打开内取热器副线阀，关闭1.2MPa蒸汽进内取热阀门，停运内取热器系统。

(11) 关闭外取热器汽包上水阀，打开排污阀门、管线低点排凝，放净存水。

（三）油浆蒸汽发生器停运

(1) 油浆蒸汽发生器停运与外取热器同时进行。随分馏岗位进行降量，逐渐降低油浆蒸汽发生器汽包的上水量，控制水位正常。

(2) 当发汽量降至大约满负荷的50%时，停止汽包加药及连续排污。

(3) 当余热锅炉过热蒸汽出口温度降到400℃时，过热蒸汽准备并入1.2MPa蒸汽管网。用减温减压器调节阀控制汽包压力稳定，保持压力均匀缓慢降低。

(4) 打开油浆蒸发器汽包的连续排污、定排阀门，加强排污，在热源全部切除、停止发汽后，保持蒸发器汽包水位上至50%左右。

(5) 反应再生系统卸催化剂，分馏塔退油完，在油浆管线蒸汽吹扫之前，关闭汽包上水阀，打开油浆蒸汽发生器汽包蒸汽放空阀，关闭油浆蒸汽发生器汽包并汽阀，打开油浆蒸汽发生器排污阀门、底部排凝阀门，放净存水，关闭停运的油浆蒸发器汽包的排污阀门、取样阀及冷却水。

（四）除氧器停运

(1) 确认渣油加氢装置停用除氧水，烟脱岗位臭氧发生系统停机。

(2) 各汽包停止上水后停除氧器除盐水与1.2MPa蒸汽，停除氧剂、pH调节剂，停热工分析小屋冷却除盐水。

（五）停运后冷却时注意事项

(1) 各发汽设备切除后，须继续向汽包上水，保持汽包水位稍高于正常水位，并注意监视水位。

(2) 当各发汽设备需要紧急冷却时，在关闭出口蒸汽阀4~6h后，进行通风，并增加放水和上水的次数。

(3) 当汽包压力降到0.3~0.5MPa或停炉18~24h后，炉水温度不超过80℃时，可将炉水放净。

(4) 压力低于0.2MPa时，可以打开各汽包排空阀，使放水工作顺利进行。

(5) 根据进度，关闭连排扩容器闪蒸蒸汽去除氧器阀门，停用连排扩容器和定排扩容器，撤压放水。

（六）停工收尾

(1) 确认分馏、稳定系统化学清洗结束、渣油加氢除氧水停供。

(2) 联系调度，停止除盐水供应，关闭界区阀门。

(3) 4.0MPa蒸汽、除盐水进出装置处加装盲板。停余热锅炉鼓风机。

(4) 联系稳定，瓦斯线引汽扫线。

项目四　热工系统异常工况处理

一、锅炉汽包缺水

（一）现象

(1) 汽包水位计指示低于正常水位。
(2) 水位报警器发出低水位报警。
(3) 过热器温度上升。
(4) 给水流量小于蒸汽流量，且偏差较大（炉管爆管时则现象相反）。

（二）原因

(1) 给水控制阀失灵。
(2) 运行人员疏忽大意，对水位监视不够或误操作。
(3) 蒸汽表、蒸汽流量表或给水表指示不正确，使运行人员判断失误而误操作。
(4) 给水泵出口压力降低，上不去水。
(5) 锅炉排污阀漏，或排污量太大。
(6) 省煤器、蒸发器发生炉管爆裂。
(7) 除氧器因水位计失灵或其他原因导致空罐，锅炉给水泵抽空。

（三）处理

(1) 对汽包液位计进行冲洗，检查其指示是否正确。
(2) 给水调节阀自动改为手动，加大给水量，若控制阀失灵，则改副线阀控制。
(3) 若给水主管线压力低，启动备用给水泵。
(4) 若蒸发段、省煤段轻微泄漏，应加大给水量或减负荷维持运行。
(5) 若因除氧水罐水位下降导致锅炉给水泵抽空，及时查明原因，恢复上水。

经上述处理后，汽包水位不能恢复时，应关闭所有连续排污和定期排污，并检查阀门是否关严，如发现阀门大量漏水时，应立即联系维修工处理，并注意水位恢复情况。如果水位低于现场玻璃板水位计应紧急停炉。

停炉时应保证外取热器系统、高温烟气取热系统、油浆蒸发器系统及烟道喷水减温系统的除氧水供应。

二、锅炉汽水共沸

（一）危害

锅炉发生汽水共沸后，蒸汽必然大量带水。含盐分浓度较高的水滴被带到过热器内，然后被蒸发，大量的盐垢结在进口处，使过热器管壁产生过热现象，严重时会发生爆管。

（二）现象

(1) 汽包内水位发生急剧波动，液面计看不清并冒气泡。
(2) 炉水分析含盐、含碱量高，蒸汽质量不合格。
(3) 过热蒸汽温度急剧下降，过热器入口放水阀大量见水。
(4) 严重时蒸汽管线发生水击，法兰处冒汽。
(5) 汽水共沸时水位并不消失，而且水位剧烈波动。

（三）原因

(1) 炉水质量不合格，含盐量增大，碱度过高，油污、杂质及悬浮物过多，水面上集有大量泡沫。
(2) 加药过量也会使泡沫增多。
(3) 连续排污量小，定期排污次数少。
(4) 产汽负荷变化过急。

（四）处理

(1) 将液面自动控制改手动控制。
(2) 开大连续排污进行表面放水，必要时也可打开定期排污，同时注意给水，防止水位过低。
(3) 降低产汽负荷，停止加药，加强换水，迅速提高炉水质量。
(4) 打开过热器出、入口放水阀和蒸汽管线排凝阀排水。
(5) 增加炉水分析次数，如不合格，加强排污。

（五）预防

(1) 控制好炉水含盐量，保证给水质量，控制好炉水加药量。
(2) 根据水质分析结果及时调整排污量。
(3) 开炉并汽时，炉内压力不要高于蒸汽管网压力。
(4) 检修时，彻底清除炉内油渍、杂物，保持炉内清洁。

三、外取热汽包干锅

见第二部分模块七。

四、汽包水位计损坏

（一）原因

(1) 汽、水管道或阀门堵死。
(2) 玻璃板管质量差或安装时不合格。
(3) 水位计汽、水阀或放水阀泄漏。

（4）冲洗、投用操作不当，使玻璃管爆破。
（5）玻璃管长期不更换，腐蚀后强度降低。
（6）冷空气或冷水冲到玻璃管上，导致玻璃管破裂。

（二）处理

（1）一台水位计损坏时，用另一台监视水位，立即检修损坏的水位计。
（2）当汽包两个水位计同时损坏时，应停炉。

五、锅炉汽包满水

（一）现象

（1）汽包水位超过正常水位，汽包水位警报器发出水位高的警报信号。
（2）过热蒸汽温度下降，蒸汽盐含量过大。
（3）给水量大于过热蒸汽流量。
（4）严重水满时，蒸汽管内发生水击，法兰向外冒汽。

（二）原因

（1）给水自动控制阀失灵，给水调节装置故障。
（2）水位表、蒸汽流量或给水流量表指示不正确，操作人员判断失误，调整不及时。
（3）装置发生事故，烟气量突然减小。
（4）瓦斯火嘴突然熄灭，过热器内温度突降。
（5）操作人员疏忽大意，对水位监视不够，调整不及时或误操作。

（三）处理

（1）当锅炉汽压及给水压力正常，而汽包液位上升超过正常水位时，应采取下列措施：
① 将给水调节阀自动改为手动，减小给水流量，如控制阀失灵，则关小其他可以减小上水量的阀门。
② 室内观察汽包液位指示的历史趋势。
③ 外现场液位计进行冲洗，观察实际液位，并和室内液位对照，如仪表问题，立即联系仪表人员处理。
（2）经上述处理后，汽包水位仍上升并超过汽包液位控制上限时，应采取下列措施：
① 继续关小可控制水量的阀门。
② 开启定期排污阀放水。
（3）如汽包液位已超过现场水位计的上部可现水位时，应按下列规定处理：
① 停止向锅炉上水。
② 开启过热器出口放空，关闭过热蒸汽主蒸汽阀门。
③ 开启过热器疏水阀门，注意观察水位。
④ 水位恢复时，按正常规程恢复进行。

六、内、外取热器内漏

见第二部分模块七。

七、省煤器炉管损坏

（一）现象

(1) 给水流量不正常地大于蒸汽流量，严重时汽包水位下降，烟囱冒白烟。
(2) 省煤器烟道内有异常。
(3) 省煤器出口烟气温度下降。
(4) 从省煤器不严密处向外冒汽，严重时烟道下部流水。

（二）原因

(1) 未分离出的催化剂在省煤器炉管外壁磨损。
(2) 给水含氧量高，省煤器炉管内壁腐蚀。
(3) 低温条件下，二氧化硫对炉管外壁造成腐蚀。
(4) 安装时，炉管焊接质量差。
(5) 炉管被杂物堵塞，引起局部过热。
(6) 炉管疲劳损坏。

（三）处理

(1) 降低负荷短期运行，或切出炉管损坏的一组。
(2) 两组炉管都有损坏，且水位迅速下降或故障情况下严重影响其他正常给水时，应切断省煤器入口联箱进、出水，除氧水直接送往装置其他用水部位。
(3) 停用省煤器后应保证余热锅炉汽包水位，关闭所有排污阀，如蒸汽质量不合格，可放空处理。

八、汽包超压

处理

(1) 汽包超压，降系统产气量，适当降低蒸汽压力。
(2) 适当降低蒸汽管网压力。
(3) 严重超压（超过安全阀定压而未使安全阀起跳），开安全阀或打开汽包顶部放空阀，把压力降至正常工作压力。

模块二　烟气脱硫系统

项目一　烟气脱硫技术和工艺

一、大气污染物种类、影响因素及控制指标

(一) 大气污染定义

按照国际标准组织（ISO）的定义，大气污染通常是指由于人类活动或自然过程引起某些物质进入大气中，呈现出足够的浓度，达到足够的时间，并因此危害了人体的舒适、健康和福利或环境污染的现象。

(二) 常见大气污染物种类

按存在状态，大气污染物可分为气体状态污染物和气溶胶状态污染物两类。

1. 气体状态污染物

气态污染物主要包括硫氧化物（SO_x）、氮氧化物（NO_x）、臭氧（O_3）、碳氢化合物和卤族化合物等。气态污染物又分为一次污染物和二次污染物。一次污染物即从污染源直接排出的原始物质，若一次污染物在大气中发生一系列反应，生成与一次污染物不同的新污染物，则为二次污染物。二次污染物已受到普遍重视，主要是硫酸烟雾和光化学烟雾等。

2. 气溶胶状态污染物

气溶胶系指沉降速度可以忽略的固体粒子、液体离子或固体和液体粒子在气体介质中的悬浮体。气溶胶状态空气污染物主要包括粉尘、烟、飞灰、黑烟、液滴、轻雾、雾、降尘、总悬浮颗粒物、可吸入颗粒物、细颗粒物等。

(三) 影响因素

影响大气污染范围和强度的因素有污染物的性质（物理的和化学的），污染源的性质（源强、源高、源内温度、排气速率等），气象条件（风向、风速、温度层结等），地表性质（地形起伏、粗糙度、地面覆盖物等）。

(四) 控制指标

《石油炼制工业污染物排放标准》（GB 31570—2015）对催化裂化再生烟气中大气污染物排放浓度的要求如表 4-2-1 和表 4-2-2 所示。新的排放标准要求新建企业 2015 年

7月执行，现有企业2017年7月起执行。

表 4-2-1　催化裂化再生烟气中大气污染物排放浓度要求

污染物	标准
烟气颗粒物	<50mg/m³
镍及其化合物	<0.5mg/m³
二氧化硫	<100mg/m³
氮氧化物	<200mg/m³

表 4-2-2　大气污染物特别排放限值标准

污染物	标准
烟气颗粒物	<30mg/m³
镍及其化合物	<0.3mg/m³
二氧化硫	<50mg/m³
氮氧化物	<100mg/m³

催化裂化余热锅炉吹灰时再生烟气污染物浓度最大值不应超限值的2倍，且每次持续时间不应大于1h。

二、常见气体污染物性质

（一）臭氧

1. 臭氧的性质

臭氧的性质见表4-2-3。

表 4-2-3　臭氧的性质表

物理性质	臭氧是氧气的同素异形体，化学式O_3，在常温下，是一种有刺激气味的淡蓝色不稳定气体，略溶于水。液态为深蓝色，固态为紫黑色
化学性质	（1）极不稳定，在空气和水中都会逐渐分解成氧气，会随温度和pH值的升高而分解加快，反应式：$2O_3 \longrightarrow 3O_2 + 285kJ$； （2）具有强氧化性，仅次于氟，生产上常使用铬铁合金（不锈钢）来制造臭氧发生设备和加注设备中与臭氧直接接触的部件
毒性	属有毒气体，对眼角膜、鼻子和肺有刺激作用，吸入过多能导致中毒，但通常0.214mg/m³时人们就能明显感觉到
制取	有光化学、电化学、原子辐射和电晕放电等方式，其中电晕放电是应用最多最经济的制取方式，此法是将一种干燥的含氧气体流过电晕放电区产生臭氧
功能及应用领域	（1）脱色：给水、排水、废水； （2）杀菌：游泳池、水族馆、半导体生产、食品行业等； （3）氧化：纸浆、香料生产、制药厂、化妆品行业； （4）除臭：污水处理厂、畜牧养殖场、屠宰场、厕所

2. 臭氧的氧化特性

臭氧在常用氧化剂中氧化能力最强。臭氧可使大多数色素褪色，可缓慢侵蚀橡胶、软木，常用于饮料的消毒和杀菌，空气净化、漂白、水处理及饮水消毒、粮仓杀灭霉菌及虫卵。

臭氧脱硝的原理在于臭氧可以将难溶于水的 NO 氧化成易溶于水的 NO_2、N_2O_3、N_2O_5 等高价态氮氧化物。

（二）氮氧化物的危害

氮氧化物是由氮和氧两种元素组成的一类化合物，主要包括 NO、NO_2、N_2O 和 N_2O_5 等。N_2O_5 常温常压下呈固体，其他氮氧化物常温常压下为气态。除 NO_2 以外，其他氮氧化物极不稳定，遇光、湿或热变成 NO，NO 又变成 NO_2。氮氧化物几种气体的混合物常称为硝烟，它们会对环境造成危害。

1. 对人体健康的危害

氮氧化物易于侵入呼吸道深部细支气管和肺泡，吸入气体当时可能无明显症状或有眼部及上呼吸道刺激症状，如咽部不适、干咳等，经 6~7h 潜伏期后会出现迟发性肺水肿、成人呼吸窘迫综合征。此外，氮氧化物还会对中枢神经系统和心血管系统产生危害。

2. 对环境的危害

氮氧化物是大气污染的主要成分之一，来源主要包括燃烧过程、工业生产过程以及自然现象，对人类健康和环境产生重大影响。它们能导致光化学烟雾、酸雨、光化学臭氧等严重的大气污染现象。NO_2 是温室气体之一，对全球气候产生影响。

氮氧化物与空气中的水结合最终会转化成硝酸和硝酸盐，硝酸是酸雨的成因之一。酸雨的危害是多方面的，包括对人体健康、生态系统和建筑设施都有着直接和潜在的危害。

（三）二氧化硫的危害

二氧化硫对人体的结膜和上呼吸道黏膜有强烈刺激性，可损伤呼吸器官，可致支气管炎、肺炎，甚至肺水肿呼吸麻痹。短期接触二氧化硫浓度为 $0.5mg/m^3$ 空气的老年人或慢性病人死亡率增高；浓度高于 $0.25mg/m^3$，可使呼吸道疾病患者病情恶化；长期接触浓度为 $1.0mg/m^3$ 空气的人群呼吸系统病症增加。另外，二氧化硫可使金属材料、房屋建筑、棉纺化纤织品、皮革纸张等制品引起腐蚀、剥落、褪色而损坏。二氧化硫还可使植物叶子变黄甚至枯死。

（四）粉尘的危害

生产性粉尘是指飘浮在作业场所空气中的固体颗粒。根据分散度的不同，粉尘在空气中的飘散范围也不同。在生产过程中长期吸入生产性粉尘会引起气管炎、过敏，严重者会引起尘肺病。粉尘在空气中的浓度越高，吸入量相对越大，劳动强度越大，呼吸频率加快，则吸入尘粒的机会越大，受害的可能性也加大。此外，气温和湿度也可影响粉尘的吸入量。催化裂化装置中存在粉尘状的催化剂，作业人员可能会接触到，其工作场所时间加权平均容许浓度为 $8mg/m^3$（总尘）。

（五）化学需氧量

化学需氧量（COD）是指在规定的条件下，水样中能被氧化的物质氧化所需耗用氧化剂的量，它是衡量污水中还原性污染物浓度的综合指标，单位是 mg/L。COD 值根据氧化剂不同，有高锰酸钾法和重铬酸钾法。实际测定中所用氧化剂种类、浓度和氧化条件对结果均有影响。目前我国统一规定以重铬酸钾法作为废水 COD 测定的标准方法。

三、烟气净化技术

（一）SCR 烟气脱硝技术

1. 烟气脱硝技术简介

催化裂化烟气脱硝主要采用还原法和氧化法。还原法是一种在燃料基本燃烧完毕后通过还原剂把烟气中的 NO_x 还原成 N_2 的一种技术。在催化裂化烟气脱硝中，还原法有选择性催化还原法脱硝技术（selective catalytic reaction，SCR）和选择性非催化还原法脱硝技术（selective non catalytic reaction，SNCR）。

氧化法是用氧化剂将 NO_x 氧化成可用水吸收的酸类物质，再用碱中和的方法。氧化法有臭氧氧化技术（$L_0TO_x^{TM}$，Low Temperature Oxidation）和液体氧化脱硝技术，此外，还有荷兰 Paques Natural Solutions 公司开发的生物反应器脱除 NO_x 技术，但是该技术目前难以适应日益严格的环保要求，脱除 NO_x 的效率为 80% 左右。

SCR 技术和臭氧氧化技术各有特点。SCR 脱硝技术的优点是工艺成熟、应用业绩较多，是目前主流的脱硝技术之一，脱硝效率较高，缺点是需对余热锅炉进行一定改造。臭氧氧化技术不需要对锅炉进行改造，且不增加锅炉系统压损，缺点是由于采用了臭氧发生器，投资和电耗均较大，且需要消耗氧气，导致运行成本较高，此外该技术将氮转移到了废水中会导致废水中总氮含量较高。

2. SCR 脱硝技术原理及流程

选择性催化还原法（SCR）脱硝技术通常使用 $TiO_2/V_2O_5/WO_3/MoO_3$ 整装填料催化剂，在 300~380℃ 时引入还原剂，则 NO 或 NO_2 被 NH_3 还原生成氮气，适当的烟气中过剩氨浓度有利于 NO_x 的转化。NH_3 选择性催化还原 NO_x 的主要反应如下：

$$4NH_3+4NO+O_2 \longrightarrow 4N_2+6H_2O$$
$$4NH_3+2NO_2+O_2 \longrightarrow 3N_2+6H_2O$$

脱氮反应过程完成要经历以下五个步骤：（1）反应物扩散到催化剂表面；（2）活性点对氨的吸附；（3）氨和氮氧化物的反应；（4）反应产物氮气与水蒸气扩散到烟气中；（5）钒等活性位的再氧化。具体扩散步骤见图 4-2-1。

催化裂化烟气脱硝流程由氨气制备和烟气脱硝两个部分构成：

（1）氨气制备部分。由厂区来的液氨首先进入液氨蒸发器，经热媒水换热升温汽化，进入氨气缓冲罐待用，也可直接采用氨气。

用压缩空气将氨气缓冲罐出口的氨气稀释至一定浓度，经喷氨格栅喷入烟道，利用混氨格栅实现与烟气的均匀混合。

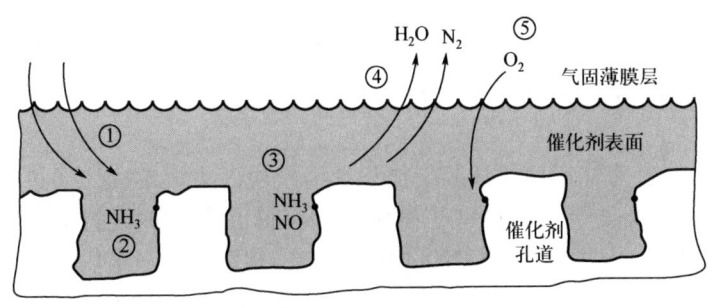

图 4-2-1 脱氮反应机理
①~⑤为反应步骤

(2) 烟气脱硝部分。脱硝净化烟气中的 NO_x 与 NH_3 在 280~350℃ 以及脱硝催化剂作用下，发生选择性氧化还原反应转化为 N_2 和 H_2O，净化后的烟气返回省煤器继续回收热量。

SCR 工艺脱硝流程见图 4-2-2。

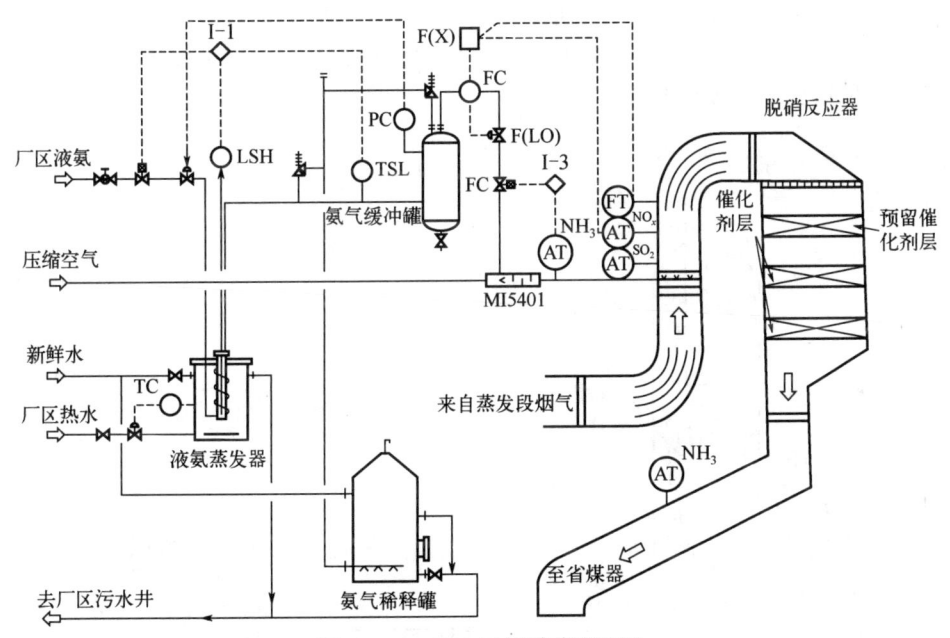

图 4-2-2 SCR 工艺脱硝流程图

（二）EDV 湿法烟气净化技术

EDV 湿法洗涤技术由美国 Dupont Belco 公司开发。首套工业化装置于 1994 年投用，投用后就显示出其优异的操作性和可靠性，是目前世界上在催化裂化烟气脱硫除尘领域应用最广泛的技术。

EDV 工艺主要由以下部分构成：

(1) 洗涤吸收单元。

从余热锅炉来的烟气进入洗涤塔，烟气水平进入塔激冷区，在此被喷嘴喷出的浆液洗涤冷却至饱和温度约 60℃。降温饱和后的烟气上升到洗涤塔二次洗涤段，被多层喷嘴喷射出浆液逐级洗涤烟气中的 SO_x 和催化剂粉尘。洗涤后的烟气上升进入滤清模块区，在此被强制分配通过多个滤清模块，进一步洗涤没有被脱除的细小粉尘颗粒和酸性液滴，使烟气得到进一步净化。净化烟气经水珠分离器除去烟气中携带的液滴，最终通过塔顶烟囱排入大气。

NaOH 碱液分别补充在塔底循环浆液槽和滤清模块区集液槽内，通过浆液循环，在洗涤粉尘的同时，用于吸收烟气中的 SO_2 和 SO_3。NaOH 由装置内设置的碱液罐提供，为防止催化剂粉尘的积累，并保证吸收效率和设备安全，须控制洗涤塔内循环浆液中总悬浮固体（TSS）、Cl、总溶解性盐（TDS 包括 Na_2SO_4、Na_2SO_3、$NaHSO_4$ 等）含量，洗涤塔浆液循环系统需要连续外排部分浆液去脱硫废水处理单元。

（2）除尘脱硫废水处理单元。

废水处理单元（PTU）包括澄清池、氧化罐、过滤箱等。来自洗涤吸收单元的浆液含有颗粒物和溶解性盐 Na_2SO_4、Na_2SO_3、$NaHSO_4$ 等污染物，首先在澄清池中加入絮凝剂，使颗粒物沉降。浓浆从澄清池底部排出送到过滤箱自然干化处理，澄清池上部清液自流入氧化罐（串联），在罐内用空气对废液进行氧化处理，将 Na_2SO_3、$NaHSO_4$ 氧化成 Na_2SO_4，同时注 NaOH 控制外排废水的 pH 值。经过氧化罐氧化后的处理废水，自流至排液池，用排液泵送出，经过滤器过滤和冷却器冷却后外排至工厂污水处理场。

EDV 技术工艺流程见图 4-2-3。

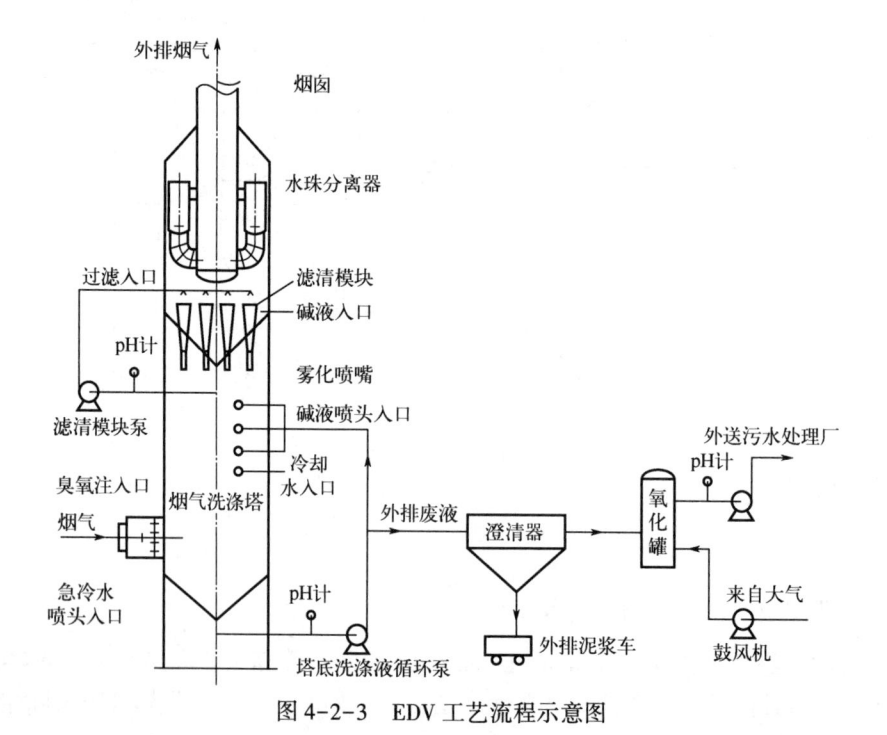

图 4-2-3 EDV 工艺流程示意图

（三）WGS 湿法烟气脱硫技术

WGS 湿法烟气脱硫技术是世界上最早应用的催化裂化装置烟气湿法洗涤技术，在国外已有近 50 年的成功应用经验，该技术由美国 ExxonMobil 公司研发，可以适应任何类型催化裂化尾气，运行稳定，不会因为 WGS 技术的运行问题造成催化裂化装置停工或减产，即使在跑催化剂和短时间停水、停电的情况下也能维持系统运行。

该工艺主要由两部分组成：湿气洗涤部分及废液处理部分。工艺流程如图 4-2-4 所示。湿气洗涤部分的主要设备包括 JEV 型文丘里洗涤器、洗涤塔、烟囱和洗涤塔循环泵。烟气以水平方式进入喷射文丘里管，文丘里管上部喷射循环液，由于液体的抽吸作用，烟气与循环液在喉径处剧烈混合，经扩散段后进入弯头处脱除二氧化硫及固体颗粒物。烟气与循环液以切线方式进入洗涤塔，气体先经烟囱塔盘分液，再经分液填料分液后排入大气。

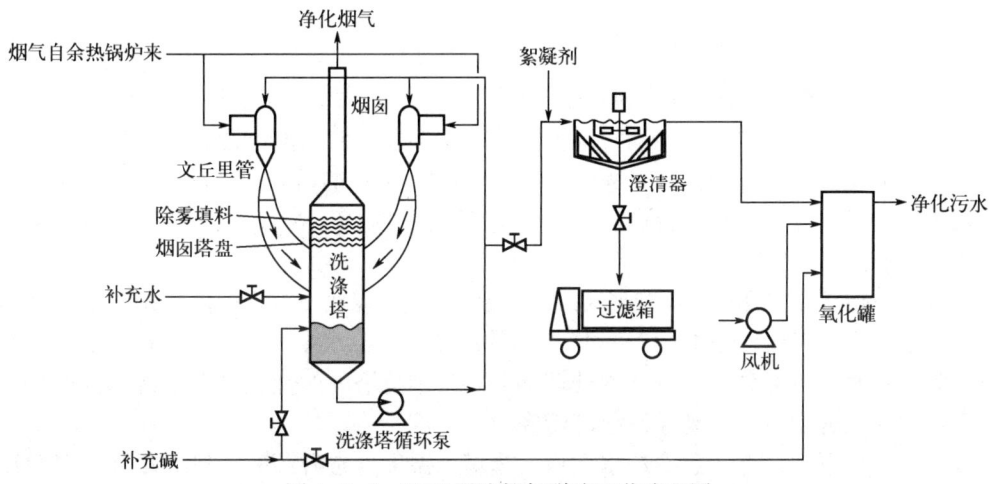

图 4-2-4　WGS 湿法烟气脱硫工艺流程图

洗涤塔循环泵将循环液自塔底抽出，送至各文丘里管喷射器入口，用于增压催化裂化烟气，吸收烟气中的二氧化硫、颗粒物等杂质。泵出口处有一小股含固体颗粒物和盐的废液排至废液处理部分。废液处理部分的主要设备包括澄清器、氧化罐等。湿气洗涤部分排出的废液与絮凝剂在管道内混合后送至澄清器。在澄清器内，颗粒物絮凝沉降后从底部排出，澄清液从顶部溢流至氧化罐。澄清器底部的泥浆流入敞口的过滤箱内滤水，固体作为"危废"由专业公司处理；滤出的水排入地下滤液池。

氧化罐内采用喷射曝气形式，循环液体在气液混合喷嘴内与来自风机的空气充分混合，喷入氧化罐底部，空气破碎成细小气泡，空气中的氧气溶于循环液体中，在这一过程中亚硫酸盐被氧化为硫酸盐，污水的 COD 得以降低到 50mg/L 以下。

WGS 技术具有以下特点：

（1）长周期运行。WGS 技术对催化裂化装置的各种事故工况有较强的适应性，目前国外单套装置连续运行的最长时间为 12 年。

（2）系统压降不大于 1kPa，甚至产生负压降。正常操作工况下不影响烟机做功，不需要对余热锅炉进行改造。

（3）烟气不夹带碱液。WGS 技术采用 3 段脱液设计，可有效地避免碱液夹带。第一步，烟气与循环碱液的混合物沿切线方向进入洗涤塔筒体，在离心力的作用下脱除一部分液体。第二步，洗涤塔筒体的上部设有一层烟囱塔盘，气体通过烟囱塔盘时，夹带的液体被截留下来回到塔釜内。第三步，气体经过烟囱塔盘后再经过特种填料，此填料可以将气体中夹带的微小水珠捕捉下来。

（4）内件便于维护。WGS 技术洗涤塔内件结构比较简单，包括一层烟囱塔盘和一层填料，便于日常管理及维护。

（5）设备投资低。与同类技术相比，WGS 技术所使用的所有设备均可实现国产化，投资较低。

四、催化裂化烟气脱硫工艺流程

催化裂化烟气脱硫工艺流程图见图 4-2-5。

（一）烟气洗涤部分

自催化裂化余热锅炉来的烟气首先进入冷却吸收塔下部冷却吸收段。在冷却吸收段，上升的烟气与冷却水逆向接触，烟气温度由约 175℃ 降至 57.1℃，同时烟气中大部分的二氧化硫、三氧化硫和颗粒物被洗涤脱除。为达到脱除 NO_x 的目的，冷却吸收塔下部注入自臭氧发生部分来的臭氧。臭氧将烟气中的 NO_x 氧化为 N_2O_5，N_2O_5 可在冷却吸收段同时被冷却水洗涤脱除。

冷却吸收塔下部塔釜需注入 20% 碱液，碱液的注入量由 pH 分析仪控制，以期使塔釜内的液体保持中性（pH 值约 6~9）。塔釜内的液体由急冷水泵升压后，大部分返回冷却吸收段作为冷却水，少部分送至废液预处理部分。为维持塔内的液相平衡，冷却吸收塔中部过滤模组内注入补水，并自动溢流至冷却吸收塔下部。

冷却吸收塔下部设有紧急冷却水入口。当塔内温度异常升高时，可大量注入紧急冷却水。同时塔底设有溢流口，当塔釜内液位异常升高时，可自动溢流至紧急泄放池。

冷却后的烟气自冷却吸收塔下部上升进入中部的过滤模组，过滤模组可除去烟气中残余的细微颗粒和硫酸雾。由过滤模组泵出口的洗涤浆液分成两路，一路进入过滤模组上部喷头内，另一路经限流孔板减压后进入过滤模组下部的喷头内，烟气分别与两组喷头喷出的水幕接触，去除烟气中的细微颗粒和硫酸雾。过滤模组段同样有碱液注入系统。过滤模组后的烟气经由水珠分离器除去其中夹带的液滴后，经由塔顶部的烟囱高空排放。

（二）排液处理单元

自急冷水泵来的废液由絮凝剂加入设施向其中注入絮凝剂，其后废液进入澄清池内沉淀。澄清池底部被絮凝的块状物沉淀聚集到池底达到一定高度时，由底部的排放阀周期性排出到过滤箱。过滤箱过滤出的水排到滤液池，并由滤液泵送回至澄清池；过滤箱过滤出的废催化剂不定期送出装置外。澄清池顶部的清液自流至氧化罐，氧化罐底部由氧化鼓风机注入空气并加入少量 20% 碱液，在搅拌器的作用下，空气和碱液与废液充分接触。大量的曝气可以有效降低排液的化学耗氧量 COD；碱液的注入量由 pH 分析仪控制，以保证出水呈中性。自氧化罐上部溢流出来的含盐废水自流至排液罐，并通过排液泵升压，通过含油污水排至污水处理场。

（三）臭氧发生部分

混合了一定比例 N_2 后的氧气经进气过滤器过滤后分三路后进入臭氧发生器发生臭氧，送至冷却吸收塔下部脱除 NO_x。

第四部分 热工烟脱系统

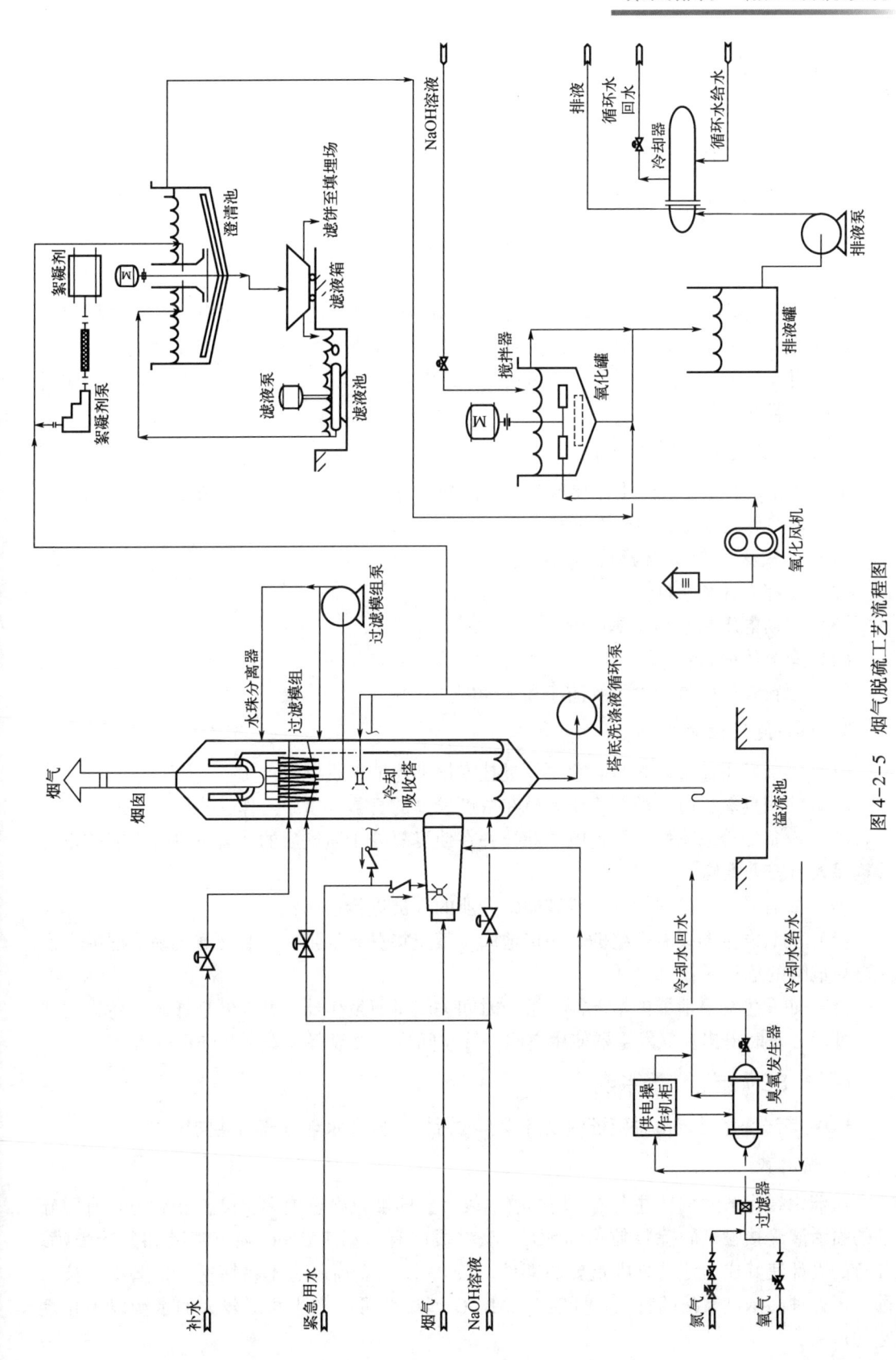

图 4-2-5 烟气脱硫工艺流程图

五、烟气脱硫设备

（一）臭氧发生器

1. 种类和原理

按臭氧产生的方式不同，目前的臭氧发生器主要有三种：高压放电式、紫外线照射式、电解式。

高压放电式臭氧发生器，是使用一定频率的高压电流制造高压电晕电场，使电场内或电场周围的氧分子发生电化学反应，从而制造臭氧。这种臭氧发生器具有技术成熟、工作稳定、使用寿命长、臭氧产量大（单机可达 1kg/h）等优点，所以是国内外相关行业使用最广泛的臭氧发生器。

2. 臭氧浓度主要影响因素

臭氧浓度是衡量臭氧发生器技术含量和性能的重要指标。臭氧输出浓度越高其品质度就越高。影响臭氧浓度的主要因素有：

（1）臭氧发生器的结构和加工精度；
（2）冷却方式和条件；
（3）驱动电压和驱动频率；
（4）介电体材料；
（5）原料气体中氧的含量及洁净和干燥度。

3. 安全使用注意事项

（1）臭氧发生器安装人员必须要经过技术培训才能开机维修；
（2）使用臭氧机时，严禁工作人员在浓度较高的臭氧环境中工作；
（3）设备保养或维修时要把电源断掉并在使臭氧处于泄气后的状态下进行，能够很好地确保人员安全维修；
（4）如有异常，请立即断电或者通知专业的人员进行检修；
（5）臭氧发生器要有合格的专用接地线，禁止将臭氧发生器安装在氨气易泄漏或有发生爆炸危险的危险区；
（6）如发生臭氧泄漏的情况需要第一时间关闭臭氧发生器，并在开启通风设备进行通风处理后，及时退出臭氧发生器使用空间，等空间残余臭氧降至安全范围再进入。

（二）EDV 湿法洗涤系统

EDV 湿法洗涤系统由脱硫塔的喷淋段、滤清模块段和水珠分离器共同组成。

1. 喷淋段

从催化裂化来的烟气进入脱硫塔的喷淋段，立即被急冷至饱和温度，然后与含有脱硫剂的喷射液滴接触，脱除颗粒物和 SO_x。喷淋段内有多组 LAB-G 喷淋喷嘴和急冷喷嘴。独特的设计使其成为该系统内重要的部件。LAB-G 型喷嘴具有不易堵塞、抗磨损、抗腐蚀、可处理高浓度浆液的特点。同时，LAB-G 型喷嘴可以产生相对较大的水滴以阻止烟雾的形成。

2. 滤清模块

饱和气体离开脱硫塔的喷淋段后进入滤清模块。在滤清模块段，饱和状态的气体被逐渐加速，使状态发生改变并最终在绝热膨胀中达到过饱和状态。细小颗粒和酸性气雾发生浓缩集聚，尺寸显著增大，降低了分离所需要的能耗和难度。LAB-F型喷嘴安装在滤清模块的底部，用于向上喷淋，集聚细小颗粒和气雾。该设备具有独特的优越性，压降极低且没有内件，不会磨损和造成非计划停工，对烟气流量变化也不敏感。为保证烟气内没有液滴散布到大气中，烟气再进入水珠分离器。分离器也是开放设计，有固定的旋转叶轮，当气体沿分离器旋转下降时，离心力将液滴甩向器壁，同气流分离。

EDV湿法洗涤系统压降较低，没有内构件，不会堵塞和导致整个催化裂化装置停工。

3. 水珠分离器

水珠分离器将烟气从上进口引入，烟气经导向叶片导流后，烟气中的颗粒物在离心力的作用下进行分离，颗粒物分离后沿边壁向下流动，经水珠分离器下的导液管进入滤清模块，该导液管下流的液流既起到了排污的作用，又起到了对滤清模块液体的搅拌作用。烟气净化后折流至总管，泄放至大气。水珠分离器结构见图4-2-6。

图4-2-6 水珠分离器结构图
1—烟气进口；2—导向叶片；
3—排水口；4—净化烟气出口

水珠分离器具备了低压降、自清洗、不结垢和开放性的特点，且设备内无可移动部件（脱硫塔内不允许有可移动部件，否则在烟气气流和催化剂颗粒的摩擦下会脱落），可较好地清除由气流带出的水珠，是良好的无雾气水珠清除器。

项目二　烟气脱硫系统常规操作

一、再生烟气氧含量控制

再生烟气氧含量是主风烧焦后剩余氧气的体积分数，主要受生焦量、总主风量、再生器流化状态的影响。正常时通过控制主风机静叶角度来调节主风量，控制再生烟气氧含量。再生烟气氧含量是衡量生焦能力和烧焦能力能否进行到平衡的标准，是观察再生器烧焦效果好坏的眼睛。操作中再生烟气氧含量过低，易造成二次燃烧及炭堆积事故的发生；如过剩氧含量过高，会使装置的能耗增加。所以，操作中应严格掌握好再生烟气氧含量。

影响因素：
(1) 主风量的变化，主风量增大，再生烟气氧含量上升。
(2) 反应深度及总进料量变化，反应深度大，总进料增大，再生烟气氧含量下降。
(3) 原料预热温度上升，再生烟气氧含量上升。
(4) 汽提蒸汽量变化，汽量低，再生烟气氧含量低，但通常不作为调节手段。
(5) 原料性质变化、再生温度变化、回炼比变化及助燃剂的使用，也会影响再生烟气的氧含量。
(6) 仪表失灵。
(7) 余热锅炉鼓风机入口挡板开度。挡板开度大，烟气氧含量高。

控制方法：
(1) 根据进料量及反应深度调节主风量。
(2) 在主风量调节无余地时，可调节回炼比、烧焦罐温度、再生压力、催化剂活性等，保证烧焦正常供氧量。
(3) 加助燃剂使氧气在密相层中完全燃烧。
(4) 与油品联系，保证原料性质的相对稳定。
(5) 控制好原料预热温度。
(6) 如仪表失灵，立即联系仪表工进行处理。
(7) 调节余热锅炉鼓风机入口挡板开度。

二、再生烟气中 SO_x 控制

(1) 催化原料加氢预脱硫处理。原料加氢不仅能脱硫，还可脱氮及重金属，可从源头上降低催化烟气污染物的排放量。
(2) 使用硫转移助剂，即 SO_x 转移剂。在催化剂再生过程中，在硫转移助剂作用下，硫与氧反应生成 SO_x，再与金属氧化物形成金属硫酸盐，吸附在硫转移催化剂表面上，并随催化剂的循环到达反应器和汽提段中，被 H_2 及水蒸气还原成 H_2S，这部分 H_2S 随反应油气进入后续单元。
(3) 应用烟气脱硫技术，如氧化法的臭氧工艺和选择性催化还原法（SCR）工艺等。
(4) 优化操作法，合理调整原料组成。控制原料中高硫组分的掺炼量，尤其是减压渣油的掺炼量。

三、再生烟气中 NO_x 控制

(1) 催化原料加氢预脱氮处理。
(2) 使用新型脱氮助剂，如 GraceDavison 公司的 XNO_x 助剂和 $DeNO_x$ 助剂，北京三聚环保新材料股份有限公司的 FP 氮氧化物脱除剂和洛阳石油炼制研究所的 $LDNO_x-1$ 脱氮剂等。
(3) 应用烟气脱硝技术，如氧化法的臭氧工艺、还原法的 SCR 工艺等。
(4) 改进再生器结构。通过对再生器结构硬件的改造，营造更利于焦炭上 NO_x 还原

的环境。

（5）优化操作法。提高反应温度减弱氮化物在催化剂上的吸附作用，使氮化物留在产品中，降低催化剂上携带的氮化物；再生器操作降低 CO 助燃剂的加入量，控制较低的氧含量，控制较低的焚烧炉温度。

四、烟脱塔底 pH 值控制

烟脱塔底浆液的 pH 值是通过补充碱液来进行调节的。有的烟脱塔设计有 pH 值控制选择开关，可控制选择不同的 pH 分析仪（此时是一用一备）。也有的烟脱塔设计同时取两个 pH 分析仪的平均值作为控制信号，用于调节碱液控制阀，维持烟脱塔底浆液的 pH 值为 7.0。由于 pH 分析仪的一般使用寿命为 3~6 个月，而且由于检修或操作不当导致 pH 分析仪暴露在空气中超过 24h 也会报废，因此，操作中一定要注意保持 pH 分析仪的测量准确性，使用情况较好的是带有自动反冲洗功能的 pH 分析仪。

五、臭氧发生器投用

（1）确认冷却水已经投用，接通臭氧发生器的电源、冷却水和气源。
（2）开启空气开关后，将旋钮开关打至"本地"侧。
（3）选择"参数设置"键，设置预吹、预热时间及臭氧功率。
（4）点击"进气阀"按键为"ON"状态，进气阀按顺序自动启动。
（5）调整进气减压阀和出气控制阀使发生室压力达到 0.095MPa。
（6）臭氧发生器运行正常。

六、烟脱外排水结盐结垢控制

催化裂化装置中烟气脱硫（Flue Gas Desulfurization，FGD）系统的外排水结盐结垢是一个常见的问题，这是因为经过处理的烟气中含有硫酸盐、氯化物等成分，在冷却过程中容易结晶析出形成水垢。防止这种结盐结垢可以从以下几个方面进行。

（一）源头控制

优化催化裂化工艺操作条件，减少烟气中硫氧化物和氯化物含量。确保烟气脱硫系统的高效运行，尽可能降低排放水中硫酸盐和氯化物的浓度。

（二）水质管理

对 FGD 系统排出的废水进行化学软化处理，添加阻垢剂或分散剂，以阻止或延缓盐结晶过程。控制排水温度，避免在易结垢的温度区间内冷却，可以通过精确控制冷却速度或使用多级冷却的方式来实现。

（三）连续监测与分析

定期对 FGD 外排废水中的离子浓度进行监测，及时调整处理方案。实施在线监测设备对 pH 值、电导率、硬度等关键参数进行实时监控。

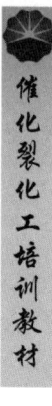

（四）物理处理

使用高效的除雾器去除水蒸气中的雾滴，减少带出的盐分。对 FGD 废水进行深度处理，如采用反渗透、离子交换等方法去除多余盐分。

（五）合理设计与维护

设计合理的废水排放和回收系统，避免积水导致局部浓度过高引发结垢。定期清洗和维护管道、换热器等设备，防止已形成的垢层进一步积累和硬化。

通过上述综合措施，可以有效地预防和控制催化裂化装置烟气脱硫外排水的结盐结垢现象，确保装置稳定、高效运行。

七、氧化罐投用

（1）确认氧化罐碱液入口隔离阀关闭。
（2）打开澄清池溢流液去氧化罐 A 阀门。
（3）打开氧化罐 A 去氧化罐 B 阀门。
（4）打开氧化罐 B 去氧化罐 C 阀门。
（5）打开氧化罐 C 出口阀。
（6）确认打通澄清池至氧化罐流程，3 个氧化罐串联，各个罐出、入口管线副线关闭。

注意事项：关注氧化罐风量及 pH 值，防止氧化罐鼓泡。

八、EDV 湿法脱硫补水

（一）正常补水

进入 EDV 的补水用于补充蒸发和洗涤排液过程消耗的水分。为了维持烟气脱硫塔内部液面的稳定，正常补入的水通过定时器进入 EDV 系统，系统的正常补水除了起到稳定液面的作用外，还可以把滤清模块的杂质汇集至滤清模块的循环水箱，然后在重力的作用下通过管道流入喷水塔底部，流入底部的水同时起到了塔底搅拌的作用，防止催化剂在塔底沉积或局部死角处沉积。

（二）事故紧急补水

事故紧急补水是用来紧急提供脱硫塔温度大幅上升或大量催化剂跑损进入 EDV 系统时所需的大量用水。急冷区事故紧急补水管直接连在脱硫塔入口急冷区的循环管线上。当脱硫塔温度偏高启动紧急用水系统时，大量急冷水即通过控制阀进入急冷区喷嘴处。当催化剂大量跑损时，事故紧急补水系统可通过 DCS 面板的手动操作模式进行手动启动。补入系统的事故紧急补水可以将进入脱硫塔的过量催化剂通过脱硫塔放空冲洗出 EDV 系统。当事故紧急补水系统启动后，必须再通过手动方式关闭进入 EDV 系统的水流。

项目三　烟气脱硫系统开停工

一、烟气脱硫系统开工

（一）全面大检查及开工准备

1. 开工检查

烟气脱硫系统检查完毕，杂物清扫干净，各塔、容器、炉、自保阀、管线、机泵确保无遗漏质量问题，装置公用工程水、电、汽、碱液等动力系统正常，所有转动设备电动机都已试验合格并送电，DCS控制系统正常，达到开工条件要求。

2. 投用烟气分析仪

联系仪表投用冷却吸收塔顶烟气分析仪。

3. 冷却吸收塔收水

（1）确认冷却吸收塔具备收水条件，打开补水至烟气脱硫系统阀门，引补水至调节阀前，投用补水调节阀。必要时，可开启补水调节阀副线阀，加快收水速度。

（2）补水初期要打开急冷水泵入口排凝阀，冲洗干净塔至泵入口管线。

（3）控制冷却吸收塔液位在24%左右，停止补水，防止液位过高造成溢流。

（4）塔底液位与补水调节阀投用串级控制。

（5）检查管线无泄漏、液位计清晰。

（二）建立冷却吸收塔底水循环、PTU收水、投用联锁

1. 建立冷却吸收塔水循环

（1）改通流程，启动两台急冷水泵，打开急冷水泵出口阀，泵出口压力在设计范围之内（≤0.63MPa）。

（2）打开循环液去急冷喷嘴阀门，调整喷嘴前压力至0.21MPa左右。

（3）打开循环液去洗涤喷嘴阀门，调整喷嘴前压力至0.25MPa左右。

（4）建立冷却吸收塔底水循环。

2. 澄清池收水

（1）打开浆液去澄清池调节阀，澄清池建立液位。

（2）开启电动耙子（刮泥机）电动机。

（3）确认电动耙子运转正常。

3. 滤液池收水

（1）手动打开管夹阀。

（2）打通滤液泵出口返回滤液池流程，滤液泵联锁投用。

4. 氧化罐收水

(1) 控制好浆液去澄清池调节阀，防止冒罐。

(2) 确认氧化罐碱液入口隔离阀关闭。

(3) 改通澄清池至氧化罐流程，氧化罐串联。

5. 排液罐收水

(1) 改通氧化罐出口至排液罐流程，确认水正常流入排液罐。

(2) 改通排液泵出口返回排液罐流程，关闭排液外送调节阀，排液泵内循环备用。

(3) 开启排液泵入口阀前放空阀，见清水后关闭后启动1台排液泵。

(4) 打开排液泵出口阀外送。

6. 投用相关联锁

投用紧急冷却水、滤液泵自启/停、急冷水泵停、过滤模组泵停、排液泵停联锁。

(三) 引烟气进冷却吸收塔

1. 投用絮凝剂

收絮凝剂到絮凝剂罐。启动絮凝剂泵，根据排液悬浮物分析情况，调整絮凝剂注入量。

2. 投用氧化罐

氧化罐搅拌器正常备用，启动氧化罐搅拌器。

3. 投用氧化鼓风机

(1) 启动氧化罐风机，打开风机出口阀。

(2) 联系生产监测部分析氧化罐污水。

4. 联系公用工程排液外送

(1) 外送排液分析合格，联系调度，打开排液调节阀，排液至污水处理厂。

(2) 控制好塔底液位，保证冷却吸收塔温度正常。

5. 引烟气进冷却吸收塔

确认冷却吸收塔具体引烟气条件，联系反应岗位引烟气进冷却吸收塔。

6. 建立过滤模组水循环

(1) 烟气进入冷却吸收塔后，过滤模组液位正常，改通过滤模组泵出口至烟脱塔两路器壁阀流程。

(2) 启动过滤模组泵。

(3) 确认过滤模组水循环正常。

7. 投用注碱系统

(1) 引碱液至烟气脱硫单元。

(2) 打开冷却吸收塔底、过滤模组、氧化罐的碱液流量调节阀。

(3) 调节碱液用量，控制pH值7~8。

（四）投用过滤系统并确认管夹阀投用正常

（1）设定管夹阀自动开启周期。
（2）投用过滤箱。
（3）联系过滤箱浆液外送。

（五）投用臭氧发生器

（1）引氧气至臭氧发生器备用。
（2）投用臭氧发生系统。
（3）投用氮气保护线阀门打开联锁。

二、烟气脱硫系统停工

（一）反应降温、降量，烟气脱硫调整操作

（1）反应降温、降量，注意烟气温度、流量变化，调整注碱量、絮凝剂量及废液外排量。
（2）将补水改用新鲜水。

（二）烟气停止进入冷却吸收塔

1. 烟气脱硫单元停运臭氧发生器

（1）关闭臭氧开关按钮，发生器自动延时降功率，延时结束后，发生器停机。
（2）发生器停机后，默认续吹10min，进气阀、吸干机、冷干机、空压机顺序自动关闭。
（3）拉下臭氧发生器电源柜内的空气开关。
（4）直接按下急停开关，也可使臭氧发生器停止产生臭氧，但是由于"急停开关"是为臭氧发生器出现紧急情况而设置的保护措施，并不能作为臭氧发生器的启动开关，所以只有在紧急情况下才使用此方法停机。
（5）切断臭氧发生器的供电电源。依次关闭吸附式干燥机及其他气源处理设备。

2. 冷却吸收塔、过滤模组、氧化罐停注碱

（1）联系产品精制停止向烟气脱硫供碱，关闭冷却吸收塔底、过滤模组、氧化罐的碱液流量调节阀。
（2）停精制来含碱废水，关闭精制来含碱废水界区阀。

3. 碱液管线水冲洗、蒸汽吹扫

（1）精制岗位将碱液管线改用新鲜水冲洗。
（2）全开冷却吸收塔底、过滤模组、氧化罐的碱液流量调节阀，冲洗碱液管线。
（3）联系精制岗位配合烟气脱硫岗位人员进行碱液管线蒸汽吹扫。
（4）分别打开冷却吸收塔底、过滤模组、氧化罐的碱液流量调节阀，吹扫管线5~10min。

4. 停用絮凝剂，絮凝剂罐排空

（1）停絮凝剂泵，关闭絮凝剂泵出口阀。

（2）絮凝剂罐底排凝接至回收器，打开罐底排凝，排空。

5. 分析各处水样指标，停运急冷水泵、过滤模组泵、排液泵

（1）冷却吸收塔过滤模组继续补新鲜水，冲洗置换冷却吸收塔内催化剂。

（2）过滤模组泵、急冷水泵入口排凝采样，确认水质化验合格。

（3）澄清池管夹阀改手动控制，加大排放频次。

（4）各氧化罐出口排凝、外排液换热器处采样，确认水质化验合格。

（5）将冷却吸收塔底内存水抽至澄清池，停运急冷水泵、过滤模组泵、排液泵、滤液泵。

6. 停运澄清器、氧化罐系统，烟气脱硫系统排净存水

（1）将滤液池内存水送入澄清池。

（2）停澄清池电动耙子电动机，停氧化罐搅拌器、氧化鼓风机。

（3）采样分析外排水分析合格后，排净烟气脱硫系统存水。

7. 烟气脱硫系统水冲洗

过滤模组、冷却吸收塔、澄清器、氧化罐、排液罐、排液罐、絮凝剂罐和滤液池水冲洗。

项目四 烟气脱硫系统异常工况处理

一、烟脱净化烟气二氧化硫超标

（一）原因

（1）在线仪表故障。

（2）碱液控制阀失灵。

（3）碱液线结晶堵塞。

（4）急冷水泵、过滤模组泵故障停。

（二）处理

（1）立即联系环保在线仪表班处理，汇报班长、调度、安全工程师、工艺工程师，做好记录。

（2）打开调节阀副线阀，控制吸收塔底、过滤模组段 pH 值为 7.0±0.1，调节阀能量隔离、联系仪表处理控制阀。

（3）立即联系维保处理，汇报班长、调度、专业工程师、安全工程师。降低处理量，增加过滤模组循环量，手动加大补水，提高外排水量保证排放不超标。如长时间超标则联

系汇报调度装置处理量将至最低负荷运行，加大系统新鲜水注入量，联系污水厂增加外排含油污水，如仍超标，则联系汇报调度装置按紧急停工处理。管线疏通后立即恢复调整操作。

(4) 通过 DCS 电流确认机泵停，立即联系外操现场检查确认启备用泵，联系专业维保处理。适当调整塔底 pH 值控制排放指标不超标。

二、烟脱净化烟气氮氧化物超标

（一）原因

(1) 在线仪表故障。
(2) CO 助燃脱硝剂未加入。
(3) 臭氧发生器故障。
(4) 臭氧冷发生器冷却项目故障。
(5) 仪表失灵。

（二）处理

(1) 立即联系环保在线仪表班处理，汇报班长、调度、安全工程师、工艺工程师，做好记录。
(2) 联系外操检查 CO 助燃脱硝剂加入情况，提高加入量。视情况降低装置处理量。
(3) 立即联系维保处理，汇报班长、调度、专业工程师、安全工程师。降低处理量，增加 CO 助燃脱硝剂量，适当降低再生烟气氧含量，如仍持续超标则联系汇报调度装置降至最低负荷运行，直至排放达标。如装置最低负荷运行仍排放 NO_x 超标，则联系汇报调度装置按紧急停工处理。
(4) 臭氧发生器联锁停车，联系维保处理，按照臭氧发生器故障处理。

三、臭氧发生器故障停机

处理

(1) 立即联系各专业维保汇报专业主管工程师排查停机原因。
(2) 准备启备用设备，保证烟气达标排放。

四、冷却吸收塔塔底液位异常低

（一）原因

(1) 烟气温度过高。
(2) 补充水调节阀故障全关。
(3) 洗涤液至澄清器流量调节阀故障全开。
(4) 硫黄加氢净化水压力不足。

（二）处理

(1) 开大补充水流量调节阀，加大补充水流量。
(2) 调节阀改手动，打开补充水调节阀副线阀，控制吸收塔底液位正常，联系仪表处理。
(3) 关小洗涤液至澄清器流量调节阀上游阀，联系仪表处理。
(4) 联系硫黄装置确认加氢净化水外送正常，如有异常及时恢复。

五、烟气脱硫塔底循环浆液 pH 值偏低

（一）原因

(1) pH 计故障。
(2) 碱液从其他旁路流走。
(3) 碱液管线堵塞和冻结。
(4) 碱液进料管线上手阀关闭。

（二）处理

(1) 联系仪表处理。
(2) 检查碱液副线流程是否正确。
(3) 碱液管线排凝打开，查看管线是否堵塞。
(4) 检查碱液流程是否正确。

六、烟气脱硫塔底浆液循环水泵出口压力偏低

（一）原因

(1) 泵停止运行。
(2) 脱硫塔内液位过低。
(3) 喷淋喷嘴或管线爆裂。
(4) 泵入口阀部分关闭。

（二）处理

(1) 泵若停止，启动备用泵。
(2) 提高脱硫塔液位。
(3) 切除故障喷嘴，处理泄漏管线。
(4) 检查泵入口阀门状态，开度要到位。

七、废液处理单元 PTU 外排水 COD 增加

（一）原因

(1) 外排水量增加，超出了氧化罐的处理能力。

（2）鼓风机故障，导致风量减少或鼓风机停机。

（3）澄清池内的水场流动异常，正常沉淀器的水面暴露在空气中也能适当降低COD，澄清池的操作异常影响了外排水的COD。

（4）催化裂化烟气中的氧含量发生明显变化，进入脱硫系统的烟气氧含量减少。

（5）催化裂化装置的进料硫含量发生变化，使进入脱硫系统的SO_x含量增加。

（6）新鲜水的COD较高，新鲜水随脱硫塔的补水或泵的密封水进入脱硫系统，系统内的水大部分通过烟囱蒸发后会导致新鲜水对外排水的COD影响成倍增加，废液处理单元PTU的氧化罐仅适合解决亚硫酸盐引起的COD升高问题。

（7）各种回收或再生利用的水随脱硫塔的补水或地坑回收水的回用进入脱硫塔，导致外排水COD增加。

（二）处理

（1）降低外排水量。

（2）启动备用鼓风机。

（3）调整澄清池电动耙子高度。

（4）调整鼓风机风量。

（5）使用脱硫助剂，降低原料中硫含量。

（6）新鲜水改为加氢净化水。

（7）降低或停止各种回收或再生利用的水进入脱硫塔。

第五部分 三机组系统

模块一　主风机组

项目一　主风机组工艺

主风机组（烟气能量回收机组）是催化裂化装置重要组成部分，主风机组的主要作用是为再生器提供催化剂流化的动力，为催化剂再生烧焦提供氧气；是以高温烟气驱动烟气轮机，带动主风机或发电机运转，从而达到能量回收和降低装置能耗的目的。

主风机组由烟气轮机（烟机）、轴流式压缩机（主风机）、齿轮箱和异步电动/发电机组成，辅助设备主要有润滑油系统、静叶调节系统、进口消声器、出口及放空消声器、进口空气过滤器等。

主风机组工艺流程如图 5-1-1 所示。

一、主风机组工艺流程

（一）烟气管道系统

从再生器排出的烟气经三级旋风分离器分离，使烟气中催化剂浓度降至 150mg/Nm³ 以下（其中大于 10μm 的颗粒应小于 3%）。在三旋通入烟气轮机前的水平管道上安装有两台特殊高温阀门：一台是电液高温切断蝶阀，另一台是电液高温调节蝶阀。为了开工暖机的方便，在两个高温阀门间跨接了一条旁通管道，并装有一手动不锈钢闸阀。电液高温切断蝶阀作为烟气轮机切除或机组停车时的切断阀；电液高温调节蝶阀作为紧急停机时的快速切断阀，或调节阀与双动滑阀一起控制再生器压力。

烟气轮机出口垂直向上，通过一组膨胀节转成水平，出厂房送至水封罐。水封罐实际上是一个低压大口径的切断阀，停机时将水充满，切断烟气，烟气轮机运转时应先将水排掉。水封罐的出口通至余热锅炉。

从三旋顶部另一路出口排出的烟气通过一根带内衬里的碳钢管道接至双动滑阀、孔板降压器然后送至余热锅炉。在机组正常运转时，双动滑阀应该全关，所有烟气通过烟气轮机做功，然后再去余热锅炉回收其热能。当烟气中含催化剂量过高或烟气轮机解列后，则烟气轮机入口两台高温蝶阀全部关死，烟气只能通过双动滑阀、孔板降压器节流后送至余热锅炉。

（二）主风管道系统

1. 入口管道系统

入口装有一个空气过滤器，过滤器的出口设在下方，在空气过滤器的下游，装有一个

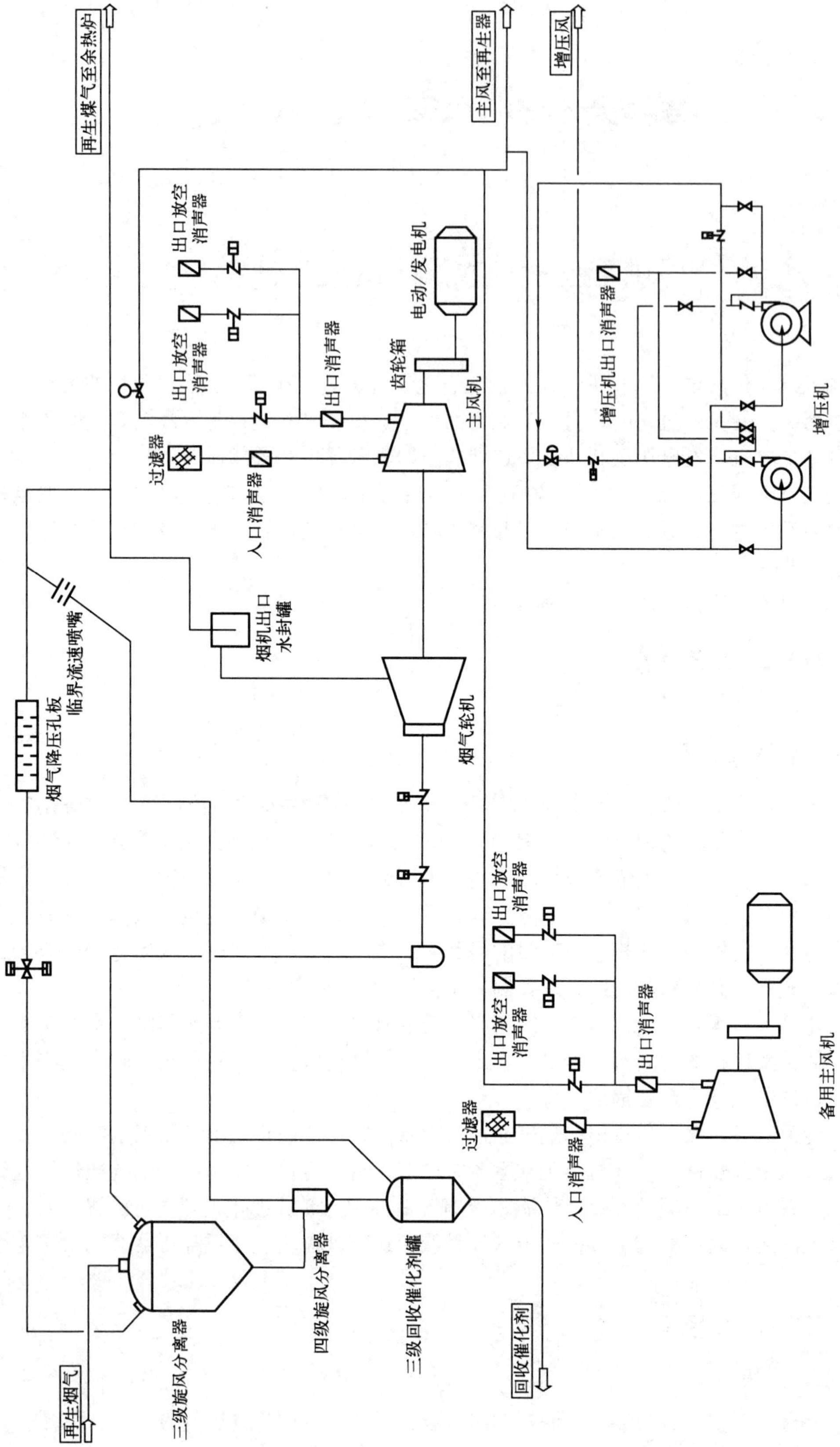

图 5-1-1 主风机组工艺流程图

消声器。入口管道上有两个90°转弯，为减小阻力损失，在转弯处装有"整流栅"。为防止管道热膨胀或安装产生之力（或力矩）影响主风机，在主风机入口与管道连接处采用金属波纹管膨胀节连接。

2. 出口管道系统

出口装有一台阻尼单向阀，该阀为三偏心蝶形止回阀，配有气动执行机构，为随动加气动助关型阀门。该阀后面还安装有电动蝶阀，该阀主要用于切断主风。当机组运转时，该阀应全开；停止运转时，该阀应全关。蝶阀后装有测流量用的文丘里管，在主风机出口与单向阀之间的出口管道上还设有放空管道，在该管道上并联装有防喘振放空阀两台，每台阀后各设有放空消声器。

二、主风机组的配置方式

（一）同轴机组

主风机组配置多采用同轴方式，优点是烟气轮机发出的功率直接驱动主风机，能量利用效率高，而且当机组超速时，主风机起制动作用。同轴机组有以下几种类型：

(1) 三机组（汽轮机辅助驱动）：烟机—主风机—汽轮机。

(2) 三机组（电动机辅助驱动）：烟机—主风机—电动/发电机。

(3) 四机组：烟机—主风机—汽轮机—电动/发电机。

（二）分轴机组

分轴机组为主风机—汽轮机或主风机—电动机、烟气轮机—发电机（四机组分轴）。

分轴机组的优点是烟气轮机直接驱动发电机发电，主风机可由汽轮机驱动或直接由电动机驱动，与再生器的供风系统分开，对装置的操作影响小。缺点是对超速保护系统要求严格，需要烟机入口及旁路系统设置快速切断蝶阀（要求关闭时间小于0.6s）。

项目二 主风机

一、压缩机的分类

催化裂化装置所用主风机、增压机和富气压缩机等都属于气体压缩机械。用来压缩和输送气体的机械称为压缩机，按照压缩气体的方式不同，压缩机分为容积式和透平式两大类。

（一）容积式压缩机

容积式压缩机通过在保持气体质量不变的条件下减小其容积达到提高气体压力的目

的。典型的容积式压缩机又可大致分为两种：一种是往复式，如活塞式压缩机；另一种是回转式，如螺杆压缩机、涡旋压缩机和滑片式压缩机等。

容积式压缩机适用于中小流量，排气压力可以由低压至超高压。

（二）透平式压缩机（速度式或动力式）

透平式压缩机通过旋转的叶轮叶片对气体做功使气体压力得以提高。透平式压缩机通常有如下分类方式。

1. 按结构形式分类

（1）离心式压缩机：叶轮对气体做功时，相对于叶轮的旋转轴中心线而言，气体流动方向主要是与其垂直的半径方向并指向离心方向。例如富气压缩机多采用离心式压缩机。

（2）轴流式压缩机：叶轮对气体做功时，相对于叶轮的旋转轴中心线而言，气体流动方向主要是与其平行的轴线方向。炼油厂催化裂化装置的主风机常采用轴流式压缩机。

2. 按出口压力分类

在我国风机行业中习惯将出口压力≤0.015MPa（表压）的风机称为通风机；0.015~0.35MPa之间的称为鼓风机；出口绝对压力≥0.35MPa的称为压缩机。

风机的标准进口状态为：工质为空气，进口绝对压力为0.101326MPa，进口温度为20℃，相对湿度为50%。

各类压缩机适用范围见图5-1-2。

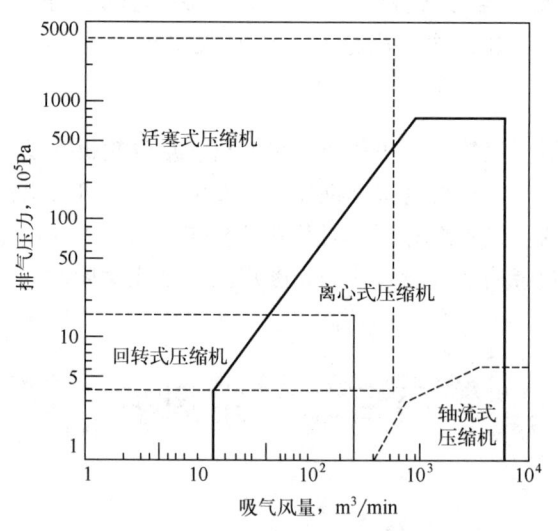

图5-1-2 各种压缩机的适用范围

催化裂化装置再生器底部必须要供给空气（即主风），压缩输送空气的风机就称之为主风机。主风机的作用在催化裂化装置十分重要，它是催化裂化装置的心脏设备。从工艺角度而言，其作用主要有两方面：一是为烧焦供氧；二是保证再生器、烧焦罐内的催化剂处于流化状态。

目前，我国各炼油厂的催化裂化装置所用的主风机有离心式和轴流式两种，它们都属于透平式机械。处理量较小的装置一般采用离心式主风机，处理量较大的装置普遍采用轴流式主风机,二者一般以风量2000Nm³/min、排气压力0.45MPa(绝压)为界。本部分以轴流式主风机为主进行介绍。

二、离心式主风机

(一)离心式主风机工作原理

离心式主风机的工作原理与离心泵相似,靠高速旋转的叶轮产生的离心力使气体获得动能,再经过蜗壳和扩压器把动能转变为压力能,从而对气体进行压缩,达到输送气体的目的。

(二)离心式主风机主要结构

离心式压缩机本体结构由转子和定子两部分组成。转子包括叶轮、主轴、平衡盘、推力盘、联轴器等部件;定子包括机壳、扩压器、弯道、回流器、蜗壳、密封、轴承等部件。

(三)离心式主风机性能参数

离心式主风机性能参数包括流量、能量头、转速、功率等。每台主风机都按一定的气体介质设计成最适当的参数,在这些参数下运转时机器的效率最高,称为额定参数,即额定流量、额定能量头(以压缩比 ε 表示,压缩比为排气压力与进气压力之比,即 $\varepsilon = p_d / p_s$)、额定转速、额定功率等。

(四)离心式主风机主要优缺点

输气量大而连续,运输平稳;机组外形尺寸小,质量轻,占地面积少;设备的易损部件少,使用期限长,维修工作量小;由于转速很高,可以用汽轮机直接带动,比较安全,容易实现自动控制。

三、轴流式主风机

目前,国内各炼油厂催化裂化主风机多选用陕鼓AV系列轴流式压缩机。AV系列为全静叶可调,按转子轮毂直径划分为12种型号,即AV40、AV45、AV50、AV56、AV63、AV71、AV80、AV90、AV100、AV112、AV125、AV140,级数为9~18级。该机组与烟气轮机、齿轮箱采用膜片式联轴器连接。

(一)基本结构和工作原理

1. 基本结构

图5-1-3所示为轴流压缩机的基本结构。它主要由两大基本部分组成:一是以转鼓及其上所安装的动叶片(动叶)等可以旋转的零部件组成压缩机转子;二是以机壳及其上所安装的静叶片(静叶)等固定的零部件组成压缩机定子。由一排动叶与紧跟其后的一排静叶构成一个级,是轴流压缩机的最基本工作单元。这种首尾相接、串联而成的各个级构成轴流压缩机最主要的工作部分,即压缩机的通流部分。

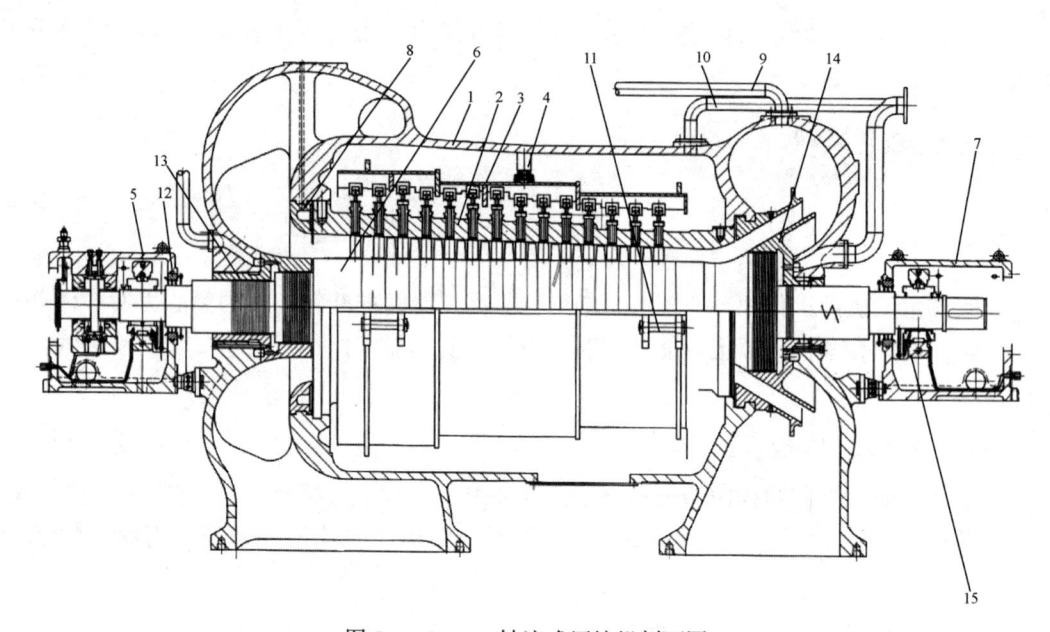

图 5-1-3 AV 轴流式压缩机剖面图

1—机壳组；2—叶片承缸；3—调节缸；4—电动执行机构；5—进气侧轴承箱；6—转子；
7—排气侧轴承箱；8—进口圈；9—平衡管道；10—排空管道；11—调节缸支撑；
12—轴封；13—轴封套（进）；14—轴封套（排）；15—支撑轴承

为保证主风机安全高效运行，还必须配备自动调节、保护系统和辅助设备。

2. 工作过程和工作原理

轴流压缩机的整个流道由进气管、进气蜗室、进口圈、进口导流叶片、通流部分、扩压器、排气蜗室、排气管组成。其过程是：(1) 气流首先通过进气管进入进气蜗室，气体在进气蜗室中的流动不均匀。(2) 由进气蜗室进一步流入进口圈（又称收敛器），气流逐渐轴向均匀流动，并适当加速。(3) 进口圈后是第 0 级进口导叶（又称进气导流器），气流经过导叶后更加均匀并以一定的速度和方向进入第一级动叶和后面的通流部分。(4) 当气流通过最后一级动叶和最后一级静叶后进入扩压器。扩压器的作用是将大部分动能进一步转化为压力能，提升压力。(5) 从扩压器出来的高压气体进入排气蜗室，改变方向流至排气管处。(6) 通过与排气法兰连接的管道送入工艺系统供风。

气体流经高速旋转的动叶时，动叶将机械能转变为气体的压力能和动能，从而提高了气体的压力和速度。在能量转变过程中有少部分机械能通过其他损失方式转变为热能，故压缩过程中气体温度会逐渐提高。气流流经静叶时，一方面将部分动能进一步转化为压力能，起到扩压作用，另一方面将气体以一定速度和方向引入下一级动叶。通过一级气体的压力提高了单级压比。故一台轴流压缩机往往是通过多级的串联工作达到所需要的压力。轴流式压缩机的命名缘于气体在逐级压缩过程中基本是沿轴向方向流动的。

3. AV 系列轴流压缩机特点

(1) 全静叶可调，压缩机为机壳、调节缸和叶片承缸三层缸结构，有利于降低噪声。

(2) 可采用多种反动度叶型叶栅组合设计，有利于调节叶片高度，提高压缩机效率。

(3) 变静叶角度范围内喘振线变化平坦，工况调节范围宽，且整个调节范围工况点均处在高效区。

(4) 原动机一般采用电动机或汽轮机,压缩机恒速运行,避免产生共振,提高安全可靠性。

(5) 工况调节迅速。

(6) 配合变转速调节可使工况范围进一步扩大约 10%～15%。

(二) 轴流式主风机主要部件

1. 机壳

轴流式压缩机机壳采用水平剖分结构,材料为灰铸铁 (HT250)。机壳的进、出口法兰均垂直向下。水平中分面用伸长螺栓拧紧密封,同时把上下机壳连接成一个刚性很强的整体。机壳分四点支撑在底座上,四个支撑点设计在接近下机壳中分面处。一端的两点为轴向固定点,另一端的两点为相对滑动点,这样机组由于热胀而产生的变形可以沿着导向键的引导方向伸展,从而减小了机组的热变形应力。

2. 静叶和静叶承缸

1) 静叶

压缩机的静叶(导叶)装在气缸内,它们与装在转子上的动叶一起构成气流的通流部分,是压缩机的主要工作部件。静叶分为固定静叶和可调静叶两种,见图 5-1-4。

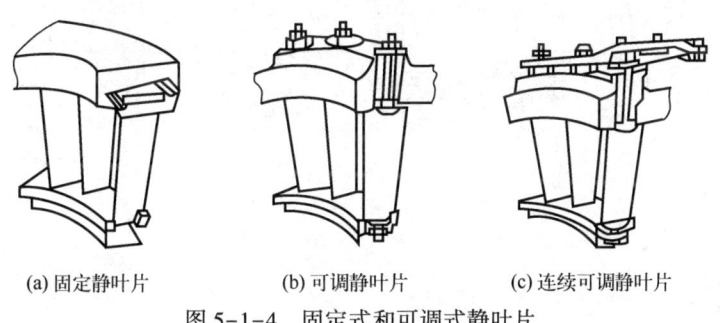

(a) 固定静叶片　　(b) 可调静叶片　　(c) 连续可调静叶片

图 5-1-4　固定式和可调式静叶片

2) 静叶承缸

静叶承缸是轴流压缩机可调静叶片的支承缸,设计成水平剖分式。静叶承缸的缸体由球墨铸铁 QT400-15A 铸成,通过两端支撑在机壳上,靠进气侧的一端为固定支撑,靠排气侧的一端为滑动支撑,以满足缸体热膨胀的要求。和静叶承缸进气侧相配的是进口圈,排气侧相配的是扩压器,分别与其他元件(机壳、密封套等)组成了一个收敛通道和扩压通道,从而组成了一个完整的轴流压缩通道。气流沿该通道进入,经过逐级压缩,最后经过扩压器扩压后进入排气管道,再经过装置主风管道去再生器。在静叶承缸上装有支撑静叶的静叶轴承,静叶及其附件(包括曲柄、滑块等)全部支撑在静叶轴承上,静叶轴承是石墨轴承,具有很好的自润滑作用和密封作用。

3. 调节缸

调节缸用于调节轴流压缩机的静叶角度,以满足机组在不同工况下的运行要求。在电动执行机构作用下,调节缸做轴向往复移动,带动导向环,导向环又带动各自级内的滑块,同时做轴向往复移动,并带动曲柄和静叶转动,从而达到调节静叶角度的目的。

调节缸用 Q235-A 钢板焊接而成，水平剖分。四个支撑轴承布置在靠近中分面的下机壳两侧，调节缸安装在机壳与静叶承缸之间，因此有时也称为中缸，而机壳称为外缸，静叶承缸称为内缸，这种三缸结构大大地减小了应力和由于热膨胀所造成的变形。调节缸的四个支撑轴承采用的是无油润滑轴承，由"DU"金属制成，该四点支撑可沿压缩机轴线移动以起调节静叶角度之用。调节缸的内部相对应各级静叶装有各自的导向环，导向环是用 35 号钢加工而成，分为上下两半，分别安装在调节缸上下缸体上。

4. 转子

转子是压缩机的最重要部件，转子上装有多级动叶通过转子的高速旋转来提高气体压力。轴流压缩机的转子由主轴、动叶、隔叶块及叶片锁紧装置组成。

主轴由（25Cr2Ni4MoV）锻造而成。动叶由 2Cr13 合金钢坯料精加工而成。

各级动叶片沿圆周方向安装在转鼓上的根槽内。在转子的进气侧加工有平衡活塞。转子动平衡等级 G2.5。转子上的动叶是由叶身、叶根部分组成。叶身是叶片的型线部分，厚度一般为弦长的 2.5% ~ 8%。叶根形式有燕尾型、纵树型、齿型及销钉型等，如图 5-1-5 所示，燕尾型叶根尺寸紧凑，加工方便，轮缘强度好，应用最广。

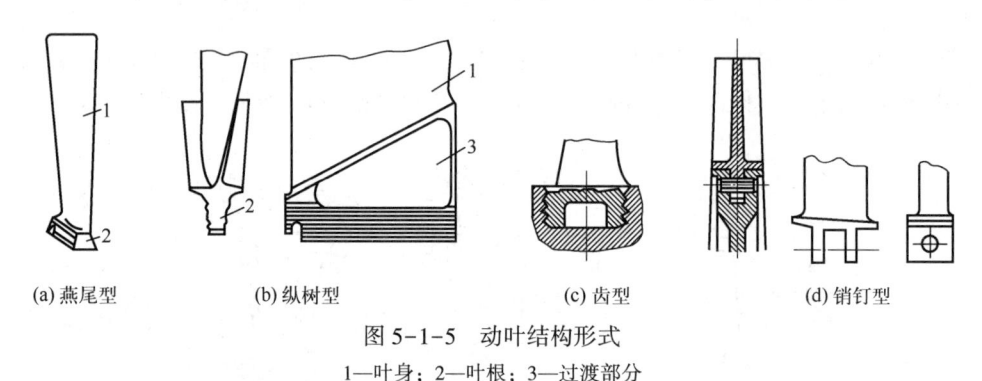

(a) 燕尾型　(b) 纵树型　(c) 齿型　(d) 销钉型

图 5-1-5　动叶结构形式

1—叶身；2—叶根；3—过渡部分

5. 轴端密封

在轴流压缩机的进、出气端分别设有轴端密封套，形式为迷宫式密封，密封片镶嵌在轴上，材料为不锈钢片。密封间隙的调整是通过调整密封套圆周上的调整块而实现的。

6. 轴承箱

轴承箱内安装有径向轴承和止推轴承（进气侧），润滑轴承的润滑油由轴承箱集油回流到油箱。另外在轴承上还设有测温、测振和测轴位移的设施。

7. 轴承

径向滑动轴承为椭圆瓦型，推力轴承为金斯伯雷型。各轴承瓦块由碳钢加锡基巴氏合金材料制成。

每个径向轴承内预埋 2 个 PT100 铠装热电阻，推力轴承主、副推力面内各预埋 2 个 PT100 铠装热电阻；每个径向轴承部位安装 2 个（互成 90°角）BENTLY3300 系列振动探头，推力轴承侧安装 2 个 BENTLY3300 系列轴位移探头。

8. 平衡管道

压缩机设有一个高压平衡管道,高压平衡管道将压力侧的高压气体引入进气侧的平衡盘处。用来平衡一部分由于气体压差而引起的使转子推向进气侧的轴向力,以减轻止推轴承的负载。

9. 电动执行机构

电动执行机构和调节缸相连接,当电动执行机构接到控制信号后,通过一个机械转换机构,推动轴流压缩机的调节缸做同步的轴向往复运动,从而达到调节轴流压缩机静叶角度的作用。

10. 顶升油泵

为保护轴承,在机组盘车及启动前先开顶升油泵,用高压油顶起转子,减小摩擦。油泵采用进口固定排量径向柱塞油泵。

(三) 辅助设备

1. 润滑油系统

1) 润滑油站

润滑油站由主油箱,主、辅螺杆式润滑油泵,双联全流量冷油器,双联全流量油过滤器及管道、管件、两套调节阀组,一个应急高位油箱(含一套两阀组)和仪控系统等组成。双联油冷却器及双联油过滤器均采用连续流量六通切换阀进行切换。正常操作时,两台油泵一开一备,防爆电动机驱动。

2) 动力油站

动力油站是为轴流压缩机静叶可调装置中的伺服马达提供所需的动力油。油站是选用两台恒压变量轴向柱塞泵,两台泵互为备用。

油站配有两台滤油器和一台冷油器。油站选用两个蓄能器并配备一套充氮工具,以便在突然停电时,将静叶关小到最小角度。

2. 进口空气过滤器

轴流式主风机对除尘要求较高,为了保证进入压缩机的空气干净,其含尘浓度及粒度满足规定的要求,必须在轴流式压缩机入口安装一台空气过滤器。

空气过滤器采用四面进风、两级过滤的形式。流通面积大,减小了气体流速,使吸入的空气携尘量大为减少,降低了滤芯积尘。整机过滤效率达 99.95% 以上(滤后粒径<3μm)。BKLQ 型板框式过滤器无须任何辅助动力设施。一个检修周期更换一次滤芯,滤芯更换方便,从而降低了维护费用。

3. 整流栅

当吸气管道的弯曲半径由于布置的原因,流体在通过弯道时,由于流向变化、流体分布不均造成能量损失,导致管道流动阻力增大,容易形成湍流,应于压缩机入口弯管处设置整流栅,使所吸入的气流稳定,不影响压缩机的吸入特性。

4. 消声器

在轴流式压缩机的入口、出口和放空管道上各放置一台消声器。采用阻性消声器技术设计，其消声效果好，气流再生性噪声小，阻损低，可使排出压缩机进入工艺管网的气体噪声降低，减少环境污染。

5. 放空阀和止回阀

放空阀：轴功率大于3000kW时一般配备2个放空阀，一般采用进口阀，快开慢关，防止压缩机喘振、逆流的发生。

止回阀：防止逆流对设备的损坏，要求随动性能好，快关。由于出口管风速高、风压大，故其采用缓闭式结构，一般采用进口阀。

（四）性能曲线和工况调节

1. 轴流式压缩机性能曲线

图5-1-6轴流式压缩机特性曲线可以看出，性能特点如下：

（1）在一定的转速下，随着流量增大，压比下降；流量减小，压比增大。

（2）随着转速的增大，压比显著提高，特性曲线也变得更陡峭，稳定工作区变窄，并向大流量区移动。

（3）当转速一定，在某一进口流量下，压缩机效率有最大值，其效率曲线有最高位置。

（4）压缩机级数越多，压比越高，变工况时性能变化就更为敏感，则特性曲线就越陡，稳定工作区也越窄。

（5）存在喘振与阻塞等不稳定工况。

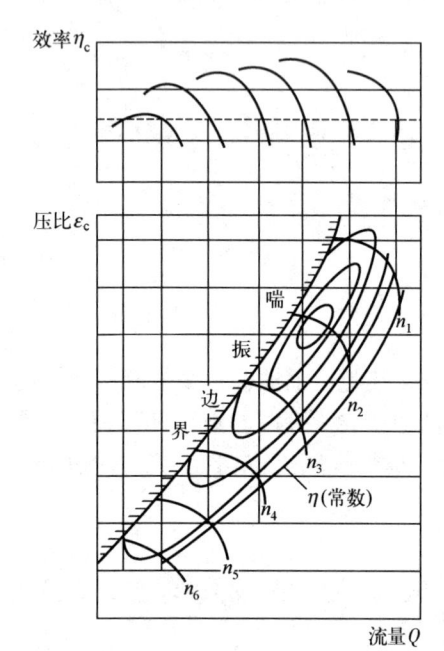

图5-1-6 轴流压缩机特性曲线（不同转速下）

2. 轴流压缩机工况调节

任何压缩机都不是独立运行的，而是与管网协调工作。所谓管网，是指压缩机后面全部装置的总称。当气流通过管网系统时，存在压力损失（阻力损失），气体压力不断下降。每一种管网系统都有自己的性能曲线。把管网性能曲线与压缩机性能曲线画在一张坐标图上，两条曲线的交点就是装置的稳定工况点。其中任何一条曲线发生变化，交点的位置就要发生改变，工况得以调节。

1) 改变转速调节流量

要求驱动机能变速运行。在调试范围内应避免转子、叶片等部件在工作转速下发生共振，保证安全运行。对于反作用度较大、性能曲线较平坦的轴流压缩机，用此方法也可得到较宽的稳定工作区。

2) 静叶调节流量

可在较大范围内改变压缩机流量，使速度三角形适应动叶几何参数，防止流动恶化，避免喘振、阻塞等不稳定工况发生；压缩机稳定工作区扩大，提高效率；与转速调节法相比，具有较大的适应性和经济性；但需要有较为复杂的传动和驱动机构，且静叶径向间隙增大，增加了能量损失及设备造价。

若使用全静叶可调压缩机，则可通过部分或全部地开启静叶得到很宽的流量调节特性。压缩机在启动时，一级静叶角调至最小（约 14°），此时压缩机启动功率仅为额定功率的 15% 左右，然后快速调至 22°，避开 14°~22° 的旋转失速区。22° 是静叶的最小运行角度，而 79° 为最大运行角度。正常运行时，流量可在 22°~79° 范围内调节。

3）进口节流调节

有一定调节范围，适用于恒定转速的压缩机。

4）出口节流调节

经济性不好，不适合压力—流量性能曲线陡的轴流压缩机。

（五）不稳定工况

轴流压缩机在设计工况下可以较高的效率稳定工作，但在实际运行中，常因操作条件等因素改变而偏离设计工况，处于变工况运行。压缩机应在安全工作区内运行，如图 5-1-7 所示。

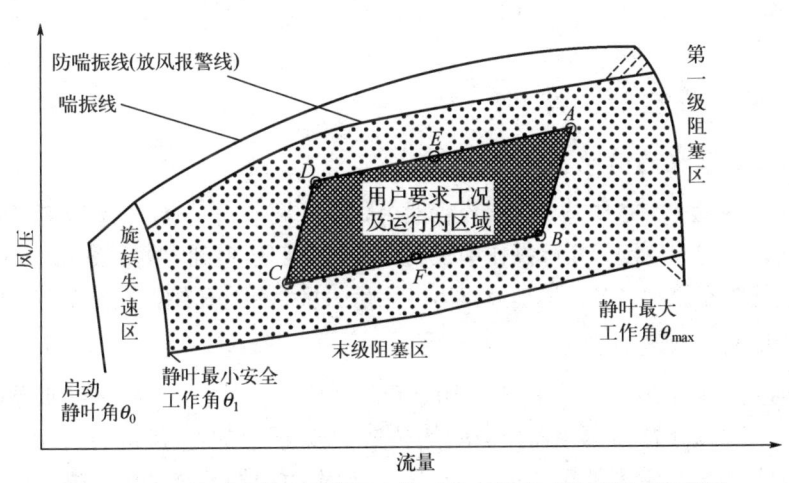

图 5-1-7　恒速下轴流压缩机有效运行区域及正常运行工况范围

1. 旋转失速工况

轴流压缩机特性曲线静叶最小角度与最小工作角度线之间的区域称旋转失速区。旋转失速又分为渐进失速和突变失速两种类型。当风量小于轴流式主风机的旋转失速线限值时，叶片背面气流产生脱离，机内气流形成脉动流，使叶片产生交变应力而导致疲劳破坏。

为了防止失速，要求操作者熟悉机特性曲线，启动过程中快速通过失速区，操作过程中应按制造厂的规定，使最小静叶角度不低于规定值。

2. 喘振工况

在压缩机与一定容积的管网联合工作时，当压缩机在高压缩比、低流量下运行，一旦压缩机流量小于某一定值，叶片背弧气流严重脱离，直至通道堵塞，气流强烈脉动，并与出口管网的气容、气阻间形成振荡，此时机、网系统气流的参数出现整体大幅度波动，即气量、压力随时间大幅度周期性变化，压缩机的功率以及声响均周期性变化。上述变化非常剧烈，使机身强烈振动，乃至机器无法维持正常运行，这种现象称为喘振。

由于喘振是整个机、网系统发生的现象，因此它不但与压缩机内部流动特性有关，且决定于管网特性，其振幅、频率受管网容积的支配。

3. 阻塞工况

压缩机的叶片喉部面积是固定的。当流量增大时由于气流轴向速度增大，气流相对速度增大，负冲角（冲角为气流方向与叶片进口安装角之间的夹角）也随之增大。此时，叶栅进口最小截面上平均气流将达到音速，这样通过压缩机的流量就达到一临界值而不再继续增大，这一现象称为阻塞。

这种初级叶片的阻塞决定了压缩机的最大流量，此时叶片强度也达到了最大值。当排气压力降低时，压缩机内的气体将因膨胀体积增加而使流速增加。当气流在末级叶栅达到音速时也发生堵塞。由于末级叶片气流受阻，末级叶片前的气压升高，末级叶片后的气压降低，造成末级叶片前后的压差加大，这样末级叶片前后受力不平衡而产生应力，也可能导致叶片损坏。

一台轴流压缩机当其叶型和叶栅参数确定后，其阻塞特性也就固定了。轴流压缩机不允许在阻塞线以下区域过久运行。

（六）自动调节和保安系统

1. 轴流式主风机的防喘振调节

为防止喘振的发生，在压缩机出口设置两个防喘振调节阀，根据实测的喘振线标定防喘振阀的放空线进行防喘控制。实际操作中根据压缩机喉部压差确定的流量和出口压力，在接近排放线时，使防喘振阀打开，增加风机出口流量，从而保证压缩机在安全区域内运行。

2. 轴流式主风机的逆流保护

逆流是轴流压缩机最危险的工况。形成逆流的原因有两方面：一是喘振状态的进一步发展；二是工艺系统事故使再生器压力骤然升高，形成气流向主风机的倒流。

逆流保护是压缩机喘振的第二道保护措施，如果防喘振系统失灵，逆流保护可使压缩机迅速进入安全运行。目前主风机的出口管线几乎无例外地都装有单向逆止阀，其作用就是阻止介质的倒流。如逆流继续存在机组则紧急停机。

3. 机组的监测保护

为了保证机组的安全运行，机组设置了润滑油压力、动力油压力、机组振动、轴位移等一系列监测保护。

另外机组还设置了整套的逻辑程序控制系统，完全由计算机程序控制来保证机组的安全运行。

项目三　烟气轮机

烟气轮机（又称烟气透平、烟机）是将催化再生烟气中蕴含的热能和压力能转换成机械功的旋转设备，属于典型的透平机械。

由于烟机的工作介质为高温气体（650~735℃），而烟气中还含有一定数量的催化剂颗粒，因此烟机设计需满足耐高温、耐腐蚀、防冲蚀和防结垢等需求。烟机相对于其他透平设备，其工作环境更为恶劣、更容易发生运行故障。而在这些运行故障中，烟机流道的结垢及动叶片叶根断裂是目前最为突出的两大问题。

一、烟气轮机结构及系统组成

现以国产 YL 型单级烟气轮机为例介绍其结构及系统组成，见图 5-1-8。

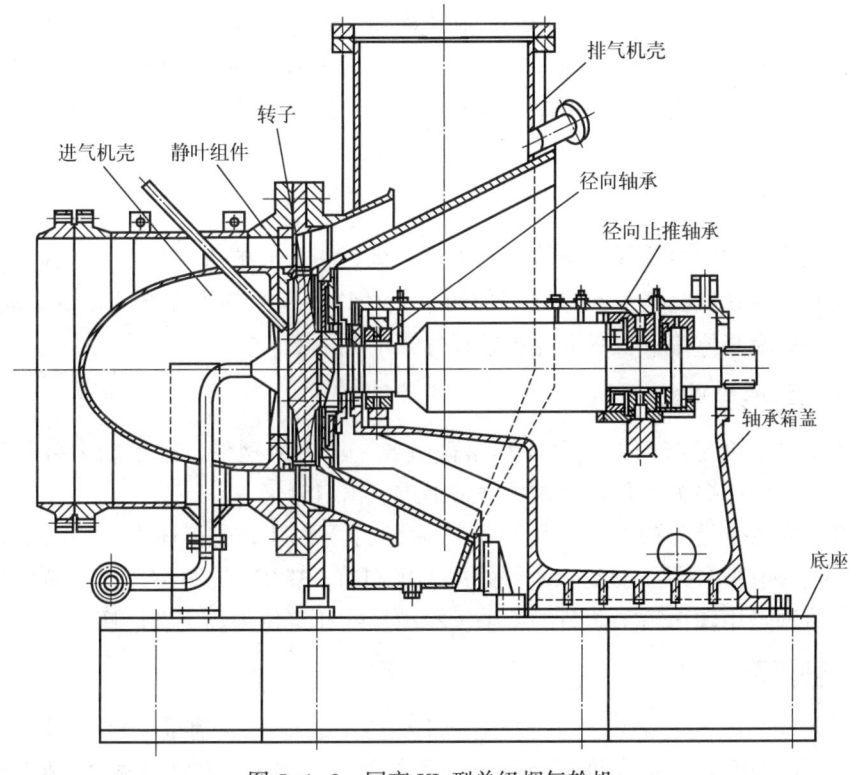

图 5-1-8　国产 YL 型单级烟气轮机

YL 型烟气轮机为轴向进气、垂直向上排气、单级悬臂式转子结构。它主要由转子组件、进气机壳、排气机壳、轴承箱及轴承、机座、轴封系统和轮盘蒸汽冷却系统、检测系统等部分组成。

（一）转子组件

转子组件由轮盘、动叶片和主轴等组成。轮盘与主轴之间以止口定位，并热装在轴上。考虑到轮盘和拉杆在工作时的热膨胀变形等因素，用具有足够预紧力的拉杆将轮盘和主轴连接固定，并用套筒转扭。

轮盘为实心结构，采用 WASPALOY 材料（进口锻坯）模锻加工而成，轮缘开纵树型叶根槽，动叶片的纵树型叶根装入其中，二者精密配合，并用锁紧片锁紧定位。动叶片由高温合金 WASPALOY（进口棒料）精锻成型，叶身爆炸喷涂长城 33 号耐磨层，涂

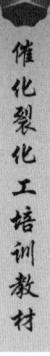

层更致密，表面粗糙度小，可大大降低催化剂的吸附作用，有效缓解催化剂的结垢及冲蚀现象。

主轴材料为40CrNi2MoA，平衡精度为G1.0级。

（二）进气机壳

进气机壳主要由壳体、进气锥及静叶组件等组成。进气机壳为不锈钢焊接件，进气锥为不锈钢铸件并焊接在进气机壳内，静叶组件由静叶片、轮盘梳齿密封、固定镶套和端面梳齿环组成一个组合件，用螺栓紧固在进气锥端部。在进气壳体上设有可调式辅助挠性支撑。

导流锥的作用是导引烟气分布均匀，并流向动静叶片。导流锥里面做成中空，导流锥底（喇叭口）外径与轮盘外径尺寸应大致相等。导流锥顶面对着入口烟气，而导流锥底对着一级轮盘。导流锥内安置一条冷却轮盘蒸汽管子，该冷却蒸汽径向进入导流锥，再转折成轴向喷射到一级轮盘上。

（三）排气机壳

排气机壳为不锈钢整体焊接结构，它由进、排气法兰、扩压器及壳体等组成。整个机壳用四个支耳支撑在底座上，在进口端的两个支耳和底座的支撑面之间设置横向导向键，在排气机壳的前端和后端设置纵向导键，以保证中心不变。

（四）轴承箱及轴承

轴承箱系水平剖分结构，由箱体和箱盖组成，均为铸钢件。轴承箱上装有轴承、油封、测速测振和相位探头，并接有轴承润滑油进、出口管道。

轴承部件由两个径向轴承和一个止推轴承组成，并固定在箱体内。径向轴承为进口KINGSBURY公司的可倾瓦轴承，止推轴承也由KINGSBURY公司进口。在装配时，转子的对中与定位都是用轴承来调节的，轴承箱用螺栓和定位销固定在底座上。

（五）轴封系统

轴密封为蜂窝密封。蜂窝密封由很薄的高温合金片网格制成，每个网格直径不足1mm，网格整体强度好。它允许运行中轴与其接触，接触时蜂窝会磨损但轴不会受到损伤，故可采用较小的密封间隙，既强化了密封效果，又保证了轴的安全。

密封蒸汽从蜂窝密封的前端注入，蒸汽沿着轮盘径向流动进入机壳，与烟气轮机排出的烟气混合后排出。轴封空气由中间轴封注入，一部分流入抽气空腔，和少量蒸汽一起由抽气口抽出机体外；另一部分经近轴承侧迷宫密封注入，以防止润滑油从轴端泄出。

密封蒸汽压力为1.0MPa，温度250℃，耗汽量250~300kg/h。

密封空气为净化风，压力0.4MPa，温度常温，耗气量230~280kg/h。

油封空气为净化风，压力0.4MPa，温度常温，耗气量100kg/h。

（六）轮盘蒸汽冷却系统

为降低轮盘温度，烟气轮机设有轮盘冷却蒸汽系统。有两个方面的作用：一是冷却轮盘的叶根部分，以降低轮盘的应力，延长使用寿命；二是防止催化剂细分进入一、二级轮盘之间的死区，形成的团块粘在轮盘上影响动平衡（双级）。

冷却蒸汽沿轮盘表面做径向流动，冷却轮盘的前表面，然后流入流道。冷却蒸汽通过温度调节系统来控制轮盘前温度维持在规定的范围内。

（七）润滑油

润滑油由进油管进入前、后径向轴承和推力轴承，然后经轴承箱和润滑油出口管流入机组回油总管。润滑油牌号为 ISOVG46，润滑油前轴承入口压力控制在 0.147~0.18MPa 的范围内，后轴承入口压力控制在 0.08~0.12MPa 的范围内，所需总油量为 600L/min。

（八）监测系统

1. 轴振动、轴位移监测

烟气轮机的轴振动、轴位移监测均采用 BENTLY3300 探头，前后径向轴承各有一对轴振动探头，两个轴位移探头安装在主推力瓦侧。

2. 转速监测

烟气轮机转速检测采用美国 AIRPAX 公司的转速仪表，该转速表通过检测探头检测主轴的旋转速度，以便指示转速或按指定值发出报警信号等。

3. 温度监测

每个径向轴承内预埋 2 个 PT100 铠装热电阻，推力轴承主、副推力面内各预埋 2 个 PT100 铠装热电阻，测温元件引线至就地接线盒内。

轮盘温度是采用热电偶插入轮盘前进行检测。轮盘正常操作温度控制在 300~350℃。

4. 相位监测

轴相位监测采用 BENTLY3300 探头，安装在轴承箱体上以便进行相位监测。

（九）底座

烟气轮机底座为焊接件，支撑进排气机壳的两个支座用水冷却，以保证其中心标高不变。冷却水采用循环水，用水量约为 6t/h，在出水口管线上装有温度计，要求排水温度控制在 55℃左右。轴承箱也采用循环水冷却，用水量约为 1.7t/h。

二、国产烟气轮机结构特点

世界上烟气轮机公司生产的烟气轮机在结构上主要有两种：一种是国产 YL 型烟气轮机和美国 I-R 公司、Elliott 公司生产的烟气轮机，这种烟气轮机为轴向进气、径向排气的悬臂支架结构，有单级和双级两种；另一种是德国 GHH 公司生产的径向进气、径向排气的两端支撑的结构，有三级和四级两种。图 5-1-9 为国产 YL 型双级烟气轮机结构示意图。

国产 YL 型烟气轮机的结构特点：

（1）采用轴向进气和径向排气结构。

轴向进气可使烟气进入烟机时能稳定流动，以确保烟气中催化剂颗粒均匀分布，避免径向进气的离心分离作用，产生颗粒集中的倾向，并减少入口压力损失。

（2）机壳采用垂直部分形式。

进气机壳和排气机壳均为整体结构，两者之间为垂直部分。这种环形结构，可以减少

图 5-1-9　国产 YL 型双级烟机

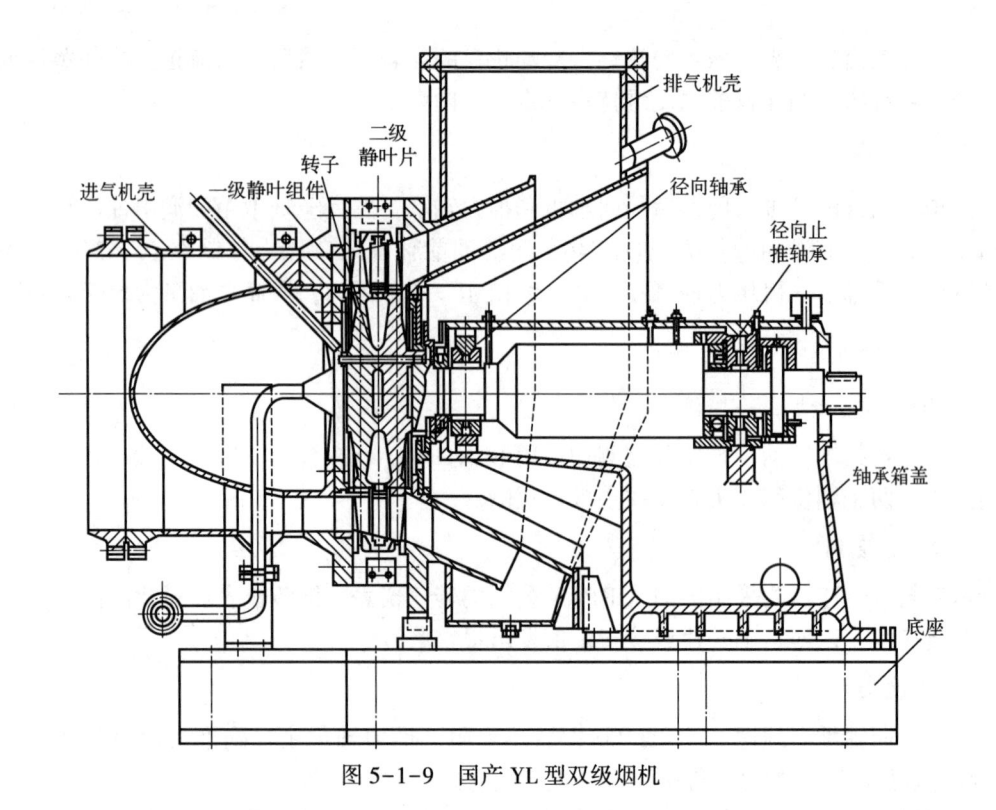

变形，使热膨胀均匀一致，且具有拆装方便的特点。在检修时不需拆装出口大管线，减少检修工作量。

（3）转子装卸时，采用从进气端抽芯的形式，不用长套筒联轴节。它的优点是可减少引起转子强烈振动的机会。

（4）单级烟机的轮盘与转轴的连接，采用特种销钉传递扭矩，而不使用端面齿或径向键。

双级烟机转子的一、二级轮盘之间，二级轮盘与轴之间，以止口定位，以套筒传递扭矩，用有足够预紧力的拉杆将轮盘与轴把紧。

这两种结构形式的优点是：结构成熟、制造简单、安全可靠。

（5）为了冷却轮盘，将冷却蒸汽直接通到轮盘盘面，而不是通到进气锥内。YL 型烟机在进气锥内加上挡板，这样不但可以避免蒸汽在进气锥内部和外部的烟气进行换热，而且提高了冷却效果，减少了蒸汽耗量。这种冷却方式结构简单，效果好。

（6）转子设计为刚性转子，使一阶临界转速远离工作转速。径向轴承采用多油楔轴承，推力轴承采用米楔尔式和金氏伯里轴承。

（7）叶片叶身部分等离子喷涂耐磨涂层。

三、烟气轮机工作原理

（一）级的工作原理

烟气轮机的级数是根据烟气在烟气轮机里的焓降来确定的。一列静叶和一列动叶组成一个最基本的单元，称为级。在级里，工质的热能变为轴的机械功，这个能量转换过程是在静止的喷嘴（又称静叶）和转动的动叶中完成的。

烟气在喷嘴中膨胀，烟气的压力和温度降低，把热能转化为烟气的动能，以很高的速度冲向叶片，然后在动叶的流道中顺着流道的形状改变其流动的方向。为了使气流转向，叶片必须有一个力作用于气流，于是气流也必须有一个与之相适应的作用力作用于叶片上。这个力在周向的分力就推动着工作轮不断地旋转并发出机械功。

为了说明烟气在动叶气道内膨胀过程的大小，常用级的反动度 ρ 表示。反动度 ρ 等于烟气在动叶气道内膨胀时的理想焓降与整个级的滞止理想焓降之比。

（二）级的类型

按照烟气在级的动叶内不同的膨胀程度，又分为冲动级和反动级两种。

1. 冲动级

冲动级有三种不同形式：

（1）纯冲动级。反动度等于零的级称为纯冲动级，其特点是烟气只在喷嘴叶栅中膨胀，在动叶中不膨胀而仅仅改变其流动方向。纯冲动级做功能力比较大，但是效率较低。

（2）带反动度的冲动级。这种冲动级通常带有 0.05~0.20 的反动度，这时烟气的膨胀大部分在喷嘴中进行。

（3）复速级。由喷嘴静叶栅，装于同一叶轮上的两列动叶栅和第一列动叶栅后的固定不同的导向叶栅所组成，称为复速级。

2. 反动级

反动度为 0.5 的级为反动级，此时烟气的膨胀一半在喷嘴叶栅中，另一半在动叶栅中进行。反动级的效率比冲动级高，但做功能力小。

四、烟气轮机的操作

（一）烟气和轮盘温度控制

冷却蒸汽进入烟机沿轮盘表面径向流动，冷却轮盘的前侧面后进入流道。烟机的冷却系统通过温度调节系统来控制轮盘前温度在规定的范围内。

（1）严格控制烟机入口温度在 670~700℃，连续运行温度不高于 705℃（短期超温 800℃，每年不超过 6 次，每次不超过 15min）。

（2）轮盘温度控制在 320~350℃，保证轮盘蒸汽过热温度 240℃ 以上。

（二）定期调节活动烟机入口蝶阀开度

高温烟气含有催化剂粉尘和水蒸气，容易在蝶阀密封处聚集催化剂，在高温下阀门容易变形，如果长期不活动可能使阀门卡位。建议对蝶阀定期开关试验，开度控制在 90%~100%，不会影响烟气流量。通过试验能够发现蝶阀是否卡塞，还能够发现蝶阀故障。特别是烟机开车升温阶段，由于阀体和阀板热膨胀差异，很容易使阀门卡死，所以一定要微调节蝶阀。

(三) 严格控制烟气中催化剂细粉含量、减少结垢

(1) 把住新鲜剂进厂质量关,控制新鲜剂细粉含量,提高耐磨指数,新鲜剂颗粒尽可能规则。

(2) 优化反再系统操作,减少催化剂热崩、破碎。平衡剂在两器循环流化中会发生破碎现象,如果操作波动将使平衡剂破碎更加严重。

(3) 确保2次/月离线监测分析准确,当烟气粉尘浓度和粒度超标时,要采取措施,如关小甚至全关入口蝶阀,减少对烟机的破坏。

(4) 烟机结垢一定程度,主电机耗电会明显增大。一般当增大到5000kW以上时,要进行停机检查、清垢,以避免重大恶性事故的发生。同时恢复烟机热效率,降低主电机功耗。烟机停机时要解体彻底清理结垢物,烟机停机后,由于热胀冷缩现象,有些部位垢层脱落下来,有些部位垢层坚硬,不能自然脱离,使得转子动平衡破坏,所以要更换备用转子,旧转子要返厂重新做动平衡实验。

(四) 润滑油系统理化指标的控制

润滑油系统是大型机组安全运行的基础,供给机器轴承点的润滑油要保质保量,润滑油的理化指标在控制范围内,油温、油压控制在操作范围内。特别是烟机大检修后,润滑油系统必须提前油联运一段时间。

(五) 烟机静态实验

开车前烟机必须进行静态实验,目的是确保整个机组控制及保护系统可靠性,应根据机组开机要求与仪表、电气等专业配合进行相关操作。

(六) 烟机开车暖机操作

烟机运行工况非常苛刻,正常运行时烟气温度达到670~700℃,烟气中还含有一定量的蒸汽和腐蚀H_2S气体。烟机各部件、入口管道等热膨胀量差异比较大,如果暖机过快、不均匀,可能产生动、静部件碰触,在局部产生热应力,导致烟机振动超标,所以烟机暖机过程要慢、匀、稳。

五、烟气轮机常见故障

烟机最常见的故障有振动大、结垢、叶片断裂、轴封漏气量大、机械部件高温裂纹变形等。

(一) 振动超标

烟机振动大的原因有很多种,其中主要有催化剂细分的结垢、叶片的断裂、管道或机壳的变形、滑动轴承磨损、轴系同轴性差、联轴器制造或安装质量不精确等。绝大多数烟机都会在动叶片上均匀结垢,当结垢达到一定厚度时,操作压力和温度发生变化,一些结垢就会脱落下来,转子动平衡被破坏,从而引起烟机振动高报警甚至高高联锁停车。

(二) 烟机结垢

烟机静叶围带、根部、背部、蜂窝密封孔和动叶都有结垢现象,主要原因是烟气中含

有大量催化剂超细粉。

(三) 轴封堵塞

轴封间隙调整偏大，造成烟气漏量。蜂窝密封的间隙数值至关重要，间隙过小，烟机热态运行时，可能使转子与蜂窝接触摩擦，蜂窝孔塌方变形；间隙过大，则会造成烟气泄漏。

(四) 叶片变形、裂纹

静叶和导流板受不稳定烟气气流的长期冲刷，可能产生一定程度的振动，对静叶和导流板高温热疲劳裂纹的产生和扩展有促进作用；催化烟气中含有 H_2S 腐蚀物质，烟机运行时间长，造成静叶根部与导流板焊接处腐蚀严重。这是由于晶间腐蚀后材质劣化，焊接处易出现裂纹。

(五) 动叶顶部磨损

产生动叶顶部冲刷的原因，一是烟气催化剂浓度大，特别是长期大于 200mg/Nm^3；二是烟尘中大颗粒含量超标。

项目四　主风机—烟机机组

主风机—烟机能量回收机组的控制逻辑，一般包括机组允许启动程序、机组允许自动操作程序、安全运行程序、主风机逆流保护程序、紧急停车程序、润滑油箱电加热器投用程序、润滑油泵投用程序等。

一、机组的控制及逻辑

(一) 再生器压力分程控制

1. 正常操作时再生器压力的控制

正常操作时，再生器压力由烟机入口蝶阀、双动滑阀进行分程控制，双动滑阀在 DCS 上有手操器，在 CCS1 上无手操器。烟机入口蝶阀在 CCS1 上有手操器并且可以投给 DCS 自动操作进行分程。

2. 机组开机时再生器压力的控制

当装置开工期间，烟机投运以前，再生器压力由双动滑阀控制，烟机入口蝶阀调至全关位置。

当装置生产正常，烟气质量合格时，投用烟机。此时，再生器压力实现分程控制。

3. 机组停机时再生器压力的控制

用烟机转速调节控制器控制关烟机入口蝶阀，随着烟机入口蝶阀的逐渐关小，再生器压力将上升，双动滑阀控制再生器压力平稳。

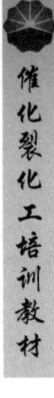

4. 事故停机时再生压力的控制

事故停机时，机组自保联锁动作，烟机入口蝶阀立即关闭，由双动滑阀控制再生器压力，保证其压力的稳定。

（二）三机组转速控制

机组正常运行时，整个机组转速受电动/发电机的同步速度控制，烟机负荷的大小只改变电动/发电机回收功率或输出功率的多少，不改变机组转速。

发电工况下，电机脱网时，机组转速的控制通过烟机入口烟机转速调节控制器调节蝶阀的开度来实现。在开机冲转数时烟机转速调节控制器在本地手动状态下，是手操器来控制调节蝶阀的开度从而控制烟机转数。当电机投用后烟机转速调节控制器可以投远程自动接受 DCS 来的信号，但投用之前要阀位偏差≤2%（是小于烟机转速调节控制器的给定值的 2%）；当超转数时，由超速保护器发出的信号控制烟机转速调节控制器的开度。

（三）主风机的流量控制

主风机的流量是通过改变可调静叶角度来实现的。开工时静叶由静叶手操器控制。正常调节时，压缩机出口管路的温度变送器、压力变送器将测得的数值换算成标准流量送给 DCS 上的流量控制器作为测量值，与 DCS 上的流量控制器给定值进行比较后，输出信号送回 CCS，可通过电动调节机构调静叶角度以达到调节压缩机流量的目的。

（四）烟机密封蒸汽控制

由差压变送器测得密封一侧烟气压力和另一侧蒸汽压力，二者的差值，作为差压调节器的测量值，与设定值 0.05MPa 比较，输出至调节阀进行调节，使其始终保持进入密封处的蒸汽压力高于烟气压力 0.05MPa，以达到好的密封效果。

（五）烟机轮盘冷却蒸汽控制

烟机轮盘温度由轮盘冷却蒸汽流量控制阀控制，温度变送器测得轮盘温度，作为测量值与设定值 220~350℃比较，输出信号送至调节阀，调整轮盘冷却蒸汽流量，从而控制轮盘温度在 220~350℃之间。

（六）防喘振控制

防喘振控制是由防喘振控制器作用于压缩机出口管路上的防喘振阀来实现的。来自压缩机出口压力变送器、入口差压变送器、入口压力和入口温度变送器作为防喘振控制器的测量值，与给定值比较，输出至两个防喘振阀进行防喘振控制。当差值大于零（P-S>0）时，压缩机运行在喘振线内。当差值小于零（P-S<0）时，防喘振阀将相应开大直至测量值与给定值差值为零，使压缩机工作在防喘振控制线上。

防喘振控制器有自动、半自动和手动三种方式，但控制器中的低选器只允许低于自动控制时的信号通过去打开防喘振阀，而不允许高于自动控制时的信号去关闭防喘振阀。所以开工操作时要选用半自动方式，既可以保证手动，也不会使防喘振阀关闭造成事故。

二、机组的保护逻辑

(1) 超速保护。

① 限速保护。

当机组在发电状态下,电动/发电机脱网甩负荷时,机组将会超速,需要进行限速保护。主风机—烟机机组有限速保护,由烟机速度控制器执行。安装在烟机轴端的三个速度探头将测得速度信号,当三个数值中的一个测得超速时,只做报警,只有三个数值中至少有两个以上测得超速时,才有输出至烟机入口蝶阀,关小烟机入口蝶阀。

② 超速跳闸保护。

这是超速保护的第二道,当因某种原因没能限制住机组的转速而达到跳闸转速时,经过三取二表决的信号分别送至机组跳闸逻辑,发出指令,机组跳闸停机。

(2) 辅助油泵自启动保护。

(3) 在润滑油线上装有压力开关,当油站总管压力降至 0.12MPa 时,使辅助油泵自启动。

三、主风机—烟机机组常规操作

(一) 润滑油冷却器切换

当油冷器不能满足冷后油温的控制时或发现冷却器产生渗漏,不切除又无法处理时,要进行冷却器的切换操作。

(1) 切换前通过备用冷却器的放空回油管看窗确认备用冷却器中充满油后,关闭放空阀。

(2) 确认润滑油出口压力控制器在"自动"的位置。

(3) 扳动出入口三通阀,切换冷却器。

(4) 按要求调节冷却器的冷后温度,10min 内冷后油温无变化,切除工作完成。

(5) 将切换完后的冷油器冷却水出入口阀关闭。

(6) 关闭充油阀,打开回油箱阀门,打开管程和壳程低点排凝,将冷油器内油、水排净。

(7) 联系有关部门重新修理完后,充油备用。

(二) 润滑油过滤器切换

当过滤器的差压达到报警值时或过滤器产生渗漏不切除无法处理时,要进行油过滤器的切除操作。

(1) 切换前通过备用过滤器的放空回油管看窗确认备用过滤器中充满油。

(2) 确认润滑油出口压力控制器在"自动"的位置。

(3) 扳动出入口三通阀,切换过滤器。

(三) 润滑油泵切换

1. 注意事项

(1) 润滑油站安全阀定压值为 1.2MPa,开关安全阀副线阀时监控好泵出口现场压力表,控制现场压力表读数≤1.0MPa。

(2) 开B泵出口安全阀副线手阀时,监控好回油箱调节阀的阀位,若调节阀阀位≤20%时,暂停润滑油泵切换作业,恢复至B泵运行、A泵停止状态。

(3) 当A、B同时运行时,开关各安全阀副线阀时一定要缓慢控制,严密监视现场泵出口压力表、回油箱压力及上油总管压力,回油箱压力及上油总管压力波动控制在±0.05MPa。

2. 切换操作

以富气压缩机润滑油B泵正常运行、A泵备用为初始状态。

(1) 将A泵现场操作柱开关打至"手动"状态。
(2) A泵出入口阀、出口安全阀副线手阀全开,启动A泵电机。
(3) 确认回油箱调节阀和上油压力调节阀均在"自动"位置。
(4) 缓慢关闭A泵出口安全阀副线手阀,确认将润滑油压入系统。
(5) 将A泵操作柱开关投"自动"状态。
(6) 注意压力PI51102、PIC51101压力及阀位变化,确认A、B泵及电机运行正常。
(7) 缓慢全开B泵出口安全阀副线阀。
(8) B泵出口压力远低于A泵出口压力。
(9) 再次确认系统压力稳定在正常值范围内。
(10) 将B泵现场操作柱开关打至"手动"状态后停运B泵。
(11) 关闭B泵出口安全阀副线阀。
(12) 将B泵操作柱开关投"自动"状态。
(13) 切换后,及时处理换下来的泵,以便备用。
(14) 对故障的油泵检修,必须将该泵电源切断,并将自启动开关断开。
(15) 备用泵恢复正常后,立即将恢复自动状态,确认A、B泵操作柱开关均投"自动"状态。

四、主风机—烟机机组开、停机

(一) 开机

电动/发电机单机试运合格,烟机、主风机、齿轮箱检修完毕,验收合格,仪电系统准备就绪,公用工程系统准备就绪。

(1) 现场检查确认:
① 检查机械设备状态。
② 检查润滑油系统状态。
③ 检查电动静叶系统状态。
④ 检查特阀、系统管道状态。
⑤ 检查水、汽、风系统状态。
⑥ 检查仪表、电气系统。
以上各系统检查确认具备开机条件。

(2) 投用润滑油系统。
(3) 投用电动静叶系统。
(4) 投用电动盘车器。
(5) 联锁系统试验。
(6) 烟机入口管线暖管，烟机暖管结束，机组启动准备工作就绪。
(7) 烟机引烟气预热提转速至规定转速。
(8) 电机合闸至正常转速。
(9) 提主风机—烟机负荷。
(10) 确认机组启动运行正常。

（二）备机切换至主机

1. 切换准备

(1) 防喘振阀投半自动，适当提主风机风量同时适当关小防喘振阀。
参照备机静叶角度调整主机静叶角度，使主风机出口压力高于备用风机出口压力 0.01~0.02MPa。
(2) 通知反应岗位准备切换机组。

2. 备机切换至主机

(1) 手动打开主机出口电动阀至开度10%向系统并风。
(2) 同时防喘振阀投半自动，打开备机出口防喘振阀向外转风。
(3) 主机出口电动阀开度20%时，投DCS自动控制。
(4) 备机出口电动阀开度20%时，投DCS自动控制。
注意：每次并、撤风量50~80Nm^3/min。
(5) 直至备机防喘振阀全开，主机防喘振阀全关。
(6) 备机出口电动阀全关，主机电动阀全开。
(7) 主风机组向系统供风运行正常，备机切除系统。
(8) 主机运行正常，备机按操作规程正常停机。

（三）主风机组正常停机

1. 确认主风机组向系统供风正常

(1) 确认主风机组出入口压力、温度正常。
(2) 确认主风机组润滑油系统压力、温度正常。
(3) 确认主风机组转速、振动、轴位移正常。
(4) 确认主风机组各阀位调节正常。

2. 主风机切换至备用风机

(1) 确认备机开机正常，具备切换条件。
(2) 按备机切换主机规程切换机组，使主风机切除系统。
(3) 逐渐降低机组负荷，注意电机电流控制在安全范围之内。
(4) 逐渐关小烟机入口调节蝶阀，烟机降温降速。
(5) 全关烟机入口调节蝶阀。

(6) 关闭烟机入口切断蝶阀。
(7) 联系电工停大电机。
(8) 按操作规程停主风机组。
(9) 联系反应投用烟机出口水封罐。
(10) 打开烟机机体排凝阀排凝。

3. 投用电动盘车

(1) 确认现场机组转速为 0r/min。
(2) 启动风机、电机顶升油泵。
(3) 启动电动盘车器。
(4) 关闭入口切断蝶阀、调节蝶阀吹扫蒸汽。
(5) 停冷却蒸汽、密封蒸汽（烟机温度降至 280℃）。
(6) 停盘车器和顶升油泵（轴承温度降至 40℃）。
(7) 停润滑油泵和轴承隔离空气。
(8) 停电动静叶电机。
(9) 打开系统管线排凝。
(10) 停循环冷却水。

（四）主风机组非正常停机

1. 机组紧急停机的自保信号

(1) 烟机超转速（三选二）。
(2) 润滑油压力低于联锁值。
(3) 烟机轴位移高于联锁值。
(4) 轴流风机轴位移高于联锁值。
(5) 轴流风机齿轮箱低速端轴位移高于联锁值。
(6) 轴流风机齿轮箱高速端轴位移高于联锁值。
(7) 轴流风机发生持续逆流。
(8) 机组振动自保联锁停机。
(9) 电机事故跳闸后机组转速小于规定值。
(10) CCS1 软手动停机。
(11) 装置启动主风自保（来自辅操台）。
(12) 现场紧急停机。

2. 机组自保停机，联锁动作项目

(1) 烟机入口切断蝶阀全关。
(2) 烟机入口调节蝶阀全关。
(3) 主风机出口防喘振阀全开。
(4) 主风机出口单项阻尼阀全关。
(5) 电动/发电机跳闸。
(6) 发信号给主风自保。

（7）静叶保位。

3. 手动紧急停机

发生下列情况之一，经处理无效时，可手动紧急停机：

（1）任意一项机组紧急停机自保未启动。
（2）轴承瓦温突升，达上限报警值。
（3）机内发生金属撞击声，轴承、轴封处冒烟或有其他摩擦声。
（4）润滑油系统严重泄漏，油箱液位无法维持。
（5）烟机出口温度高，采取措施无法制止。

4. 主风机组紧急停机步骤

（1）联系有关岗位和单位（时间允许）。
（2）启动中控室或现场紧急停机按钮。
（3）检查现场所有联锁动作项目动作是否正确。
（4）关闭风机出口电动阀。
（5）确认现场机组转速为0r/min。
（6）启动风机、电机顶升油泵。
（7）启动盘车器。
（8）关闭入口切断蝶阀、调节蝶阀吹扫蒸汽。
（9）停冷却蒸汽、密封蒸汽（烟机温度降至280℃）。
（10）停盘车器和顶升油泵（轴承温度降至40℃）。
（11）停润滑油泵和轴承隔离空气。
（12）停电动静叶电机。
（13）打开系统管线排凝。
（14）停循环冷却水。

项目五　增压机

增压机是将主风机出口的空气提压后作为催化剂输送的动力风、流化风、提升风，以保持反再系统催化剂的正常循环。

一、增压机本体结构

增压机属于高速、单级悬臂、整体齿轮（单轴）组装型结构。例如型号为B120-5.1/4.4的增压机表示高速、单级悬臂、整体齿轮组装型离心压缩机B系列，风机进口流量每分钟120m^3/min、进口压力为0.44MPa、出口压力为0.51MPa。

增压机主要由定子、转子（高速轴齿轮）、轴承、变速箱和底座（兼油箱）等构成，见图5-1-10。进气方向是轴向，出气方向是径向，可以是水平、垂直向上或某个角度。

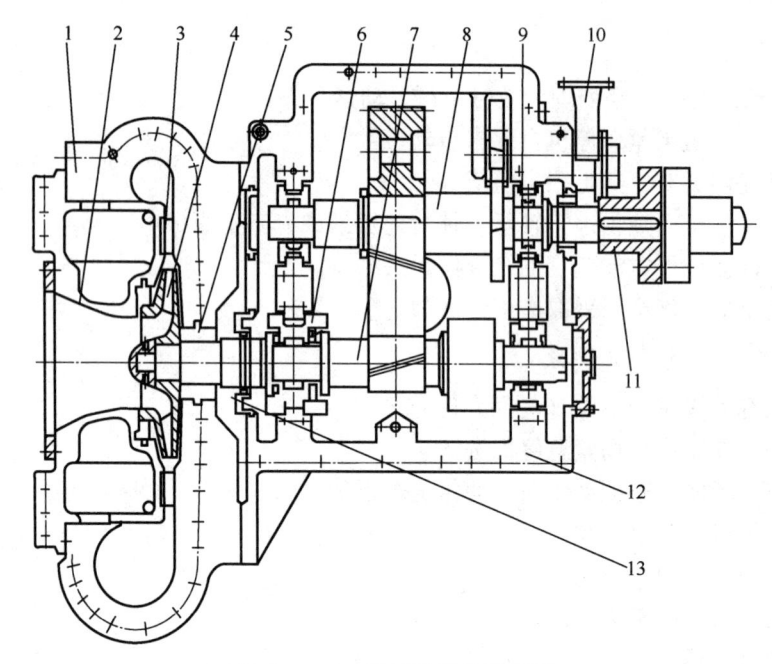

图 5-1-10 增压机结构示意图

1—机壳；2—进风口；3—叶片扩压器；4—转子；5—密封（轴端密封）；6—径向止推轴承；7—轴齿轮；8—大齿轮；9—可倾瓦块轴承；10—主油泵；11—联轴器；12—变速箱；13—油封

（一）定子部分

定子是压缩机本体非旋转件的总称，由机壳、进风口、扩压器和密封等组成。

（1）机壳是包容转子的壳体，它的出气蜗壳也是气流通道的一部分。本系列机壳属水平剖分型。

（2）进风口的作用是使气流平滑地加速到叶轮进口。

（3）扩压器（有叶片的或无叶片的）是一个静止流道，起降速增压的作用。

（4）密封。作用是阻止泄漏，并防止外界灰尘、空气、油和油气等侵入（如进气端为负压）。本类压缩机一般采用迷宫密封。

压缩机的密封有轴端密封、轮盖密封。轴端密封是防止气流向机壳外泄漏；轮盖密封是防止叶轮出口气流回流到叶轮进口。

（二）转子部分

转子是旋转零部件的总称，由叶轮、轴齿轮、配重套等组成。

（1）叶轮。有的采用闭式叶轮，见图 5-1-11，有的采用半开式叶轮。叶轮与轴是有键过盈配合，并由流线体用螺纹轴向紧固叶轮。

（2）主轴。主轴上直接加工出小齿轮，也称轴齿轮。

（3）配重套。主轴安装叶轮后使轴齿轮保持轴向静平衡的部件。

（4）轴承。定位、支承转子旋转的部件，本类压缩机采用强制润滑的滑动轴承。

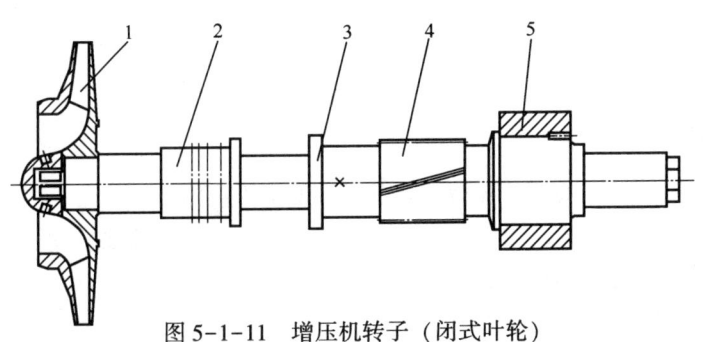

图 5-1-11 增压机转子（闭式叶轮）
1—叶轮；2—齿轮轴；3—推力盘；4—整体小齿轮；5—配重套

二、增压机工作原理

由电动机提供机械能而旋转的叶轮叶片对流道中的气体做功，随叶轮旋转的气体在离心力的作用下产生压力，而气体获得的速度所具有的部分动能流经叶轮、扩压器或蜗壳等扩张通道时又转变为压力能，气体的压力能进一步提高。风机在这个过程中就完成了压缩与输送气体的功能。气体的压力能大约 2/3 由叶轮产生，1/3 是由扩压器和蜗壳等静子元件产生。

三、增压机开机

（一）增压机开车前准备工作

（1）所有检修工作完工，验收合格。
（2）仪表系统调校完毕并按要求投用。
（3）电气系统具备启动条件，电动机转向正确。
（4）确认冷却水投运正常。
（5）确认润滑油系统，油箱加油完毕，液位正常，油质分析合格，油压正常。
（6）确认将氮气密封系统投用压力控制大于 0.05MPa。

（二）增压机开机步骤

（1）检查准备工作确无问题后，按启动电钮，注意电流是否及时返回正常位置。正常后，将入口阀根据电流，再次调节开大直至合适的电流负荷。
（2）机组运转正常后，停辅助油泵，润滑油上油压力大于 0.15MPa，辅助油泵投入自启动。
（3）检查润滑油压力、各轴承温度、润滑油情况、机组振动及声音情况，当油温达 35℃时，打开冷却水。
（4）机组正常后，用入口蝶阀控制风量至正常。
（5）接到送风通知后，打开出口并系统阀，关闭出口放空阀，控制风压风量时，电流不超过额定值。
（6）正常后，将流量、压力控制改到操作室控制。

四、增压机停机

（一）增压机正常停机

（1）接停机通知后，与反应岗位联系好，做好停机准备。
（2）开出口放空阀，关出口阀，注意电流及风压变化，不要超过指标。
（3）启动辅助油泵，油压升起后停机。
（4）停机后关闭入口阀。
（5）轴承温度降至35℃时，停辅助油泵，关冷却水。

（二）增压机紧急停机

（1）与反应岗位联系，采用事故蒸汽或工业风代替增压风，启动辅助油泵、停电动机。
（2）关出、入口闸阀。
（3）其他按正常停车处理。

五、增压机正常维护

（一）运行状态

（1）增压机严禁在喘振区工作，喘振流量为设计流量的1/3，如果短时间使用较小流量，可将多余部分放空。
（2）定期监测增压机振动情况。
（3）经常检查润滑油压力，维持油压在0.09~0.2MPa，若油压低于0.09MPa，经调节无效时，应停机检查。
（4）经常检查润滑油上油温度，保持在35~45℃内，油温最大值为50℃。超过此范围时应及时调整循环水上水量。如果冷油器脏，切换至备用冷油器，并将此台冷油器清扫干净。
（5）保持检查油箱液位，保持正常液位。
（6）经常检查润滑油过滤器差压，当过滤器的差压指示达到0.15MPa时，切换至另一台过滤器，清扫此台过滤器并更换过滤器芯。
（7）每月化验一次润滑油品质，视情况及时换油。
（8）保证辅助油泵处于完好备用状态。
（9）经常检查润滑油系统压力、温度是否正常。

（二）备用状态

（1）装置正常开工时，两台增压机一台运行，另一台处于可以随时启动的备用状态。
（2）备用机辅助油泵正常情况下必须处于运行状态，油系统满足油温和油压要求。
（3）备用机电动机正常情况下必须处于可以随时启动状态。
（4）备用机出入口阀全关，出口放空阀全开。
（5）定期进行所规定的维护项目。

六、增压机切换

(1) 联系反应岗位,调整操作,留出一台增压机运行所需的风量。

(2) 待具备条件后,按如下所述步骤进行增压机切换。

(3) 启动备用增压机电动机,并通过入口闸阀和出口放空阀将入口风量和出口压力调节到与在用机值相同。

(4) 联系反应岗位,开始切换。

(5) 逐步打开备用机出口阀,关备用机出口放空阀,同时开在用机放空阀,关在用机出口阀,整个过程注意统一指挥、协调一致,保证增压风总管压力和风量稳定。直至备用机出口放空全关,在用机切出放空运行。

(6) 与反应联系,按正常停车程序停原在用增压机,逐渐关小原在用机入口闸阀,直至全关。

(7) 至此切换完毕。

七、异常工况处理

(一) 处理原则

(1) 发现异常及时汇报,联系处理。

(2) 需停机处理时应及时联系反应岗位,启动并切换至备用增压机,以便维持生产正常。

(3) 待机组完全切出主风系统后按正常停机步骤停机。

(二) 润滑油压力低故障处理

润滑油压力低故障处理见表 5-1-1。

表 5-1-1 润滑油压力低故障分析和处理

故障现象	故障原因	故障处理
润滑油压力低	压力低报警	联系投用备用机
	辅助油泵自启动;主油泵效率低	联系钳工处理
	油管线泄漏	查清漏点,及时处理并向油箱补油

(三) 紧急停机处理

1. 机组自动停机的情况

(1) 电动机跳闸。

(2) 润滑油总管压力低于 0.06MPa。

2. 机组应立即按停机按钮、手动停机的情况

(1) 机组突然发生剧烈振动。

(2) 机组内有异常声音。

(3) 润滑油压力降到 0.06MPa 时，虽启动辅助油泵仍无法恢复。
(4) 机组轴承温度高于 95℃采取措施无效时。
(5) 电动机定子温度大于 145℃无法处理时。
(6) 油系统严重泄漏，无法维持正常油位时。
(7) 轴承或密封处冒烟。
(8) 主油泵工作不正常，轴承发热，温度上升持续不止时。
(9) 达到自保动作时，自保没动作。

3. 紧急处理步骤

(1) 检查自保项目是否动作正确，确保辅油泵开、出口单向阀关。
(2) 迅速关闭在用机出入口闸阀，打开出口放空阀。
(3) 待转子完全静止后，注意盘车，待轴承温度低于 45℃时，停循环水和辅助油泵。
(4) 及时联系反应岗位，准备投用另一台增压机，启动步骤同前述。

项目六　特殊阀门

一、高温蝶阀

催化裂化装置用的高温蝶阀按其阀体结构的不同可分为：烟机入口高温调节型蝶阀、烟机入口高温切断型蝶阀、烟气旁路高温蝶阀、烟气余热回收系统的冷壁（衬里）高温蝶阀四种。按其配置的执行机构不同可分为气动高温蝶阀和电液高温蝶阀。

（一）烟机入口高温调节型蝶阀

烟机入口高温调节型蝶阀安装在烟气轮机与高温平板闸阀之间的管路上，其作用是控制再生器压力及调节烟机入口烟气流量，并在烟机超速时兼作快速切断用，以保护主风—烟机机组。它由阀体、执行机构（含手动机构）等部分组成。

高温蝶阀阀体为板焊结构（1Cr18Ni9Ti），内有耐磨防冲台阶，台阶表面与蝶板周边堆焊耐高温的硬质合金。阀体与蝶板为偏心结构，以阀杆驱动端定位，这样能够保证在高温条件下阀内件朝另一端自由膨胀。

阀体部分由阀壳体、阀板、阀杆和支承轴承等部分组成。阀壳体为 0Cr18Ni9 钢板焊接结构，内部无任何隔热和耐磨衬里，阀座设计为台阶型。阀体与烟气管道的连接按口径大小区分为：当口径大于 φ1000mm 时采用与管道直接焊接形式；口径小于（或等于）φ1000mm 时采用对焊法兰连接形式。

阀板为 ZG1Cr18Ni9Ti 铸造不锈钢或 0Cr19Ni9 钢板组焊结构，阀座圈焊在阀壳体内，阀座圈与阀板边缘均喷焊硬质合金，并经磨削加工，尺寸精度高，以减少烟气泄漏，提高耐磨性能。

阀杆采用分段结构，与阀板采用销钉连接，便于加工和装拆。为防止烟气中催化剂进入轴套卡住阀杆，在阀杆两端支承轴套前各设一个蒸汽吹扫口，操作时通入一定量的吹扫蒸汽以吹扫催化剂并可冷却阀杆。在阀杆与阀板轮毂之间设有喷焊有硬质合金的耐磨衬套，保护阀座圈之间的外露阀杆，避免该处高速气流对其冲蚀。

阀杆两端的支承轴套采用耐高温的硅化石墨轴承，该轴承具有良好的自润滑性，较高的机械强度和抗腐蚀性能，可避免滚动轴承因高温或锈蚀等原因易造成阀杆卡阻的弊病。

烟机入口高温蝶阀为气开式，它可配置摆动式气动执行机构，如图 5-1-12 所示；也可配置带有偏置曲柄连杆传动机构的电液执行机构，如图 5-1-13 所示。气动和电液执行机构均设有正常调节和紧急快速关闭两个控制回路。为确保该阀动作可靠和提高紧急关闭速度，两种执行机构应单独配有空气事故罐或液压蓄能器。

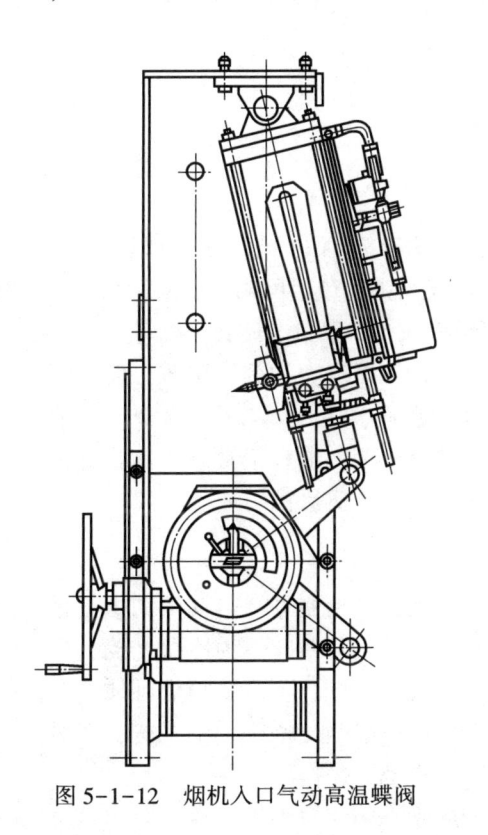

图 5-1-12 烟机入口气动高温蝶阀 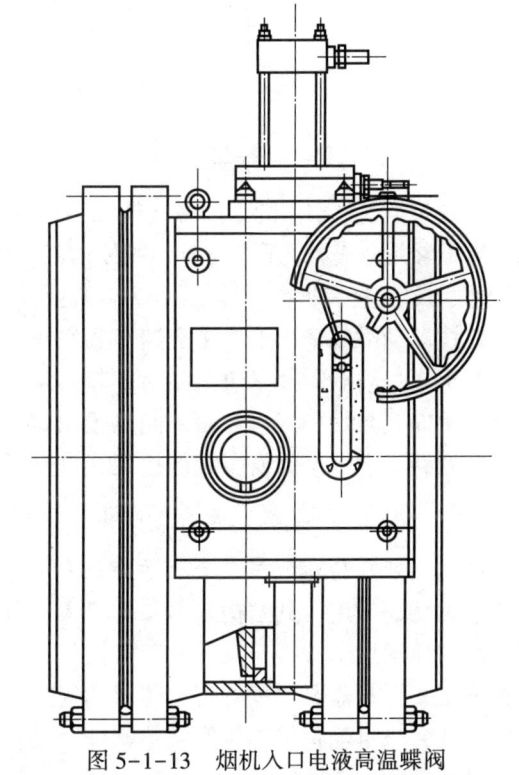　　图 5-1-13 烟机入口电液高温蝶阀

（二）烟机入口高温切断型蝶阀

该阀主要用于烟气分轴发电机组或替代烟机入口大口径高温闸阀作为可以快速切断的截止阀。目前国内有不少催化裂化装置是引进德国阿达姆斯（ADAMS）HTK 型（或意大利等）带电液执行机构的烟机入口紧急关断蝶阀。该阀阀体与阀板均为不锈钢钢板焊接结构。该阀设计成三维偏心斜锥阀座（金属对金属）硬密封结构，如图 5-1-14 所示。第一偏心即将轴偏离密封面中心线，以形成阀板 360°圆周面上完整的密封面。第二偏心是轴稍稍偏离管线中心线，目的在于使阀板开至大约 20°之后，阀座与密封圈之间脱离，从而减少摩擦。第三偏心为轴与圆锥形密封阀座中心线相对偏离，它从几何形状上使得阀座与密封圈在蝶阀整个开关过程中完全脱离。这一独特的偏心组合，利用了凸轮效应，可明显减少 90°行程中阀座与

密封圈之间的摩擦，其接触角大于阀板与阀座材料的摩擦角，排除了卡死可能。该阀一般仅要求二位动作，配置快速动作的电液执行机构，关闭时间可在1s以内。

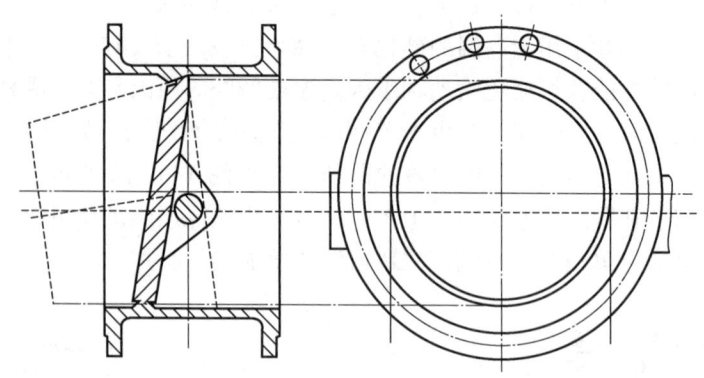

图 5-1-14　三偏心高温切断蝶阀

（三）烟气旁路高温蝶阀

该阀是烟气放空用的高压降调节阀，一般在临界压降下操作，磨损比较严重，除阀座、阀板边缘和阀杆喷焊硬质合金外，阀体内部还衬钢纤维增强无龟甲网刚玉耐磨衬里，并在阀轴外部增设防磨保护套。阀座设计为台阶式，以尽可能减少泄漏量。该阀为气开式。

在设双动滑阀情况下，主旁路高温蝶阀也可参与再生器压力的分程调节，但当烟机超速或烟机入口高温蝶阀紧急关闭时，其必须同时联锁动作，应在1~2s内打开。它的实际操作力矩曲线与烟机入口蝶阀不同，根据蝶阀口径大小，可配置有正常调节和紧急快开两个控制回路和空气事故安全罐的拨叉式气动执行机构或电液执行机构。

（四）冷壁（衬里）高温烟道蝶阀

该阀主要安装在烟气进余热锅炉和去烟囱的烟道上，可控制进余热锅炉的烟气量，兼有调节和切断作用。其结构基本与烟机入口高温蝶阀类同，只是阀体为冷壁结构，内衬隔热耐磨双层衬里。阀板与阀座圈因其操作压降小，烟气流速低，不需要喷焊硬质合金。另外根据工艺操作需要可配置带定位器的气动执行机构或一般蜗轮蜗杆手动机构，有时为了操作方便，也可配置带链轮的蜗轮蜗杆手动机构，实现地面操作。

高温蝶阀的易发故障主要表现在阀板卡涩，伺服阀不动作。阀板卡涩主要原因可能由衬里脱落或阀轴弯曲引起，合理控制工艺操作，即可避免故障的发生。发生卡涩时，一般用液压手动操作不能解决问题。卡涩时，将阀门切换到机械手动，泄掉系统油压，大幅度开关阀门，越过卡涩区域。由于装置运行期间，无法拆开阀门进行修理，操作上应尽量避开卡涩区。

二、电液执行机构

烟机入口蝶阀电液执行机构总体由三部分组成，即单作用执行机构、液压系统和电控系统。

（一）执行机构

（1）执行机构弹簧组件位于执行机构主体的上部，正常使用时，配合下部油缸驱动阀体内部阀板进行角位移动作；紧急状态下，实现蝶阀的快速关断。

（2）液压油缸位于执行机构的下部，其主要作用是在电液控制部件的控制下，驱动阀门到达设定的位置。

（3）油路切换机构，通过安装在上面的切换手柄，实现两种操控模式的转换功能。手柄处在水平位置，为远程控制模式下的油路连通状态；手柄处在垂直位置，为就地控制模式，由手动油泵对执行机构进行开关控制。

（4）手动油泵，是液压动力源提供装置，在就地控制模式下，可独立驱动执行机构进行开关动作，且可通过泄压实现蝶阀的快速关断。

（5）位置反馈组件内部由角位移传感器和行程开关组成，其不仅提供阀位回讯，而且是阀位控制反馈机构的重要组成部分。

（二）液压系统

两台互为备用的油泵、蓄能器、油箱、液压组件，为液压系统提供稳定的液压动力。

（三）电控系统

IPOS 41 电子控制器的主要功能是根据比较后被称为"位置请求"的外部模拟信号，通过调节比例阀线圈的电流，来驱动执行机构到指定的位置。同时设有两个辅助的数字输入作为"紧急控制（ESD）"，可通过比例阀或附加的 ESD 电磁阀驱动执行机构到安全的位置。IPOS41 的电子卡件组装在一个 IO 的机架上。该机架安装在机柜内，电子卡件经过特殊保护处理使之适合于腐蚀性环境，并具备抗工厂内常有的干扰能力。

三、高温平板闸阀

高温平板闸阀是大型切断型阀门，垂直安装在高温蝶阀前的水平烟气管道上。烟气轮机正常工作时，此阀全开，停工或事故状态时，可通过执行机构及时关闭此阀截断烟气，用以保证烟气轮机安全和停工检修的需要。

国内工程设计，一般实际通径≤900mm 时，选用气动高温平板闸阀；实际通径>900mm 时，则选用防爆电动高温平板闸阀。

目前，电液高温闸阀逐渐替代气动和电动高温闸阀。

四、阻尼单向阀

阻尼单向阀安装在主风机出口、备用主风机出口、主风总管和增压机出口管线上，分别用于主风机保护和装置自保，以防止催化剂倒流。主风机出口阻尼单向阀和备用主风机出口阻尼单向阀执行机构均采用随动加气动助关型配置，阀体部分为三偏心蝶型止回阀结构，阀体两端法兰连接。

蝶型阻尼单向阀按其安装位置和作用不同可分为主风机出口阻尼单向阀（即反逆流阀）和主风系统阻尼单向阀两种。前者安装在主风机出口，按随动（自力）开关附加气动快关（防爆电磁阀控制）功能设计，配有平衡重、阻尼油缸和双作用气缸，见图 5-1-15。正常操作时，依靠气流把阀门打开一定开度（有一定压降损失），当装置低流量自保动作或机组停机时，则通过电磁阀实现气动快关（如电磁阀发生故障不动作时，该阀也能依靠阀板自重及背压自行关闭），可有效地防止催化剂倒流，确保机组安全。后者安装在辅助燃烧室前的主风管道上，不设平衡重，按气动快开、快关的要求设计（由双电磁阀控制）配有双作用气缸。正常操作时，靠气缸作用把阀全开（几乎没有压降损失），当装置低流量自保时，防爆电磁阀换向，气缸快速反向动作，在 3~5s 内将阀关闭，防止催化剂倒流，保证装置安全。

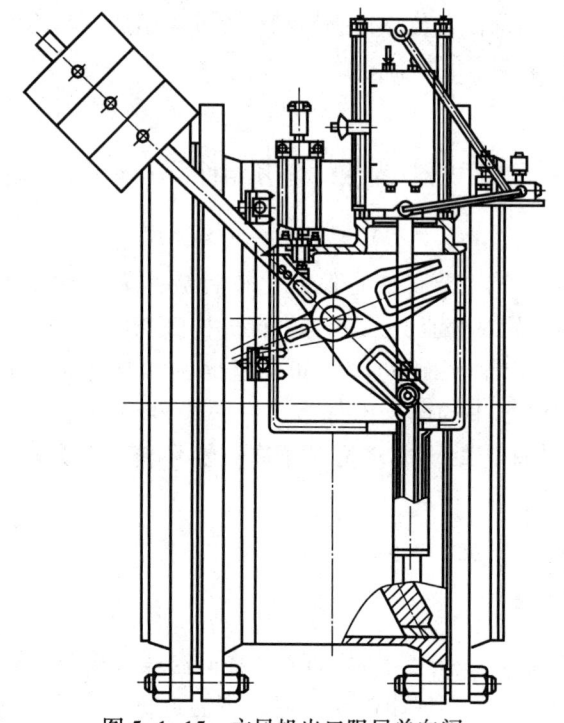

图 5-1-15　主风机出口阻尼单向阀

上述两类蝶型阻尼单向阀除传动控制部分如上述不同外，其阀体部分结构相同。该阀为三偏心结构（与前面所述的烟机入口高温切断型蝶阀基本类似），阀轴采用 40Cr 锻钢，分轴结构，阀轴的驱动端用填料密封，另一端用法兰盖盲死。阀座圈与阀板间采用金属对金属的特殊锥形密封，全开时阀板处于管道中心，形成上下对称气流，减少下游涡流损失和振动。

该阀配有二位式拨叉气动执行机构，气缸设有缓冲气室，缓冲效果可通过缸盖上的节流阀来调整，保证阀板快速关闭时不发生冲击。

蝶型阻尼单向阀与同规格其他止回阀相比，具有结构长度短、外形尺寸小、质量轻、压降小的特点。

五、气压机入口蝶阀

气压机入口和气压机入口放火炬蝶阀，分别安装在气压机入口和气压机入口放火炬管道上。该阀阀体均采用三偏心硬密封结构，零泄漏。气压机入口放火炬蝶阀一般为引进产品，执行机构采用气动调节型双作用配置，阀体两端法兰连接；气压机入口蝶阀为国内制造，执行机构采用气动双作用二位式配置，并配手动机构，阀体两端为法兰连接。

六、气压机出口气动闸阀

气压机出口气动闸阀安装在富气压缩机出口管道上，作为切断阀使用。执行机构采用气动双作用切断型配置，并配手动机构。阀体两端为法兰连接。

七、防喘振放空阀

安装在主风机出口放空管道上，主要用作主风机防喘振调节。一旦发生主风低流量或其他故障时，由程控器发出指令使其快速全开。该阀为气动硬密封蝶阀。

模块二　富气压缩机组

项目一　富气压缩机组工艺

　　富气压缩机组主要用来将分馏塔顶油气分离器来的富气，经气压机一段压缩后进入中间冷却器，冷却后进入中间分液罐进行分离。气相进入二段继续升压后，经二段出口送到稳定系统，液相中的凝缩油送到稳定的解吸塔中，酸性水送到酸性水缓冲罐。本模块介绍常见的压缩机为离心式，驱动机为汽轮机。

　　该机组在压缩气体的同时，担负着控制反应压力的任务。正常时，通过反应压力调节机组转速，达到控制反应压力的目的。另外，压缩机入口有两个放火炬阀，用来辅助调节反应压力。压缩机出口有一个反喘振阀，用来防止压缩机喘振。该套机组整个控制系统由CCS计算机系统执行。图5-2-1为气压机工艺流程图。

项目二　工业汽轮机

　　汽轮机又称蒸汽透平，是将蒸汽的热能转换为机械能的旋转式热力原动机。
　　工业汽轮机是指除公用电站及公用热电站汽轮机和船舶推进汽轮机以外的工业企业或事业单位中应用的各种类型汽轮机，包括企业自备电站用汽轮机和驱动各类泵、风机、压缩机等工业流程设备用汽轮机。

一、工业汽轮机工作原理

（一）装置动力循环

　　工业汽轮机作为企业自备电站用和驱动用热力原动机，既要与锅炉及其辅助设备配合工作，又要与所驱动的发电机、泵、风机、压缩机等从动机械相配合协调工作，从而形成如图5-2-2所示的典型工业汽轮机装置的动力循环。

　　由锅炉生成的具有一定温度和压力的过热蒸汽，流经工业汽轮机膨胀做功，推动汽轮机转子，实现热能到机械功的转变。做过功的蒸汽排入凝汽器（冷凝器）中，经冷却水（循环水）冷凝为凝结水，并由锅炉给水泵将凝结水输送回锅炉，从而形成装置的闭合循环。工业汽轮机经联轴器直接或通过变速箱与被驱动机械相连，为企业部门提供动力或电力。

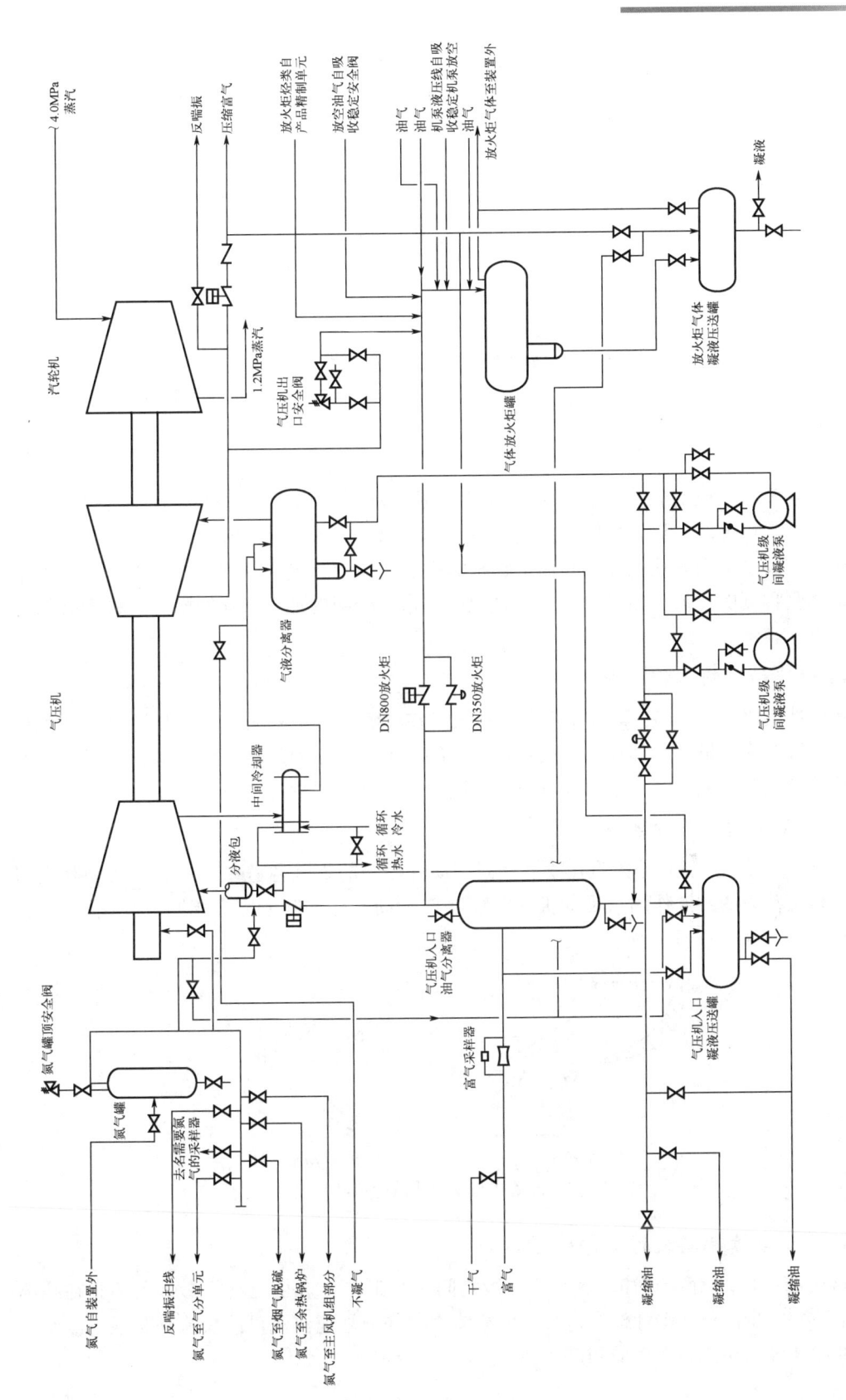

图 5-2-1 气压机工艺流程图

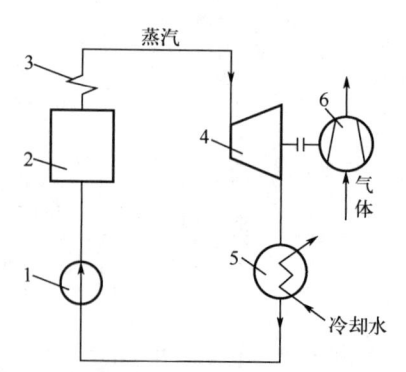

图 5-2-2　典型工业汽轮机装置的动力循环
1—给水泵；2—锅炉；3—过热器；4—工业汽轮机；5—凝汽器；6—压缩机

（二）级的工作原理

由一列喷嘴组成的静叶栅和一列动叶片组成的动叶栅构成汽轮机能量转换的基本单元，称为汽轮机的级。汽轮机就是由这样一个或若干个级依次排列所组成的热力原动机。

通常用反动度衡量蒸汽在动叶栅中膨胀的程度。在动叶栅中蒸汽膨胀的程度占级中总的应该膨胀程度的比值（或动叶栅中的理想焓降占整个级的理想焓降的比值）称为级的反动度，以 ρ 表示。

1. 纯冲动级的工作原理

在纯冲动级中，$\rho=0$，其工作特点是蒸汽只在喷嘴叶栅中膨胀，在动叶栅中只是将蒸汽的动能转换为机械功，即动叶仅仅受到蒸汽的冲动力作用而旋转，汽流减速，但压力不变。纯冲动级动叶栅的叶型呈对称弯曲，其流道不收缩，如图 5-2-3(a) 所示。

2. 反动级的工作原理

$\rho=0.5$，其工作特点是蒸汽在喷嘴叶栅和动叶栅中的膨胀各占一半左右，使动叶受到冲动力和反动力的共同作用。反动级的喷嘴叶栅与动叶栅的叶型完全相同，其流道收缩、不对称，如图 5-2-3(b) 所示。

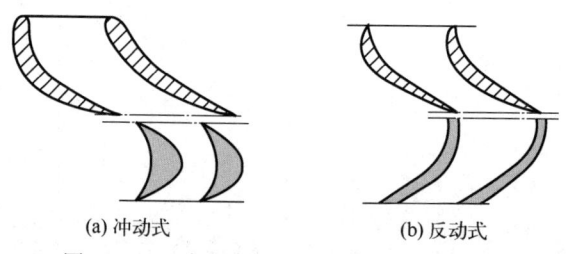

(a) 冲动式　　　(b) 反动式

图 5-2-3　冲动式与反动式汽轮机叶片差异

3. 带反动度冲动级的工作原理

$\rho=0.05\sim0.2$，介于纯冲动级和反动级之间，其工作特点是蒸汽的膨胀大部分在喷嘴叶栅中进行，少部分在动叶栅中进行。由流体力学知，加速汽流可改善流动状况，故带反动度的冲动级做功能力大，应用广泛。

二、工业汽轮机分类

（一）按工作原理分

1. 冲动式汽轮机

按冲动作用原理设计，蒸汽主要在汽轮机级的喷嘴中膨胀或在动叶中有少量膨胀的汽轮机。国产的工业汽轮机多属此种类型。

2. 反动式汽轮机

各级按冲动和反动作用原理设计，蒸汽在汽轮机级的喷嘴和动叶中膨胀程度近似相等的汽轮机。

（二）按热力特性分

1. 凝汽式汽轮机（N）

蒸汽在汽轮机内做功后，在低于大气压力的真空状态下排入凝汽器并凝结成水的汽轮机。

2. 抽汽凝汽式汽轮机

抽汽除供给水加热外，还供给工业或采暖用汽，其余蒸汽进入凝汽器的汽轮机。由于其抽汽压力在一定范围内可调节，又称调节抽汽凝汽式汽轮机，有一次调节抽汽式和二次调节抽汽式。

3. 背压式汽轮机（B）

排汽压力大于大气压力，排汽可供工业或采暖用汽的汽轮机，在炼厂应用较广泛。

4. 抽汽背压式汽轮机（CB）

工作蒸汽在机组的某中间级抽出供工业用汽，排汽供采暖用汽或其他热负荷用的汽轮机。因其抽汽压力在一定范围内可调节，又称调节抽汽背压式汽轮机。

（三）按结构特点分

1. 单级汽轮机

由单个级或一个双列速度级（又称复速级）组成的小型汽轮机。

2. 多级汽轮机

由多个级单元首尾相连依次排列于同一转轴上构成的汽轮机，采用轴流式结构，是工业汽轮机的主要形式。

（四）按汽流方向分

1. 轴流式汽轮机

级内蒸汽基本上沿轴向流动，这是工业汽轮机的主要形式。

2. 径（辐）流式汽轮机

级内蒸汽基本上沿径（辐）向流动。

三、工业汽轮机本体结构

工业汽轮机本体主要由静子和转子两大部分组成。喷嘴叶栅固定在气缸上，由此构成了汽轮机的静子部分，它包括气缸及其滑销系统、隔板和喷嘴组以及进排汽部分、汽封和轴承、轴承座等。动叶栅安装在与转动主轴相连的部套上，也就构成了汽轮机的转子部分，其中冲动式转子采用转盘式，反动式转子采用转鼓式，它包括主轴转子以及联轴器和装在轴上的其他零部件。

为保证汽轮机安全高效运行，还配有调节、保安系统和各种辅助设备。

（一）静子部分

1. 气缸及其滑销系统

气缸的作用主要是将汽轮机的通流部分（喷嘴、隔板、转子等）与大气隔开，保证蒸汽流在汽轮机内完成其做功过程。同时，它还起着支撑内部静止部件（隔板、喷嘴室、汽封套等）的作用。

气缸通常在通过转子轴中心线的水平面（又称中分面）处分成上、下两部分，以便机械加工、装配、维修和将转子安装在气缸内。上、下气缸用较厚的法兰通过螺栓连成一个气缸整体。气缸应有足够强度承受各种作用力，并避免产生过大的热应力。

由于气缸的热应力和热变形在负荷剧烈变动时（如迅速停机、急速启动和暖机不良的情况下启动）最大也最危险，所以汽轮机的运行方式和方法一定要根据机组各部分的受热情况来确定。

在汽轮机启动、停机和负荷改变时，气缸各部分的温度都要发生很大的变化。为确保气缸各部分受热后能自由膨胀，并尽可能保证膨胀过程中静止和转动部分的同心度，在气缸、轴承座和机座间设置有滑销系统。滑销系统包括有引导气缸沿横向膨胀的横销；引导气缸沿轴向膨胀，并推动前轴承座轴向移动时保持轴承座与气缸中心线一致的纵销；引导气缸沿垂直方向膨胀，并保持气缸与轴承中心一致的立销。此外，还有猫爪横销、角销和斜销。

2. 喷嘴和隔板

喷嘴即静叶，其作用是将蒸汽的热能转变成动能，也就是使蒸汽膨胀降压，速度增加，按一定方向喷射出来，进入动叶做功。喷嘴的形式有渐缩喷嘴和缩放喷嘴两类，在实际汽轮机中，喷嘴均带有斜切部分，蒸汽在其斜切部分中的膨胀特性与直线喷嘴有所不同。

第一级喷嘴通常直接装在喷嘴室的圆弧形槽道中，并根据调速汽门的个数成组布置，每一调速汽门控制一组喷嘴的进汽量，并用来调节汽轮机的进汽量，因此又称调节级喷嘴。

在冲动式汽轮机中，采用隔板结构将喷嘴与气缸连接。而反动式汽轮机，则无隔板结构，喷嘴直接固定在气缸内壁圆周上或持环上。

隔板是由隔板体、静叶、隔板外缘和隔板汽封等部件组成。隔板用以固定各级静叶片，并将汽轮机通流部分分割成若干个级。根据蒸汽流量和参数的不同，隔板上静叶可采用全周进汽，也可采用部分进汽。隔板制成上、下两部分，分别装在上、下气缸的凹槽内，并在水平接合面处连接。

3. 汽封

在汽轮机主轴伸出气缸的前、后端和穿过隔板中心孔处以及动叶顶部处，为避免转动部件与静止部件的摩擦、碰撞，必须留有适当的间隙。由于间隙前后均有压差存在，间隙处必然会产生漏汽，造成损失。为减少漏汽并确保汽轮机安全、经济地运行，这些间隙处均装有汽封。

汽轮机主轴穿过气缸两端处的汽封，称为轴端汽封，简称轴封。高压端轴封用来防止高压蒸汽自气缸内漏出，造成工质损失；低压端轴封用以防止做完功的蒸汽自气缸内漏出或防止空气漏入气缸，破坏凝汽器的正常工作。隔板和动叶顶部汽封的作用是保持隔板和动叶前后的压力差，从而减少级间漏汽。

现代汽轮机主要采用薄片型和高低齿型迷宫式汽封，如图 5-2-4 所示。汽封的原理就是利用多次节流，把汽体的压力消耗掉。

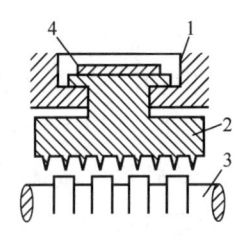

图 5-2-4　高低齿形轴封
1—轴封套；2—轴封环；
3—轴；4—弹簧片

（二）转子部分

1. 转子

汽轮机中所有转动部件的组合体称为转子。转子的作用是将蒸汽的动能转变为汽轮机轴的旋转机械能。

工业汽轮机的转子按其形状可分为转轮型和转鼓型两种。转轮型转子的动叶片装在叶轮上，叶轮紧固在轴上，蒸汽对叶片的作用靠叶轮传给轴。这种转子的级数较少，每一级中的蒸汽焓降较大，一般应用于冲动式汽轮机。转鼓式转子的动叶片直接安装在其圆锥形转鼓上，蒸汽对叶片的作用力靠转鼓传给轴。这种转子结构简单，刚性较大，适用于级数多、每级焓降不大、要求结构强度较高的反动式汽轮机。

转子的基本结构形式有：套装转子、整锻转子、焊接转子以及整锻和套装结合的组合转子。

2. 叶轮

叶轮是用来安装和固定动叶片的部件，汽轮机工作时将叶片上的蒸汽旋转力矩传递到主轴上。叶轮一般由轮缘、轮体和轮毂三部分组成为一体，轮缘用以安装和固定叶片；轮毂是叶轮套装于主轴上的配合部分，只有套装转子才有；轮体是叶轮的中间部分，起着连接轮缘和轮毂的作用。

3. 动叶片

动叶片又称工作叶片，是汽轮机中重要零部件之一。动叶片直接安装在叶轮或转鼓上接受来自喷嘴的高速蒸汽，将蒸汽的动能转变成机械能，使转子旋转。动叶片一般由根部、叶型部分和叶顶三部分组成。自由叶片仅有叶型和叶根两部分。

叶片根部用来将叶片固定在叶轮轮缘上，常见的叶根结构形式有：T 型叶根、带外包 T 型叶根和双 T 型叶根、菌型叶根、叉型叶根、纵树型叶根等。

叶片工作部分的横截面形状称为叶型，其周线称为型线。相同叶型的叶片以同样的周向间隔（栅距）和角度（安装角）在叶轮轮缘上排列而成为动叶栅。蒸汽在通过由相邻叶片的型线部分所构成的槽道时，完成能量转换。叶片的凹入部分型线称为内弧或压力面，凸出部分型线称为背弧或吸力面。叶片的进汽侧前缘称进汽边，排汽侧尾缘称排汽边。

叶顶包括围带、铆钉头和拉筋等连接件。用围带或拉筋将几只或整圈叶片连接成组，可以减少叶片所受的动应力，增加叶片的刚性，调整叶片的自振频率，从而提高其振动的安全性。根据与叶片连接的形式不同，围带可分整体围带、铆接围带和焊接围带；拉筋是一根 6~12mm 的金属丝或者金属管，穿过叶片中间的拉筋孔，将几个叶片连成一个叶片组。如果叶片与拉筋之间用银焊焊牢，称为焊接拉筋；如果拉筋穿过叶片中的拉筋孔是松装而不焊牢，称为松装拉筋。

4. 联轴器、减速器和盘车装置

1）联轴器

联轴器是汽轮机与从动机主轴之间的连接件，用于传递汽轮机的转动力矩。对于需要减速的从动机，用联轴器将汽轮机与减速器、减速器与从动机彼此连接，从而将汽轮机的机械转动力矩通过减速器传给从动机。常用的联轴器有固定式（刚性）联轴器、活动式（挠性）联轴器和半固定式（半挠性）联轴器。

2）减速器

减速器采用斜齿轮减速器。

3）盘车装置

用于盘动转子的装置。其目的是使转子连续或有规律地转动，以避免转子在一个方位长期搁置或启动、停车温度变化大而造成弯曲引起动、静体碰撞。

汽轮机设有电动冲击式盘车装置，并带有控制柜。盘车控制如下：

（1）开盘车电动机，建立盘车油压，压力约为 6.5MPa，盘车油通过换向阀进入盘车装置油缸上腔室，下腔室通回油油缸，活塞处于下端。

（2）开始盘车。按盘车开按钮，盘车电磁阀得电，盘车油通过电磁阀进入换向阀，使换向阀油路改变，盘车装置油缸上腔室通回油，盘车油进入下腔室油缸，活塞向上运动，带动盘车棘轮使转子旋转一角度；然后盘车电磁阀失电，盘车油使油缸活塞向下运动，盘车装置复位，同时盘车电磁阀再次得电，开始下一循环。

（3）退出盘车运行。按盘车停按钮，盘车电磁阀失电，压力油缸活塞处于下端，20s 之后切断盘车油（停盘车电动机）。

（4）允许盘车条件。任何情况下机组开盘车时必须满足下列条件：机组停机（转速为零）；润滑油压>0.03MPa；盘车装置压力油缸活塞处于下端；速关阀关。

另外注意：盘车运行时严禁开速关阀。

（三）轴承

对工业透平机械（汽轮机和离心压缩机），从承受载荷的角度来说，常用的是支持轴承和止推轴承两类。支持轴承的作用是承受转子重量和其他附加径向力，保持转子转动中心和气缸中心一致，并在一定转速下正常运行；止推轴承的作用是承受转子的轴向力，限制转子的轴向窜动,保持转子在气缸中的轴向位置。从轴承工作原理角度来说,普遍采用动压轴承。

1. 动压轴承工作原理

动压轴承在运行过程中,轴承与轴颈之间会形成一层薄薄的油膜,这层油膜可以使轴浮起来。对于止推轴承,在止推轴承瓦块和止推盘之间形成楔状间隙,止推盘旋转,由于润滑油有一定的黏性,止推盘把油带进这个间隙中,进油口大,出油口小,便在油楔中形成油膜压力,承受转子的轴向推力。同样,在径向轴承运行过程中,由于轴颈不停地回转,轴颈便把润滑油带入轴颈与轴承之间,从而形成了一层薄薄的油膜。由于轴颈与轴承中心并不同心,而是有一个偏心,这种楔形油膜可使沉重的轴浮起来,如图5-2-5所示。

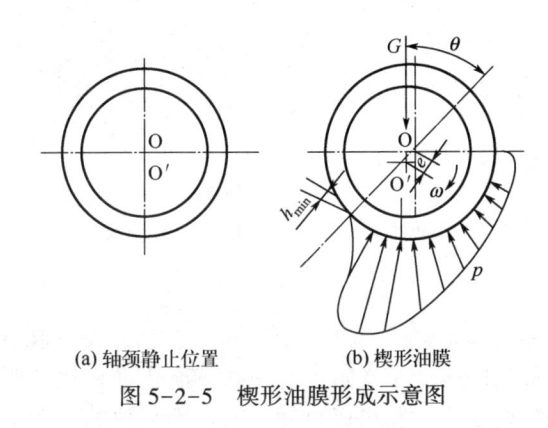

(a) 轴颈静止位置　(b) 楔形油膜

图 5-2-5　楔形油膜形成示意图

轴承油膜的形成以及产生油膜压力的大小受轴的转速、润滑油的黏度、轴承间隙和轴承承受的负荷等因素的影响。一般来说,轴的转速越高,油的黏度越大,被带进的油就越多,油膜压力就越大,承受的载荷也越大。但是,油的黏度过大,会使油分布不均匀,增加摩擦损失,不能保持良好的润滑效果。轴承间隙过大,对油膜形成不利,并增加油的消耗量;轴承间隙过小,又会使油量不足,不能满足轴冷却的要求。一定的轴承结构,在一定的转速下,只能承受相当的负荷。如果负荷过大,油膜形成会很困难,当超过轴承的承载能力时,轴瓦就会被烧坏。

2. 常用的支持轴承(径向轴承)

在工业透平机械最早得到普遍应用的是圆柱瓦轴承,后来逐渐采用椭圆瓦轴承、多油楔轴承和可倾瓦轴承,目前可倾瓦轴承使用最多。

图5-2-6所示为可倾瓦轴承,由多块可倾瓦块所组成。瓦块等距离地沿轴颈圆周布置,瓦块的背面呈弧面或球面,有的线接触,有的点接触,相当于一个支点。瓦块在轴承内可以自由摆动(5°~10°),以形成最佳油膜。这种轴承在运行中,每个瓦块都按旋转轴颈产生的液力自行调整本身的位置,每一瓦块都建立了一个最佳的油楔。由于这种轴承可倾瓦块可以自由摆动,与轴颈同步位移,在工况变化时总能形成稳定的油膜,抗震特性好,可增加转子的稳定性,故广泛用于高速轻载压缩机。

3. 常用的止推轴承(推力轴承)

常见的推力轴承有米切尔式和金斯伯雷式,它们的共同点是活动多块式,在止推块下有一个支点,这个支点一般都偏离止推块(瓦块)的中心,止推块可以绕支点摆动,根据载荷和转速的变化形成有利的油膜。

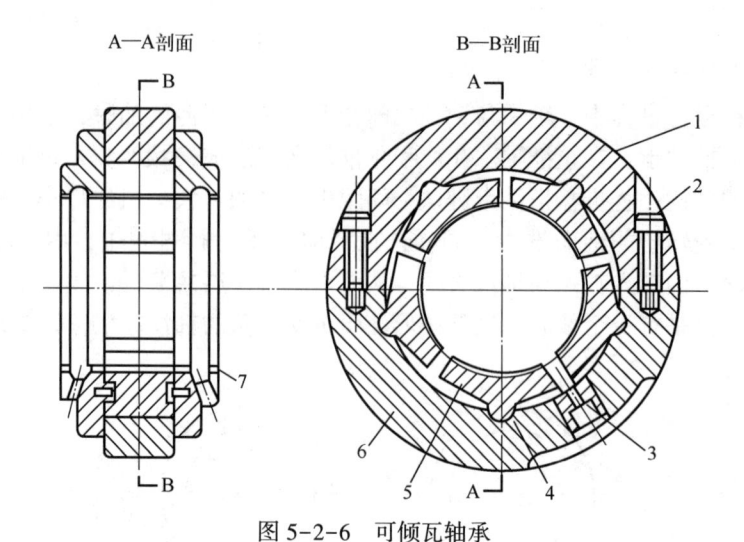

图 5-2-6 可倾瓦轴承
1—上轴承套；2—连接螺钉；3—进油孔；4—支撑脊；5—可倾瓦块；6—下轴承套；7—挡油圈

1) 米切尔式轴承

米切尔式轴承的结构如图 5-2-7 所示，它由推力盘、止推瓦块和基环等组成。止推瓦块直接与基环接触，两者之间有一个支点，它一般偏离止推瓦块的中心。止推瓦块可以绕这一支点摆动，当止推瓦块受力时，可以自动调节止推瓦块的位置，形成油楔，承受轴向力。在推力盘的两侧布置主推力瓦块和副推力瓦块，一般为 6~12 块。正常的情况下，转子的轴向力通过推力盘再经过油膜传给主推力瓦块，然后通过基环传给轴承座。在启动或甩负荷时可能出现反向轴向推力，此推力将由副推力瓦块来承受。

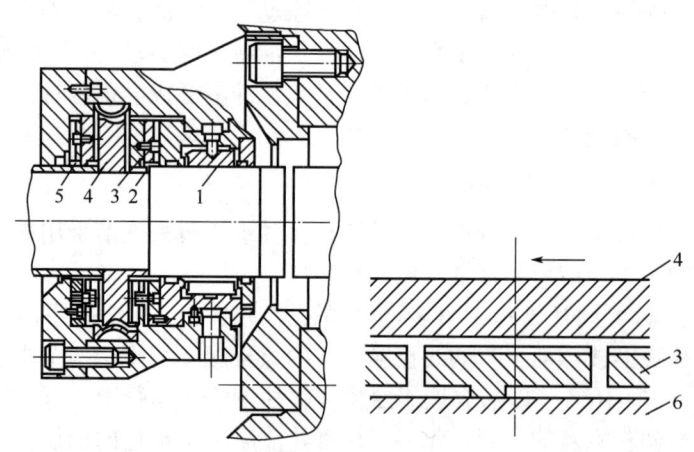

图 5-2-7 米切尔轴承
1—径向轴承瓦块；2—定距套；3,5—推力瓦块；4—推力盘；6—基环

2) 金斯伯雷轴承（自动平衡可倾瓦推力轴承）

金斯伯雷式止推轴承的结构如图 5-2-8 所示，它由止推瓦块、上水准瓦块（上摇块）、下水准瓦块（下摇块）和基块所组成。它们之间用球面支点接触，保证止推瓦块和

水准瓦块（摇块）可以自由摆动，使载荷分布均匀。当止推盘随轴发生倾斜时，推力瓦块可通过上、下水准瓦块的作用自动找平，使得所有推力瓦块保持在与推力盘均匀接触的同一平面上，这样可以保证所有的推力瓦块均匀承受轴向推力，避免引起局部磨损。

润滑油从轴承座与外壳之间进来，经过基环背面的油槽，并通过基环与轴颈之间的空隙进入推力盘与止推瓦块之间。推力盘转动起来，由于离心力的作用，油被甩出，从轴承座的上方排油口排出。

这种止推轴承的特点是载荷分布均匀，调节灵活，能补偿转子的不对中的偏斜，但轴向尺寸长，结构复杂。

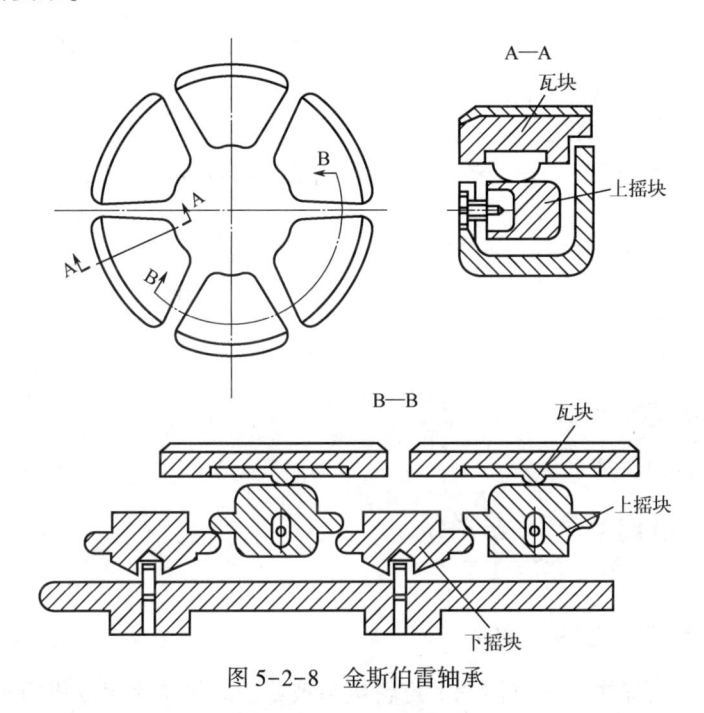

图 5-2-8 金斯伯雷轴承

四、工业汽轮机凝汽设备（凝汽式汽轮机）

凝汽系统主要作用是将凝汽式汽轮机排出的乏汽冷凝为凝结水，使汽轮机排汽部分建立并保持一定的真空，以此来增大蒸汽的可用焓降；冷凝下来的凝结水作为抽气冷凝器的冷却水再送出装置作为锅炉给水，从而提高整个装置的热效率。凝汽系统由以下几部分组成。

（一）凝汽器

凝汽器是凝汽式汽轮机的重要辅助设备，其作用是：冷却汽轮机的排汽，使之凝结为水，再由凝结水泵送回锅炉；在汽轮机排汽口造成高度真空，使蒸汽中所含的热量尽可能地多做功，提高汽轮机的效率；在正常运行中凝汽器有除气作用，并有除汽作用，提高水质，防止设备腐蚀。

汽轮机的排汽进入凝汽器后，受到铜管内冷却水流的冷却而凝结成水，其比容急剧减小，因而形成高度真空。凝汽器真空的高低，主要取决于冷却水的温度和流量。

（二）抽气器

抽气器的任务是将通过处于负压的汽轮机凝汽器及管道的不严密处漏入凝汽器汽侧空间的空气不断地抽出，以保持凝汽器的真空和良好的传热。

影响抽气器正常工作的因素主要有以下几方面原因：

(1) 蒸汽喷嘴堵塞。由于抽气器喷嘴孔径很小，故比较容易堵塞，因此一般在抽气器前都装有滤网。

(2) 冷却器水量不足。这是因为在启动过程中，再循环阀门开度过小而引起的。

(3) 疏水器失灵或铜管漏水，使冷却器充水，影响蒸汽凝结。

(4) 汽压调整不当。因为抽气器蒸汽阀门一般都关小节汽，有时阀门由于汽扰动作用而自行开大或关小，影响汽压。

(5) 喷嘴或扩压管吹损。

(6) 汽轮机严密性差，漏入空气太多，超出抽气器负载能力。这可由空气严密性试验进行判断。

(7) 冷却器受热面脏污。

（三）循环水泵

向凝汽器供冷却水。

（四）凝结水泵

从凝汽器中抽出凝结水。

五、工业汽轮机调节和保安系统

（一）调节系统（调速系统）

调节系统的主要作用：一方面调节汽轮机与被驱动的机械所组成机组的机械参数（如转速、功率等）；另一方面是调节既与汽轮机本身有关又与整个工艺系统有关的热力参数和气动参数（如背压压力、抽汽压力、离心压缩机的入口或出口压力等）。

1. 调节系统分类

汽轮机的调节系统按其调节阀动作时所需能量的供应来源可分为直接调节和间接调节两大类。

1) 直接调节

当汽轮机负荷瞬间降低时，转速升高，调速器飞锤离心力增大，使滑环上移，通过杠杆的传动，关小调节阀，减小汽轮机发出的功率，直至与外界负荷重新平衡为止；汽轮机负荷增加时其动作相反。由于这种调节系统中，调节阀动作所需的能量直接由转速感受机构调速器供给，所以称为直接调节。由于调速器的能量有限，使得直接调节的应用范围只限于小功率汽轮机。

2) 间接调节

功率稍大的汽轮机，由于开启调节阀需要较大的提升力，所以需要将感应机构的输出信号在能量上通过中间环节加以放大，这种调节系统称为间接调节系统。在这个系统里，调速器滑环所带动的不是调节阀，而是一个断流式滑阀（又称错油门）。

2. 调节系统组成

（1）转速感受机构：感受汽轮机转速的变化并将其变换成位移变化和油压变化的信号送至传动放大机构。转速感受机构通常又称为调速器。

（2）传动放大机构：能接受转速感受机构传来的信号，并将其放大，然后传递给执行机构。由于转速感受机构产生的信号微弱，不足以直接去驱动执行机构，因此必须将信号加以放大。

（3）执行机构（配汽机构）：能接受传动放大机构传来的信号，并以此改变汽轮机的进汽量。

（4）反馈装置：在汽轮机调节系统中，错油门滑阀的位移使油动机活塞运动。而油动机活塞的运动又反过来影响错油门滑阀的位移，形成反馈作用。为了保证调节系统的稳定性，在调节系统的传动放大机构中均设有反馈装置。反馈装置一般有机械反馈（杠杆反馈和弹簧反馈）和液压反馈（油口反馈）两种，不同的调节系统采用不同的反馈装置。

（二）保安系统

为保证汽轮机的安全运行，除要求调节系统灵敏、稳定、动作可靠外，还应该有必要的保护装置。工业汽轮机的保护装置包括超速保护、轴向位移保护、热应力保护、低油压保护、真空保护和振动保护等。

1. 超速保护

工业汽轮机是高速旋转机械，其旋转部件的强度，一般是以额定转速的120%进行设计的，运行转速绝对不允许超过这个极限转速，否则会发生损坏事故。此外，转速过高还会引起叶轮在轴上松脱，造成动、静部分轴向碰撞事故。因此，当转速超过某规定值时，应切断进汽，防止转速继续升高。

超速保护装置由危急保安器、危急遮断油门和自动主汽门组成。

1）危急保安器

危急保安器是超速保护装置的转速感应机构，有偏心飞锤式和偏心飞环式两种结构形式。通常规定汽轮机运行转速上升到额定转速的110%~112%时，危急保安器动作，使危急遮断油门动作，关闭自动主汽门和调节汽门，迅速停机。

2）危急遮断油门

危急遮断油门是超速保护系统的传动放大机构，接受来自危急保安器的信号，动作的结果是关闭自动主汽门和调节汽门。

3）自动主汽门

自动主汽门是超速保护装置及其他保护装置的执行机构。正常运行时，自动主汽门处于全开位置；在汽轮机运行中发生危及设备安全的故障时，受保护装置或运行人员的控制，自动主汽门快速关闭，切断汽源，从而确保机组安全。

对大功率、高转速汽轮机，为确保机组运行安全，通常同时设置三套超速保护装置。其中，第一套为危急遮断器超速保护装置，第二套为附加超速保护装置，第三套为电气超速保护装置。对危急遮断器超速保护装置，有的机组还备有两只飞锤，以防止卡涩不灵。

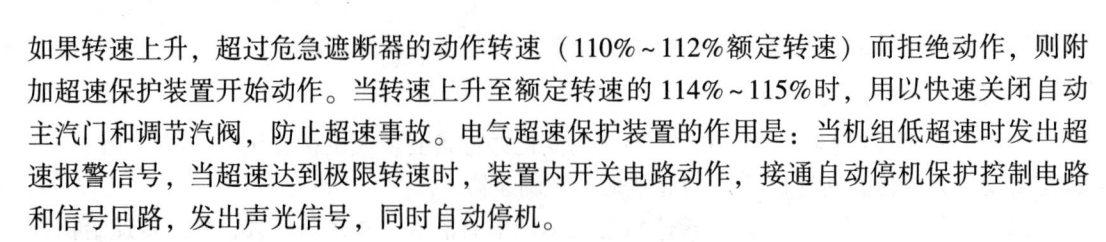

如果转速上升，超过危急遮断器的动作转速（110%~112%额定转速）而拒绝动作，则附加超速保护装置开始动作。当转速上升至额定转速的114%~115%时，用以快速关闭自动主汽门和调节汽阀，防止超速事故。电气超速保护装置的作用是：当机组低超速时发出超速报警信号，当超速达到极限转速时，装置内开关电路动作，接通自动停机保护控制电路和信号回路，发出声光信号，同时自动停机。

2. 轴向位移保护

当轴向位移或差胀超过一定的安全范围时，通过联锁动作或危急保安器动作，使汽轮机停车。

3. 热应力保护

当汽轮机转子或气缸的热应力超过了安全范围时，限制汽轮机功率或转速的变化速度。

4. 低油压保护

轴承的润滑油压过低，将使汽轮机轴承得不到良好润滑，严重时会造成轴瓦损坏以及汽轮机动、静部分磨损等恶性事故，所以应设有保护装置以确保安全。当轴承润滑油压低于正常值时，首先发出信号，提醒运行人员注意并采取措施；当油压继续下降到某一数值，则自动投入辅助油泵，以提高润滑油压；若油压继续降到某一更低值时，关闭自动主汽门和调节汽门停机；停机后启动盘车。

5. 真空保护

汽轮机运行中，由于各种原因会造成真空降低。真空降低会影响汽轮机的出力和经济性，降低过多则还会因排汽温度升高而影响到机组安全。因此较大功率的汽轮机还装有低真空保护装置。当真空降低到一定数值时，发出报警信号；当真空降至规定的极限值时，能自动停机。

6. 振动保护

当汽轮机的轴或外壳振动超过一定值时，发出报警信号；当振动值进一步升高超过安全范围时，发出联锁信号，使汽轮机停车。

现代汽轮机保护机构的种类和形式很多，他们在原理和构造上都有一个共同的特点，就是保护机构一旦动作，就不允许自行恢复原来状态。

项目三 离心式气压机

气压机是调节反应压力、将分馏塔顶的富气压缩输送至吸收稳定系统的关键设备。气压机入口压力0.14~0.16MPa，入口温度30~45℃，入口流量3000~60000Nm³/h，气体相对分子质量33~45。常用机型有2MCL406、2MCL407、2MCL456、2MCL457、2MCL526、2MCL606、2MCL706、2MCL806等，与原动机（通常为汽轮机）由膜片联轴器连接。

一、离心式气压机结构原理

（一）离心式气压机基本结构

图 5-2-9 为 2MCL 型压缩机垂直剖面图，两段叶轮背靠背布置，压缩机有中间进、排气管路，便于装设中间冷却器。

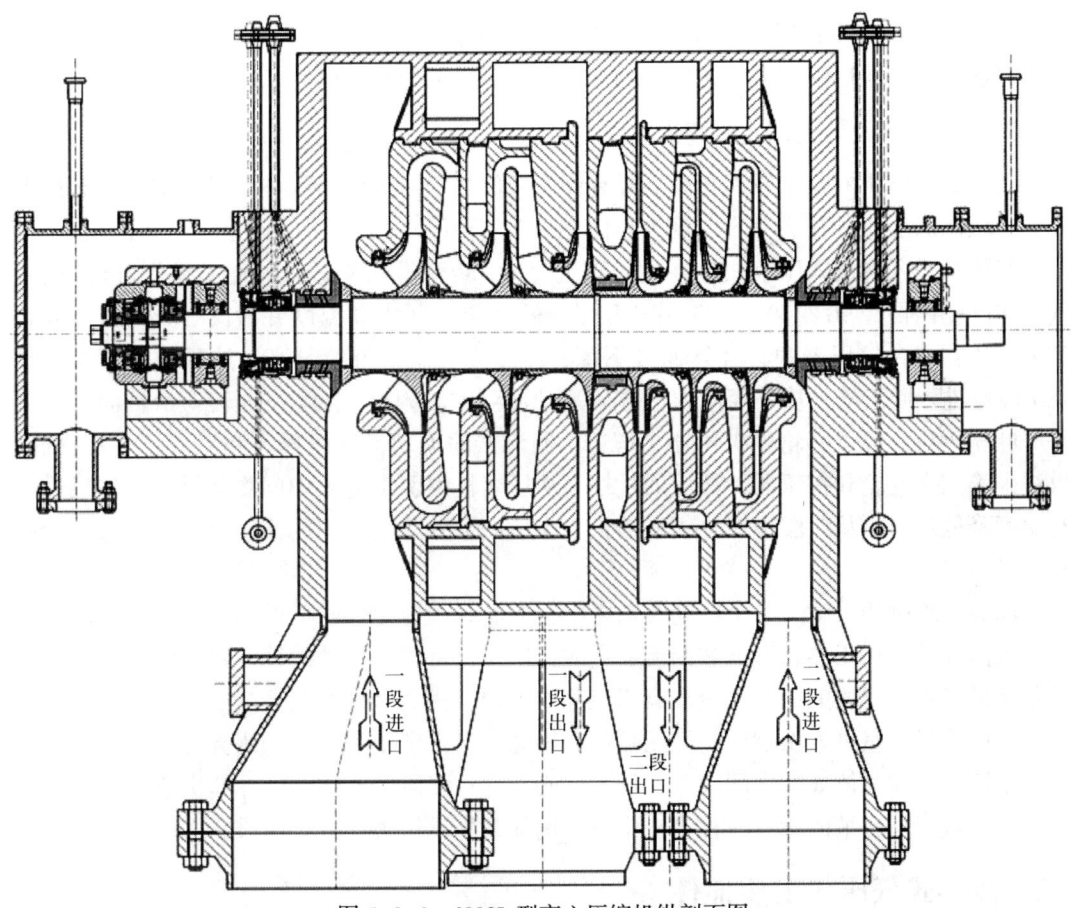

图 5-2-9　2MCL 型离心压缩机纵剖面图

离心式气压机主要由定子、转子及径向轴承、推力轴承、轴端密封等组成。定子指压缩机的固定元件，包括机壳、隔板、扩压器、弯道、回流器、蜗壳等；转子指转动部件，包括叶轮、主轴、平衡盘、推力盘、轴套及半联轴器等。

为使压缩机持续、安全、高效运转，还必须有一些辅助设备和系统，如润滑系统、自动控制及故障诊断系统等。

离心式压缩机主要通流部件及作用：

(1) 吸入室：将气体从进气管（或中间冷却器出口）均匀地引入叶轮进行增压。

(2) 叶轮：离心压缩机中唯一对气体做功的部件。气体进入叶轮后，在叶片推动下高速旋转，叶轮对气体做功，增加了气体的能量，使得气体流出叶轮时的压力和速度都得到明显提高。

（3）扩压器：离心压缩机中的转能部件。气体从叶轮流出时速度很高，为此在叶轮出口后设置流通截面逐渐扩大的扩压器，以将这部分速度能有效地转变为压力能。

（4）弯道：位于扩压器后的气流通道。其作用是将经过扩压器后的气体由离心方向改为向心方向，以便引入下一级叶轮继续压缩。

（5）回流器：使气流以一定方向均匀地进入下一级叶轮入口。回流器中一般装有导向叶片。

（6）蜗壳：将从扩压器或直接从叶轮出来的气体收集起来，并导向排出管路。同时由于蜗壳通流截面的逐渐扩大，把气体的动能进一步转换为压力能。

（二）离心式气压机工作原理

离心式压缩机的工作原理与离心泵有许多相似之处，但由于气体是可压缩的，必然涉及热力状态的变化（压力升高，温度也随之升高）。

气体从吸入室进入压缩机，在主轴附近经 90°转弯沿轴向进入叶轮。由于叶轮旋转，气体在叶轮内再经 90°转弯，在叶片作用下提高速度、压力和温度并沿离心方向流出叶轮进入扩压器。在扩压器中，气体速度下降，而压力和温度继续升高。然后通过弯道，经 180°转弯进入回流器，从外径向内径方向流动回到主轴附近，再经 90°转弯沿轴向进入下一个叶轮。再次经过叶轮、扩压器、弯道、回流器的流动，气体压力和温度进一步提高，再进入第三个叶轮和扩压器，然后通过蜗壳从压缩机中引出进入中间冷却器。气体经过冷却温度降低后，再从二段进口进入压缩机，在后面部分重复上述的流动及压缩过程，最后从二段出口排出。

离心压缩机的级就是一个叶轮和与之配合的所有固定元件构成的基本单元。压缩机中间的级由叶轮、扩压器、弯道和回流器组成；压缩机每段进口处的第一级，除上述元件外还包括进气室；每段的最后一级没有弯道和回流器，代之以排气室。

气体从吸气室进入压缩机，经压缩后从蜗壳排出，则该吸气室与蜗壳之间的所有级组成一个段。压缩气体如需中间冷却，压缩机必然存在多段。段数等于冷却次数加 1。

一个机壳里容纳的所有段称为一个缸，例如某气压机为一缸、两段、六级。

二、离心式气压机主要部件

（一）定子部分

1. 机壳

机壳是压缩机壳体，由壳身和进排气室构成，内装有隔板、密封体、轴承体等零部件。2MCL 型压缩机的机壳，根据不同压力和介质的需要，可采用下列材料制成：钢板焊接、铸铁、铸钢。机壳在水平中分面处分成上、下两半，用螺栓将上、下半机壳紧固在一起。为了具有良好的密封性，机壳法兰中分面要精加工。下半机壳中分面可加工成向外是倾斜的，其斜度一般为 0.2‰，在下机壳中分面上亦可铣密封槽，再涂上密封胶，也具有良好的密封性。

2. 隔板

隔板的作用是把压缩机每一级隔开，将各级叶轮分隔成连续性流道，隔板转换为压力能。隔板的内侧是回流室，气体通过回流室返回下一级叶轮的入口。回流室内侧有一组导流叶片，可使气体均匀地进到下一级叶轮入口。隔板从水平中分面分为上、下两半。

3. 级间密封和平衡盘密封

为防止机器内部通流部分各空腔之间气体泄漏，如各级叶轮进口圈外缘、隔板轴孔处和平衡盘等处的泄漏，都装有迷宫密封。

目前，压缩机内采用较多的迷宫密封有图 5-2-10 所示的平滑式、曲折式、阶梯式及蜂窝式等四种类型。迷宫密封一般是采用铝合金制成，避免损坏轴套和叶轮。

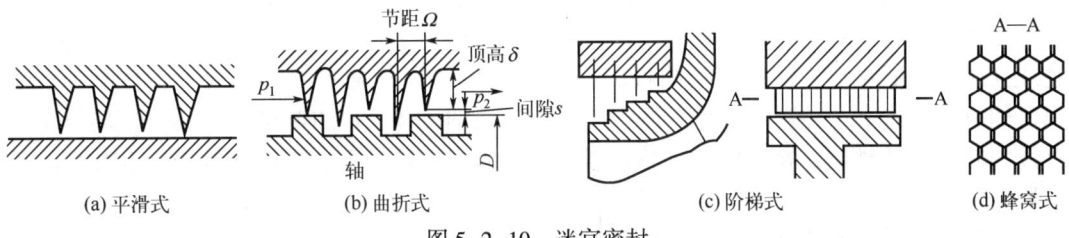

图 5-2-10 迷宫密封

如图 5-2-11 所示，气体在密封前后压差的作用下，从高压端流向低压端。气体通过齿缝时，气流速度加快，压力和温度都降低，此过程近似于绝热膨胀过程。气流从齿缝进入密封片间空腔时，由于通流面积突然扩大，气流形成很强的旋涡，从而使速度几乎完全消失，而且动能全部转化为热量，即在空腔中进行等压膨胀过程，压力不变而温度上升，回升到密封片前的温度。气流每通过一个齿缝和空腔时，气流的变化都重复上述过程。气流每通过一个齿，压力就降低一次，而且随着流动气体比体积的不断增加，通过间隙的速度不断加快，因而越到下游，经过一个齿的压力降越大。如此逐齿重复直至通过全部密封，压力越来越低，比体积越来越大，气流速度越来越高，最后压力趋近于背压，但温度却保持不变，达到密封目的。

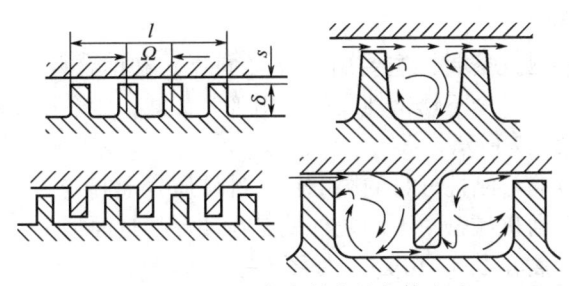

图 5-2-11 迷宫密封中的气体流动

（二）转子部分

1. 主轴

压缩机主轴的主要作用是传递功率，主轴应有一定的刚度和强度。

2. 叶轮

叶轮一般采用闭式、后弯型叶轮。叶轮与轴之间有过盈，并热装在轴上。对较宽的叶轮，如三元流动叶轮，轮盘、轮盖和叶片三者焊接成整体。对一般宽度叶轮上的叶片往往铣在轮盘上，再把轮盖焊到叶片上。对较窄的叶轮，叶片可铣在轮盖上。

叶轮要做超速试验。

3. 隔套

热装在轴上，它们把叶轮固定在适当的位置上，而且能保护没装叶轮部分的轴，避免轴与气体相接触，且起导流作用。

4. 平衡盘（轴向力平衡装置）

由于叶轮的轮盘和轮盖两侧所受的气体作用力不同，相互抵消后，还会剩下一部分轴向力作用于转子，所有叶轮轴向力之代数和就是整个转子的气体轴向推力，作用方向一般是从高压端向低压端。转子的轴向推力经平衡盘平衡后，剩下的轴向推力由止推轴承承担。如果推力过大，会影响轴承寿命，严重的会使轴瓦烧坏，引起转子窜动，使转子上的零件和固定元件碰撞，导致机器破坏。因此，运行中必须严密监视轴向推力的变化，确保机器安全运行。

轴向推力平衡方法有叶轮对置或分段对置、平衡盘装置和叶轮背面加筋。对于2MCL压缩机，平衡盘位于两段出口之间，在设计时使残余的推力作用在止推轴承上，这就保证了转子在轴向不会有大的窜动。

5. 推力盘

为了平衡轴向力，安装平衡盘和推力轴承，经平衡盘平衡后的残余推力，通过推力盘作用在推力轴承上。推力盘一般采用锻钢制造而成。

（三）轴端密封

外部密封是防止或减少由机器向外界泄漏或由外界向机器内部泄漏（在机器内部气体压力低于外界大气压时）的密封，又称轴端密封。离心压缩机的轴端密封主要有迷宫密封、浮环密封、机械接触式密封和干气密封四大类，目前常用干气密封。

1. 干气密封组成

干气密封属于非接触式密封，主要由主环（静环）和配合环（动环）组成。用O形环密封的碳质主环，位于一个不锈钢挡圈内，由弹簧加载，紧贴固定在轴上的旋转碳化钨配合环。结构如图5-2-12所示。

动环一般选用硬度高、刚性好且耐磨的钨、硅硬质合金制造，密封表面经过研磨，非常平坦。干气密封与普通机械密封不同之处就是在动环密封面加工有均匀分布的、具有一定数量的螺旋槽，其深度在$2.5 \sim 10 \mu m$，如图5-2-13所示。

2. 干气密封原理

干气密封原理主要是流体静压力与流体动压力的平衡。旋转时，流体向槽的根部泵送，称为密封坝。密封坝提供流动阻力，增大压力。产生的压力提起碳环表面，使其离开碳化钨环少量，一般为$3 \mu m$。当静压力和弹簧负载的闭合力等于气膜内部产生的开启力时，径向表面之间间隙被设定。

在动态平衡状态下，作用在密封上的力可用图形表示，如图5-2-14(a)所示。

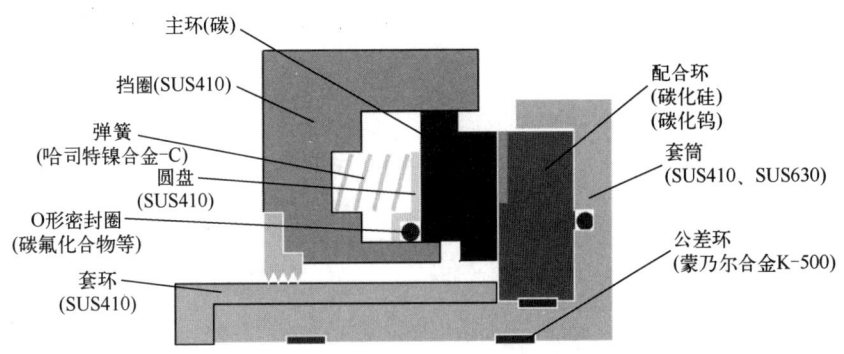

图 5-2-12 干气密封结构示意图

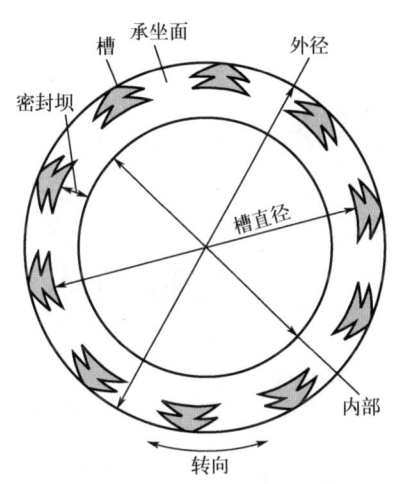

图 5-2-13 枞树型双向槽

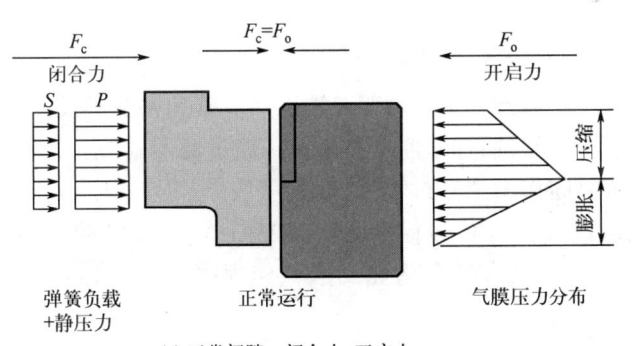

(a) 正常间隙，闭合力=开启力

闭合力 F_c 是系统压力 P 与非常小的弹簧力 S 的和。开启力 F_o 是主环与配合环之间的密封气静压力与螺旋槽产生的压力的和。平衡时，即 $F_c = F_o$ 时，如前所述，运行间隙对于多数常见流体为 3μm 左右。

如果发生干扰（如工艺和操作引发的波动），导致密封间隙减小，则螺旋槽产生的压力会显著增大，开启力增大。为保证力平衡，密封恢复到原来的间隙，如图 5-2-14(b)所示。

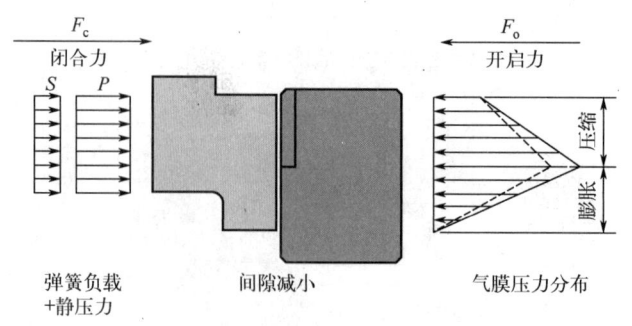

(b) 间隙减小，闭合力<开启力

同样地，如果干扰导致间隙增大，螺旋槽产生的动压效应减弱，产生的压力会减小，开启力变小，密封迅速重新获得平衡，如图 5-2-14(c) 所示。

(c) 间隙增大，闭合力>开启力

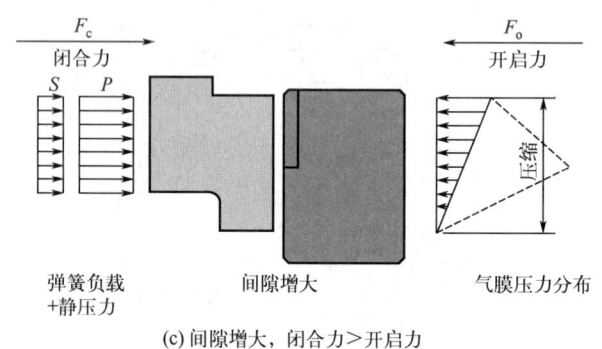

图 5-2-14 干气密封自平衡原理示意图

这一机理的结果是，静态主环与旋转的配合环之间形成非常稳定而且非常薄的流体界面。这样就使两个表面保持分离，在正常动态运行条件下不接触。因此密封能够长期和可靠工作，在界面处不产生磨损。

3. 密封气

富气压缩机干气密封通常采用背靠背双端面、双碳环密封形式，结构上有三道密封：

(1) 主密封气：N_2 经过粗过滤器（25μm）、精过滤器（3μm）和超精过滤器（1μm）后进入高低压端主密封腔作为主密封气。

(2) 前置密封缓冲气：N_2 经过粗过滤器（25μm）、精过滤器（3μm）和超精过滤器（1μm）后进入高低压端主密封腔前置密封腔，作为缓冲 N_2 以防止机内介质气污染密封端面。

(3) 后置密封缓冲气：N_2 经过精过滤器（3μm）后进入高低压主密封与轴承之间的腔体作为缓冲 N_2，以防止润滑油气污染密封端面，此路使用音速孔板控制 N_2 消耗量，单套后置密封 N_2 消耗量 $3Nm^3/h$。

经主密封泄漏的气体一部分和注入的隔离 N_2 一起放至大气，另一部分泄入压缩机内和工艺气体一起排至系统中。

4. 干气密封槽型

干气密封端面的槽型主要分单向槽和双向槽两大类，见图 5-2-15 和图 5-2-16。

图 5-2-15　单向槽

图 5-2-16　双向槽

单向槽型：目前压缩机上使用最多。单向槽型只可用于单向旋转的机组，在要求的旋向下才可产生开启力。如反转，则产生负的开启力而导致密封的损坏。相对于双向槽型，它可形成更大的开启力和气膜刚度，产生更高的稳定性而更可靠的防止端面接触，故在很低的转速和较大的振动下也可使用。

双向槽型：该槽型使用无旋向要求，正反转皆可，机组的反转不会造成密封的损坏，使用范围较单向槽宽，但其稳定性、抗干扰能力较单向槽差。

5. 干气密封结构形式和测控系统

（1）单端面干气密封：适于密封失效后允许少量介质外泄至大气的场合，如空气压缩机、氮气压缩机、二氧化碳压缩机等的密封。

（2）双端面干气密封：适于允许微量氮气进入工艺流程及压力不高的易燃、易爆、有毒介质，要求零泄漏的场合，如富气压缩机等。

（3）串联式干气密封：适于允许少量工艺气泄漏至大气的工况，一级为主密封，二级为备用密封。

（4）带中间迷宫的串联式干气密封：适于所有易燃、易爆、危险的流体介质，应用最广，如天然气压缩机等。

6. 干气密封系统使用维护

干气密封设计的适用范围较宽，正常情况下不需要特别维护，一般应每天观察密封泄漏量。泄漏量如有增加的趋势，可能预示着密封有失效的可能。通常应注意以下几点：

（1）螺旋槽干气密封是单向旋转的，因此一定要避免反向旋转，同时应避免在小于 5m/s 的低速下长时间运转，这两种情况均有可能损坏密封端面。

（2）确保阻塞或缓冲气体的流量及压力稳定。维持密封气源的稳定性和不间断性是干气密封正常运行的基本条件。

（3）避免密封的负压操作。双端面密封如出现负压，在静压条件下能导致泄漏量的大幅增加，而在动压条件下能导致密封端面的损坏。串联式密封则可能引起密封被未净化的工艺气污染而很快失效。

（4）随时监控密封泄漏量的变化情况。泄漏量的变化直接反映出干气密封的运行状态。引起泄漏量变化的因素很多，如工艺气的波动、轴窜、喘振、压力、温度和速度的变化等。只要不持续上升，则认为密封运行正常。但如泄漏量出现不断上升的趋势，则预示着干气密封出现了故障。

(5) 过滤器压差达到报警值时应及时切换过滤器，并更换滤芯。

(6) 开机阶段必须先投用隔离气才能进行润滑油循环。机组停车时，必须等待机组完全停止运行并在滑油系统停止后 10min 以上才能关闭干气密封隔离气。

(四) 轴承 (与汽轮机相同)

离心式气压机轴承同汽轮机，详见本模块项目二。

(五) 辅助装置

1. 中间冷却器

早期的气压机没有中间冷却器，出口温度约为 175~200℃。温度较高不仅容易造成气体分解和增大结焦倾向，而且增加了气压机的功耗。增加中间冷却器后，可使一部分 C_5 及 C_6 组分冷凝，减少压缩机在冷却器后面各段的质量流量，节省功率。

气压机使用中间冷却器有冷凝液分离问题。如果二段进口气体中夹带冷凝液，则极易造成对入口汽封的冲刷及平衡管压的提高。防止夹带凝液的方法有：

(1) 提高冷却器标高，并增加分液罐。

(2) 在中间冷却器后用捕雾器分离冷凝液，并从出口引一股热气体通入混合器，以控制二段入口温度。

2. 保护装置

离心式气压机主要有以下几个保护装置：

(1) 低油压保护装置：与汽轮机为一个系统，作用相同。

(2) 轴向位移保护装置：与汽轮机的保护装置作用相同。

(3) 反喘振控制装置：当气压机流量下降，发生喘振时，迅速打开出口旁路排气，以增大流量，使喘振尽快消除。

三、离心式气压机不稳定工况

(一) 喘振工况

1. 喘振发生的原因

喘振发生的外因是压缩机运行时，管网阻力过大导致压缩机的流量大大减小，达到了引起喘振发生的流量界限；喘振发生的内因是随着压缩机流量的大幅度减小，叶轮或叶片扩压器内流动恶化，出现旋转失速，损失大大增加，级出口压力大大下降，以致低于管网中的压力，导致管网中的气体向压缩机倒流，从而发生喘振。

从上面的分析可知，引发压缩机喘振的根源是管网阻力过大。

2. 喘振时的现象

当管网阻力过大导致压缩机流量非常小时，叶轮或叶片扩压器内产生旋转脱离，流动恶化引起失速，压缩机出口压力突然大幅度下降，以致低于管网中的压力，于是管网中的气体瞬间向压缩机倒流。倒流使叶轮或叶片扩压器内流量过小的问题暂时缓解，流动改善，压缩机出口压力回升，而管网中由于气体倒流压力瞬时下降，低于压缩机出口压力，所以倒流停止，压缩机重新向管网供气。正常供气使管网阻力增加，提高了管网内的压力，使系统内的流量再次减小。流量非常小时又会引起叶轮或叶片扩压器内流动恶化，压缩机出口压力再次突然大幅度下降，管网中的气体再次向压缩机倒流。这种系统内周期性、低频率、大振幅的气流振荡现象为喘振。

喘振发生时，正常流动规律受到完全破坏，剧烈的振动导致压缩机在短时间内就会受到严重破坏。

3. 喘振防治的主要思路

1) 压缩机设计时的防喘振思路

(1) 尽可能使压缩机运行的工况范围宽一些，如采用无叶扩压器、机翼型叶片，合适的调节方法和装置等。

(2) 保证设计工况点与喘振点之间隔开足够的距离。在很多应用场合，都要求压缩机设计点流量至少大于或等于相同转速下喘振点流量的 1.25 倍。

(3) 设置喘振控制线。如图 5-2-17 所示，在压缩机的变转速性能曲线族中，每个转速下的性能曲线左端都有一个喘振工况点，各个喘振点的连线形成一条喘振线。在每个转速的性能曲线上选取一个流量为喘振流量 1.1 倍左右的工况点，这些点的连线形成一条喘振控制线。为防止突发喘振，压缩机设计时，所有运行工况点均应落在喘振控制线的右侧区域，保证压缩机在任意工况点运行时都有足够的喘振裕量。

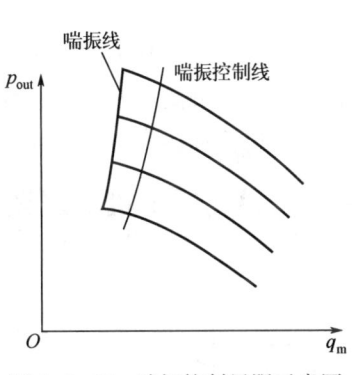

图 5-2-17 喘振控制界限示意图

2) 压缩机运行时的防喘振思路

(1) 思想上足够重视和警惕，认真观测和判断，及时发现是否出现了喘振的先兆。

首先是听声音。压缩机正常稳定运行时，噪声是连续性的，接近喘振工况时，噪声增大，并出现周期性波动和变化。其次是观察压力和流量的变化。稳定运行时，压力和流量变化不大且比较有规律，数据在平均值附近有小幅度波动；接近喘振工况时，机壳和轴承都会发生剧烈振动，其振幅要比平时正常运行大得多。

(2) 设置报警装置。

当流量小于某一预先设定值时，发出警报，引起运行人员的注意。

(3) 降低管网阻力，即降低压缩机出口背压，使压缩机流量增加，防止喘振发生。

对于不允许放空的工质（如易燃易爆气体、稀有贵重气体等），可在压缩机出口设置回流阀，通过管道将压缩机出口与压缩机进口或压缩机的某一段进口连接，形成封闭循环，防止气体外泄。当压缩机流量小于某一预先设定值时，开启回流阀，将压缩机出口（高压）与进口（低压）或某一段进口（低压）连通，从而降低管网阻力，使压缩机流量增加，防止喘振发生，如图 5-2-18 所示。

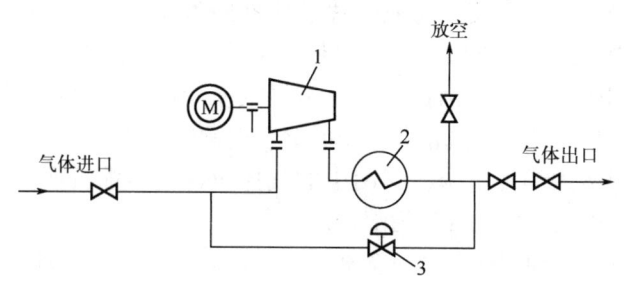

图 5-2-18　防喘振系统简图
1—压缩机；2—气体冷却器；3—防喘振控制阀

（二）堵塞工况

在转速不变时，当级中流量增加到某个最大值 Q_{max} 时，压缩机性能急剧恶化，不能再继续增加流量或提高排气压力，这种工况称为堵塞工况。这时可能出现两种情况：一是在压缩机内流道中某个截面出现声速，已不可能再加大流量；二是随着流量加大，叶片工作面发生严重分离，冲击损失及摩擦损失都很大，叶轮对气体做的功全部用来克服流动损失，使级中气体压力得不到提高。

四、离心式气压机工况调节（流量调节）

压缩机的稳定工况点是压缩机特性曲线 2 与管网特性曲线 1 的交点，如图 5-2-19 所示。当压缩机的特性曲线与管网特性曲线两者之一发生变化时，交点就要变动，即压缩机工况发生变化。

（一）出口节流调节

出口节流调节实际上是人为加大管网阻力，改变管网特性（曲线 1 变陡），压降消耗在阀门损失上，非常不经济，尤其当压缩机性能曲线较陡而调节流量的范围又较大时，它的缺点更为突出，通常只作为临时性的调节措施。

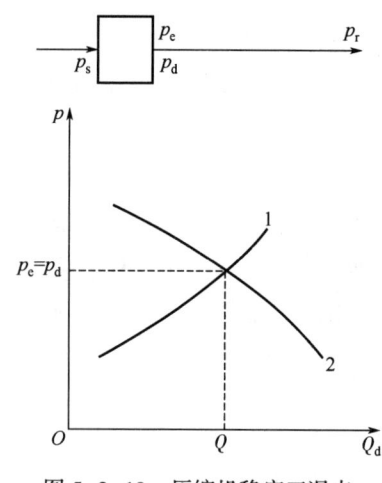

图 5-2-19　压缩机稳定工况点
1—管网特性曲线；2—压缩机特性曲线

（二）进口节流调节

在压缩机进气管路上安装调节阀，关小调节阀，进气压力降低，直接影响到压缩机排气压力，使压缩机特性曲线下移，达到调节目的。与出口节流相比，进口节流调节经济性较好，所以这是一种比较简便而常用的调节方法。

（三）改变转速调节

由汽轮机及变频电动机等驱动的压缩机采用转速调节最方便、最经济。当压缩机改变转速时，压缩机特性曲线也会相应改变。

（四）可转动的进口导叶调节

在叶轮入口前设置可转动的进口导向叶片，并由专门机构使各导向叶片能绕自身轴旋转，从而可改变导向叶片的安装角，使进入叶轮的气流产生预旋绕，以改变压缩机特性曲线而实现压缩机的工况调节。

五、离心式气压机的启动、停机

（一）需停机的情况

1. 需及时停机的异常情况
（1）机组剧烈振动并有金属撞击声。
（2）轴承温度超过80℃经处理无效达90℃或冒烟时。
（3）轴封严重漏瓦斯。
（4）汽轮机发生严重水击时。
（5）润滑油总管油压≤0.1MPa。
（6）油箱液面下降无法补油时。
（7）机组超速但自保不动作时。
（8）严重火灾及重大事故发生时。
（9）气压机严重带油。

2. 必须请示停机的情况
（1）推力瓦温度超过90℃。
（2）机组发生振动，振动值超过85μm，机组轴位移≥±0.7mm。
（3）机组发生喘振后发现异常情况。

（二）启动

（1）初始状态准备。
① 检查超速自保试验合格。
② 确认压缩机检修完毕，验收合格，处于空气状态。
③ 确认压缩机入口、出口阀关闭。
④ 检查设备和管线保温完好。
⑤ 检查汽轮机与压缩机联轴器连接好。
⑥ 确认氮气管线盲板拆除。
⑦ 确认放火炬线盲板拆除。
⑧ 确认密封气线盲板拆除。
⑨ 确认隔离气线盲板拆除。
⑩ 确认各泵的电动机转向与泵规定转向一致。
⑪ 电气具备送电条件。
⑫ 现场一次压力表、温度计正常好用。
⑬ 仪表系统调校检验完毕，全部投用。

⑭ 机组静态联锁试验完毕。
(2) 润滑油系统状态准备。
(3) 调速系统静态试验。
(4) 特阀、富气状态准备。
(5) 冷却水系统确认。
(6) 蒸汽系统状态准备。
(7) 开机前的检查。
(8) 机组赶空气。
(9) 投用干气密封系统。
(10) 投用润滑油系统。
(11) 投用盘车系统。
(12) 启动机组。
(13) 引 4.0MPa 蒸汽。
注意：低速暖机不小于 2h。
(14) 提转速至工作转速。
(15) 开机后调整和确认。
① 确认轴瓦温度、轴振动、位移正常。
② 确认机组现场运行情况正常。
③ 确认油泵运转情况、润滑油温度、压力正常。
④ 调整中间冷却器冷后温度。

（三）停机

1. 注意事项

(1) 停机盘车确认现场机组转速为零，再启动盘车器。
(2) 停用干气密封之前确认润滑油系统停用。
(3) 停机交付检修机体内介质氮气置换化验分析合格。
(4) 加强机体及附属蒸汽和水系统排凝。

2. 停机前确认事项

(1) 4.0MPa 蒸汽入口隔离阀全开。
(2) 所有排凝口关闭。
(3) 疏水器正常运行。
(4) 振动值在指标范围内。
(5) 轴位移值在指标范围内。
(6) 油温、油压在指标范围内。
(7) 轴承温度在指标范围内。
(8) 盘车机构完好。
(9) 气压机入口阀全开。
(10) 气压机出口阀全开。
(11) 反喘振阀投自动。

（12）气压机入口放火炬大小蝶阀好用。

（13）仪表电气投用。

（14）氮气系统加盲板。

3．停机操作步骤

1）气压机组停机

（1）反应降低负荷，将气压机转速降至最低工作转速。

（2）在 CCS 上点击正常停机。

（3）确认调速汽门关闭。

（4）确认速关阀关闭。

（5）全关汽轮机入口 4.0MPa 蒸汽两道隔离阀。

（6）确认汽轮机转速降至 2500r/min。

（7）气压机出入口阀在 CCS2 点击关闭，现场阀位与回讯一致全关。

（8）全开反喘振阀。

（9）转速为零时启动盘车。

2）气压机组热备用

（1）开汽轮机入口蒸汽放空。

（2）开汽轮机背压蒸汽放空。

（3）打开汽轮机入口预热阀。

（4）打开汽轮机入口、机体排凝阀。

（5）确认润滑油系统运转正常。

（6）确认密封气系统正常。

（7）确认隔离气正常。

（8）盘车。

3）气压机组冷备用

（1）关闭汽轮机入口隔离阀。

（2）停用轴封系统。

（3）停用抽汽器。

（4）打开机体所有排凝阀。

（5）确认机体或轴瓦温度低于 40℃。

（6）停止盘车。

（7）停润滑油系统。

（8）停冷却水。

（9）确认润滑油系统停后 30min。

（10）拆除氮气线上的盲板。

（11）氮气置换至合格。

（12）停隔离气。

（13）停干气密封系统。

4）汽轮机排凝

（1）全开汽轮机所有的排凝阀。

(2) 确认汽轮机与蒸汽系统隔离。
(3) 确认机体及附属蒸汽管线排凝阀打开。
(4) 确认气压机出口阀入口阀关闭并改手动。
(5) 反喘振阀关闭。
(6) 拆除机体排凝阀、放空阀盲板或丝堵。
(7) 充氮气加盲板。
(8) 隔离气加盲板。
(9) 密封气加盲板。
(10) 确认气压机入口、出口隔离。
(11) 打开排凝、放空阀。
5) 辅助系统处理
(1) 确认润滑油系统停用。
(2) 所有电气设备停电。
(3) 仪表按仪表检修规程处理。

六、气压机组的控制

(一) 气压机的防喘振控制

气压机防喘振控制是通过防喘振流量控制器调节调节阀开度来实现的。正常时，通过测量入口实际流量、压力、出口压力和标准状态比较，经校正后，输入防喘振控制器与设定转速下的喘振流量比较：当入口流量低于设定流量时，防喘振阀打开；当测得的流量大于喘振流量时，喘振阀全关。正常操作应保证入口流量不低于喘振设定流量。

(二) 机组转速控制

气压机组的转速正常生产情况下由 CCS 上压力转数串级控制在 5755r/min 左右。机组在开机、停机过程中，可以用逻辑模式控制。

(三) 润滑油温度的控制

润滑油温度通过调节冷油器冷却水或自动温控器来控制，正常时，温度控制在 40~50℃。

(四) 润滑油上油压力的控制

润滑油泵上油压力由总管压力控制阀来调节。正常时，控制在 0.25MPa，该测压点在润滑油过滤器后，当压力低于 0.15MPa 时，辅助油泵自启动。

(五) 入口放火炬阀的控制

该阀主要用来在开停工过程中调节反应压力，正常生产如反应压力超高，气压机没有调节余地时也可以用它来调节反应压力。

(六) 机组控制逻辑

1. 机组启动条件

(1) 主油箱液位≥30%满足。

(2) 润滑油压力≥0.25MPa满足。
(3) 控制油压力≥0.6MPa满足。
(4) 速关阀全关。
(5) 润滑油冷却器后温度≥40℃满足。
(6) 气压机防喘振阀阀位指示100%。
(7) 气压机气液分离器液位30%。
(8) 机组无联锁停机信号。
(9) 自DCS气压机组允许启动。
(10) 汽轮机盘车电动机运行指示允许。
(11) 干气密封隔离气压力大于0.35MPa。

注：以上条件满足后，按下启动窗口允许启动按钮或现场机组允许启动按钮后，机组可以启动。

2. 机组盘车启动条件
(1) 汽轮机实际选择探头速度≤2r/min满足。
(2) 润滑油压力≥0.25MPa满足。
(3) 汽轮机速关阀全关满足。
(4) 汽轮机有联锁停机信号满足。
(5) 盘车油泵电动机运行。

注：以上条件满足后，可以手动启动盘车程序，并随时可以手动停止盘车程序。

3. 润滑油泵启动条件

油箱液位不低于30%。

注：以上条件满足后，可以手动启动润滑油泵，并随时可以手动停止润滑油泵。

4. 备用润滑油泵启动条件

备用油泵处于自动状态。
(1) 润滑油压力≥0.15MPa满足。
(2) 控制油压力≥0.6MPa满足。

注：以上油压条件不满足，备用油泵自动启动。

七、气压机组常规操作

润滑油冷却器切换、润滑油过滤器切换、润滑油泵切换同主风机组常规操作，见本部分模块一。

八、气压机常见故障处理

(一) 压缩机不启动

故障现象：电动机不响应启动指令。

处理方法：
(1) 检查并确认电动机的电源是否正常，保证供电可靠。

(2) 检查控制线路是否有熔断器熔断或接触不良。
(3) 查看过载保护继电器是否动作，如有必要，重置或调整设置。
(4) 检查导叶控制系统，包括限流继电器等部件，确保它们正常工作。

（二）转子不平衡

故障原因：转子质量分布不均，导致振动增大。
处理方法：
(1) 对转子进行动平衡校正。
(2) 检查叶轮是否存在裂纹、变形等问题，并修复或更换。
(3) 对设计、制造工艺和材质进行全面审查和改进。

（三）转子不对中

故障现象：机组振动异常，轴承磨损加剧。
处理方法：
(1) 使用激光对中工具重新对准各转子轴线。
(2) 调整基础支撑，补偿热膨胀引起的位移。
(3) 对大型机组定期进行维护和监测。

（四）转子弯曲

故障表现：启动困难，运行时振动强烈。
处理方法：
(1) 分析并纠正导致转子弯曲的根源问题，如矫正或更换转子。
(2) 遵循正确的停机和存放程序，避免变形。
(3) 控制加载速度和预热程序，防止因温度应力引发的临时性弯曲。

（五）喘振

故障现象：压缩机出口压力波动剧烈，伴有噪声和振动。
处理方法：
(1) 调整操作参数，保持压缩机在其稳定工作区域。
(2) 安装防喘振控制系统，及时调整进口导叶开度和排出气体旁通阀门。
(3) 清理和优化进气管道，避免局部阻塞导致的流量减少。

（六）其他常见故障

气体过滤器堵塞：清洗或更换过滤器元件，确保吸气畅通。

冷却器故障：检查冷却水量和水质，清洁冷却器，必要时调整冷却系统工作状态以保持合适的出口温度。

润滑油系统故障：如油压下降，检查油泵、油管、油过滤器，确保润滑系统的正常运行。

对于每一种故障，都应结合具体设备型号、使用条件和实际检测数据，制定针对性的解决方案，并由专业技术人员执行。此外，预防性的维护保养和定期巡检也是减少故障发生的关键措施。

项目四　润滑系统

润滑油站向下列设备供油：压缩机轴承润滑系统、汽轮机轴承润滑、汽轮机速关阀和调速控制油系统。

润滑系统组成

（一）润滑油箱

润滑油箱是汽轮机组油系统中的一个重要设备，它除了具有储油作用外，还有从油中分离油烟、水分和沉淀过滤杂质的作用。油箱为立方体结构箱体，由不锈钢板和型材焊接而成，布置在运行层的下方。油箱的容积符合 API 614 标准要求，其维持容量为 8min 的正常流量，工作容量为 5min 的正常流量。

油箱附带如下仪表及附件。

1. 液位计和液位变送器

在油箱上装有浮筒式油位计，不仅可指示油箱油位的高低，在油位计上还装有最高、最低油位的电气接点。当油位超过最高或最低油位时，这些接点接通，发出声响和灯光报警信号和低油位保护信号。油箱上除装有浮筒式油位计外，还装有玻璃管式油位计，两者均带有刻度指示，可以互相核对，以免油箱出现假油位。

2. 就地温度计和加热器

机组开车前，首先应对油箱中的油进行加热，当油温达到 22℃时，即可启动油泵，使油站做自身的油循环，以使油箱内的油加热均匀并提高加热速度，使整个油系统打循环直至油温达到（45±5）℃。

3. 排油烟机

油箱中润滑油温度过高时会产生油烟，直接排放到空气中会对环境造成污染，同时也会降低油品的质量和使用寿命，因此需要通过油烟风机将油烟排出去。油烟风机是一种插入汽轮机油箱内的风机，通过挥发作用将油箱内产生的油烟吸入，再通过风道排出去。油烟风机的作用就是保持油箱内环境的清洁和润滑油的质量。

4. 氮气吹扫接头

为了迅速排除油箱内部的烟气，油箱上设置了氮气吹扫接头，在氮气吹扫接头进口处装有孔板，孔板前的氮气压力为 200mmH$_2$O，氮气流量为 10Nm^3/d。

5. 透气管

油箱透气管能排出油中气体和水蒸气，使水蒸气不在油箱凝结，保持油箱中压力接近于零，使轴承回油顺利流入油箱。如果油箱密闭，那么大量气体和水蒸气就会在油箱中积聚而产生正压，使回油困难，造成油在轴承两侧大量漏出，同时也使油质劣化。

6. 油箱排放阀

在油箱倾斜底板的最低端设有排放阀，以定期排除油箱中的水分、沉淀物及其他杂质，用于油箱检修时放出油箱中的油液或油质检验时的取样口。

（二）润滑油泵

油系统中设置两台相同流量及压力的油泵，一主一备，正常工作时只需开动一台油泵，即可满足整个机组所需的全部油量要求。润滑油泵的类型有齿轮泵和螺杆泵，原动机一般为电动机。齿轮泵多用于小流量的油站，螺杆泵多用于大流量油站。两者均为容积式泵。在泵的出口设安全阀，以防泵排出压力过高，使泵或系统超载。

主/备油泵吸油口至油箱之间装有截止阀和泵吸入过滤器（粗滤器），在主/备油泵排油口设有止回阀以防止压力油经空载泵回流；在上述止回阀的下游设有截止阀，维修油泵时应首先关闭油泵进出口的截止阀。

此外，润滑油系统中还设置了低压联锁报警装置，当润滑油总管的油压下降到联锁报警整定值时，联锁报警装置发出报警信号并自动启动备用油泵。当系统油压恢复正常值后，停止备用油泵。

机组停机后，润滑油泵必须再运行一段时间。当大机组停机后，如果没有润滑油，轴瓦和轴颈受机体和转子高温传导作用，温度上升很快，会使局部油膜油质恶化，轴颈和轴瓦巴氏合金损坏，因此机组停机后润滑油泵必须再运行一段时间，通过润滑油循环带走热量，直到轴承温度降低至正常，一般情况要运行 12h 以上。

（三）油冷却器

机组运行时，轴承因摩擦产生热量，同时转子上有一部分热量经轴颈传出，这些热量使轴承内油温升高，返回油箱中的润滑油温度一般都在 60℃ 以上。为在运行中保持轴承油膜正常，进入轴承的油温一般应控制在 40℃±5℃ 范围内，经过轴承的温升一般在 10℃ 左右，因此必须将轴承排出的润滑油经油冷却器冷却后才能再进入轴承循环使用。

油冷却器为管壳换热器，油在壳程（铜管）外流动，冷却水在管程（铜管）内流动，且油侧压力大于水侧压力，这样即使铜管偶有渗漏现象，也不至于造成冷却水漏入油中，造成油质恶化现象。另外，由于冷却水一般采用循环水，因此铜管应定期进行清洗。

油站设置两台油冷却器（或一台双联管壳式油冷却器），一台工作，一台备用，每台油却油器均能单独满足机组全部油量的冷却要求。两台油冷却器的进出口分别用一台恒流转换阀（即三通切换阀）连接在一起，且在两台油冷却器润滑油入口处设置了一条旁通管线，在旁通管线中设有球阀及节流孔板，在冷油器壳体顶部设有排气管线回油箱，在排气管线中设有截止阀、节流孔板及流量视镜。正常工作时旁通管线中的球阀及排气管线中的截止阀均处于开启状态，使得备用油冷却器始终充满油，且备用油冷却器与在用油冷却器的油压相同、温度相近，始终处于待命状态，可随时投入使用，并保证了在两台油冷却器切换过程中油压不会降低到启动备用油泵的压力整定值以下。

在机组正常运转时可对其中的一台油却油器进行清洗或维修。其操作过程如下：

（1）检查两台油冷却器之间旁通管线中的球阀是否已经打开，如未打开将其全开。

（2）关闭在用油冷却器排气管线中的截止阀，打开备用油冷却器排气管线中的截止阀，当在排气管线中的回油视镜中看到有油排入油箱时说明备用油冷却器已经充满油。

(3) 转动连续流转换阀（即三通切换阀）控制杆，将需要清洗或维修的油冷却器切换至备用状态。

(4) 关闭旁通管线中的球阀，然后将需要清洗或维修的油冷却器中的油和水排放干净，此时即可对其进行清洗或维修。

(5) 清洗维修后，关闭油冷却器的排放阀，打开旁通管线中球阀及排气管线中的截止阀，让油充满清洗维修后的油冷却器，并在该油冷却器内流动，此时清洗维修后的油冷却器即进入备用状态。

（四）油过滤器

油站上设置两台滤油器（或一台双联过滤器），一台工作，一台备用，每台滤油器均能单独满足机组全部润滑油的过滤要求。两台滤油器的进出口用一台连续流转换阀连接在一起，且在两台滤油器之间设置一条旁通管线。在旁通管线中设有截止阀及节流孔板，在滤油器顶部设有排气管线回油箱，在排气管线中设有截止阀、节流孔板及流量视镜。正常工作时旁通管线中的截止阀及排气管线中的截止阀均处于开启状态，使备用滤油器始终充满油，并使备用滤油器与在用滤油器的油压相同且温度相近，始终处于待命状态，这样就保证了在两台滤油器切换过程中油压不会降低到启动备用油泵的压力整定值以下。

在机组正常运转的情况下即可对其中的一台滤油器进行维修或更换滤芯。滤油器维修或更换滤芯的操作步骤与油冷却器清洗维修的步骤相同。

在滤油器进出口的管道上设有差压变送器，用来显示滤油器进出口间的压差。当压差达到 0.15MPa 时，说明滤油器的滤芯堵塞严重，此时需立即更换滤芯。

（五）调压阀

润滑油供油总管的油压由压力调节阀来调节；保证油泵出口的油压，并将流量的多余油量流回油箱。

（六）安全阀

油泵本身及油泵出口回油箱处设有安全阀，当系统油压升到安全阀设定压力时，安全阀开启，油液经安全阀做自循环，确保油泵及系统安全。安全阀在出厂前已调试好，用户不必再进行调节。

（七）高位油箱

当油系统出现故障不能正常供油时，压缩机被迫停机。此时，由于压缩机转子的转动惯量很大，机组需经过一段时间后才能完全停下来。这段时间机组所需的润滑油由高位油箱来提供，为压缩机和汽轮机轴承提供基本的润滑油，使机组安全停下来，不发生轴瓦烧坏、轴径磨损、抱轴等事故。

高位油箱安装技术要求：

(1) 从压缩机中心线到高位油箱正常操作液位的距离为 5~8m，其位置应在机组轴心线一端的正上方，以使管线长度最短，弯头数量最少，并保证高位油箱的润滑油流入轴承时的阻力最小。

(2) 高位油箱顶部应设呼吸孔，当润滑油由高位油箱流入轴承时，油箱的容积空间由呼吸孔吸入空气予以补充，以免油箱形成负压，影响润滑油靠重力流出高位油箱。

（3）在润滑油泵出口至机组前的总管上应设逆止阀（止回阀），一旦主油泵停运，辅助油泵又未及时启动供油，则逆止阀应立即关闭，使高位油箱的润滑油必须经轴承流入回油管中，然后返回油箱。这样，可以防止高位油箱的润滑油短路，从而避免机组惰走过程烧毁轴承故障的发生。

机组高位油箱放油时间大于机组惰走时间。

压缩机组开机前，高位油箱需充满油，具体操作步骤如下：启动油泵打开高位油箱进油管线三阀组中的截止阀，向高位油箱充油，直至从高位油箱回油视镜中观察到有油流回油箱时为止，此时高位油箱已充满油，然后关闭三阀组中的截止阀。

正常工作期间，始终有少量的油经三阀组中的限流孔板进入高位油箱，以维持高位油箱内的油温。当润滑油总管的油压低于高位油箱的位差压力时，三阀组中的止回阀自动打开，高位油箱中的油迅速流入润滑油用油点，确保机组安全停机。

（八）蓄能器

润滑油系统中设有蓄能器的作用是稳定润滑油压力。当主油泵需切换时，主油泵停机、备用油泵启动的瞬间，能保持一定的润滑油压，而使机组不因油泵的正常切换而误停。

蓄能器结构是球胆式的，由合成橡胶制成的球胆装在不锈钢壳体内，通过壳体上的充气阀向球胆内充入干燥的氮气，其氮气压力应等于或大于最高工作压力的1/4，或等于或低于最小工作压力的9/10。壳体下端接压力回油管，球胆将气室与油室分开，起隔离油气的作用。由于合成橡胶球胆可以随氮气的压缩或膨胀任意变形，因此使蓄能器在回油管路上起调压室的缓冲作用，减小回油管中的压力波动。在油系统压力失稳时，蓄能器可以将油系统内的油压在一定的时间里维持较高压力。当主油泵故障停机时，蓄能器将保持油系统油压稳定，直至辅助油泵投入运行。

参 考 文 献

[1] 中国石油化工集团公司职业技能鉴定指导中心.催化裂化装置操作工.北京：中国石化出版社，2006.
[2] 中国石油天然气集团有限公司人事部.催化裂化装置操作工：上册.北京：石油工业出版社，2019.
[3] 中国石油天然气集团有限公司人事部.催化裂化装置操作工：下册.北京：石油工业出版社，2019.
[4] 陶旭海.催化裂化装置技术问答.3版.北京：中国石化出版社，2020.
[5] 卢春喜，王祝安.催化裂化流态化技术.北京：中国石化出版社，2002.
[6] 梁凤印.流化催化裂化.北京：中国石化出版社，2011.
[7] 徐春明，杨朝合.石油炼制工程：富媒体.5版.北京：石油工业出版社，2022.
[8] 陈俊武，许友好.催化裂化工艺与工程.3版.北京：中国石化出版社，2015.
[9] 许友好，李宁，华仲炯.催化裂化工艺技术手册.北京：中国石化出版社，2018.
[10] 汪燮卿.中国炼油技术.4版.北京：中国石化出版社，2021.
[11] 张杨.催化裂化装置应急知识问答.北京：中国石化出版社，2012.
[12] 龚望欣.催化裂化烟气脱硫除尘脱硝技术问答.北京：中国石化出版社，2015.
[13] 赵日峰.催化裂化技术进展与应用.北京：中国石化出版社，2022.
[14] 张韩，刘英聚.催化裂化装置操作指南.北京：中国石化出版社，2017.
[15] 梁凤印.催化裂化装置技术手册.北京：中国石化出版社，2017.
[16] 郑辑光，韩九强，杨清宇.过程控制系统.北京：清华大学出版社，2012.
[17] 王树青，乐嘉谦.自动化与仪表工程师手册.北京：化学工业出版社，2013.
[18] 田文武，潘文学.电工电子基础知识.北京：中国劳动社会保障出版社，2006.
[19] 许秀主，肖军，王莉.石油化工自动化及仪表.2版.北京：清华大学出版社2017.
[20] 历玉鸣.化工仪表及自动化.6版.北京：化学工业出版社，2022.
[21] 齐向阳.化工安全技术.2版.北京：化学工业出版社，2014.
[22] 何景连，程忠玲.化工单元操作：富媒体.2版.北京：石油工业出版社，2018.
[23] 李庆萍，宋以常，蔡永清.催化裂化装置培训教程.北京：化学工业出版社，2006.
[24] 中国石油和石化工程研究会编著.炼油设备工程师手册.2版.北京：中国石化出版社，2010.
[25] 卢春喜，刘梦溪，范怡平.催化裂化反应系统关键装备技术.北京：中国石化出版社，2019.
[26] 姬忠礼，邓志安，赵会军.泵和压缩机.2版.北京：石油工业出版社，2015.
[27] 祁大同.离心式压缩机原理.北京：机械工业出版社，2017.
[28] 李云，姜培正.过程流体机械.北京：化学工业出版社，2008.
[29] 任晓善.化工机械维修手册.北京：化学工业出版社，2004.
[30] 余国琮.化工机械工程手册.北京：化学工业出版社，2003.
[31] 王学义.工业汽轮机技术.北京：中国石化出版社，2020.
[32] 宋天民.炼油厂动设备.北京：中国石化出版社，2006.
[33] 池作和.锅炉安全技术.北京：中国计量出版社，2021.
[34] 蔡庄红，赵扬.化工制图.3版.北京：化学工业出版社，2022.